先进制造实用技术系列丛书

油液监测与智能诊断

贺石中　石新发　李秋秋　编著

机械工业出版社
CHINA MACHINE PRESS

本书共3篇19章内容，重点介绍了油液监测技术、设备润滑磨损故障智能诊断与行业应用案例。本书的素材，特别是案例部分，来自作者多年从事油液监测技术研发和应用的具体经历和经验的总结，也是广大工作者和科研集体的劳动结晶。全书的内容编排旨在推动油液监测与智能诊断技术的推广与普及，助力制造业实现高质量发展。

本书不仅对掌握和应用油液监测技术具有指导作用，对开展以油液监测为手段的机器状态监测和故障诊断工作也有一定的参考价值。本书可作为从事设备管理、故障诊断、智能运维的管理人员、科研人员和工程技术人员的参考用书或培训资料，也可作为高等院校相关专业师生的教学参考书。

图书在版编目（CIP）数据

油液监测与智能诊断 / 贺石中，石新发，李秋秋编著. -- 北京：机械工业出版社，2025. 5. --（先进制造实用技术系列丛书）. -- ISBN 978-7-111-77605-5

Ⅰ. TH117. 2

中国国家版本馆 CIP 数据核字第 20258B1W84 号

机械工业出版社（北京市百万庄大街22号　邮政编码100037）
策划编辑：吕建新　　　　　　责任编辑：吕建新
责任校对：贾海霞　薄萌钰　　责任印制：邓　博
天津市银博印刷集团有限公司印刷
2025 年 6 月第 1 版第 1 次印刷
184mm×260mm · 32 印张 · 2 插页 · 796 千字
标准书号：ISBN 978-7-111-77605-5
定价：148. 00 元

电话服务　　　　　　　　　网络服务
客服电话：010-88361066　　机　工　官　网：www.cmpbook.com
　　　　　010-88379833　　机　工　官　博：weibo. com/cmp1952
　　　　　010-68326294　　金　书　网：www. golden-book. com
封底无防伪标均为盗版　　机工教育服务网：www.cmpedu. com

润滑油是机械设备的"血液"，在摩擦副相对运动的表面间具有降低摩擦、减少磨损、冷却散热、密封缓振和清洁防锈等作用，是保障机械设备安全运行的重要工作介质。同时，由于润滑油在设备的各个摩擦副之间循环流动，因此各种润滑、摩擦与磨损行为产物都存在于油液中，就如人体血液中含有丰富的人体健康状态信息一样，在用润滑油也携带着设备大量的摩擦磨损以及自身性能劣化的表征信息。油液监测技术（Oil Monitoring）就是通过对设备在用油液的理化性能及其携带的磨损和污染颗粒进行检测分析，从而实现对设备润滑磨损状态的监测与故障诊断。油液监测技术与设备性能参数监测、振动噪声监测及红外温度监测等设备状态监测技术相比，是一种主动性预防维护技术，它能发现那些可能导致设备异常温升、振动噪声等故障的早期润滑磨损隐患，并及时预警采取维护措施，将故障消灭在萌芽状态。因此，油液监测技术在设备运行维护中具有更加突出的作用。

油液监测技术经过半个多世纪的应用及发展，已经成为设备状态监测和故障诊断的主要技术之一，国际标准化组织也将其纳入"ISO/TC108/SC5 机器系统的状态监测和诊断"的门类范畴。随着工业设备不断向大型化、成套化、智能化方向发展，以及现代工业设备管理模式的进步，设备运维也由故障征兆的检出、诊断与维修，拓展到设备全生命周期的健康管理及智能运维，对设备润滑安全也有更高的要求。为此，油液监测技术在工业设备中应用的深度和广度也不断增大，并将由润滑磨损状态监测与诊断技术，扩展成为工业企业机械设备润滑系统改造优化、磨损部件及油液寿命评估预测、润滑油再生自愈与延寿、设备润滑健康管理及远程运维等润滑工程领域的综合性支撑技术。

新质生产力的大力发展，加快以技术创新推动制造业向高端化、智能化、绿色化发展，新一代信息技术与制造业设备运维的深度融合将快速推进。在油液监测技术领域，一方面，伴随传感器及其集成技术的不断进步，油液监测技术体系也将由传统实验室的理化性能指标仪器分析逐步向基于油液传感器的在线实时监测方向发展；另一方面，由于设备润滑磨损故障诊断所需的信息源多、数据构成复杂、经验主导性强，20 世纪 90 年代以来，部分从事油液监测的科技工作者已开始研究应用油液监测数据的智能化诊断技术，并取得了不少成果，但是受算法、算力和大数据缺乏等影响，一直没有形成系统化的工程应用模式。近年来，随着机器学习等算法与模型的演变和计算机算力的提升，推动了设备运维数据应用新模式的发展，为润滑磨损故障由依赖于专家经验的诊断，向基于数据驱动与知识规则的多源信息融合与集成分析的智能化诊断提供了理论与能力基础。

本书主要汇聚了广州机械科学研究院有限公司（以下简称广州机械科学研究院）贺石中首席专家团队近 10 年来在油液监测与智能诊断领域开展理论研究、技术创新和工程实践的成果，系统阐述了油液监测技术体系与智能化诊断原理、方法和工程应用案例。与本书相关的研究内容先后得到国家科技部重点研发计划、科技支撑计划、中国机械工业集团重点研发计划和相关课题的资助，作者衷心感谢上述科研项目的支持与帮助。

全书内容分 3 篇、共 19 章。第 1 篇油液监测技术有 7 章，系统介绍了油液离线实验室的主要检测指标方法，着重介绍了颗粒污染度分析、红外光谱分析、光谱元素分析、磨粒分析等重要检测方法，以及工业现场油液在线监测所涵盖的传感器、集成网路与软件体系；第2篇设备润滑磨损故障智能诊断有 6 章，主要从润滑磨损故障智能诊断内涵、指标阈值制定、故障特征提取、故障辨识、磨粒智能识别、可靠性评估及寿命预测，全面介绍了油液监测技术智能化实现的流程与方法体系；第 3 篇行业应用案例有 6 章，对石油化工、水泥、钢铁、电力、海上石油开采及交通运输行业典型设备的润滑特点和润滑磨损故障特征进行阐述，并对广州机械科学研究院检测实验室多年来在油液监测实施过程中发现的典型润滑失效与磨损故障案例进行了总结分析。

本书的写作大纲和书稿由贺石中正高级工程师负责审订，石新发高级工程师和李秋秋正高级工程师协助组织撰写。广州机械科学研究院的油液监测专家冯伟正高级工程师，油液理化分析高级工程师丘晖饶、张琳颖和赵畅畅，设备诊断高级工程师崔策、杨智宏和覃楚东参与了本书部分章节的编写工作。在本书撰写过程中，还吸取了国内外有关著作及文献的精华，尽量反映出国内外在油液监测与智能诊断方面的新方法和新成果，参考文献均在相应章节列出，对被漏列参考文献的作者表示歉意，对所有参考文献作者谨表感谢。另外，本书整理列出的大量工程应用案例得到了广大工矿企业的大力支持，在此也表示诚挚的谢意。

油液监测数字化、智能化的路还很长，设备润滑维护、健康管理也任重道远，希望本书的出版能起到抛砖引玉的作用。同时，由于作者水平有限，书中难免有疏漏和谬误之处，恳请读者指正与探讨。

贺石中

2024 年 5 月 15 日

于广州机械科学研究院广州科学城院区

目　录

第 2 篇 设备润滑磨损故障智能诊断

第 3 篇　行业应用案例

第1篇

油液监测技术

第 1 章　油液监测技术概述

油液监测技术（Oil Monitoring）的基本原理类似于人们定期健康体检时的"血液分析"，是早期发现机械设备传动部件磨损故障隐患最为有效的状态监测技术。众所周知，在机械设备中的摩擦副相对运动都会产生摩擦磨损，约80%的机械零部件都是因磨损而失效，而50%以上的机械设备恶性事故都是由润滑失效和过度磨损引起的。润滑油是机械设备的"血液"，是降低摩擦、减缓磨损，保障机械设备安全运行的重要工作介质，而且在用油液中还携带着设备早期磨损故障隐患以及油液性能劣化等重要信息，给工业界提供了一种，通过油液分析来实现监测诊断设备润滑磨损故障隐患的思想与途径。由此，在现代工业发展过程中催生了油液监测技术，其是指通过采用光学、电学、磁学等现代分析方法，以及大数据、人工智能等现代诊断技术，对机械设备在用油液理化性能指标及其所携带的磨损及污染颗粒进行的实验室油液离线监测，或利用油液传感器实施的设备现场油液在线监测，从而对设备润滑与磨损状态进行评价，对故障部位、原因和类型进行诊断，并提出主动维护措施的一门设备状态监测技术。

1.1　油液监测的目的及意义

油液监测技术是机械设备状态监测与故障诊断技术中的一种，它与设备性能参数监测、振动噪声监测、红外温度监测等一起组成机械设备状态监测大家庭，各种监测技术都可以在一定范围和一定程度上对机械设备的技术状态提供有效的判断预测。而油液监测技术更是一种主动性、预防性的维护手段，因为润滑油性能劣化往往是导致设备磨损的主要原因，而异常磨损首先会引起摩擦副温度升高，磨损严重时会使摩擦副接触面间隙增大而导致振动加剧。因此，油液监测技术在指导企业现场的设备润滑管理，以及设备故障的早期监测诊断中具有更加突出的作用。

1. 提高设备安全可靠性，通过减灾避险带来重大经济效益

目前，设备向大型集成化、高度自动化、智能化方向发展，设备的可靠性与经济性成为各使用单位迫切关注的问题。流程工业中的大型关键装备一旦出现故障将影响整个生产线的产能，工程建设中的机械设备使用频率高，工作环境恶劣，维护与保养经常不到位，时常发生各类磨损失效故障，因此必须准确掌握设备的运行状况，采取主动性维护措施，消除设备故障隐患，早期排除故障，才能确保设备的可靠运行并减少经济损失。

在美国，其铁路部门早在1941年就应用光谱分析技术来监测柴油机的运行工况，美国海军1955年开始对舰载机发动机润滑油进行光谱元素监测，1959年英国也将光谱分析技术用于铁路系统。1976年美军成立了三军联合油料分析机构（简称JOAP），在全球18个国家和地区建立了300多个油液分析实验室，对飞机、舰船、坦克及战车等装备实施了在用油液性能、磨损和污染状态监测。美国卡特彼勒公司为了保障其工程机械的运行安全，其在世界各地的维修基地都配套建立了油液监测实验室。根据美军调查和卡特彼勒公司的统计，在状态监测上每投入1美元可以节约8~10美元维修费用。

在我国，从20世纪80年代开始油液监测技术的研究及推广应用，通过40多年的发展，极大地提高了被监测设备的运行可靠性，同时通过及时发现处理设备的润滑磨损隐患，减灾避险获得了巨大的经济效益。例如，我国军用及民用飞机均广泛实施了油液监测，并将其作为主动性维护、视情维修的重要手段之一，近20年来，通过对军用及民用飞机发动机润滑油光谱元素监测分析及液压系统液压油污染监测分析，及时发现了上百起飞机润滑磨损故障隐患，消除了数十起发动机严重故障隐患，保证了飞行安全，节省经费达数十亿元人民币。再如，某特大型露采铜矿从20世纪80年代开始对100多台电动轮重载自卸车、电铲、破碎机及球磨机等大型矿山设备进行油液监测，10多年来成功地预报了数百起润滑不良及磨损异常事故隐患，避免了数十起润滑磨损故障隐患导致的重大设备事故，为保障该矿山重大装备的安全运行提供了重要技术支撑。

广州机械科学研究院检测实验室，通过近40年的发展，已为我国能源电力、石油化工、冶金矿山、交通运输等行业数千家大型企业的30余万台机械设备提供了润滑磨损状态监测技术服务，是国内目前规模最大的润滑安全监测预警机构，成为大国重器"血液"健康管理的守护者，通过减灾避险为这些企业挽回了巨大的经济损失。特别是近十年来，面向新一代信息技术与高端制造业融合发展的新形势，着眼国家重大装备安全运行、智能运维、健康管理的现实需求，推进大数据、人工智能在设备润滑安全智能运维中的深度研究和工程应用，创建了国际领先的重大装备润滑安全智能运维数字化平台，构建了"在线监测（传感器）硬件+系统软件平台+诊断技术服务"的技术服务新模式。为此，人民日报于2019年1月4日刊登了文章《广州机械科学研究院助推企业设备运维向"无人值守、智能诊断"发展》。2021年2月8日，广州机械科学研究院开发的"重大装备润滑安全数字化运维平台"入选国务院国资委征集的"2020年国有企业数字化转型典型案例"，并获得优秀案例的荣誉称号。由此可见，油液监测技术是提高机械装备可靠性、预防重大设备事故发生和提高企业经济效益的重要途径。

2. 避免重大设备事故发生，带来显著的社会效益

随着科学技术的发展和人类生产力水平的提高，机械设备不断向大型化、复杂化、自动化、成套化及智能化方向发展，对设备的可靠性提出了更高的要求。一旦发生恶性设备故障，轻则设备不能工作，重则发生安全生产事故，造成的间接经济损失和社会危害有时是难以估量的。近几十年来，在世界各地发生的设备事故造成的灾难性后果的例子举不胜举，如美国"挑战者"号、"哥伦比亚"号航天飞机发生故障，造成机毁人亡的悲惨事件，以及苏联切尔诺贝利核电站发生爆炸导致大量生命毁灭的空前灾难，给人类敲响了设备运行安全的警钟。日本新日铁公司是国际上最早推行设备状态维修的企业之一，据其统计，采用设备状态监测故障诊断技术后，设备事故率减少了75%，维修费用降低了25%~50%。因此，通过监测诊断技术做出每一次成功的故障预警，尤其是油液监测诊断技术能在设备磨损故障萌芽状态提前预警，及时消除故障隐患，避免重大事故发生，会产生显著的经济效益和社会效益。

机械设备的润滑磨损隐患恶化后会导致以下重大事故：其一是机械装备的齿轮箱、液压系统等局部部件故障劣化后导致整个生机组停机，特别是一些流程生产的企业，单台机组故障将导致整个生产线的停产损失，严重影响企业的正常经营。例如，石化行业的挤压造粒机是聚丙烯生产装置的关键设备，挤压造粒机齿轮箱由于特殊工况极易发生磨损失效故障，所以对其磨损状态监测特别重要。再如，电力行业的特大型机组安全是十分重要的，其突发故障将导致地区因供电不足而引起用电紧张的社会问题；其二是装置部件润滑磨损故障导致火灾等重大安全事故，例如，石化行业的高压油泵轴承的异常磨损，将导致因高压油泄漏而引发的火灾重大安全事故，经济损失巨大。广州机械科学研究院历史上就成功地监测并预警了数起该类事故隐患，由于及时通告企业紧急采取措施，避免了重大事故发生。因此，通过油液监测预警，减灾避险获得的经济效益和社会效益是极为可观的。

3. 促使设备维修制度变革，提高设备的运维水平

早期机械设备维修制度一般采用"事后维修"或"定期维修"。事后维修是指设备一些部件损坏或不能完成其功能，导致设备失效后才进行的修理活动。事后维修的直接人工费和备件费可能不算高，但对于需要连续运行的工厂和高生产效率的重大设备来讲，没有计划的停机会造成很大的生产损失，而且失效的部件可能会引发因二次损伤而导致价格高昂的设备完全损坏。定期维修则是指不论设备有没有故障，只要到达检修期，一律进行检修，这样的维修制度比起事后维修具有提高设备的可用性和安全性、减少计划外停机等优点。但其不足之处在于必须为可能发生的故障准备充足的维修资源，存在不该修的修了，造成因过剩维修而导致维修成本上升，还会发生该修的设备没有及时修的情况，不能有效地保障设备安全正常运行。为此，世界工业发达国家和地区对重大关键设备基本上都采用以设备状态监测技术为支撑的"状态维修"（Condition Based Maintenance，CBM）或内涵基本相似的"视情维修"（On Condition Maintenance，OCM），状态维修能有效提高设备的可用性，延长预防维修周期，减少不必要过剩维修，但状态维修对设备状态的精确掌握及设备状态监测技术的工程应用有着更高的要求。

油液监测技术与其他设备状态监测技术相比，更是一种主动性预防维护技术，它能发现那些可能导致设备异常温升、异常振动等故障的早期润滑磨损隐患，从而及时采取措施，将故障消灭在萌芽状态。图1-1反映的是机械设备监测参数变化与设备工况及维修方式的对应关系。从图1-1分析可得出：其一，在设备全生命周期中，出现"亚健康"现象往往是设备出现"油质异常、磨损异常"这两个阶段，通过油液监测能早期发现这些不良隐患，就如人体"血液异常"的早期发现，此阶段采取的有关维护是主动性维护，例如设备要加强润滑保养，发现的设备润滑异常要及时处理；其二，当设备"油质异常、磨损异常"没有有效及时处理，而导致设备传动摩擦副磨损严重时，就会引起温升、振动及噪声加剧，这阶段问题就较严重了，且都有明显的故障表征，大机组轴承等部位都有温度与振动控制参数，此阶段采取的措施则是预测性维修。维护与维修是有本质性区别的，正如中国古代名医扁鹊评价其兄弟三人的医学水平一样，"大哥治病于初始，最善；二哥治病于渐发，次之；我治病于严重，最为下"。因此，要更加重视设备早期故障隐患的监测与预防。

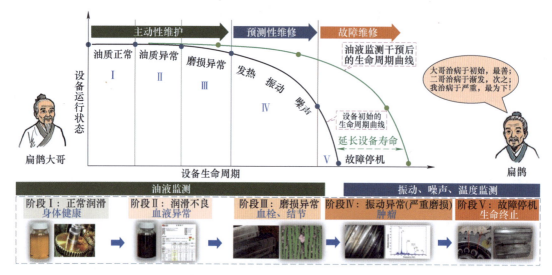

图 1-1　机械设备监测参数变化与设备工况及维修方式的对应关系

因此，油液监测技术在设备"状态维修"早期主动维护中发挥的作用更加突出。油液监测技术以测取设备油液性能与磨粒的信息来识别设备的状态，科学地确定设备的维修周期和维修方案及油液的换油期，避免了维修的盲目性，不仅节省了维修费用，也提高了维修质量。早在 1995 年，美国陆军就实施基于红外分析的油液监测分析技术，将定期换油改为视情换油，1998 年美国陆军报告称此项措施使新油更换费用节约了 4500 万美元，所获效益成本比高达 9∶1，体现了状态维修的效益优势。目前，越来越多国家（或地区）和工业企业在机械设备的维修实践中充分认识到油液监测在延长设备换油周期、减少不必要的检修工作、节省维修成本、减少油液消耗量、及时发现潜在的磨损故障隐患中的突出作用。油液监测技术作为现代设备状态监测与故障诊断工程中的重要组成部分，直接推动了设备维修管理模式的发展，助推设备维修管理由事后维修、定期维修，向状态维修、预知维修乃至主动预防性维修（Proactive Maintenance）等新阶段发展。

1.2　油液监测技术体系

现代油液监测技术体系在表现形式上主要分为离线监测和在线监测，在技术方法上主要分为理化分析、磨损分析和污染分析。另外，网络化、数字化和智能化是当今油液监测技术发展的重要支撑。油液离线监测是指定期通过对机械设备在用润滑油液的取样，送至专业实验室利用各种分析仪器进行检测分析诊断，再出具设备润滑磨损状态监测报告，并通过网络及时传送至客户；油液在线监测则是指通过安装在工业企业机械设备润滑油路上的各类油液传感器及在线监测仪，对设备润滑系统的润滑磨损状态进行连续自动监测，并将实时监测结果及诊断结论上传至客户的显示终端。

1.2.1　油液离线监测

1. 油液离线监测的主要技术内容

离线监测是指通过对现场设备润滑系统取样，送达到实验室进行的油液检测，基本由理化分析、磨损分析和污染分析三部分技术组成，其现场取样的代表性、准确性和及时性很重要，直接影响分析诊断结果。

1）油液理化分析是指采用各种物理化学分析方法对润滑油的各种理化指标进行检测评定。不同种类型号及工况的机械装备对所用润滑油理化指标都有具体的要求与标准，机械装备润滑状态是否正常，在设备润滑系统油压、油温等参数正常的情况下，油液的理化性能指标具有重要的评价作用。润滑油理化指标按照其反映油品性能特征分类，主要分为物理性能指标、化学性能指标和台架性能指标三方面内容，这些性能指标种类繁多，达百余种，但油液监测实验室经常性分析指标也并不多，本书介绍的润滑油、润滑脂和变压器油理化指标检测方法分别有十余种，基本能满足日常油液监测理化指标分析的要求。设备润滑故障往往是导致设备磨损故障的主要原因，而且工矿企业经常发生用错油、加错油及所采购新油质量不达标现象，因此要从根源上减少或避免设备传动部件的异常磨损，就要加强油液的理化性能指标监测，使得设备处于良好的润滑状态。

新油的理化指标分析要严格按照相应的标准方法进行检测，从而才能有效评价其性能是否达标。而对于在用油的理化指标分析，其目的是判断油液的劣化趋势，因此目前工业发达国家对于在用油的理化指标分析，通常采用快速、间接、简单的高通量检测方法，目的是既能评价在用油的劣化趋势，指导设备的视情换油及相应的润滑维护，又能节约检测成本，提高检测效率。例如，国际上大型油液监测实验室常采用红外分析方法取代常规理化分析方法来实现对油液理化指标的监测，但需要大量的检测数据来建立相关关系及推导模型，如用红外分析方法快速检测在用润滑油中的水分、酸值、碱值、积炭、硫化物、氧化物和抗磨剂等的变化，成为油液监测技术发展的重要方向。

2）油液磨损分析是指通过检测在用油液中磨损颗粒的数量、成分、尺寸及形态等，分析机械设备零部件的磨损机理、磨损部位及磨损原因，并预测磨损故障发展趋势的一种监测技术。常用的磨损分析方法有铁谱分析、滤膜分析、PQ分析、光谱元素分析和电镜能谱分析等。其中铁谱分析方法是1970年由美国麻省理工学院（MIT）的W. W. Seifert和美国超音公司（Trans-sonic Inc）的V. C. Westcott合作探索出的一种磨损颗粒分析新技术，在1972年取得成功并被命名为Ferrography（英文原意是铁粉记录术，中国同行将其译成铁谱技术）。1976年，美国福克斯伯罗公司以此成果为基础生产出分析式铁谱仪，它利用高梯度强磁场将磨粒从油液中分离出来制成铁谱片后，通过显微镜对其形态、尺寸进行观察记录，通过光密度读数计检测谱片上磨粒的百分覆盖面积，以此确定磨粒相对浓度；同时也开发出直读式铁谱仪，在高梯度强磁场下磨粒按尺寸大小依次沉积在玻璃管内，再通过光学方法测定大小磨粒的相对含量 D_L 和 D_S。近年来还出现了通过微孔滤膜过滤油中的固体颗粒，再在显微镜下观察各种颗粒的形态来分析磨损的方法，也称滤膜分析，是一种以定性分析设备磨损状态的重要磨损分析法。而PQ分析则通过金属颗粒数量与磁力关联起来，用以分析油样中磁性颗粒的浓度从而分析设备磨损，广泛应用在齿轮箱的磨损监测中。

油液磨损分析还可以通过元素光谱仪对磨粒成分进行分析，这最早可溯源到1941年美国铁路部门采用Baird公司生产的原子发射光谱仪对机车柴油机在用润滑油的分析。元素光谱仪对在用油液分析主要包括以下内容：一是根据不同时期各种磨粒所含金属元素含量，判断摩擦副磨损程度，预测可能发生的失效和磨损率；二是根据磨粒的成分及浓度的变化，判断出现异常磨损的部位；三是根据添加剂元素浓度的变化，判断油液的衰变程度。常用的元素光谱仪有原子发射光谱仪、原子吸收光谱仪和X射线荧光光谱仪等。

3）油液污染分析主要指油液的颗粒污染度分析，是指单位体积油液中固体颗粒污染物的含量，即油液中所含固体颗粒污染物的浓度。由于固体颗粒是油液中最主要和危害性最大的污染物，因而通常所说的油液污染度主要是针对固体颗粒污染物而言。除此之外，可用来评价油液污染状态的指标还有水分、漆膜指数、不溶物、泡沫特性和机械杂质等。

2. 油液离线监测技术体系

油液离线监测技术体系如图 1-2 所示，主要包括 4 个层次内容：一是样品采集，是指在工业企业现场设备润滑油系统中进行取样，通常是在设备在用润滑油的回油口处取样，此处润滑油已流过设备的相关摩擦副且在过滤器前。取样很重要，若样品没有代表性，则会直接影响分析诊断结果；二是检测分析，主要由理化分析、磨损分析和污染分析等三部分组成，都有相应的检测标准。现代油液监测实验室信息化、智能化程度都较高，是保障检测数据的准确性和技术性的重要基础；三是诊断评估，根据监测对象的当前油液分析数据及历史分析数据，依据相关的监测预警标准及智能化方法对设备的润滑与磨损状态进行诊断评估；四是维护决策，对于有重大润滑磨损隐患的设备，诊断工程师要及时与企业设备管理人员沟通，共同商讨对应的维护措施，以保证故障隐患处理的及时性、准确性和可靠性。

图 1-2　油液离线监测技术体系

1.2.2　油液在线监测

1. 油液在线监测技术内容

在线监测是指通过安装在机械设备润滑油路上的油液监测传感器及在线监测仪，对设备的润滑磨损状态进行在线实时监测。随着机械设备不断向大型化、复杂化、成套化发展，对设备的可靠性提出了更高的要求。传统的离线油液监测其检测结果具有一定的滞后性，而在线监测技术手段以其连续性、实时性和同步性等优点，近年来得到了快速发展和应用，但其相关指标检测精度要低于离线实验室的仪器检测，在线监测更主要看其趋势变化。目前，油液在线监测技术也有较快发展，国内外已经研发出较为成熟的传感器及在线监测仪，可以实现对润滑油的理化指标、磨损状态和污染状态的实时监测。

1）基于润滑油液理化指标检测分析的油液品质在线监测技术，其监测的项目主要包括黏度、密度、介电常数等。基于中红外光谱原理的在线监测传感器目前也已面世，这种传感器能够分析监测在用油液的总酸值、总碱值、氧化值、硝化值及添加剂损耗等指标，但其标定建模复杂，需要大量的前期基础样本数据。

2）基于磨粒尺寸、数量及形貌特征识别的磨损颗粒在线监测技术。磨损监测传感器开发是目前油液在线监测的研究热点，这是因为针对油液中的磨损颗粒实时监测，能够直接反映设备的润滑磨损情况。根据传感器检测原理的不同，可以分为电磁监测法、X 射线能谱法、光电监测法和静电监测法等。工程应用以电磁法最为广泛，电磁法是基于电磁感应原理的一种监测方法，传感器原理又分电磁吸附式和电磁感应式。电磁吸附式磨损传感器是基于电磁感应的相互作用原理，利用永磁体的磁特性吸附铁磁，检测铁磁颗粒，同时利用电感线圈的电磁特性产生与永磁体相反的力，使被永磁体吸附的铁磁颗粒释放；而电磁感应式磨损传感器则是通过电磁感应来实现对颗粒的检测，通过比较磁化效应和涡流效应。若是非铁磁性颗粒通过，则内部产生涡流来对抗现有的磁场，磁场的减少与涡流的减少相同；若是铁磁性颗粒通过，则在内部产生磁场来对抗现有的涡流，涡流的减少与磁场的减少相同。因此，可通过对磁化效应和涡流效应之间的关系来检测油液中的金属与非金属颗粒并进行统计。

3）基于水分和固体颗粒检测分析的污染物在线监测技术。水分的监测则包括微量水监测和常态水监测。微量水监测的是润滑油中溶解水，通常采用薄膜电容原理来实现。而针对油中游离态的水，主要通过监测油液的介电常数变化来进行测量。相较于微量水的监测，对油液中常态水传感器的研究并不多，原因是常态水在润滑油中不稳定。

2. 油液在线监测技术体系

以工业互联网为平台的油液在线监测系统架构主要由 4 层组成（见图 1-3），分别是对象层，即选定的监测机组润滑系统；采集层，即根据监测对象配置的油液监测仪器；诊断层，即监控诊断软件系统；运维层，即实现远程运维的云平台。

实现基于工业互联网的油液在线监测技术体系，主要技术包括：一是分布式诊断技术，尤其是多智能体系的诊断技术；二是网络安全技术；三是前端信号处理与提取技术；四是基于网络数据库的各类设备油液监控诊断专家系统。油液在线监测具有三个重要特征：监测过程的实时性、连续性，以及监测结果与被监测对象运行状态的同步性。根据在线监测仪在润滑系统中的安装形式可分为两种：一种是直接安装在主油路中，称为 In-line 在线监测；另一种是安装在附加的旁路油路中，称之为 On-line 在线监测。

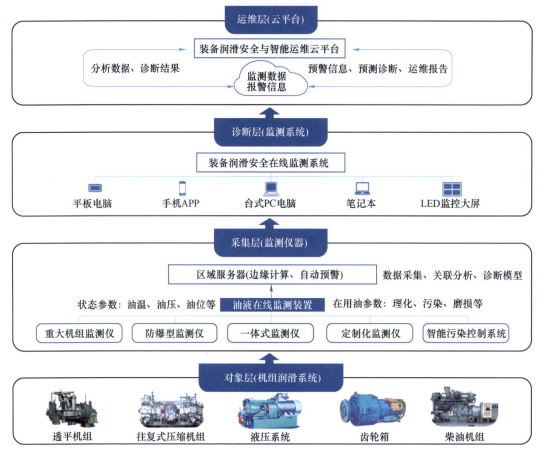

图 1-3　油液在线监测系统架构

1.3　油液监测技术的发展趋势

中国是制造业大国，拥有世界上数量庞大的各类机械设备，如何保障这些设备的安全运行，对设备的状态监测、故障预警、视情运维具有广泛的现实意义。油液监测技术更是一种主动性预防维护技术，将在设备健康管理、状态维修、主动维护中发挥更加突出的作用。特别是近年来，工业互联网、大数据、人工智能在润滑安全智能运维中的深度研究和工程应用，也推动了油液监测技术向网络化、数字化、智能化和集成化方向发展，更加与企业的设备远程运维、无人值守深度融合，助力企业新质生产力的发展，在国民经济建设中越来越多地发挥出重要作用。根据油液监测技术自身内涵、新型工业化发展需求和国内外工程应用现状，油液监测技术主要有以下发展趋势。

1. 开发高通量、高附加值的油液检测方法与技术

高通量快速检测是指一次可检测多个样品或对同一样品进行多种指标快速检测，其目的是在保证检测准确率的前提下提高检测效率、降低检测成本。例如，国际上许多大型商业化油液监测实验室都在研究应用红外光谱分析方法，基于检测大数据建立映射模型，从而实现对常规理化指标的快速分析检测；再如，对于实验室的一些标准检测方法，可以通过不断优化仪器参数设置及检测环节步骤，以实现提高检测效率、减少样品量的目的，这是提高油液离线检测实验室竞争力的重要方向之一。

油液监测的常规任务是用简单高效的检测方法监测设备的润滑磨损状态，但随着工业企业向绿色低碳高质量发展的需求，越来越多的企业将润滑管理视作一项工程建设来对待，"润滑工程"的概念也由此而生，从设备前端的润滑系统设计、润滑介质选型优化，到润滑油应用过程的监测维护、后端的润滑油再生与延寿、废油处理等，形成设备润滑全寿命周期的集成式解决方案，其核心依然在于油液监测技术的应用，但已有的常规标准检测方法不能满足上述需求，需要开发工况模拟、故障复现、寿命预测、润滑自愈等以解决某一特性润滑问题为导向、具有高附加值的试验与分析方法，将成为未来油液检测实验室发展的另一个重要方向。

2. 开发基于工业互联网的智能化油液检测及报告生成系统

油液监测实验室要高效准确检测大量样品，实验室的网络化、数字化和智能化发展是很重要的方向，可以从以下几方面推动。

1）检测样品流转过程的定位、任务分配与流转管理系统的开发，以完善对样品流转过程的时间监控，提高检测效率。

2）构建基于物联网技术的检测数据自动采集、传输，以及基于概率分布模型的智能化检测数据质量控制体系，解决测试过程中的数据突变、仪器故障、人员录入失误等质量问题。

3）监测报告的快速智能生成。针对多参数、多批次样品，检测数据与诊断报告无法自动连接、快速生成诊断报告的困难，首先搭建流程分析器，实现多参数、多批次样品在数据库中共存及状态实时监视，实现检测数据与报告系统的自动连接，高效灵活地调配任务；其次结合专家知识，采用机器学习及大数据分析技术，制定多行业特定设备的油液监测诊断规则，建立智能化诊断结论库，实现"工业互联网"＋"检测+数据+智能"＋"平台化服务"的润滑油检测与智能诊断报告技术体系。

3. 构建设备润滑磨损智能诊断与运维决策的多层级数据库

数据库的建设是实现智能化检测及大数据人工智能诊断的重要基础，根据油液监测数据库的特点及功能需求，可以重点从以下方面建设。

1）构建面向大批量、多参数润滑油检测多源异类数据存储的多模态数据库，形成结构化数据（如设备信息、油液信息、检测结果等数据）和非结构化数据（如监测案例、红外谱图、磨粒图像等数据）的多模态润滑油检测与诊断数据库，满足对多样性数据的统一管理需求。

2）构建面向不同行业的重大装备润滑磨损智能诊断与运维决策的多层级数据库，为人工智能诊断提供海量学习样本。根据诊断分析应用场景，进行数据需求逆推，构建系列与诊断分析密切关联的数据库，如检测方法库、油液信息库、设备信息库、诊断标准库及诊断案例库等，有了这些数据库，才能满足实验室全方位、多维度的快速诊断分析需求。

3）制定海量数据中异常检测数据自动清洗规则与方法，实现对真实润滑油检测数据与异常检测数据的有效区分，提升数据预处理的准确性；在数据库层面要制定面向不同润滑油性能指标检测项目的数据清洗规则函数，开发润滑油检测数据自动清洗系统，保障清洗过程的高效和灵活。

4. 构建基于大数据与机器学习的机械设备润滑磨损故障智能诊断体系

针对传统的润滑故障诊断分析经验依赖性强，分析过程中容易遗漏信息、诊断结论受知识局限，以及因难以发现数据的潜在关联而导致诊断深度不够的问题，首先，有必要进行油液监测智能诊断方法的研究，对在用油液的监测大数据进行深度挖掘，根据大数据统计分析建立油液监测诊断阈值标准。其次，是要建立基于决策树、BP 神经网络、PCA-SVM 支持向量机等机器学习算法的润滑故障模式识别模型，实现基于监测数据和诊断模型的人工智能数据处理和故障诊断，解决传统人工诊断的分析判断不全面、不深入、不统一、不客观的问题。

当前，设备故障诊断进入了大数据时代，构建基于大数据与机器学习的工程化、智能化的设备润滑状态评定与寿命预测，以及磨损评估与诊断等系统化技术体系，挖掘设备润滑磨损故障诊断大数据中隐含的特征，获取故障发生、发展和防治规律，实施"大数据+深度学习+机理知识"的诊断模式，是今后故障诊断发展的重要趋势。

5. 研究开发工程应用的磨损颗粒智能识别系统

通过磨损颗粒的形态识别来实现监测诊断设备的磨损状态，是油液监测技术的重要方向之一。磨损颗粒智能识别的发展历史可追溯到 20 世纪 70 年代，其发展可分为经典机器学习和深度学习两个阶段。经典机器学习阶段的磨粒识别是由人工定义特征参数，提取磨粒特征进行分类，由于机器学习表达能力有限，所以需要人工建立复杂的特征工程，分类精度和准确率较低。2018 年后，随着图像处理技术的快速发展，磨粒智能识别的研究也进入了深度学习阶段。深度学习技术可以将特征提取和分类都交由机器进行自我学习，大幅度地提升了磨粒识别的准确性。尽管深度学习技术使磨粒识别的智能化工作取得了较大进展，但目前仍存在有待解决的问题。

1）现阶段磨粒智能识别还主要是对离线检测获取的静态图像的识别，这种方式不能满足在线监测获取的连续动态磨粒图像识别的需求。

2）多数研究还主要是解决磨损颗粒识别的问题，但如何将识别结果进行数字化表征，进而实现自动化、智能化分析与诊断设备的磨损故障状态，还缺少工程应用研究。

3）从整体上看，磨损颗粒智能识别与诊断技术还处于研究阶段，工程化应用较少。未来的磨损颗粒智能识别发展趋势将以动态视频识别为主，并融合大数据分析与智能算法模型，形成集采集、识别、诊断于一体的可用于在线监测的工程化产品，实现对设备磨损状态的实时监测与诊断。

6. 研发低成本、高可靠性和高环境适应性的油液传感器及在线监测仪

面向油液监测数字化、网络化、智能化发展目标，从理化性能、污染程度、设备磨损三个维度，开展油液传感器及监测仪关键技术研究，主要有以下几个方向。

1）开发与优化油液状态监测敏感元器件，设计基于模块化集成的油液状态监测整机装置，构建关键装备故障诊断与润滑磨损健康评估体系，开发基于物理信息架构的油液监测智能诊断系统。

2）开发灵巧化和微型化的智能传感器，即具备信号处理、数据融合、自校准、自诊断和潜在的自动推理能力，并最终可以通过无线接口传输信息的微型油液在线监测传感器，采用此类传感器可解决在设备内部布线困难等问题。

3）要攻克传感器监测大数据智能应用技术，搭建传感器系统智能评估模型，改进原始信号智能处理方法，优化传感器稳定性算法池，实施模拟试验台架破坏性试验验证，以及强化人机交互可视化展示能力等。开发出低成本、高可靠性和高环境适应性油液传感器及监测仪，才能满足普及推广的工程化应用要求。

7. 研究开发多种在线监测方法集成融合的诊断方法

现代机械设备越来越复杂，对其运行状态评估与健康管理仅靠油液监测技术是难以满足全面要求的，需要结合设备的振动、温度、力学性能等参数，构建基于多种监测方法的多源信息融合的设备综合监测技术体系，这也是为设备"状态维修"提供更加全面、更为可靠的状态监测支撑，主要有以下三方面工作。

1）在采集层，实时采集关键装备油液状态、振动、噪声、温度、流量及压力等参数，加强在数据采集端的多源数据融合，实现监测模态的共同体。

2）在诊断层，系统建立基于阈值的数据诊断算法、基于形状因子的设备故障倾向规则、基于健康指数的装备运行状态评价标准。从故障仿真算法、故障特征建模、关键参数调整及实时反馈分析等角度，考虑多种参数信息对关键机组的影响，判定机组运行健康状态，提出正确的设备维修指导建议，打造融合诊断生态圈。

3）在展示层，持续强化人机交互体验感，利用 AI 算法建立寿命预测模型，实现对剩余寿命的预测和预警；提高系统的可靠性和稳定性，实现多维可测、模型自主、精确可判。

8. 研究开发便携式油液监测仪

开发便携式油液监测仪及其推广应用，也是油液监测技术的一个重要方向。在民用方面，一些偏远的矿山、车队维修厂等若按照传统的油液检测方法，则可能需要将油样送到实验室进行分析，这不仅耗时且实施困难，还可能导致检测结果与实际状况产生偏差，但便携式油液监测仪则可以在现场直接进行检测，提供实时、准确的油液状态信息。特别是在军用方面，武器装备的快速机动部署运行，要求油液监测分析仪器能够适应野外使用。近年来，各国相应研发了多种便携式油液分析仪，特点基本是使用方便、分析速度快、仪器体积小质量轻、对使用环境要求低、耐用可靠及维护保养方便等。美军很早就开始了便携式油液分析仪器的普及使用，如在 2000 年美国海军各舰队都标配了美国 Kittiwake 公司开发的便携式 OTC（Oil Test Center），其只有一个手提箱大，用简便的方法就可以快速检测润滑油的黏度、水分、总碱值、总酸值及不溶物含量等，广泛应用于机动状态舰船动力柴油机油液的状态监测。

9. 油液离线监测、在线监测相互补充，协同发展

油液离线监测在国内已发展了 40 多年，检测项目、方法和仪器也较成熟，大多项目都有相应的检测标准，相应的支撑技术也较完善。与国际上先进的油液检测实验室相比，我国专业化实验室的检测效率和准确率都达到了较高的水平，目前更多的是要向网络化、数字化和智能化方向发展，减少对检验人员及诊断工程师的依赖，提升对样品的处理能力，进一步提高服务的及时性。在线监测是近十年来发展起来的，其技术成熟度不如离线监测，特别是油液传感器及在线监测仪的工业环境适应能力、监测数据的稳定性、监测诊断逻辑的可靠性等都有待深入研究并经受工程应用的验证考验，目前这些研究也都在稳步发展。

从工矿企业机械装备润滑与磨损状态监测工程应用角度来考虑，油液离线监测与在线监测各有其优点和特点：离线监测数据相对精确可靠，能全面深入评价设备的润滑磨损状态，特别是对润滑油质量及劣化状态评价有其不可替代的作用，但监测结果反馈滞后，监测数据的及时性和连续性因人工取样而受到影响。在线监测更加实时连续，但其监测数据稳定性及精度偏低，由于目前传感技术的限制，在线监测的项目也有限，而且单台油液在线监测仪成本还较高，难以大面积普及应用。在实际工程应用中，许多企业都是对大部分设备建立油液离线监测制度并设定了取样监测周期，而对于部分关键重大设备加装油液在线监测仪。在未来很长一段时间，随着油液在线监测仪的生产成本降低及可靠性提高，新型工业化对设备管理数字化和智能化的更高要求，推动油液在线监测应用将得到快速发展，会依托人工智能和大数据应用，从以离线监测为主的油液监测诊断逐步转变为以在线监测为主，但复杂的故障分析及确诊还是需要离线监测技术来支撑。

参 考 文 献

[1] 谢友柏，张嗣伟. 摩擦学科学及工程应用现状与发展战略研究 [M]. 北京：高等教育出版社，2009.

[2] 杨其明，严新平，贺石中. 油液监测分析现场实用技术 [M]. 北京：机械工业出版社，2006.

[3] 贺石中，冯伟. 设备润滑诊断与管理 [M]. 北京：中国石化出版社，2017.

[4] 虞和济，韩庆大，李沈，等. 设备故障诊断工程 [M]. 北京：冶金工业出版社，2001.

[5] VACHTSEVANOS G，LEWIS F，ROEMER M，et al. Intelligent Fault Diagnosis and Prognosis for Engineering Systems [M]. Wiley：New Jersey，2006.

[6] 胡大越. 铁谱技术的现状及展望：第一届铁谱技术学术交流会论文集 [C]. 广州：铁谱技术专业委员会，1986.

[7] 丁光健. 铁谱监测技术的评价与摩擦学诊断技术：第一届铁谱技术学术交流会论文集 [C]. 广州：铁谱技术专业委员会，1986.

[8] 贺石中. 应用光谱、铁谱技术对电动轮车汽车发动机的状态监测：1990 中国铁谱技术会议论文集 [C]. 合肥：铁谱技术专业委员会，1990.

[9] 严新平. 油液监测技术的发展及其思考：1999 全国铁谱技术会议论文集 [C]. 润滑与密封，1999（增刊）：8-10.

[10] 贺石中. 商业化油液监测实验室的建设和发展：2002 全国油液监测技术会议论文集 [C]. 上海：全国油液监测技术委员会，2002.

[11] 毛美娟，朱子新，王峰. 机械装备油液监控技术与应用 [M]. 北京：国防工业出版社，2006.

[12] 赵方，谢友柏，柏子游. 油液分析多技术集成的特征与信息融合 [J]. 摩擦学学报，1998，18（1）：45-52.

[13] 严新平，谢友柏，李晓峰，等. 一种柴油机磨损的预测模型与试验研究 [J]. 摩擦学学报，1996，16（4）：358-366.

[14] 司远. 基于深度网络压缩的滚动轴承智能故障诊断方法研究 [D]. 成都：电子科技大学，2023.

[15] 董文婷. 基于大数据分析的风电机组健康状态的智能评估及诊断 [D]. 上海：东华大学，2017.

[16] 赵东方. 基于深度学习的智能故障诊断方法研究 [D]. 上海：上海大学，2023.

[17] 司佳. 面向工业大数据的智能故障诊断方法研究 [D]. 济南：山东大学，2018.

[18] 曹源. 大数据下变电站多智能体系统故障诊断 [D]. 乌鲁木齐：新疆大学，2020.

[19] 雍彬. 风电齿轮箱故障智能诊断关键技术研究 [D]. 重庆：重庆大学，2020.

[20] 刘潇波. 基于深度学习的风电机组传动链故障智能诊断 [D]. 北京：华北电力大学（北京），2023.

[21] 徐智涛. 基于深度学习的跨域故障智能诊断方法研究 [D]. 北京：北京化工大学，2024.

[22] 李振宝. 基于深度学习的典型液压泵智能故障诊断与寿命预测方法 [D]. 秦皇岛：燕山大学，2023.

[23] 张海涛. 基于电阻测量的高通量实验方法开发与应用 [D]. 成都：电子科技大学，2018.

［24］ 刘恒. 高通量电化学测试系统研制［D］. 成都：电子科技大学，2017.

［25］ 冯浩洲. 高速列车车轮剖面成分、组织、硬度高通量表征方法研究［D］. 北京：钢铁研究总院，2022.

［26］ ZHU H Q，LEI Y B. QI G Q，et al. A review of the application of deep learning in intelligent fault diagnosis of rotating machinery［J］. Measurement，2023，206：24.

［27］ TANG S，YUAN S，ZHU Y. Deep learning-based intelligent fault diagnosis methods toward rotating machinery［J］. IEEE，2020（8）：9335-9346.

［28］ LEI Y，JIA F，LIN J，et al. An intelligent fault diagnosis method using unsupervised feature learning towards mechanical big data［J］. IEEE Transactions on Industrial Electronics，2016，63（5）：3137-3147.

第 2 章　油液理化性能分析技术

在工矿企业的实际应用过程中，设备因用油选型错误、新油质量问题、在用油液污染变质，以及油液理化性能劣化等原因所导致的润滑不良，往往是造成设备异常磨损故障的主要原因。设备的润滑状态好坏主要是由油液及油脂的物理化学性能所决定的，因此在开展油液监测诊断工作中，必须对设备在用油液及油脂的理化性能进行检测，以判断设备的润滑状态是否符合设备的使用要求。本章分别介绍了润滑油、润滑脂和变压器油的主要理化指标检测项目的基本概念、检测意义、检测方法及分析仪器。

2.1　润滑油理化指标的检测

润滑油的理化性能指标很多，本节主要从工矿企业油液监测和智能诊断技术的角度介绍对设备润滑状态有着直接影响的理化性能指标，主要有黏度、黏度指数、水分、闪点、酸值、碱值、凝点和倾点、机械杂质、不溶物、抗乳化性、泡沫特性、抗磨性和极压性、液相锈蚀、铜片腐蚀、抗氧化性能、润滑油剩余抗氧剂含量测定（RULER）及漆膜倾向指数等。

2.1.1　黏度

1. 基本概念及检测意义

润滑油因受到外力作用而发生相对移动时，油分子之间产生的阻力使油液无法进行顺利流动，描述这种阻力大小的物理量称为黏度，黏度是液体内摩擦力的体现。黏度的度量方法有绝对黏度和相对黏度两大类。其中，绝对黏度分为运动黏度、动力黏度两种；相对黏度主要有恩氏黏度、赛氏黏度和雷氏黏度三种。对于润滑油而言，主要是评价油液的绝对黏度。

动力黏度（Dynamic Viscosity）是液体在一定剪切应力下流动时内摩擦的量度。其定义为所加于流动液体的剪切应力与剪切速率之比，用符号 η 表示。其法定计量单位为 Pa·s 或 MPa·s。

运动黏度（Kinematic viscosity）为液体的动力黏度与其同温度下的密度之比，用符号 ν 表示。其法定计量单位为 m^2/s，一般常用 mm^2/s。润滑油液的黏度性能主要用运动黏度来表示。

运动黏度又是润滑油液的重要理化性能指标。设备所用润滑油的黏度是否合理，直接影响设备的润滑效果。运动黏度往往是油液监测的必检项目，其重要性主要体现在以下几个方面。

1）依据 ISO 3448—1992《工业液体润滑剂-ISO 黏度分类》，将工业润滑油按 40℃ 运动黏度划分为 2、3、5、7、10、15、22、32、46、68、100、150、220、320、460、680、1000、1500、2200、3200 共 20 个等级，每个运动黏度等级对应的具体范围就是该级别号 ±10% 的区间，例如，46 等级运动黏度值具体范围就是 41.4～50.2，即 46(1±10%)。因此运动黏度检测是确定油液是否符合某种等级的重要依据，也是检验新油质量的重要指标。

2）运动黏度是设备选用润滑油的主要依据。因为运动黏度的大小会影响油膜形成的好坏，这直接影响润滑油的抗磨和减磨效果，所以设备选用的油液运动黏度必须与设备运行工况相符。若选用油液运动黏度过小，则摩擦副表面形成的油膜较薄，在高负荷工况下，油膜极易破裂，导致局部干摩擦，引起摩擦副表面磨损，严重时会发生烧结；若选用油液运动黏度过大，则油液的内摩擦力大、流动性差，在设备冷起动时，油液不能迅速到达摩擦副表面并形成连续油膜，也会导致摩擦副的异常磨损。此外，当运动黏度过高时，不利于散热，润滑油难以发挥冲洗和散热的作用，也不利于设备的润滑。因此，选择运动黏度时，需要综合考虑，在保证设备处于良好的流体润滑条件的前提下，尽可能选择低运动黏度润滑油。

3）运动黏度是油液氧化和污染的重要评价指标。润滑油品在使用过程中因污染、劣化等原因而使其运动黏度发生较大的变化。如油液氧化产生的油泥、外界污染的粉尘泥等都会使油液运动黏度升高；而轻质成分如燃油、气体等的污染将使运动黏度降低。一旦运动黏度变化超出了设备润滑允许的范围，将导致设备润滑不良，产生异常磨损。因此，在日常油液监测工作中，必须对油液运动黏度进行检测。这是判断设备润滑状态、确定是否换油的重要依据。

4）运动黏度是现场加换油管理重要的监督指标。因加换油错误而对设备造成的异常，在工矿企业时有发生，设备的润滑台账与现场检测运动黏度值不符合，说明现场的润滑管理存在缺陷。通过对运动黏度进行监测，可以及时发现加换油操作上的失误。

2. 检测方法及分析仪器

早些年国际上使用黏度单位和测试方法并不统一。英国、美国等国家和地区多采用赛氏和雷氏黏度，德国和西欧一些国家和地区常采用恩氏黏度和运动黏度，我国则主要采用运动黏度。近年来，国际标准化组织（ISO）为了使黏度度量单位保持一致，规定统一采用运动黏度之后，各国都逐步改用了运动黏度，单位以 mm^2/s 表示。运动黏度常见的检测方法有毛细管黏度计法、自动黏度计法和斯塔宾格黏度计法。

（1）毛细管黏度计法

毛细管黏度计法是最常见的运动黏度测定方法，其测试过程是在某恒定的温度（常用 20℃、40℃、100℃）下，测定一定体积的液体在重力作用下流过一个经标定的玻璃毛细管黏度计的时间。这个时间与毛细管黏度计标定常数的乘积即为该温度下测定的液体运动黏度。目前，我国运动黏度检测方法的国家标准有 GB/T 265—1988《石油产品运动粘度测定法和动力粘度计算法》、GB/T 11137—1989《深色石油产品运动粘度测定法（逆流法）和动力粘度计算法》和 GB/T 30515—2014《透明和不透明液体石油产品运动黏度测定法及动力黏度计算法》；美国材料与试验协会的运动黏度检测方法为 ASTM D445《透明和不透明液体运动黏度测试的标准测试方法》。其中 GB/T 265—1988 采用的是顺流式毛细管黏度计，适用于透明石油产品的运动黏度的测定；GB/T 11137—1989 采用的是逆流式毛细管黏度计，适用于测定不透明的深色石油产品和使用后的润滑油的运动黏度；而 GB/T 30515—2014 修改采用了 ISO 3104《石油产品　透明和不透明石油液体　运动黏度的测定和动力黏度的计算》，适用于透明和不透明液体运动黏度和动力黏度的测定，对黏度计没有做统一规定；ASTM D445 方法，也是适用于透明和不透明液体石油产品运动黏度的测定，但要求采用使用乌氏黏度计，测试范围为 $0.2 \sim 300000 mm^2/s$。

测定运动黏度时，首先，必须控制好被测油液的温度，GB/T 265—1988、GB/T 11137—1989 要求控温精度达到 ±0.1℃，而 GB/T 30515—2014 和 ASTM D 445 要求温度设定在 15 ~ 100℃ 内时，油温变化不超过 ±0.02℃。其次，则是根据被测油液的黏稠特性选择恰当的毛细管内径尺寸，保证被测油液流经毛细管黏度计的时间在规定范围之内。另外，选用的毛细管黏度计要洁净无污染，测定过程中毛细管黏度计必须保持竖直，油液不能产生气泡，毛细管黏度计常数必须定期重新标定。

玻璃毛细管黏度计应符合 GB/T 30514—2014《玻璃毛细管运动黏度计 规格和操作说明》和 ASTM D446—2012《玻璃毛细管运动黏度计的使用说明和标准规范》的要求。GB/T 30514—2014 和 ASTM D446—2012 中指出，为了使运动黏度测量可靠，在测试过程中流体必须沿着毛细管以均匀的速度缓慢移动，确保流动必须是完全层状且没有湍流。如果油液流动过快，会发生湍流，从而影响油液的流动时间。特别是当流动时间<200s 时，运动油液的部分能量转化为热量，阻碍油液的运动，需要进行动能修正，因此 GB/T 265—1988 一般要求样品流动时间至少达到 200s。

运动黏度的检测仪器主要由玻璃毛细管黏度计、恒温浴缸、温度计和秒表等组成，图 2-1 所示为运动黏度检测仪、图 2-2 所示为 ASTM D445 运动黏度检测仪，图 2-3 所示为毛细管黏度计、图 2-4 所示为乌氏黏度计。

图 2-1　运动黏度检测仪

图 2-2　ASTM D445 运动黏度检测仪

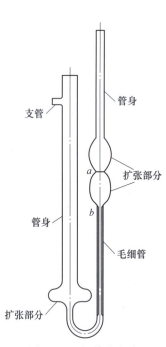

图 2-3　毛细管黏度计
注：a、b 为标线。

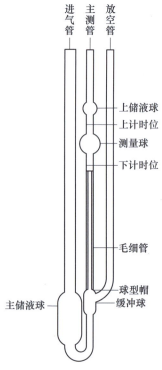

图 2-4　乌氏黏度计

（2）自动黏度计法

为进一步缩短黏度检测时间，我国国家能源局发布了 NB/SH/T 0956—2017《透明和不透明液体运动黏度的测定　折管式自动黏度计法》。自动黏度计主要由恒温浴、自动搅拌装置和自动控温装置等组成，如图 2-5 所示。其中恒温浴缸要有观察孔，恒温浴的高度≥180mm，容积≥2L。用于测定黏度的秒表、毛细管黏度计都必须定期检定。

测试时，样品被引入自动黏度计，然后流入置于恒温缸内的黏度计管中，在流动的过程中达到恒温缸的温度。该黏度计管有两个检测区域，如图 2-6 所示。当样品到达第一个检测区域 2 时，自动仪器开始计时，当样品通过第二部分检测区域 1 时，仪器停止计时，用这个时间间隔来计算出运动黏度。该方法所需检测样品仅为 0.5mL 左右，并可在 8~10min 内完成试验。

图 2-5　自动黏度计

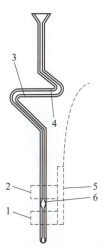

图 2-6　自动黏度计管

1、2—标定过的检测区域

3、4—样品池　5—测量池　6—扩张部分

（3）斯塔宾格黏度计法

斯塔宾格黏度计可用于测定石油产品动力黏度和密度，然后根据测试结果计算运动黏度，图 2-7a 所示为一种常见的斯塔宾格黏度计。斯塔宾格黏度计测试池主要由黏度测试单元、密度测试单元和温度控温单元（热电加热和冷却系统）等组成，如图 2-7b 所示。其中黏度测试单元是一个同心轴圆筒构造的测量体系，如图 2-7c 所示。外圆筒为样品管，通过

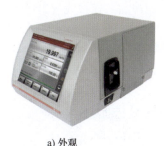

a）外观

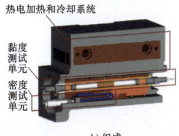

b）组成

c）黏度测试单元

图 2-7　斯塔宾格黏度计

电动机驱动。内圆筒为转子，在较高密度试样的离心力作用下悬浮在转动轴中，并处在磁铁和软铁环的纵向位置。内圆筒中的永磁铁在铜衬层中产生涡流，通过黏性力的驱动扭矩和阻滞涡流扭矩的平衡确定内圆筒的旋转速度，这一旋转速度被电子系统通过计算旋转磁场的频率测出，即可获取样品的动力黏度。密度测试单元由 U 形振动样品管、电子激发及频率计数系统组成，通过测量 U 形样品管的振动频率，可以获取样品的密度。

斯塔宾格黏度计测试运动黏度相应的方法主要有 NB/SH/T 0870—2020《石油产品动力黏度和密度的测定及运动黏度的计算 斯塔宾格黏度计法》，该方法所需样品量为 3mL，可以测试-30~120℃之间的任意温度，测试温度不同，所用时间也不同，一般可在 3~30min 内完成检测。

2.1.2 黏度指数

1. 基本概念及检测意义

黏度指数是用来评价润滑油黏温性能的定量指标。温度是影响润滑油黏度的最重要因素，润滑油的黏度会随温度升高而变小，随温度的下降而变大，黏温性能是指这种润滑油黏度随温度变化的特性。黏温性能越好，黏度随温度变化也越小，其黏度指数也越高；反之，黏温性能越差，黏度随温度变化也越大，其黏度指数也就越低。

用黏度指数表示润滑油黏温性能对润滑油的使用具有重要意义，是设备用油选型的重要因素。当设备的使用环境温差大时，需要润滑油在高低温度下均具备良好的润滑性能，此时就需要使用具有较高黏度指数的润滑油，否则可能导致润滑不良。例如，若发动机使用了黏温特性较差的润滑油，则在运行环境温度较低时黏度过大，柴油机起动后，润滑油不易流到摩擦副间隙，会造成机械部体的异常磨损。反之，在油液温度升高时，润滑油黏度过小，机械摩擦副间又不能形成适当厚度的油膜，使摩擦面产生擦伤或胶合。因此，要求设备使用黏度指数高的润滑油。黏度指数的测定主要用于新油的质量验收。

根据黏度指数不同，可将润滑油分为三级：35~80 为中黏度指数润滑油；>80~110 为高黏度指数润滑油；>110 为特高级黏度指数润滑油。

2. 检测方法及分析仪器

黏度指数是一个经验比较值。为了计算石油产品的黏度指数，国际标准化组织石油产品技术委员会专门制定了 ISO 2909：2002《石油产品 根据运动黏度计算黏度指数的标准》，美国材料与试验协会也发布了黏度指数的计算方法 ASTM D2270《根据 40℃ 和 100℃ 运动黏度计算黏度指数的标准规范》。我国也等效采用 ASTM D2270 制定了国家标准 GB/T 1995—1998《石油产品黏度指数计算法》。该标准规定了石油产品在 40℃ 和 100℃ 条件下运动黏度计算黏度指数的两种方法。其中方法 A 适用于黏度指数<100 的石油产品，通过式（2-1）计算，即

$$VI = \left[(L - U)/(L - H) \right] \times 100 \qquad (2\text{-}1)$$

式中 L——与试样 100℃ 运动黏度相同，黏度指数为 0 的油液在 40℃ 时的运动黏度（mm²/s）；

U——试样 40℃ 时的运动黏度（mm²/s）；

H——与试样 100℃ 运动黏度相同，黏度指数为 100 的油液在 40℃ 的运动黏度（mm²/s）。

而方法 B 适用于黏度指数≥100 的石油产品，可通过式（2-2）计算，即

$$VI = \left\{ \left[(\text{antilog}N) - 1 \right]/0.00715 \right\} + 100 \qquad (2\text{-}2)$$

其中：

$$N = (\log H - \log U) / \log Y \tag{2-3}$$

式中　U——试样 40℃时的运动黏度（mm^2/s）；

　　　H——与试样 100℃运动黏度相同，黏度指数为 100 的油液在 40℃的运动黏度（mm^2/s）；

　　　Y——试样 100℃时的运动黏度（mm^2/s）。

由于黏度指数是根据石油产品 40℃和 100℃运动黏度计算得出的，因此要获得油液的黏度指数，则需使用相同方法测试 40℃和 100℃运动黏度，然后通过相应的公式计算出来。

2.1.3　水分

1. 基本概念及检测意义

水分表示油液中水含量的多少，用 mg/kg、mg/L、%（质量分数）或%（体积分数）表示。水分通常以游离水、乳化水和溶解水三种状态存在于润滑油中。一般来说，游离水比较容易脱去，而乳化水和溶解水都不易脱去。矿物润滑油一般对水的溶解能力较小，而某些合成油如酯类油、某些结构的聚醚和硅酸酯，则能吸收空气中的水分而水解。

油液中过多的水分将严重影响设备的润滑效果，因此必须将油液中水分含量控制在尽可能低的程度。无论是对新油还是对在用油，水分都是一项重要的必检项目，其重要性主要体现在以下几个方面。

1）水分增多会加速油液氧化变质，导致油泥增加，过多的水分会萃取出油液中的酸性组分，加速对金属的腐蚀。

2）水分存在会促使油液乳化，破坏润滑油膜，使润滑效果变差；当温度升高时，油液中水分将汽化形成气泡，不仅破坏油膜，而且会产生气阻，影响润滑油的循环。

3）水分增多会使油液中添加剂因发生水解反应而失效，加速油液劣化，因产生沉淀而堵塞油路，使其不能正常循环供油。

4）水分会影响油液的低温性能，在低温时，油液的流动性变差，甚至结冰，堵塞油路，影响润滑油的循环和供油。

2. 检测方法及分析仪器

润滑油中水分含量的测定主要有两种方法，分别是蒸馏法和卡尔费休水分测定法。

（1）蒸馏法

蒸馏法是将一定量的试样与无水有机溶剂混合，在规定的仪器中进行加热蒸馏。溶剂和水一起被蒸发并冷凝到一个计量接收器中，而且溶剂和水不断分离，由此从润滑油样品中分离出水分并测定出水分含量。蒸馏法测试水分的常用标准有 GB/T 260—2016《石油产品水含量的测定　蒸馏法》和 ASTM D95《蒸馏法测定石油产品和沥青材料中含水量的标准试验方法》。其中 GB/T 260—2016 方法使用 10mL 精密锥形接收器，当水分含量>0.3%时，水分含量测试结果精确至 0.1%；当水分含量≤0.3%时，水分含量测试结果精确至 0.03%；水分含量<0.03%则称为"痕迹"，若仪器拆卸后接收器中无水分，则报告为"无"。而 ASTM D95—2013 方法，水分含量测试结果最小精确至 0.05%。

GB/T 260—2016 中采用的水分测定仪主要由容量为 500mL 的圆底玻璃烧瓶、水分接收器、长度为 250~300mm 的直管式冷凝管和可调温电热加热器所组成，如图 2-8 所示。水分测定仪的各部分要用磨口塞连接。10mL 精密锥形接收器的刻度在 0.3mL 以下设有十等分的刻线，最小分度值为 0.03mL；0.3~1.0mL 之间设有七等分的刻线，最小分度值为 0.1mL；1.0~10.0mL 之间每分度为 0.2mL。

（2）卡尔费休水分测定法

卡尔费休水分测定法是通过卡尔费休反应来测定水分含量的，其测试原理是在甲醇和弱碱吡啶存在时，将一定量的试样加入到卡尔费休库仑仪的滴定池中，滴定池阳极的卡尔费休电解液会电解生成碘，碘与试样中的水根据反应的化学计量学，按 1：1 的比例发生卡尔费休反应。当滴定池中所有的水分都反应消耗完后，滴定仪通过检测过量的碘产生的电信号，确定滴定终点并终止滴定。根据法拉第电解定律，电解所用的电量与碘物质的量成正比，通过滴定过程中消耗的电量，就可以计算出水分含量。卡尔费休法测定水分含量可以精确至 10^{-6}，相对于蒸馏法，卡尔费休水分测定法更为精准。

卡尔费休水分测定法的标准比较多，对于润滑油水分的测定，国内最常用的是 GB/T 11133—2015《石油产品、润滑油和添加剂中水含量的测定 卡尔费休库仑滴定法》和 GB/T 7600—2014《运行中变压器油和汽轮机油水分含量测定法（库仑法）》。卡尔费休电位滴定法水分测定仪主要由滴定池、铂电极、磁力搅拌器和控制单元部分组成，如图 2-9 所示。

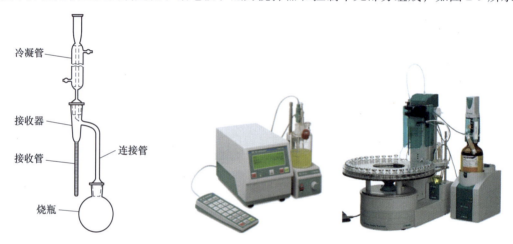

图 2-8　蒸馏法水分测定仪　　　　　　图 2-9　卡尔费休电位滴定法水分测定仪

2.1.4　闪点

1. 基本概念及检测意义

润滑油在规定的试验条件下，试验火焰引起润滑油蒸气着火，并使火焰蔓延至液体表面的最低温度，且修正到 101.3kPa 大气压下的温度为闪点。

闪点又分为开口闪点和闭口闪点。开口闪点用于重质润滑油和深色润滑油闪点的测定；闭口闪点用于轻质润滑油和燃料油的闪点测定。一般情况下，同一个样品的开口闪点要比闭口闪点高 20～30℃。

企业在开展润滑油监测过程中，为了保障安全，闪点是必检项目，其重要性主要表现在以下几个方面。

1）闪点是评价石油产品蒸发倾向和安全性的指标，它不仅可直观反映其馏分组成的轻重，还可以判断油液变质情况，是石油产品使用储存的一项重要理化指标。为了保证润滑油使用安全，在选用润滑油时，一般要求闪点比使用温度高 20～30℃。

2）润滑油闪点的高低不仅取决于自身的特性，还取决于油液中是否混入其他组分及其含量。若油液中混入轻质组分，其闪点会下降，不仅存在安全隐患，同时还会影响润滑效果, 应立即查找原因。对于发动机的油液监测, 为了避免燃油泄漏造成事故, 闪点是必检项目。

3) 为了解油液组分均匀性和挥发性, 可以同时测定开口内点、闭口闪点。这是因为测开口闪点时有一部分油蒸气挥发了, 若同一油样开口闪点与闭口闪点之差太大, 则表明该油液组分不均匀、易挥发, 在使用中应加以注意。

2. 检测方法及分析仪器

（1）开口闪点

开口闪点通常采用克利夫开口杯仪器检测, 测定原理是将试样装入试验杯中到规定的刻线后, 迅速升高试样的温度, 当接近闪点时再缓慢地以恒速升温。在规定的温度间隔下, 用点火器火焰按规定通过试样表面, 使试样表面上的蒸气发生闪火, 并将火焰蔓延至液体表面的最低温度作为该样品的开口闪点。在闪点测试过程中, 应避免外界环境对试验蒸气浓度的干扰, 否则会影响测试结果。对于黏度较高油液, 由于测试过程中产生的泡沫不能及时消退, 在试验结束后仍残留在油液表面, 因此得出的结果是不可靠的。

开口闪点常用的检测方法有 GB/T 3536—2008《石油产品　闪点和燃点的测定　克利夫兰开口杯法》和 ASTM D92《用克利夫兰开口杯闪点仪测定闪点和燃点的试验方法》。克利夫兰开口杯试验仪器主要由试验杯、加热板、试验火焰发生器和加热器等组成, 如图 2-10 所示。

（2）闭口闪点

闭口闪点通常采用宾斯基-马丁闭口闪点仪测定。测试时, 将试样装入封闭的加热杯内, 在规定的速率下连续搅拌, 并以恒定速度加热样品。在规定的温度间隔并同时中断搅拌的情况下, 将试验火焰引入杯内, 使试样上的蒸气闪火, 并使火焰蔓延至液体表面的最低温度即为闭口闪点。

闭口闪点常用的测试方法有 GB/T 261—2021《闪点的测定　宾斯基-马丁闭口杯法》和 ASTM D93《用宾斯基-马丁闭口杯闪点仪测定闪点的试验方法》。GB/T 261—2021 包含步骤 A 和步骤 B 两种方式测定油液的闪点, 两种方式的主要差异在于加热速率和搅拌速率不同。步骤 A 适用于新油, 步骤 B 适用于运行油, 但在监控润滑油系统时, 为了进行新油与运行油闪点的比较, 也可以用步骤 A 来测定运行油的闪点。宾斯基-马丁闭口闪点试验仪器主要由试验杯、点火器、搅拌装置和加热室等组成, 如图 2-11 所示。

图 2-10　克利夫兰开口杯试验仪器

图 2-11　宾斯基-马丁闭口闪点试验仪器

2.1.5 酸值

1. 基本概念及检测意义

酸值是表示润滑油中酸性物质的多少，指的是中和 1g 油液试样中全部酸性组分所需要的碱量，以 KOH 计，单位为 mg/g。

酸值分为强酸值和弱酸值两种，两者合并即为总酸值。通常所说的酸值即指总酸值。国内常用酸值，国外常用总酸值。

新油或旧油中酸性组分包括有机酸、无机酸、酯类、酚类化合物、内酯、树脂，以及重金属盐类、铵盐和其他弱碱的盐类、多元酸的酸式盐和某些抗氧剂及清净添加剂，一般情况下润滑油中不含无机酸。在油液监测过程中，检测酸值的重要性主要体现在以下几个方面。

1）润滑油酸值的大小对润滑油的使用有很大影响，除了加有酸性添加剂的润滑油酸值较大是正常现象，一般酸值大，则表示油液中的有机酸含量高，可能对与其接触的机械零件造成腐蚀，尤其是有水存在时，这种腐蚀作用可能更加明显。另外，润滑油储存和使用过程中发生氧化变质时，酸值也会逐渐增大，不仅腐蚀设备，而且影响润滑油的使用性能。

2）对新油酸值的检测，一方面能反映基础油的精制程度，酸值越低，表示基础油的精制程度越高，质量也越好；另一方面对于含有酸性添加剂的润滑油，酸值的高低，一定程度上能间接反映润滑油酸性添加剂添加量的多少。酸值是成品油质量的控制指标。

3）对于含酸性添加剂的在用油，随着酸性添加剂逐渐损耗，其酸值在使用初期会有所下降。当添加剂消耗到一定程度后，继续使用油液会导致其氧化变质，产生酸性组分，酸值又逐步增大。因此，在对油液酸值的监测中，根据酸值的变化情况，并结合其他检测指标，可以获得添加剂消耗以及油液性能变化情况。

2. 检测方法及分析仪器

酸值的测试方法主要有三类，分别是颜色指示剂法、电位滴定法、温度滴定法。

（1）颜色指示剂法

颜色指示剂法是将试样溶解于规定的溶剂中，形成均相体系，用标准碱的醇溶液滴定，通过加入指示剂颜色的变化确定滴定终点，并按滴定所消耗的标准溶液体积数量及其浓度来计算试样的酸值。颜色指示剂法主要用于浅色油液的酸值检测，深色油液由于基体颜色的干扰，故不适宜采用颜色指示剂法。

常见的颜色指示剂检测酸值的方法有 GB/T 264—1983《石油产品酸值测定法》和 GB/T 4945—2002《石油产品和润滑剂酸值和碱值测定法（颜色指示剂法）》。

（2）电位滴定法

电位滴定法是根据滴定过程中指示电极电位的变化来确定滴定终点的一种滴定分析方法。电位滴定法测试酸值的基本原理是将试样溶解在含有少量水的甲苯异丙醇混合滴定溶剂中，以玻璃指示电极和参比电极或者复合电极作为电极对，使用电位滴定仪，用氢氧化钾异丙醇标准溶液进行电位滴定，以电位计读数对应标准溶液滴定体积绘制滴定曲线，将曲线上明显的突跃点作为滴定终点。若无明显的突跃点时，则以新配的水性酸或碱缓冲溶液的电位值作为滴定终点，并根据滴定到终点所使用的氢氧化钾的体积来计算试样酸值大小。

电位滴定测试酸值的常用方法有 GB/T 7304—2014《石油产品酸值的测定　电位滴定

法》和 ASTM D664《用电位滴定法测定石油产品酸值的试验方法》。其中，GB/T 7304—2014 是以 pH 值为 11 的新配水性碱缓冲溶液的电位值作为滴定终点，而 ASTM D664 是以 pH 值为 10 的新配水性碱缓冲溶液的电位值作为滴定终点。电位滴定仪主要由加液单元、电位计、电极和搅拌器等组成。图 2-12 所示为常见的自动电位滴定仪及其典型的电位滴定曲线。

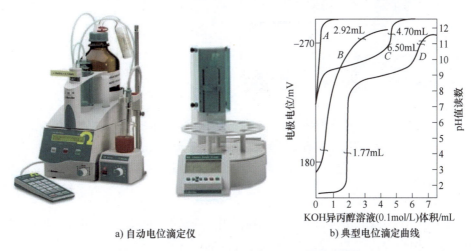

a) 自动电位滴定仪　　　　　　　　　b) 典型电位滴定曲线

图 2-12　自动电位滴定仪及其典型电位滴定曲线

注：曲线 A 代表 125mL 滴定溶剂的空白；曲线 B 代表 10.00g 曲轴箱用过的油加入 125mL 的滴定溶剂。没有明显变化，选择两个水性缓冲溶液的计量读数作为终点；曲线 C 代表 10.00g 包含弱酸的油液加入 125mL 的滴定溶剂。选择曲线接近垂直的点作为终点；曲线 D 代表 10.00g 包含弱酸和强酸的油液加入 125mL 的滴定溶剂。选择曲线接近垂直的点作为终点（1.77mL 为强酸值的滴定终点，6.50mL 为总酸值的滴定终点）。

（3）温度滴定法

温度滴定法是一种使用温度测量系统指示化学反应的终点，同时加入化学物质以提升终点检测灵敏度的滴定方法。目前，采用温度滴定法测试酸值的方法主要有 NB/SH/T 6011—2020《石油和石油产品酸值的测定　催化温度滴定法》。其基本原理是将试样溶解在二甲苯-异丙醇的混合溶剂中，加入适量的多聚甲醛粉末，在使用温度电极的温度滴定仪上，用氢氧化钾异丙醇标准溶液进行温度滴定，以温度对应标准溶液滴定体积来绘制滴定曲线。氢氧化钾和试样发生反应为放热反应，多聚甲醛的解聚反应为吸热反应。当试样中所有的酸反应完全后，多聚甲醛在碱的作用下，持续发生吸热的解聚反应，曲线的斜率会发生明显变化，曲线斜率的变化点即为滴定终点。温度滴定仪主要由加液单元、温度电极和搅拌器等组成。图 2-13 所示为常见的自动温度滴定仪及其典型温度滴定曲线。

温度滴定法作为一种新的物理化学分析方法，是基于测定化学反应体系的温度变化来测定待测组分含量，具有操作简便、快捷、灵敏度高等优点，近年来备受分析化学领域的关注。在酸碱中和反应中，随着氢氧化钾的滴加，温度逐步降低，当达到滴定终点时，过量的氢氧化钾与温度指示剂发生剧烈的放热反应，温度急速上升，产生温度拐点也即滴定突跃点。在温度滴定过程中，反应体系封闭，仅对体系温度进行监测，反应体系对滴定过程基本没有干扰。在试验中仅需要一个热敏电阻探头监测反应体系温度，根据滴定温度曲线突跃点来确定滴定终点。因此，对于基体复杂的在用润滑油，温度滴定具有更高的准确度和精密度。

a) 自动温度滴定仪　　　　　　　　b) 典型温度滴定曲线

图 2-13　自动温度滴定仪及其典型温度滴定曲线

2.1.6　碱值

1. 基本概念及检测意义

总碱值表示中和 1g 润滑油试样中全部碱性组分所需要的酸量，以相当的 KOH 毫克数表示，单位为 mgKOH/g。

润滑油中碱性组分主要包括有机碱、无机碱、胺基化合物弱酸盐（皂类）、多元酸碱式盐、重金属盐类和碱性添加剂等。由于内燃机油的清净分散剂是碱性的，所以测试碱值可间接反映内燃机油清净分散剂的含量，碱值的作用主要体现在以下几个方面。

1）当石油产品含有添加剂时，就可能有碱性组分，通过测试碱值来衡量添加剂在润滑油使用过程中的降解情况，间接反馈在用油的清净分散能力以及防止油液氧化的能力，从而指导设备视情换油或增添高碱值的新油。

2）内燃机的工作环境温度较高，在运行过程中，容易发生氧化反应而产生酸性组分，对柴油机零部件具有强烈的腐蚀性。因此，要定期检测碱值的变化，并不断添加新油，确保内燃机油中有足够量的碱性添加剂来中和所产生的酸性物质。

2. 检测方法及分析仪器

碱值的测试方法主要有两类，分别是颜色指示剂法、电位滴定法。

（1）颜色指示剂法

颜色指示剂法检测碱值主要依据 GB/T 4945—2002《石油产品和润滑剂酸值和碱值测定法（颜色指示剂法）》，其基本原理是将试样溶解于含有少量水的甲苯和异丙醇混合溶剂中，形成均相体系，加入对-萘酚苯指示剂溶液，若溶液显示暗绿色，说明溶液呈碱性，则室温条件下用标准酸的醇溶液滴定，通过颜色的变化来确定滴定终点，并按滴定所消耗的标准溶液的体积数量及其浓度来计算试样的碱值；若溶液显示橙色，说明溶液呈酸性，则不能用此方法测试碱值。对于同一个样品，加入相同指示剂后，只能显示一种性质——酸性或者碱性。

颜色指示剂法主要用于浅色油液且水中离解常数 $>10^{-9}$ 的碱的碱值测试，深色油液由于基体颜色的干扰，不适宜采用颜色指示剂法。

（2）电位滴定法

电位滴定法检测润滑油总碱值的方法为 SH/T 0251—1993《石油产品碱值测定法（高氯

酸电位滴定法)》。该方法规定可用正滴定法或返滴定法，通常用正滴定法。其原理是：将试样溶解于滴定溶剂中，以玻璃电极为指示电极，甘汞电极为参比电极，使用电位滴定仪，用高氯酸-冰乙酸标准滴定溶液进行电位滴定，以电位计读数对应标准溶液滴定体积来绘制滴定曲线，将曲线上明显的突跃点作为滴定终点。当采用正滴定曲线电位突跃不明显时，可采用返滴定方法。电位滴定仪主要由加液单元、电位计、电极和搅拌器等组成。图 2-14 所示为常见的自动电位滴定仪及其典型的电位滴定曲线。

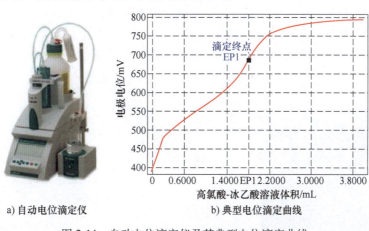

a) 自动电位滴定仪　　　　　b) 典型电位滴定曲线

图 2-14　自动电位滴定仪及其典型电位滴定曲线

2.1.7　凝点和倾点

1. 基本概念及检测意义

凝点表示石油产品在规定的冷却条件下，将样品试管倾斜至与水平呈 45°，静置 1min后，液面不移动时的最高温度即为凝点。

倾点表示石油产品在规定的冷却条件下，每隔 3℃检查一次样品的流动性，直到样品能够流动的最低温度即为倾点。

凝点和倾点均表示油品的低温流动性，无原则性差别，只是测定方法有所不同。一般情况下倾点高于凝点 2~3℃。在低温条件下使用润滑油，凝点和倾点作为必检项目，其重要性主要体现在以下几个方面。

1）润滑油的凝点和倾点是润滑油低温性能的重要质量指标。凝点或倾点高的润滑油不能在低温下使用，否则将堵塞油路，不能正常润滑。

2）随着使用温度的下降，润滑油的黏度降低，流动性变差，直至完全失去流动性。为保证在低温下润滑系统正常工作，润滑油应具有良好的低温流动性。因此，在选用润滑油时，要注意其凝点或倾点最好比使用环境温度低 10~20℃。

3）对于发动机来讲，特别是在寒冷地区，油液在运动部件起动温度下太黏稠，将使运动部件因滞动而无法起动。为保证发动机的正常起动，应选择较低凝点或倾点的润滑油。

2. 检测方法及分析仪器

润滑油凝点的测定方法按 GB/T 510—2018《石油产品凝点测定法》进行。测定样品凝点时，将样品装在规定的试管中，竖直浸入水浴中加热至 50℃后，取出并在室温下静置，待样品冷却至 35℃±5℃后，再置于冷却浴中冷却到预期凝点时，将试管倾斜至与水平呈 45°静置 1min 后，从冷却浴中取出，竖直放置，观察液面是否移动，以试管内液面不流动时的最高温度作为凝点。

　　倾点的测定方法按 GB/T 3535—2006《石油产品倾点测定法》进行。测定样品倾点时，将样品经过预加热后，在规定的速率下冷却，从第一次观察样品流动性后，每降低 3℃ 观察一次样品的流动性。当试管充分倾斜而样品不流动时，立即将试管水平放置 5s，以记录观察到试样能够流动的最低温度作为倾点。

　　凝点和倾点测试仪器的结构基本相同，都主要由试管、套管、温度计、木塞、垫圈和冷却浴等组成。图 2-15a 所示为一种凝点和倾点测试仪的外观，图 2-15b、c 所示为凝点和倾点的测试液面状态。对于凝点和倾点，主要适用于体系均一稳定的样品，在测试过程中，若出现明显的分层现象，则表明此类样品不适合在低温环境下使用。

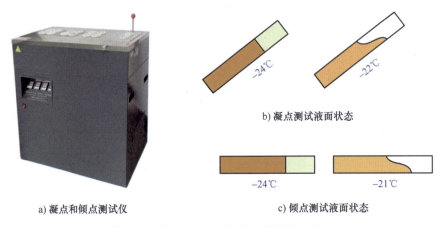

b) 凝点测试液面状态

a) 凝点和倾点测试仪　　　　　　　　　c) 倾点测试液面状态

图 2-15　凝点和倾点测试仪及测试液面状态

2.1.8　机械杂质

1. 基本概念及检测意义

机械杂质表示所有悬浮和沉淀于润滑油中且不溶于溶剂的固体杂质。机械杂质主要来源于生产、储存、使用过程中的外界污染、机器磨损和腐蚀污染。大部分情况下是由粉尘、铁屑和积炭颗粒组成的。

　　机械杂质会影响润滑油的质量并降低润滑油的使用效果，若机械杂质含量过高则会导致设备异常磨损，严重影响机械运转。机械杂质作为油液监测的重要指标，其重要性主要体现在以下几个方面。

　　1）机械杂质是新油质量的重要控制指标，因为油液在生产、储存和运输过程中都会带来机械杂质。

　　2）对于在用油液来说，若机械杂质含量过高，则会导致油液黏度增大，从而导致油液流动性变差，散热效果降低。因此，定期监测油液中机械杂质含量的变化趋势是十分必要的。

　　3）机械杂质是判断设备是否需要换油的指标之一。油液中的外来粉尘、砂粒污染以及机器磨损的碎屑等都会加速机械设备的异常磨损，同时还会堵塞油路及过滤器，导致设备产生润滑故障。

　　4）部分品牌的内燃机润滑油，由于其金属的盐类添加剂含量较高，因此会使新油的机械杂质含量偏高，但必须满足出厂标准。

2. 检测方法及分析仪器

机械杂质的测定方法是按 GB/T 511—2010《石油和石油产品及添加剂机械杂质测定法（重量法）》进行。其测试过程是称取一定量试样，加热到规定温度后，加入一定量的溶剂进行稀释，然后用已恒重的定量滤纸或微孔玻璃过滤器过滤，被留在滤纸或微孔过滤器上的杂质即为机械杂质。若机械杂质含量（质量分数）≤0.005%，则可认为无机械杂质。在测试过程中，按照试样的性质选择合适的取样量，选择对应的加热溶剂按照适当比例进行稀释。

图 2-16　常见的石油产品
机械杂质测定器

机械杂质的测试装置主要由恒温水浴、真空抽滤装置及抽滤瓶、锥形烧瓶等组成。图 2-16 所示为常见的石油产品机械杂质测定器。

2.1.9　不溶物

1. 基本概念及检测意义

不溶物指标是指在用润滑油中不溶于正戊烷或甲苯溶剂的物质含量。不溶物的多少能反映在用润滑油的污染和劣化情况。不溶物按其溶剂溶解性分为正戊烷不溶物和甲苯不溶物两类。

正戊烷不溶物表示在用油与正戊烷混合后，分离出来的物质，主要包括从油和添加剂分解产生的油不溶物和不溶胶质。不溶胶质主要指在用油分析中，分离出来的溶于甲苯但不溶于正戊烷的物质。

甲苯不溶物表示不溶于正戊烷且不溶于甲苯的物质，可能来自外部污染物质、从燃料、油液和添加剂分解产生的炭和高度炭化的物质、发动机磨损和腐蚀产生的物质。主要指油中的磨损金属颗粒、粉尘杂质和积炭等固体物质。

由上述定义可见，在用油正戊烷不溶物、甲苯不溶物和不溶胶质的显著变化，能反映油液劣化衰败的程度，从而反映油液的润滑效能。企业在开展油液监测过程中，不溶物检测的重要性主要体现在以下几个方面。

1）对于在用润滑油，通过测定正戊烷不溶物和甲苯不溶物，能够反映润滑油的污染程度和衰败变质情况，能够帮助确定引起设备故障的原因。

2）对于发动机油，通过不溶物含量来评价其质量的变化。同时测定正戊烷不溶物和甲苯不溶物，则能有效检测油液高温氧化、裂解所形成的不溶胶质数量。而不溶胶质是油泥的重要组成部分，反映了油液的衰败程度。

3）正戊烷不溶物反映了在用油容纳污染的能力，反映润滑油的老化程度和污染程度，是柴油机油和汽油机油质量衰败的重要指标。正戊烷不溶物是设备定期换油的参考指标之一。

2. 检测方法及分析仪器

在用润滑油不溶物测定方法的标准是 GB/T 8926—2012《在用的润滑油不溶物测定法》。该标准中规定了两种方法。

方法 A：适用于在用润滑油中不加絮凝剂的正戊烷不溶物和甲苯不溶物的测定，将一份在用润滑油样品与正戊烷溶剂混合，并在离心机上分离后缓慢地倒出上层油溶液。用正戊烷洗涤沉淀物两次，再干燥称重，即得到正戊烷不溶物。检测甲苯不溶物时，则是在已用正戊烷洗涤沉淀物两次后，再分别用甲苯-乙醇溶液和甲苯溶液各洗涤一次，然后干燥称重，即得到甲苯不溶物。

方法 B：适用于含有清净分散剂的在用润滑油，测定加入絮凝剂凝聚后的正戊烷不溶物和甲苯不溶物。与方法 A 不同之处在于，方法 B 是将在用润滑油样品与正戊烷-凝聚剂溶剂混合，得到的是凝聚后的正戊烷不溶物和甲苯不溶物。

不溶物的测定装置主要由离心管、离心机、烘箱、天平、量筒和洗瓶等组成，其中离心机是关键部件，它首先要满足正常使用时的所有安全要求，如防静电、防爆等，其次是转速，要能达到使离心管的末端获得 600~700 的相对离心力的要求。根据所用离心机的具体技术性能，达到 600~700 相对离心力所需转速的计算公式为

$$n = 1337\sqrt{f/d} \tag{2-4}$$

式中　n——离心机旋转头的转速（r/min）；

　　　f——离心管末端给出的相对离心力（600~700）；

　　　d——在旋转位置时，相对的两个离心管末端之间的距离（mm）。

根据式（2-4）计算出的转速，设置离心机的旋转速度。在放置离心管时，要用水平衡每一对已装好试样的离心管。特别要在离心管底座注入水，使离心管末端所承受的离心力通过水的平衡而缓解，避免玻璃离心管破碎。

图 2-17 所示为常见的离心机和锥形离心管。

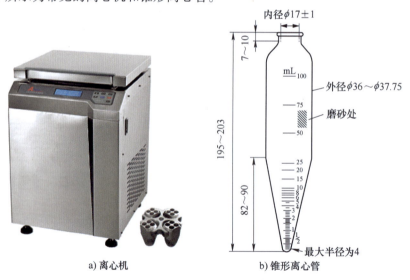

a) 离心机　　b) 锥形离心管

图 2-17　常见的离心机和锥形离心管

2.1.10　抗乳化性

1. 基本概念及检测意义

乳化是指一种液体在另一种液体中均匀分散而形成乳状液的现象。它是两种液体的混合而非相互溶解。润滑油在使用过程中与水接触，在一定条件下就会产生不同程度的乳化。乳化剂指能够使两种以上互不相溶的液体形成稳定分散体系的物质。

润滑油的抗乳化性或破乳化度是指油液遇水发生乳化，在规定的温度下静置并能迅速实

现油水分离的能力。抗乳化剂会增加油水之间的界面张力，使乳化液处于热力学上的不稳定状态，破坏乳化液，使油水分离。

影响润滑油水分离性能的主要因素有基础油的精制程度、油液污染程度和油液添加剂的配伍状况。对于调配好的成品油，使用过程中产生的机械杂质、油泥等污染物均会严重影响油液的抗乳化性或破乳化度。若油水分离能力较差，则会影响润滑油的使用性能，故检测润滑油的油水分离能力，其重要性主要体现在以下几个方面。

1）润滑油的抗乳化性与基础油的精制深度有关，精制程度越深，油液的抗乳化性越好，对新油的抗乳化性检测，能反映新油的质量好坏。

2）润滑油在使用过程中若与水形成乳化液，会降低油液的润滑性能，增加设备磨损，因此要求润滑油具有较好的抗乳化性能，使油中的水分能迅速地从油中分离出来。

3）对于循环系统使用的工业润滑油，如液压油、齿轮油、汽轮机油及轴承油等，在使用过程中都要与冷却水或水蒸气接触，其量之大需要定期从循环油箱底部排放混入的水分。因此，对这些油液的抗乳化性都有较高的要求，特别是汽轮机油和轴承油。

4）在油液使用过程中，随着氧化程度、酸性物质的增加，将产生更多的机械杂质，从而导致油液的抗乳化性变差，因此抗乳化性也是判断油液是否需要更换的重要质量指标。

2. 检测方法及分析仪器

润滑油的抗乳化性测试方法主要有三种，分别是 GB/T 7305—2003《石油和合成液水分离性测定法》、GB/T 7605—2024《运行中汽轮机油破乳化度测定法》和 GB/T 8022—2019《润滑油抗乳化性能测定法》。

（1）GB/T 7305—2003《石油和合成液水分离性测定法》

该方法适用于测定40℃运动黏度为28.8～90mm²/s 和部分40℃运动黏度>90mm²/s 的石油和合成液的水分离性，是最常用的抗乳化性测试方法。当测定40℃运动黏度为28.8～90mm²/s 的石油和合成液的水分离性时，试验温度为（54±1）℃，当测定40℃运动黏度>90mm²/s 的石油和合成液的水分离性时，试验温度为（82±1）℃。

试验时，将试样和蒸馏水各40mL 装入同一量筒内，在规定温度下，以1500r/min 的转速将混合液搅拌5min。停止搅拌并提起搅拌叶片，每隔5min 从侧面观察记录量筒内油、水、乳化层体积的毫升数和相应的时间，如图2-18 所示。当乳化液为3mL 或更少时，认为润滑油和水分开，记录分离时间，结果按照"油层毫升数-水层毫升数-乳化层毫升数（分离时间）"进行报告，如"40-37-3（15）"。一些特殊的油样可能会产生的油层不明显，在这种情况下，如果观测到完全分离的两层，且上层样品<43mL 时，将上层记作油层，如果上层样品>43mL，则将上层记作乳化层。

图2-18   润滑油的水分离性

水分离性的测试装置主要由量筒、水浴、搅拌器和秒表等组成，如图2-19 所示。其中，量筒刻度误差不应>1mL，水浴温度的自控精度为±1℃，搅拌器转速为（1500±15）r/min。

（2）GB/T 7605—2024《运行中汽轮机油破乳化度测定法》

该方法适用于运行中汽轮机油破乳化度的检测，新油也可参照执行。其测试过程与测试仪器均与 GB/T 7305—2003《石油和合成液水分离性测定法》相似，即将试样和蒸馏水各

40mL 装入同一量筒内，在规定温度下，以 1500r/min 的转速将混合液搅拌 5min。停止搅拌同时开始计时，当乳化层体积减少至 ≤3mL 时，即记录为油品的破乳化时间；当计时超过 60min，乳化层体积依旧 >3mL 时，则停止试验，记录破乳化时间 >60min。

（3）GB/T 8022—2019《润滑油抗乳化性能测定法》

该方法主要用于测定高黏度润滑油（如齿轮油）的抗乳化性。其原理是在分液漏斗中加入一定量的试样，恒温至 82℃，然后在室温下取一定量的二级水加入至分液漏斗中，将混合液在 82℃温度下以一定的速度搅拌 5min，静置 5h 后记录分离水的总体积、乳化液的体积和油中水的百分数。对于不含极压添加剂的样品，试样量选择 405mL，加入的二级水体积为 45mL，搅拌速度为（4500±500）r/min；对于含有极压添加剂的样品，试样量选择 360mL，加入的二级水体积为 90mL，搅拌速度为（2500±250）r/min。抗乳化性的测试装置主要由加热浴、搅拌器和量筒等组成，如图 2-20 所示。

图 2-19　水分离性测试仪　　　　　图 2-20　抗乳化性测试仪

对于新油而言，抗乳化性测试时通常选用蒸馏水，但对于监测在用油的抗乳化性时，最好要用设备现场可能进入润滑油的水质来检测。例如，检测钢厂轴承油的抗乳化性时，用蒸馏水和钢厂冷却水所测的结果差别较大，这是因为钢厂冷却水中的污染物较多，加强了油液的乳化倾向性。因此，要准确判断钢厂轴承油对于特定条件下的抗乳化性，就应该用钢厂轴承冷却水来检测该油的抗乳化性。

2.1.11　泡沫特性

1. 基本概念及检测意义

泡沫特性是指润滑油在规定条件下产生泡沫的倾向和生成的泡沫稳定性，它代表着润滑油的抗泡性能。泡沫特性用泡沫倾向性和泡沫稳定性来表征，泡沫倾向性越小，表示生成泡沫的风险越小；泡沫稳定性越低，表明生成的泡沫越容易消失。因此，抗泡性能越好的润滑油，其泡沫倾向性越小，泡沫稳定性越低。

泡沫是在液体内部或表面聚集起来的气泡，从体积上考虑，空气（气体）是主要组成部分。润滑油在使用过程中产生泡沫与油液本身添加剂和油中的污染物有关。润滑油中一些极性添加剂具有表面活性作用，这些添加剂会促使油液产生泡沫。油液在使用过程中，会生成油泥、胶质等氧化产物，也会受到外界固体颗粒和设备磨损产生的磨粒的污染，这些污染物会导致油液表面张力下降，促使产生泡沫。此外，润滑油在使用过程中，会与空气接触，同时也会因振荡、搅拌等作用，将空气带入油中，导致泡沫增多。泡沫对设备润滑的危害极大，主要表现在以下几个方面。

1）在高速齿轮、大容积泵送和飞溅润滑系统中，泡沫会引起的不良润滑、气穴现象和润滑剂的溢流损失均会导致机械故障。

2）溶解在油液中的空气在压力低时会从油中逸出，产生气泡，形成空穴现象。高压下气泡容易被击碎，因急剧被压缩而产生噪声和气穴腐蚀，同时造成油液局部温度急剧升高，加剧油液的氧化变质。

3）润滑油中含有气泡，使润滑油的总体积增加，润滑油从呼吸孔和注油管中溢出，在油位指示器中显示出假的油位，导致供油量不足，甚至会造成跑油事故。

4）润滑油中含有泡沫，使其压缩性增大，油泵效率下降，供油系统发生气阻，从而造成摩擦副断油，泡沫进入摩擦副，会因压力作用而在瞬间破裂，导致油膜形成不良，产生异常干摩擦。

2. 检测方法及分析仪器

泡沫特性测试的方法主要有三种：中等温度泡沫特性测试、高温泡沫特性测试和FLENDER 泡沫试验法。

（1）中等温度泡沫特性测试

中等温度泡沫特性的测试方式通常采用 GB/T 12579—2002《润滑油泡沫特性测定法》。将一定量油样放入量筒内，按程序Ⅰ、Ⅱ、Ⅲ进行测定，每个程序对应的温度分别是24℃、93.5℃、24℃。每个程序都是以 94mL/min 空气流速，通入洁净干燥的空气 5min。通气结束后，立即记录油面上的泡沫体积，即总体积减去液体的体积，这个体积称为泡沫倾向性，用mL 表示。停止通气后泡沫不断破灭，10min 后再记录油面上残留的泡沫体积，用这个体积来表征泡沫稳定性，同样用 mL 表示。每个程序的测试结果都表示为"泡沫倾向性（mL）/泡沫稳定性（mL）"，记录下三个程序的测试结果作为泡沫特性的测试结果。某些类型的润滑油在储存过程中，因泡沫抑制剂分散性的改变，致使泡沫增多，如怀疑有以上现象，可以选择步骤 A 对样品进行处理。步骤 A 的具体操作过程是将样品放入一个带高速搅拌器的 1L洁净容器中，并以最大速度搅拌 1min。在搅拌过程中，常会带入一些空气，因此需使其静止，以消除带入的泡沫，再进行泡沫特性的测试。

中等温度泡沫特性测试仪器主要由 1000mL 量筒、直径为 25.4mm 的气体扩散头、恒温浴、流量计和进出气导管等组成，如图 2-21 所示。扩散头一般是由烧结的结晶状氧化铝制成的砂芯球，或是由烧结的 5μm 多孔不锈钢制成的圆柱形。技术要求满足最大孔径≤80μm，渗透率在 2.45kPa 压力下为（3000~6000）mL/min。要定期进行气体扩散头最大孔径和渗透率的测定，若不满足技术要求，则应及时更换。当对测试结果有疑问时，应及时确认最大孔径和渗透率的情况。

图 2-21　中等温度泡沫特性测试仪

（2）高温泡沫特性测试

高温泡沫特性测试通常采用 SH/T 0722—2002《润滑油高温泡沫特性测定法》，主要适用于发动机油和传动液。将试样加热到 49℃，恒温 30min 后冷却至室温，然后将试样转移至带刻度的1000mL量筒内，并加热到150℃，以200mL/min的流速向扩散头内通干燥空气，通气5min，测定停止通气前瞬间的静态泡沫量、运动泡沫量，以及停止通气后规定时间的静态泡沫量、泡沫消失的时间和总体积增加百分数。若采用高速搅拌，先剧烈摇动试样1min，将500mL试样倒入容器，在（22000±2000）r/min速度下搅拌试样1min。

高温泡沫特性测试仪主要由1000mL量筒、直径为25.4mm的气体扩散头、恒温浴、流量计和进出气导管等组成，如图2-22所示。

（3）FLENDER泡沫试验法

FLENDER泡沫试验法通常采用NB/SH/T 6007—2020《工业齿轮油泡沫和空气释放特性的评定 FLENDER泡沫试验法》，是一种采用单级直齿轮FLENDER泡沫试验机评价工业齿轮油泡沫和空气释放特性的试验方法。在设定温度下，由恒定转速电动机驱动的一副齿轮搅拌试验油样（300±5）s。电动机停止后的90min内，以固定的时间间隔，测定齿轮箱中试验油样的总体积增加百分数、油-气混合物体积增加百分数和表层泡沫体积增加百分数。

FLENDER泡沫试验机主要由油箱、齿轮和体积百分数刻度尺等组成，如图2-23所示。其中，试验机包含一个容积约为2L的密闭齿轮箱，齿轮箱的前端有一个可开启的密封玻璃观察窗，上面有最小分度值为1%的刻度尺。齿轮箱内安装有加热系统，箱体上方有加油口，箱体下方有放油口。

图2-22　高温泡沫特性测试仪

图2-23　FLENDER泡沫试验机

2.1.12　抗磨性和极压性

1. 基本概念及检测意义

润滑油的抗磨性和极压性是衡量润滑油润滑性能的重要指标。抗磨性是指润滑油在轻负荷和中等负荷条件下，能在摩擦副表面形成润滑油薄膜以抵抗摩擦副表面磨损的能力。极压性是指润滑油在低速高负荷或者高速冲击负荷条件下，抵抗摩擦副表面发生烧结、擦伤的能力。评定润滑油抗磨性和极压性的试验方法很多，应用最为广泛的是四球法。

四球法是采用四球极压试验机测试润滑油抗磨性和极压性，主要检测指标有最大无卡咬负荷 P_B 值、烧结负荷 P_D 值、综合磨损值ZMZ和磨斑直径 D。

最大无卡咬负荷 P_B 值：即在试验条件下钢球不发生卡咬的最高负荷。它表征油膜强度，在该负荷下测得的磨斑直径不得大于相应补偿线上数值的（1+5%）。

烧结负荷 P_D 值：即在试验条件下使钢球发生烧结的最低负荷，它表征润滑油的极限工作能力。

综合磨损值 ZMZ：是润滑油在所加负荷下使磨损减少到最小的抗极压能力的一个指数，它等于若干次校正负荷的算术平均值。

磨斑直径 D：D_{60min}^{392N} 是指润滑油在一定载荷下，磨损一段时间后，下部钢球表面的磨损斑痕的直径，常用来评价润滑油的抗磨能力。根据润滑剂种类和使用场合的不同，所施加的载荷和磨损时间也不同，例如，D_{60min}^{392N} 是指润滑油在 392N 的载荷下，磨损 60min 后的钢球表面的磨损斑痕的直径。

为保证工业设备的安全运行和使用寿命，在开展设备润滑磨损状态监测过程中，有必要对新油和在用油的抗磨性进行不定期的抽查，以确保润滑油液的抗磨性和极压性，其重要性主要体现在以下几个方面。

1）润滑油在使用过程中，时常会因新油的品质以及使用过程的劣化而使油液的抗磨性变差，导致设备润滑部件的异常磨损。对于润滑油抗磨性测试的方法很多，但四球法是最简单和实用的方法。

2）在液压系统中，泵及大功率液压马达起动和停止时可能处于边界润滑状态，若液压油润滑不良、抗磨性差，则会发生黏着磨损、磨粒磨损和疲劳破损，使其性能下降，寿命缩短，系统发生故障。

3）极压抗磨性是齿轮油的最重要性能。在齿轮传动中，齿与齿间接触面不大，但齿合部负荷很高，润滑条件苛刻，为了确保齿面间不产生擦伤、胶合、点蚀及磨损，齿轮油应具有良好的极压抗磨性。

4）润滑油中的极压抗磨添加剂与金属发生化学反应，在摩擦副表面生成剪切应力和熔点都比原金属要低的极压固体润滑膜，以此来防止摩擦副表面相互烧结磨损。因此，对有极压性能要求的润滑油必须进行极压性检测。四球法的 PD 值检测是评价润滑油极压性最简单且最实用的方法之一。

2. 检测方法及分析仪器

采用四球法评价润滑油的极压抗磨性的方法有很多，常见的有 GB/T 3142—2019《润滑剂承载能力测定　四球法》（主轴转速为 1450r/min±50r/min）、GB/T 12583—1998《润滑剂极压性能测定法（四球法）》（1760r/min±40r/min）以及 NB/SH/T 0189—2017《润滑油抗磨损性能的测定　四球法》。四球法试验过程是将三个直径为 12.7mm 的钢球夹紧在一起，装于四球机油盒中，并用试验油浸没。另一个相同直径的钢球安装在四球机主轴上，以不同的转速及负荷向上述三个固定的钢球施加负荷，如图 2-24 所示。在试验过程中，4 个钢球的接触点都被浸没在润滑油中。通过测定每次试验后钢球表面的磨痕直径，求出代表润滑油抗磨极压性的有关指标。

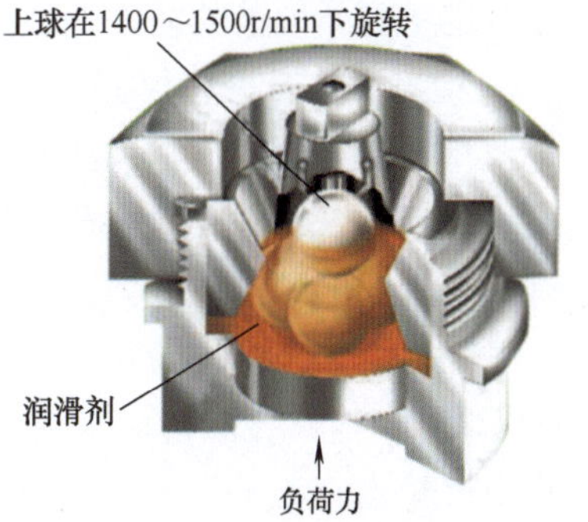

图 2-24　四球法试验

抗磨极压性测试装置主要由四球极压试验机、显微镜和计时器等组成，四球极压试验机分为杠杆式四球机和液压式四球机，如图 2-25 所示。四球极压试验机主轴转速按所选用的试验方法来确定，应满足试验条件的上限要求，负荷范围为 60～9810N。四球机应有刚性抗振结构，四球极压试验机上弹簧夹头中的钢球径向圆跳动不应>0.02mm。显微镜装有测微尺，读数精度为0.01mm，秒表精度为0.1s。四球极压试验机专用试验钢球材质为优质铬合金轴承钢GCr15A、直径为12.7mm、硬度为61~66HRC。

a) 杠杆式   b) 液压式

图 2-25   四球极压试验机

2.1.13　液相锈蚀

1. 基本概念及检测意义

锈蚀是指金属表面与水分和空气中氧接触生成金属氧化物的现象。防锈性是指润滑油阻止与其相接触的金属表面被氧化的能力。

在设备运行过程中，不可避免地接触水分和空气，这些都会使金属生锈，影响设备的正常工作，故检测润滑油的防锈性，其重要性主要体现在以下几个方面。

1）在工矿企业，为了避免发动机、齿轮箱等装置因机械零部件表面与水接触而产生锈蚀，要求相应的发动机油、齿轮油、液压油等具有较好的防锈性，润滑油的防锈能力是新油质量验收的重要指标，特别是对容易进水的设备，在选择油液时必须考虑该油的防锈性。

2）在液压系统中，当水分造成金属表面的锈蚀时，会影响液压元件的精度，若锈蚀颗粒脱落，则会造成磨损。

3）在设备运行中，随着水分和杂质的排除，均会使防锈剂量减少，导致防锈性下降，因此应定期监测油液的防锈性，并适当考虑补加防锈剂。

2. 检测方法及分析仪器

液相锈蚀测试方法常用的有 GB/T 11143—2008《加抑制剂矿物油在水存在下防锈性能试验法》。该方法常用于表征加抑制剂矿物油（如汽轮机油、液压油及循环油等）在与水混合时对铁质部件的防锈能力。

对于防锈油来讲，防锈是其主要用途，其防锈性的评价更为严格，采用的方法主要有 GB/T 2361—1992《防锈油脂湿热试验法》和 SH/T 0081—1991《防锈油脂盐雾试验方法》，在此不再赘述。

采用 GB/T 11143—2008 中方法进行液相锈蚀试验时，需量取 300mL 试样并置于 60℃油浴中，待试样温度达到 60℃后，将符合要求的圆柱形试验钢棒完全浸没在试样中，搅拌恒温 30min，加入 30mL 的蒸馏水或合成海水混合。在 60℃温度下，以（1000±50）r/min 转速进行搅拌，经 24h 或约定时间后将钢棒取出，用石油醚或异辛烷清洗干净，并立即目测评定试验钢棒的锈蚀程度。在试验中间可以取出钢棒观察锈蚀情况，若已严重锈蚀，可立即停止试验。锈蚀程度分为以下 4 个等级。

1）无锈：试验钢棒上没有锈斑。

2）轻微锈蚀：锈斑不超过 6 个，每个锈斑直径≤1mm；

3）中等锈蚀：锈斑超过 6 个，但锈斑面积小于试验钢棒表面积的 5%。

4）严重锈蚀：锈斑面积超过试验钢棒表面积的 5%。

此处的锈蚀是指发生腐蚀的试验面积，可以通过颜色的变化来判断，或用无绒棉布或薄纸揩拭后，观察试验钢棒表面的坑点和凹凸不平程度。如果表面褪色或斑点很容易被无绒棉布或薄纸擦掉，则不应认为是锈蚀。

防锈性测试装置主要由油浴、烧杯、搅拌器和试验钢棒组合件等组成，图 2-26 所示为常见的润滑油液相锈蚀试验器。其中，对试验结果影响较大的是试验钢棒的材质和前处理。试验钢棒化学成分为：$w_C = 0.15\% \sim 0.20\%$、$w_{Mn} = 0.60\% \sim 0.90\%$、$w_S \leqslant 0.05\%$、$w_P \leqslant 0.04\%$、$w_{Si} < 0.10\%$。钢棒的处理应严格按照标准要求进行，经过初磨和最后抛光，处理好的钢棒没有纵向划痕，呈均匀精细的磨光表面，平肩处无锈蚀。处理好的钢棒，不要用手触摸，用一块干净且干燥的无绒棉布或纸（或驼毛刷）轻轻揩拭，将试验钢棒装到塑料手柄上，立即浸入试样中。另外，试验钢棒可直接放入热的试样中。

图 2-26　润滑油液相锈蚀试验器

2.1.14　铜片腐蚀

1. 基本概念及检测意义

金属腐蚀是指金属表面受周围介质的化学或电化学作用而被破坏的现象；防腐性是指润滑油阻止与其相接触的金属表面被腐蚀的能力。

润滑油中的活性硫化物、有机酸、无机酸等腐蚀性物质会引起机械零部件的腐蚀，造成设备故障，影响设备的正常工作，故检测润滑油的防腐性，其重要性主要体现在以下几个方面。

1）润滑油中的腐蚀性物质可能是基础油和添加剂生产过程中残留下来的，为了保证油液对机械设备不产生腐蚀，腐蚀试验几乎是评定新油质量的必检项目。

2）在设备运行过程中，由于油液高温氧化变质，会形成油泥、胶质及腐蚀性酸，因此对金属设备造成腐蚀，影响设备正常工作。

3）腐蚀作用不仅会使机械设备受到破坏，影响用油设备的使用寿命，而且由于金属腐蚀生成物多数是不溶解于石油产品的固体杂质，因此还会影响石油产品的洁净性和稳定性，对储存和使用带来一系列危害。

2. 检测方法及分析仪器

润滑油防腐性评价常用的测试方法是 GB/T 5096—2017《石油产品铜片腐蚀试验》，该方法通过润滑油对铜片的腐蚀程度来评价油液的防腐性。在检测过程中，将一块已磨好的铜片浸没在一定量的试样中，并按产品标准要求加热到指定的温度，保持一定的时间，待试验周期结束时，取出铜片，经洗涤后与腐蚀标准色板进行比较，以确定相应的腐蚀级别。腐蚀标准色板是在一块铝薄板上印刷四色加工而成，分别代表失去光泽表面和腐蚀程度增加的试验铜片。对于不同的油液，试验温度和时间也不相同，工业润滑油常用的试验温度为100℃，而车辆齿轮油的试验温度为121℃，腐蚀级别分为4级。具体的分级和级别说明见表2-1。

表 2-1　铜片腐蚀标准色板的分级

分级	名称	级别说明
1	轻度变色	1）淡橙色，几乎与新磨光的铜片一样 2）深橙色
2	中度变色	1）紫红色 2）淡紫色 3）带有淡紫蓝色或（和）银色，并覆盖在紫红色上的多彩色 4）银色 5）黄铜色或金黄色
3	深度变色	1）洋红色覆盖在黄铜色上的多彩色 2）有红和绿显示的多彩色（孔雀绿），但不带灰色
4	腐蚀	1）透明的黑色、深灰色或仅带有孔雀绿的棕色 2）石墨黑色或无光泽的黑色 3）有光泽的黑色或乌黑发亮的黑色

防腐性测试装置由试验压力容器、试管、恒温浴、温度计、试片和标准色板等组成，图 2-27 所示为常见的石油产品铜片腐蚀试验器。其中，试验压力容器用不锈钢制作，并能承受 700kPa 的压力。

试片材料为纯度>99.9%的电解铜。电解铜材料应符合 GB/T 5231—2022《加工铜及铜合金牌号和化学成分》中的 T2 铜。试片尺寸为：长 750mm，厚 1.5~3.0mm，宽 12.5mm。试片的处理应严格按照标准要求进行，经过表面准备和最后磨光两个步骤，且磨光阶段采用的磨料粒度要比表面准备阶段采用的磨料粒度更大，以便是在铜片表面产生微凸体（可控的表面粗糙度），以作为腐蚀反应的始发地。

铜片腐蚀标准色板由按变色和腐蚀程度增加顺序排列的典型试验铜片的颜色复制品组成，其由典型试片全色复制而成，是在一块铝薄板上采用四色加工过程制成的，并嵌在塑料板中以便防护，且避光存放，如图 2-28 所示。

图 2-27　石油产品铜片腐蚀试验器　　　　　图 2-28　铜片腐蚀标准色板

2.1.15　抗氧化性

1. 基本概念及检测意义

润滑油的抗氧化性是指润滑油在受热和金属的催化作用下抵抗氧化变质的能力。它是反映润滑油在实际使用、储存和运输过程中氧化变质和老化倾向的重要指标，若润滑油抗氧化性差，则会导致油液氧化变质，造成以下危害。

1）润滑油的氧化衰变会导致润滑油性能劣化，酸值增大，颜色变深，使用性能下降，使用寿命缩短；同时还会引起金属腐蚀，增加轴承磨损，直接影响到设备的安全。

2）若润滑油在使用过程中氧化，则易产生油泥和沉淀物，从而导致油液变稠、黏度增大，不利于设备散热。过多的油泥因堵塞油路而影响润滑油的流动，增加设备的磨损。

3）润滑油的氧化变质还会使油液的相关理化性能发生劣化，如油液的泡沫性、乳化性、抗磨性等都会明显下降。

由于润滑油的氧化安定性测试很费时、费力，因此在工矿企业的油液监测工作中往往是通过检测油液的黏度、酸值和不溶物等指标来间接反映在用润滑油液的氧化劣化程度。除了上述外界条件，在用润滑油液的氧化安定性最主要的还是取决于新油的品质，其中更主要的是受基础油的影响。因此主要是对大量采购的新油进行氧化安定性检测，以保证新油的品质。

2. 检测方法及分析仪器

评价润滑油抗氧化性的方法指标有多种，常见的有 SH/T 0193—2022《润滑油氧化安定性的测定　旋转氧弹法》和 GB/T 12581—2006《加抑制剂矿物油氧化特性测定法》。

（1）SH/T 0193—2022

旋转氧弹法是最常见的氧化安定性评价方法。该方法是将试样、二级水和打磨后的金属铜线圈（用作催化剂）放入一个带盖的玻璃盛样器内，置于装有压力表的氧弹中，氧弹充入 620kPa 压力的氧气。将氧弹放入规定的恒温油浴中，使其以 100r/min 的速度与水平面呈 30℃角轴向旋转。不同的油液采用不同的恒温温度，例如，汽轮机油的恒温温度为 150℃，矿物绝缘油的恒温温度为 140℃。当氧气压力下降至某一规定压力值时，停止试验并记录试验时间，根据试验时间的长短来表征润滑油的氧化安定性。试验时间越长，表明润滑油的氧化安定性越好。

旋转氧弹测试装置主要由氧弹、带有 4 个孔的聚四氟乙烯盖子的玻璃盛样器、固定弹簧、催化剂线圈、压力表、温度计和试验油浴等组成，如图 2-29 所示。氧弹由不锈钢制成，具有良好的导热性，内表面光滑便于清洗，且能在 150℃下承载 3450kPa 的压力。

a) 旋转氧弹试验装置　　　　　　　　b) 装置示意

图 2-29　旋转氧弹试验装置及示意

（2）GB/T 12581—2006

润滑油的氧化安定性除了主要取决于自身的化学组成外，还与测试的温度、氧压、金属催化片、金属接触面积及氧化时间等条件有关。因此必须根据所测试润滑油的实际使用环境来选择合理的试验条件。目前，常用的测试方法是 GB/T 12581—2006。

该方法测试过程为试样在水和铁-铜催化剂存在的条件下，在 95℃条件下与氧反应，试验连续进行并定期监测试验的酸值，待酸值达到 2.0mgKOH/g 或试验时间达到 10000h，试验结束。使酸值达到 2.0mgKOH/g 的试验时间称为试样的"氧化寿命"。

由于 GB/T 12581—2006 中规定试验时间较长，实际应用中，可执行性差，因此在实际检测中多依据 SH/T 0193—2022 来评价不同批次相同组成及加工过程的润滑油氧化安定性的连续性或润滑油的剩余氧化试验寿命。

氧化特性测试装置主要由氧化管、加热浴、流量计及温度计等组成，如图 2-30 所示。其中，氧化管包括试管、冷凝器和氧气导管；流量计满足流量至少为 3L/h，精度为 0.1L/h。

图 2-30　石油产品氧化特性测试装置

2.1.16　润滑油剩余抗氧剂含量测定（RULER）

1. 基本概念及检测意义

润滑油中的抗氧剂，可通过与自由基发生氧化还原反应，使自由基转变为稳定的物质，从而中断了链增长，因此能明显提高润滑油的抗氧化性，大大延长润滑油的使用寿命。在设备的长期高温运行过程中，润滑油中的抗氧剂会不断地消耗降解，当其含量降到临界值时，润滑油的物理和化学性能发生急剧变化，甚至失效。因此，将出现油泥与沉积物的生成、过滤堵塞、油液变稠以及油液酸度增加等异常状况，继而导致设备损坏。为此，定期监测润滑油中抗氧剂使用状态，对设备的状态监测有重要意义，其重要性主要体现在以下几个方面。

1）通过检测剩余抗氧剂含量，及时了解油液中抗氧剂的消耗情况，有助于确定油液的剩余使用寿命和预测最佳的换油期，保证设备的安全运行。

2）对新油进行剩余抗氧剂含量的检测，可以了解油中抗氧剂的种类，通过与标准的RULER 曲线对比，还可以辅助辨别伪劣油液。

3）不同油液的 RULER 曲线也不相同，对在用油进行抗氧剂含量检测，还可以发现加错油、混油等现象，帮助企业及早发现润滑管理中存在的不规范操作，以便及时纠正。

2. 检测方法及分析仪器

剩余抗氧剂含量的测量主要采用线性伏安法，溶液中抗氧剂在特定电压值下被氧化会形成氧化电流，而不同的抗氧化剂在特定电压下被氧化形成氧化电流的时间不同，因此根据形成电流的时间不同可以判断抗氧化剂的类型，而根据电流峰值大小就可以判断抗氧化剂含量多少，而伏安法就是依据这个原理来测定油液中剩余抗氧化剂的含量。该方法能够在没有水、燃料、积炭、灰尘、金属、残渣或其他污染物的干扰下对宽范围的抗氧化剂进行评估。伏安法测定剩余抗氧化剂含量的方法较多，常用的有 NB/SH/T 0910—2015《无锌涡轮机油中受阻酚型抗氧剂含量测定法　线性扫描伏安法》、SH/T 0968—2017《无锌涡轮机油中受阻酚型和芳胺型抗氧剂含量测定　线性扫描伏安法》、ASTM D7590《用线性扫描伏安法测定在用工业润滑油中剩余抗氧剂含量的标准方法》、ASTM D6971《用线性扫描伏安法测定无锌涡轮机油中受阻酚型和芳胺型抗氧剂含量的试验方法》、ASTM D6810《用线性扫描伏安法测定无锌涡轮机油中受阻酚型抗氧剂含量的试验方法》。

剩余抗氧化剂含量的测试仪器主要由伏安分析仪、玻璃样品瓶和磁力搅拌器等组成，伏安分析仪如图 2-31 所示。检测时将<0.5mL 的油样加至含电解试验溶液和一层细沙的样品瓶中，充分振荡样品瓶，将所测物质萃取到电解质溶液中，再将检测仪器的探头插入到此溶液里，在特定的电压值下，溶液中抗氧化剂的化学活性被激活，形成氧化电流，并得出一条电流-时间曲线，称之为 RULER 曲线。将被测油的 RULER 曲线与参比新油的 RULER 曲线进行对比（见图 2-32），通过软件计算出两者相对应的峰值面积比，即为剩余抗氧化剂的含量。该方法的测试结果为被测油与新油的添加剂含量比值，并非油中含有的添加剂的质量分数。

图 2-31　伏安分析仪

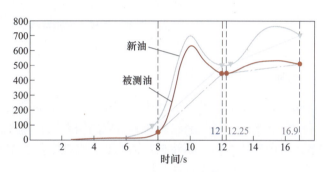

图 2-32　RULER 曲线

2.1.17　漆膜倾向指数

1. 基本概念及检测意义

漆膜是一种薄、坚硬、有光泽，且不溶于油的沉积物，这种沉积物主要由有机残留物质组成。漆膜有极性，容易沉积附着在金属表面，一旦形成，不仅会影响摩擦副的散热，还会降低摩擦副表面的润滑油膜厚度，导致油膜承载能力下降，产生异常磨损，特别是对于滑动轴瓦、伺服阀等部件，漆膜的形成几乎是致命的。

漆膜倾向指数是指通过滤膜光度分析技术（MPC）检测油液中的降解产物，包括溶解态降解产物和非溶解态降解产物。通过漆膜倾向指数来评估油品产生漆膜的倾向和风险。因此，漆膜倾向指数作为企业监测的一个重要项目，其重要性主要体现在以下几个方面。

1）通过漆膜倾向指数来表征油中氧化不溶物浓度。漆膜倾向指数越高，说明油中含有的极性不溶物越多。

2）检测漆膜倾向指数能够评估涡轮机油，尤其是高温条件下工作的燃汽轮机油在使用过程中产生漆膜的倾向，指导工矿企业及时采取措施防止漆膜的形成。

3）与 RULER 曲线相结合，共同监测汽轮机油中抗氧化剂胺类和酚类的使用状态，当胺类消耗到一定程度时，设备更容易产生漆膜。

2. 检测方法及分析仪器

润滑油漆膜倾向指数的评价方法有 GB/T 34580—2017《运行涡轮机油中不溶有色物质的测定方法　膜片比色法》和 NB/SH/T 0975—2018《在用涡轮机油中漆膜生成倾向值的测

定 膜片比色法（MPC 法）》。这两个方法的原理一致，都是先对样品进行前处理，即将样品摇匀，置于 65℃ 条件下加热 24h，然后置于室温、无紫外线的环境下放置 72h 进行老化；再将经过前处理的样品与石油醚溶剂充分混合，使用真空泵，在真空度为 71kPa 的条件下，采用直径为 47mm、孔径为 0.45μm 硝酸纤维素膜对混合液进行过滤，将硝酸纤维素膜在室温下风干。最后用光度分析仪测量硝酸纤维素膜的颜色等级 ΔE，如图 2-33 所示。不同的颜色代表降解产物形成的多少，颜色越深，ΔE 值越大，产生漆膜的倾向也越大。

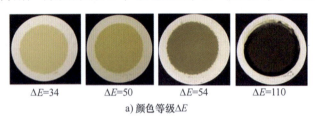

$\Delta E=34$　　$\Delta E=50$　　$\Delta E=54$　　$\Delta E=110$

a) 颜色等级 ΔE　　　　　　　　　　　b) 光度分析仪

图 2-33　漆膜倾向指数测定

2.2　润滑脂理化指标检测

润滑脂是由基础油、稠化剂和添加剂组成的，常温下呈半流体（或半固体）状的膏状物质。不同的基础油、稠化剂和添加剂组成的润滑脂，其性能也有明显的差异。因此，了解润滑脂各性能的理化指标，如外观、锥入度、强度极限、相似黏度、低温转矩、滴点、蒸发损失、氧化安定性、胶体安定性、抗磨极压性、铜片腐蚀、抗水淋性、水分、皂分、机械杂质、游离有机酸、游离碱及橡胶相容性等，对润滑脂的生产、应用、研究均具有重要的意义。

2.2.1　外观

1. 基本概念及检测意义

润滑脂的外观是通过目测和感观检验来控制其质量的一个检验项目。外观检验的内容主要包括颜色、光泽、透明度、纤维结构、稠度、杂质、析油情况和均匀性等。

一般通过观察外观，可以大概了解润滑脂的一些基本信息，主要体现在以下几个方面。

（1）初步区别润滑脂的类型

石墨润滑脂一般是黑色或灰黑色、有金属光泽的均匀油膏，黏附性强；钠基润滑脂一般呈淡黄色到暗褐色的均匀软膏，具有长纤维状，黏附性较差；通用锂基脂呈浅黄色到褐色的均匀光滑油膏，并有细小的纤维；普通钙基润滑脂呈淡黄色到暗褐色，纤维很短，呈半透明的均匀油膏；而用中黏度油制的铝基脂，为呈淡黄色到暗褐色的光滑透明的凝胶状油膏；复合钙基脂色泽深黄，纤维较长；钙钠基脂则为大多呈黄色到深棕色的均匀软膏，具有团粒状结构。

（2）初步判断润滑脂稠化剂种类

通常，由天然脂肪酸制得的润滑脂颜色较浅；由合成脂肪酸制得的润滑脂的颜色较深且暗，并稍有特殊臭味；烃基脂类产品的外观一般为淡黄色至黄褐色半透明或不透明的油膏，不具有光泽，有很强的黏稠性、拉丝性和黏附性；由无机稠化剂制成的润滑脂带有纤维结构。

（3）初步判断润滑脂的锥入度牌号

润滑脂越硬，锥入度越小，润滑脂的稠度级号越高。一般可通过外观和手的捻压感觉来初步判断，具体的级号要根据工作锥入度的大小来决定。

（4）初步判断润滑脂质量的优劣

有的润滑脂表面氧化变色；有的严重析油、析皂；有的呈现明显龟裂或凝胶状，由此可推断出产品在原料组成上存在一定的问题。若样品皂基严重分离时，可能呈液体状态，不宜继续使用。

（5）初步判断润滑脂的污染情况

有的润滑脂表面乳化发白；触摸润滑脂有明显颗粒等，可能是因水分污染、外来杂质污染、内部磨损而产生的磨损颗粒等。

矿物油（或合成润滑油）通常经过深度精制，杂质少，颜色较浅，颜色一般不会有太大的差别，故润滑脂的初始颜色主要由稠化剂、添加剂颜色决定，以琥珀色、棕色为主色，但一些润滑脂会加入一些固体添加剂，如二硫化钼、石墨、金属粉末及炭黑等，导致润滑脂外观呈黑色或灰色；还有一些润滑脂中加入特定的染色剂如红色、深绿、蓝色及紫色等，改变原来的颜色。这样做的目的主要是为了视觉上区别于其他油脂，一是便于在使用时发现润滑脂泄漏，二是可以区分不同的产品线。染色剂不会起到润滑保护的作用，因此润滑脂的性能和颜色并没有直接关系，颜色浅的润滑脂不一定性能好，颜色深的不一定性能差。

2. 检测方法及分析仪器

润滑脂的外观检验方法是在玻璃板上用刮刀涂抹 1~2mm 脂层，仔细地对光进行观察。外观的主要检查内容包括以下几项。

1）观察颜色和结构是否正常、是否均匀一致，有无明显析油倾向。

2）观察有无皂块、粗大颗粒、硬粒杂质及外来杂质。

3）观察纤维状况、黏附性和软硬程度。

4）观察有无乳化、结焦、析皂现象。

2.2.2　锥入度

1. 基本概念及检测意义

锥入度是衡量润滑脂稠度及软硬程度的指标，它是指在规定的负荷、时间和温度条件下，全尺寸标准圆锥体自由下落而穿入装有标准脂杯内试样的深度，其单位以 0.1mm 表示。锥入度值越大，表示润滑脂越软，反之就越硬。根据 GB/T 7631.1—2008《润滑剂、工业用油和有关产品（L 类）的分类　第 1 部分　总分组》将润滑脂稠度等级分为 9 个，分别是000 号、00 号、0 号、1 号、2 号、3 号、4 号、5 号和 6 号，对应的润滑脂状态由流体到极硬状态。

锥入度是润滑脂的重要理化性能指标，设备所用润滑脂的软硬程度是否合理，直接影响设备的润滑效果。因此，企业在选择润滑脂时，锥入度是重要指标，其重要性主要体现在以下几个方面。

1）锥入度反映了润滑脂的稠度大小。

润滑脂的锥入度值越大，稠度越小，润滑脂也越易变形和流动；润滑脂的锥入度值越小，稠度越大，润滑脂就越硬，也越不易变形和流动。反映润滑脂在低剪切速率条件变形与流动性能。

2）锥入度能简单反映出润滑脂的剪切安定性。

润滑脂经过一定强度的剪切后，若工作锥入度和不工作锥入度相差较大，则表明润滑脂的剪切安定性较差。润滑脂经长时间的剪切后，若延长工作锥入度与工作锥入度或不工作锥入度相差越小，则表明润滑脂的剪切安定性越好。

3）以锥入度变化表示润滑脂的其他性能。如以加水后工作 10 万次和无水工作 60 次锥入度的差值表示润滑脂抗水性；以加热后样品锥入度变化表示热硬化倾向；通过润滑脂在一定条件下储存一定时间后锥入度变化值来评价储存安定性等。

2. 检测方法及分析仪器

锥入度是润滑脂质量评定的一项重要指标，测定标准有 GB/T 269—2023《润滑脂和石油脂锥入度测定法》。该方法可以测定润滑脂的工作锥入度、不工作锥入度、延长工作锥入度和块锥入度等 4 种锥入度。

1）工作锥入度是指润滑脂样品在工作器中以 60 次/min 的速度工作 1min 后，在 25℃下测得的锥入度。

2）延长工作锥入度指的是润滑脂样品在工作器中超过 60 次往复工作后测得的锥入度。延长工作锥入度是反映润滑脂结构稳定性的重要指标，在一定程度上反映润滑脂的使用寿命。

3）不工作锥入度是将润滑脂样品在尽可能不搅动的情况下，移到润滑脂工作器中，在 25℃下测得的锥入度，可用于指导润滑脂生产和使用。

4）块锥入度是指润滑脂样品在没有容器的情况下，具有保持其形状的足够硬度时测定的锥入度。

锥入度测试仪主要由锥入度计、锥体、恒温浴、润滑脂工作器、润滑脂切割器、温度计、刮刀和秒表等组成，如图 2-34 所示。

a) 润滑脂锥入度测定仪

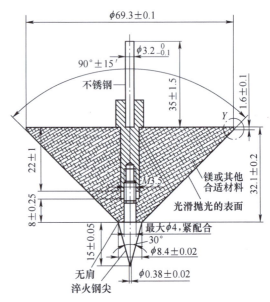

b) 全尺寸锥体

图 2-34　润滑脂锥入度测定仪及全尺寸锥体

除上述按标准方法规定的全尺寸圆锥体测定锥入度外，还有用 1/4 比例或 1/2 比例的圆锥体测定的锥入度，但只适用于样品量少且不能用全尺寸测定的情况。

2.2.3　滴点

1. 基本概念及检测意义

滴点是表示润滑脂在规定的加热条件下，从脂杯中滴落第一滴并到达试管底部时的温度。

滴点在不同情况下可以分别表示润滑脂的几种性质。

1）表示分油。在测定热安定性不良的润滑脂滴点时，往往会因皂油分离而滴油。此时并不代表其熔点，仅能代表其明显的分油温度或分解温度。

2）表示软化。某些润滑脂并没有发生明显的相转变，也没有完全熔化，而仅仅是变软，若软到一定程度（相当于锥入度≥400×0.1mm），则成油柱而自然垂下，拉长条而不成滴。此时滴点仅代表其软化温度。

滴点是选择高温润滑脂的重要理化性能指标，因此润滑脂若在高温条件下使用，则应重点监测滴点，主要体现在以下几个方面。

1）评估润滑脂最高使用温度。滴点并不是润滑脂使用的最高温度，如果润滑脂使用部位的工作温度高于润滑脂的滴点，就会造成润滑脂变稀，逐渐流出摩擦面或机械部件，使润滑失效。一般要求最高使用温度要比滴点至少低 20~30℃。

2）润滑脂的滴点主要取决于稠化剂的类型。普通皂基的润滑脂滴点一般比较低，与皂基的种类相关；复合皂基润滑脂的滴点一般较高，可达到 200℃、260℃以上，比普通的皂基润滑脂滴点高；有机润滑脂的滴点可达 260℃、300℃以上。用同一种稠化剂制成的润滑脂，稠化剂含量越高，润滑脂的滴点也越高。

2. 检测方法及分析仪器

目前，滴点测试的方法主要有两种，分别是润滑脂滴点测定法和润滑脂宽温度范围滴点测定法。

（1）润滑脂滴点测定法

目前，我国主要采用 GB/T 4929—1985《润滑脂滴点测定法》进行测试。主要测试过程是将润滑脂按规定装入脂杯中，再将脂杯和温度计放入试管中，并将试管挂在油浴里，搅拌油浴，按照标准要求控制升温速率，随着温度的升高，润滑脂逐渐从脂杯孔漏出，当润滑脂从脂杯孔滴出第一滴流体时，立即记录试管里温度计和油浴温度计的温度。试管里温度计和油浴温度计的温度平均值即为润滑脂的滴点，该方法可检测的最高滴点为 300℃。滴点测定仪主要由油浴、温度计、脂杯和试管等组成，如图 2-35、图 2-36 所示。

图 2-35　润滑脂滴点测定仪

（2）润滑脂宽温度范围滴点测定法

目前，我国主要采用 GB/T 3498—2008《润滑脂宽温度范围滴点测定法》进行测试。主要测试过程是将润滑脂填入脂杯，放入试管中，再将试管放在预先设置恒温的铝块炉中。试管中放置温度计，温度计不与润滑脂试样接触，在同试样无接触的条件下测量试管内温度。当试管内温度升高到第一滴润滑脂试样从脂杯中滴落到试管底部时，记录温度计显示的温度，作为观测滴点，精确至1℃，同时记录铝块炉的温度，精确至1℃。取铝块炉的温度与试管中温度计温度差的1/3作为修正系数，与观测滴点相加，即为润滑脂试样的滴点。该方法采用铝块炉进行加热，测定时间短，可检测高达330℃的滴点。润滑脂宽温度范围滴点测定仪主要由铝块炉、温度计、脂杯和试管等组成，如图2-37所示。

图2-36 滴点测定示意　　　图2-37 润滑脂宽温度范围滴点测定仪

2.2.4 强度极限

1. 基本概念及检测意义

润滑脂呈半固态时具有一定的弹性和塑性，当所受到的外力较小时，像固体一样表现出变形，但不会流动，所产生的变形和所受外力呈直线关系；当所受外力逐渐增大到某一临界数值时，润滑脂开始产生不可逆的变形，润滑脂开始流动。将润滑脂开始产生流动所需的最小剪应力，称为润滑脂的剪切强度极限，简称强度极限。强度极限用字母 τ 表示，单位为 Pa。

润滑脂的强度极限很大程度上取决于稠化剂的种类及含量。皂含量增加，则强度极限也增加。因此，企业在选择润滑脂时，强度极限是重要指标，其重要性主要体现在以下几个方面。

1）润滑脂使用工况不同，对其极限强度要求也不同。

在垂直面上使用润滑脂，极限强度不应过小，避免润滑脂流出，或所受剪应力大于其强度极限时出现滑落现象；在不密封的摩擦部位，应避免强度极限过小，润滑脂滚出，造成异常磨损；在高速旋转的机械中，若强度极限过小，则润滑脂会被离心力甩出。

2）润滑脂使用温度不同，对其极限强度要求也不同。

润滑脂的强度极限与温度有关，温度越高，强度极限越小；温度下降，润滑脂的强度极限增大。因此，根据高温时的强度极限，可大致说明润滑脂的适用温度上限。如果在高温下能保持适当的强度极限，则不易滑落，适合高温下使用；如果高温下润滑脂的强度极限变得过小，那么润滑脂就容易滑落，不适合高温下使用。与此相反，在低温使用时，要求润滑脂在低温下强度极限不应过大，否则会使机械设备难于起动，造成润滑系统中润滑脂难于泵送至润滑部位，从而导致润滑失效，机械设备受损。

2. 检测方法及分析仪器

润滑脂强度极限按 SH/T 0323—1992《润滑脂强度极限测定法》进行测定。其方法原理是在规定的温度下，使填充在毛细管中的样品受到缓慢递增的剪切力作用，测定润滑脂在管内开始发生位移时的压力，换算成强度极限，用 Pa 表示。

测试时是将试样装满工作器，并将活塞中的小孔填满试样，再将准备好的工作器在 20℃下恒温 30min，然后牵引孔塞往复 100 次，再将试样竖直抹入正剖管的螺纹管中，将两个螺纹管合起来，并装入套管，再放入塑性计壳体内的台架上。打开供油漏斗阀门，使润滑油充满塑性计后关闭供油漏斗阀门。若系统压力升高时，打开供油漏斗阀门，驱出过剩的润滑油。将塑性计壳体按规定温度恒温 20min，恒温阶段，供油漏斗的阀门应一直打开。

恒温结束后，关闭供油漏斗阀门，开启加热储油器的电炉电门，同时注意压力表。在应用长螺纹管时，体系增压速度不应超过 0.005MPa/min；在应用短螺纹管时，则增压速度不应超过 0.0025MPa/min。当系统的压力达到某一个最大值后，压力开始下降，记录最大压力值。按式（2-5）计算试样的强度极限 r（Pa），即

$$r = PR/2L \qquad (2-5)$$

式中　P——最大压力（MPa）；

　　　R——螺纹管的半径（cm）；

　　　L——螺纹管的长度（cm）。

强度极限测定仪主要由玻璃罩、压力表、供油漏斗、储油器和电炉等组成，如图 2-38 所示。

2.2.5　相似黏度

1. 基本概念及检测意义

液体在流动时相互阻止的能力，称为黏度或者内摩擦力。润滑脂的黏度在一定温度条件下是随着剪切速率而变化的变量，这种黏度称为相似黏度，或表观黏度，单位为 Pa·s。

润滑脂流动时的黏度和普通润滑油的黏度不完全一样，普通润滑油是符合牛顿流体定律运动的，其黏度在温度一定时是一个常数，不随着剪切速率的变化而变化。但润滑脂是非牛顿流体，其相似黏度随着剪切速率的增高而降低，但当剪切速率继续增加，润滑脂的相似黏度接近其基础油的黏度后便不再变化。润滑脂相似黏度与剪切速率的变化规律

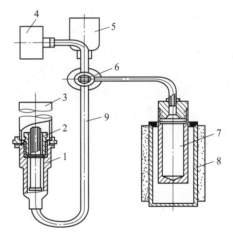

图 2-38　强度极限测定仪结构示意
1—壳体　2—螺母　3—玻璃罩
4—压力表　5—供油漏斗　6—阀门
7—储油器　8—电炉　9—连接管

称为黏度-速度特性。黏度随剪切速率变化越显著，其能量损失越大。另外，因为润滑脂的相似黏度也随温度上升而下降，但仅为基础油的几百分之一甚至几千分之一，所以润滑脂的黏温特性比润滑油好。因此，在说明润滑脂的相似黏度时，必须说明测定时的剪切速率和温度，才有实际指导意义。

相似黏度是选择低温润滑脂的重要理化性能指标，因此若润滑脂在低温条件下使用，则应重点监测相似黏度，主要体现在以下几个方面。

1）润滑脂的黏温特性具有重要的实用性。特别是在较低温度下，如果相似黏度很大，

则流动性差，不易进入摩擦部位的工作表面，而且会增加机械的动力消耗；当环境和工作部位的温度变高时，如果相似黏度下降过大，润滑脂就大大变软甚至流失。

2）反映润滑脂的低温流动性能，一般可以根据低温条件下润滑脂相似黏度的允许值来确定润滑脂的低温使用极限，预测润滑脂是否容易通过导管被移动或泵送到使用部位。

一般来说，润滑脂的流动性经常是以高温下的强度极限来预测其是否易于流失，而以低温下的相似黏度来预测其是否能够正常流动。

2. 检测方法及分析仪器

润滑脂相似黏度测定法有 SH/T 0048—1991《润滑脂相似黏度测定法》。该方法是采用一种变动流量式压力毛细管黏度计，利用弹簧作用于顶杆，试样管内试样经受压力后从毛细管流出，随着弹簧的松弛，管内的压力逐步下降，通过这种变动流量式压力毛细管黏度计进行一次试验，即可得到一系列平均剪切速率下的相似黏度值。

由于这种黏度计的流量是变动的，在毛细管一定的情况下则取决于顶杆的下降速度，但这个下降速度不易直接测得，因此利用一定线速度旋转的记录筒，记下工作曲线，曲线上的任意一点代表某一瞬间的黏度特性，由该点的切线与水平线夹角的正切乘以记录筒的线速度即为顶杆的下降速度。根据这个原理，可计算出润滑脂在毛细管中各个瞬间的平均剪切速率，其平均剪切速率范围可根据毛细管的半径进行选择。

相似黏度测定仪主要由自动毛细管黏度计、样品管、供压系统和记录系统等组成，如图 2-39 所示。毛细管有三种不同的半径，分别是 0.1020cm、0.0540cm 和 0.0214cm，样品管容积约 21mL，供压系统由两个不同弹性系数的弹簧组和压缩弹簧用的螺杆等组成，记录系统包括可转动的记录筒、记录纸和记录笔等。测定时，在预先被压缩的弹簧作用下，顶杆就使润滑脂样品经过毛细管流出，在记录筒上记下弹簧的压缩度和顶杆下降速度的工作曲线，最后计算出相似黏度。

图 2-39　润滑脂相似黏度测定仪

2.2.6　低温转矩

1. 基本概念及检测意义

润滑脂的低温转矩是指在低温时，润滑脂阻滞低速滚珠轴承转动的程度，用来评价润滑脂的低温性能。

低温转矩是在一定低温下，试验润滑脂润滑 D204 型单列向心球轴承，以轴承内环 1r/min 的速度转动时，其作用在轴承外环上润滑脂的阻力。由于这个阻力与转矩成正比，因此低温转矩用起动转矩和运转转矩来表示，即起动转矩为开始转动时测得的最大转矩，运转转矩为在规定的转动时间（60min）后测得的平均转矩值。

目前，我国的低温和宽温用润滑脂规格中，一般是要求低温黏度不应过大。在美国军用润滑脂规格中，低温和宽温用的航空润滑脂，大多数要求在其使用温度下的起动转矩 $\leqslant$ 0.15mN·m，运转转矩 $\leqslant$ 0.05mN·m。

润滑脂低温转矩是衡量润滑脂低温性能的一项重要指标，因此润滑脂在低温条件下使用时，也会考虑低温转矩，主要体现在以下几个方面。

1）润滑脂低温转矩特性好，则表明润滑脂在规定的轴承中，在低温试验条件下的转矩小。润滑脂低温转矩的大小,关系到用润滑脂润滑的轴承低温起动的难易和功率损失,如果低温转矩过大,将造成起动困难且功率损失增多。

2）微型电动机和精密控制仪表要求轴承的转矩小且稳定,以确保在低温环境下,容易起动和灵敏可靠地工作。

3）使用润滑脂润滑的轴承开始运转时,首先要克服润滑脂的强度极限,而润滑脂的强度极限、相似黏度和稠度在低温环境下会增大,将导致润滑脂在低温下阻滞轴承转动的程度增大。

2. 检测方法及分析仪器

润滑脂低温转矩常用的测试方法有 SH/T 0338—1992《滚珠轴承润滑脂低温转矩测定法》。

主要测试过程:将一个合格的清洗干净的 D204 型单列向心球轴承,用装脂杯反复填满试样,在规定的温度下恒温静止 2h 后,以轴承内环（1±0.05）r/min 速度转动,测定其作用在轴承外环上的润滑脂阻力,这个阻力与转矩成正比,结果用测定的起动转矩和运转转矩来表示。

1）起动转矩:开起驱动电动机,观察测力计指针,记下达到的最大读数,这个读数出现在开始运转后的几秒钟内,将刻度读数值 P（lb）乘以 K 值作为起动转矩值 M（mN·m）。

2）运转转矩:继续转动试验轴 60min,保持试验温度温差在±0.5℃以内,在 60min 后的 15s 内观察测力计的平均读数,将这个读数值 P（lb）乘以 K 值作为运转转矩值 M（mN·m）。

$$M = KP \qquad (2-6)$$

式中 K——常数,289（K 值由测力计刻度读数值（lb）换算到 mN 再乘以轴承座转矩半径 0.065m）;

P——测力计读数（lb）。

滚珠轴承润滑脂低温转矩试验装置主要由低温箱、传动装置、低温试验装置、转矩测定装置及脂杯、心轴、专用装脂器和 D204 角接触球轴承等组成,如图 2-40 所示。

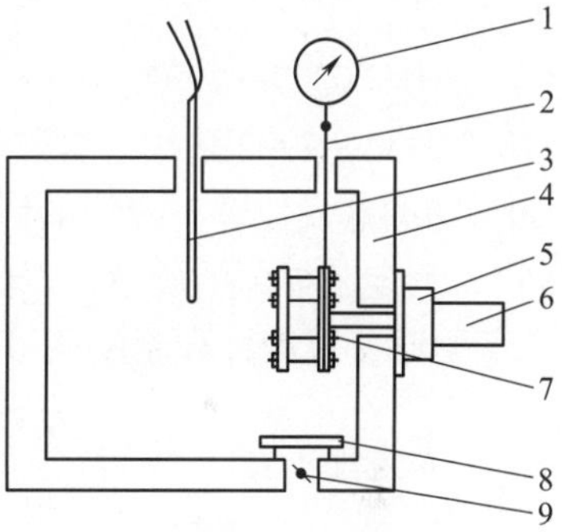

图 2-40 滚珠轴承润滑脂低温
转矩试验装置示意
1—测力计 2—测力绳 3—温度控制热电偶
4—低温箱 5—齿轮减速器 6—电动机
7—鼠笼式负荷轴承座 8—干冰出口处挡盘
9—干冰调节活门

2.2.7 蒸发损失

1. 基本概念及检测意义

蒸发损失是指润滑脂在规定条件下蒸发后,其损失量所占的质量百分数。润滑脂的蒸发损失可用蒸发量和蒸发度来表示。

润滑脂的蒸发损失主要取决于所采用的基础油种类、馏分组成和分子量,不同种类和由不同黏度的基础油制成的润滑脂,其蒸发特性也不同。润滑脂的蒸发性是影响润滑脂使用寿命的一个重要因素,尤其是对于在高温、宽温度范围或高真空条件下使用的润滑脂显得特别重要。

蒸发损失是选择高温润滑脂的重要理化性能指标,在高温条件下使用润滑脂,其重要性主要体现在以下几个方面。

1）若在高温或真空条件下，基础油蒸发损失过大，则会使润滑脂的稠度增大、使用寿命缩短，因此在高温下和真空下使用的润滑脂要求有低的蒸发量。

2）在一些精密仪器或封闭的轴承（如用于光学仪器仪表或人造卫星的轴承）中，由于不能更换润滑脂，为保证仪器的长期正常使用，所以同样要求润滑脂蒸发性小。

2. 检测方法及分析仪器

目前，我国主要采用 GB/T 7325—1987《润滑脂和润滑油蒸发损失测定法》、SH/T 0661—1998《润滑脂宽温度范围蒸发损失测定法》和 SH/T 0337—1992《润滑脂蒸发度测定法》测试润滑脂的蒸发损失。

（1）GB/T 7325—1987

GB/T 7325—1987 适用于测定在 99~150℃内的任一温度下润滑脂或润滑油的蒸发损失，主要测试过程是将润滑剂试样放在蒸发器里，置于规定温度的恒温浴中，将热空气持续通过试样表面 22h，然后根据试样的失重计算出蒸发损失。蒸发损失测定仪主要由蒸发器、空气供给系统、油浴、温度计和流量计等组成，如图 2-41 所示。

（2）SH/T 0661—1998

SH/T 0661—1998 的方法原理与 GB/T 7325—1987 一致，但测试范围不同，SH/T 0661—1998 中的方法测试的是 93~316℃内润滑脂的蒸发损失，是将 GB/T 7325—1987 中方法的温度范围予以扩大。

（3）SH/T 0337—1992

SH/T 0337—1992 适用于自然气流下测定润滑脂的蒸发损失。主要测试过程是将盛满厚1mm 润滑脂的蒸发皿置于专门的恒温器内，在规定温度下保持 1h（或润滑脂产品标准规定的时间），测定其损失的质量，以蒸发量的质量百分数表示。蒸发度测定仪主要由恒温器、钢饼、蒸发皿、温度计和温度调节器等组成，如图 2-42 所示。

图 2-41　润滑脂和润滑油蒸发损失测定仪

图 2-42　润滑脂蒸发度测定仪

2.2.8　氧化安定性

1. 基本概念及检测意义

润滑脂的氧化安定性表示润滑脂在储存和使用过程中抗氧化的能力。润滑脂的氧化主要决定于其组分的性质，与基础油、添加剂及稠化剂有关。润滑脂中的稠化剂和基础油，在储存或长期处于高温的情况下很容易被氧化。

润滑脂的氧化安定性是影响润滑脂使用寿命的重要因素之一，氧化安定性差时，会影响润滑脂的使用和存储，其重要性主要体现在以下几个方面。

1）润滑脂氧化后理化性质会发生改变。例如，游离碱减少或酸值增加、强度极限下降、滴点降低、锥入度改变，以及外观颜色变深等。另外，润滑脂严重氧化后表面可能产生裂纹或硬块，出现分油现象。

2）相转变温度、介电性能及结构的改变。例如，电子显微镜观察显示，润滑脂氧化后出现皂纤维结构骨架的破坏，影响润滑脂的正常使用。

3）润滑脂氧化安定对于润滑脂的储存和使用都有影响，尤其是对于高温、长期使用的润滑脂，更具有重要的意义。润滑脂在高温氧化后，其抗磨性变差，由于酸性物质增加，因此会降低润滑脂的防护性能，甚至出现腐蚀现象。润滑脂氧化后，性质发生改变，影响存储和使用，因而氧化安定性是关系润滑脂最高使用温度和使用寿命长短的一个重要因素。

2. 检测方法及分析仪器

目前，我国主要采用 SH/T 0325—1992《润滑脂氧化安定性测定法》和 SH/T 0335—1992《润滑脂化学安定性测定法》测试润滑脂氧化安定性。

（1）SH/T 0325—1992

SH/T 0325—1992 的主要测试过程是在 5 只洁净干燥的玻璃皿中各装入 4g 润滑脂，并均匀分布在器皿中，再将 5 只装有润滑脂的器皿放在一个加热到 99℃、充有 758kPa 氧气的不锈钢氧弹中氧化。此过程要确保氧弹不发生漏气现象，并按规定的时间间隔观察、记录压力。样品经过规定的时间氧化后（如 100h、200h 等），通过测定压力降来确定润滑脂的氧化程度。此方法是测定润滑脂在储存于氧气密闭系统中的抗氧化性，用氧化诱导期的长短、试验周期内氧弹中压力降多少来表示润滑脂的氧化安定性。不表示在动态工作条件下润滑脂的安定性和长期储存在容器里润滑脂的安定性，也不表示在轴承和电动机部件上薄层润滑脂的安定性。氧化安定性测定仪主要由氧弹、试样皿、皿架、压力表和油浴等组成，如图 2-43 所示。

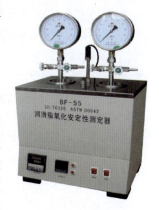

（2）SH/T 0335—1992

SH/T 0335—1992 是在 5 只洁净干燥的玻璃皿中分别装入约 4g 润滑脂样品，放入氧弹中并按照规定充入氧气，此过程要确保氧弹不发生漏气现象。将氧弹放入恒温水浴后，记录时间及氧弹内的初压力，在试验过程中，每 2h 记录一次压力。经过一段时间，由于氧弹内试样变热，氧弹内压力开始升高，当达到一定限度后，氧弹内压力保持不变。再经过一段时间后，氧弹内的压力开始下降，这段时间就是试样的诱导期。在氧化结束后，测定试样氧化后的酸值或游离碱，并与氧化前进行比较，以变化值和

图 2-43 润滑脂氧化安定性测定仪

压力降表示该试样的化学安定性，变化值、压力降越小，表示润滑脂的氧化安定性越好。

2.2.9 胶体安定性

1. 基本概念及检测意义

润滑脂的胶体安定性是指润滑脂在储存和使用时抑制润滑油析出的能力。润滑脂在短时间内出现分油，表明胶体安定性差，若经较长时间储存仍没有出现分油现象，则表明润滑脂的胶体安定性好。

润滑脂的胶体安定性取决于其组成，主要是基础油和稠化剂。基础油和稠化剂的种类、黏度及含量都会影响润滑脂的胶体安定性。一般来说，基础油的黏度越小，润滑脂越容易分油。对于相同条件下制造的同一种润滑脂，含皂量越少，则越容易分油且分油量越大。

润滑脂是一个由稠化剂和基础油形成的胶体结构分散体系，基础油在有些情况下会自动从体系中分出。例如，当形成结构骨架的分散相动力聚沉时，结构骨架空隙中的基础油就会有一部分被挤出；在结构被压缩时，也会有一部分基础油被压出；当分散相聚结程度增大时，膨化到皂纤维内部的基础油也会有一部分被挤出，从而使润滑脂出现分油。图 2-44 所示为桶装润滑脂分油现象。

图 2-44　桶装润滑脂分油现象

当润滑脂胶体安定性差时，将直接导致润滑脂稠度改变，进而影响润滑脂的性能。因此，在储存和使用润滑脂之前，检测润滑脂的胶体安定性具有重要意义，主要体现在以下几个方面。

1）胶体安定性反映的是润滑脂在长期储存中析油的倾向。如果润滑脂胶体安定性差，就可能在储存期间发生大量的析油现象，从而引起稠化剂和基础油比例改变，润滑脂的稠度、相似黏度、强度极限等指标也会发生相应变化。这种情况下，润滑脂就不能长期保存，要尽快使用。

2）测定胶体安定性有助于了解润滑脂的保质期限，是保证润滑脂质量和延长润滑脂储运期的重要参考指标。

3）胶体安定性也反映了润滑脂实际应用时的析油倾向。润滑脂在实际应用时，会受到压力、离心力和温度的影响。胶体安定性好的润滑脂，即便是在高温、高载荷下使用，也不会产生严重析油。反之，胶体安定性差的润滑脂，则可能在受到压力和热作用的情况下迅速析油，使润滑脂变稠变干，失去润滑作用。

2. 检测方法及分析仪器

润滑脂的胶体安定性主要有两种测试方法，一种是利用升高温度来加速分油的方法，如 NB/SH/T 0324—2010《润滑脂分油的测定　锥网法》；另一种是利用加压来加速分油的方法，如 GB/T 392—1977《润滑脂压力分油测定法》。

（1）NB/SH/T 0324—2010

NB/SH/T 0324—2010 是评价润滑脂在受热情况下，通常是 100℃、30h 条件下的分油倾向。其检测过程是将已称量的试样放入到一个锥形的镍丝、镍铜合金丝或不锈钢丝网中，悬挂在烧杯内，试样在 100℃ 条件下恒温（30±0.25）h 后，测定润滑脂从锥圆网中分出的油量，结果用质量百分数表示。但此标准不适用于锥入度>340（0.1mm）的润滑脂产品。钢网分油器主要由锥网、烧杯、挂钩、天平和恒温箱等组成，如图 2-45 所示。

（2）GB/T 392—1977

GB/T 392—1977 是评价润滑脂在常温、受压情况下的分油倾向，也是模拟润滑脂在大桶中储存时的析油倾向。其检测过程是将润滑脂装入压力分油器的皿中，在 15~25℃ 下对其加压 30min，利用加压分油器将油从润滑脂内压出，测定压出的油量，以质量百分数表示。压力分油器主要由加压分油器架子、玻璃板、连杆和金属球等组成，如图 2-46 所示。

图 2-45　钢网分油器

图 2-46　压力分油器

2.2.10　抗磨极压性

1. 基本概念及检测意义

润滑脂的抗磨极压性是指在重负荷、冲击负荷下，润滑脂降低金属摩擦磨损的性能。

四球机评定润滑脂性能的指标很多，国内外最常用的评定指标有最大无卡咬负荷、烧结负荷及综合磨损值 ZMZ（负荷磨损指数 LWI）等。

1）最大无卡咬负荷 P_B，即表示在试验条件下不发生卡咬的最大负荷，在该负荷下所测得的磨痕平均直径不超过相应负荷补偿线上数值的 5%。表示在此负荷下摩擦表面间尚能保持完整的油膜，如超过此负荷则油膜破裂，摩擦表面的磨损将急剧增大。

2）烧结负荷 P_D，即表示在试验条件下，转动球与三个静止球发生烧结的最小负荷，它表示润滑脂的极压能力，超过此负荷后，润滑剂完全失去润滑脂作用。

3）综合磨损值 ZMZ，即表示润滑脂在所加负荷下抗极压能力的一个指数。综合磨损值 ZMZ 与国外所用相似指标负荷磨损指数 LWI 的意义是相同的，表示单位润滑脂从低负荷到烧结负荷整个过程中的平均抗磨性能。

润滑脂的抗磨极压性是评价润滑脂在重负荷、冲击负荷下润滑脂降低金属摩擦磨损的性能。由于润滑脂含有稠化剂，而稠化剂具有润滑作用，所以有些基础润滑脂，如复合磺酸钙、复合钙、聚脲等就具有良好的抗磨极压性，但如果要求更高的抗磨极压性，则必须添加极压抗磨剂，以此来提高抗磨极压性。

2. 检测方法及分析仪器

润滑脂抗磨极压性的评价方法有：SH/T 0202—1992《润滑脂极压性能测定法（四球机法）》、SH/T 0204—1992《润滑脂抗磨性能测定法（四球机法）》、SH/T 0203—2014《润滑脂极压性能测定法（梯姆肯试验机法）》、SH/T 0427—1992《润滑脂齿轮磨损测定法》、SH/T 0716—2002《润滑脂抗微动磨损性能测定法》和 NB/SH/T 0721—2016《润滑脂摩擦磨损性能的测定（高频线性振动试验机（SRV）法）》等。

（1）SH/T 0202—1992

SH/T 0202—1992 方法的测试过程是在规定的负荷下，用上面一个钢球对着下面静止的三个钢球旋转，转速为（1770±60）r/min，试样温度为（27±8）℃，然后逐级增大负荷进行一系列 10s 试验，每次试验后测量球盒内任何一个或三个钢球的磨痕直径。测试最大无卡咬负荷时，应要求其磨痕直径不大于相应负荷补偿线上的磨痕直径的5%，否则就要在较低一级的负荷下进行试验，再次比较磨痕直径，继续此过程，直到磨痕直径满足要求为止，此时所施加的负载就是最大无卡咬负荷。测试烧结负荷时，逐级加载，记录所测得的磨痕直径，并更换试验钢球和润滑脂，直到发生烧结为止，并予以核实，此时施加的负载就是润滑脂的烧结负荷。试验装置主要由四球极压试验机、显微镜和计时器等组成，四球摩擦试验机分为杠杆式四球机和液压式四球机，与润滑油抗磨极压性试验装置相同。

（2）SH/T 0204—1992

润滑脂抗磨性能是指润滑脂在高负荷运转设备中保持润滑部件不被磨损的能力。此方法适用于润滑脂在钢对钢摩擦副上的抗磨性能，不能用来区分极压润滑脂和非极压润滑脂。

SH/T 0204—1992方法的测试过程是在加载的情况下，上面的1个钢球对着表面涂有润滑脂的下面3个静止钢球旋转。在试验结束后，测量下面3个钢球的磨痕直径，以磨痕直径平均值的大小来判断润滑脂的抗磨性能。

（3）SH/T 0203—2014

此方法适合于用梯姆肯试验机测定润滑脂的承载能力，用试验结果OK值（即试件不发生擦伤或卡咬的最大负荷）来表征润滑脂的极压性能。

SH/T 0203—2014方法是采用梯姆肯试验机测定润滑脂极压性能，试验润滑脂在（24±6）℃被压到试验环上，由试验机主轴带动试验环在静止的试块上转动，主轴转速为（800±5）r/min，试验时间为10min±15s。试环和试块之间承受压力，通过观察试块表面磨痕，可以得出不出现擦伤时的最大负荷OK值。梯姆肯试验机主要由试验机、试验机主轴、杠杆系统、加载装置、进料装置和显微镜等组成，如图2-47所示。

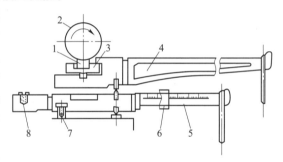

图 2-47　梯姆肯试验机
1—试块　2—试环　3—试块架　4—负荷杠杆
5—摩擦杠杆　6—游码　7—定位销　8—水平器

（4）SH/T 0427—1992

SH/T 0427—1992方法是用于测定润滑脂的齿轮磨损值，用来表明润滑脂的相对润滑性能。该方法是将涂有试验润滑脂的已知磨损性的试验齿轮在规定的负荷下进行往复运转，达到规定周数后以铜齿轮平均质量损失作为磨损值。

（5）SH/T 0716—2002

SH/T 0716—2002方法测定轴承摆动时润滑脂抗微动磨损的特性。试验时，两套装有试验脂的推力球轴承在弧度为0.21rad(12°)、摆动频率为30Hz(1800CPM)，负荷为2450N(550lbf)以及室温条件下做摆动运动，试验时间为22h。以两套轴承座圈的质量损失之和的平均值作为试验润滑脂抗微动磨损性能的评定标准。该方法可用于预测长途运输中的汽车车轮轴承润滑脂的抗微动磨损性能。

（6）NB/SH/T 0721—2016

NB/SH/T 0721—2016方法适用于测定给定温度和负载条件下润滑脂的磨损性能和摩擦系数。其方法是在高频现行振动试验机（SRV）上用一个试验球，在恒定负荷下对着试验盘进行往复振动，然后测定试验球的磨痕和摩擦系数。该方法适用于检验使用在汽车前轮驱动的恒速球节润滑脂和用于滚柱轴承的润滑脂。

2.2.11　铜片腐蚀

1. 基本概念及检测意义

腐蚀是指金属与其存在的环境之间发生的化学或电化学反应，使金属的性能降低。润滑脂的防护性是指对金属的保护作用，防止金属表面受到腐蚀和生锈的能力，防护效果的好坏与润滑脂的黏附性、氧化安定性、抗水性，以及是否含有游离酸或碱，是否添加防锈剂、防腐剂、金属钝化剂等因素有关。铜片腐蚀是测定润滑脂对铜的腐蚀性，以评估润滑脂对金属铜的防护效果。

作为润滑脂，在实际使用时不允许出现对钢、铜部件产生腐蚀作用，特别是对于防护型润滑脂，腐蚀试验是重要监测的项目，主要体现在以下几个方面。

1）腐蚀试验是润滑脂的重要质量指标之一。任何润滑脂均不允许对金属产生腐蚀。

2）通过铜片腐蚀试验定性检查润滑脂对金属是否产生腐蚀。金属产生腐蚀，主要是因润滑脂中有过多的游离酸或碱、活性硫化物而引起的。

3）在潮湿环境下使用润滑脂，具有良好的防腐蚀性能，能有效阻止外界的空气、水分与金属直接接触，或者延缓空气和水渗透到金属表面，起到保护设备的作用。

2. 检测方法及分析仪器

润滑脂腐蚀试验常见的方法有两种，分别是采用铜片和轴承来测定润滑脂的防腐性能。

（1）GB 7326—1987《润滑脂铜片腐蚀试验法》

GB 7326—1987 是常用的润滑脂防腐性能测试法。测试过程中，将一块已磨光好的铜片全部浸入到润滑脂试样中，在烘箱或液体浴中加热一定时间（一般是 100℃×24h）。在试验结束后，取出铜片，经过洗涤后，检查铜片有无变色，或者将试验铜片与铜片腐蚀标准色板进行比较，确定腐蚀级别。标准色板和腐蚀级别参考润滑油腐蚀。

试片材料为纯度>99.9%的电解铜，符合 GB/T 5231—2022《加工铜及铜合金牌号和化学成分》中的 T2 铜片可满足试验要求。试片尺寸：长为75mm，宽为12.5mm、厚为1.5~3.0mm。试片的处理应严格按照标准要求进行，需经过表面准备和最后磨光。将铜片所有的表面均匀地磨光，可以使铜片均匀着色。如果边缘有磨损（表面呈椭圆形），将可能导致边缘比中心出现更严重的腐蚀。

（2）GB/T 5018—2008《润滑脂防腐蚀性试验法》

GB/T 5018—2008 规定了在潮湿条件下用涂有润滑脂的圆锥滚子轴承来测定润滑脂的防腐性能。在测试过程中，将新的清洗干净的涂有润滑脂试样的轴承在轻微负载推力下运转（60±3）s，使润滑脂的分布接近实际使用时的分布。将轴承在（52±1）℃和100%的相对湿度条件下存放（48±0.5）h，然后清洗并检查轴承外圈滚道的腐蚀痕迹。一般是将轴承外圈滚道上的红锈或者黑斑确定为腐蚀，若污点下仍可见金属面，一般不认为是腐蚀。结果用合格和不合格来评价，当出现任何尺寸为1.0mm 及更大的斑点时，评价为不合格。润滑脂轴承防锈测定仪主要由轴承、电动机、运转台和轴承加脂器等组成，如图2-48所示。

图 2-48　润滑脂轴承防锈测定仪

2.2.12 抗水淋性

1. 基本概念及检测意义

润滑脂的抗水淋性是指润滑脂在使用过程中与水和水蒸气接触时抗水冲洗和抗乳化的能力。润滑脂稠化剂的抗水性决定其抗水淋性的好坏，烃类稠化剂的抗水淋性最好，有机稠化剂和无机稠化剂均好，皂基润滑脂的抗水淋性取决于金属皂的水溶性。钠皂既能吸水又能被水溶解，因此钠基润滑脂抗水淋性很差，遇水后，轻则颜色变白，重则乳化变稀，甚至变为流体失去润滑作用。钙-钠基润滑脂的抗水淋性较差，钙基、复合钙基、锂基、复合锂基、铝基、复合铝基脂和钡基润滑脂均有良好的抗水淋性。

润滑脂的抗水淋性与其润滑效果和耐用时间有着密切的关系，在潮湿环境下使用润滑脂，抗水淋性是重要理化指标，主要体现在以下几个方面。

1）抗水淋性好的润滑脂在有水或水蒸气存在下仍能起到良好的润滑作用。抗水淋性较差的润滑脂，在潮湿环境使用过程中，会因吸水而逐渐乳化变质，导致结构被破坏而流失，润滑失效，进而导致金属设备产生锈蚀或者腐蚀，最终被损坏。

2）润滑脂的抗水淋性与实际应用有着密切关系，对润滑脂的抗水淋性进行评价，可以预测其是否适用于与水接触的操作部位，指导企业合理选用润滑脂。

2. 检测方法及分析仪器

评价润滑脂抗水淋性的方法主要有 SH/T 0109—2004《润滑脂抗水淋性能测定法》和 SH/T 0643—1997《润滑脂抗水喷雾性测定法》。

（1）SH/T 0109—2004

润滑脂抗水淋性是指在试验条件下，评价润滑脂抵抗从滚动轴承中被水淋洗出来的能力。润滑脂抗水淋性测试指标为"水淋流失量"，其测试过程是将润滑脂试样装入球轴承中，以（600±30）r/min 的速度转动，用控制在 38℃ 或 79℃ 的水以（5±0.5）mL/s 的速度喷淋在轴承套内，以 60min 内被水冲掉的润滑脂量来衡量润滑脂的抗水淋能力。此法用来评价轴承内润滑脂抵抗被水淋洗出的能力，水淋损失的质量越少，表示抗水淋性越好。

抗水淋性测定仪主要由水淋仪器、球轴承、轴承套和防护板和加热器等组成，如图 2-49 所示。

（2）SH/T 0643—1997

润滑脂抗水喷雾性能是指润滑脂在直接接触水喷雾时，润滑脂对金属表面的黏附能力，其测定结果可以预测润滑脂在直接接受水喷雾冲击的工作环境下的使用性能。

该方法是将润滑脂涂在一块不锈钢板上，用规定试验温度和压力下的水进行喷雾。经 5min 后，测定喷雾前后不锈钢板上润滑脂的质量，计算出失重百分数，作为润滑脂抗水喷雾性的量度。

图 2-49 润滑脂抗水淋性测定仪

2.2.13 水分

1. 基本概念及检测意义

水分是指润滑脂含水的质量分数，即在产品规格上是用来控制含水的百分率。水分在润滑脂中存在有两种形式，一种是作为润滑脂结构胶溶剂的结合水，另一种是游离水。

结合水是润滑脂的稳定剂，水分损失会引起润滑脂分油现象，是不可缺少的成分；结合水含量多少也会影响润滑脂的稠度，例如钙基润滑脂，其稠度随水含量的增加而减少，在使用过程中如果因温度过高而失水，其胶体结构就会遭到破坏，从而导致油皂分离，失去润滑脂的状态。

游离水是被吸附或夹杂在润滑脂中，对润滑脂是有害的，不仅会破坏润滑脂的结构骨架，还会降低润滑脂的防护能力，游离水过多时甚至引起腐蚀现象，同时还会降低润滑脂的润滑性、机械安定性和化学安定性。

对于不同类型的润滑脂，对水分的要求也不相同。一般烃基润滑脂、铝基润滑脂及锂基润滑脂均不允许含水；钙基润滑脂水分根据不同牌号润滑脂的皂分多少而规定在某一范围，水分过多或过少均将影响润滑脂的质量；钙钠基润滑脂允许含有少量水；钠基润滑脂不允许含有游离水。

2. 检测方法及分析仪器

润滑脂水分测定方法按 GB/T 512—1965《润滑脂水分测定法》进行。其试验过程是将 20~25g 润滑脂试样放入预先清洁干燥的圆形烧瓶中，加入直馏汽油 150mL，安装好接收器和冷凝管后，缓慢加热，当回流开始后，应保持落入接收器的冷凝液为每秒 2~4 滴。接近终点时，当接收器中水的容积不再增加及上层溶剂完全透明时，停止蒸馏，蒸馏时间不超过 1h，待降至室温后，记录接收器中水的容积。测定水分结果以质量百分数表示。试验装置与润滑油蒸馏法水分测定仪相同（见图 2-8）。

2. 2. 14　皂分

1. 基本概念及检测意义

皂分是指润滑脂中含皂基的质量分数。

润滑脂的皂分对产品性能影响较大，因此对未知组成的润滑脂测定皂分，在实际应用中具有一定的意义，主要体现在以下几个方面。

1）测定皂分，初步判断润滑脂的物理性能。当润滑脂的原料和制造工艺条件一定时，随着润滑脂的皂分增多，它的稠度、强度极限增大，分油量减少，滴点也较高。

2）润滑脂的皂分过高，其低温性能可能变差，在使用过程中易硬化结块，缩短使用寿命；但润滑脂的皂分过低，会使润滑脂机械安定性下降。

3）如果润滑脂的皂分稠化能力强、制造工艺条件好，则制造某一稠度的润滑脂所需皂量少，产品收率高，可降低成本。

2. 检测方法及分析仪器

润滑脂皂分按 SH/T 0319—1992《润滑脂皂分测定法》测定。测定过程中，称量 1~2g 的润滑脂样品溶于 5~10mL 的苯中，加热至样品全部溶解（不许苯沸腾）后，冷却至室温，再用 50mL 丙酮在室温下将皂从苯溶液中沉淀析出、过滤，然后用热丙酮洗涤沉淀数次至完全去掉油为止，烘干后称重，所得结果计算为质量百分数，并减去润滑脂中的机械杂质（按 SH/T 0330—1992《润滑脂机械杂质测定法（抽出法）》测定）的含量，即得皂分。皂分测试需用到滴定管、锥形烧瓶、漏斗、回形冷凝管和烘箱等实验室常见仪器，不需要使用特定仪器。

2. 2. 15　机械杂质

1. 基本概念及检测意义

润滑脂内的机械杂质主要是指磨损性的机械杂质，一般是指溶剂不溶物，也有指显微镜观察到的不透明的外来杂质和半透明纤维状的外来杂质。机械杂质主要有砂粒、尘土、金属屑及铁锈等，主要来源是制造润滑脂时，因原料过滤不彻底或生产环境不达标而引入；设备上磨损的金属；包装、储运和使用过程中自外界混入的杂质等。

润滑脂内如存在机械杂质，既不能沉淀也不能过滤，使用时会加剧被摩擦副工作面的磨损，造成摩擦面损伤，引发噪声，使机械设备运转时产生振动甚至缩短使用寿命。另外，金属屑或金属盐会促进润滑脂氧化等。因此，规定润滑脂中不允许含有酸分解法机械杂质，抽出法机械杂质允许含微量。

2. 检测方法及分析仪器

润滑脂机械杂质的测定方法主要有 SH/T 0336—1994《润滑脂杂质含量测定法（显微镜法）》、GB/T 513—1977《润滑脂机械杂质测定法（酸分解法）》（1988 年确认）、SH/T 0330—1992《润滑脂机械杂质测定法（抽出法）》和 SH/T 0322—1992《润滑脂有害粒子鉴定法》。

（1）SH/T 0336—1994

该方法是用显微镜测定润滑脂中外来粒子的尺寸和数量的方法。外来粒子是指在透射光下用显微镜观察润滑脂时，呈不透明和半透明纤维状的外来杂质。不是指制造时润滑脂的组分。

主要测试过程是将少量润滑脂涂在血球计数板中间平面上，用玻璃盖片压紧，润滑脂应完全装满在玻璃盖片和血球计数板平面之间的空隙，然后放在显微镜下观察，测定润滑脂内存在的颗粒杂质的大小和数目，记录 $10\sim25\mu m$、$25\sim75\mu m$、$75\sim125\mu m$ 和 $>125\mu m$ 共 4 组尺寸级别的外来粒子数量，即为显微镜杂质的含量。显微镜法测试杂质含量主要由显微镜、血球计数板和纵横移动架等组成，如图 2-50 所示。

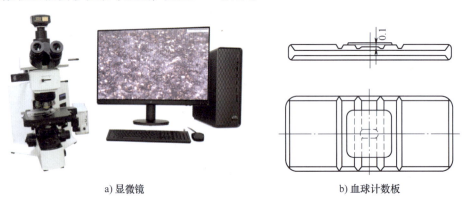

a）显微镜　　　　　　　　　　　　　b）血球计数板

图 2-50　显微镜及血球计数板

（2）GB/T 513—1977

该方法用于测定润滑脂中不溶于盐酸、石油醚（溶剂汽油或苯）、乙醇-苯混合液及蒸馏水的机械杂质含量，以质量分数表示。主要测试过程是用锥形烧瓶称取样品，加入定量的 10%盐酸和石油醚（溶剂汽油或苯）。将锥形烧瓶装上回流冷凝管在水浴或电炉上加热，使样品全部溶解，然后将溶解物缓慢倒入已知重量的微孔玻璃坩埚过滤，再用乙醇-苯混合液洗涤，并用热蒸馏水洗涤沉淀物呈中性为止，最后烘干恒重，此时的沉淀物即为机械杂质。

酸分解法不能测出溶于盐酸的机械杂质，如铁屑、碳酸钙等，主要测试的物质是尘土、砂粒等硅化物类磨损性杂质，对于大多数润滑脂来讲，这种机械杂质是不允许存在的。

（3）SH/T 0330—1992

测定润滑脂中不溶于乙醇-苯混合液及热蒸馏水内的杂质含量，以质量分数来表示。该方法比较简单，用乙醇-苯混合液抽出润滑脂，用热蒸馏水处理滤器上的沉淀物，并测定不溶解的残留物质量，即为润滑脂中的机械杂质。抽出法能测出润滑脂中全部机械杂质，包括金属屑和其他能溶于 10% 盐酸的杂质。

在润滑脂规格中，一般规定不许含有酸分解法机械杂质，但允许含微量抽出法机械杂质。如在皂基润滑脂中允许其质量分数最高不超过 0.5%，烃基润滑脂内允许其质量分数一般在 1/10000 ~ 1/1000。

（4）SH/T 0322—1992

SH/T 0322—1992 采用测定划伤磨光过的塑料表面纹痕数量的手段来估算润滑脂中有害粒子。所谓有害粒子是指能划伤用聚甲基丙烯酸甲酯制成的磨光塑料试片的表面，但不一定能划伤钢及其他轴承材料的粒子。主要测试过程是将润滑脂放在两块洁净的经过高度磨光的塑料片之间，在一定压力下，使一块塑料片相对于另一块旋转 30°，当润滑脂中含有硬度大于塑料片的粒子时，就会在一块或者两块塑料片上划出特殊的弧形纹痕，以纹痕总数来估计这类固体粒子的相对含量。

有害粒子鉴定法较其他机械杂质测定法能更好地反映出润滑脂中所有磨损性杂质，是评价润滑中磨损性杂质含量的一个简单方法。

2.2.16　游离有机酸和游离碱

1. 基本概念及检测意义

游离有机酸和游离碱是指生产润滑脂过程中，未经充分皂化后的有机酸和过剩的碱量。游离碱含量用含 KOH 的质量分数来表示。游离酸用酸值表示，即中和 1g 润滑脂内的游离酸所消耗的 KOH 的毫克数。

过量的游离有机酸或游离碱，会影响润滑脂的使用性能，因此要监测润滑脂中的游离有机酸和游离碱，主要体现在以下几个方面。

1）由于润滑脂中含有少量的游离碱可以抑制皂的水解，且对润滑脂起到一定的氧化抑制作用，对氧化后产生的酸性物质起到中和作用，所以一定量的游离碱的存在是必要的。但润滑脂中含有游离碱量过大时，润滑脂的胶体安定性和机械安全性都将受到影响，会产生分层、析油现象，损失润滑性能。

2）润滑脂中含有少量的有机酸，会导致润滑脂稠度下降、滴点降低，过量的有机酸会对金属产生腐蚀作用，使润滑脂骨架失效，分油量增大，影响使用性能。

2. 检测方法及分析仪器

润滑脂游离碱和游离有机酸的测定按照 SH/T 0329—1992《润滑脂游离碱和游离有机酸测定法》进行。该标准测定采用的是滴定法，即按要求称取一定量的润滑脂试样，加入中和过的溶剂油（或苯）-乙醇混合溶剂中，加热回流至试样完全溶解。以酚酞为指示剂，用盐酸标准滴定溶液滴定其游离碱，或用 KOH-乙醇标准滴定溶液滴定其游离有机酸，最终通过消耗的滴定溶液质量计算出游离碱或游离酸的含量。

在游离有机酸和游离碱测试过程中，主要用到磨口锥形瓶、微量滴定管、冷凝管和电热板等常规仪器。

2.2.17 橡胶相容性

1. 基本概念及检测意义

润滑脂与橡胶的相容性又称橡胶适应性，是指润滑脂与橡胶接触时不使橡胶体积和硬度发生变化的能力。

润滑脂在使用中，会与不同类型的橡胶密封元件接触，不同橡胶在不同润滑脂的作用下会发生不同的反应，无论是收缩还是膨胀，都会影响密封元件的工作性能。因此，测试润滑脂橡胶相容性很有意义，主要体现在以下几个方面。

1）测定润滑脂对橡胶的相容性，以确保所选用的润滑脂不影响橡胶密封件的工作性能。橡胶与润滑脂接触一定时间后，可能发生体积膨胀或收缩，重量增加或减少，硬度也可能变大或变小，其他力学性能如抗拉强度也可能变化。若润滑脂与橡胶相容性好，则上述变化较小，能保证密封元件工作性能。

2）润滑脂在使用中，要在金属与橡胶间进行润滑并起密封作用。在润滑脂同时满足润滑和辅助密封作用时，橡胶适当少量的膨胀对润滑和密封有利。若橡胶相容性差，橡胶将发生过分溶胀、变软变黏，或过分收缩、硬化，导致密封失效。

2. 检测方法及分析仪器

润滑脂与橡胶相容性常用的测定方法为 SH/T 0429—2007《润滑脂和液体润滑剂与橡胶相容性测定法》。主要测试过程是将具有规定尺寸的标准橡胶试片丁腈橡胶（NBR-L）或氯丁橡胶（CR）置于润滑脂或液体润滑剂试样中，在 100℃（CR 或类似的橡胶）或 150℃（NBR-L）或润滑剂产品规格要求的其他温度下，经 70h 试验后，根据其体积和硬度变化来评价试样与橡胶的相容性。

在橡胶相容性测试过程中，需要用到邵尔 A 型硬度计、天平、表面皿、试片挂钩、悬挂丝及烘箱等试验仪器。

2.3 变压器油理化指标检测

变压器油是石油的一种分馏产物，其主要成分是烷烃、环烷族饱和烃、芳香族不饱和烃等化合物。根据石油中所含烃类成分的不同，可分为石蜡基、环烷基和中间基，相应的由这 3 种原油炼制的变压器油也分为石蜡基、环烷基和中间基 3 种变压器油。变压器油是变压器的重要工作介质，主要起到绝缘、散热、冷却及灭弧的作用。衡量变压器油性质的指标有很多，如溶解气体组分、糠醛、击穿电压、耐压性、体积电阻率、介质损耗因数、析气性、带电倾向、稠环芳烃、pH 值、界面张力、二苄基二硫醚及多氯联苯等。本节主要对上述指标进行详细介绍。

2.3.1 溶解气体组分

1. 基本概念及检测意义

变压器油溶解气体组分是指溶解在油中各种气体的总含量，一般以体积分数（μL/L）表示。

变压器油中溶解气体主要来源于以下 4 个方面。

1）变压器油的分解：电或热故障可以使某些 C—H 键和 C—C 键断裂，伴随生成少量活泼的氢原子和不稳定的碳氢化合物的自由基，这些氢原子或自由基通过复杂的化学反应迅速重新化合，形成 H_2 和低分子烃类气体。

2）固体绝缘材料的分解：固体绝缘材料指的是纸、层压纸板和木块等，属于纤维素绝缘材料。纤维素是由很多葡萄糖单体组成的长链状高聚合碳氢化合物，其中的 C—O 键及葡萄糖貳键的热稳定性比油中的 C—H 键还要弱，高于 105℃ 时聚合物就会裂解，高于 300℃ 时就会完全裂解和碳化。聚合物裂解在生成水的同时，还生成大量的 CO 和 CO_2、少量低分子烃类气体，以及糠醛及其系列化合物。

3）气体其他来源：变压器油中含有的水可以与铁作用生成 H_2；在温度较高、油中有溶解 O_2 时，设备中某些油漆（醇酸树脂）在某些不锈钢的催化下，可能生成大量的 H_2，或者不锈钢与油的催化反应也可生成大量的 H_2；新的不锈钢中也可能在加工过程中吸附 H_2 或在焊接时产生 H_2；有些改型的聚酰亚胺型绝缘材料与油接触也可生成某些特征气体；油在阳光照射下也可以生成某些特征气体。气体的来源还包括注入的油本身含有某些气体；设备故障排除后，器身中吸附的气体未经彻底脱除又缓慢释放到油中等。

4）气体在油中溶解和扩散：油、纸绝缘材料分解产生的气体在油里经对流和扩散不断地溶解在油中。当产气速率大于溶解速率时，会有一部分聚集成游离气体进入气体继电器或储油柜中。因此，气体继电器或储油柜内有集气时检测其中的气体，有助于对设备内部状况做出判断。

因此，绝缘油中溶解气体组分含量的测定，对充油电气设备制造、运行部门是十分重要的检测项目，是充油电气设备出厂检验和运行监督过程中判断设备潜伏性故障的有效手段。

2. 检测方法及分析仪器

目前，普遍采用气相色谱测试变压器油中溶解的气体组分，测试方法为 GB/T 17623—2017《绝缘油中溶解气体组分含量的气相色谱测定法》和 DL/T 703—2015《绝缘油中含气量的气相色谱测定法》。测试原理是采用恒温定时振荡器或自动顶空进样器（见图 2-51）萃取出油样中溶解的气体，然后用气相色谱仪分离、检测各气体组分，通过计算得到油中溶解气体组分含量。油中溶解气体分析结果以温度为 20℃、压力为 101.3kPa 下，每升油中所含各气体组分的微升数（μL/L）表示，测试仪器如图 2-52 所示。

图 2-51　自动顶空进样器

图 2-52　气相色谱仪

2.3.2　二苄基二硫醚

1. 基本概念及检测意义

二苄基二硫醚（DBDS）是含有两个苄基官能团的芳香二硫化物，分子式 $C_{14}H_{14}S_2$，分子量为 246，熔点 71~72℃。二苄基二硫醚会提高绝缘液体的氧化稳定性，但二苄基二硫醚可与变压器、反应器以及其他类似设备中的金属铜和其他金属导体发生反应，生成铜和其他金属硫化物，当前大多数研究单位均认为二苄基二硫醚是变压器油中主要的腐蚀性硫。因此，目前对油中腐蚀性硫的定量检测就是测定油中二苄基二硫醚的浓度。

2. 检测方法及分析仪器

二苄基二硫醚定量分析主要采用测试标准为 GB/T 32508—2016《绝缘油中腐蚀性硫（二苄基二硫醚）定量检测方法》、NB/SH/T 0936.1—2016《未使用和使用过的绝缘液中腐蚀性硫化物的测定 第 1 部分：二苄基二硫醚（DBDS）测定法》、IEC 62697-1—2012《绝缘油中腐蚀性硫（二苄基二硫醚）定量检测方法》，其中，GB/T 32508—2016 与 IEC 62697-1—2012 无技术性差异，测试仪器为通用型气相色谱仪，如图 2-53 所示。

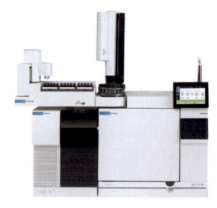

图 2-53　通用型气相色谱仪

GB/T 32508—2016 通过在离心管中称取一定量的样品和内标溶液母液，加入甲醇振荡萃取、离心分离，取上层清液注入气质联用仪分析二苄基二硫醚的含量，结果用浓度（mg/kg）表示。

NB/SH/T 0936.1—2016 将试样用合适的溶剂以一定比例稀释，加入一定量内标物后，注入气相色谱仪的分流/不分流进样器中，选择合适检测器。使用合适色谱柱及合适固定相，以 H_2 或其他合适气体为载气，分离试样中的二苯基二硫醚 DPDS 和二苄基二硫醚。

2.3.3　多氯联苯

1. 基本概念及检测意义

多氯联苯（PCB）指在联苯分子中两个或两个以上的氢原子被氯原子取代后，得到的一些同分异构物和同系物混合而成的绝缘液体。多氯联苯是一种有毒化合物，会对肝脏、神经和内分泌系统等造成损伤，也是致癌物质，因此被严格控制。但由于其电气性能良好、燃点高，因此过去曾被一些国家作为绝缘介质使用，在我国也曾有少量电容器使用过。由原油精制而成的变压器油不含任何多氯联苯，为防止变压器油受到污染，多氯联苯含量被列入控制指标。

2. 检测方法及分析仪器

多氯联苯测试标准有 SH/T 0803—2007《绝缘油中多氯联苯污染物的测定 毛细管气相色谱法》、IEC 61619—1997《绝缘油中多氯联苯污染物的测定 毛细管气相色谱法》、ASTM D4059—2000（2018）《气相色谱法分析无机绝缘液体中多氯联苯含量标准试验方法》，其中 SH/T 0803—2007 与 IEC 61619—1997 无技术性差异，测试仪器也是通用型气相色谱仪（见图 2-53）。

上述三个标准均是采用合适的溶剂稀释试样，所得溶液通过去除干扰物质的程序进行处理后，将一小部分处理后溶液注入气相色谱柱。当这些组分与载气一起通过色谱柱时，组分被分离，由电子捕获检测器检测，并记录为色谱图。

2.3.4　击穿电压

1. 基本概念及检测意义

击穿电压是在规定的试验条件下绝缘体或试样发生击穿时的电压。通常标准规定的均指油在工频电压作用下的击穿电压，反映绝缘油在电场作用下失去介电性能成为导体的最低电压。

击穿电压表征油耐受电应力的能力，该值与油的组成和精制程度等油本质因素无关，受油中杂质的影响，影响最大的杂质是水分和纤维，特别是两者同时存在时，温度对该值也有影响。油经净化处理后，不同油的击穿电压都可得到很大提高。因此，从某种意义上说，击穿电压不是油本身的电气特性，而是对油物理状态的评定。击穿电压是反映绝缘油耐受极限电压情况的重要指标，可用于判断绝缘油受污染或变质的程度，适用于设备监测和保养时对试样的评定。

2. 检测方法及分析仪器

目前，击穿电压常用测试标准有 GB/T 507—2002《绝缘油击穿电压测定法》、IEC 60156—2018《绝缘液体 工频下击穿电压的测定试验方法》、ASTM D877/D877M—2013《用圆盘电极测定电绝缘液体介电击穿电压的试验方法》，其中 GB/T 507—2002 等效采用 IEC 60156—1995。测试原理是油中的杂质和溶解于油并与油分子紧密结合的水分子，在纯净的油分子远未在电极之间极化和电离之前，就沿电场强度方向排列、聚集，进而电离形成微小通路，即所谓的"小桥"，小通路连接贯穿两极，导致油被迅速击穿。油中杂质越多，越易形成小桥，击穿电压也就越低。测试步骤则是向置于规定设备中的被测试样上施加按一定速率连续升压的交变电场，直至试样被击穿，击穿电压数值会因纤维、导电颗粒、污垢和水等污染物质的存在而降低。所需仪器如图 2-54 所示，击穿电压所用电极分为球型电极和球盖型电极，通常采用球型电极测试，如图 2-55 所示。

图 2-54 击穿电压试验仪

图 2-55 球型电极和球盖型电极

2.3.5 体积电阻率

1. 基本概念及检测意义

液体内部的电场强度与稳态电流密度的商称为液体介质的体积电阻率，通常用 ρ 表示。

$$\rho = \frac{\dfrac{U}{L}}{\dfrac{I}{S}} = \frac{U}{I} \times \frac{S}{L} = R \times K \qquad (2-7)$$

$$K = \frac{S}{L} = \frac{1}{\varepsilon \times \varepsilon_0} \times \left(\varepsilon \times \varepsilon_0 \times \frac{S}{L} \right) = 0.113 \times C_0 \qquad (2-8)$$

式中　ρ——被试液体的体积电阻率（$\Omega \cdot m$）；

　　　U——两电极间所加的电压（V）；

I——两电极间流过直流电流（A）；

S——电极面积（m^2）；

L——电极间距（m）；

R——电极间被试液体的体积电阻（Ω）；

K——电极常数（S/L）（m）；

ε——空气的相对介电常数；

ε_0——真空介电常数［8.85×10^{-12}，$A \cdot s/(V \cdot m)$］；

C_0——空电极电容（pF）。

液体的体积电阻率测定值不仅与液体介质性质及内部溶解导电粒子有关，还与测试电场强度、充电时间、液体温度等测试条件因素有关。因此，除特别指定外，电力用油体积电阻率是指"规定温度下测试电场强度为 250V/mm±50V/mm、充电时间 60s"的测定值。它反映液体介质的导电性质及内部溶解导电粒子的情况。

体积电阻率在某种程度上能反映出油的老化和受污染程度，当油受潮或被污染后，会降低其绝缘电阻。一般来说，若绝缘油的体积电阻率高，则其介质损耗因数就很小，击穿电压就高。体积电阻率对油的离子传导损耗反应最为灵敏，不论是酸性还是中性氧化物，都能引起电阻率的明显变化，因此通过对油的体积电阻率进行测定，能可靠有效地监督油的质量。

2. 检测方法及分析仪器

体积电阻率常用测试方法为 DL/T 421—2009《电力用油体积电阻率测定法》，测试原理是同时测出电阻两端的电压和流过电阻的电流，通过内部的大规模集成电路完成电压除以电流的计算，然后将所得到的结果经过 A/D 转换后以数字显示出电阻值。体积电阻率测试仪如图 2-56 所示。

影响体积电阻率的因素主要包含以下三方面。

1）温度：电阻率对温度的变化特别敏感，是按 $1/K$ 指数变化，因此需要在足够精确的温度条件下进行。

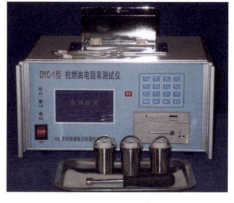

图 2-56 体积电阻率测试仪

2）电场强度的值：给定试样的电阻率可受施加电场强度的影响。为了获得可比的结果，应在近似相等的电压梯度下进行测量，并应在相同极性下进行，此时应注明其梯度值和极性。

3）电化时间：当施加直流电压时，由于电荷向两电极迁移，因此流经试样的电流将逐渐减少到一定极限值。一般规定电化时间为 1min，不同的电化时间可导致试验结果明显不同。

2.3.6 介质损耗因数

1. 基本概念及检测意义

介质损耗因数是在工频电压作用下，利用电桥测量标准试油杯中流过油的有功电流与无功电流的无量纲的比值，是检验油电气性能的方法之一。介质损耗因数是由于介质电导和介质极化的滞后效应，在油内部引起的能量损耗，取决于油中可电离的成分和极性分子的数量，同时还受到油精制程度的影响。介质损耗因数增大，表明油受到水分、带电颗粒或可溶性极性物质的污染。

介质损耗因数主要反映油中因泄漏电流而引起的功率损失，介质损耗因数的大小对判断变压器油的劣化与污染程度是很敏感的。因为新油中所含极性杂质少，所以介质损耗因数也甚微小，一般仅有 0.01%~0.1%量级，但由于氧化或过热而引起油质老化时，或混入其他杂质时，所生成的极性杂质和带电胶体物质逐渐增多，介质损耗因数也就会随之增加，在油的老化产物甚微，用化学方法尚不能察觉时，介质损耗因数就能明显地分辨出来。因此，介质损耗因数的测定是变压器油检验监督的常用手段，具有特殊的意义。

2. 检测方法及分析仪器

介质损耗因数检测多采用 GB/T 5654—2007《液体绝缘材料 相对电容率、介质损耗因数和直流电阻率的测量》及 IEC 60247：2004《液体绝缘材料 相对电容率、电介质损耗因数（tan）和直流电阻率的测量》，两个测试方法基本无技术性差异，测试仪如图 2-57 所示。介质损耗因数测试仪将直流高压加在油杯加压极上，经过测试回路，产生微弱电流信号，该微弱电流信号经测量电路放大后送进 AD 采样，将数字信号送入数字信号处理器（DSP）中进行进行处理，计算出相应参数。

图 2-57　介质损耗因数测试仪

电气绝缘液体的介质损耗因数在相当大程度上取决于试验条件，特别是温度和施加电压频率，介质损耗因数是介质极化和材料电导的度量。

在工频和足够高的温度下，损耗可仅归因于液体电导，即归因于液体中自由载流子的存在。介质损耗因数影响因素主要有以下三个方面。

1）测量频率：介质损耗与测量频率成反比，随介质黏度的变化而变化，试验电压值对介质损耗因数影响不大，它通常只是受电桥的灵敏度所限制。但是应考率到高电场强度会引起电极的二次效应、介质发热、放电等影响。

2）杂质：较大杂质的电容率变化相对较小，而其介质损耗强烈地受极小量的可电离溶解杂质或胶体微粒的影响。因为某些液体有大的极性，所以对杂质的敏感性较碳氢化合物液体要强得多。极性还会导致它有较高的溶解和电离能力。

3）温度：介质损耗因数对温度变化很敏感，通常随温度的增加呈现指数型增长。

2.3.7　析气性

1. 基本概念及检测意义

析气性指绝缘油在受到足以引起在油、气交界中放电的电场强度（或电离）作用下，油本身表现出吸收或放出气体的能力。变压器油的析气性取决于它的组成和分子结构，变压器油中的饱和烃成分在高电压作用下，放出氢气等大量低分子气体，同时形成很多高分子烃。在同样条件下，芳烃成分能够吸氢，且析出高分子烃很少。由此可见，变压器油析气性的好坏，由变压器油中芳烃的含量决定。一般情况下，当变压器油中芳烃含量>16%时，变压器油呈吸气状态。

析气性可应用于确定采购规格、绝缘油的一般选择、产品开发和质量保证。目前，尽管普遍认为绝缘油的气体吸收对减少在高压电场下浸渍绝缘系统的电离有正面的影响，然而析气性试验结果与设备性能之间的关联是有限的。在解释试验结果与任何预期应用的关联性上，应进行实际应用的判断。

2. 检测方法及分析仪器

析气性测试设备如图 2-58 所示，常用测试标准有 GB/T 11142—1989《绝缘油在电场和电离作用下析气性测定法》、NB/SH/T 0810—2010《绝缘液在电场和电离作用下析气性测定法》、IEC 60628—1985《绝缘液在电场和电离作用下析气性测定法》，其中，NB/SH/T 0810—2010 与 IEC 60628—1985 无技术性差异。

图 2-58　析气性测试设备

油在电场作用下吸收气体的实质是：电场的作用使油含有芳香烃中芳环被电离后打开双键，并与游离的氢离子多次结合，最终形成稳定的新环烷烃。析气性所体现的是油的吸氢（吸收氢离子）能力和油被裂解形成的烃类气体（分溶在油中）在油面反映出的压力变化的综合效应：吸氢使油面压力降低，而裂解出的气体使油面压力升高，其结果是油中芳香烃含量逐渐减少，环烷烃含量增加，部分饱和烃被裂解。显然，芳香烃含量越多，可被打开的苯环双键就越多，吸气效果也越好。如果设备内部存在极低能量的局部放电（以裂解出氢离子为主要特征），油中芳香烃含量较多时，会对放电起到抑制作用。

NB/SH/T 0810—2010 中要求绝缘液经干燥和氢气饱和后，绝缘液体和液面上的氢气层在电压为 10kV、频率为 50Hz 或 60Hz、油温为 80℃、测试时间为 120min（50Hz）或 100min（60Hz）的条件下，受到径向电场的作用，油、氢气交界面因放电反应而导致油本身吸收或放出气体的倾向。其析气倾向以单位时间内试样吸收或放出气体的体积表示。在规定的试验条件下，当吸收气体量大于释放气体量时，析气速率（L/min）为负，反之为正。析气速率小的油析气性相对较好。

GB/T 11142—1989 中要求用高纯氢气饱和后，油及油面上的氢气层在电压为 10kV、频率为 50Hz、油温为 80℃电极间隙为 3mm 和持续 60min 的条件下，由于受到径向电场的作用，油、氢气交界面因放电反应而导致油本身吸收或放出气体。其析气倾向以单位时间内试样吸收或放出气体的体积表示。

2.3.8　带电倾向

1. 基本概念及检测意义

油在变压器内流动时，与固体绝缘表面摩擦会产生电荷，这种现象称为油的带电倾向性，其能力用电荷密度表示，单位是 pC/mL 或 μC/m³。

变压器油的油流带静电现象直接关系到变压器的寿命和安全。变压器的泄漏电流和变压器油的带电倾向是导致变压器内放电性故障的起因。

2. 检测方法及分析仪器

变压器油带电倾向测试方法为 DL/T 385—2010《变压器油带电倾向性检测方法》，测试仪如图 2-59 所示，通过采用"过滤法"测试原理，油样以一定流速通过滤纸摩擦产生电荷电流，如图 2-60 所示。根据式（2-9）计算电荷密度，即

$$\rho = \frac{I \times 10^{12}}{v} \tag{2-9}$$

式中　ρ——电荷密度（pC/mL）；

　　　I——电荷电流（A）；

　　　v——油流速度（mL/s）。

图 2-59　带电倾向测试仪

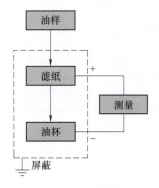

图 2-60　测试原理

变压器的固体绝缘材料（如绝缘纸或纸板）的主要成分是纤维素和木质素，其中纤维素带有羟基（—OH），木质素带有羟基、醛基（—CHO）和羧基（—COOH）。在变压器油的不断流动下，与绝缘纸板发生摩擦，使得这些基团发生电子云的偏移。绝缘纸板表面就如同覆盖着一层正极性的氢原子。带正电性的氢原子对油中负离子具有较强的亲和作用，进而吸附油中负离子，并在油-纸界面上形成偶电层。

当变压器油以一定速度流动时，偶电层的电荷发生分离，负电荷仍附着在纸板表面，正电荷进入油中并随油流动，形成冲击电流。这样，油就带正电，而纸板表面带负电。随着油的循环流动，油中正电荷越积越多，当积聚到一定程度时，就可能向绝缘纸板放电。

2.3.9　糠醛

1. 基本概念及检测意义

糠醛又名 2-呋喃甲醛（C_4H_3OCHO），是只有绝缘纸老化才生成的主要特征产物，它是纤维素大分子降解后形成的一种主要的氧杂环化合物，且可溶解于油中（可测性），绝缘纸的老化程度越高，油中的糠醛含量越大，绝缘纸纤维素聚合度越低，绝缘性能就越差。

在新油中，糠醛表征某些油在炼制过程中经糠醛精制后的残留量，与油性能无关。运行中的油则可由糠醛含量了解变压器中纤维绝缘的老化程度，限制新油中糠醛含量是为了尽量避免对运行中绝缘老化程度判断的干扰。变压器绝缘老化会导致电网的绝缘机械强度下降，降低抵抗电路中大电流冲击的能力，从而导致电压不稳、短路、停电等故障频发；绝缘老化还会伴随着变压器内部局部放电危险，降低抵抗电流击穿强度等，导致变压器烧毁；绝缘老化会导致变压器在负荷运行时，出现发热、放电情况，容易引发火灾、触电情况发生。因此，需通过测试变压器油中的糠醛含量来评估变压器绝缘纸的老化状况。

2. 检测方法及分析仪器

糠醛测试方法有 DL/T 1355—2014《变压器油中糠醛含量的测定　液相色谱法》、NB/SH/T 0812—2010《矿物绝缘油中 2-糠醛及相关组分测定法》、IEC 61198—1993《矿物绝缘油中2-糠醛及相关组分测定法》，测试仪器如图 2-61 所示，其中，NB/SH/T 0812—2010 与 IEC 61198—1993 无技术性差异。三种测试标准都是利用极性有机萃取剂萃取出变压器油中糠醛，再采用液相色谱柱分离萃取液中的糠醛，选用高灵敏度的紫外检测器实现糠醛含量测定，测试原理如图 2-62 所示。

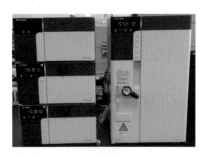

图 2-61　高效液相色谱仪

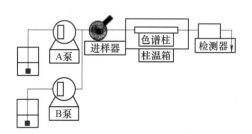

图 2-62　糠醛测试原理

油中糠醛含量虽能反映绝缘老化状况，但测试结果会受多种因素影响。因此，设备在运行过程中可出现糠醛含量波动的情况，主要有以下影响因素。

1）作为一般多相平衡体系，糠醛在油和绝缘纸之间的平衡关系受温度影响。当变压器运行温度变化时，油中糠醛含量会随之波动。

2）变压器进行真空滤油处理时，随着脱气系统真空度的提高、滤油温度的升高、脱气时间的增加，油中糠醛含量相应下降。变压器油经过某些吸附剂处理后，油中糠醛全部消失。

3）变压器油中放置硅胶（或其他吸附剂）后，由于硅胶的吸附作用，油中糠醛含量明显下降。装有净油器的变压器，油中糠醛含量随吸附剂量和吸附剂更换时间的不同而有不同程度的下降，每次更换吸附剂后可能出现一个较大降幅。

4）变压器更换新油或油经处理后，纸绝缘中仍然吸附有原变压器油，这时油中糠醛含量先大幅度降低，然后由于纸绝缘中的糠醛向油中扩散，油中糠醛含量逐渐回升，最后达到平衡。

5）在绝缘纸接近寿命末期时，纤维素降解产生糠醛的速度较慢，甚至低于糠醛自身热分解的速度，有可能导致末期糠醛含量降低，进行诊断时需要加以分析。

2.3.10　稠环芳烃

1. 基本概念及检测意义

稠环芳烃（PCA）含量，通常将二环以上的芳香烃称为多环芳香烃或稠环芳香烃。某些稠环芳烃被认为有致癌作用，因此作为控制指标。从绝缘性能看，稠环芳烃对变压器油的冲击击穿电压有降低作用，对抗氧化性能不利，且具有易吸潮、易产生油流静电等缺点。

2. 检测方法及分析仪器

稠环芳烃测试标准为 NB/SH/T 0838—2010《未使用过的润滑油基础油及无沥青质石油馏分中稠环芳烃含量的测定　二甲基亚砜萃取折光指数法》及 IP 346—1992（2004）《未使用过的润滑油基础油及无沥青质石油馏分中稠环芳烃含量的测定　二甲基亚砜萃取折光指数法》，两者无技术性差异，测试仪器也是使用高效液相色谱。

如有必要可预先对试样进行减压分馏，再用二甲基亚砜（DMSO）萃取两次。将萃取物合并，用盐类水溶液稀释，再用环己烷萃取两次。通过用环己烷将样品稀释，对环己烷萃取物清洗并干燥后，除去溶剂，称量稠环芳烃残留物质量，测定折光指数，以确定残留物的芳构性。

2.3.11　界面张力

1. 基本概念及检测意义

界面张力，是指两相界面上相邻部分间单位长度上的相互牵引力，其方向与界面相切。液-气界面上这种牵引力称为表面张力，液-液界面间的这种牵引力称为界面张力。

油-水之间界面张力的测定是检查油中含有因老化而产生的可溶性极性杂质的一种间接有效的方法。油在初期老化阶段，界面张力的变化是相当迅速的，到老化中期，其变化速度也就降低，而油泥生成则明显增加。因此，界面张力对生成油泥的趋势可做出可靠的判断。同时，界面张力可以反映新油在精制时的纯净程度。纯净的油通常在水相的界面上可产生 $40\sim50\text{mN/m}$ 的力。但对于运行油，由于受到油的氧化产物和其他杂质的影响，使这些亲水性的杂质既对水分有吸引力，又对油分子有吸引力，所以界面张力也就减小了。因此，油的界面张力值是与新油的洁净程度和运行油的氧化程度密切相关的。

2. 检测方法及分析仪器

界面张力通常采用 GB/T 6541—1986《石油产品油对水界面张力测定法（圆环法）》和 ASTM D971—2020《用环法测定绝缘液体对水的界面张力的标准试验方法》，这两种方法均采用圆环法测试液体界面张力，无技术性差异，测定仪如图 2-63 所示。

测试过程中，界面张力是通过一个水平的铂丝测量环从界面张力较高的液体表面拉脱铂丝圆环，也就是从水-油界面将铂丝圆环向上拉开所需的力来确定。在计算界面张力时，所测得的力要用一个经验测量系数进行修正，该修正系数取决于所用的力、油和水的密度以及圆环的直径。测量在严格标准化的非平衡条件下进行，即在界形成后 1min 内完成此测定。

图 2-63　全自动界面
张力测定仪

影响界面张力因素主要包含以下三个方面。

1）液体的种类：不同液体的分子间作用力也不同，分子间作用力大，界面张力就大。水有较大的界面张力，油的界面张力较小。

2）温度：当温度升高时，液体分子间引力减弱，同时其共存蒸气的密度加大，分子受到液体内部分子的引力减小，受到气相分子的引力增大，界面张力减小。

3）液体性质：一种溶剂中溶入其他物质，界面张力会发生变化，如果在纯水中加入少量表面活性剂，其界面张力就会急剧下降。

2.3.12　水溶性酸碱

1. 基本概念及检测意义

石油产品的水溶性酸碱是指加工中落入石油产品内的可溶于水的矿物酸碱，矿物酸主要有硫酸及其衍生物，包括磺酸和酸性硫酸脂，水溶性碱主要为苛性钠和碳酸钠，它们多是由酸碱精制时处理不完全的残余物所形成。

若储存和使用过程中的油含有水溶性酸或碱，则表明润滑油被污染或氧化分解。油中含有水溶性酸碱，会促使油老化、腐蚀设备，对于变压器油而言，水溶性酸碱还会使变压器的耐压性能下降。

2. 检测方法及分析仪器

石油产品中水溶性酸碱测试方法有 GB/T 7598—2008《运行中变压器油水溶性酸测定法》和 GB 259—1988《石油产品水溶性酸及碱测定法》。

这两种测试标准均是采用蒸馏水或乙醇溶液提取试样中的水溶性酸碱，然后分别用甲基橙或酚酞指示剂检查抽取液颜色的变化情况，或用酸度计（见图 2-64）测定抽提物的 pH 值，来判断有无水溶性酸碱。

图 2-64　酸度计

2.3.13　腐蚀性硫

1. 基本概念及检测意义

硫可能以稳定而有益的化合物存在于变压器油中，起天然抗氧剂作用，也可能以不安定化合物或游离状态的形式存在于油中，会促使有害皂类的形成和油的酸性反应以及金属的腐蚀。

腐蚀性硫指存在于油中的腐蚀性硫化物（包括游离硫）。某些活性硫化物对铜、银（开关触头）等金属表面有很强的腐蚀性，特别是在温度作用下，能与铜导体化合形成硫化铜侵蚀绝缘纸，从而降低绝缘强度。因此，变压器油中不允许存在腐蚀性硫。

2. 检测方法及分析仪器

腐蚀性硫测试方法有 SH/T 0304—1999《电器绝缘油腐蚀性硫试验法》、SH/T 0804—2007《电气绝缘油腐蚀性硫试验　银片试验法》、DL/T 285—2012《矿物绝缘油腐蚀性硫检测法 裹绝缘纸铜扁线法》、IEC 62535—2008《矿物绝缘油腐蚀性硫检测法　裹绝缘纸铜扁线法》、GB/T 25961—2010《电气绝缘油中腐蚀性硫的试验法》、ASTM D1275《电气绝缘油中腐蚀性硫的试验法》，其中，DL/T 285—2012 与 IEC 62535—2008 无技术性差异，GB/T 25961—2010 与 ASTM D1275 无技术性差异，不同试验检测设备一般为烘箱，不同测试方法见表 2-2。基本原理都是通过不同条件下、不同规格的铜材料与电力绝缘油中的硫化物发生反应，试验后观察铜材料的外观，当表面显示出石墨灰、深褐色或黑色中的任何一种结果时就判定为有腐蚀性硫，其他颜色为非腐蚀。

表 2-2　腐蚀性硫测试方法

标准号	SH/T 0304—1999	SH/T 0804—2007	DL/T 285—2012（IEC 62535—2008）	GB/T 25961—2010（ASTM D1275）
测试条件	140℃×19h	100℃×18h	150℃×72h	150℃×48h
测试材料	电解铜片，w_{Cu}=99.9%	银片，w_{Cu}=99.99%	铜扁线 T2，w_{Cu}=99.9%，裹绝缘纸	铜片，w_{Cu}=99.9%
试验结果	铜片呈现透明的黑色、黑灰色或深褐色、石墨色或无光泽的黑色、光亮的黑色或漆黑色（腐蚀性）	银片变成深灰色至黑色（腐蚀性）	铜扁线呈现石墨灰、深褐色或者黑色中的任何一种结果为腐蚀	铜片呈现明显的黑色、深灰色或褐色、石墨黑色或无光泽的黑色、有光泽的黑色或乌黑发亮的黑色（腐蚀性）
试验要求	充氮气保护	无需充气	绝缘纸包裹	充氮气保护

2.3.14　苯胺点

1. 基本概念及检测意义

苯胺点指等体积苯胺与待测样品混合物的最低平衡溶解温度，以"℃"表示。

油中各种烃类的苯胺点是不同的，各种烃类的苯胺点高低顺序是：芳香烃<环烷烃<烷烃。烯烃和环烯烃的苯胺点比分子量与其接近的环烷烃稍低，多环环烷烃的苯胺点比相应的单环环烃更低。对于同一烃类，其苯胺点均随分子量和沸点的增加而增加。通常，油中芳香烃含量越低，苯胺点就越高。此外根据苯胺点的数据，还可以计算柴油指数和十六烷指数。

2. 检测方法及分析仪器

苯胺点测试方法主要有 GB/T 262—2010《石油产品和烃类溶剂苯胺点和混合苯胺点测试法》和 ASTM D611—2004《石油产品和烃类溶剂苯胺点和混合苯胺点的试验方法》，两者无技术性差异，测试仪如图 2-65 所示。测试过程中，将规定体积的苯胺与试样或苯胺与试样加正庚烷置于试管中，搅拌混合物。以控制的速度加热混合物，直到混合物中的两相完全混溶，然后按控制的速度将混合物冷却，记录混合物两相分离时的温度，作为试样的苯胺点或混合苯胺点。

图 2-65　苯胺点测试仪

参 考 文 献

[1]　贺石中，冯伟. 设备润滑诊断与管理［M］. 北京：中国石化出版社，2017.

[2]　杨其明，严新平，贺石中，等. 油液监测分析现场实用技术［M］. 北京：机械工业出版社，2006.

[3]　朱延彬. 润滑脂技术大全［M］. 3版. 北京：中国石化出版社，2015.

[4]　蒋明俊，郭小川. 润滑脂性能及应用［M］. 北京：中国石化出版社，2010.

[5]　谢泉，顾军慧. 润滑油品研究与应用指南［M］. 2版，北京：中国石化出版社，2007.

[6]　何云强. 石油产品试验技术标准规范实用手册（全4卷）［M］. 北京：北京科大电子出版社，2005.

[7]　王毓民，王恒. 润滑材料与润滑技术［M］. 北京：化学工业出版社，2004.

[8]　T. 曼格，W. 德雷泽尔. 润滑剂与润滑［M］. 北京：化学工业出版社，2003.

[9]　王先会. 润滑脂选用指南［M］. 北京：中国石化出版社，2013.

[10]　史永刚，刘绍璞，陈铿，等. 基于电化学分析的润滑油酸值和碱值测定［J］. 润滑与密封，2006（8）：42-45.

[11]　张健健，胡建强，杨士钊，等. 温度滴定法中滴定剂对航空润滑油水分测定的有效性研究［J］. 应用化工，2017，46（11）：2275-2277.

[12]　王玉睿涵，何懿峰，刘辉，等. 电位滴定法测定润滑油酸值的影响因素及条件优化研究［J］. 石油炼制与化工，2023，54（6）：111-119.

[13]　王雁生. 四球机摩擦磨损试验相关问题的探讨［J］. 分析测试学报，2010，29：266-268.

[14]　赵锡荣，阴亭，朱军. 在用导热油闪点降低的原因分析及对策［J］. 润滑油，2018，33（6）：41-45

[15]　左凤，孙大新，王建华，等. 润滑油氧化安定性评价方法的相关性研究［J］. 润滑油，2016，31（1）：50-53.

[16]　汤菁，周家兴，严青，等. 紫铜在含S有机润滑油中的腐蚀行为［J］. 南京工业大学学报（自然科学版），2019，41（1）：41-46.

［17］林瑞玲，庞晋山．润滑油漆膜倾向指数测试及应用研究［J］．润滑油，2017，32（2）：50-54.

［18］钱艺华，孟维鑫，汪红梅．大型调峰机组透平油漆膜问题研究现状［J］．润滑与密封，2016，41（10）：103-106.

［19］黄丹，刘祥萱，王留云．微分脉冲伏安法监测润滑油中抗氧剂的研究［J］．石油炼制与化工，2015，46（1）：74-77.

［20］刘茜，许扬，桃春生．润滑脂抗磨性能试验研究［J］．润滑油，2024，39（1）：21-23.

［21］丁娟红，周丽珍．润滑油四球磨损试验结果准确性影响因素考察［J］．石油商技，2017（4）：78-81.

［22］ADHVARYU A，ERHAN S Z，PEREZ J M. Preparation of soybean oil-based greases：effect of composition and structure on physical properties［J］. Journal of Agricultural and Food Chemistry，2004，52（21）：6456-6459.

［23］LIU Z SH，BIRESAW G，BISWAS A，et al. Effect of polysoap on the physical and tribological properties of soybean oil-based grease［J］. Journal of the American Oil Chemists' Society，2018，95（5）：629-634.

［24］SAXENA A，KUMAR D，TANDON N. Development of eco-friendly nano-greases based on vegetable oil：an exploration of the character via structure［J］. Industrial Crops and Products，2021，172：114033.

［25］RAZAVI S，SABBAGHI S，RASOULI K. Comparative investigation of the influence of $CaCO_3$ and SiO_2 nano-particles on lithium-based grease：physical，tribological，and rheological properties［J］. Inorganic Chemistry Communications，2022，142：109601.

［26］PRASAD D K，AMARNATH M，CHELLADURAI H. Impact of multi-walled carbon nanotubes as an additive in lithium grease to enhance the tribological and dynamic performance of roller bearing［J］. Tribology Letters，2023，71（3）：88.

［27］BEDIAN L，VILLALBA-RODRÍGUEZ A M，HERNÁNDEZ-VARGAS G，et al. Bio-based materials with novel characteristics for tissue engineering applications - A review［J］. International Journal of Biological Macromolecules，2017，98：837-846.

第 3 章　颗粒污染度分析技术

颗粒污染度也常被称为污染度或颗粒度，是衡量油中固体颗粒污染程度的基本指标，是油液污染控制的依据和基础，也是油液使用与维护的重要评价指标。当油液中的污染颗粒过多时，会严重影响设备的正常运行，特别是各种液压系统，颗粒污染度过高将会导致阀芯卡塞、泵阀磨损、控制系统失灵，严重影响设备安全。近年来，随着设备润滑及液压系统对油液污染控制要求的提高，油液污染度测试的场合越来越多，要求也越来越高。因此，对油液污染度测试技术的研究具有非常重要的意义。

3.1　颗粒污染度分析技术简介

颗粒污染度（以下简称污染度）分析是通过测试液体中固体颗粒污染物的浓度和尺寸分布，来判断液体的污染程度（或清洁程度）的一种定量或定性的分析方法。污染度分析技术是随着油液污染控制技术的发展而产生的一种集自动化技术、传感技术、计算机技术、化学工程及工业分析等技术与方法于一体的高新技术，目前已被广泛应用于居民生活和工业生产的各个领域中。例如，在医学领域中，可以通过检测药水的污染度，来获知药水的质量等级，并判断其是否符合相关的国家标准；在环境管理中，可以通过检测水质的污染度，来获知水质的清洁程度，并判断其是否达到相关生活和工业用水的标准；在设备维护中，可以通过检测润滑油的污染度，来获知油液的污染程度，并判断是否需要采取相关的过滤净化措施，来避免机械设备的磨损和失效。

油液的污染程度对于设备液压系统工作可靠性至关重要。通常认为，油液的固体颗粒物是造成液压元件磨损加剧、性能下降、动作迟滞的主要原因，极大地影响着设备的运行可靠性。对于伺服阀来说，污染物将使伺服阀的滞后量增加。而对于泵类元件来说，污染物会使磨损加剧、发热、效率降低，从而使寿命大大缩短。润滑油的污染程度对于汽轮机油、空压机油、齿轮油的运行也是至关重要的，若污染度等级过高，则表明油液中油泥、粉尘、磨损颗粒等颗粒物的含量过高，将会加剧摩擦副的磨损，降低设备的运行可靠性。

从摩擦学原理的角度来分析，油液的污染度等级过高对机械设备的影响，主要表现在油液中固体颗粒会破坏润滑油膜。机械设备摩擦副的润滑状态主要分为流体润滑、混合润滑、边界润滑和干摩擦这四大类，每种润滑状态对应的油膜厚度均不相同。其中，除了流体动压润滑和液体静压润滑的油膜厚度在 $1 \sim 100\mu m$ 之外，其他润滑状态（如：弹性流体动压润滑、薄膜润滑、边界润滑）的油膜厚度均为 $1nm \sim 1\mu m$。但是，润滑油中的固体污染颗粒主要为粉尘颗粒和磨损金属颗粒，其尺寸基本分布为 $5 \sim 50\mu m$。该尺寸范围的颗粒会破坏摩擦副中的润滑油膜，从而影响设备正常润滑，并加剧摩擦和磨损。主要表现为，固体颗粒进入到摩擦副中后，造成三体磨粒磨损。其机理是固体颗粒会对摩擦副金属表面产生极高的接触应力，并通过犁沟作用来产生磨损金属颗粒，从而容易造成设备的磨损失效。

油液污染度分析技术的研究和应用，已有几十年的发展历史。早在 20 世纪 60 年代，美国、英国等工业发达国家和地区根据本国工业生产（国防、航空航天、化工）、教育和科研等发展的需要，开始研究油液污染测试技术。美国军用标准 MIL-STD-1246A、宇航局标准 NAS 1638 都是在 60 年代中期开始制定的。1965 年，美国国家流体动力协会（NFPA）通过对全美的液压系统可靠性调查发现：液压系统的故障至少有 75% 是由于油液及其污染造成的。英国流体动力协会对清洁度与液压泵可靠性的关系也进行过专线调查，结果发现：当油液污染度低于 NAS 9 级时，液压泵基本不出现故障；当油液污染度为 NAS 10～NAS 11 级时，液压泵偶然出现故障；当油液污染度高于 NAS 12 级时，液压泵则需要经常维修。另外，类似的研究还表明，在 100 起飞行事故中，有 20 起左右是由油液污染引起的。

进入 20 世纪 70～80 年代，国外在油液污染测试技术开发上投入了大量的人力物力，并取得较大进展，光谱分析法、能谱分析法、射线分析法和颗粒计数器法都是在这一时期发展起来的。在这一时期，油液污染度测试引起了广泛的重视，国际标准化组织 ISO 相继发布了 ISO 4021：1977《液压传动　颗粒污染物分析　从工作状态液压系统管路中心抽取液样的方法》、ISO 4406：1977《液压传动-油液-固体颗粒污染等级代号》、ISO 4406：1987、ISO 4406：1999 等与油液污染度测试相关的标准。

我国油液污染度测试是从 20 世纪 80 年代开始的，逐步在各工业部门开展了油液污染度测试工作并采取措施控制污染水平。在航空航天、化工、医药、煤炭、船舶和机械等行业，由普及油液污染控制的基本知识到引进应用国外先进的油液污染度测试设备，开展油液污染度测试工作方面虽然做了大量的工作，但我国的污染控制技术和管理水平与国外主要发达国家相比，还有相当大的差距。我国一般液压设备的油液污染度要比国外高 3～4 级，造成了设备故障率高、寿命短，严重影响了设备效能的充分发挥。目前，我国的油液检测和故障诊断技术与国外的最新技术已无明显差别，油液污染的控制技术和相关的过滤净化设备也被工业企业广泛采用，但是国内企业的润滑管理经验仍有待提升，对设备润滑和污染控制仍然不够重视。

3.2　颗粒污染度的测试方法

对于油液污染程度的检测，最早是采用"目测法""重量法"这样一类粗略的方法检测油液中的"机械杂质"。这类方法至今仍然被少数行业（如煤炭行业）采用，但其只能反映油液中是否存在肉眼可见的颗粒物或颗粒物的总量，根本无法反映颗粒物的尺寸及其分布状况。因此，之后采用的"显微镜计数法"，可以说是在油液固体颗粒污染度测定方法上的一大进步。但因其操作繁琐、无法实现结果比对且检测结果的离散性很大，所以其效果仍然不尽人意。随着科学技术的发展，自动颗粒计数器被广泛运用于油液分析的污染度检测中。本节主要介绍自动颗粒计数法的原理和检测方法，以及显微镜颗粒计数法的检测方法。

3.2.1　自动颗粒计数法

1. 自动颗粒计数法仪器及原理

自动颗粒计数器具有计数速度快、精确度高和操作简便等优点，很快成为最主要的检测仪器。目前，应用的自动颗粒计数器按原理区分有遮光型、光散型和电阻型等三种类型。遮光原理和激光光源的自动颗粒计数器是油液颗粒污染度测定的主要仪器，图 3-1 所示为美国贝克曼库尔特公司生产的 HIAC8011+遮光型颗粒计数器，遮光型颗粒计数器的主要技术关键是采用遮光型传感器，图 3-2 所示为遮光型传感器的原理。

图 3-1　HIAC8011+遮光型颗粒计数器　　　　图 3-2　遮光型传感器的原理示意

　　自动颗粒计数器的工作原理是让被测试油液通过一个面积狭小的透明传感区，激光光源发出的激光沿与油液流向垂直的方向透过传感区，透过传感区的光信号由光电二极管转换为电信号。当流经传感区的油液中没有任何颗粒通过时，前置放大器的输出电压为一定值。当油液中有 1 个颗粒进入传感区时，即会有部分光被颗粒遮挡，光电二极管接收的光量减弱，于是输出电压产生一个脉冲，计数一次。由于被挡的光量与颗粒的投影面积成正比，因而输出电压脉冲的幅值直接反映颗粒的尺寸。

　　传感器的输出电压信号传输到计数器的模拟比较器，与预先设置的阈值电压相比较。当电压脉冲幅值大于阈值电压时，计数器即计数。通过累计脉冲的次数，即可得出颗粒的数目。计数器设有若干个通道，如 6 个或 12 个，分别对应不同的粒度区间。如一般六等级（即 6 通道）分为：>2μm、>5μm、>15μm、>25μm、>50μm 和>100μm。传感器的输出信号同时传输到这些通道。根据传感器的标定曲线，预先将各个通道的阈值电压设置在与要测定的颗粒尺寸相对应的值上。这样，每一个通道对大于本通道阈值电压的脉冲进行计数，因而计数器就可以同时测定各种尺寸范围的颗粒数。这样测量结果会按照 ISO 或 NAS 污染度等级标准在显示屏上显示出来，并储存在仪器配置的计算机内。自动颗粒计数器必须经过标定后才能使用。ISO 11171：2022《液压传动-液体自动颗粒计数器的校准》详细规定了自动颗粒计数器的标定方法和步骤。需要注意的是，油液中的水分与气泡会影响自动颗粒计数器固体颗粒计数的准确性，计数时需注意消除二者的影响。

2. 自动颗粒计数的测试方法

　　我国采用自动颗粒计数测试润滑油污染度通常依据 DL/T 432—2018《电力用油中颗粒度测定方法》、GB/T 37163—2018《液压传动　采用遮光原理的自动颗粒计数法测定液样颗粒污染度》和 GJB 380.4A—2015《航空工作液污染测试　第 4 部分：用自动颗粒计数法测定固体颗粒污染度来操作。在国际上，ISO 11500：2008《液压传动　用消光原理进行自动粒子计数测定液态样品的微粒污染程度》和 ASTM D7647-10（2018）《用稀释技术通过消光除去水和干扰软颗粒影响的润滑油和液压油自动颗粒计数的标准测试方法》、IEC CEI 60970：2007《绝缘液体-颗粒计数和筛分方法》也是用得比较广泛的污染度测试标准方法。

　　（1）DL/T 432—2018

　　该标准规定了用自动颗粒计数仪测定磷酸酯抗燃油、汽轮机油、变压器油及其他辅机用油的颗粒污染度的方法；采用自动颗粒计数仪来测定油液的颗粒污染度。依据遮光原理，即当油样通过传感器时，油液中颗粒会产生遮光，不同尺寸颗粒产生的遮光效果不同，转换器将所产生的遮光信号转换为电脉冲信号，再划分到按标准设置好的颗粒度尺寸范围内并计数。

（2）GJB 380.4A—2015

该标准规定了用遮光、电阻、电子成像原理工作的自动颗粒计数器测定液体中固体颗粒的尺寸和数量的方法；适用于测定航空工作液的固体颗粒污染度。该方法介绍了测试准备、液样处理、液样测试等步骤，并要求使用 GJB 420B—2006《航空工作液固体污染度分级》的分级方法报告结果，该分级方法与 SAE AS4059F—2013《航空航天流体动力　液压流体的污染分类》中累积计数的分级标准相同。

（3）GB/T 37163—2018

该标准规定了采用遮光原理的自动颗粒计数器测定油样颗粒污染度的操作程序，修改采用了 ISO 11500：2008，与 DL/T 432—2018 相同，该方法也是都是利用遮光原理，但对样品的要求较高，不适用于浑浊、水分含量高、有可见颗粒或含游离液体的样品。由于该标准是近几年制定的，因此目前在国内其应用的广泛程度，并不如 DL/T 432—2018 和 GJB 380.4A—2015。

（4）ASTM D7647-10（2018）

该标准规定了用自动颗粒计数仪测定润滑油和液压油的新油和在用油中的颗粒浓度和颗粒尺寸分布的方法，适用于测定矿物型及合成型润滑剂，最高黏度等级可达 1000。该方法介绍了样品检查、样品搅拌、样品稀释、样品脱气、测试步骤、结果报告等步骤，结果可使用 ISO 4406《液压传动–油液–固体颗粒污染等级代号》或 SAE AS4059 进行报告。

（5）IEC CEI 60970：2007

该标准规定了用自动颗粒计数仪测定颗粒浓度和尺寸分布的取样程序和方法。适用于已使用和未使用的绝缘液体。该方法通过搅动样品使颗粒悬浮，然后以最佳流速通过颗粒计数器的传感器单元，在所需的流体体积通过传感器后，终止计数并记录结果。结果使用 ISO 4406 的分级方法进行报告。

3.2.2　显微镜颗粒计数法

1. 显微镜颗粒计数法仪器及原理

显微镜分析方法是将一定体积的油液在真空条件下使用滤膜进行过滤，以收集滤膜表面的颗粒污染物。然后将滤膜安装在玻片之间，通过透射光或入射光进行显微镜检查，对颗粒进行尺寸测量和计数，从而得出油液的污染度等级。

显微镜分析法的主要仪器为过滤装置，其主要包含的部件为：滤筒、夹紧装置、砂芯滤板、锥形漏斗和真空抽滤瓶。图 3-3 所示为一种用于制作待测滤膜的抽滤装置。用于显微镜分析法的滤膜一般为塑料型微孔滤膜，滤膜直径为 50mm，孔径为 0.8μm 或 0.45μm。图 3-4 所示为制作好的油样滤膜。用于显微镜分析法的油样污染

图 3-3　一种用于制作待测滤膜的抽滤装置

度比较显微镜，一般具有单目双物镜光学系统，左右两个光路系统的放大倍率（50倍和150倍）应一致。具有可调节的投射和反射照明系统。能同时观测到油样试片和油颗粒度分级标准模板，目镜测微尺能计量5μm以上的颗粒，具有机械式转动工作台或移动尺，可扫描观测油样试片的全部有效过滤面积。图3-5所示为显微镜下观测到的油样滤膜颗粒。

图3-4 制作好的油样滤膜

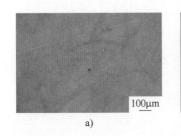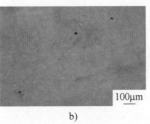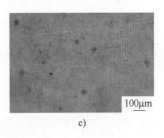

a)   b)   c)

图3-5 显微镜下观测到的油样滤膜颗粒

2. 显微镜计数法的检测方法

显微镜颗粒污染度测试方法有两种：一是通过与标准模板对比，确立油液污染度等级，也称作"显微镜对比法"，DL/T 432—2018中规定了显微镜对比法的检测标准；二是在显微镜下对颗粒进行计数，也称作"显微镜计数法"，按照ISO 4406进行等级划分，常见的检测方法为ISO 4407：2002《流体传动-流体污染-使用光学显微镜通过计数法测定污染度》。我国也在GB/T 20082—2006《液压传动 液体污染 采用光学显微镜测定颗粒污染度的方法》中引进了该方法。

（1）DL/T 432—2018

DL/T 432—2018不仅规定了采用自动颗粒计数的操作规程，同时也提供了采用显微镜评价油中固体颗粒污染度的测量方法，其原理是采用真空抽滤设备将油样中的颗粒平均分布于微孔滤膜上，在显微镜下与油污染度分级标准模板进行比较，确定油样的颗粒污染度等级。

（2）ISO 4407：2002

ISO 4407：2002标准规定了用显微镜法来计算沉积在滤膜表面的颗粒数量，来确定液压油污染度的方法。该方法也是采用真空抽滤设备将液体中的污染物沉积在滤膜上，然后在显微镜下根据颗粒的最大尺寸确定污染物颗粒的大小并对其进行计数。该方法既可以使用人工计数方法，也可以将采集带有颗粒的滤膜图像，并利用图像分析技术来进行计数。我国 GB/T 20082—2006 与 ISO 4407：2002 等效。

3.3 颗粒污染度的评价方法

液压和润滑系统油液污染的程度可用油液污染度定量地表示。油液污染度是指单位容积油液中固体颗粒污染物的含量。油液污染度的表示方法很多，常见的有质量污染度和颗粒污染度两种表示方法。通常工业应用的质量污染度是指单位体积油液中所含的固体颗粒污染物质量，单位一般为 mg/L。

为了定量地描述和评定系统油液的污染程度，实施对系统油液的污染控制，有必要制定油液污染度的等级标准。随着颗粒计数技术的发展，目前已广泛采用颗粒污染度的表示方法。颗粒污染度是指单位体积油液中所含的各种尺寸固体颗粒污染物数量。世界各主要工业国家以至各个工业部门都制定了各自的油液污染度等级标准。评价油液的污染度等级主要包含自动颗粒计数和显微镜计数两个方面，目前自动颗粒计数和显微镜颗粒计数的评价方法主要有 ISO 4406、SAE AS4059、NAS 1638 等三项国际标准，以及若干项国内标准。

3.3.1 ISO 4406 污染度等级标准

ISO 4406 污染度等级是由国际标准化组织最早于 1987 年提出的，受到广泛认可，我国 GB/T 14039—2002《液压传动 油液 固体颗粒污染等级代号》为等同采用 ISO 4406 的国家标准。该标准到目前为止，先后经历了多次更新，但是总结起来，其评价方法有两个版本，即 ISO 4406：1987 和 ISO 4406：1999，目前普遍采用的是 ISO 4406：1999 版本的评价方法（现已更新至 ISO 4406：2021），也有企业选择沿用 ISO 4406：1987 的评级方法。

（1）ISO 4406：1987 污染度评级标准

ISO 4406：1987 污染度等级标准采用两个颗粒尺寸（$5\mu m$ 和 $15\mu m$）作为监测污染度的特征粒度，见表 3-1。一般认为 $5\mu m$ 左右微小颗粒的浓度是引起流体系统淤积和堵塞故障的主要因素；而大于 $15\mu m$ 的颗粒浓度对元件的污染磨损起着主导作用，以这两个尺寸的颗粒数量作为制定等级的依据，可比较全面反映不同大小的颗粒对系统的影响。因此，ISO 4406：1987 污染度等级标准就是以两个数码代表油液的污染度等级，两个数码用一斜线分隔，即"××/××"的格式，前面的数码代表每毫升油液中尺寸大于 $5\mu m$ 的颗粒数等级，后面的代码代表每毫升油液中尺寸大于 $15\mu m$ 的颗粒数等级，例如 ISO 16/13。

表 3-1 ISO 4406：1987 污染度等级代码

污染度等级代码	颗粒浓度/（颗粒数/mL）		污染度等级代码	颗粒浓度/（颗粒数/mL）	
	大于	上限值		大于	上限值
24	80000	160000	17	640	1300
23	40000	80000	16	320	640
22	20000	40000	15	160	320
21	10000	20000	14	80	160
20	5000	10000	13	40	80
19	2500	5000	12	20	40
18	1300	2500	11	10	20

（续）

污染度等级代码	颗粒浓度/（颗粒数/mL）		污染度等级代码	颗粒浓度/（颗粒数/mL）	
	大于	上限值		大于	上限值
10	5	10	4	0.08	0.16
9	2.5	5	3	0.04	0.08
8	1.3	2.5	2	0.02	0.04
7	0.64	1.3	1	0.01	0.02
6	0.32	0.64	0	0.005	0.01
5	0.16	0.32	0.9	0.0025	0.005

ISO 4406：1987 的污染度等级评价标准同时适用于显微镜颗粒计数和自动颗粒计数，尺寸等级是依据被测量颗粒的长轴尺寸来划分的，但是现在已被 ISO 4406：1999 标准替代。

（2）ISO 4406：1999 和 ISO 4406：2021 污染度等级标准

随着自动颗粒计数仪校准方法的更新，国际标准化组织于 1999 年依据更新后的校准方法 ISO 11171：1999《液压传动液体自动颗粒计数器的校准》制定了新的固体颗粒污染度评级标准，即 ISO 4406：1999，以替代 ISO 4406：1987。ISO 4406：1999 污染度等级标准见表 3-2。在此后数年，国际标准化组织先后多次对该标准进行了确认，最新版本为 ISO 4406：2021，但污染度等级划分还是沿用 ISO 4406：1999 的规则。

ISO 4406：1999 与 ISO 4406：1987 的污染度等级代码存在明显差异，ISO 4406：1999 国际标准采用三个代码表示油液固体颗粒污染度等级，三个代码间用斜线隔开，即用"××/××/××"的形式表示。与 ISO 4406：1987 相比，ISO 4406：1999 新增了第一位代码，表示尺寸≥4μm 颗粒数量等级；第二位码表示尺寸≥6μm 颗粒数量等级，对应 ISO 4406：1987 中>5μm 颗粒数量等级；第三位码表示尺寸≥14μm 颗粒数量等级，对应 ISO 4406：1987 中>15μm 颗粒的等级。例如，颗粒污染度等级 22/18/13 表示在每毫升油液中，尺寸≥4μm 的颗粒数高于 20000 但低于 40000 个，尺寸≥6μm 的颗粒数为高于 1300 但低于 2500 个，尺寸≥14μm 的颗粒数为高于 40 但低于 80 个。

ISO 4406：1999 的污染度等级评价标准仅适用于自动颗粒计数，尺寸等级是依据被测量颗粒投影面积的等效圆直径来划分的。我国现行的污染度评级标准 GB/T 14039—2002 就修改采用了 ISO 4406：1999。

表 3-2　ISO 4406：1999 和 ISO 4406：2021 污染度等级代码

污染度等级代码	颗粒浓度/（颗粒数/mL）		污染度等级代码	颗粒浓度/（颗粒数/mL）	
	大于	上限值		大于	上限值
>28	2500000	—	22	20000	40000
28	1300000	2500000	21	10000	20000
27	640000	1300000	20	5000	10000
26	320000	640000	19	2500	5000
25	160000	320000	18	1300	2500
24	80000	160000	17	640	1300
23	40000	80000	16	320	640

（续）

污染度等级代码	颗粒浓度/（颗粒数/mL）		污染度等级代码	颗粒浓度/（颗粒数/mL）	
	大于	上限值		大于	上限值
15	160	320	7	0.64	1.3
14	80	160	6	0.32	0.64
13	40	80	5	0.16	0.32
12	20	40	4	0.08	0.16
11	10	20	3	0.04	0.08
10	5	10	2	0.02	0.04
9	2.5	5	1	0.01	0.02
8	1.3	2.5	0	0.00	0.01

3.3.2 SAE AS4059 污染度评级标准

SAE AS4059《航空航天流体动力 液压油的污染分级》是美国汽车工程师学会制定的航空液压油污染度分级标准，最早于 1988 年提出，后来进行了多次更新和确认，先后经历了 A、B、C、D、E、F 和 G 等多个版本，最新版本为 2022 年 11 月发布的 SAE AS4059G 版。

SAE AS4059G—2022 的颗粒数量的统计方式有两种，差分计数法和累积计数法，分别见表 3-3 和表 3-4。差分法对某一尺寸范围的颗粒数进行统计，并按照颗粒数量划分为 00 级~12 级，共 14 个等级，累积法是对大于等于某个尺寸范围的颗粒数进行统计，并按照颗粒数量划分为 000 级~12 级，共 15 个等级，表 3-3 和 3-4 中列举了每个等级的颗粒数上限。与 ISO 4406 不同的是，SAE AS4059G 中不同尺寸的颗粒数量的评级规则并不相同，即同一等级、不同尺寸段的颗粒数上限并不相同。

表 3-3 SAE AS4059G—2022 颗粒污染度分级标准（差分计数）

显微镜计数法尺寸/μm	5~15	15~25	25~50	50~100	>100
自动颗粒计算法尺寸/μm（c）（ISO 11171：1999 校准）	6~14	14~21	21~38	38~70	>70
污染度等级代码	最大污染度极限（颗粒数/100mL）				
00	125	22	4	1	0
0	250	44	8	2	0
1	500	89	16	3	1
2	1000	178	32	6	1
3	2000	356	63	11	2
4	4000	712	126	22	4
5	8000	1425	253	45	8
6	16000	2850	506	90	16
7	32000	5700	1012	180	32
8	64000	11400	2025	360	64
9	128000	22800	4050	720	128
10	256000	45600	8100	1440	256
11	512000	91200	16200	2880	512
12	1024000	182400	32400	5760	1024

注：使用 ACFTD 标准物质校准或使用光学显微镜测试的尺寸，计量单位为微米，用 μm 表示；使用 ISOMTD 标准物质校准或使用扫描电镜测试的尺寸，计量单位也为微米，用 μm（c）表示。

表 3-4   SAE AS4059G—2022 颗粒污染度分级标准（累积计数）

显微镜计数法尺寸/μm	>1	>5	>15	>25	>50	>100
自动颗粒计算法尺寸/μm（c）（ISO 11171：1999 校准）	>4	>6	>14	>21	>38	>70
污染度等级代码	最大污染度极限（颗粒数/100mL）					
000	195	76	14	3	1	0
00	390	152	27	5	1	0
0	780	304	54	10	2	0
1	1560	609	109	20	4	1
2	3120	1217	217	39	7	1
3	6250	2432	432	76	13	2
4	12500	4864	864	152	26	4
5	25000	9731	1731	306	53	8
6	50000	19462	3462	612	106	16
7	100000	38924	6924	1224	212	32
8	200000	77849	13849	2449	424	64
9	400000	155698	27698	4898	848	128
10	800000	311396	55396	9796	1696	256
11	1600000	622792	110792	19592	3392	512
12	3200000	1245584	221584	39184	6784	1024

SAE AS4059G—2022 要求对每个尺寸段的颗粒数分别进行评级，记录每个尺寸段的颗粒数等级，并以斜杠分隔开，记作"SAE AS4059G 代码"，同时取最大的那个等级作为样品的"SAE AS4059G 污染度等级"。结果报告时需同时报告"SAE AS4059G 代码"和"SAE AS4059G 等级"。例如，100mL 样液的颗粒计数结果见表 3-5，那该样品的 SAE AS4059G 代码为"8/8/8/7/7"，SAE AS4059G 等级为 8 级。

表 3-5   100mL 样液的颗粒计数

颗粒尺寸/μm（c）	颗粒数/个	颗粒数等级/级
6~14	60000	8
14~21	10000	8
21~38	2000	8
38~70	180	7
>70	30	7

SAE AS4059G 评级方法同时适用于显微镜计数法和自动颗粒计数法，但值得注意的是，适用于显微镜颗粒计数的尺寸等级，是依据颗粒的最长尺寸来划分的；适用于自动颗粒计数的尺寸等级，是依据被测量颗粒投影面积的等效圆直径来划分的。

3.3.3   NAS 1638 污染度等级标准

NAS 1638 污染度等级是由美国航天学会在 1964 年提出的。它源自 20 世纪 60 年代美国对飞机液压系统污染控制的需求。NAS1638 的等级划分规则与 SAE AS4059F 相似，有 5 个颗粒尺寸范围，每个颗粒尺寸范围的污染度等级都有 14 个等级，用代码 00~12 来表示。污染度代码每升高一级，颗粒数范围上限就升高一倍，见表 3-6。依据表 3-6 对 5 个尺寸区间的颗粒浓度进行评级，得到 5 个污染度代码，然后选取最高的那个代码作为该油样的污染度等级。

表 3-6　NAS1638 污染度等级分级规则

污染度等级代码	颗粒尺寸范围/μm				
	5~15	15~25	25~50	50~100	>100
	颗粒浓度/(颗粒数/100mL)				
00	125	22	4	1	0
0	250	44	8	2	0
1	500	89	16	3	1
2	1000	178	32	6	1
3	2000	356	63	11	2
4	4000	712	126	22	4
5	8000	1425	253	45	8
6	16000	2850	506	90	16
7	32000	5700	1012	180	32
8	64000	11400	2025	360	64
9	128000	22800	4050	720	128
10	256000	45600	8100	1440	256
11	512000	91200	16200	2880	512
12	1024000	182400	32400	5760	1024

NAS 1638 标准是根据 20 世纪 60 年代飞机液压系统润滑油内的固体颗粒颁布统计特征制定的。随着高效精细过滤器的应用，液压系统润滑油中固体颗粒的分布已不再具备当时使用粗过滤器时的颗粒尺寸特征。特别是 >15μm 的大颗粒减少，导致大颗粒尺寸段的设定毫无必要，也正是基于此考虑，国际标准化组织据此制定了 ISO 4406：1987。

2001 年和 2011 年，美国航天学会两次确认了 NAS1638 污染度等级划分标准，污染度划分等级划分仍是按表 3-6 执行，但在 NAS 1638：2001 和 NAS 1638：2011 中均已规定，该标准不再应用于自动颗粒计数。因此，国内使用自动颗粒计数进行油液污染度监测的企业单位，也应该与国际接轨，选择最新的 ISO 4406 或 SAE AS4059 标准。

3.3.4　GJB 420B 污染度评级标准

GJB 420 是为我国军用飞机液压系统用油的污染度等级评价标准，已在我国军队、航空航天和民航系统普遍应用。该标准先后经历了三个版本，分别是 GJB 420A—1996、GJB 420B—2006 和 GJB 420B—2015，现行版本为 GJB 420B—2015。

我国 GJB 420B—2015《航空工作液固体污染度分级》采用的分级方法与 SAE AS4059 相同，并在 SAE AS4059 的基础上，对每个尺寸范围赋予了代码，即将颗粒尺寸分为 A、B、C、D、E 和 F 6 个类别，见表 3-7。

表 3-7　GJB 420B—2015 污染度等级标准

尺寸代码	A	B	C	D	E	F
尺寸	>1μm	>5μm	>15μm	>25μm	>50μm	>100μm
	>4μm（c）	>6μm（c）	>14μm（c）	>21μm（c）	>38μm（c）	>70μm（c）
等级/级	颗粒浓度/（颗粒数/100mL）					
000	195	76	14	3	1	0
00	390	152	27	5	1	0
0	780	304	54	10	2	0
1	1560	609	109	20	4	1
2	3120	1220	217	39	7	1
3	6250	2430	432	76	13	2
4	12500	4860	864	152	26	4
5	25000	9730	1730	306	53	8
6	50000	19500	3460	612	106	16
7	100000	38900	6920	1220	212	32
8	200000	77900	13900	2450	424	64
9	400000	156000	27700	4900	848	128
10	800000	311000	55400	9800	1700	256
11	1600000	623000	111000	19600	3390	512
12	3200000	1250000	222000	39200	6780	1020

采用 GJB 420B—2015 污染度等级的确定原则有以下两种。

1）按（B~E）尺寸范围中颗粒数最高等级确定污染度等级，结果表示为 GJB 420B—×级。

2）按任意一个或若干个特定尺寸范围中颗粒数确定污染度等级，结果应表示为 GJB 420B—×A/×B/×C/×D/×E/×F 级中测试尺寸所对应的污染度等级。

实际测试时，可根据需要，选用其中一种确立油品的固体污染度等级。表 3-8 为按照第一种原则确定的颗粒污染度等级，测试了油样的（B~E）尺寸范围的颗粒数，选取等级最高者作为该油样的污染度等级，报告结果为"GJB 420B—9 级"。

表 3-8　某油样按（B~E）尺寸范围确定的污染度等级

颗粒尺寸	>5μm	>15μm	>25μm	>50μm
	>6μm（c）	>14μm（c）	>21μm（c）	>38μm（c）
颗粒浓度/（颗粒数/100mL）	99600	9300	2450	184
按单一尺寸范围确定的污染度等级/级	9	8	8	7
GJB 420B 污染度等级	GJB 420B—9 级			

表 3-9 为按照第二种原则确定的颗粒污染度等级，按 1 个特定尺寸范围中颗粒数确定污

染度等级，该油样选择的尺寸范围代码为 B，即颗粒尺寸为>5μm 或>6μm（c），对应该尺寸段的固体颗粒数量超过了 GJB 420B—2015 污染度等级中该尺寸段固体颗粒数量的最大值，因此该油样的固体颗粒污染度等级报告为 GJB 420B—3B 级。

表 3-9　某油样按 1 个尺寸范围确定的污染度等级

颗粒尺寸	>5μm 或>6μm（c）
颗粒浓度/（颗粒数/100mL）	1702
按单一尺寸范围确定的污染度等级/级	3
GJB 420B—2015 污染度等级	GJB 420B—3B 级

表 3-10 也是按照第二种原则确定的颗粒污染度等级。该油样按 3 个特定尺寸范围（代码 B、C、E）中颗粒数确定污染度等级。对应各尺寸段的污染度等级分别为>12 级、11 级、10 级，因此该油样的固体颗粒污染度等级报告为"GJB 420B—>12B/11C/10E 级"。

表 3-10　某油样按（B~E）尺寸范围确定的污染度等级

颗粒尺寸	>5μm 或>6μm（c）	>15μm 或>14μm（c）	>50μm 或>38μm（c）
颗粒浓度/（颗粒数/100mL）	1380000	93440	1500
按单一尺寸范围确定的污染度等级/级	>12	11	10
GJB 420B—2015 污染度等级	GJB 420B—>12B/11C/10E 级		

3.4　润滑及液压系统的污染控制及方法

润滑及液压系统在工作时，外界的污染物会不断浸入系统，而系统内部也会不断地产生污染物。颗粒污染的危害已引起世界各国的高度重视，大量实践表明：只要控制液压和润滑系统的污染度，就能保证液体工作介质在清洁度方面的质量，预防类似磨料磨损这样有害类型的机械磨损发生，从而可以延长设备的使用寿命。根据美国 Noria 公司的试验和统计，降低齿轮油的污染度，可以将齿轮箱的寿命提高 3~5 倍。

润滑油或液压油在一个使用周期后，往往各种理化指标都还正常，只是污染度超标。经过精细净化后，润滑油液的使用周期可得到延长，再"服役"一个或若干个周期都是可能的，由此可节约大量的油液使用资金。监测油液污染度的目的也就是对油液进行污染控制，采取各种措施以保证油液必需的清洁度。

润滑及液压系统中油液的污染控制一般分为四步，即建立目标清洁度、污染预防范、油液的净化处理和系统污染度的实时监测。通过这些控制措施和方法，可以使油液的污染度保持在设备运行要求的范围内，从而延长润滑油的使用周期和设备的使用寿命。

3.4.1　建立目标清洁度

建立目标清洁度是润滑污染控制的一个关键步骤。目标清洁度的确定要综合考虑设备特征，如机械摩擦副间隙、颗粒污染的敏感性和压力，设备和润滑油寿命延长的期望值，以及达到维持目标清洁度所需的成本等。

JB/T 10607—2006《液压系统工作介质使用规范》推荐了不同系统和元件使用油液的污染度等级，见表 3-11。

表 3-11　液压系统清洁度参考值

污染度等级 (ISO 4406)	主要工作元件	系统类型
—/13/10	高压柱塞泵、伺服阀、高性能比例阀	要求高可靠性并对污染十分敏感的控制系统，如：实验室和航空航天设备
—/15/12	高压柱塞泵、伺服阀、比例阀、高压液压阀	高性能伺服系统和高压长寿命系统，如：飞机、高性能模拟试验机、大型重要设备
—/16/13	高压柱塞泵、叶片泵、比例阀、高压液压阀	要求较高可靠性的高压系统
—/18/15	柱塞泵、叶片泵、中高压常规液压阀	一般机械和行走机械液压系统、中等压力系统
—/19/16	叶片泵、齿轮泵、常规液压阀	大型工业用低压液压系统、农机液压系统
—/20/17	齿轮泵、低压液压阀	低压系统、一般农机液压系统

值得指出的是，目标清洁度不是用于油液监测机器和润滑剂失效的极限值。通常，润滑油的污染度超过目标清洁度并不影响设备的正常操作，更不会立即造成设备故障。例如，一个液压系统的目标清洁度定为—/14/11，当污染度超出目标清洁度达到—/16/13 时，该液压系统仍然运转正常。但是，污染度超过目标清洁度意味着出现了以下三种情况。

1）某个环节的污染控制出了问题。如果及时纠正，系统将可以恢复到原来的最佳状态。换言之，一个尚处在萌芽状态的故障，在尚未对设备和润滑油造成任何危害之前就被发现和消除，这就是主动性润滑维修的精髓。

2）如果继续在超过目标清洁度的状态下运行，则该系统将达不到在目标清洁度设定下的期望寿命值。

3）如果数量增加的颗粒是金属磨损颗粒，则意味着机器出现了不正常磨损。

因此，建立目标清洁度主要用于主动性润滑状态控制和机械磨损监测，通过始终保持油液高度清洁和及时了解磨损状态来达到设备的高可靠性运转的目的。

3.4.2　污染预防范

设备润滑及液压系统的污染来源（见图 3-6）可以说是全方位的，如油液储存污染、油箱加油污染、系统内部磨损污染、油液氧化污染，以及外界污染物的侵入污染等，都对润滑油产生严重的侵蚀作用，缩短其使用寿命。污染控制的关键在于污染预防范，从源头上解决污染问题。

污染预防范可以从新油储存及使用、维护及维修和密封件的维护等几个方面来进行。

（1）新油储存及使用

实施污染控制的第一步就是防止新润滑油在加入设备前受到污染。有调查表明，阻止污染物进入油液中的成本仅为其进入油液后所造成损失的 1/10，做好新油储存和使用过程的污染防范，可以避免很多故障的发生。为此需要做到以下几点。

1）加强新油验收管理。进入设备的新油清洁度应优于或等同于该设备润滑油的目标清洁度，因此在油液验收时，应注意检测新油的清洁度是否符合设备用油要求。

2）加强储存和使用管理。润滑油储存的环境应保持高度清洁。在被注入机器前应确保储存的润滑油满足要求的清洁度，否则应对油液进行过滤净化处理。

3）保证加油工具的干净无污染。加油工具使用完后，应盖好盖帽，分类存放在干燥的

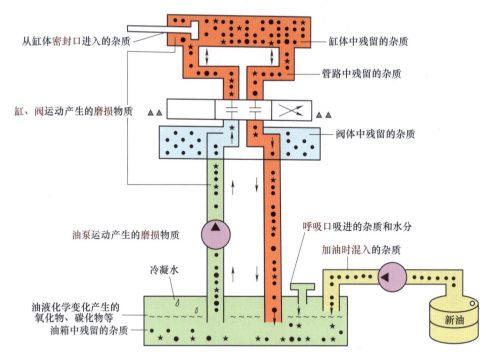

图 3-6　设备润滑及液压系统的污染来源

密闭空间中，避免被外界的固体颗粒污染。

（2）维护及维修

在日常的设备使用、维修中，也要注意减少系统污染。尤其在设备检修时，不要造成污染，这就要求在检修时处处小心，做到以下几点。

1）元件、管道装拆时，将油口包住，防止污染物进入。

2）换上的元件安装前应是清洁的。

3）大修后，内部应被彻底地冲洗，油液应达到目标清洁度。

4）加入新油时应采取过滤等措施。

不少设备检修人员对系统污染认识不足，施工中元件乱摆乱放，拆下的管道、元件也不包口，造成施工中新的污染。针对这些问题，一定要加强指导和监督，尽力避免。

（3）密封件的维护

在日常的设备运行维护中，还要注意检查机器内部各密封部位，杂质可能会从密封不良部位进入系统，而各类泵吸入管和轴密封等低于大气压的地方还会漏进气体。

对于如液压杆类的轴类零件，密封一般都包括三道密封，如图 3-7 所示。应使

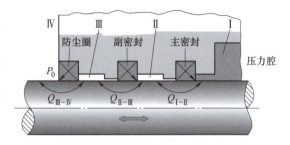

图 3-7　轴类零件密封

用高性能密封件，以防污染。与此同时，污染同样会造成密封件过快损伤，导致在用油的渗漏。图 3-8 所示为烟草行业使用的包装机推杆机构的渗漏问题，都是因烟丝对在用油的污染

而引发的。对密封不良的部位，要及时处理或更换。如空气滤清器要完好、有效，油箱上的注油口，不用时要密封好，吸油管和回油管通过油箱处，也要密封好。

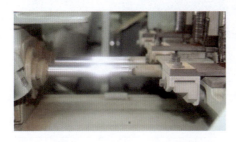

图 3-8　烟草机械推杆机构污染导致油液渗漏

3.4.3　油液的净化处理

（1）选择油液净化方法

针对不同的污染物，根据不同的油液净化要求，可采用不同的净化方法。这些方法包括过滤、离心、聚结、静电、磁性、真空和吸附等方法，见表 3-12。

表 3-12　油液净化方法

净化方法	原理	应用
过滤	利用多孔可透性介质，滤除油液中的不溶性物质	滤除固体颗粒（过滤材料：1μm）
离心	通过离心机械使油液做高速旋转，利用径向加速度分离与油液密度不同的不溶性物质	分离固体颗粒和游离水
惯性	通过旋流器使油液做环形运动，利用产生的径向加速度分离与油液密度不同的不溶性物质	分离固体颗粒和游离水
聚结	利用两种液体对某一多孔隙介质润湿性（或亲和作用）的差异，分离两种不溶性液体的混合液	从油液中分离水
静电	利用静电场力使油液绝缘体中的非溶性污染物吸附在静电场内的集尘器上	分离固体颗粒和胶状物质等
磁性	利用磁场力吸附油液中的铁磁性颗粒	分离铁磁性金属屑
真空	利用饱和蒸汽压的差别，在负压条件下从油液中分离其他液体和气体	分离水、空气和其他挥发性物质
吸附	利用分子附着力分离油液中的可溶性和不溶性物质	分离固体颗粒、水和胶状物等
平衡电荷	通过带电颗粒物聚结，能高效去除系统所有的不可溶性污染物，包括亚微米级的油泥胶质物	分离油液氧化产生的胶状物质，如漆膜、油泥等

（2）选择滤器的过滤精度

过滤器的精度一般分为四级。

1）粗滤器：能过滤的颗粒度为 ≥100μm。

2）普通滤器：能过滤的颗粒度为 10μm。

3）精滤器：能过滤的颗粒度为 1～10μm。

4）特精滤器：能过滤的颗粒度为 0.5～1μm。

过滤精度是选择滤油器时第一个重要的参数，它决定着系统油液污染度水平的高低。一般来说滤油器精度越高，则系统的污染度等级也就越低。但是到目前为止，尚没有滤油器精度与油液污染度水平的对应关系，问题太复杂，因为无论是表面型还是深度型滤油器都没有可能100%地将大于该精度尺寸的颗粒截住，都有穿过网孔的机会，而随着堵截量的增大，以及系统压力流量的波动，又都不同程度地将污物释放到滤油器的下游，所以过滤精度也是个不断变化的参数。当前对于较高精度的系统应选择不低于$5\mu m$精度的滤油器。表3-13是工业液压系统推荐的清洁度和过滤精度。

表3-13 推荐的清洁度和过滤精度

系统类别	举例	油液清洁度		过滤精度/μm
		ISO 4406	NAS 1638	
极关键	高性能伺服器	—/12/19	3~4	3
关键	工业用伺服器	—/14/11	5~6	5
很重要	比例阀、柱塞泵	—/16/13	7	10
重要	叶片泵、低速电动机、齿轮泵、液压阀等	—/17/14	8~9	15
一般	车辆、工程机械	—/19/16	10	25
大致保护	重型机械及水压机	—/20/17	10~12	40

（3）选择过滤比

过滤比是评定滤油机过滤精度的另一个重要指标，是反映过滤器对不同尺寸固体颗粒的过滤能力，用β_x表示。过滤比β_x的定义是滤油器上游加入的某一尺寸的污染粒子数除以下游仍存在的该尺寸的粒子数，即：

$$\beta_x = \frac{过滤前 > x\mu m 的粒子数}{过滤后 > x\mu m 的粒子数}$$

例如：当$\beta_x=1$时，无任何效果；当$\beta_x=2$时，过滤效率达到50%；当$\beta_x=75$时，过滤效率达到98%；当$\beta_x=1000$时，过滤效率达到99.99%。

β_x值能够准确地描述过滤器的过滤能力，得到了世界上的广泛承认和推广。目前，我国国家标准GB/T 26114—2024《液体过滤用过滤器 通用技术规范》中，已将β_x作为过滤器精度的评价指标。而原来所谓的名义精度等是没有考虑过滤尺寸和过滤效率的，也是不准确的，必然要被逐渐淘汰。一个优质的过滤器，通常在技术指标上都会提供过滤精度与过滤效率的曲线，那么最高的过滤效率下对应的过滤精度，通常被认为是绝对过滤精度。

但是，现在使用的国产滤油器甚至国外的部分滤油器，仍然很少在性能指标中标有β_x值，部分滤油器标注的过滤精度实际上是名义精度，这就造成一个错觉，在不少系统就发现，虽然名义过滤精度很高，但实际上系统还是很脏，清洁度很差，系统故障频繁，其原因往往就是过滤器精度实际上很差，根本达不到系统要求。这种情况不在少数，因此在选用过滤器时，必须充分重视。

（4）保证有效的油液过滤系统

全面考虑设备和油液的运用成本，使用高性能油过滤器远比便宜而低效率的过滤器更为经济。滤芯的材料和结构是过滤器品质和效率的关键，而过滤器的位置、大小、性能，以及与设备要求的流速、流量等，共同决定了是否可以达到目标清洁度。因此，在设备已经有在线过滤的同时，采用外部循环过滤系统，是提高在用润滑油目标清洁度的重要措施，对精度要求高或污染严重的系统，更是这样。

与系统主回路上的过滤器相比，外循环过滤系统可以选用精度较高的过滤器，而不用担心过滤器精度太高造成堵塞，影响系统工作，从而可以提高整个系统的污染度控制等级。为了获得好的过滤效果，循环系统最好选用全流量过滤，过滤流量与系统工作流量相匹配，使系统工作介质能得到及时过滤。

此外，还可以在循环过滤系统上安装油水分离等脱气、脱水装置，也不会对系统造成影响。

3.4.4　系统污染度的实时监测

污染状态动态监控是实现设备主动维护的基础，也是污染控制的一个重要方面。随着油液监测技术和设备的不断发展，便携式检测仪、在线监测仪等仪器的性能不断提高，应用逐渐广泛，既可用于一般油液检测，也可用于水乙二醇等介质的检测，在现场几分钟就可以按ISO或NAS标准出结果，且检测结果还可以储存、打印。同时，也可以通过专业检测公司进行多项目检查，随时了解系统的污染情况，掌握污染的变化趋势，并进行分析，有针对性地采取措施，将问题解决在起始状态。

油润滑设备的定期换油，往往会造成油液的浪费。如果能够对系统污染度进行动态监测，就能及时掌握污染情况，通过趋势分析，寻找变化的原因，在此基础上决定对系统进行处理还是更换。实际上，不同的油液使用寿命不同，同一种油液用于不同的设备、环境和维护条件下，使用的期限也有很大差异。只有对系统污染进行动态检测，才能及时了解油液污染情况的变化，保证设备始终处于受控状态，使企业的润滑技术和管理水平上一个台阶。在污染的检测分析中，还可以结合铁谱和光谱的检测，光谱可分析油液中元素含量，弥补铁谱不能分析有色金属的缺点，铁谱可以检测磨损颗粒的形状、分布，弥补光谱无法判断磨损类型的缺点，两者互补，可更准确地分析油样带来的有关污染和磨损信息。

──────────── **参 考 文 献** ────────────

[1] 贺石中，冯伟. 设备润滑诊断与管理［M］. 北京：中国石化出版社，2017.

[2] 杨其明，严新平，贺石中. 油液监测分析现场实用技术［M］. 北京：机械工业出版社，2006.

[3] 董婉. 基于油液多参数监测的齿轮箱运行状态评估与健康预测［D］. 柳州：广西科技大学，2022.

[4] 窦鹏，周义凤，黄燕，等. 电力用油污染度现场检测装置的研制与应用［J］. 液压气动与密封，2023，43（2）：36-38.

[5] 王冰，於迪，陈炯华，等. 汽轮机油颗粒污染度持续偏高原因分析及预防［J］. 润滑油，2023，38（1）：44-47.

[6] 王珞琪. 油液中颗粒污染度测定的分析与应用［J］. 石化技术，2021，28（12）：166-167.

[7] 李江鹏. 核电站中油品颗粒污染度标准的转换升级［J］. 华东科技（综合），2021（6）：466，469.

[8] 胡海豹，陈晓伟，史军. 硅油添加剂对油液污染度检测影响探究［J］. 润滑油，2020，35（5）：44-46.

[9] 胡学超，杨文广，樊振海，等. 基于油液监测的风机齿轮箱异常磨损案例分析［J］. 电工技术，2021（12）：64-66.

[10] 骆骏德. 隧道掘进机液压油液工况监测方法与系统研究［J］. 北华航天工业学院学报，2020（1）：8-10.

［11］刘享明，李洋，刘威，等．在用液压油固体污染检测技术及污染控制研究［J］．润滑油，2020，35（4）：55-59．

［12］何新荣，谭锐，林永江．电厂用矿物涡轮机油过滤系统研究［J］．东方汽轮机，2023（2）：24-27．

［13］张静茹，贺石中，丘晖饶，等．石油产品颗粒度测试影响因素的研究［J］．精细石油化工，2021，38（6）：66-70．

［14］高丽军，王雄雄．提高油品颗粒度检测准确性的方法研究［J］．山东化工，2022，51（19）：152-154．

［15］吴培伟，黄青丹，饶锐，等．油液颗粒度检测平台控制系统的设计［J］．机床与液压，2020，48（13）：106-110．

［16］陈钢，胡军，朱兵，等．三峡电站700MW发电机组润滑可靠性分析及工艺应用［J］．润滑与密封，2020，45（1）：139-143．

［17］SHAHRZAD T，MEHDI J．Compact and automated particle counting platform using smartphone-microscopy［J］．Talanta，2021，228：122244．

［18］陈希颖．变压器油中颗粒度检测结果影响因素分析［J］．电工技术，2022（9）：102-105．

［19］贾东昆，付晓先，杨森，等．在线颗粒度监测仪在高清液压油生产过程的应用分析［J］．中国设备工程，2023（17）：267-270．

［20］王洪波，黄智鹏，张向英，等．基于加速寿命试验方法的伺服阀污染卡滞寿命分析［J］．液压与气动，2022，46（7）：131-135．

［21］PRICKETT B．Clean oil is productive oil［J］．Plant Engineering，2019，73（5）：42-44．

［22］MAO J X，ZHENG Q X，XU X，et al.Research on the influence of cosolvent on the determination of the contamination degree of jet fuel［J］．ACSOMEGA，2020，5（21）：12184-12190．

［23］赵修琪，高硕，张玉朋，等．油液污染度自动检测仪的内部流场模拟分析［J］．机床与液压，2021，49（4）：129-132．

第 4 章　红外光谱分析技术

　　红外光谱分析具有分析速度快、信息量多以及样品用量少等特点，是油液监测的重要手段之一。润滑油液的红外光谱中含有丰富的分子结构信息，不同化学物质在红外光谱图中有其特征吸收区，且吸收峰的高度和面积与该物质的浓度成正比。因此，通过红外光谱分析，不仅可以获取润滑油液中物质的组成，还可以测定各种物质的含量。红外光谱分析常用于监测润滑油液中污染物及氧化产物的含量，也可以监测添加剂的损耗情况，对于及时准确评价润滑油液的状态，延长油液的使用周期，以及保障机组的长周期平稳运行具有重要意义。

4.1　红外光谱分析技术简介

　　红外光谱又称分子振动光谱或振转光谱，它是分子能选择性吸收某些波长的红外线，从而引起分子中振动能级和转动能级跃迁形成的光谱，检测红外线被吸收的情况可得到物质的红外吸收光谱。不同的化学键或官能团吸收的红外光频率也不同，由仪器记录经过试样引起的红外辐射的变化便可得到该试样的红外光谱图。红外光谱分析就是对红外光谱图进行解析，以获取分子中化学键或官能团的信息，是研究物质分子结构与红外吸收之间关系的一种重要分析技术。

　　早在 20 世纪 50 年代，苏联就应用红外光谱对烃的化学转变和油液氧化进行过研究。60年代末，红外光谱仪已作为一种重要的分析手段用来鉴别基础油、添加剂和在用润滑油。美军在 70 年代用红外光谱对润滑油使用过程中的质量衰变情况进行过研究，但直到 80 年代，随着带计算机的色散型红外光谱仪，特别是傅里叶红外光谱仪的广泛应用，才使得油中积炭和其他不溶物的存在不再成为红外光谱分析的障碍，建立了以计算机为基础的在用油液红外光谱分析方法。90 年代中期，美军联合油液分析计划技术支持中心（JOAP-TSC）对傅里叶红外光谱仪能否替代油液监控中的常规油液理化性能测试项目（水分、总酸值和黏度等）进行了较为全面的评定，推荐红外光谱仪用于航空发动机油液分析评定。美国材料与试验协会于 2004 年制定了 ASTM E2412—2004《利用傅里叶变换红外线（FT-IR）光谱测定法通过趋势分析监测使用过的润滑剂状态的标准实施规程》，该标准规范了矿物类与多元醇酯类润滑油氧化、硝化和硫化等产物和添加剂降解的红外光谱表征指标及其特征谱波数区间与定量计算方法，广泛应用于润滑油的红外定量分析。

　　随着红外光谱分析在国外润滑油分析中的普及，国内学者也将红外光谱技术用于润滑油质量监测和添加剂含量分析中，形成了多个检测方法。早在 2005 年，我国电力行业就采用傅里叶红外光谱对矿物绝缘油、润滑油结构组成进行了测定，并制定了 DL/T 929—2005《矿物绝缘油、润滑油结构族组成的红外光谱测定法》。随即，石化行业标准 SH/T 0802—2007《绝缘油中 2, 6—二叔丁基对甲酚测定法》和国标 GB/T 7602.3—2008《变压器油、汽轮机油中 T501 抗氧化剂含量测定法　第 3 部分：红外光谱法》也先后发布，这两个标准规定了采用红外光谱测定绝缘油和汽轮机油中 T501 酚类抗氧化剂的方法。2010 年，国家能源局发布了 NB/SH/T 0853—2010《在用润滑油状态监测法　傅里叶变换红外（FT-IR）光谱趋势分析法》，该标准规定了采用红外光谱监测在用润滑油状态的分析方法，该方法修改采用了 ASTM E2412—2004，是目前国内采用红外光谱分析法评定分析在用润滑油质量的最常用方法。

除了以上应用外，红外光谱分析技术还可以用于酸值、碱值的测试以及基础油种类的鉴别，国内外也都有相关的研究报道。简而言之，红外光谱分析是一种综合的油液分析技术，可以获取多方面的信息。随着仪器制作技术的不断改进以及化学计量学方法的进一步发展和应用，红外光谱分析技术将会在润滑油分析和检测方面发挥越来越重要的作用，也将带来不可估量的经济价值和社会效益。

4.2 红外光谱的原理

4.2.1 基本原理

在有机物分子中，组成化学键或官能团的原子处于不断振动的状态，且振动会遵循一定的频率。当用特定红外光照射有机物试样时，如果分子中某个基团的振动频率和红外光的频率一致，二者就会产生共振，此时光的能量传递给了分子，这个基团就吸收了该频率的红外光，产生振动跃迁，而通过试样该波段的红外光波数就减弱了。如果红外光的频率与分子频率不一致，则该部分的红外光就不会被吸收。用连续改变频率的红外光照射试样时，由于试样对不同频率的红外光吸收程度不同，因此通过试样后的红外光一些波数减弱了，另一些波数仍较强，记录下该试样引起红外辐射的变化，便可以得到它的吸收光谱。不同的化学键或官能团对红外光的吸收频率不同，因此通过测量物质的红外吸收光谱，就可以获得该分子的化学键或官能团的相关信息，这就是红外光谱的基本原理。

根据试验技术和应用的不同，按红外线波长不同，将红外光谱分成三个区：近红外区、中红外区和远红外区，见表 4-1。近红外光谱主要由分子的倍频振动和合频振动产生；中红外光谱主要由分子的基频振动产生；远红外光谱能量较弱，主要由分子的转动引起，某些基团的振动光谱也产生在远红外区。中红外区是研究和应用最多的区域，通常红外光谱就是指中红外光谱。

表 4-1 红外光谱区的分类

区域名称	波长 $\lambda/\mu m$	波数 σ/cm^{-1}	能力跃迁类型
近红外区（泛频区）	0.75~2.5	12820~4000	O—H、N—H、C—H、S—H 键的倍频吸收
中红外区（基本振动区）	2.5~25	4000~400	分子基团振动、伴随转动
远红外区（分子转动区）	25~300	400~33	分子转动、晶格振动

4.2.2 吸收峰和基团频率

在红外光谱中，在被吸收的光的波长或波数位置会出现吸收峰。吸收峰对应了分子中某化学键或基团的振动形式。同一类型化学键的振动频率是非常接近的，总是会出现在某一范围内，具有较强的红外吸收，可以明显区别于其他类型化学键的振动，这种振动频率就称为特征频率或基团频率，其实质就是化学键或基团振动所产生的吸收峰位置。

基团频率代表着基团存在且有较高强度的吸收谱带，具有很强的特征性，不会随着分子构型变化而出现较大改变，是鉴定官能团的依据。基团频率多位于（4000~1330）cm^{-1} 之间，主要包括以下三个区域。

1）X-H 伸缩振动区，位于（4000~2500）cm^{-1}区间，其中 X 可以是 O、N、C 和 S 原子。在这个区域内主要包括 O—H、N—H、C—H 和 S—H 键含氢基团等的伸缩振动。

2）三键和累积双键区，位于（2500~2000）cm^{-1}区间，主要包括炔烃—C≡C-、腈键—C≡N、丙二烯基—C＝C＝C—、烯酮基—C＝C＝O、异氰酸酯基—N＝C＝O 等的反对称伸缩振动。

3）双键伸缩振动区和单键弯曲振动区，位于（2000~1330）cm^{-1}区间，主要包括 C＝C、C＝O、C＝N、—NO$_2$ 等的伸缩振动和芳环的骨架振动。

在 1330cm^{-1}以下的区域被称作指纹区，这一区域峰多且复杂，主要是由一些单键 C—O、C—N 和 C—X(卤素原子) 等的伸缩振动极 C—H、O—H 等含氢基团的弯曲振动以及 C—C 骨架振动产生的，这些化学键的振动极容易受到邻近基团的影响。指纹区包含基团频率和指纹频率。与基团频率不同，指纹频率是整个分子或一部分分子振动产生的，而不是由单个基团或化学键产生的，分子结构的细微变化都会引起指纹频率的变化，指纹区对于区别结构类似的化合物很有帮助。

4.2.3　傅里叶变换红外光谱仪

傅里叶变换红外光谱仪（Fourier Transform Infrared，FTIR）是基于对干涉后的红外光进行傅里叶变换的原理而开发的红外光谱仪，主要由红外光源、干涉仪（包括分束器、动镜和定镜等）、样品室、检测器、光路系统、控制电路板和电源等部件组成。其外形及原理分别如图 4-1、图 4-2 所示。

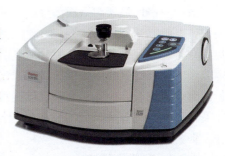

图 4-1　傅里叶变换红外光谱仪外形

工作时，光源发出的光经过干涉仪的分束器，被分为两束，另一束光经过反射到达动镜，另一束光经过透射到达定镜。两束光分别经定镜和动镜反射后再回到分束器，动镜以一恒定的速度做直线运动，因而经过分束器分束后的两束光形成光程差，产生干涉。干涉光在分束器汇合后，再通过样品池，样品中的分子会吸收某些波长的干涉光，没有被吸收的干涉光到达检测器，检测器将检测到的光信号经过模数转换，再经过傅里叶变换，对信号进行处理，最后得到透过率或吸光度随波长或波数变化的红外光谱图。

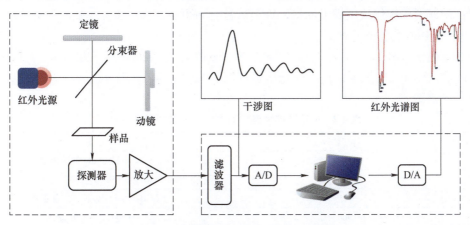

图 4-2　傅里叶变换红外光谱仪原理

傅里叶红外光谱仪具有以下特点。

1）信噪比高。傅里叶变换红外光谱仪采用了干涉仪代替光栅或棱镜分光器对入射的红外光进行处理，一方面减少了光学元件，降低了光的损耗，另一方面又通过干涉仪加强了光的信号，使到达检测器的光强度更大，提升了信噪比。

2）重现性好。傅里叶变换红外光谱仪采用了傅里叶变换对光的信号进行处理，避免了电动机驱动光栅分光时带来的误差，因此重现性较好。

3）检测速度快。傅里叶变换红外光谱仪是按照全波段进行数据采集的，测试的频率较宽，得到的光谱是对多次数据采集的平均结果，完成一次完整数据采集的速度非常快，通常只需要数秒就可以完成一次扫描。

傅里叶变换红外光谱仪的上述特点，使其广泛应用于医药、石油、化工和矿采等行业，对样品进行定性和定量分析。

4.3　润滑油基础油和添加剂红外光谱特征

润滑油都是由基础油和添加剂调和而成的，润滑油的化学组成由配方体系决定。基础油是润滑油中占比最大的组成部分，又分为矿物基础油和合成基础油。矿物基础油由原油提炼而成，其组成一般为烷烃（直链、支链和多支链）、环烷烃（单环、双环和多环）、芳烃（单环芳烃、多环芳烃）、环烷基芳烃，含氧、氮、硫等有机化合物，以及胶质、沥青质等非烃类化合物。合成基础油是指通过化学方法合成的基础油，合成基础油有很多种类，常见的有合成烃、合成酯、聚醚、硅油和磷酸酯等。与矿物基础油相比，合成基础油具有热氧化安定性好、热分解温度高及耐低温性能好等优点，可以保证设备部件在更苛刻的场合工作，但是成本较高。

4.3.1　矿物基础油

矿物基础油是通过原油加工所得的不同黏度的润滑油组分，是石油的高沸点、高分子量烃类和非烃类的混合物。烃类主要为烷烃、芳烃和环烷烃等，非烃类主要为含氧、氮、硫有机化合物和胶质、沥青质等。烃类是基础油的主体成分，非烃类占很少比例。通常将从减压馏分制取的低黏度及中等黏度的润滑油基础油称作馏分润滑油料，其烃类碳数分布在 $C_{20}\sim C_{40}$，沸点为 $350\sim535℃$，平均分子量为 $300\sim500$，国外也称为中性油；将从减压渣油制取的高黏度的润滑油称作残渣润滑油料，烃类碳数分布更高，大于 C_{40}，沸点范围更高，处于 $500\sim540℃$，国外称作光亮油。

矿物基础油红外特征主要以饱和烃的特征吸收峰（$2920cm^{-1}$、$2852cm^{-1}$、$1460cm^{-1}$、$1377cm^{-1}$和$722cm^{-1}$）为主，其红外光谱特征峰归属见表4-2，图4-3所示为矿物基础油的典型红外光谱图。

表4-2　矿物油典型基础油的红外光谱特征峰归属

序号	特征峰/cm^{-1}	归属
1	2920、2852	—CH_3 和—CH_2 伸缩振动
2	1460	—CH_3 和—CH_2 面内弯曲振动
3	1377	—CH_3 和—CH_2 面内弯曲振动
4	968~974	环烷烃 C—C 振动
5	722	—CH_2—面外摇摆振动

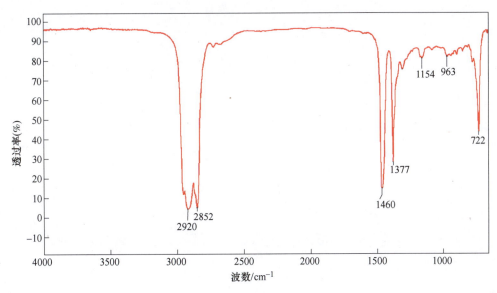

图 4-3　矿物基础油的典型红外光谱图

4.3.2　合成基础油

1. PAO 基础油

PAO 基础油是由线性 α-烯烃单体（碳原子数一般介于 $8\sim10$ 之间）在催化剂催化作用下发生聚合反应，再经过催化剂脱除和蒸馏加氢后得到的一类相对规则的长侧链烷烃。与同黏度矿物润滑油相比，PAO 除了具有与之相似的烃类结构之外，还具有独一无二的整齐排列的长侧链，如图 4-4 所示。这种规整的直链烷烃碳架使油品具有良好的黏温性能，长度整齐、梳状排列的多侧链异构烷烃骨架（支链一般包含 $8\sim10$ 个碳原子）使油品保持优异的低温流动性。

图 4-4　PAO 结构示意

PAO 基础油的红外光谱特征吸收峰主要包括饱和烃特征吸收峰（$2923cm^{-1}$、$2853cm^{-1}$、$1465cm^{-1}$、$1378cm^{-1}$ 和 $721cm^{-1}$）和烯烃的特征吸收峰（$1302cm^{-1}$、$891cm^{-1}$），其特征峰归属见表 4-3。图 4-5 所示为 PAO 基础油的典型红外光谱图。

表 4-3　PAO 红外特征峰归属

序号	特征峰/cm^{-1}	归属
1	2955、2923、2853	—CH_3 和—CH_2 伸缩振动
2	1465	—CH_3 和—CH_2 面内弯曲振动
3	1378	—CH_3 和—CH_2 面内弯曲振动
4	1302	烯烃=CH 的面内变形振动
5	891	烯烃=CH 的面外变形振动
6	721	—CH_2—面外摇摆振动

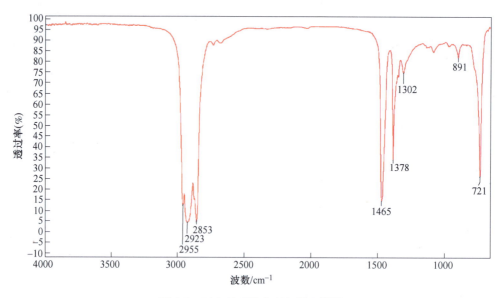

图 4-5　PAO 基础油典型红外光谱图

PAO 基础油具有优异的黏温性能和热稳定性能，除此之外还具有良好的抗磨性，可应用于苛刻恶劣的工作环境，确保仪器设备在极端的工作条件下也能保持良好的性能，广泛应用于民用和军事工业中的工业齿轮油、发动机油、液压油、汽轮机油、冷冻机油和热传导液等，是合成润滑剂中占比最高的基础油。

2. 酯类基础油

酯类基础油是由有机酸与醇在催化剂作用后，酯化脱水而获得的一类高性能润滑材料。根据反应产物的酯基含量，酯类基础油可分为双酯、多元醇酯和复酯。

双酯是以二元羧酸与一元醇，或以二元醇与一元羧酸反应所得的酯，具有两个酯基。多元醇酯是由多元醇与直链脂肪酸反应所得的产物，其分子结构具有两个以上的酯基。复酯的结构比较复杂，是由二元酸和二元醇（或多元醇）酯化生成长链分子，其端基再与一元醇或一元酸酯化而得的高黏度基础油。按其分子中心结构的不同，复酯又可分为以醇为中心的复酯或者以酸为中心的复酯。

酯类基础油的红外光谱特征吸收峰主要包括饱和烃的特征吸收峰（$2921cm^{-1}$、$1464cm^{-1}$、$1379cm^{-1}$、$722cm^{-1}$）以及酯类物质的特征吸收峰（$1738cm^{-1}$、$1171cm^{-1}$、$1020cm^{-1}$），其中红外光谱特征峰归属见表 4-4。图 4-6 所示为酯类基础油的红外光谱特征谱图。

表 4-4　酯类基础油红外光谱特征峰归属

序号	特征峰/cm^{-1}	归属
1	3460	OH 伸缩振动吸收
2	2957、2921、2853	—CH$_3$ 和—CH$_2$ 伸缩振动
3	1738	C=O 伸缩振动吸收
4	1464、1379	—CH$_3$ 和—CH$_2$ 面内弯曲振动
5	1171、1239、1020	C=O—O—振动吸收
6	722	—CH$_2$—面外摇摆振动

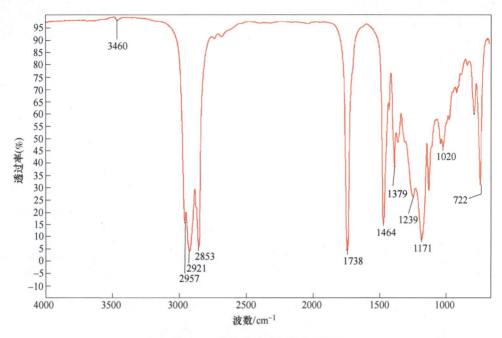

图 4-6 酯类基础油红外光谱图

与矿物油相比，酯类基础油除具有优异的黏温性能、热氧化稳定性能和良好的润滑性，还具有较好的生物降解能力和较低的毒性，可显著减少对生态环境的污染，是综合性能较好、开发应用最早的一类合成润滑油，广泛应用于汽车、冶金和机械等工业领域，常用于航空润滑油、内燃机油、压缩机油及液压油等。酯类基础油的缺点是水解安定性差，防腐性一般，对某些橡胶会起溶胀作用，因此通常与 PAO 复合使用，以降低 PAO 基础油对橡胶的收缩作用。

3. 硅油基础油

硅油通常指室温下保持液体状态的线型聚硅氧烷产品，其分子主链是由硅原子和氧原子交替连接而形成的骨架，最常见的为甲基硅油和二甲基硅油。二甲基硅油结构式如图 4-7 所示。

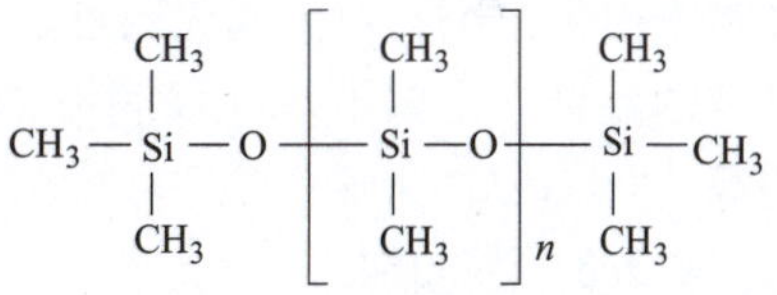

$$CH_3-\underset{\underset{CH_3}{|}}{\overset{\overset{CH_3}{|}}{Si}}-O-\left[\underset{\underset{CH_3}{|}}{\overset{\overset{CH_3}{|}}{Si}}-O\right]_n\underset{\underset{CH_3}{|}}{\overset{\overset{CH_3}{|}}{Si}}-CH_3$$

图 4-7 二甲基硅油结构式

硅油的特征吸收峰主要包括烃类物质的特征吸收峰和硅化合物的特征吸收峰。二甲基硅油的红外光谱特征峰归属见表 4-5，典型红外光谱图如图 4-8 所示。

表 4-5 二甲基硅油红外光谱特征峰归属

序号	特征峰/cm^{-1}	归属
1	2962、2905	—CH_3 和—CH_2 伸缩振动
2	1445、1412	—CH_3 和—CH_2 变形振动
3	1259	Si—CH_3 的变形振动
4	1090~1020	Si—O—Si 振动
5	750~870	Si—C 伸缩振动

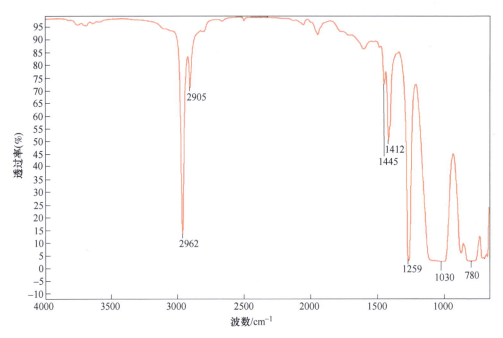

图 4-8　二甲基硅油的典型红外光谱图

硅油一般是无色（或淡黄色）、无味、无毒、不易挥发的液体，不溶于水、甲醇、二醇和乙氧基乙醇；可与苯、二甲醚、甲基乙基酮、四氯化碳或煤油互溶；稍溶于丙酮、乙醇和丁醇。它具有很小的蒸气压、较高的闪点和燃点、较低的凝点。硅油具有卓越的耐热性、电绝缘性、耐候性、疏水性、生理惰性，以及较小的表面张力，此外还具有较小的黏温系数、较高的抗压缩性，部分产品还具有耐辐射性能。

硅油有许多特殊性能，如黏温系数小、耐高低温、抗氧化、闪点高、挥发性小、绝缘性好和表面张力小，对金属无腐蚀、无毒等。由于这些特性，硅油可以应用在许多方面而具有卓越的效果，比如用作高级润滑油、防振油、绝缘油、消泡剂、擦光剂、隔离剂和真空泵油等。

4.3.3　添加剂

润滑油添加剂种类繁多，功能各异，按其功能划分可分为抗氧剂、降凝剂、极压抗磨剂、黏度指数改进剂、分散剂、清净剂、防锈剂、抗泡剂、乳化剂和抗乳化剂等。其中，抗氧化剂、降凝剂、分散剂、乳化剂、抗乳化剂和抗泡剂等是通过自身的理化性质来改善基础油的性能，而抗磨剂、防锈剂和防腐剂等则是通过与金属相互作用形成油膜起到保护金属表面的作用。几种添加剂的红外特征见表 4-6。

表 4-6　添加剂的红外特征

添加剂	类别	结构式	特征峰/cm^{-1}	归属
清净剂	磺酸盐	（结构式） M=钙、镁、钡、钠	3398	OH 伸缩振动
			2924~2854	—CH$_3$ 和—CH$_2$ 伸缩振动
			1775	C＝O

（续）

添加剂	类别	结构式	特征峰/cm^{-1}	归属
清净剂	磺酸盐	R—(苯环)—S—O$_3$—M—O$_3$—S—(苯环)—R M=钙、镁、钡、钠	1453、1367	C—H 变形振动
			1193、1050	—SO$_3$ 伸缩振动
			1135	—SO$_3$ 反对称伸缩振动
			860	碳酸钙特征
	烷基水杨酸盐	R—(苯环)—OH，C=O，O—M M=钙、镁、钡	3500	OH 伸缩振动
			2924～2854	—CH$_3$ 和—CH$_2$ 伸缩振动
			1558	—COO—非对称振动
			1410	—COO—伸缩振动
			1259、1082、1021	C—O—C 振动
抗氧剂	二烷基二硫代磷酸盐（锌）	OR—P(=S)—S—Zn—S—P(=S)—RO，OR，RO ZDDP	2924～2854	—CH$_3$ 和—CH$_2$ 伸缩振动
			1470	C—H 面外剪切振动
			1370	C—H 剪切振动
			1020～970	C—O—P 不对称伸缩振动
			850	C—O—P 对称伸缩振动
			675～640	P=S 振动
	二烷基二硫代氨基甲酸盐（钼）	S=C(—NR$_2$)—S—M—S—C(=S)—NR$_2$ M=Mo	2924～2854	—CH$_3$ 和—CH$_2$ 伸缩振动
			1453、1367	C—H 变形振动
			1105	P—O—C 振动
			1227	C=S 振动
			990	Mo=O 振动
			868	Mo=O 振动
			731	Mo—O—Mo 振动
			661	P=S 振动
			515	Mo=S 振动
	酚型	OH T502	3651	O—H 酚的伸缩振动
			2924～2854	—CH$_3$ 和—CH$_2$ 伸缩振动
			1660	芳环 C=C
			1367、1453	C—H 变形振动
			1232	O—H 变形和 C—O 伸缩振动
			1110	芳环 C=H 变形振动
	胺型	(苯环)—N(H)—(苯环)—	3408	N—HC 伸缩振动
			2924～2854	—CH$_3$ 和—CH$_2$ 伸缩振动
			1623	N—H 伸缩振动
			1600、1500	苯环骨架振动
			1367、1453	C—H 变形振动
			1241～1348	C—N 振动
			824	苯环对位双取代烷基酚

（续）

添加剂	类别	结构式	特征峰/cm^{-1}	归属
极压抗磨剂	多硫化烯烃		2924~2854	—CH$_3$ 和—CH$_2$ 伸缩振动
			2700~2630	C—S 振动
			1178	C—S（芳环）振动
			1367、1453	C—H 变形振动
			657、715	C—S—C 振动
			525~510	S—S 振动
	硫代磷酸酯胺盐		3100~3000	—OH
			2924~2854	—CH$_3$ 和—CH$_2$ 伸缩振动
			1367、1453	C—H 变形振动
			1200	C—O 振动
			1050	—O—P—O—振动
			667	P＝S 振动
			500	P—S 振动
	硼酸盐	含氮硼酸酯	3356	NH$_2$
			2924~2854	—CH$_3$ 和—CH$_2$ 伸缩振动
			1553	NH$_2$
			1367、1453	C—H 变形振动
			1369	B—O
			1077	B—O—C
黏度指数改进剂	聚甲基丙烯酸酯		2924~2854	—CH$_3$ 和—CH$_2$ 伸缩振动
			1723	C＝O 振动
			1367、1453	C—H 变形振动
			1240、1166	C—O—C 振动
			1320~1057	C—N 振动
			965、747、714	C—H 振动
抗泡剂	二甲基硅油		2924~2854	—CH$_3$ 和—CH$_2$ 伸缩振动
			1739	C＝O 振动
			1240、1166	C—O—C 振动
			1102~958	Si—O—Si 振动

4.4 红外光谱定性和定量分析

4.4.1 红外光谱定性分析

每一个化合物都具有特异的红外吸收光谱，其谱带的数目、位置、形状和强度均随化合物及其聚集态的不同而不同，通过谱图与分子结构的关系，并与标准谱图进行对比，可以确定化合物的结构，这是红外光谱最重要的应用之一，也就是常说的定性分析。目前，红外光谱定性分析在油液分析中最常见的应用有已知物的鉴定和未知物的分析。

1. 已知物的鉴定

在红外光谱定性分析工作中，有时候不需要知道样品的成分，只需要知道待测试两个样品的成分是否相同，这种定性分析通常叫作已知物的鉴定，这在油液分析中是用得较多的一种定性方法。

已知物的鉴定操作比较简单，只需将待测润滑油的红外光谱与已知牌号润滑油的标准红外光谱进行对比，就可以得出结论。当两张光谱图所有吸收峰的峰位、峰强和峰宽完全一致，即可认为所测样品就是已知物；如果所测样品的光谱除了已知物的所有特征峰外，还出现多余的吸收峰，则说明所测样品主要成分和已知物相同，但还含有其他杂质；如果所测样品的光谱与已知物的光谱差别很大，特别是峰位有明显差异，则说明二者不是同一物质。

需要注意的是，样品用量、测试方法和测试参数等因素都会影响红外光谱分析的结果。样品用量和测试方法不同，会导致同一物质的吸收峰相对强度出现差别；分辨率不同，会导致吸收峰的个数有差别，对于有机物，分辨率为 $4cm^{-1}$ 和 $8cm^{-1}$，两张光谱吸收峰的个数基本上没有差别。

如果所采用的已知物标准红外光谱和待鉴定样品是在同一台红外光谱仪上测试的，则必须确保已知物标准样和待鉴定样品的测试方法、测试参数和样品用量均一致；如果所采用的标准红外光谱图是从仪器的谱库中调用的，或从互联网上收集来的，或者采用其他仪器获取的，那么这些标准谱图测试所采用的样品制备方法、测试方法和测试参数可能会与待鉴定样品所采用的不相同，此时进行红外光谱对比，就需要格外小心。图 4-9 所示为采用不同仪器、不同附件测试的同一润滑油的红外光谱图。从图 4-9 可看出，同一样品在不同型号的测试仪器上，最终形成的光谱图也有比较明显的差异。

2. 未知物分析

测定未知物的成分是红外光谱定性分析的另一个重要应用，对于未知纯化合物，如果计算机中有谱库，只要谱库足够大，收集的谱图足够多，则利用谱库检索技术，就可以很容易地获取未知物的名称。但是对于混合物，特别是含有多种成分且有部分成分含量<10%的样品，通过谱图检索功能，往往只能获取其主要成分，难以获得全部的组成信息，这时，通常采用红外解析。

红外解析是指根据样品的红外光谱，分析判断出样品所含有的化合物，通常可以按以下步骤进行。

1）检查谱图是否符合要求。用于红外解析的谱图需满足以下要求：基线平稳不倾斜，透过率达到 90%左右，最大吸收峰不能为平头峰，谱图完整。

2）排除干扰因素。水分和 CO_2 是最为常见的干扰因素。水分通常会在 $3400cm^{-1}$、$1640cm^{-1}$ 和 $650cm^{-1}$ 处出现特征峰，CO_2 会在 $2350cm^{-1}$ 和 $667cm^{-1}$ 附近出现特征峰，这些都可能是检测环境的干扰。

3）确定分子所含基团和化学键的类型。分析时通常按照"先基团频率区后指纹区，先强峰后次强峰和弱峰，先否定后肯定"的原则进行。每种不同结构的分子都有其特定的红外光谱，谱图上每个吸收峰都代表了分子中某一基团或化学键的特定振动形式，根据特征谱带的位置、强度和形状，可以确定化合物的主要官能团和化学键类型。只要在应该出现的区域没有出现某基团的特征峰，那么就可以否定此基团的存在。如果出现了某基团的吸收峰，则应查看其他区域是否有佐证的吸收峰存在，肯定某官能团的存在远比否定要难，需仔细

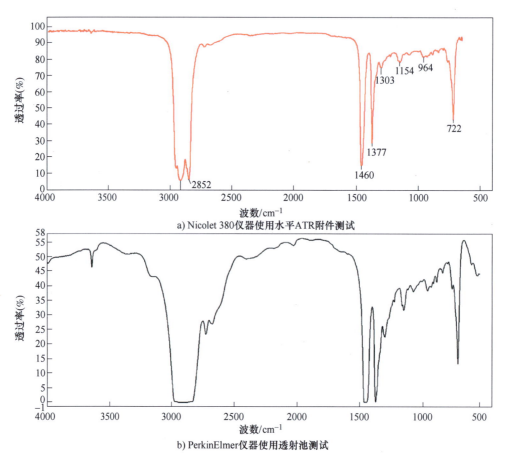

a) Nicolet 380仪器使用水平ATR附件测试

b) PerkinElmer仪器使用透射池测试

图4-9　不同仪器和附件测试的同一润滑油的红外光谱图

辨认。

4）获取到各基团的信息后，推测可能的结构式，然后将样品图与该化合物的标准谱图进行对照，判断所推测的结构是否正确。

5）如果未知物是混合物，通过上述步骤后，通常可以检索出其中的一种组分，然后可以通过差谱分析，即混合物光谱减去检索出来的标准光谱，所得到的谱图经校正后再次按照3）、4）的步骤进行分析与检索，这样可以获取混合物的其他组分。但是，如果混合物中的组分太多，或组分的含量太低，分析结果就不可靠了。

在红外解析的过程，如果能够了解样品来源，尽可能多的获取样品信息，这对解析图谱会有很大帮助，不仅便于排除干扰，还可以使分析更加有指向性，便于快速地确定成分类别。

4.4.2　红外光谱定量分析

红外光谱定量分析是指通过红外光谱对物质中的某些组分的含量进行测量。在油液分析中，红外定量分析通常用于监测在用油中的污染物（如水分、乙二醇、燃油等）及氧化产物（如硫化物、硝化物、氧化物等），红外定量分析还可以用于监测润滑油中添加剂的消耗情况，通常需要用新油作为参照样。

1. 定量分析的原理

红外光谱定量分析是根据朗伯-比尔（Lambert-Beer）定律，当一束平行单色光垂直通过某一均匀非散射的吸光物质时，其吸光度 A 与吸光物质的浓度 c 及吸收层厚度（光程）l 成正比，即

$$A = \lg\left(\frac{I_0}{I}\right) = \lg\left(\frac{1}{T}\right) = Klc \qquad (4\text{-}1)$$

式中　A——吸光度；

　　　I——出射光强度；

　　　I_0——入射光强度；

　　　T——透过率（%）；

　　　l——吸收层厚度（也称作光程）（cm）；

　　　c——吸光物质的浓度（g/mL）；

　　　K——摩尔吸光浓度 $[\text{mL}/(\text{g}\cdot\text{cm})]$，其与溶液的性质、温度及入射光波长等因素有关。

根据朗伯-比尔定律，当光程一定时，吸光度 A 与浓度 c 呈线性关系，因此只要测量出物质的红外吸光度，就可以计算出物质的浓度。

2. 工作曲线法

工作曲线法是红外光谱定量分析通常应用的方法。工作曲线法又称标准曲线法，首先，通过配制一系列浓度不同的标准溶液，在选定的波长下，分别测定各标准溶液的吸光度；然后，以标准溶液浓度为横坐标，吸光度为纵坐标，在坐标纸上绘制标准曲线，如图 4-10 所示。在测定被测物质溶液的浓度时，用与绘制标准曲线相同的操作方法和条件，测试出该溶液的吸光度；再从标准曲线上查出相应的浓度或含量。这就是工作曲线法的测试过程。

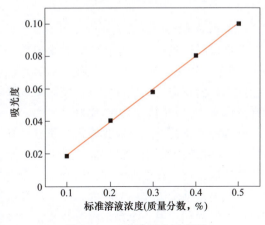

图 4-10　工作曲线法示意图

在实际使用时，应注意在相同条件下测定样品的红外光谱，选用相同的特征峰，并经过相同的基线处理，计算待测样品的吸光度或峰面积，最后根据吸光度或峰面积的工作曲线，确定待测组分的含量。

3. 峰高和峰面积的测量

按照测量对象的不同，红外光谱的定量分析有两种方法：一种是测量吸收峰的峰高，即测量吸收峰的吸光度；另一种是测量吸收峰的峰面积。采用峰面积进行定量分析往往比采用峰高进行定量分析更加准确。

（1）峰高的测量方法

根据朗伯-比尔定律，利用红外光谱进行定量分析时，需要测量吸收峰的吸光度 A 值，也就是说，需要测量吸收峰的峰高。峰高的测量通常由红外仪器中自带的计算机软件完成。通常情况下，计算机软件给出两个峰高值，一个是经过基线校正后的峰高值，另一个是未经

基线校正的峰高值。通常选用经过基线校正后的峰高值作为吸光度 A 的值。

基线校正所用的基线可以人为确定，可以是吸收峰一侧最低切点的水平线（1 点基线），如图 4-11 所示。也可以是吸收峰两侧最低点的切线（2 点基线），如图 4-12 所示。此时从吸收峰顶端向 x 轴引垂直线，垂线与基线的交点到吸收峰顶端的距离即为吸收峰的峰高。选取的基线校正方式不同，测量出的峰高也不相同。在进行红外光谱定量分析时，图 4-11 和图 4-12 的方法都可以采用，但对同一个体系只能采用一种方法，这样得到的结果才具有可比性。

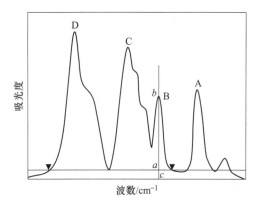

图 4-11　吸收峰峰高的测量方法 Ⅰ

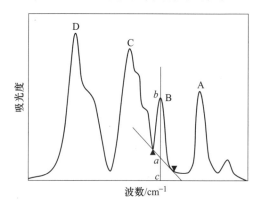

图 4-12　吸收峰峰高的测量方法 Ⅱ

（2）峰面积的测量方法

前面已经讨论过，朗伯-比尔定律中需要测量的是吸收峰的吸光度 A 值，实际上，朗伯-比尔定律也可以演变为测量吸收峰的峰面积。峰面积与样品的厚度和浓度也成正比。使用吸收峰峰面积进行定量计算会比使用吸收峰峰高更准确，这是因为红外吸收光谱的峰面积受样品因素和仪器因素的影响比峰高更小。

吸收峰面积是通过对吸收峰进行积分计算得到的，即将吸收峰波数范围内谱带上的数据点平均值乘以波数范围。谱带面积基本上不受谱带形状变化的影响，因为谱带面积与样品中基团总数成正比。在红外软件中通常都包含有吸收峰峰面积的测量方法。当使用红外软件测量吸收光谱中某个吸收峰的峰面积时，计算机通常也给出两个峰面积的值，一个是经过基线校正后的峰面积，另一个是未经基线校正的峰面积。

峰面积是基线与吸收峰光谱曲线所包围的面积，峰面积的测量必须限定光谱区间，即限定吸收峰所包含的波数范围 v_1 和 v_2。基线位置的确定与测量峰高时相同。图 4-13 中，采用吸收峰两侧最低点的切线作为基线时，B 峰面积是 abc 所包围的面积；图 4-14 中，采用吸收峰一侧最低切点的水平线作为基线时，B 峰面积是 $abcd$ 所包围的面积。同样地，图 4-13 和图 4-14 测量峰面积所采用的方法不同，得到的结果也不相同。

当采用峰面积进行定量分析时，结果的可靠性和准确性取决于基线和谱带范围的选择。谱带两侧的面积对总面积贡献很小，但却存在不确定性。因此，通常限制谱带两侧的积分界限宽度不应小于谱带宽度的 $20\% \sim 30\%$。

4. 定量分析参数及其红外表征

在红外光谱油液监测中，需要捕捉油液性能衰变信息的表征参数常有：油液的氧化值、硝化值、硫化值、抗磨剂损失、酯类油降解、水分污染、乙二醇污染、燃油稀释和积炭污染等。

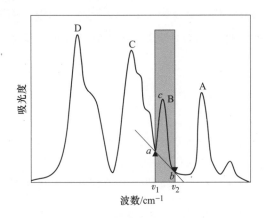

图 4-13 测量峰面积的方法 I

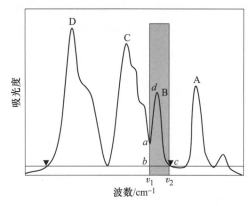

图 4-14 测量峰面积的方法 II

（1）氧化值

油液在高温下与空气接触氧化时，发生一系列链反应生成过氧化物。过氧化物进一步反应生成低分子量（相当于或低于新油的分子量）产物。它们是醇类、醛类、酮类、羧酸类、酯类、内酯类和盐类的混合物。它们聚合生成高分子量的黏性液体、漆膜和油泥。这些氧化降解产物的共同特征是它们都含有羰基（C=O），故在红外油液光谱分析中就通过监控羰基来测量油液的氧化深度，其红外特征峰是以 1730cm⁻¹ 为中心的较宽吸收峰。

（2）硝化值

在高温和氮气存在时，发动机如果发生不正常燃烧和燃料气化不良时将生成大量硝化物（主要是硝酸酯类 $RONO_2$）。硝化物的存在也将促进漆膜和油泥的生成。在红外光谱图中，硝化物的特征吸收峰位于 1630cm⁻¹ 附近。硝化深度的急剧增加意味着因高温和燃烧条件恶化而生成了大量氮氧化物。对硝化值的判定可结合油液总酸值、总碱值和黏度值的理化分析结果进行。

（3）硫化值

硫化产物是柴油燃烧时引入的硫或润滑油基础油和添加剂中的硫氧化物产生的，在红外光谱图中，1150cm⁻¹ 处的宽带吸收峰是硫化物与氧化物（羧酸盐）的重叠峰，硫化值与发动机油中添加剂的消耗以及碱值的相关性非常高，检测硫化物的含量可能比总酸值数据更可靠地度量油液中碱性添加剂的消耗情况。

（4）抗磨剂损失

红外光谱可以检测润滑油中抗磨剂损失，最常见的就是二烷基二硫代磷酸锌（ZDDP）。虽然 ZDDP 的脂肪烃链的红外吸收与基础油的红外吸收重叠，但 ZDDP 和抗氧剂已经耗尽的在用油的红外光谱基团却在 990cm⁻¹ 和 650cm⁻¹ 两处有明显的红外吸收。在 990cm⁻¹ 处的吸收峰来自 P—O—C 化学键的伸缩振动。由于它与来自乙二醇的 C—O 化学键伸缩振动吸收峰发生部分重叠，所以在监测 ZDDP 的水平时，为了获得较高的置信度，也应同时注意在 650cm⁻¹ 处 P ＝ S 键伸缩振动产生的吸收峰是否出现。

（5）酯类油降解

与石油基润滑油降解产物不同，酯类油降解产物是酸和醇，因此降解 I 的吸收区间为 3595 ~ 3500cm⁻¹，与水分的测量区域紧密相连，酯类油降解 II 的吸收区间为 3330 ~

$3150cm^{-1}$。高的水分含量会影响酯类油降解的测定，酯类油降解也会影响水分的测定。但无论谁干扰谁，只要其中一项检测结果高，就意味着油品出现了严重的变质，无需进一步确定水分或酯类油降解成分的含量了。

（6）水分

水分是润滑油常见的污染来源，利用红外光谱测量水分，主要是检测羟基（—OH）的伸缩振动特征峰的面积，通常在波数 $3500 \sim 3150cm^{-1}$ 间。值得注意的是，不同种类的油，水分的红外吸收区域也不同，例如酯类油的水分吸收区间为 $3700 \sim 3600cm^{-1}$。此外，水分会与极压抗磨剂相互作用而产生不同的红外响应，如齿轮油和液压油中的水污染一般表现为整个红外光谱的水平基线偏离，齿轮油或液压油中水分的测量与发动机油并不相同，具体可参考ASTM E2412—2004 标准。

（7）积炭

积炭也称作烟炱，是发动机在工作过程中，燃油中不饱和烯烃和胶质在高温状态下产生的一种焦灼状的物质，其存在表明化油器和喷嘴或其他燃料系统存在问题。积炭的一个基本特征是其不具有任何特征红外吸收带，而且积炭颗粒对红外辐射具有散射作用，在高频区（较短波长）尤其严重。这种与积炭颗粒浓度和尺寸分布有关的散射特性导致在用油谱图的基线发生倾斜，据此可以确定积炭的相对水平。通常选择 $2000cm^{-1}$ 处基线的偏移量来度量积炭的相对水平。

（8）燃油稀释

燃料和润滑油基础油的主要差别在于它们的分子量（或沸程）和芳烃组分含量的不同，前者具有较低的沸程和较高的芳烃组分含量，而红外光谱技术正是通过芳香烃组分在 $820 \sim 700cm^{-1}$ 区域间的红外吸收来判断润滑油中的燃料水平。对于汽油稀释，红外吸收位于在 $750cm^{-1}$ 附近。对于柴油稀释，红外吸收位于 $800cm^{-1}$ 附近。

（9）乙二醇冷却液

在所有可能污染油液的物质中，设备用户和操作人员最关心的是油液中冷却剂数量。虽然应用红外光谱很容易检测水分的存在，但有相当数量水分的存在并不意味着发动机冷却系统发生了严重问题，因为这些水分还可能来自燃烧产物的凝结。相比起来，乙二醇则是发生冷却剂污染的更为确切的标志。乙二醇含有羟基，在 $3400cm^{-1}$ 处会有吸收峰，除此之外，乙二醇在 $880cm^{-1}$、$1040cm^{-1}$ 和 $1080cm^{-1}$ 附近有 C—O 键的伸缩振动特征峰，因此定量分析时，主要通过检测 $1100 \sim 1030cm^{-1}$ 区域内的红外特征峰面积来确定乙二醇含量。但是这一区域会受到油液中的添加剂（如抗磨剂）和其他聚集物的干扰，因此，也会采用 $883cm^{-1}$ 的峰高来定量分析乙二醇。润滑油红外光谱定量分析参数的红外特征及其检测方式见表4-7。

表 4-7　润滑油红外光谱定量分析参数（直接趋势法）的红外特征及其检测方式

类　别	指　标	红外官能团	测量参数	基线点
降解产物	氧化值	羰基（内酯、酯、醛、酮、羧酸等）	$1800 \sim 1670cm^{-1}$ 吸收峰面积	$2200 \sim 1900cm^{-1}$ 和 $650 \sim 550cm^{-1}$ 最小吸收波长点
	硝化值	硝酸酯	$1650 \sim 1600cm^{-1}$ 吸收峰面积	$2200 \sim 1900cm^{-1}$ 和 $650 \sim 550cm^{-1}$ 最小吸收波长点
	硫化值	磺化物	$1180 \sim 1120cm^{-1}$ 吸收峰面积	$2200 \sim 1900cm^{-1}$ 和 $650 \sim 550cm^{-1}$ 最小吸收波长点

（续）

类别	指标	红外官能团	测量参数	基线点
降解产物	抗磨组分（磷酸盐，常用 ZDDP）	磷酸盐	$1025 \sim 960 cm^{-1}$ 吸收峰面积	$2200 \sim 1900 cm^{-1}$ 和 $650 \sim 550 cm^{-1}$ 最小吸收波长点
	酯类基础油降解	酸和醇	酯类基础油降解 I：$3595 \sim 3500 cm^{-1}$ 吸收峰面积	$3595 cm^{-1}$ 单点基线
			酯类基础油降解 II：$3330 \sim 3150 cm^{-1}$ 吸收峰面积	$3950 \sim 3770 cm^{-1}$ 和 $2200 \sim 1900 cm^{-1}$ 最小吸收波长点
污染物	水分	羟基（—OH）	石油基柴油发动机油：$3500 \sim 3150 cm^{-1}$ 吸收峰面积	$4000 \sim 3680 cm^{-1}$ 和 $2200 \sim 1900 cm^{-1}$ 最小吸收波长点
			石油基齿轮油和液压油：$3400 \sim 3250 cm^{-1}$ 吸收峰面积	无
			合成酯润滑油：$3700 \sim 3595 cm^{-1}$	$3950 \sim 3770 cm^{-1}$ 和 $2200 \sim 1900 cm^{-1}$ 最小吸收波长点
	积炭	无	$2000 cm^{-1}$ 吸收强度	无
	汽油稀释	芳香烃	$755 \sim 745 cm^{-1}$ 吸收峰面积	$780 \sim 760 cm^{-1}$ 和 $750 \sim 730 cm^{-1}$ 最小吸收波长点
	柴油稀释	芳香烃	$815 \sim 805 cm^{-1}$	$835 \sim 825 cm^{-1}$ 和 $805 \sim 705 cm^{-1}$ 最小吸收波长点
	乙二醇冷却液	C—O 键（伸缩振动）	$1100 \sim 1030 cm^{-1}$ 吸收峰面积	$1130 \sim 1100 cm^{-1}$ 和 $1030 \sim 1010 cm^{-1}$ 最小吸收波长点

4.5　红外光谱在油液分析中的应用

红外光谱技术经过半个多世纪的发展已日趋成熟，在润滑油监测领域，利用红外光谱技术可以获知润滑油中的污染物、氧化产物以及添加剂的变化。与传统的理化分析手段相比，红外光谱具有分析速度快、监测参数多的优点，随着技术成熟和经验的累积，也在逐渐替代一些传统的分析手段。除了上述应用外，红外光谱在基础油结构组成、油液品质鉴定和润滑系统异物分析等方面都有着比较成熟的应用，在设备润滑故障诊断中起着不可替代的作用。

4.5.1　基础油结构族组成分析

润滑油化学组成是控制基础油质量和开发润滑油产品的基础工作。结构族组成分析是研究基础油化学组成最简单、最快速的方法，在国内外石化行业得到普遍应用，该方法也是除黏度指数外，划分润滑油基础油归属（石蜡基、中间基和环烷基）的另一种方法。

结构族组成是将组成复杂的基础油看成是由芳香基、环烷基和烷基结构单元组成的复杂分子混合物，其中用 C_A 表示芳环上的碳原子占整个分子总碳原子数的百分比，用 C_N 表示环烷上的碳原子占整个分子总碳原子数的百分比，用 C_P 表示烷基侧链上的碳原子占整个分子总碳原子数的百分比。C_A 高说明基础油中芳香烃含量高，C_N 高说明基础油中环烷烃含量高，C_P 高说明基础油中石蜡基高。根据 C_A、C_N、C_P 的高低，判断基础油的归属。

测试结构族组成的方法很多，红外光谱法是常见的测试方法之一，我国也制定了相应的检测标准，如 GB/T 7603—2012《矿物绝缘油中芳碳含量测定法》规定了采用红外光谱仪测试矿物绝缘油中芳碳含量的标准方法，DL/T 929—2018《矿物绝缘油、润滑油结构族组成的测定红外光谱法》规定了矿物绝缘油、润滑油结构族组成的红外光谱测定法。采用 DL/T 929—2018 方法测试的两种不同生产工艺的基础油结构族组成见表 4-8。基础油的结构族组成与其性能密切相关，对于矿物基础油而言，饱和烃（包括环烷烃和链烷烃）含量越高，芳烃含量越低，油液的氧化安定性越好。

表 4-8　两种不同生产工艺的基础油结构族组成

名称	加工方式	环烷 C_N	链烷烃 C_P	芳环 C_A
基础油 A	溶剂精制基础油	66.32	22.22	11.46
基础油 B	加氢异构基础油	51.11	48.13	0.76

4.5.2　抗氧剂含量分析

红外光谱除了可以测定基础油中芳烃、烯烃、饱和烃以外，还可以测定润滑油中的添加剂。目前，红外光谱可以直接测定润滑油中抗氧剂、清洁剂、分散剂、抗磨剂和降凝剂等添加剂的种类和含量，是比较常用的添加剂含量的测试方法。

采用红外光谱测定油中的抗氧化剂已经有比较成熟的方法，国内外也都建立多个标准，比较常见的有 IEC 60666：2010《矿物绝缘油中特定添加剂的检测和测定》和 GB/T 7602.3—2008《变压器油、汽轮机油中 T501 抗氧化剂含量测定法·第 3 部分：红外光谱法》。其中 IEC 60666：2010 规定了采用红外谱测定绝缘油中抗氧剂的测量方法，可以测试受阻酚类抗氧剂；GB/T 7602.3—2008 规定了变压器油和汽轮机油的 T501 抗氧剂含量测定方法。除此之外，GJB 634—1988《航空润滑油、液压油中 2.6—二叔丁基对甲酚含量测定法（红外光谱法）》规定了红外光谱法测定航空润滑油、液压油中 2.6-二叔丁基对甲酚含量。上述标准方法均是通过测试 3650 cm^{-1} 处的酚 O—H 吸收峰作为特征峰的吸光度来确定的。该处吸收峰的吸光度与 T501 浓度成正比关系，通过绘制标准曲线，就可以测定样品中 T501 的含量（质量分数），如图 4-15 所示。

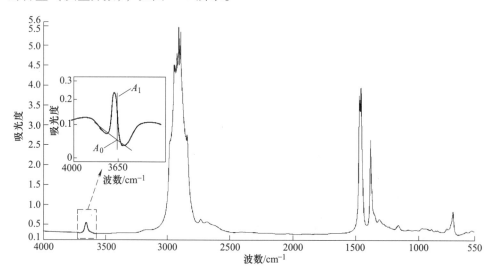

图 4-15　T501 的红外光谱图

图 4-16 所示为采用 GB/T 7602.3—2008 的方法监测某汽轮机油中 T501 含量随时间的变化情况，图 4-17 所示为该汽轮机油的酸值随使用时间的变化情况，可以发现抗氧剂随使用时间呈现明显的下降趋势，与此同时，其酸值也在逐渐上升，说明油液在逐步被氧化。

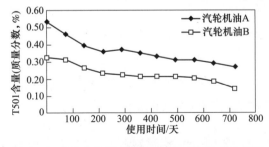 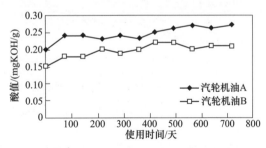

图 4-16　某汽轮机油 T501 含量随时间的变化趋势　　　图 4-17　某汽轮机油 T501 酸值变化趋势

4.5.3　在用油的质量监测

红外光谱技术在跟踪监测在用油质量，实现按质换油和可预知性维修，延长油品使用寿命，以及避免设备故障方面可发挥重要作用。实际应用中，借助于红外光谱仪监测新油与在用油的特定波数所对应的吸光度谱线峰位的差谱，定量地监测油液使用中有机化合物的污染影响程度。红外光谱能够充分测试油液在使用过程中发生的各种变化，为换油提供依据。

目前，红外光谱对在用油的分析技术已经比较成熟，与传统的理化参数相比，红外测试参数更本质地反映了油液的变化特征和变化原因，因此它在在用油的分析方面得到了最为广泛和成熟的应用。利用红外光谱监测在用润滑油的质量变化已经制定出标准方法（ASTM E2412），该方法可以测定多个参数值，包括氧化值、硝化值、燃料稀释、水分、乙二醇和积炭等，已经被国内外实验室广泛采用，为润滑油换油以及设备故障诊断等提供依据。柴油机油红外定量检测参数及其红外特征见表 4-9。

表 4-9　柴油机油红外定量检测参数及其红外特征

监测参数	特征峰/cm^{-1}	监测参数	特征峰/cm^{-1}
水	3500~3150	柴油稀释	815~805
积炭	2000	硫化值	1180~1120
氧化值	1800~1670	乙二醇冷却液	1100~1030
硝化值	1650~1600	ZDDP	1025~960

图 4-18 所示为采用红外光谱定量分析对某公交车发动机油的各项参数进行监测的示例，该车每行驶 5000km 取样检测。监测结果显示，该发动机油中的氧化值、硝化值和硫化值随使用时间有不同程度的增加，抗磨剂消耗也增长，表明发动机油的碱性添加剂和抗磨剂都在逐步消耗，燃油稀释含量也在逐步增长，燃油稀释增多说明发动机存在串烧机油的现象，进而引起了积炭的增加。通过红外定量分析，可以跟踪监测发动机油随行驶里程的劣化趋势，从而准确判断发动机换油周期。

4.5.4　油液鉴别与混油鉴定

油液品质鉴定是润滑油分析的常见工作内容之一，其目的是通过对润滑油进行检测，评定新油的质量是否符合相关质量要求，某些情况下，还希望更进一步考察油液是否符合某个

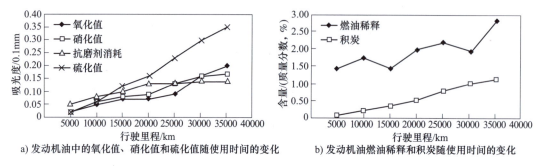

a) 发动机油中的氧化值、硝化值和硫化值随使用时间的变化　　b) 发动机油燃油稀释和积炭随使用时间的变化

图 4-18　某公交车发动机油红外光谱定量参数的变化趋势

特定牌号的质量要求，也就是通常所说的油液鉴定与鉴别。大多数情况下，仅依靠常规的理化指标，很难对一些相似度极高的润滑油进行鉴别，这时红外光谱的作用就显得非常重要。由于不同的润滑油基础油和添加剂的不同，其红外特征也有差异，即便是细微的差异，也可能意味着这两个油成分的不同，因此红外光谱常用于鉴定两个油液成分是否一致，以此来辨别产品的真伪。

　　图 4-19 所示为两个同牌号的新齿轮油的红外光谱图对比。其中，样品 1 为官方正品，样品 2 为供应商提供的新油。从图 4-19 可看出，样品 2 在 1741cm⁻¹ 和 1603cm⁻¹ 处有特征峰，说明样品 2 中含有饱和脂肪酸酯类物质和氮化合物，而样品 1 并不含有这些物质，因此得出样品 2 与正品组分不同。实际上在辨别油液真伪时，通过对比特征峰的位置和形状，就可以达到目的，并不需要对这些特征峰所代表的官能团进行逐一解析。

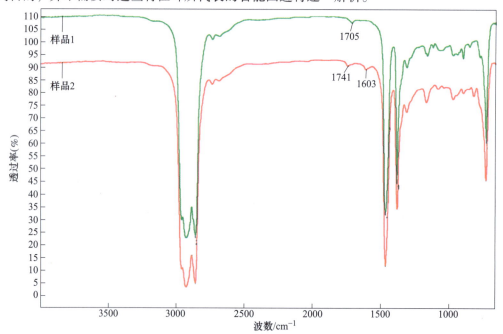

注：为了避免两个及以上样品的红外光谱图重叠，影响吸收峰的观察，作者将其进行上下平移，因此对应的纵坐标数值不具有实际意义，全书同。

图 4-19　两个同牌号新齿轮油的红外光谱图对比

红外光谱在润滑油分析中另一个常见应用就是判断在用油中是否混入了其他油脂。两个不同种类的油液混用后，混用油液会同时包含混合前油液的所有特征信息，某些特征峰会增强，某些特征峰会被掩盖。如果混用前的两个油的组分差异很大，那么通过红外光谱可以很容易地鉴别出来。图 4-20 所示为某矿物柴油机油中混入了生物柴油机油后的红外光谱图。从图 4-20 可看出，混合油中同时含有矿物柴油机油和生物柴油机油的特征峰。

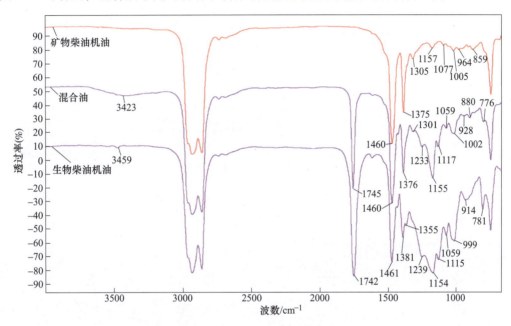

图 4-20　柴油机油中混入生物柴油机油的红外光谱图

4.5.5　油液理化指标快速测定

润滑油的化学组成复杂，其红外光谱是由其内部的分子对不同波长光的吸收情况所决定的，而润滑油的某些理化指标，如黏度、酸值和闪点等也与其内部的分子组成结构直接相关。因此，红外光谱图的变化，实际上也蕴含着润滑油理化指标的变换，二者之间存在着一定的关系，但是这些关系非常复杂，不同的指标与红外光谱的对应关系也并不相同，比如酸值和碱值通常与润滑油中的某些酸性或碱性组分呈现线性关系，如果可以用红外光谱测定出这些组分的含量，就可以建立线性模型，从而间接获得油液的酸碱值；而黏度和闪点更多是与油液分子的大小有关，是其润滑油化学组成的综合体现，并不是简单的线性关系，这时要通过红外光谱测定这些指标，就需要建立更为复杂的多元模型。

国外有学者将化学反应与红外差谱技术结合起来，探索并建立了一系列直接测定润滑油总酸值、总碱值和水分等理化指标的红外分析方法，将需要分析的不确定官能团吸收峰转换为已知化合物的吸收峰，然后应用红外差谱技术进行定量测试。结果显示，与传统的测试方式相比，这一方式在使用过程中耗费的试剂较少，整个操作流程也十分简单，能够在很大程度上提高其整个检测速度和效率。

有学者采用氧化值、硝化值和硫化值的加和作为变量，与酸值的增值进行关联，建立了其关系模型，如图 4-21 所示。通过 CF-4 15W/40 润滑油在车辆的试验数据进行验证，如图 4-22 所示。结果表明，该模型计算结果与实际测定的酸值增值之间有相关性，进一步说明通过采用氧化值、硝化值和硫化值加和来代替传统试验方法测定的酸值增值表征润滑油衰变指标是可行的。

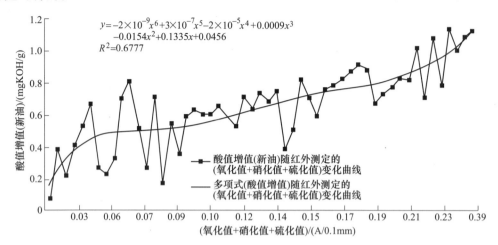

图 4-21　红外光谱法测定的氧化值、硝化值、硫化值与酸值增值数学关联对照

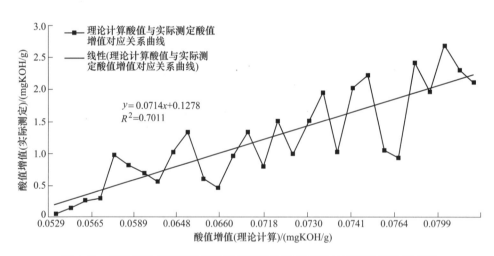

图 4-22　柴油运输车辆理论计算酸值增值与实际测定的酸值增值关系对照

参 考 文 献

[1] 田高友，褚小立，易如娟. 润滑油中红外光谱分析技术 [M]. 北京：化学工业出版社，2014.

[2] 翁诗甫. 傅里叶变换红外光谱分析 [M]. 北京：化学工业出版社，2016.

[3] 陈长伟. 傅立叶红外光谱法在润滑油分析和检测中的应用与研究发展 [J]. 化工管理，2019（14）：46.

[4] 全国化学标准化技术委员会有机化工分技术委员会. 红外光谱分析方法通则：GB/T 6040—2019 [S]. 北京：中国标准出版社，2019.

[5] 全国工业过程测量控制和自动化标准化技术委员会. 红外光谱定量分析技术通则：GB/T 32198—2015 [S]. 北京：中国标准出版社，2016.

［6］全国石油产品和润滑剂标准化技术委员会润滑油换油指标分技术委员会. 在用润滑油状态监测法 傅里叶变换红外（FT-IR）光谱趋势分析法：NB/SH/T 0853—2010［S］. 北京：中国石化出版社，2011.

［7］王艳茹，唐海军，张尧. 飞马Ⅱ号润滑油中燃油污染红外光谱检测研究［J］. 光谱学与光谱分析，2022，42（5）：1541-1546.

［8］张凤媛，郎需进，张大华，等. 傅里叶变换红外光谱法测定在用发动机油中的烟炱含量［J］. 润滑油，2020，35（4）：45-48，59.

［9］全国石油产品和润滑剂标准化技术委员会石油燃料和润滑剂分技术委员会. 绝缘油中 2，6-二叔丁基对甲酚的测定 红外光谱法：NB/SH/T 0802—2019［S］. 北京：中国石化出版社，2020.

［10］中国电力企业联合会. 变压器油、汽轮机油中 T501 抗氧化剂含量测定法 第 3 部分：红外光谱法：GB/T 7602.3—2008［S］. 北京：中国标准出版社，2009.

［11］石油燃料和润滑剂产品标准化技术委员会. 电器绝缘油中 2，6-二叔丁基对甲酚和 2，6-二叔丁基苯酚含量测定法（红外吸收光谱法）：SH/T 0792—2007［S］. 北京：中国石化出版社，2008.

［12］电子行业电厂化学标准化技术委员会. 矿物绝缘油、润滑油结构族组成的红外光谱测定法：DL/T 929—2005［S］. 北京：中国电力出版社，2005.

［13］全国石油产品和润滑剂标准化技术委员会. 中间馏分油中脂肪酸甲酯含量的测定 红外光谱法：GB/T 23801—2021［S］. 北京：中国标准出版社，2021.

［14］全国仪器分析测试标准化委员会. 分子光谱多元校正定量分析通则：GB/T 29858—2013［S］. 北京：中国标准出版社，2013.

［15］ASTM E2412a, Standard Practice for Condition Monitoring of In-Service Lubricants by Trend Analysis Using Fourier Transform Infrared（FT-R）Spectrometry.

［16］徐金龙. 红外光谱法测定在用油液的氧、硝、硫化值与酸值相关性研究［J］. 润滑油，2008，（3）：57-59.

［17］赵西朦，王博. 在用润滑油性能的红外光谱分析［J］. 设备管理与维修，2022，（9）：45-48.

［18］李春秀. 合成润滑油的红外光谱分析［J］. 合成润滑材料，2015，42（4）：36-40.

［19］赵畅畅，陈闽杰，丘晖饶. 合成润滑油基础油的红外光谱分析与特征峰辨识［J］. 润滑与密封，2013，38（10）：102-104.

［20］范开辉. 浅析润滑油基础油结构组成的测定［J］. 广东化工，2022，49（7）：187-188，199.

［21］王凯，王菊香. 红外光谱法快速测定在用柴油机油中抗磨剂 T203 的含量［J］. 分析试验室，2018，37（6）：715-719. DOI：10.13595/j.cnki.issn1000-0720.2018.0136.

［22］冯欣，夏延秋. 基于红外光谱技术智能识别润滑油的研究进展［J］. 润滑油，2024，39（1）：38-42. DOI：10.19532/j.cnki.cn21-1265/tq.2024.01.008.

［23］高晓光，马淑芬，胡刚，等. 用红外光谱法测定润滑油中 MoDTC 含量的研究［J］. 润滑与密封，2022，47（5）：171-176.

［24］左谦，田洪祥，孙云岭. 基于 FTIR 的水分对柴油机油添加剂的影响研究［J］. 润滑与密封，2020，45（6）：118-124.

［25］陈长伟. 傅立叶红外光谱法在润滑油分析和检测中的应用与研究发展［J］. 化工管理，2019（14）：46.

［26］JOHN P C, LYNN C S. Infrared spectroscopic methods for the study of lubricant oxidation products［J］. ASLE Transactions, 1986, 29（3）：394-401.

［27］VAN DE VOORT F R, SEDMAN J, COCCIARD R A. FTIR condition monitoring of in-service lubricants：ongoing developments and future perspectives［J］. Tribology Transactions, 2006, 49：410-418.

［28］ANDREWS N L P, FAN J Z, OMRANI H. Comparison of lubricant oil antioxidant analysis by fluorescence spectroscopy and linears weep voltammetry［J］. Tribology International, 2016, 94：279-287.

第 5 章　光谱元素分析技术

光谱元素分析是最早应用于设备状态监测和故障诊断的油液监测技术之一，也是油液监测中应用最多最成熟的分析技术。光谱元素分析可以定量分析出润滑油中磨损金属颗粒的成分及其含量，同时还能够获取部分润滑油添加剂及污染物的信息，通过对这些金属颗粒元素进行跟踪分析，可以有效地监测设备的磨损和油液的衰变过程，还可以基于监测数据建立数学模型对设备的磨损趋势进行预测，因此光谱元素分析是油液监测最重要的分析方法之一。

5.1　光谱元素分析技术简介

光谱元素分析是利用物质的光谱来鉴别物质及确定其化学组成和相对含量的方法。光谱分为原子光谱和分子光谱，当被测成分是原子时称为原子光谱分析，如我们常说的光谱元素分析是原子光谱分析。每个元素都有其特有的原子结构，当吸收到附加的能量时，每个元素发出特有波长的光或颜色，形成特征谱线。通过测试这些特征谱线，就可以确定物质的元素成分及每种元素的含量。光谱元素分析速度快、精度高，广泛应用于国民生产以及科学研究的各个领域，是重要的实验室分析技术。

应用于在用润滑油元素分析的光谱技术包括原子吸收光谱法、原子发射光谱法和 X 射线荧光光谱法等。其中，原子发射光谱法和 X 射线荧光光谱法具有监测的元素多、检测范围宽和测试结果准确等优点，因此是国内外油液监测实验室广泛采用的元素含量测试方法。而原子吸收光谱法每次只能分析一种元素，测试相对繁琐，已经逐渐被淘汰。在信息技术不断发展和机械故障诊断理论不断丰富的推动下，油液光谱元素分析也朝着数据更准确、方法更有效、设备更可靠、速度更快捷和成本更低廉的方向发展。

光谱元素分析是油液监测过程中一项非常重要且必不可少的检测项目，它贯穿润滑油的整个生命周期。对新油交付和验收而言，光谱元素分析可以检测和控制润滑油配方中添加剂的组分和加入量；对储存油和在用油而言，光谱元素分析可以监测油液的降解、污染以及设备的磨损情况，尤其是磨损光谱元素分析，可以提前预警设备失效，而且对设备失效模式分析具有十分重要的意义和作用；对废油而言，光谱元素分析可以为废油净化和再生工艺提供基础数据和依据。

5.2　光谱元素分析原理

5.2.1　原子结构和原子光谱的产生

任何物质都是由分子组成的，而分子由原子组成，原子由原子核和核外电子组成。原子核是由带正电的质子和不带电的中子组成的一个核心，其直径为 $10^{-12} \sim 10^{-13}$ cm，它的质量近似等于原子量。而核外的每个电子是带有一个负电荷的粒子，在离原子约 10^{-8} cm 处绕原子核作高速运动。因为一个原子中的电子数目等于原子核内带正电荷的质子数，所以常态下整个原子呈中性状态。不同元素由于原子核有不同的质子数，因此决定了不同元素就有不同的性质。

原子中的每个电子都具有一定的能量，并且电子在原子核外的空间分布也按能量的高低分成几个壳层，离核越远的那层电子，能量越高。电子的运动状态决定了它的能量状态，也就代表了原子处于一定状态时所具有的能量。原子在不同状态下所具有的能量是不同的，常用能级图来表示，图 5-1 所示为氢原子的能级图。一个原子具有许多个能级，即可以具有许多种能级状态。其中最低的能级状态叫基态，电子处于基态的原子叫基态原子，它是最稳定的状态，一般情况下，原子都是处在这个状态。当原子获得一定的能量后，原子中的电子就会跃迁到较高的能级状态即激发态，甚至获得更大的能量，会使电子脱离原子核而电离成离子。电子处于激发态时的原子叫激发态原子，激发态原子不稳定。这种情况下，处于激发态的电子要返回到低能量状态以求达到稳定状态，经过 10^{-8} s 的时间，电子就会从高能量状态返回到低能量状态，即由激发态原子转变成基态或某种亚稳态原子，这时原子的总能量降低了，下降的这部分能量常以电磁辐射（或者说"光"）的形式释放出来，如图 5-2 所示。

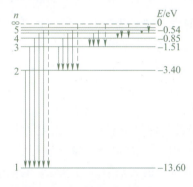

图 5-1　氢原子的能级

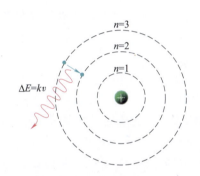

图 5-2　电子在核外轨道上的跃迁

根据能量公式，所辐射的能量与光子的频率成正比关系，即

$$E = h\nu$$

式中　h——普朗克常数（J·s）；

　　　ν——发射光子的频率（Hz）。

当电子在某两个能级之间跃迁时，必须要吸收或放出等于这两个能级之间能量差的能量。当电子由高能级向低能级跃迁时，能量的改变必定与辐射出的光子能量相等，即一定的电子跃迁必对应一定波长的辐射。由于不同元素原子所发射的光子频率是不同的，频率与波长之间存在一一对应的关系，所以不同元素的原子所释放出的光子波长也不同。部分元素的特征谱线波长见表 5-1。

表 5-1　部分元素的特征谱线波长

序　号	元　素	波长/nm	序　号	元　素	波长/nm
1	铁（Fe）	239.563	7	银（Ag）	328.068
2	铜（Cu）	324.754	8	钛（Ti）	337.280
3	铅（Pb）	220.353	9	钒（V）	310.230
4	硅（Si）	251.611	10	硼（B）	249.677
5	铝（Al）	396.152	11	钙（Ca）	317.933
6	锰（Mn）	257.610	12	锌（Zn）	202.548

（续）

序　号	元　素	波长/nm	序　号	元　素	波长/nm
13	磷（P）	214.914	20	铬（Cr）	205.552
14	钾（K）	766.491	21	镁（Mg）	285.213
15	锡（Sn）	283.999	22	钠（Na）	589.592
16	锂（Li）	670.784	23	钼（Mo）	281.615
17	锑（Sb）	206.833	24	钡（Ba）	233.524
18	镉（Cd）	228.802	25	硫（S）	182.034
19	镍（Ni）	232.003			

5.2.2　原子的激发

物质在常温下多是以固体、液体及气体形式存在的，并且一般都是处于分子状态，因此要使原子激发，发射光谱就必须首先将固体或液体的样品转变成气态分子，并进一步解离成原子状态。在一般状况下，原子都是处于稳定的基态，而基态的原子是不会发光的。要使原子中的电子在能级之间跃迁而发射出光谱，就必须先使原子激发，即让原子获得足够的能量，使原子中的价电子由能量较低的能级跃迁到较高的能级。

原子的激发有多种形式，其主要形式有以下三种。

1）热激发：当物质处于高温状态时，就会转变成一种等离子状态，在这种等离子气体内，气态的分子、原子、离子及电子等粒子由于温度很高，因此会产生速度很快的热运动，并且在高速运动中各种粒子间的碰撞概率很大，这种具有很大动能的高速运动的粒子之间在发生非弹性碰撞的同时产生了能量交换，原子可获得足够的能量，使原来处于低能级的电子跃迁到较高的能级，从而使原子得到激发。常见的旋转圆盘电极（RED-AES）原子发射光谱、电感耦合等离子体（ICP）发射光谱都是采用热激发。

2）电激发：带电粒子在电场作用下会因受到力的作用而作加速运动。当高速运动的带电粒子在运动过程中与原子发生碰撞时，就会将其动能全部或一部分传递给原子，当这种能量达到或超过原子激发时所需要的能量时，这个原子就会被激发。如气体放电管内产生的辉光放电就是由电激发引起的。能谱仪（EDS）就是采用电激发的方式。

3）光激发：也叫共振激发。因为光本身就是一种能量形式，当原子受到光的照射时，吸收了足够大的光能后就会被激发。此外，已处于高能级的原子也可能将其能量传递给其他原子而使之激发，即激发态原子发生能量交换而引起激发。当离子和电子在复合时放出能量也可使原子得到激发。X射线荧光光谱仪就是采用的光激发方式。

5.2.3　光谱的种类

按照产生原因的不同，可将光谱分为以下三类。

1）线光谱：线光谱是由众多波长不同的谱线，按波长有序地排列组成。在原子发射光谱中，线光谱是由受激发的原子或离子的自发跃迁辐射所产生的许多谱线，按波长有序排列组成的光谱，成为原子发射光谱。因为常用光谱仪将不同波长的光辐射以"线象"成像于光谱仪焦面上，所以称为线光谱。原子发射光谱由许多的亮线组成，又称"亮线光谱"；原子吸收光谱是由在连续背景上的一些暗线组成的，又称为"暗线光谱"。在X射线光谱中，当加于X射线管的电压增高到某一临界值时，会在连续X射线谱上的一定波长处出现强度很大的谱线，这也是线光谱。

2）带光谱：带光谱是带状光谱的简称。它是由一条条宽度不等的光带所组成的光谱。每一条光带包含许多密集的谱线，光带的一头谱线特别集中，然后谱线的密集程度逐渐降低，最后自然消失。分子光谱为带光谱，带光谱系因分子被激发而发射，在电弧等离子体和高温火焰光谱中多数是双原子分子所产生的。

3）连续光谱：连续光谱是由较宽的波长范围内所有的波长组成的光带。与线光谱不同，连续光谱表现为一种绵延不断的光谱形式。在原子发射光谱中，连续光谱是由高温固体产生的 。连续 X 射线光谱是由于撞击金属靶面上高速运动的电子受靶原子核的库仑力作用突然减速而产生的电磁辐射形成的。

以上三种光谱在物质的电弧光谱中都可以观测到，因为电弧等离子体中并存着原子、离子、分子和未被气化物质的灼热粒子等。从光谱分析角度讲，有用的只是线光谱，线光谱只与物质原子结构有关，称为该物质的特征光谱或标识光谱。

5.3　原子发射光谱法

5.3.1　原子发射光谱法基本原理

原子发射光谱法是利用物质中不同原子或离子在外层电子发生能级跃迁时产生的特征辐射来测定物质的化学组成的方法。在激发光源的作用下，部分样品物质处于高温气体状态，并且离解成原子甚至电离成离子，因而在外层电子发生能级跃迁时发出的是一些分得开、频率范围非常狭窄的线光谱。

获得试样的原子发射光谱最简便、常用的方法如图 5-3 所示。将被测样品置于 B 处，用适当的激发光源进行激发，样品中的原子就会发出特征光，经外光路照明系统 L 聚焦在入射狭缝 S 上，再经准直系统 O_1 使之成为平行光，经色散元件 P 将光源发出的

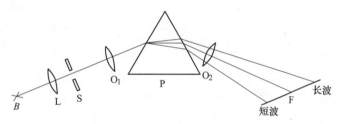

图 5-3　获得试样发射光谱示意

复合光按波长顺序色散成光谱，暗箱物镜系统 O_2 将色散后的各光谱线聚焦在感光板 F 上，最后使感光板经过暗室，就得到了样品的特征发射光谱。

每一种元素的原子及离子激发后，都能辐射出一组表征该元素的特征光谱线。其中有一条或数条辐射的强度最强，最容易被检出，因此也常称作最灵敏线。如果试样中有某些元素存在，那么只要在合适的激发条件下，样品就会辐射出这些元素的特征谱线，在感光板的相应位置就会出现这些谱线。一般根据元素灵敏线的出现与否就可以确定试样中是否有这些元素存在，这就是光谱定性分析的基本原理。

光谱线的强度，反映在感光板上就是谱线的黑度。在一定条件下，元素特征谱线的强度或黑度是随着元素在样品中含量或浓度的增大而增强。利用这一性质来测定元素含量便是光谱半定量分析及定量分析的依据。如果用光电接收装置来代替感光板接收、测量和记录谱线的强度，并经过计算机处理，就可以给出多种元素的谱线强度信号。

原子发射光谱分析常见的激发方式有火焰、交流或直流电弧、等离子体火焰等方式。目

前，国内外油液监测实验室常用的原子发射光谱法包括旋转圆盘电极原子发射光谱法
（RED-AES）和电感耦合等离子体原子发射光谱法（ICP-AES）。

5.3.2　旋转圆盘电极原子发射光谱法

1. 原理

旋转圆盘电极原子发射光谱法是油液分析早期就开始采用的一种分析手段，其利用电弧激发试样产生发射光源。旋转圆盘电极由带孔的石墨盘和一根带尖端石墨棒组成对电极，经直流引弧或高频引弧后，两电极之间出现电弧放电，将样品蒸气原子化，并激发出被测元素的光谱，由光电转换系统接收并经过计算机的数据处理，即可计算出元素浓度。

2. 仪器介绍

图 5-4 所示为一种旋转圆盘电极原子发射光谱仪，其主要由激发源、光纤、光栅、光电转换器、A/D 转换器和计算机控制单元等系统组成，其工作原理如图 5-5 所示。

图 5-4　旋转圆盘电极原子
发射光谱仪

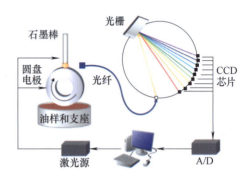

图 5-5　旋转圆盘电极原子发射
光谱仪工作原理

在激发室中，有一圆盘式的旋转电极（圆盘电极）和一棒状的静置电极（棒电极），测试油样位于圆盘电极下方，并与盘电极接触，通过圆盘电极的旋转将油样携带到圆盘电极与石墨棒电极形成的间隙之中，利用两电极之间的高压电弧将缝隙中的油样气化和原子化，激发辐射出特征光谱线。特征光谱线经光纤传导到光栅，在光栅上衍射，分散成不同波段的单色光，每种单色光对应不同的金属元素，这些光分别沿着不同的方向经过狭缝照射到相应的光电芯片上，将光信号转变成电信号，再经过 A/D 转换器放大和处理，输入到计算机控制单元进行元素定量分析。

3. 检测方法

旋转圆盘电极原子发射光谱测试润滑油中的元素通常采用 ASTM D6595—2022《用旋转圆盘电极原子发射光谱法测定用过的润滑油或用过的液压液中磨损金属和污染物的标准试验方法》，该方法可以测试 23 种元素的含量，其推荐波长及测试范围见表 5-2，我国国家能源局发布的 NB/SH/T 0865—2013《在用润滑油中磨损金属和污染物元素测定　旋转圆盘电极原子发射光谱法》也是修改采用了 ASTM D6595。

旋转圆盘电极原子发射光谱不需要对油样进行预处理，具有速度快、操作简便、可检测范围宽的特点，不仅可以用于在用油中异常磨损和污染物元素的检测，也适用于新油添加剂的测定。目前仍广泛应用于各油液分析室。

表 5-2　旋转圆盘电极原子发射光谱测试元素推荐波长及测试范围

元　　素	波长/nm	测量范围/（mg/kg）	元素	波长/nm	测量范围/（mg/kg）
铝（Al）	308.21	0~1000	镍（Ni）	341.48	0~1000
钡（Ba）	230.48、455.40	5~6000	磷（P）	255.32、214.91	5~6000
硼（B）	249.67	0~1000	钾（K）	766.49	0~1000
钙（Ca）	425.43	0~6000	硅（Si）	251.60	0~1000
铬（Cr）	324.75、224.26	0~1000	银（Ag）	328.07、243.78	0~500
铜（Cu）	259.94	0~1000	钠（Na）	588.89、589.59	0~6000
铁（Fe）	283.31	0~1000	锡（Sn）	317.51	0~1000
铅（Pb）	670.78	0~1000	钛（Ti）	334.94	0~1000
镁（Mg）	403.07、294.92	0~6000	钒（V）	290.88、437.92	0~1000
锰（Mn）	280.20、518.36	0~1000	锌（Zn）	213.86	0~6000
钼（Mo）	281.60	0~1000			

值得注意的是，采用旋转圆盘电极发射光谱法检测油样时，如果样品中含有粒径>10μm 的颗粒时，测试结果会比其真实结果偏低。这是因为旋转圆盘电极样品输送系统不能将大颗粒有效携带至激发间隙，且电弧火花也不足以让其充分蒸发。

5.3.3　电感耦合等离子体原子发射光谱法

1. 原理

电感耦合等离子体（Inductive Coupled Plasma，ICP），又称电感耦合等离子体或高频等离子体，是 20 世纪 60 年代中期发展起来的一种新型原子发射光谱法，它以电感耦合等离子体光源代替经典的激发光源（电弧、火花），是目前用于原子发射光谱分析的主要光源。

电感耦合等离子体原子发射光谱仪与旋转圆盘电极原子发射光谱仪最大的不同在于它使用了电感耦合等离子体作为发射光源。电感耦合等离子体光源是利用高频电感耦合的方法产生等离子体放电的一种装置，通入氩气后，氩气流经装置中高频线圈时，会被高度离子化并点燃，产生 8000~10000℃高温等离子火焰区。油样被吸入后，元素原子在高温下接收了极高的能量，达到激发状态，辐射出特征谱线。

2. 仪器介绍

图 5-6 所示为电感耦合等离子体原子发射光谱仪，结构及工作原理如图 5-7 所示。该仪器主要由蠕动泵、雾化器、雾化室、高频线圈、炬管和检测器等组成，工作时利用蠕动泵将样品输送至雾化器中，雾化器将溶液转化为气溶胶形式，在雾化室中去除雾化过程中产生的较大雾滴颗粒，加速气溶胶微粒在等离子体中去溶、蒸发和原子化，同时克服因蠕动泵的脉动而对雾化所产

图 5-6　ICP-AES 光谱仪

生的影响，使分离后的细化雾滴能够平稳地进入炬管中。在高频线圈激发下形成等离子体火焰，从而将试样变成气态原子并激发至高能态，处于激发态的原子不稳定，会跃迁到较低的能态，这时原子将释放出多余的能量而发射出特征谱线。用棱镜或光栅等分光元件将发射的

光分解成单色光,将光谱引出,进入检测器,然后利用光电器件进行检测,通过检测波长获取元素种类,通过检测发射光强度测量每种元素含量。

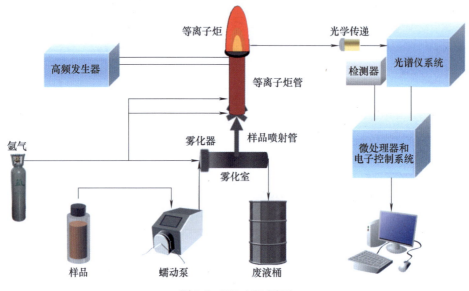

图 5-7 ICP-AES 原理

3. 检测方法

电感耦合等离子体原子发射光谱可用于分析润滑油、润滑脂及绝缘油等多种油液的元素成分,国内外相关的检测方法也较多,常用的有 ASTM D5185—2018《用电感耦合等离子体原子发射光谱法(ICP-AES)测定用过和未用润滑油和基础油里面多种元素的标准试验方法》、ASTM D7303—2023《用电感耦合等离子体原子发射光谱法测定润滑脂中金属的标准试验方法》,以及 ASTM D7151—2015(2023)《用电感耦合等离子体原子发射光谱法(ICP-AES)测定绝缘油中元素的试验方法》,对应的国内标准分别为 GB/T 17476—2023《润滑油和基础油中多种元素的测定 电感耦合等离子体发射光谱法》、NB/SH/T 0864—2023《润滑脂中金属元素测定 电感耦合等离子体发射光谱法》和 NB/SH/T 0923—2016《绝缘油中元素含量的测定 电感耦合等离子体原子发射光谱法》。表 5-3~表 5-5 中分别列举了这些方法可检测的元素及其定量测试范围。

表 5-3 ASTM D5185 和 GB/T 17476 润滑油检测元素

元　素	波长/nm	测量范围/(mg/kg)	元　素	波长/nm	测量范围/(mg/kg)
铁(Fe)	259.94、238.20	2~140	钾(K)	766.49	40~1200
铜(Cu)	324.75	2~160	锡(Sn)	189.99、242.95	10~40
铅(Pb)	220.35	10~160	钠(Na)	588.59	7~70
硅(Si)	288.16、251.61	8~50	铬(Cr)	205.55、267.72	1~40
银(Ag)	328.07	0.5~50	钼(Mo)	202.03、281.61	5~200
铝(Al)	308.22、396.15、309.27	6~40	镁(Mg)	279.08、279.55、285.21	5~1700

（续）

元　素	波长/nm	测量范围/(mg/kg)	元　素	波长/nm	测量范围/(mg/kg)
锰（Mn）	257.61、293.61、293.93	5~700	镍（Ni）	231.60、277.02、221.65	5~40
钛（Ti）	337.28、350.50、334.94	5~40	钡（Ba）	233.53、455.40、493.41	0.5~4
磷（P）	177.51、178.29、213.62、214.91、253.40	10~1000	锌（Zn）	202.55、206.20、313.86、334.58、481.05	60~1600
硼（B）	249.77	4~30	硫（S）	180.73、182.04、182.62	900~6000
钙（Ca）	315.89、317.93、364.44、422.67	40~9000	钒（V）	292.40、309.31、310.23、311.07	1~50

表 5-4　ASTM D7303 和 NB/SH/T 0864 润滑脂检测元素

元　素	波长/nm	测量范围/(mg/kg)	元　素	波长/nm	测量范围/(mg/kg)
铝（Al）	160.038、308.215、396.152、309.271	10~600	钼（Mo）	135.387、202.030、281.615	50~22000
锑（Sb）	206.833、217.581、231.147	10~2300	磷（P）	177.495、178.287、213.618、214.914、253.398	50~2000
钡（Ba）	223.540、233.527、455.404、493.409	50~800	硅（Si）	288.158、251.612	10~15000
钙（Ca）	315.887、317.933、364.441、396.847、422.673	20~50000	钠（Na）	589.595	30~1500
铁（Fe）	238.204、259.941	10~360	锌（Zn）	202.548、206.191、213.856、334.557、481.053	1600~28000
锂（Li）	670.780、610.364、460.289	300~3200	硫（S）	182.034、180.731、182.625	300~2200
镁（Mg）	279.079、279.553、280.278、285.213	30~10000	—	—	—

表 5-5　ASTM D7151 和 NB/SH/T 0923 绝缘油检测元素

元　素	波长/nm	检出限/(mg/kg)	元　素	波长/nm	检出限/(mg/kg)
铝（Al）	308.22、396.15、309.27	0.05	硅（Si）	288.16、251.61	0.05
镉（Cd）	226.50、214.44	0.01	银（Ag）	328.07	0.01
铜（Cu）	324.75	0.01	钠（Na）	589.59	0.05
铁（Fe）	259.94、238.20	0.03	锡（Sn）	189.99、242.95	0.10
铅（Pb）	220.35	0.05	锌（Zn）	206.20、202.55、213.86、334.58、481.05	0.01
镍（Ni）	231.60、227.02、221.65	0.04	钨（W）	239.71	0.04
钪（Sc）	361.38	0.05	—	—	—

采用电感耦合等离子体原子发射光谱法分析油脂中的元素时，需要先对样品进行预处理。对于润滑油和绝缘油，通常采用有机溶剂稀释后再进行检测，对于润滑脂需先进行消解成水溶液再进行检测。图 5-8 所示为一种用于润滑脂前处理的微波消解仪。

电感耦合等离子体原子发射光谱分析技术具有以下特点。

1）电感耦合等离子体光源具有良好的原子化、激发和电离能力，因而具有较好的检出限，可达 0.1mg/mL。

2）可以同时进行多元素分析，可检测多达 73 种元素，可分析元素周期表中的大多数元素。

图 5-8　微波消解仪

3）光源稳定性好，精密度高，准确度高，重复性好。

4）基体效应较低，较易建立分析方法，对于液体样品分析操作简单、易于掌握。

5）标准曲线具有较宽的线性范围，可跨越 4~6 个数量级。

5.4　X 射线荧光光谱法

当用 X 射线轰击样品时，试样中各元素的原子受到激发，将处于高能量状态，当它们向低能量状态转变时，会产生特征 X 射线（也即 X 射线荧光）。将产生的特征 X 射线按波长或能量展开，就可以得到波谱或能谱，从谱图中可辨认元素的特征谱线，并测得它们的强度。X 射线荧光光谱法就是利用初级 X 射线光子或其他微观离子激发待测物质中的原子，使之产生荧光（次级 X 射线）而进行物质成分分析和化学态研究的方法。按分光方式的不同，可分为能量色散和波长色散两类，其缩写分别为 ED-XRF 和 WD-XRF。

X 射线荧光光谱分析作为一种快速、无损的新型检测技术，可定性和定量分析润滑油中磨损、污染和添加剂等包含的各种元素，测试快速、准确，覆盖的元素范围宽，它除了可以测定试样中的元素含量外，还可以用来直接测定过滤器滤膜上沉积的固体磨粒和污染物中的元素含量，样品无需前处理，测定元素种类与原子发射光谱法相当，是一种有效的元素含量测试无损分析方法，近年来普遍应用于在用油元素分析的测试。

5.4.1　波长色散 X 射线荧光光谱法（WD-XRF）

1. 原理

用 X 射线光管直接照射样品，样品会发生荧光，荧光用晶体分光后，可由探测器接收到经过衍射的特征 X 射线信号。根据布拉格定律，通过不同的衍射角度可以获取不同元素的谱线波长。如果分光晶体和控测器做同步运动，不断地改变衍射角，便可获得样品内各种元素所产生的特征 X 射线的波长及各个波长 X 射线的强度。利用测角仪可获取特征谱线衍射角，然后依据式（5-1）布拉格方程就可计算出相应被测元素的波长，进而获得被测元素的特征信息。

$$n\lambda = 2d\sin\theta \quad (n = 1,2,3,\cdots) \tag{5-1}$$

式中　n——衍射级的波长；

　　　λ——分析谱线波长；

d——晶体间隔；

θ——衍射角。

2. 仪器介绍

图 5-9 所示为波长色散 X 射线荧光光谱仪，其基本构成和工作原理如图 5-10 所示，主要由激发源（X 射线光管）、分光系统（分光狭缝和分析晶体）和探测器系统等部分组成。工作时，X 射线光管直接照射样品，使用相应检测系统来测量样品发出的荧光。分析晶体根据波长分离特征 X 射线，识别每种不同元素。波长色散 X 射线荧光光谱法可以通过依次测量不同波长的 X 射线强度

图 5-9　波长色散 X 射线荧光光谱仪

来完成，或者在固定位置同时测量所有不同波长的 X 射线强度。

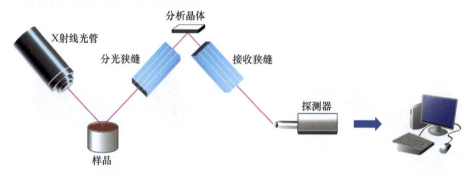

图 5-10　波长色散 X 射线荧光光谱仪基本结构和工作原理

3. 检测方法

波长色散 X 射线荧光光谱可用于测定柴油、喷气燃料、煤油、其他馏分油、石脑油、渣油、润滑油基础油、液压油、原油和车用汽油等石油产品中硫含量，常用检测方法有 ASTM D2622—2016《波长色散 X 射线荧光光谱法测定石油产品硫含量的方法》，对应国内标准为 GB/T 11140—2008《石油产品硫含量的测定　波长色散 X 射线荧光光谱法》，方法要求硫含量测定范围在 3 ~ 46000mg/kg。测试过程中将样品置于 X 射线光束中，测定 0.5373nm 波长下硫 Kα 谱线强度，将最高强度减去在 0.5190nm（对于铑靶 X 射线管为 0.5437nm）推荐波长下测得的背景强度，作为净计数率与预先制定的校准曲线进行比较，从而获得用质量分数或毫克/千克（mg/kg）表示的硫含量。

5.4.2　能量色散 X 射线荧光光谱法（ED-XRF）

1. 原理

与波长色散 X 射线荧光光谱仪不同，能量色散 X 射线荧光光谱仪不需要用到分光系统。它是采用 X 射线管产生原级 X 射线（也称作"一次 X 射线"）照射到样品上，样品中的每一种元素会放射出特征 X 射线（即荧光，也称作"二次 X 射线"），并且不同的元素所放出的特征 X 射线（荧光）具有特定的能量特性。这些特征 X 射线（荧光）直接进入探测器，探测系统可以测量这些特征 X 射线的能量及数量。然后，仪器软件将探测系统所收集的信息转换成样品中各种元素的种类及含量，便可以据此进行定性分析和定量分析。

2. 仪器介绍

图5-11所示为能量色散X射线荧光光谱仪。仪器主要由激发源（即X射线管）和探测系统构成，其工作原理如图5-12所示。X射线光管发射的X射线，经过滤光片后，X射线的背景射线被滤光片吸收而减弱，然后经准直器后变成平行光束，照射在样品上。样品受到激发，随即产生含有被测元素特征X射线荧光的复合光束，再经过准直器的准直进入半导体探测器，即会产生电子-空穴对，其数量正比于入射光子的能量，经过前置放大器，产生电压脉冲。脉冲信号经主放大器的放大后进入运算装置，由于探测器输出的信号与入射的X射线荧光的能量成正比，因此通过运算装置就可以得到定时、定量分析的能量谱图。

图 5-11　能量色散 X 射线荧光光谱仪

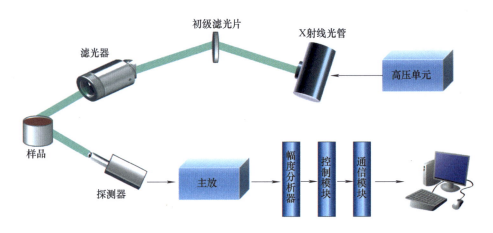

图 5-12　能量色散 X 射线荧光光谱仪工作原理

3. 检测方法

能量色散X射线荧光光谱仪常用于测量润滑油中的硫含量，其测试方法为GB/T 17040—2019《石油和石油产品中硫含量的测定　能量色散X射线荧光光谱法》，可测量17~46000mg/kg范围内的硫含量。GB/T 17606—2009《原油中硫含量的测定　能量色散X-射线荧光光谱法》规定了采用能量色散X射线荧光光谱仪测定原油中硫含量的方法，可测试质量分数为0.015%~5.00%的硫含量。此外，NB/SH/T 0822—2010《润滑油中磷、硫、钙和锌含量的测定　能量色散X射线荧光光谱法》规定了使用能量色散X射线荧光光谱测定未使用过的润滑油中磷、硫、钙和锌含量的方法，该方法修改采用了ASTM D6481—2024《用能量色散X射线荧光光谱法测定润滑油中磷、硫、钙和锌的标准试验方法》，可以测试多个元素含量，可测定的元素范围见表5-6。但是该方法不适用于测定润滑油中的镁和铜，也不适用于含氯或含钡的润滑油。

表 5-6　NB/SH/T 0822 方法中各元素的测定范围

元　　素	浓度范围（质量分数,%）
磷（P）	0.02~0.3
硫（S）	0.05~1.0
钙（Ca）	0.02~1.0
锌（Zn）	0.01~0.3

4. 两种仪器的比较

波长色散 X 射线荧光光谱仪与能量色散 X 射线荧光光谱仪产生信号的方法相同，波谱相似，但由于采集数据的方式不同，因此 WD-XRF（波谱）与 ED-XRF（能谱）在原理和仪器结构上有所不同，功能也有区别，具体见表 5-7。

表 5-7　波长色散 X 射线荧光光谱仪与能量色散 X 射线荧光光谱仪区别

类　　别	波长色散 X 射线荧光光谱	能量色散 X 射线荧光光谱
原　　理	X 荧光经过晶体分光，根据特征谱线衍射角，获得被测元素信息	X 荧光直接进入检测器，经系统处理后得到不同元素光谱
种　　类	有改变晶体衍射角的顺序式，和多个固定通道的多道式	只有多道分析器
X 射线光管	高功率，配有冷却系统	低功率
检　测　器	波长色散检测器（流气式气体正比计数器和 NaI 闪烁计数器）	能量探测器
灵　敏　度	高	轻组分：高，其他：中
精　密　度	高	低浓度时不如波长色散型
稳　定　性	定期校准，频率高于能量色散型	校准后可长期使用
便捷程度	中	高
分析速度	单道分析时间长，多道较快	快
人员要求	高	中（容易上手）

5.5　扫描电镜-能谱分析

5.5.1　X 射线能谱分析原理

当采用高能电子束轰击样品时，试样中元素的原子内壳层（如 K、L 壳层）的电子会被逐出到较高能量的外壳层（如 L 或 M 层），或直接被逐出到原子外，并在内壳层产生空位，整个原子体系处于不稳定的激发态，此时外层电子会自发地以跃迁的方式回到内层，填补空位以降低原子系统的总能量（见图 5-13）。在跃迁的过程中，外层电子会直接释放出具有特征能量和波长的一种电磁辐射，即特征 X 射线。不同元素发出的特征 X 射线具有不同的

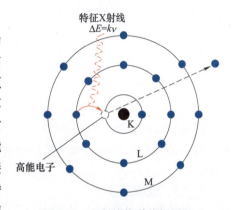

图 5-13　X 射线能谱分析原理

能量。对特征 X 射线光子能量进行检测，就可以获取相关元素的信息。

5.5.2 能量色散 X 射线谱仪

能量色散 X 射线谱仪简称能谱仪（EDS），常用作扫描电镜或透射电镜的微区成分分析，其原理与能量色散 X 射线荧光光谱仪相似，不同之处在于，能谱仪是由高能电子束激发样品，而能量色散 X 射线荧光光谱仪是由 X 射线激发样品。

图 5-14 所示为扫描电镜-能谱组合仪器，其主要组成由 Si(Li) 半导体检测器（锂漂移硅半导体检测器）和多道脉冲分析器组成，原理如图 5-15 所示。当能量为数千电子伏特（eV）的入射电子束照射到样品上时，会激发出特征 X 射线，通过 Be 窗直接照射到 Si(Li) 半导体探头上。探头的 Si 原子吸收 X 射线光子后，会电离产生电子-空穴对。每产生一个电子-空穴对所需的最低能量为 3.8eV，因此每个光子能产生的电子-空穴对的数量就取决于这个光子所具有的能量。X 射线光子量越大，产生的电子-空穴对数量越多。利用加在 Si(Li) 半导体检测器两端的偏压电源收集电子-空穴对，经前置放大器放大处理后，就形

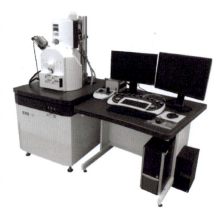

图 5-14　扫描电镜-能谱组合仪器

成 1 个电荷脉冲，电荷脉冲的高度取决于电子-空穴对的数量，也就是 X 射线光子的能量。电压脉冲进入多道脉冲分析器后，分析器会依据电压脉冲的高度对其进行分类、统计和储存，获取样品表面的元素组成及其含量的分析结果。

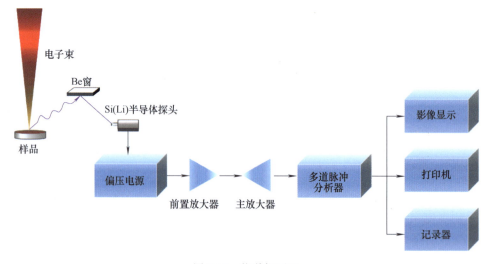

图 5-15　能谱仪原理

能谱仪结构简单，数据稳定性和重现性较好，常用于分析固体样品，能在同一时间对分析点内多种元素的 X 射线光子的能量进行测定和计数，在几分钟内即可得到定性、定量分析结果。

5.5.3 检测方法

能量色散 X 射线谱仪（能谱仪，EDS）是一种用途广泛、多功能的分析仪器，可以进

行颗粒显微特征分析、材料断口分析、失效分析、异物分析和微观形貌分析等。能谱分析速度快，对试样损伤极其轻微（损伤在微米量级范围，一般可认为不损伤试样），试验分析完成后可以完好保存或继续进行其他性能的分析测试。

能谱分析主要测试方法有 ISO 22309：2011《微束分析 能谱法定量分析》，对应国内标准为 GB/T 17359—2023《微束分析　原子序数不小于 8 的元素能谱法定量分析》。GB/T 17359—2023 规定了用安装在扫描电镜（SEM）或电子探针（EPMA）上的能谱仪对试样特定点或特定区域进行定量分析的方法，测得的元素含量用质量分数表示。GB/T 17359—2023 标准适用于对含量（质量分数）>1%的元素进行定量分析。由于能谱仪中 Si(Li) 检测器的铍（Be）窗口会吸收超轻元素的 X 射线，所以仪器对原子序数>10 的元素分析置信度更高。

EDS 能谱定量分析分为有标样定量分析和无标样定量分析。有标样定量分析是在相同条件下，同时测量标样和试样中各元素的 X 射线强度，经过修正后求出各元素含量。无标样定量分析是测量试样的谱峰和背底后，通过基本参数计算试样中元素含量。

EDS 能谱分析试样的一般形态包括抛光试样、表面粗糙试样（端口、粉体）、倾斜试样、颗粒状试样和层状试样，准确定量时对试样有以下要求。

1) 试样为在真空和电子束下稳定的固体试样。
2) 试样尽量小，有代表性即可，但应大于分析 X 射线的扩展范围。
3) 点分析时，试样分析面平整，并垂直于入射电子束。
4) 分析区域均质、无污染且无磁性。

根据分析区域的不同，EDS 能谱分析分为点分析、线分析和面分析，点、线、面分析方法的用途不同，检测灵敏度也不同。定点分析灵敏度最高，面扫描分析灵敏度最低，但观察元素分布最直观，因此应根据试样特点及分析目的合理选择分析方法。

5.6　光谱元素分析在油液监测中的应用

光谱元素分析技术在油液分析和设备故障诊断中发挥着越来越重要的作用。通过光谱分析可以得到润滑油中各种微量元素的含量，持续取样并进行光谱分析，既可以对油液污染及添加剂消耗情况进行评价，又可以获得机械设备磨损方面的信息。因此，作为设备运行状态监测及润滑磨损故障诊断最重要、最有效的手段，光谱元素分析已经广泛应用于各行各业在用油的监测中。

由于不同设备运动部件的材料有较大差别，因此润滑油中磨损金属元素含量监测标准要结合具体设备、具体摩擦副表面材料来确定。不同油液的添加剂元素也有很大的差异，这时就需要掌握对应润滑油中的添加剂元素含量来判断。相同设备、相同润滑油的情况下，不同的设备工况和使用时间，润滑油的光谱元素含量往往也有较明显的差异。另外，润滑系统的主要几种污染物的元素成分也存在区别，但是具备一定的规律性。

5.6.1　评价设备的磨损状态及磨损趋势

光谱元素分析最早被用于对设备的磨损状态进行评价与预判。通过元素光谱分析可以得到润滑油中各种微量元素成分及其含量，结合设备运动摩擦副零件的材料构成，不仅可以判断磨损产生的可能部位，还可根据磨损率的变化，判断摩擦副的磨损趋势及其严重程度。

1. 判断设备的磨损部位

根据在用润滑油（润滑脂）的光谱元素中磨损金属元素含量，可以实时反映设备的磨损和腐蚀部位。不同的机械设备摩擦副由特定的金属元素组成，其中铁（Fe）元素为使用最广泛的元素而存在于绝大多数的摩擦副中，但铜（Cu）、铅（Pb）、锡（Sn）和铝（Al）等金属元素则一般存在于特定的摩擦副或设备的特定结构中。润滑油光谱元素及其主要来源见表5-8。

表5-8 润滑油光谱元素及其主要来源

元素	符号	来源
铁	Fe	缸套、活塞销、套圈、凸轮轴、油泵、轴承滚动体和滚道、齿轮
铜	Cu	套管、止推垫圈、冷却管、阀门、气门导管、活塞环、轴承保持架、轴套
铅	Pb	滑动轴承、燃料窜漏、轴承罩、密封件、焊料、漆料
锡	Sn	滑动轴承、活塞环、活塞销、焊料、油封
铝	Al	活塞、箱体、推棒、空气冷却器、行星齿轮、轴承保持架、油箱铸件
铬	Cr	套环、飞机引擎镀铬部件、密封圈、镀铬钢套、滚动轴承
镍	Ni	轴承、阀门、电镀齿轮
钛	Ti	喷气发动机中的支承段、压缩机盘、燃气轮机叶片
锰	Mn	气阀、喷油嘴、排气和进气系统、飞机引擎组件的锰合金
镁	Mg	清净分散剂、冷却水、飞机发动机齿轮箱外壳
钼	Mo	抗磨添加剂、油性添加剂、活塞环
钙	Ca	清净分散剂、润滑脂
锌	Zn	抗氧防腐添加剂、ZDDP、镀锌套管、黄铜部件
磷	P	极压抗磨添加剂、冷却系统泄漏
硅	Si	粉尘、密封材料、抗泡剂
硼	B	冷却水、抗磨添加剂、油性添加剂
钠	Na	防冻液、冷却水、海水

例如，在某发动机在用油分析中，如果发现锡（Sn）、铜（Cu）元素含量较高，说明该发动机的滑动轴瓦存在磨损；如果铝（Al）元素含量高，说明活塞-缸套摩擦副存在磨损；如果钠（Na）、硼（B）元素含量高，说明发动机油受到了冷却水污染。

2. 监测设备磨损趋势

对监测对象进行原子光谱的跟踪监测，可以得到主要磨损元素的变化趋势曲线图。依据这条曲线，便可对设备磨损状态做出评估。这是油液监测最常用的方法。正常情况下，机械设备润滑系统的磨损金属元素含量一般处于动态平衡或稳定上升的趋势。当平衡被打破，或者磨损增长速度异常，说明设备处于异常磨损状态。

磨损的增长速度可以用磨损元素变化率来表征。磨损元素变化率为磨损元素增加量与取样间隔时间的比值。根据磨损元素变化率可以判断摩擦副的磨损趋势及其严重程度。图5-16所示为某机械设备磨损元素浓度随运转时间的变化趋势。

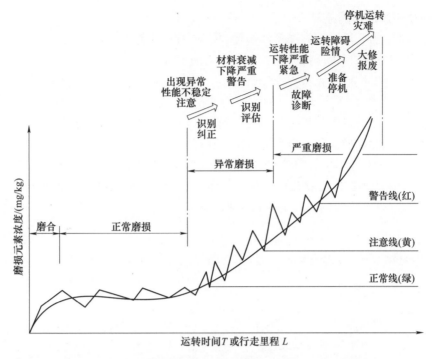

图 5-16　某机械设备磨损元素浓度随运转时间的变化趋势

5.6.2　评价油液的使用状态

1. 判断油液的污染状态

润滑油中的常见的污染元素有硅（Si）、铝（Al）、钠（Na）、硼（B）等，大多数情况下，新润滑油中并不含有这些元素，如果对在用润滑油的监测过程中，发现这些元素有明显增长，说明有外界的污染物进入润滑油中，例如粉尘、沙砾的污染，通常会导致润滑油中硅（Si）、铝（Al）增加，冷却介质的污染，可能导致钠（Na）、硼（B）增加；此外，润滑脂或密封材料的污染，也可能导致硅（Si）、钠（Na）等元素增加，具体需要结合密封材料进行分析判断。

图 5-17a 所示为某冲压机齿轮箱油受到临近液压系统中的液压油污染后，锌（Zn）元素短期内明显增长。图 5-17b 所示为某盾构机主轴承油箱受到密封润滑脂污染后，油中的（Mo）、钙（Ca）、钠（Na）元素的变化趋势。

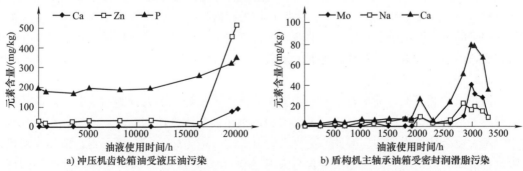

a) 冲压机齿轮箱油受液压油污染　　　　b) 盾构机主轴承油箱受密封润滑脂污染

图 5-17　污染引起的元素含量变化

2. 判断油液添加剂的损耗

不同的润滑油需要添加不同类型和剂量的添加剂，来实现油液特定的功能，而对于大部分无机添加剂，如硫磷型极压抗磨剂、清净分散剂、ZDDP 等的含量都可以通过光谱元素分析来获取。常见的添加剂元素主要包含钼（Mo）、镁（Mg）、钡（Ba）、钙（Ca）、锌（Zn）、磷（P）及硫（S）等，润滑油在使用过程中，添加剂会逐步消耗，与之相关的元素含量也会下降，因此通过监测相关元素变化趋势，可以及时掌握添加剂的损耗程度和损耗趋势，这在发动机油的油质监测上应用得特别广泛。

图 5-18a 所示为某船舶主机润滑油的添加剂元素含量随时间的变化趋势。从图 5-18a 可看出，随着使用时间的延长，发动机油中的 Ca、Zn、P 等添加剂元素呈现下降趋势；图 5-18b 所示为动车齿轮箱油中硫含量随行驶里程的变化趋势。

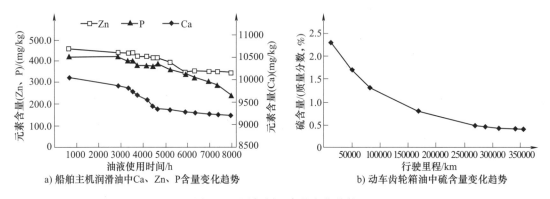

a) 船舶主机润滑油中Ca、Zn、P含量变化趋势   b) 动车齿轮箱油中硫含量变化趋势

图 5-18　添加剂元素的变化趋势

3. 监测油液的混用及错用情况

除了外界污染和油液添加剂的消耗之外，错误的补油也可能造成润滑油添加剂元素含量的变化。例如，在汽轮机油中补入普通液压油后，会导致油中锌（Zn）、磷（P）含量增加；在齿轮油中加入发动机油后，油中的钙（Ca）、锌（Zn）含量会增加；齿轮油中加入普通液压油后，锌（Zn）含量也会增加。即便是不同牌号的同类油液混用，也可能导致添加剂元素的变化。

用错油或补错油是生产现场设备润滑管理中常见的现象，也是最容易通过元素分析发现的。图 5-19a 所示为某使用汽轮机油的压缩机在某次补油时错误地加入普通液压油后，添加剂元素锌（Zn）、磷（P）突然增加，后期采取纠正措施，逐步恢复；图 5-19b 所示为混用了不同牌号的风力发电机主齿轮箱的油液中添加剂元素含量的变化，该风力发电机在换油时没有将残留油液彻底清除，导致出现混油现象。

5.6.3　鉴别油液的真伪

不同品牌的润滑剂，其配方也并不相同，具体体现在添加剂的种类和浓度上。对新润滑剂进行的添加剂元素含量进行分析，可以协助鉴别出油液的真伪和品质。例如，在无灰液压油中，不含有金属盐添加剂，因此不会含有钙（Ca）、锌（Zn）等金属元素；柴油发动机油必须具备清净分散功能，因此油中会含有大量的镁（Mg）或钙（Ca）等清净分散剂的标志性元素。对于某些特殊的油液，其添加剂的种类与含量也非常特殊，通过与该油的典型元素

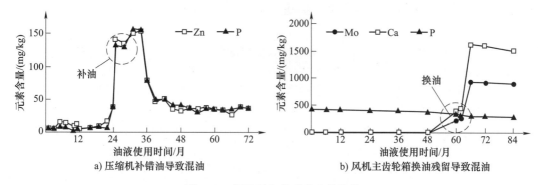

图 5-19　混油引起的元素含量变化

大数据含量进行对比，可以快速判断油液的真伪。图 5-20 所示为某风电场新采购的齿轮油中的添加剂元素磷（P）和硅（Si）含量与该品牌油液典型值的分布对比。从图 5-20 可看出，新采购油液的部分添加剂元素均偏离了该品牌油液的典型数据，说明该油是伪劣产品的可能性非常大。

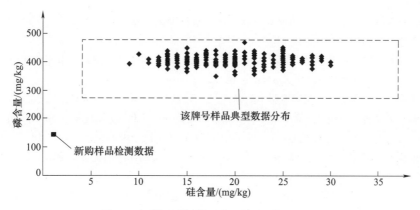

图 5-20　利用添加剂元素含量鉴别新油品质

5.6.4　确定合理的换油周期

润滑油是在基础油中添加各种添加剂以满足工业设备各种润滑要求，润滑油使用过程中添加剂的不断损耗将加速润滑油的衰变，使润滑油失去润滑作用。此外，润滑油在使用过程中，还可能被冷却液、密封材料和粉尘等污染，导致润滑油油质劣化；磨粒增多也会加速油液的氧化降解。当油液的理化性能劣化、污染、变质到一定程度时，就必须换油。通过对润滑油进行光谱分析，可以判断添加剂的消耗程度以及油液的污染程度，从而确定是否需要更换新油。值得注意的是，不同设备或不同工况下的设备，换油期限也是不一样的，因此对设备在用油样的原子光谱分析，可以确定合理的换油期限。通常润滑油中钙（Ca）、钡（Ba）、锌（Zn）、镁（Mg）、磷（P）、铜（Cu）、钼（Mo）、硼（B）等元素是监测添加剂损耗的特征元素，而硅（Si），硼（B）、钠（Na）和钾（K）等是监测污染和水分的特征元素。上述元素的变化是判断润滑油是否因使用到限而必须换油的重要依据。

——— 参 考 文 献 ———

[1] 杨其明，严新平，贺石中，等 . 油液监测分析现场实用技术 [M]. 北京：机械工业出版社，2006.

[2] 孙尔康，张剑荣，陈国松，等 . 仪器分析实验 [M]. 南京：南京大学出版社：2019.

[3] 李传亮 . 高灵敏光谱技术在痕量检测中的应用 [M]. 北京：电子工业出版社：2017.

[4] 姚开安，赵登山 . 仪器分析 [M]. 南京：南京大学出版社：2017.

[5] THOMAS R. Practical guide to ICP-MS and other atomic spectroscopy techniques：A Tutorial for beginners [M]. Boca Raton：CRC Press，2013.

[6] 马仲� . 光谱和能谱技术在船用柴油机监测中的联合应用 [J]. 机械管理开发，2019，34（1）：112-113

[7] 刘享明 . 原子发射光谱检测船用润滑油实验分析 [J]. 润滑油，2022，37（4）：30-34.

[8] 曾令羲 . ICP-OES 检测盾构机在用润滑油中磷元素含量 [J]. 当代化工研究，2024（1）：44-46.

[9] 谭良锋，邹国雁，黄俊源 . ICP-OES 分析轻质石油产品中硅含量的方法 [J]. 化工管理，2021（20）：62-64.

[10] 屈小梭，李硕，谢琼，等 . 润滑油中元素检测方法及标准研究进展 [J]. 化学试剂，2022，44（12）：1810-1816.

[11] 孙亚丹，丘晖饶，车超萍，等 . ICP-OES 法测定润滑油中钙、锌、磷、铁、铜等金属元素 [J]. 分析仪器，2022（2）：39-43.

[12] 郑金凤，吕涛，连露，等 . 微波消解-电感耦合等离子体发射光谱法测定润滑脂中 11 种微量元素的含量 [J]. 精细石油化工，2021，38（4）：69-72.

[13] 李萍 . 微波消解 ICP-AES 测定润滑脂中的硼 [J]. 合成润滑材料，2006（2）：10-16.

[14] 朱庆虹 . 原子发射光谱法测定润滑油中各类元素的实践分析 [J]. 金属世界，2021（2）：40-43.

[15] 汪鹤鸣 . 波长色散 X 荧光光谱法测定润滑油中 15 种元素 [J]. 中国有色冶金，2018 47（5）：61-65.

[16] 雷蕾，孙硕，温家德，等 . 基于能量色散 X 射线荧光光谱法的润滑油硫含量测定 [J]. 汽车工艺与材料，2019（4）：53-55，59.

[17] 郑山红，王永明 . X 射线荧光能谱仪在润滑油磨粒测定中的应用 [J]. 理化检验-物理分册，2023，59（4）：72-74.

[18] 孙琳琳，张磊，李建 . X 射线荧光光谱法（XRF）检测润滑油中多种磨损金属元素含量 [J]. 中国检验检测，2023，31（2）：31-34.

[19] 刘享明，刘晓利，张丙辉，等 . 船用润滑油全过程污染控制研究 [J]. 润滑油，2023，38（4）：51-54.

[20] 靳自立 . 基于润滑油衰变的装备健康状态识别方法研究 [D]. 西安：西安工业大学，2023.

[21] 戴青和 . 船舶柴油机润滑油异常消耗故障实例 [J]. 航海技术，2023（1）：37-40.

[22] 董增鹏，王稳 . 发动机润滑油抗磨减摩添加剂研究现状与发展 [J]. 润滑油，2022，37（1）：29-34.

[23] 郭文娟 . 发动机用润滑油添加剂的研究进展 [J]. 合成材料老化与应用，2020，49（3）：121-124.

[24] 孙建伟，欧焕飞，杜琳娟，等 . 含磷添加剂润滑油对风机齿轮箱磨损影响分析 [J]. 机电工程技术，2021，50（8）：281-283.

[25] 姜陈，傅双波，高原 . 动车组齿轮箱润滑油更换周期优化 [J]. 润滑与密封，2023，48（5）：179-184.

[26] 姜可，林世龙，刘潜，等 . 延长发动机润滑油换油周期的研究 [J]. 润滑油，2021，36（6）：5-10.

[27] 何伟，贺石中，马红军，等 . 大型核电站应急柴油发电机在用润滑油阈值分析 [J]. 机电工程技术，

2020，49（10）：77-80.

［28］ CHEN T，YANG S，MA J，et al. Real-time oxidation and coking behavior of ester aviation lubricating oil in aircraft engines ［J］. Tribology International，2024，192：109240.

［29］ GARCIA M，ANGEL AGUIEER M，CANALS A. A new multinebulizer for spectrochemical analysis：wear metal determination in used lubricating oils by on-line standard dilution analysis（SDA）using inductively coupled plasma optical emission spectrometry（ICP OES）［J］. Journal of Analytical Atomic Spectrometry，2019，35（2）：265-272.

第 6 章　磨粒分析技术

磨粒分析技术是油液监测技术的重要组成部分，其主要分析对象是机械设备零部件运行中所产生的磨损颗粒。它通过各种手段将设备润滑油中的磨损颗粒和污染颗粒分离出来，借助于光学或电子显微镜等仪器对这些颗粒的形态、大小、成分以及粒度分布等进行定性和定量的分析，判别出设备零部件表面的磨损类型、磨损程度以及外界污染颗粒来源，进而获取机械设备摩擦副和润滑系统工作状态等重要信息。

6.1　磨粒分析技术简介

磨粒分析技术方法较多，其中最为典型的是铁谱分析技术。早在 1970 年，美国麻省理工学院（MIT）的 W. W. Seifert 和超音公司（Trans-sonic Inc）的 V. C. Westcott 就开始探索一种新的机械磨损观测方法并在 1972 年取得成功，这项成果在《Wear》期刊上面世并被命名为 Ferrography，国内引入后翻译成"铁谱技术"。1976 年，美国福克斯伯罗公司（Fox-boro Company）以此成果为基础，先后生产了分析式和直读式铁谱仪，为铁谱技术在油液监测技术中的研究和广泛应用奠定了基础。与此同时，第一卷磨粒图谱也由 V. C. Westcott 编撰成集，作为铁谱仪销售的附件供应用户。随着铁谱技术在英国、美国和挪威等发达国家国防军事领域的推广应用，更多的典型磨粒得以发现和积累。1982 年，由设立在美国新泽西州的美国海空工程中心发起，编制了《磨粒图谱（修订版）》，具有较高的参考价值。1982年 9 月，国际铁谱分析技术会议在英国威尔士斯旺西大学（University of Wales Swansea）举行，标志着铁谱分析技术已经成为研究磨损监测诊断及摩擦磨损机理的重要手段。

1977 年 9 月，"第一机械工业部"以中国机械工程学会的名义派遣了 8 人代表团参加第二届欧洲摩擦学国际会议，在其考察报告中首次向国内介绍了铁谱分析技术。1981 年，广州机床研究所（广州机械科学研究院有限公司前称）引进了美国福克斯伯罗公司生产的双联式铁谱仪，即一台仪器同时能进行分析式和直读式检测，这也是中国引进的第一批铁谱仪。1982 年，我国第一篇有关铁谱技术的论文在英国召开的首届国际铁谱学术会议上宣读。在此后的几十年里，我国科研院所、高等院校和工矿企业纷纷引进铁谱技术，使该技术在我国得到快速发展，不仅自主研发了各种铁谱仪，并于 1986 年成立了铁谱技术专业委员会，以铁谱技术为主题的全国范围的交流活动也十分活跃。2002 年，铁谱技术专业委员会正式更名为油液监测专业委员会，标志着以铁谱技术为核心的油液监测技术从单元向多元化方向发展，形成了一个新的可持续的学术和技术发展空间。

经过近 50 年的发展与研究，如今磨粒分析技术更加成熟和多元化，应用也更加广泛。旋转式铁谱仪、在线式铁谱仪的研制，使制谱技术不断完善，以满足不同工矿企业的特殊需求，而滤谱分析技术的出现，改变了传统的制谱方式，提取磨粒不再需要依靠磁场，使磨粒分析的制谱过程更加简单易行；PQ 指数检测仪、铁磁性磨粒含量检测仪的发明，使磨粒定量分析技术也得到更加广泛的应用。此外，磨粒分析技术在其他诸如生物工程、环境工程等领域中也发挥了它独特的作用。利用铁谱技术中特有的磁化方法，可以将人类膝关节骨液中的游离物分离出来并排列在铁谱片上，通过对游离物的观察分析，做出关节炎的早期诊断，用同样的方法对人造关节产生磨粒形貌进行研究，可以对其性能做出评价。

与其他技术一样，磨粒分析技术也存在一定的局限性，如磨粒定性分析很大程度上依赖专家的知识和经验，要求分析人员具有材料学、摩擦学、化学和机械工程等多方面的知识以及丰富的诊断经验。即使一个具有多年磨粒分析经验的专家，也很难对每一个磨粒得出完全正确的结论，这也限制了磨粒分析技术的推广应用。因此，改进磨粒分析方法和手段，提高磨粒分析智能化程度，成为磨粒分析技术的迫切要求。

6.2 铁谱分析的基本原理

铁谱分析技术是利用高梯度强磁场作用，将机械摩擦副产生的磨粒从润滑油中分离出来，并按磨粒尺寸大小实现有序的沉积，然后借助于各种仪器和手段，观察和测量分析这些磨粒的形貌、大小、数量和成分等，以获取磨损过程的信息，从而对机器设备相关摩擦副的磨损状态和磨损机理进行分析，其中铁谱仪磁场的强弱与分布、磨损颗粒沉积过程是铁谱分析技术的关键。

6.2.1 梯度磁场

1. 磁场的基本概念

磁性材料的内部及其周围的空间存在磁场。磁场是指传递实物间磁力作用的场，是在一定空间区域内连续分布的向量场（见图6-1a）。为了更加形象地描述磁场，引入了磁力线的概念。磁力线是一组带有方向的闭合曲线（见图6-1b），曲线上每一点的切线方向是该点的磁场方向，而曲线的疏密程度则反映了磁场的强弱。

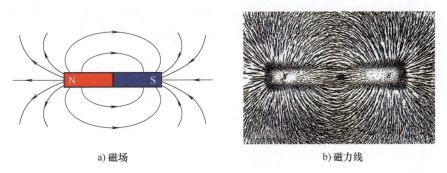

a) 磁场　　　　　　　　　　　　　　　b) 磁力线

图6-1 磁场和磁力线

磁场强弱用磁场强度 H 来描述。在有介质的情况下，磁场的强度多用磁感应强度 B 描述。B 与 H 在数量上的关系为

$$B = \mu H \tag{6-1}$$

式中 μ——介质的磁导率（H/m）。

磁感应强度 B 也称磁通密度，它的大小被定义为：在磁场某点，通过垂直于磁场方向的单位面积的磁力线数目，它的方向就是经过该点的磁力线方向。磁感应强度的标准计量单位为特斯拉（T）。

传统的铁谱仪采用永久磁性材料产生恒定的磁场，以形成具有从润滑油样中分离和沉积磨粒能力的稳定工作空间。

2. 高梯度强磁场

机械设备磨损所产生磨粒，其粒度一般在亚微米至数十微米之间。为了从润滑油样中分离出如此之小的磨粒，必须建立一个具有高梯度的强磁场工作区。铁谱仪中大多数采用永磁磁体来提供磁场，为了获得梯度磁场，需要对磁极形状进行精心设计。图 6-2 所示为分析式铁谱仪的磁铁装置，在该装置中，采用了楔形磁极，由于磁力线在极头处高度汇集，磁通密度也在狭缝中高度集中，而狭缝上方是发散的磁场，磁通密度较狭缝处突然减弱，这样，在狭缝上方，距离磁铁表面不太远的区域内，就形成了磁场很强、梯度很高的磁场空间，这个磁场空间就是铁谱仪的工作区域。

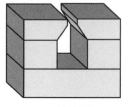

a) 磁铁装置   b) 磁铁装置磁力线示意

图 6-2   分析式铁谱仪的磁铁装置

在分析式铁谱仪和直读式铁谱仪中，磁场狭缝是直线形状的，因此所形成的磨粒沉积带在宏观上观察是线状的。在旋转式铁谱仪中，磁场狭缝是做成环形闭合状的，沉积的磨粒带则是环形的。但无论是直线形还是环形，无论油样流动方向是与磁狭缝平行还是垂直，决定磨粒是否能够沉积和沉积性状的主要因素还是建立高梯度强磁场。

6.2.2 磨粒的磁化

1. 磨粒的磁性特征

在铁谱分析技术中，油样中磨粒的沉积和排列，实际上就是磨粒在磁场的作用下被磁化、随即受到磁场力的作用、克服润滑油的黏滞阻力而最终沉积和排列的物理过程，因此磨粒被磁化的结果是决定其在铁谱仪中沉积状况的因素之一。在同一磁场下，不同物质磨粒被磁化后的结果取决于它自身的磁化特征。试验证明，就磁性特征而言，物质可以分为三大类：铁磁质、顺磁质和抗磁质。

（1）铁磁质

铁磁质的磁导率 μ 值远大于 1，因此将铁磁质材料放在磁场中会使磁场大大增强。这是因为铁磁质被磁化后，产生与外磁场方向相同、大小数倍乃至数十倍于原磁场的感应强度。自然界中的铁、钴、镍，以及铁合金、铁的氧化物都属于铁磁质材料。

（2）顺磁质

顺磁质的磁导率 μ 值略大于 1。这是因为顺磁质材料在外部磁场的作用下会产生与原磁场方向相同的微弱附加磁场，与原磁场叠加后，磁感应强度会略有增加。例如铝、锰、钼、铬和铂等有色金属都属于顺磁质材料。

（3）抗磁质

抗磁质的磁导率 μ 值略小于 1。这是因为抗磁质材料被磁化后，会产生与原磁场方向相反的附加磁场，与原磁场叠加后，磁感应强度减小，例如铜、铅、金、银和锌等都属于抗磁质材料。

2. 磨粒的沉积规律

当含有磨粒的油样流经磁场时，磨粒受到重力 F_g、液体浮力 F_s、磁场力 F_m 和油液黏滞阻力 F_d 的综合作用（见图 6-3），这些力都影响磨粒的沉积。对于材料相同、处于同一磁场、同一位置上的铁磁性颗粒而言，影响其沉积的主要因素是磁场力和黏滞阻力，液体浮力和重力可忽略不计。在铁谱仪中，铁磁性颗粒受到的磁场力与自身体积成正比，黏滞阻力与颗粒的直径和下落速度成正比。这两方面因素的综合作用结果就是大的铁磁性颗粒比小铁磁性颗粒沉积得更快，因而沉积在靠近油液入口的地方。

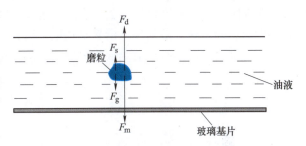

图 6-3　铁谱仪中磨粒的受力分析

为了使小颗粒得到充分沉积，同时大小颗粒各有不同的重点沉积区域，一般使磁场沿油样流经路线逐渐增强，因此在分析式铁谱仪中，玻璃基片与磁铁上表平面呈一定角度放置。这样，在靠近油样入口处，玻璃基片磁场强度及磁场梯度较低，对小颗粒的作用不明显，而将大颗粒沉积下来。顺着油流方向，磁场及磁场梯度不断增加，油中的磨损颗粒受到连续不断增高的磁力作用，尺寸较大的金属颗粒不断减少，最后足够强的磁场作用力能使小颗粒沉积下来。

铁谱片上磨粒的实际沉积位置并不是一成不变的，还会受其他诸多因素的影响。例如，磨粒进入磁场时在油流中的初始高度就会影响其沉积位置，磨粒较大但在油流中初始高度较高的微粒，与粒度较小但初始高度较低的磨粒，有可能沉积在同一区域内。这也解释了在铁谱片上，大磨粒沉积区域内有时可以观察到数量不多的较小磨粒的现象。再比如，不同磁质的颗粒因受到磁感应力的差异较大，也会对其沉积位置有影响，有色金属颗粒或非金属材料，在磁场中受到的磁场力非常小，或者完全不受到磁场力的作用，在沉积过程中因受到油液流动黏滞阻力和重力作用而自由沉积，散布在整个铁谱片上。这也解释了在铁谱基片的出口处有时会发现较大尺寸的有色金属或橡胶等颗粒的现象。

6.3　磨粒的提取与分析

磨粒提取是采用铁谱仪或其他分离设备，将润滑油中的颗粒有效地分离出来，制作成谱片，供后续环节分析。磨粒的提取是磨粒分析的重要环节，所制成的谱片好坏，也直接影响到诊断结果。目前，常用的磨粒提取方法依然是采用铁谱仪将磨粒按一定的规律沉积在铁谱片上，但随着磨粒分析技术的广泛应用，对制谱效率也提出了更高的要求，于是采用过滤装置提取磨粒的方式（也称作滤膜分析）也受到业内认可，并逐渐推行起来。

6.3.1　磨粒提取技术

1. 分析式铁谱技术

分析式铁谱技术是磨粒分析技术诞生以来，最早出现的一种分析手段。它是利用高梯度强磁场的作用，将润滑油中的磨损颗粒和污染颗粒等分离出来，使其按照尺寸大小，依次沉积在玻璃基片上制成谱片，然后将谱片放置在光学或电子显微镜等设备下进行观察，实现对磨粒的定量和定性分析。

（1）分析式铁谱仪

最常见的分析式铁谱仪如图 6-4 所示，其工作原理如图 6-5 所示。从润滑系统中获得的油样经稀释后，微量泵以均匀的流速，将一定量的待分析油样抽出并滴在一玻璃基片上，玻璃基片放置在高梯度强磁铁上，并与水平面呈一定的倾斜角度（1°~3°）。待分析油样沿玻璃基片导流槽自然流下的同时，其中所含磨损颗粒和污染颗粒在磁场力、重力等作用下，克服油的黏滞阻力，按照磨粒尺寸大小有序地沉积在玻璃基片上。当油样全部流过玻璃基片之后，用四氯乙烯溶液洗涤基片，清除基片以及磨粒表面残余的油液，待基片完成干燥后，磨粒会牢固地黏附在玻璃基片上，成为可供观察的铁谱片。

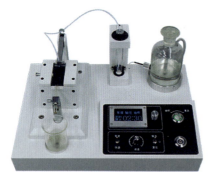
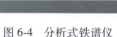
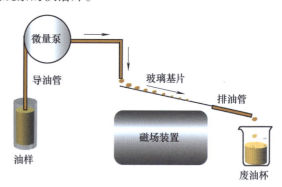

图 6-4 分析式铁谱仪　　　　　　　　图 6-5 分析式铁谱仪工作原理

（2）蓟管式分析铁谱仪

分析式铁谱仪在工业中得到广泛应用，但在实际使用其制作铁谱片时，由于蠕动泵的挤压作用，常使油样中的磨粒在输送时受到机械损伤，特别是大磨粒常会被破碎，造成设备磨损信息的丢失，对磨粒的识别造成干扰。为了解决这个问题，美国 SPECTRO 公司研制生产了 T2FM 蓟管式铁谱仪，引入了蓟型毛细管代替微量蠕动泵，使样品在重力作用下自动流经铁谱片。

图 6-6 所示为 T2FM 蓟管式铁谱仪外观，其主要由基体、定时器、水平仪、磁铁装置、蓟型管、支架、电动机和废液杯等装置组成。工作时，将被分析油样倒入蓟型管中，油样在蓟型管的毛细作用和重力作用下以一定流速流到置于谱片槽上的铁谱片上，油液中的磨粒在铁磁装置的梯度磁场作用下，沉积在铁谱片上，剩余的油液经导流管流入废液杯中，最后经冲洗溶剂冲洗晾干后就制成了包含磨粒信息的铁谱片。

（3）分析式铁谱片

用于分析式铁谱仪和蓟管式铁谱仪的铁谱片是一个厚度不超过 0.2mm 的玻璃片，如图 6-7 所示。基片表面涂有 U 形限流带，用于引导油液沿基片中心流向出口至废油杯。通常所说的铁谱片是指沉积有磨粒的铁谱基片。

图 6-6 T2FM 蓟管式铁谱仪　　　　　　图 6-7 分析式铁谱片

油样中的铁磁性颗粒在磁场的作用下，在垂直于油液流动方向排列成链状，而已经排列成链状的磨粒因为受到磁力线和磁场梯度的作用，与旁边继续沉积并排列成链状的磨粒会相互排斥分开，因此磨粒链之间会有一定的间距。同时，由于磁场呈梯度变化，大磨粒会集中沉降在入口区域，而小磨粒会沉降在出口处。有色金属和非金属由于不具有铁磁性，因此会随机沉积在铁谱片限流带内的任意位置上。

通过光学显微镜对铁谱片进行观察，可以获得磨粒大小、成分和数量等信息，进而判断设备的磨损状态。

2. 旋转式铁谱分析技术

不论是分析式铁谱仪还是蓟管式铁谱仪，对于磨粒浓度较高的油样，都需要对油液进行稀释，否则可能会在铁谱片的入口端造成磨粒堆积，不仅会影响对磨粒的观察和分析，还会形成附加磁场改变磨粒的尺寸分布。而高度稀释后，又可能导致对判断磨损状态有重要研究价值的磨粒漏失，造成判断误差。为改进这些不足，1982 年，英国斯旺西大学研制了一种利用磁场力和离心力共同作用进行磨粒沉积的旋转式铁谱仪，其外形如图 6-8 所示。

旋转式铁谱仪主要由同心圆环形磁场（由三块同心圆环形磁铁组成）、传动装置、试样输送装置和控制部件等组成，如图 6-9 所示。它的工作原理是：用注射器把分析油样输送到置于圆柱形磁铁上的方形玻璃基片中心，在电动机的驱动下，紧贴在圆柱形磁铁上的铁谱片以较慢的速度旋转，当油样滴到玻璃基片中心处后，在离心力的作用下，油液不断向四周流散，油样中的磁性磨粒在环形强磁场（见图 6-10）的作用下，按其尺寸大小沉积排列在玻璃片上，形成三个同心圆环，最里面圆环上分布的颗粒尺寸最大，中间圆环上分布的颗粒尺寸次之，最外面圆环上的颗粒尺寸最小，形成如图 6-11 所示的磨粒分布。玻璃基片最后经清洗和固定后，制成铁谱片，供后续的观察分析。

图 6-8　旋转式铁谱仪

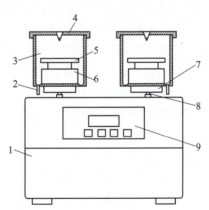

图 6-9　旋转铁谱仪结构

1—基座　2—导液管　3—检测杯
4—密封盖　5—基片　6—环形磁场
7—转盘　8—转杆　9—操作版面

旋转式铁谱片上的磨粒按其尺寸大小分别在基片上排列成内、中、外三个同心圆环磨粒链，它们之间有明显的间隔。基于与分析式铁谱仪相同的沉积机理，第一个磁隙内环上沉积的是粒径$>20\mu m$ 的磨粒；第二个磁隙中环上沉积的是粒径 $1\sim10\mu m$ 的磨粒；外环则是粒径 $<1\mu m$ 的磨粒。与分析式铁谱仪相比，旋转式铁谱仪有以下优点。

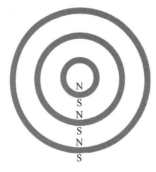 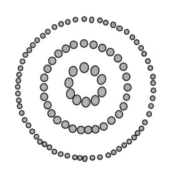

图 6-10　旋转式铁谱仪的磁场分布　　　　图 6-11　旋转铁谱片上磨粒分布

1）在分析式铁谱仪中，磨粒是按其粒度分布在不同的"线"上；而旋转式铁谱仪是将不同粒度的磨粒分布在三个"环"上。这种"展开"更有利于磨粒的分隔，使磨粒边界更为清晰可辨，易于观察和进行图像处理。这个优势在处理磨粒粒度较大、浓度较高的样品，如在分析齿轮箱的油样时更为突出。

2）油样在铁谱片上的流动，借助了离心力，而不是如分析式铁谱仪中仅依靠自身的重力。因此操作者不但可以省略在分析式铁谱技术中常用的稀释油样黏度以加速磨粒沉积的做法，而且还可通过调整磁铁组的转速来适应不同黏度的油样。这样大大简化了制作铁谱片的步骤，增加了制片的成功率，提升了效率。

3）对于无法避免外界污染的油样，旋转式铁谱仪可以利用旋转生产的离心力去除那些磁化率很低的无机或有机污染物，而留下那些能真正反映摩擦副磨损状态的磨粒，起到"去伪存真"的作用。例如，用分析式铁谱仪制取来自采煤机械油样的铁谱片时，往往在其上覆盖一层较厚的煤粉或其他污染物，这些煤粉或污染物将磨粒覆盖掩埋，严重阻碍了分析人员对铁谱片上磨粒的有效观察。如果用旋转式铁谱仪就可以排除那些仅起到干扰观察的煤粉，使磨粒不被覆盖掩埋，可以清晰地呈现在分析人员眼前。

虽然旋转式铁谱仪有上述优点，但它是依靠离心力驱使油样在二维的铁谱片平面上以螺旋轨迹快速流动的，往往会因流速不均匀而很难形成层流，这样就影响了磨粒沉积的重复性。这种影响在磨粒浓度较低时尤为明显。此外，离心力的作用在去除已知污染物的同时，也会去除那些磁化率较低的磨损产物和有采集价值的颗粒，如有色金属磨粒、粉尘等，这些颗粒是反映有色金属材料摩擦副和润滑系统污染状况的重要依据。由于它们的磁化率很低，若使用旋转式铁谱仪就有可能丢失这些磨粒和颗粒，使铁谱片上留下的磨粒信息不能包含全部能反映摩擦副磨损状态的信息，造成判断误差。

3. 滤膜分析技术

滤膜分析技术是一种快速提取在用油磨损颗粒的方法。它利用真空抽滤装置，将润滑油中的磨粒沉积在微孔过滤膜上。滤膜提取磨粒不需要复杂的仪器，也不需要磁铁装置，只要有真空抽滤装置就可以进行。

真空抽滤装置及其工作原理如图 6-12 所示。当溶剂稀释后的待测样品倒入滤膜上方的过滤杯后，打开真空抽滤装置，使微孔过滤膜上下形成一定的压力差，滤膜上的液体样品被吸走，固体颗粒就沉积在滤膜上。图 6-13 所示为滤膜外观及在显微镜下观察到的磨损颗粒。

与分析式和旋转式铁谱分析相比，滤膜分析具有以下特点。

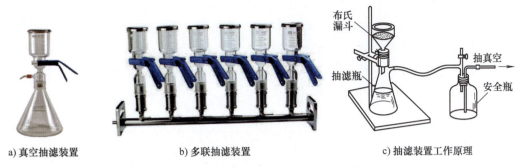

a) 真空抽滤装置　　　　　　b) 多联抽滤装置　　　　　　c) 抽滤装置工作原理

图 6-12　真空抽滤装置及其工作原理

a) 滤膜外观　　　　　　b) 滤膜上的磨损颗粒

图 6-13　滤膜颗粒提取

1) 快速、高效、操作简易。分析式和旋转式铁谱制备一个样品通常需要 10~20min，即便是采用双联式铁谱仪，也只能同时制备两个样品，且对操作人员有一定的要求；而滤膜分析制备一个样品仅需要不到 3min，采用多联装置时，可以同时制备多个样品，且对操作人员要求不高。

2) 滤膜分析可以将油液中所有金属和非金属固体颗粒提取出来，不会造成信息丢失，且滤膜具有较大的沉积面积，由于没有受到其他离心力或磁力的影响，所以固体在滤膜上随机分布，不会发生磨粒重叠，谱片易于观察。

由于滤膜分析具备上述特点，所以近年来在国内外也逐渐受到广泛应用。但是由于没有磁场的作用，所有磨粒随机分布在整个滤膜上，所以很难将铁磁性磨粒和非磁铁磨粒区分开来，这就增加了磨粒识别的难度。且由于滤膜不耐热，也不能使用加热分析方法来辅助识别合金种类，因此当需要确定磨粒成分时，通常需要结合电镜能谱分析仪使用。

6.3.2　磨粒分析方法

磨粒的定性分析是借助显微镜或扫描电镜等设备获取铁谱片或滤膜上磨粒的尺寸、形貌、纹理和成分等信息的过程，从而判断设备的磨损形式、磨损程度和原因。

1. 光学显微分析

光学显微分析借助显微镜对铁谱片或者滤膜上磨粒的尺寸、形貌、纹理和成分进行观察，确定磨粒的种类和成分，以判断设备磨损的形式、原因、程度及磨损部位。光学显微分析是最常用的磨粒分析方法，与光谱元素分析相结合，用于对已经发生故障的设备进行故障诊断。

磨损颗粒是机器的摩擦副表面产生相对运动，并与界面介质和环境气氛相互作用，引发一系列摩擦学过程，导致摩擦副表面磨损形成的产物。磨粒本身携带了丰富的摩擦学信息，这些特征往往可以通过磨粒形态、尺寸、浓度、材质成分等特征反映出来。典型磨粒分类及其形成机理见表6-1。有关磨粒的特征识别，将在下一章节进行详述。

表 6-1 典型磨粒分类及其形成机理

磨粒类别	磨损成分	磨粒（特征名称）	形成机理
金属磨粒	铁系金属（铸铁、碳素钢、合金钢等）及有色金属（铜合金、铝合金、轴承合金等）	严重滑动磨粒	黏着磨损
		切削磨粒	磨粒磨损
		层状磨粒	疲劳磨损
		疲劳剥块	
		球状磨粒	
氧化物	Fe_2O_3	红色多晶体团粒	油中含水，设备锈蚀
	Fe_3O_4	黑色氧化物	润滑不良
	铁和氧化铁混合物	暗金属氧化物	润滑不良
	铁、铝、铅氧化物	腐蚀磨损颗粒	腐蚀磨损
污染物	非金属晶体	积炭	燃烧产物
		粉尘	外界环境污染
		纤维	滤芯损坏
	金属颗粒	铜粒、铁粒	润滑脂污染、橡胶密封圈损坏
润滑剂产物	MoS_2	固体添加剂颗粒	MoS_2 添加剂
	金属与润滑剂凝聚物	摩擦聚合物	高温胶化

2. 铁谱片加热分析

铁谱片加热分析是识别磨粒合金种类十分有效的手段。该方法主要利用了金属材料在不同环境温度下会产生不同颜色的回火色这样一个自然现象，在已知机器各零部件材质的情况下，通过该方法可以简单快速地判断铁谱片上所看到的磨损颗粒材质大致来源于哪一类零部件。根据铁金属在不同温度下的回火特征，加热分析温度也分为 4 个等级：第一级（330±10）℃；第二级（400±10）℃；第三级（480±10）℃；第四级（540±10）℃。表6-2列出了几种典型材料在这 4 个等级温度下的回火色。

表 6-2 典型材料在不同温度下的回火色

典型材料	同组金属	温度/℃			
		330	400	480	540
		颜色变化			
轴承钢[①]	碳素钢和低合金钢	蓝	浅灰	—	—
铸铁[②]	中合金钢（合金含量 3%~8%）	草黄色到青铜色	深青铜色和某种带斑纹的蓝色	—	—

（续）

典型材料	同组金属	温度/℃			
		330	400	480	540
		颜色变化			
不锈钢③	高合金钢	无变化	一般无变化，某些磨粒轻微发黄	草黄色到青铜色，在某些磨粒上有轻微发蓝	大多数磨粒仍为草黄到青铜色，某些磨粒呈带斑纹的蓝色
高纯镍④	高镍合金	无变化	无变化	许多颗粒上带显著发蓝的青铜色	全部磨粒呈蓝色或蓝灰色

① 轴承钢（AISI52100 型）：$w_C = 0.98\% \sim 1.10\%$，$w_{Mn} = 0.25\% \sim 0.45\%$，$w_{P_{max}} \leqslant 0.025\%$，$w_S \leqslant 0.025\%$，$w_{Si} = 0.20\% \sim 0.35\%$，$w_{Cr} = 1.30\% \sim 1.60\%$。

② 铸铁：$w_C = 3.5\%$ 的铸铁。

③ 不锈钢（AISI304 型）：$w_C \leqslant 0.08\%$，$w_{Mn} \leqslant 2.00\%$，$w_{Si} \leqslant 1.00\%$，$w_{Cr} = 18\% \sim 20\%$，$w_{Ni} = 8.00\% \sim 10.50\%$。

④ 高纯镍：纯度 99% 的商用 "A" 型镍。

图 6-14 所示为不锈钢磨粒加热前后的形貌特征。从图 6-14b 可看出，经过高温加热后，部分尺寸较大的磨粒呈现草黄色，而尺寸较细小的磨粒多呈现蓝色。

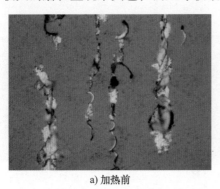 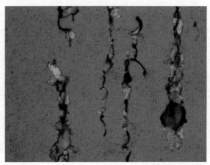

a) 加热前　　　　　　　　　　　　　　b) 加热后

图 6-14　钢质磨粒加热前后的变化

加热分析程序具体操作方法如下：将被分析铁谱片置于铁谱显微镜视场之下，仔细观察并进行显微拍照以备比较。取下铁谱片，放在预置温度下加热，当到达第一级温度后，恒温90s，待铁谱片冷却后取出，再次在显微镜下进行观察，并拍照记录。若需加热到第二、三、第四级温度，则仍从室温开始，重复操作。

所谓识别合金成分系是指识别磨粒的合金种类，而不是精确地追求它具体的元素组成及元素含量。例如，在同属铁系合金的材料中，区分出是铸铁，还是低碳钢；在同属有色金属中，区分出是铝合金，还是如钼、锌等其他白色金属。在对大型机器进行工况监测和故障诊断时，铁谱片加热分析方法已能满足基本要求。例如柴油机，要判断磨粒是来自铸铁件（如缸套）还是来自铸（锻）钢件（如曲轴），只需将铁谱片加热至第一级温度 330℃，就可以将铸铁和其他钢种以及铝合金区分开来。

3. 扫描电镜-能谱分析

铁谱显微镜的最大放大倍数一般在 1000 倍左右，所用物镜的数值孔径不会大于 1mm，且在高倍视场下焦深极短，因此对于小磨粒难以仔细观察。此时，如果想获取小磨粒的表面形貌信息，就需要借助扫描电镜。

扫描电镜采用的是电子成像原理，其原理是在高压电场的加速下，电子束打在被观测的电导体样品上，激发出二次电子。探测器收集电子并对信号进行放大，电子束在交变磁场作用下，一次扫描被测样品表面，产生随样品表面形貌相应变化的信号，经过电子线路处理后，还原成像在荧光屏上。

与铁谱显微镜相比，扫描电镜具有以下优点。

1）放大倍数高，分辨率高。扫描电镜的放大倍数可高达数千甚至数万倍，其分辨率可达到埃级，能够很好地观察到磨粒表面的微观形貌，获得铁谱显微镜难以辨认的细节。

2）景深长，立体感强。光学显微镜的物镜都有景深的限制，倍数越高，景深越短。而润滑油中的磨损颗粒，往往具有数微米或数十微米的厚度，且表面也不会在同一个水平面上，通过光学显微镜，同一时刻只能观察到局部表面的形貌，很难做到全视野下聚焦得十分清晰，对于大颗粒而言，更是如此。扫描电镜通过电子成像，不存在景深的问题，不论在哪种放大倍数下，都可以获得全视野清晰、立体感很强的图像，对于难以在铁谱显微镜下辨认的褶皱、曲面、凹陷或凸起等表面形态，扫描电镜都可以准确清晰地呈现出来。图 6-15 所示为常见的几类磨粒的电子显微图像。

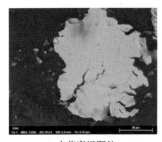 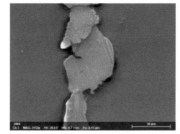 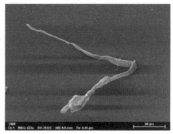

a) 疲劳磨损颗粒   b) 滑动磨损颗粒   c) 切削磨损颗粒

图 6-15 扫描电镜下的磨损颗粒

3）可以准确地分析每个磨粒的成分。扫描电镜搭配 X 射线能谱分析仪，可以准确地探测出磨粒的元素种类和含量，不仅可以探测出磨粒上某一微区内的材料成分，还可以对整个观察区域的磨粒元素成分的分布进行测量，也可以获取某种元素在磨粒上的分布。对于在铁谱显微镜下难以辨认的白色金属或某些尚未掌握其光学特性的未知磨粒，采用扫描电镜和能谱分析就能够准确地判断磨粒的成分组成。

当然，扫描电子显微镜也有不足之处。它的成本很高，安装条件苛刻，操作复杂，效率低，扫描图片只有黑白灰三色，不能体现磨粒的自身颜色。这些不足之处也就限制了扫描电镜的应用，使扫描电镜-能谱分析不可能作为磨粒识别的常规手段。因此在磨粒分析中，可先用铁谱显微镜对铁谱片进行初步观察，依据光学特性判断磨粒的材质，对于无法通过铁谱显微镜辨别的关键磨粒，再采用扫描电镜-能谱分析来获取其成分，这样就可以大幅度提高识谱效率。

6.4　磨粒的分类与识别

磨粒分析技术实际应用的主要目的，是通过分析磨粒的特征来区分正常磨损和异常磨损，并对磨损失效提出早期预报。完整的磨粒分析应包括磨粒形态分析、磨粒尺寸分析、磨粒数量分析和磨粒材质成分分析。其中磨粒数量（即磨粒浓度）分析和磨粒尺寸（尺寸分布）分析可经铁谱定量分析获得，而磨粒形态分析和磨粒成分分析则是定性分析的重要内容。

磨粒形态分析包括磨粒基本形状分析、表面形貌分析和磨粒颜色分析等。从几何分析来看，磨粒常常具有一些基本的形状特征，如球形、螺旋形、曲线形、薄片状及不规则形状等，它们的形状或者是简单的，或者由这些基本的形状复合而成，而磨粒的形状又与一定的磨损类型相关。磨粒的表面形貌反映了磨损过程的情况，通过对磨粒的表面光滑度、弯扭度、是否有直纹和斑点或孔洞等因素以及磨粒颜色等方面进行分析，再结合磨粒的基本形状，就可确定相应的磨损类型。

磨粒分析技术是目前用于机械磨损状态监测和磨损故障诊断的最有效方法，是确定磨损方式和磨损程度的重要手段，而磨粒识别又是磨粒分析技术的关键环节。

6.4.1　磨粒的分类

不同的磨损机理和不同部位产生的磨损颗粒的形貌与磨粒成分并不相同，因此根据磨损颗粒的形貌可以判断磨损产生的机理，根据磨粒的成分可以判断磨损发生的部位。按照不同的条件，可以将磨粒分成不同的类别，例如，根据磨损机理，可以将磨粒分为正常磨粒、切削磨粒、滚动疲劳磨粒、滚滑复合磨粒和严重滑动磨粒等。根据磨粒的成分性质，可分为金属磨粒、非金属磨粒和污染物微粒。根据磨粒的形状和尺寸特点，又分为薄片状磨粒、切屑状磨粒、球状磨粒和块状磨粒等。因此，要想对磨粒的类型进行严格的界定，在工程上是很困难的。经过国内外铁谱分析技术人员的多年努力，在工程实际中渐渐形成一种共识，即综合上述几种分类方法，将磨粒分为五大类：黑色金属（也称作钢和铁的磨粒）；有色金属；铁氧化物；油液氧化产物及添加剂；污染物，见表6-3。

表6-3　润滑油中磨损颗粒的基本类别

磨粒类型	黑色金属	有色金属	铁氧化物	油液氧化产物及添加剂	污染物
基本类别	1. 摩擦磨粒 2. 切削磨粒 3. 疲劳磨粒 4. 黏着磨粒 5. 严重滑动磨损颗粒	1. 白色金属磨粒 2. 铜合金磨粒 3. 铅/锡合金磨粒	1. 红色氧化铁颗粒 2. 黑色氧化铁颗粒 3. 暗金属氧化物磨粒 4. 腐蚀磨损微粒	1. 摩擦聚合物 2. 积炭 3. 油泥 4. 漆膜 5. MoS_2 6. 石墨	1. 粉尘 2. 纤维 3. 其他

6.4.2　黑色金属磨粒

黑色金属磨粒通常指机械设备中的钢铁材料部件磨损产生的颗粒，钢铁材料也是机械设备各传动部件摩擦副的主要金属材料，其磨损颗粒具有明显磁性特征，在分析式铁谱仪的磁力作用下，黑色金属磨损颗粒在铁谱片上按照颗粒大小作有序排列。用铁谱片加热法能将钢颗粒与铸铁颗粒区别开。本章节所列的磨粒及污染颗粒，都是作者单位在日常油液监测工作中收集的典型特征颗粒。

1. 摩擦磨粒

摩擦磨粒，又称为正常磨损颗粒，是指正常运转的机器，当其金属摩擦面处在边界润滑状态下正常滑动磨损时产生的一种磨粒。它们是由金属摩擦表面的切混层局部剥离而产生的，是机器摩擦副表面正常滑动的结果。正常滑动磨粒的形态呈鳞片状，表面光滑有光泽，尺寸通常在 15μm 以下，长度厚度比约为 10：1。图 6-16 所示为柴油机产生的正常滑动磨粒，图 6-17 所示为齿轮箱的正常滑动磨粒。

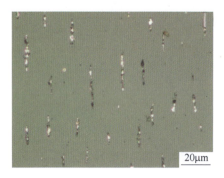 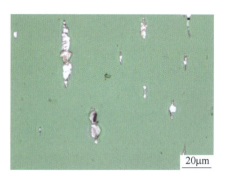

图 6-16　柴油机的正常滑动磨粒　　　图 6-17　齿轮箱的正常滑动磨粒

2. 切削磨粒

切削磨粒，也称作磨料磨损颗粒。它是因摩擦副中存在的硬质微凸体或外部进入的硬质颗粒和磨料对滑动表面造成切削而产生的，是非正常磨损颗粒。切削磨损颗粒形状像车床加工零件时产生的切屑，往往呈现曲线状、螺旋状、卷曲状、环装和蠕虫状。切削磨损颗粒在铁谱图中非常容易辨认。图 6-18 所示为几种典型的切削磨粒。

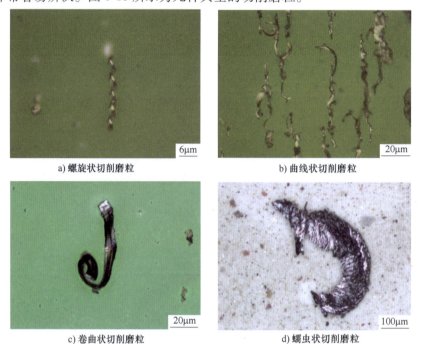

a) 螺旋状切削磨粒　　　　　　　　　　b) 曲线状切削磨粒

c) 卷曲状切削磨粒　　　　　　　　　　d) 蠕虫状切削磨粒

图 6-18　切削磨粒

3．疲劳磨粒

滚动疲劳磨粒是指滚动轴承疲劳磨损时产生的磨粒。研究发现，滚动轴承疲劳时会产生三种性质不同的磨粒：疲劳剥落颗粒、球形磨粒和层状磨粒。

（1）疲劳剥落颗粒

滚动疲劳剥落颗粒是在表面点蚀发生时，由剥落下的材料形成的。疲劳剥落颗粒具有光滑的表面和不规则的周边，其长度与厚度之比约为 10∶1，表面上有麻点或孔洞。图 6-19 所示为滚动轴承疲劳剥落颗粒。

图 6-19　滚动轴承疲劳剥落颗粒

（2）球形磨粒

球形磨粒是滚动轴承疲劳时产生的另类磨粒。这种磨粒一般是疲劳裂纹发展到中后期，夹在裂纹中的较小碎块在裂纹内表面相互搓揉下形成的。它产生于疲劳裂纹中。球形磨粒的出现是滚动轴承即将发生故障的一种信号。图 6-20 所示为滚动轴承球形磨粒。

图 6-20　滚动轴承球形磨粒

（3）层状磨粒

层状磨粒也叫作片状磨粒或二次成形磨粒，是滚动疲劳产生的第三种特征磨粒。这种磨粒是一种厚度极薄的游离金属磨粒，通常尺寸在 20~50μm 之间，长度与厚度之比为 30∶1。它们是磨粒被黏附在滚动元件表面后，被滚压碾成薄片的。这些磨粒上常常出现一些洞孔。图 6-21 所示为层状磨粒。

4．黏着磨粒

黏着磨粒是因重载或高速引起润滑油膜破裂而导致啮合表面黏着产生的磨粒。黏着磨粒

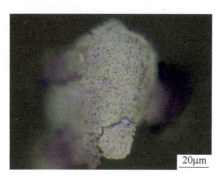
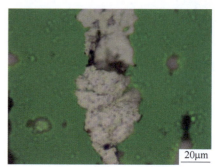

图 6-21　层状磨粒

表面粗糙，具有拉毛现象、擦伤痕迹、轮廓不规则等特点，在胶合状态下，有时会呈现黄、蓝回火色，如图 6-22 所示。

图 6-22　黏着磨粒

5. 严重滑动磨粒

　　严重滑动磨粒产生于出现严重滑动磨损的摩擦副表面，而严重滑动磨损通常是因载荷和速度过高，导致磨损表面应力过大而引发。严重滑动磨损颗粒的尺寸一般在 20μm 以上。由于存在滑动摩擦，部分磨粒的表面产生平行划痕。它们通常具有直的边棱，其长度与厚度之比约 10∶1。随着磨损程度的加剧，磨粒表面的划痕和直线边棱也会变得更加明显，如图 6-23 所示。

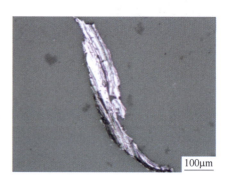

图 6-23　严重滑动磨粒

6.4.3　有色金属磨粒

机械设备中除了钢、铁材质的零件外，许多摩擦副还采用如铜、铝和巴氏合金等有色金属材料来制作。绝大多数的有色金属及合金磨粒是非磁性颗粒，在铁谱片上随机沉积，并且具有特定的金属光泽，根据上述特征，再配合使用铁谱片加热法和化学浸蚀法，可进行有色金属及其合金磨粒的分析与识别。

1. 白色有色金属磨粒

在采用光学显微镜来观察铁谱片时，像铝、铬、锰、钼、镁、锌和银等这类白色有色金属磨粒实际是无法区分的。它们均呈白色而发亮，通过光学显微镜难以区分。对于这类磨粒的识别，除了应用扫描电镜-能谱分析外，最经济、实用、简便的方法是采用铁谱片加热法和化学浸蚀法来识别。图 6-24 所示为铝合金受 NaOH 溶液浸蚀前后的形态变化。

 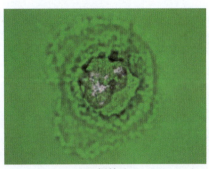

a) 浸蚀前　　　　　　　　　　　　　　　b) 浸蚀后

图 6-24　铝合金受 NaOH 溶液浸蚀前后状态变化

实际上，铝是铁谱片上最常见的白色有色金属。在油润滑系统中，还可能出现一些其他的白色金属，如用于飞机燃气轮机的钛、用于高质量滑动轴承镀层的银或镉等。使用铁谱片加热法和化学浸蚀法识别常见白色有色金属的结果见表 6-4。

表 6-4　白色有色金属磨粒的鉴别

金属	HCl 溶液 (0.1mol/L)	NaOH 溶液 (0.1mol/L)	330℃	400℃	480℃	540℃
铝(Al)	可溶解	可溶解	无变化	无变化	无变化	无变化
银(Ag)	不溶	不溶	无变化	无变化	无变化	无变化
铬(Cr)	不溶	不溶	无变化	无变化	无变化	无变化
镉(Cd)	不溶	不溶	棕色	—	—	—
镁(Mg)	可溶解	不溶	无变化	无变化	无变化	无变化
钼(Mo)	不溶	不溶	无变化	微黄至深紫棕色		
钛(Ti)	不溶	不溶	无变化	淡棕色	棕色	深棕色
锌(Zn)	可溶解	不溶	无变化	无变化	棕色	蓝棕色

2. 铜合金磨粒

铜合金磨粒非常容易识别，因为它在光学显微镜下，呈现铜合金特有的红黄色。除金以外，再没有其他普通金属具有这样的色泽，而金又仅用于稀有的场合。但值得注意的是，铁系金属磨粒在其生成过程中受到过热，也可能显现出黄色或棕色回火色，这就使它们易与铜合金磨粒发生混淆，可以根据磁性特征来加以辨别。图 6-25 所示为铜合金磨粒形貌。

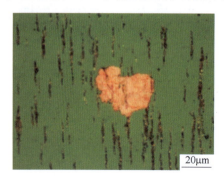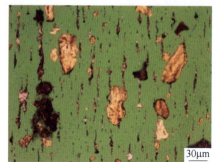

图 6-25   铜合金磨粒

3. 铅/锡合金磨粒

铅/锡合金有很好的韧性，而且熔点极低，在铁谱片上一般不常看到较多游离的铅/锡合金磨粒，因为它们的摩擦机理是黏着而不是剥落，即使在铁谱片上偶尔发现铅/锡合金磨粒时，它们大多已被氧化。铅/锡轴承合金的磨粒常为块状，但也有呈扁平状，且具有圆形的周边，这是由该处发生了局部熔化所致。典型的氧化铅/锡合金磨粒表面具有多色彩的斑点。在低放大倍数下，它们呈现黑色，但在高放大倍数下，磨粒表面将显现蓝色和桔红色的斑点。图 6-26 所示为铅/锡合金磨粒形貌。

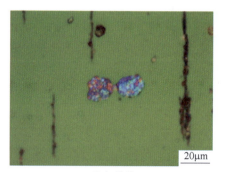

a) 加热前   b) 加热后

图 6-26   铅/锡合金磨粒

6.4.4   铁氧化物颗粒

润滑油中的铁氧化物分为红色氧化物和黑色氧化物两类。一般而言，红色氧化物是铁与氧在室温下的反应产物，它的产生表示润滑系统中存在水分；而黑色氧化物的出现则表明在磨粒产生过程中存在润滑不良，发生了过热现象。

1. 红色氧化铁颗粒

红色氧化铁的主要成分是 Fe_2O_3，是顺磁性的，多呈橙色或桔红的椭球或圆形多晶体团粒，在偏振反射光下呈桔红色。这类红色氧化铁的形成与水分污染有关，微动磨损也可能产生红色氧化铁。如图 6-27 所示为红色氧化铁颗粒。

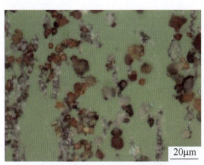

a) 白色反射光下的红色氧化铁　　　　　　　b) 偏振光下的红色氧化铁

图 6-27　红色氧化铁颗粒

2. 黑色氧化铁颗粒

黑色氧化铁是一种含有 Fe_4O_3、$\alpha\text{-}Fe_2O_3$ 和 FeO 的混合物，颜色以棕黑色为主，表面粗糙，成团粒状，有磁性沉积的特征，挂在沉积链上，位于 Fe_4O_3 周围的小磨粒沉积链会受其磁性影响变弯曲。与红色氧化铁磨粒相比，铁的黑色氧化物磨粒是产生于更加严重的恶劣润滑条件下。如图 6-28 所示为挂在沉积链上的团状黑色氧化铁颗粒。

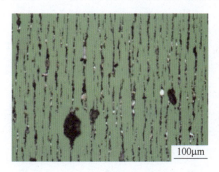
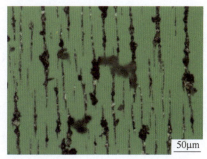

图 6-28　团状黑色氧化铁颗粒

3. 高温氧化磨粒

高温氧化磨粒是指局部被氧化了的铁质磨粒，因此具有铁磁性。这类磨粒的产生是由于摩擦副表面润滑不良或在高热效应与氧化的共同作用下，局部氧化形成。铁系金属在不同的温度下氧化会呈现不同颜色，最常见的是蓝色、草黄色和暗灰色，如图 6-29 所示。当有大块的高温氧化颗粒出现时，则意味着摩擦副表面润滑失效，存在干摩擦现象。

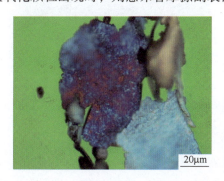

图 6-29　高温氧化磨粒

4. 腐蚀磨损微粒

腐蚀磨损微粒是由于润滑剂中含有腐蚀性介质致使摩擦副表面发生腐蚀磨损后产生的微粒，多发生在内燃机和齿轮箱中。腐蚀磨损磨粒尺寸极其细小，大多在亚微米级，密集地沉积在谱片的入口处或出口处，光学显微镜下难以观察出单个磨粒的形貌。图 6-30 所示为腐蚀磨损微粒在铁谱片上严重沉积的情况。由图 6-30 可见，在铁谱片上，腐蚀磨损微粒的沉积常显示出弱磁性特征。

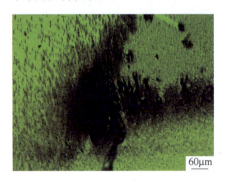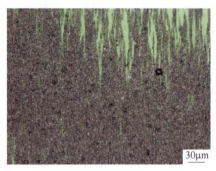

图 6-30　腐蚀磨损微粒

6.4.5　油液氧化产物及添加剂

1. 油液氧化产物颗粒

在机械设备在用润滑油中，除了金属磨粒和金属氧化物磨粒外，还会出现一些由于润滑剂中添加剂变质或某些化学作用结果而生成的有机物颗粒。常见的有摩擦聚合物、积炭、油泥和漆膜。

（1）摩擦聚合物

摩擦聚合物是一种嵌有金属颗粒的非金属不定性聚合物，是润滑剂在高应力下发生聚合作用而产生的，在重载设备润滑油中较为常见。在光学显微镜下观察，摩擦聚合物是透明的，中间镶嵌有金属磨粒，如图 6-31 所示。在双色照明下，摩擦聚合物基体呈绿色，而嵌在基体内的金属磨粒则呈红色。摩擦聚合物的出现通常表明设备发生了过载。

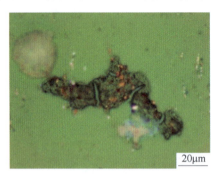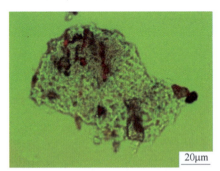

图 6-31　摩擦聚合物

（2）积炭

积炭是润滑油受热后形成的黑色碳化物，通常出现在内燃机或压缩机的润滑系统中。积炭是润滑油的高温碳化产物，呈深褐色或黑色，较为脆硬，表面如岩石状，通常伴有裂纹，如图 6-32 所示。

图 6-32　积炭

（3）油泥

油泥是润滑油氧化后生成的不溶于润滑油的胶状物，是最常见的油液氧化产物。油泥质地较软，形态各异，通常呈现棕色、深褐色或黑色，如图 6-33 所示。油泥在使用过的润滑油中普遍存在，当油泥过多时，会堵塞润滑油路及滤芯。

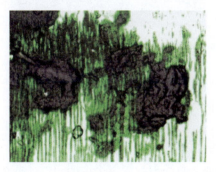

图 6-33　油泥

（4）漆膜

漆膜是一种高分子烃类聚合物，在汽轮机油和压力较高的液压系统（如注塑机、印刷设备液压系统等）油液中较为常见。漆膜呈半透明薄片状，具有一定的脆性，通常呈浅棕色、棕色至棕褐色，如图 6-34 所示。漆膜有极性，易黏附在金属表面，会减小摩擦副间隙，增加摩擦，导致散热不良，严重时导致阀芯黏结，造成操作失灵。

图 6-34　漆膜

2. 油液添加剂颗粒

（1）MoS_2 颗粒

MoS_2 常用作润滑油和润滑脂中的固体添加剂，应用于高温和重载的场合。它是一种有效的固体润滑剂，因为它具有高的抗压强度，能够承受较大载荷。典型的 MoS_2 颗粒呈灰紫色，由于具有反磁性，因此而遭到铁谱仪磁场的排斥，从铁谱片出口端流出。但某些情况下，MoS_2 颗粒会被铁颗粒磁化，与铁颗粒一起均嵌在谱片上。此时可以通过加热分析来加以区分，当加热到330℃时，铁质微粒变成蓝色，MoS_2 微粒不受影响。图 6-35 所示为典型的 MoS_2 颗粒，颜色为灰紫色。

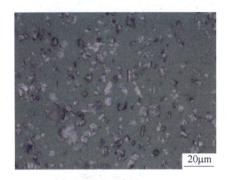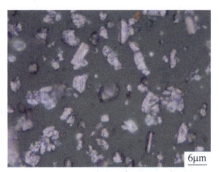

图 6-35　MoS_2 颗粒

MoS_2 颗粒虽然是化合物，但是却像金属颗粒，即能够遮光和反光，因此很容易将其与金属颗粒混淆，在分析时，可以借助于光谱分析和电镜能谱分析技术加以确认。

（2）石墨颗粒

石墨具有良好的高温稳定性，抗压强度、抗拉强度高，具有良好的润滑性能，能起到减少摩擦阻力的作用，因此也被用于润滑脂添加剂。石墨为灰黑色不透明固体，通常以团状聚集在一起，形态各异。由于不具有磁性，且密度比金属小，因此铁谱分析时，大部分石墨颗粒会随油液流走，只有少部分会沉降在铁谱片出口区域。但是作为添加剂的石墨，由于浓度高，通常会随机分布在整个铁谱片上。石墨质地较软，容易被碾压变形，受碾压后的石墨通常呈薄片状，具有金属光泽，表面呈现碾压痕迹，在光学显微镜下，石墨与金属磨粒形态非常相似，难以辨别，需要借助扫描电镜-能谱分析加以区分。

图 6-36 所示为某汽轮机密封件损坏后在润滑油中发现的石墨颗粒，这些石墨表面有明显的划痕，形貌与滑动磨损颗粒极为相似。

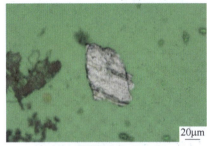

a) 铁谱片上的石墨　　　　　　　　　b) 滤膜上的石墨

图 6-36　石墨颗粒

6.4.6　污染物

在机器运行过程中，由于系统密封件磨损、过滤器失效、外部环境恶劣等原因，其润滑系统会受到外部和内部的颗粒污染，这些颗粒也会对机器的润滑系统及摩擦副表面造成危害。常见的外界污染物颗粒主要有粉尘和纤维。

（1）粉尘

国际标准化组织规定，将粒径<75μm 的固体悬浮物定义为粉尘。在磨粒分析中，粉尘习惯上特指来源于地壳中土壤和岩石风化后分裂成的细小颗粒，而二氧化硅（SiO_2）是地壳内最常见的氧化物。由于粉尘无处不在，因此在机器润滑系统中，粉尘污染是较为常见的。在显微镜透射光下，粉尘通常呈半透明晶体状，如图 6-37a 所示；在偏振光下，粉尘具有钻石般的亮白色光泽，如图 6-37b 所示。

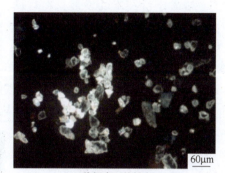

a) 透射光下的粉尘　　　　　　　　b)偏振光下的粉尘

图 6-37　粉尘

（2）纤维

润滑油中常见的纤维有人造纤维和植物纤维。人造纤维粗细均匀，在显微镜下通常呈透明毛细玻璃管状。植物纤维则呈透明带状或条状，粗细不均匀。纤维通常来源于滤芯，若润滑油中出现较多的纤维，往往预示过滤器已经失效。此外，纤维也可能来源于清洗或擦拭设备用的纤维材料污染，这类情况在实际工作中也经常出现。图 6-38a 所示为人造滤芯纤维，图 6-38b 所示为植物纤维。

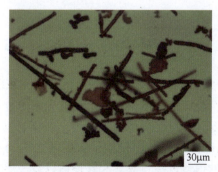
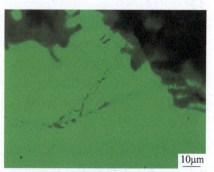

a) 人造滤芯纤维　　　　　　　　b) 植物纤维

图 6-38　人造滤芯纤维和植物纤维

6.5　磨粒定量分析技术

在前面的章节中，介绍了在光学显微镜下对磨粒物理形态（粒度、形状、颜色、表面细节等）、化学成分特征（即合金种类）和总体数量特征（磨粒覆盖面积）的提取方法，这是一种定性分析手段，在工程应用上往往就足够了。在确需准确判断元素构成的场合，可以利用精密仪器如扫描电子显微镜加以解决。在提取总体数量特征方面，早期的分析铁谱技术中是通过读数器测量，并用磨粒覆盖面积来度量的，但经过多年的实际应用检验，发现磨粒覆盖面积离散性过大，并不适合作为定量值，新型铁谱显微镜上也取消了铁谱片读数器，不再测试磨粒覆盖面积，因此分析铁谱技术实际上只限于定性分析。为了对磨粒进行定量，直读铁谱仪被研发出来，对大小磨粒进行定量分析，通过分析大小磨粒的趋势变化来判断设备的磨损状态，随着定量技术的发展，在直读铁谱仪的基础上，进一步研发出 PQ 指数检测仪、铁磁性磨粒含量检测仪等仪器来实现对磨粒的定量检测。

6.5.1　磨粒定量检测方法

1. 直读式铁谱分析方法

直读式铁谱分析具有准确定量和快速测试的特点，可以从润滑油中获得大磨粒（>5μm）直读数 D_L 和小磨粒（1~2μm）直读数 D_S，从而得到润滑油中大磨粒和小磨粒浓度。

直读式铁谱仪及其工作原理如图 6-39 所示。仪器的核心部分是一块高梯度强磁铁。磁铁以一定角度与油样流动相反方向呈倾斜设置，其与水平方向存在 15°~20° 的夹角，在其狭缝处平行放置一根透明玻璃制成的沉积管。被分析油样在虹吸作用下，由试管进入毛细管，再缓慢地流入高梯度强磁铁狭缝中的玻璃沉积管，然后流出至废油杯。当油样流经玻璃沉积管时，试样中的磨粒在磁场力、重力等作用下，克服油的黏滞阻力，依其自身粒度由大到小依序沉积在管内壁上。为了直接测出油样中大磨粒和小磨粒的浓度，在位于磁铁内两端、相距

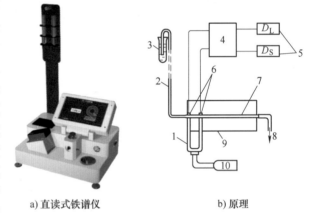

a) 直读式铁谱仪　　　　　b) 原理

图 6-39　直读式铁谱仪及其原理
1—光导纤维　2—毛细管　3—油样
4—处理器　5—LCD 显示器　6—光电池
7—玻璃沉积管　8—废油　9—磁铁　10—光源

5mm 的位置上安放两个测点，测点利用光导纤维引入两束稳定光源。第一道光束的位置接近沉积管的入口端，几乎全部大磨粒和部分小磨粒沉积在该位置。第二道光束的位置上，由于已远离沉积管入口端，大磨粒很难到达该位置，所以沉积管内主要为小磨粒沉积。在沉积管上方对应突出光线的位置上，设置了两个光电传感器，通过其接收到两光束的光强衰减量，反映出两个位置的磨粒数量。光电传感器的信号再经过放大和转换后以数字形式显示在 LCD 显示器上，形成大磨粒直读数 D_L 和小磨粒直读数 D_S（见图 6-40）。由于穿过磨粒沉积层的光信号衰减量与磨粒沉积量在一定的条件下成正比关系，所以大小磨粒直读数可以反映出试样中铁磁性大磨粒和小磨粒的浓度，起到磨粒定量分析的目的。

2. PQ 指数检测

PQ 指数也叫作磨屑指数，是一个无量纲参数，它表征的是润滑剂中铁磁性颗粒的含量。PQ 指数越大，表示润滑剂中的铁磁性磨粒含量越高。

PQ 指数的检测原理是电磁感应现象，即将待测油液置于一个励磁线圈中，样品中的铁磁性颗粒会引起线圈磁场变化，进而产生感应电流。通过测量感应电流的大小，将其转化为一个指数，就可以评估油液中铁磁性磨粒的含量。

PQ 指数检测仪如图 6-41 所示，它主要由励磁线圈、振荡器驱动线圈、上下感应线圈、放大器、处理器及显示器等组成，如图 6-42 所示。将待测样品置于上感应线圈上方的样品托盘中，样品的铁磁性颗粒会引起上感应线圈的磁场变化，通过检测上感应线圈与下感应线圈的磁感应信号差值，就可计算出样品中铁磁性颗粒的相对数量。

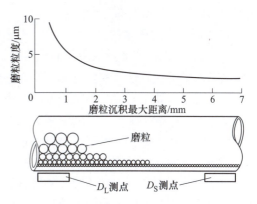

图 6-40　直读式铁谱仪玻璃沉积管磨粒沉积状态示意

图 6-41　PQ 指数检测仪

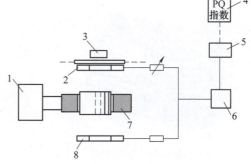

图 6-42　PQ 指数检测仪原理
1—振荡器制动线圈　2—上感应线圈
3—样品盒　4—显示器　5—处理器
6—放大器　7—励磁线圈　8—下感应线圈

与直读式铁谱分析相比，PQ 指数检测有以下优点。

1）检测的磨粒尺寸大。在直读铁谱检测过程中，样品要经过毛细管路，如果颗粒过大，则容易导致毛细管堵塞，因此直读铁谱不适用于检测毫米级的铁磁性颗粒。PQ 指数则不受此限制，即使肉眼可见铁磁性颗粒，也可以使用 PQ 指数仪器检测。

2）检测范围更广。采用直读铁谱检测磨损量较高的样品时，需要稀释到合适的倍数才能获得较为可靠的结果，而 PQ 指数的检测范围广，对于磨损量大的样品不需要稀释也能获得可靠的结果，因此 PQ 指数特别适用于类似齿轮箱的这种磨损量较大的机械设备润滑油监测。

3）操作简单，检测速度快。PQ 指数不需要对油品进行前处理，只需要简单地将样品转移到样品 PQ 样品盒中。如果取样瓶的设计满足检测需求时，甚至不需要对样品进行转移，直接将装有样品的取样瓶放入仪器检测即可，这大大地缩减了检测时间，也避免了因样品不均匀而导致转移过程中信息丢失。

3. 铁磁性磨粒含量检测

PQ 指数可以快速测量油中的磨粒浓度，但其测试结果是一个无量纲的指数，不能直接反应润滑油中的铁磁性磨粒含量，而铁磁性磨粒含量检测就解决了这一问题。铁磁性磨粒含量检测是近年来新研发的一种精确检测润滑油和润滑脂中铁磁性颗粒浓度的分析方法。该方法可以测量润滑剂中溶解状态到毫米级别的铁磁性磨粒含量，对于设备正常磨损产生的小磨粒和异常磨损产生的大磨粒都可进行测量。

铁磁性磨粒含量检测原理同 PQ 指数一样，也是利用电磁感应现象。当少量的在用油进入到一个磁感线圈中时，铁、镍、钴等铁磁性颗粒会与磁场发生相互作用，引起磁场变化，磁场变化又会引起磁感线圈中电流变化。电流的改变量与润滑剂中的铁磁性颗粒浓度成正比关系，由此可以获取铁磁性颗粒的浓度。

铁磁性磨粒含量检测采用的仪器（见图 6-43）是电磁式磁力计法，其核心是产生磁场的精确缠绕的磁感线圈。实验室将装有待测油脂的样品瓶放入测量仪器上的磁感应测量室内，通过测量充满腔室和空腔室之间的信号差异，确定样品铁磁性磨粒的含量，测量结果以 mg/kg 或质量百分比表示。铁磁性磨粒检测仪结构原理如图 6-44 所示。

图 6-43　铁磁性磨粒检测仪

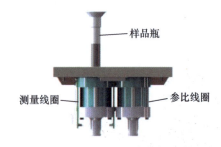

图 6-44　铁磁性磨粒检测仪结构原理

6.5.2　磨粒定量分析方法

定量分析是铁谱技术中的一个重要方面，可以反映机械设备磨损量的变化。上面所介绍的三种仪器均提供了良好的磨粒定量分析手段。下面以直读铁谱分析为例来介绍磨粒的定量分析方法。

1. 常用的定量参数

直读式铁谱仪可以从一个油样中得出两个参数，大磨粒读数 D_L 和小磨粒读数 D_S，以这两个参数为基础，可以获取多个定量参数。

（1）大磨粒读数 D_L

D_L 为直读式铁谱仪第一个光电传感器读出的读数，主要代表大磨粒（>5μm）的相对浓度，其中也包括少量小磨粒的相对浓度。入口端磨粒的沉淀体积与试样中的铁含量有关，因此它可以在一定程度上反映机器的磨损程度。

（2）小磨粒读数 D_S

D_S 为直读式铁谱仪第二个光电传感器读出的读数，主要代表小磨粒（1~2μm）的相对浓度。

（3）总磨损量 Q

Q 为大磨粒与小磨粒读数之和，$Q = D_L + D_S$。它反映了相对的磨损总量。如果磨损继续发展使总磨损量 Q 增加，甚至很快，说明设备存在非正常磨损。Q 的变化率大小反映了异常磨损的发展速度。

（4）磨损严重度 S

S 为大小磨粒读数之差，$S = D_L - D_S$。其含义为，在总磨损量中，严重磨损的大颗粒所占比重的大小。在严重磨损时，谱片上沉淀的大磨粒就多，因此它是不正常磨损的又一个重要标志。它的特点是对大磨粒的变化很灵敏。

（5）磨损严重度指数 I_S

I_S 为总磨损量与磨损严重度的乘积，即 $I_S = (D_L + D_S)(D_L - D_S) = D_L^2 - D_S^2$。从 I_S 的表达式可以看出，它的变化既与总磨损量有关，又与磨损严重度有关。一般说来，在正常摩擦磨损条件下，D_L 与 D_S 的数值较接近，只是在异常的磨损条件下，才会出现 D_L 值大大超过 D_S 值的情况，此时 I_S 值将很大，因此 I_S 峰值的出现是事故的征兆。

（6）累积总磨损量 $\sum(D_L + D_S)$ 和累积磨损严重度 $\sum(D_L - D_S)$

$\sum(D_L + D_S)$ 是系统总磨损量的累积值。其斜率代表磨损的变化率，斜率越大，磨损程度越严重，机械零件在同样工作时间下的尺寸损失越大。

$\sum(D_L - D_S)$ 是系统磨损严重度的累积值。其含义表示机械设备磨损过程中表征严重磨损的大磨粒的产生率。其斜率越大，大磨粒产生率越大，磨损越不正常。

在 $\sum(D_L + D_S)$ 和 $\sum(D_L - D_S)$ 对时间 t 的曲线图上，正常运行时将是两条几乎平行的曲线。若曲线上某一点突然相互靠拢，或两条曲线斜率在某一时刻迅速增加，就可以作为磨损严重化的特征。当两条曲线交叉时，表明机器开始损坏。

（7）大磨粒百分数 PLP

大磨粒百分数 PLP 表示磨损严重度对总磨损的比率变化，其计算方法见式（6-2）。当机器发生严重磨损而产生大量大尺寸磨粒时，PLP 值将显著增大。

$$PLP = (D_L + D_S)/(D_L - D_S) \times 100\% \tag{6-2}$$

（8）磨粒浓度 WPC

磨粒浓度 WPC 表示为每毫升未稀释样油的总磨损量，因此它与总磨损量保持一致。其计算公式见式（6-3）。WPC 急剧增加时，标志非正常磨损的出现。

$$WPC = (D_L + D_S)/V \tag{6-3}$$

式中　V——油样量（mL）。

2. 定量分析方法

常见的铁谱定量分析方法有趋势分析法、绝对值法、回归分析法和标准偏差动态预测法等。

（1）趋势分析法

趋势分析法是指以设备使用时间为自变量，以某一个或某几个定量参数为因变量，绘制出因变量与自变量之间的变化曲线，以此来分析设备磨损状态及变化趋势的分析方法，如图 6-45 所示。趋势分析法一般可以按以下 5 种类型来分析。

1）当磨粒浓度值没有变化或变化很小时，认为机器处于正常状态。

2）当磨粒浓度值有轻度缓慢的减少或增加时，一般也属于正常状态。这是考虑到有可能是由仪器误差、取样误差，以及润滑油少量的消耗或补充等随机因素造成的。

3）当磨粒浓度值有明显的增加或减少，通常表明异常。突然增加表明机器开始有故障；突然减少表明取样过程不完善，对润滑油的补充或更换未作记录报告或者是油样分析不当。这时应该查明原因，重新分析油样或适当缩短取样周期。

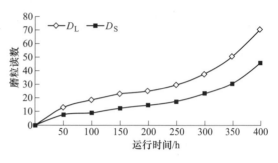

图 6-45　磨损变化趋势

4）当磨粒浓度值不规律地突增突减时，通常表明取样工作有问题，或者未及时报告润滑油的补充或更换情况。这时应该检查取样工作各步骤的执行状态，按取样要求重新取样分析。

5）当磨粒浓度急剧增加时，通常表明机器发生故障，应进一步分析查找。

（2）绝对值法

所谓绝对值诊断标准，是指建立各层次的阈值（通常为基准值 V_b、警告值 V_w 和危险值 V_c）以监控铁谱数据在整个监控期间的变化趋势。直读式铁谱仪可以测试油样量中的大小磨粒浓度，对这些数据进行统计分析，就可以制定铁谱定量参数的各层次阈值作为诊断标准（阈值的制定方法在本书后续章节将会详细讲述）。

在建立起诊断阈值后，对于一个待判样品所测读出的直读数 D_L，若 $D_L < V_w$，则判正常；若 $V_w \leq D_L < V_c$，则判警告；若 $D_L \geq V_c$，判断为危险。

（3）回归分析法

回归分析法用于铁谱定量分析，回归分析法统计一定数量的在用正常油样的磨损浓度实测结果，计算出铁谱定量参数值的回归方程，并计算该铁谱定量参数值的标准偏差，得出其一元线性回归方程，以此作为后续油样铁谱分析中磨粒浓度值的判断原则。

例如，将铁谱分析大磨粒浓度值进行一元线性回归计算，得出方程，即

$$D(t) = at + D_0 \tag{6-4}$$

式中　D——磨粒浓度值；

　　　t——机器运行时间（h）；

　　　a——磨粒浓度增加速率；

　　　D_0——磨粒浓度初值。

计算出磨粒浓度标准偏差 s；得出一元线性回归判断标准方程为

$$D'(t) = at + D_0 + 2s \tag{6-5}$$

由此得出判断原则如下。

1）当测定某机器的某磨粒浓度值在 $D(t)$ 线以下时，表明该磨粒浓度值处于正常状态。

2）当其值在 $D(t)$ 线与 $D'(t)$ 线之间时，表明该磨粒浓度值处于注意状态。

3）当其值在 $D'(t)$ 线以上时，表明该磨粒浓度值处于警戒状态。

（4）标准偏差动态预测法

此方法用于求出铁谱分析中定量指标值的标准差，以此进行动态预测。以磨粒总浓度

WPC 为例，以最近的 6 个油样的铁谱分析中的磨粒浓度值 WPC_i 作为计算数据组，即

基准线：
$$\overline{WPC} = \frac{1}{n} \sum_{i=1}^{n} WPC_i \tag{6-6}$$

注意线：
$$\overline{WPC} + 2s \tag{6-7}$$

警告线：
$$\overline{WPC} + 3s \tag{6-8}$$

式中　i——油样号；

　　　n——油样数；

　WPC_i——第 i 个油样铁谱分析的磨粒浓度值；

　　　s——标准偏差，通过式（6-9）计算得出，即

$$s = \sqrt{\frac{\sum_{i=1}^{n} (WPC_i - \overline{WPC})^2}{n-1}} \tag{6-9}$$

由此得出判断原则如下。

1）当下一个油样的 WPC 满足 $\overline{WPC} < WPC < \overline{WPC} + 2s$ 时，表明 WPC 值处于正常状态。

2）当下一个油样的 WPC 满足 $\overline{WPC} + 2s < WPC < \overline{WPC} + 3s$ 时，表明 WPC 值处于注意状态。

3）当下一个油样的 WPC 满足 $WPC > \overline{WPC} + 3s$ 时，表明 WPC 值已处于警告状态。

绝对值法与标准偏差动态预测及趋势分析法在公式的形式上几乎相同，但在技术意义上有着明显区别。前者是统计全部数值，建立的是一个不变的上下限值。后者是统计前 6 个油样测试结果，所建立的是随时间变化的标准，因此有一定的动态监测意义。

6.6　磨粒分析在油液监测中的应用

不同的机械设备有着不同的摩擦副，不同的摩擦副运动形式和磨损形式也不同，因而也会产生不同特征的磨粒。磨粒分析就是根据磨粒推断出摩擦副表面发生的磨损过程及其失效类型，内容包括根据磨粒的浓度和变化趋势分析磨损的发展过程并评估设备的磨损程度，以及根据磨粒的形态特征及成分判断机械设备磨损失效机理和故障原因。磨粒分析作为一种有效的磨损与润滑状态监测的工具，以铁谱技术为代表的磨粒分析技术正在设备磨损状态监测中发挥着日益重要的作用。

6.6.1　磨损的发展过程及其磨粒特征

机械设备摩擦副的典型磨损过程经历磨合、正常磨损、异常磨损乃至失效等几个阶段，每个阶段设备所处的磨损状态不同，因而产生的磨粒也具有不同的特征。

1）磨合阶段：加工安装后的摩擦副表面存在微观和宏观几何缺陷，配合面在开始摩擦时的实际接触峰点压力很高，磨损较为剧烈，生成的磨粒主要来源于表面光滑化过程中被破碎的磨削波纹和各种表面凸起所形成的碎片，因此磨粒种类较多，且磨粒的尺寸范围变化也比较大。一个磨合期内的油样，几乎囊括了所有异常类型的磨损颗粒，多种磨粒混杂在一起是磨合期磨粒的一个重要特征。

2）正常磨损阶段：经过磨合后，摩擦副表面形态逐渐改善，表面压力、摩擦系数和磨损率随之降低，摩擦副进入稳定的工作状态，此时产生的磨粒细小而均匀，颗粒均为正常磨

损颗粒且其尺寸一般不大于 $10 \sim 15 \mu m$。

3）异常磨损阶段：经过长时间的稳定磨损后，由于摩擦副对偶表面间的间隙和表面形貌的改变以及表层的疲劳，零部件的精度逐渐丧失，产生异常振动和噪声，摩擦副温度迅速升高，磨损率急剧增大，异常磨损颗粒尺寸与数量均明显增加。随着严重磨损的发展，颗粒数量与尺寸相应增大，而在接近灾难性失效时，颗粒尺寸常达数百微米甚至毫米级。

图 6-46 所示为磨损过程的理论曲线。从图 6-46 可看出，磨粒分析技术能有效地检测摩擦学系统在磨损发展过程中颗粒的变化规律，因而能够监测与诊断摩擦学系统的磨损状态与故障。应当指出的是，图 6-46 表明的是一个典型的磨损发展过程。但由于机器工作条件和磨损机理的差别，颗粒特征会有所改变。例如，腐蚀磨损并不遵循上述规律，而滚动轴承早期损坏的重要标志则是球状颗粒的急剧增加，这就需要视具体情况而作分析。

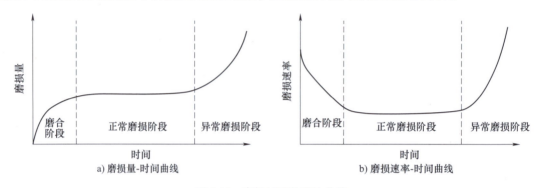

图 6-46　磨损过程的理论曲线

6.6.2　磨粒与机械故障的关系

在机械设备中，磨损是导致失效的最主要原因，不同的失效形式会产生不同特征的磨粒，根据磨损状态类型与磨损颗粒形态的相互关系，可以确定设备的失效机理和失效原因。

1. 正常磨损产生的磨粒

摩擦磨损即正常滑动磨损。零部件正常磨损时，其表面会形成约 $30 \mu m$ 的均匀微晶结构层，称为切混层。切混层具有极高的延展性，可沿着表面滑动数百倍于其厚度的距离。它虽有着与金属基体同样的组成元素，但已不再具有长晶格序的结构，因此在相对摩擦面的反复滑动和碾压作用下，切混层会发生疲劳，出现纵向裂纹，继而水平发展、连通、脱落，这是一个正常的磨损现象。此时产生的磨粒多呈薄片状，表面光滑，多数粒径<$5 \mu m$，一般≤$15 \mu m$，厚度在 $0.15 \sim 1 \mu m$ 之间，形状不规则，如图 6-47 所示。

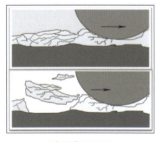

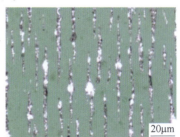

a) 摩擦磨损原理　　　　　　b) 摩擦磨损表面　　　　　　c) 摩擦磨损颗粒

图 6-47　正常磨损及其产生的磨粒

有研究表明，在接触应力和相对滑动运动的综合作用下，切混层会不断产生，因此摩擦磨损就是切混层不断剥落、再产生、再剥落的过程，只要切混层稳定，表面即处于正常磨损状态，产生的磨粒也都属于正常磨损颗粒。通常情况下，正常磨损期间，磨粒的浓度变化较为稳定，如果正常磨损颗粒的数量急剧增加，则可能是故障的先兆。

2. 黏着磨损产生的磨粒

当摩擦副相对滑动时，由于黏着效应所形成的结点发生剪切断裂，接触表面的材料从一个表面转移到另一个表面的现象称为黏着磨损。

当摩擦副接触时，接触首先发生在少数几个独立的微凸体上。因此，在一定的法向载荷作用下，微凸体的局部压力就可能超过材料的屈服应力而发生塑性变形，继而使两摩擦表面产生黏着；此后，在相对滑动过程中，如果黏着点的剪切发生在界面，则磨损轻微；如果剪切发生在界面以下，则材料就会从一个表面转移到另一个表面，继续滑动，一部分转移的材料分离，从而形成游离磨粒，如图 6-48 所示。

发生黏着磨损时，在润滑油中可以观测到严重滑动磨粒。按照形成原因的不同，又可以将严重滑动磨粒分成擦伤磨粒和黏着磨粒。擦伤磨粒是在过高的载荷或速度下，摩擦副表面的应力过高时产生的磨粒，擦伤磨粒一般在 15μm 以上，表面有划痕，通常具有平直的棱边。黏着磨粒是因过高载荷或速度而产生高温后油膜被击穿，导致局部干摩擦时产生的磨粒，黏着磨粒表面具有局部氧化的特征，表面和棱边也有拉毛的迹象。当设备发生黏着磨损时，通常在润滑油中还可以观察到大量氧化物。汽缸套与活塞环、齿轮节线与齿根或齿顶之间，以及内燃机轴承损伤的异常磨粒均为严重滑动磨粒。

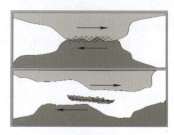

a) 黏着磨损机理　　　　　b) 轴颈产生的黏着磨损　　　　c) 黏着磨损产生的磨粒

图 6-48　黏着磨损及其产生的磨粒

3. 磨料磨损产生的磨粒

外界硬颗粒或者对磨表面上的硬凸起物或粗糙峰在摩擦过程中引起表面材料脱落的现象，称为磨粒磨损。磨粒磨损会产生切削磨粒。

在相对运动的摩擦副表面，产生磨粒磨损的方式有如下两种途径。

（1）二体磨料磨损

两摩擦副表面中，其中一个物体上的硬质颗粒或者较硬表面的粗糙峰对软表面产生犁削作用导致的表面损伤，就是二体磨料磨损。二体磨料磨损产生的切削磨损磨粒通常比较粗大，长度一般>25μm。如果系统中大切削磨损磨粒（长 50μm）的数量不断增多，则预示零件可能发生磨损失效。二体磨料磨损通常发生在不同材料组成的摩擦副上，如活塞-缸套摩擦副。图 6-49 所示为二体磨料磨损表面损伤及其产生的磨粒。

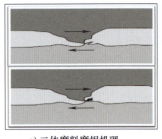

a) 二体磨料磨损机理　　　　　b) 缸套表面磨料磨损　　　　　c) 二体磨粒磨损产生的切屑

图 6-49　二体磨料磨损表面损伤及其产生的磨粒

（2）三体磨料磨损

润滑系统中存在一些坚硬的磨料（如石英砂粒、磨粒），这些磨料移动于两摩擦副之间，对两表面产生研磨，这种磨损方式就是三体磨料磨损。以这种方式产生的切削磨损磨粒，尺寸一般都比较小，可能会形成细长线性磨粒。若系统中出现大多数小尺寸（几微米）切削磨损磨粒，则应怀疑有磨料存在。图 6-50 所示为三体磨料磨损表面损伤及其产生的磨粒。

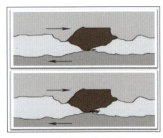

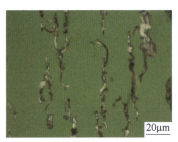

a) 三体磨料磨损机理　　　　　b) 轴瓦表面的磨粒磨损　　　　c) 三体磨粒磨损产生的切屑

图 6-50　三体磨料磨损表面损伤及其产生的磨粒

但需要说明的是，当润滑系统中存在磨料时，会使系统的磨损率增大，但并不一定就产生切削磨损。例如，对于硬度相近的两个摩擦表面，磨料的存在不会产生切削磨损，但会增大磨损速率。

4. 疲劳磨损产生的磨粒

两个相互滚动或滚动兼滑动的摩擦表面，在交变接触应力的作用下，表层产生塑性变形，在表层薄弱处引起裂纹，裂纹不断扩大并发生断裂，从而造成点蚀或剥落的现象，叫作疲劳磨损。疲劳磨损会形成疲劳磨损颗粒，包括球状磨粒、片状磨粒和块状磨粒。

（1）疲劳点蚀

疲劳点蚀是齿轮箱最常见的失效模式之一。疲劳点蚀最初特征是零部件表面出现疲劳裂纹，然后在不断的接触过程中，由于润滑油被挤入裂缝中产生高压，因此使裂纹加速扩展，当裂纹扩展到一定深度时，连接部分因承受不住高压而断裂，使材料小片脱落，最后在零件表面形成麻点状小坑，这种现象就是疲劳点蚀。图 6-51 所示为疲劳点蚀机理及其产生的磨粒。

（2）疲劳剥落

当表面接触压应力较大、而摩擦系数较小时，其初始裂纹往往在表面以下萌生并扩展，

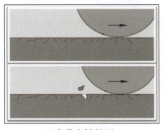  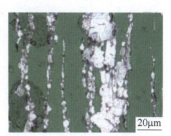

a) 疲劳点蚀机理　　　b) 齿面疲劳点蚀　　　c) 疲劳磨损磨粒

图 6-51　疲劳点蚀机理及其产生的磨粒

疲劳破坏大都突然发生，材料块状脱落，破坏区较大，这种疲劳磨损的形式称为剥落。剥落过程产生的磨粒最大尺寸可达上百微米。随着剥落由微观向宏观发展，直至磨损失效，磨粒的尺寸会不断增大，可根据>10μm磨粒的数量是否增加来判断设备是否存在早期的异常磨损。图6-52所示为疲劳剥落机理及其产生的磨粒。

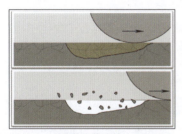  

a) 疲劳剥落机理　　　b) 齿面疲劳剥落　　　c) 疲劳剥落产生的块状磨粒

图 6-52　疲劳剥落机理及其产生的磨粒

5. 腐蚀磨损产生的磨粒

在摩擦过程中，由于机械作用以及金属表面与周围介质发生化学或电化学反应，共同引起的表面损伤，叫作腐蚀磨损。腐蚀磨损实际上是特定情况下的金属材料氧化作用，摩擦副表面之间的机械摩擦破坏了最外层具有保护作用的氧化膜后，使金属材料与润滑介质中的水分、酸碱成分接触，对表面造成腐蚀，大大削弱了材料表面原有的耐磨性，加快了材料磨损。当摩擦副出现腐蚀磨损时，通常会产生亚微米级腐蚀磨粒。例如发动机中，燃料油的硫燃烧后生成SO_2气体，冷凝后生成H_2SO_4，使润滑油中的酸性升高，对设备金属表面造成腐蚀，就会形成亚微米级磨粒。图6-53所示为腐蚀磨损机理及其产生的磨粒。

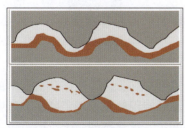  

a) 腐蚀磨损机理　　　b) 蜗杆表面腐蚀磨损　　　c) 腐蚀磨损产生的亚微米级磨粒

图 6-53　腐蚀磨损机理及其产生的磨粒

6.6.3 磨粒分析技术在设备润滑磨损状态监测中的应用

磨粒分析技术通过对机器润滑油中磨粒的分析，实现对设备运行状态进行监测及故障诊断。它所研究的对象可以从一对简单的摩擦副到一个复杂的摩擦系统。该技术在飞机和汽车发动机、铁路机车及船舶柴油机中研究应用较多。随着现代产业机械化、自动化程度的提高，运动机械故障、事故引发的后果越趋严重，通过铁谱技术对这些故障及事故的早期诊断和预报的研究就越显重要。

1. 磨粒分析在柴油机状态监测中的应用

柴油机是工矿企业及交通运输行业的重要动力机械，具有摩擦副多、润滑状态复杂、工作条件恶劣，以及使用材料品种多等特点。据统计，一台6缸柴油发动机中有600对以上的摩擦副，而每一对摩擦副的润滑状态又随着运转参数的变化而变化。长期以来，柴油机的磨损，特别缸套-活塞环、凸轮-挺杆、曲轴-轴承这三大摩擦副的磨损一直是影响柴油机性能和使用寿命的关键问题。因此，研究在不解体、不停车的情况下，对柴油机润滑油定量抽样检查，以监测其磨损状态，预防和诊断机械故障，提高设备运行可靠性等，都有重要意义。

铁谱技术自出现以来，就广泛应用于柴油机状态监测与故障诊断，我国已有相当多的科研院校与企业在积极从事相关的研究工作。铁谱分析在柴油机的状态监测应用具体表现在三个方面：一是柴油机的磨损状态监测与工况诊断；二是柴油机的润滑磨损故障识别与分析；三是柴油机的磨合特性研究。

（1）柴油机的磨损状态监测与工况诊断

通过定量铁谱分析可以监测柴油机的磨损状态以及设备工况的磨损率，从而给出柴油机的磨损趋势图并进行其工况诊断。在进行柴油机状态监测时，不同型号的柴油机、不同的工况将会有不同的磨损趋势图。通过对所监测的柴油机的长期监测，记录特定工况条件下该设备的磨损趋势图，可以制定出合理正常磨损基准线、异常磨损警戒线及严重磨损限制线，从而为设备的现场状态监测提供判断准则。图6-54所示为某柴油机磨损严重度指数 I_S 监测趋势图。

（2）柴油机润滑磨损故障识别与分析

润滑磨损故障识别与分析是指通过磨粒分析对设备的磨损部件进行识别，对磨损机理进行研究，以查找故障原因。如前所述，柴油机的摩擦副多，工况变化多端，其润滑油中所含有的磨粒种类非常多，且不同磨损形式所产生的磨粒特征也不同，通过对磨粒进行加热分析，可以确定磨粒的材料成分，从而在不解体、不停车的情况下辨明磨粒的来源及磨损的部位；通过对磨粒的形貌进行分析，可以判断摩擦副的磨损类型，并分析其形成原因。例如，严重滑动磨损颗粒的出现往往意味着润滑不良，红色氧化物的出现通常意味着水分污染。图6-55所示为柴油机的主要摩擦副及其材料。

（3）柴油机的磨合特性研究

机械零件的磨损过程一般要经历磨合磨损、稳定磨损、急剧磨损三个阶段，铁谱技术的出现，使机械零件三个磨损阶段的研究更加深入。磨损监测最开始仅侧重于稳定磨损和急剧磨损的监测，随着铁谱技术的发展，磨合磨损作为机械零件磨损不可逾越的一个阶段，也越来越受到人们的重视。英国Swansea大学摩擦学研究中心早在1977年就将铁谱技术用于柴油机的磨合研究，国内也有不少科研单位积极开展这方面工作，并已取得成果。

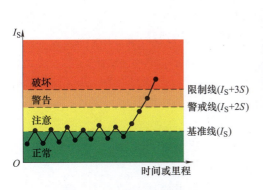

图 6-54　某柴油机磨损严重
度指数 I_S 监测趋势图

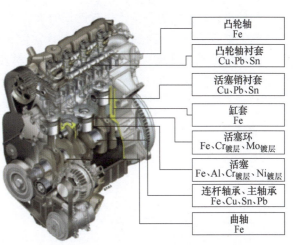

图 6-55　柴油机主要摩擦副及其材料

磨粒分析技术应用于柴油机磨合特性研究是基于磨合的不同阶段产生的磨粒特征也不同这一特点来进行的，磨合初期，由于摩擦副表面粗糙，润滑油中颗粒数量将急剧增加至最大值，不正常磨损颗粒尺寸也相应增大，此时设备的磨合较为剧烈。随摩擦副磨损速率逐渐降低，磨损颗粒尺寸也逐渐减小。当颗粒浓度水平与尺寸水平接近正常磨损水平时，磨合即基本结束。直读式铁谱和分析铁谱技术都能有效地显示柴油机润滑油中颗粒浓度与尺寸变化，因而能成功应用于柴油机磨合特性研究，为修订柴油机的磨合规范提供理论依据。

2. 磨粒分析在齿轮箱状态监测中的应用

齿轮传动是机械系统中应用最广、最重要的组成部分之一。它的运行状态将直接影响机械系统的工作状况。图 6-56 所示为齿轮传动的工作规范及对应的齿轮失效形式。图 6-56 中横坐标是齿轮工作线速度，纵坐标是齿轮工作载荷（或扭矩），这两个参数的大小变化决定了齿轮的工作规范及其失效形式。

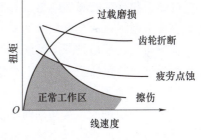

图 6-56　齿轮传动的工作规范及失效形式

在过载磨损线的左侧，齿轮磨损是因低速重载的工作条件造成齿面润滑油膜破裂而产生的。此时生成的磨粒为尺寸很大的片状磨粒，其长度与厚度比约为 10∶1。磨粒尺寸取决于过载程度，部分情况下长度可达 1 mm，磨粒总量也远高于正常磨损。此时磨粒表面常显出滑动的擦痕，但因速度低，故没有因表面擦伤或发热而产生氧化的痕迹。

在齿面线速度较高时容易形成润滑油膜，因此可以承受较高的工作载荷。但超过疲劳点蚀线就会在齿轮节线附近产生疲劳点蚀磨损，此时会产生大而厚的疲劳剥块，部分磨粒还会被带入摩擦表面进行二次碾压，形成层状磨粒。如果载荷更高，超过一定限度还会造成轮齿折断。

如果齿轮工作线速度增大，进入擦伤线的右侧，就会产生严重的擦伤或胶合磨损。此时，因为齿面润滑油膜破裂造成齿面拉毛，伴随着严重的热效应，出现明显的表面氧化磨损，形成表面粗糙且具有擦痕和拉毛现象的黏着颗粒，长度与厚度比约为 10∶1，有时会呈现黄蓝回火色，磨粒的总量比正常磨损时大。

无论是疲劳点蚀还是擦伤磨损，一旦发生，磨粒的产生速率就会增加，并使齿轮润滑油中的磨粒浓度很快升高。图 6-57 所示为国外学者采用直读式铁谱对某齿轮箱进行状态监测的结果，不难发现，在齿轮箱磨合时表现出较高的磨损率，随着齿轮箱磨合的完成，磨损率下降并趋于稳定，在齿轮箱进入破坏性磨损时期，其磨损率又迅速增大。

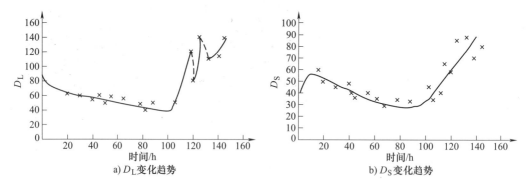

a) D_L 变化趋势　　　　　　　　　　b) D_S 变化趋势

图 6-57　齿轮箱寿命试验 D_L、D_S 值随时间的变化趋势

由此可见，采用分析式铁谱技术对齿轮油中的磨粒进行观察分析，可以有效地识别齿轮失效模式，预报齿轮传动异常磨损的发生和磨损状态的转变。

3. 磨粒分析在液压系统状态监测中的应用

液压系统是一种利用液体压力来传递能量的装置，广泛应用于各行业设备的驱动和控制系统中，在液压系统中应用铁谱技术进行工况监测，可有效地指导系统的维护与管理，早期发现可能引起严重破坏的隐患，并可对磨损程度、原因等进行分析，因而对提高液压系统运转可靠性与磨损寿命具有积极的意义。

众所周知，磨损是液压系统早期失效的最主要原因。同其他机械设备一样，液压系统典型的磨损过程也包括正常磨损、异常磨损初期、严重磨损直至破坏性失效几个阶段。

（1）正常磨损

从磨合阶段进入正常磨损时期后，磨损严重度指数 I_s 和累积总磨损量 $\sum (D_L + D_S)$ 的数值会下降，并保持平稳或小幅度波动。对于清洁度要求较高的液压控制系统，正常磨损阶段是尺寸 <5μm 的正常摩擦磨损颗粒，磨粒数量较少，在铁谱片上基本不会形成连续的沉积链，这个阶段不会有异常磨损颗粒存在。对于工作条件恶劣的液压传动系统，正常磨损阶段的磨粒尺寸一般 <15μm，铁谱片入口处偶尔会有极个别的严重滑动磨损颗粒、细小的切削磨损颗粒，以及一些外来污染颗粒。

（2）异常磨损初期

异常磨损初期，磨损严重度指数 I_s 和累积总磨损量 $\sum (D_L + D_S)$ 可能出现持续增加或较大的波动。铁谱片上的磨粒主要以细小的切削磨粒为主，但这个时期会产生少量尺寸在 15μm 左右的严重滑动磨损或黏着磨损颗粒，同时伴有一定数量的黑色氧化物，偶尔会出现少量的有色金属磨粒。此时，液压系统的运转仍很正常，但这些磨粒会增大系统的磨损速率，使系统磨损寿命大幅降低，存在着发生严重磨损的风险。但是，由于不正常磨损可在较长时间内不影响机器正常运转及性能参数，因此经常不被设备管理和操作人员重视。

（3）严重磨损阶段

当液压系统处于严重磨损阶段时，磨损严重度指数 I_s 和累积总磨损量 $\sum(D_L+D_S)$ 常明显增加，且始终维持在高值水平。摩擦副会发生严重滑动、黏着及磨粒磨损，铁谱片上的磨粒以大尺寸的切削磨损颗粒为主，但在铁谱片的入口区会沉积较多尺寸>15μm 的严重滑动磨损颗粒及黏着磨损颗粒，部分金属磨粒表面会呈现高温回火色，此外还可能出现较多黑色氧化铁、外界污染颗粒，以及大量润滑油氧化变质产物。此时系统的磨损速率很高，表面损伤程度也较严重，有时伴有诸如油温升高、振动、噪声增加，以及油变质、变色等，如没有及时干预，往往会发展成为破坏性磨损，造成系统突然损坏。

（4）破坏性失效阶段

失效阶段是指液压系统磨损极其严重，已经对液压系统造成了损坏，此时磨损严重度指数 I_s 和累积总磨损量 $\sum(D_L+D_S)$ 急剧增加，其数值往往是正常磨损值的几倍甚至几十倍。处于这个阶段的液压系统主要磨损型式依然是磨粒磨损和黏着磨损。磨粒磨损会产生大量的大尺寸切屑，宽度可达 10~20μm，长度可达数百微米。黏着磨损会产生大量的黏着磨损颗粒和严重滑动磨损颗粒，尺寸可达几十甚至上百微米。不论是切削磨粒还是黏着磨损颗粒，表面都会有明显过热现象。此外，铁谱片上还会有大量的黑色氧化铁、污染物和油液氧化产物。

------ 参 考 文 献 ------

［1］中国机械设备故障诊断学会铁谱技术专业委员会．第一届铁谱技术学术交流会论文集［C］.1986.

［2］杨其明．磨粒分析：磨粒图谱与铁谱技术［M］.北京：中国铁道出版社，2002.

［3］张鄂．铁谱技术及其工业应用［M］.西安：西安交通大学出版社．2001

［4］杨其明，严新平，贺石中，等．油液监测分析现场实用技术［M］.北京：机械工业出版社，2006.

［5］卿华，王新军．飞机油液监控技术［M］.北京：航空工业出版社，2011.

［6］丁光健，胡大樾．铁谱技术及其应用（六）：铁谱技术在摩擦学系统状态监测与故障诊断中的应用［J］.润滑与密封，1988（5）：53-59.

［7］刘建辉，杜永平．铁谱分析在设备监测诊断中的应用与发展前景［J］.机械工程师，2007（3）：43-44.

［8］丁光健．铁谱监测技术的评价与摩擦学诊断技术［J］.润滑与密封，1987（3）：3-8.

［9］肖汉梁，严新平，朱新河，等．铁谱技术应用调查报告：第五届全国摩擦学学术会议论文集（上册）［C］.中国机械工程学会摩擦学分会，1992.

［10］KATO K. Micro-mechanisms of wear—wear modes［J］. Wear, 1992, 153（1）：277-295.

［11］WILLIAMS J A. Wear and wear particles—some fundamentals［J］. Tribology International, 2005, 38（10）：863-870.

［12］BILLI F, BENYA P, Ebramzadeh E, et al. Metal wear particles：What we know, what we do not know, and why［J］. International Journal of Spine Surgery, 2009, 3（4）：133-142.

［13］KUMAR M, SHANKAR MUKHERJEE P, MOHAN MISRA N. Advancement and current status of wear debris analysis for machine condition monitoring：a review［J］. Industrial Lubrication and Tribology, 2013, 65（1）：3-11.

［14］董光源．铁谱技术在液压系统状态监控和故障诊断中的应用［J］.液压与气动，1988（2）：47-49.

［15］王亨祺．铁谱技术在液压系统中的应用［J］.设备管理与维修，1992（9）：23-24.

［16］顾良云．ND5型机车柴油机铁谱磨粒分析［J］．铁道机车与动车，2002（8）：31-35．

［17］肖汉梁．柴油机磨损磨粒的铁谱分析［J］．武汉水运工程学院学报，1983（3）：4-11

［18］黄林，樊瑜瑾．铁谱技术在判断发动机磨损状态中的应用研究［J］．机械研究与应用，2006，19（4）：62-63．

［19］严新平．柴油机磨损故障的铁谱诊断："第二届全国青年摩擦学学术会议"论文集［C］．武汉：中国机械工程学会摩擦学分会，1993．

［20］刘晓菡，刘哲．铁谱分析技术在齿轮检测中的应用［J］．煤矿机械，2004（9）：2．

［21］楚恒燕．油液铁谱分析及其在设备故障诊断中的应用［J］．科技信息（学术研究），2007（7）：208-210．

［22］叶超．基于铁谱技术的机械磨损故障诊断研究［D］．昆明：昆明理工大学，2009．

［23］Seifert W W, Westcott V C. A method for the study of wear particles in lubricating oil［J］. WEAR, 1972, 21：27-42.

［24］EVANS C. Wear debris analysis and condition monitoring［J］. NDT INTERNATIONAL, 1978, 6：132-134.

［25］ROYLANCE B J. Ferrography -then and now［J］. Tribology International, 2005, 38：857-862.

第 7 章　油液在线监测技术

随着机械设备不断向大型化、复杂化、自动化、成套化和智能化方向发展，对设备的可靠性提出了更高的要求，传统的离线油液监测结果有一定的滞后性，不能及时为设备的视情维修提供充分保障，而在线监测技术手段以其连续性、实时性和同步性等优点，近年来在油液监测技术领域得到了快速发展和应用。油液传感器及在线监测装置和系统的研制是油液监测技术研究和开发的热点，旨在解决大型连续作业设备、关键设备和安全性要求高的设备润滑磨损状态及故障的实时现场监测与诊断问题。

7.1　油液在线监测技术概述

油液在线监测是指在设备运行状态下，通过油液传感器实时监测在用润滑油的性能变化及其携带的磨损和污染颗粒的状态，获取设备的润滑和磨损状态信息，诊断机械设备摩擦学系统发生异常的部件以及异常程度，为开展针对性维护、修理及视情维护等提供依据的一门状态监测技术。油液在线监测消除了离线监测人为取样不确定的因素，使企业能及时了解设备的工作状态，具有重要的现实意义。开展油液在线监测基础理论研究、研发油液监测传感器、开发设备综合诊断分析系统以及多信息融合技术等是油液监测技术领域研究的重要方向。油液在线监测具有三个重要特征：监测过程的实时性；监测过程的连续性；监测结果与被监测对象运行状态的同步性。根据在线监测仪在润滑系统中的安装形式可分为两种：一种是直接安装在主油路中，称为 In-line 在线监测；另一种是安装在附加的旁路油路中，称之为 On-line 在线监测。"在线"概念的本质必须包括在线取样和在线分析两个内容。

油液在线监测的必要性主要体现在以下几个方面。

（1）系统时变性的要求

摩擦学系统是一典型的时变系统，其部分或全部结构参数是时间的显函数。因此，对摩擦学系统应该实施连续不间断的周期性监测。在实施离线监测时，虽然通过缩短采样间隔可以作些弥补，但这不仅使工作量增加，还会有丢失重要信息的可能。摩擦学系统的复杂性和时变性导致了其工作状态的不确定性，因此对设备进行在线监测的要求必不可少。

（2）监测层次的要求

油液监测技术的不同方法可以反映设备不同层次的运行状态信息。例如，磨粒数量反映的磨损速率可通过光谱、铁谱方法来测定；磨粒尺寸和分布特征可通过铁谱仪和颗粒计数器来反映；磨粒图象识别系统产生的磨粒形貌特征有助于对磨损的类型和机理进行研究；磨粒的成分则可表明磨损的部位。而在实际工程中应用监测技术，并不要求使用全部方法去获得全部信息，在很多场合只要达到某个层次的状态监测即可。因此，离线和在线体现了监测时间的层次性。对某些设备，离线取样时间间隔会造成一些特征信号的流失，无法把握故障的时变规律，同时也不符合特征信息诊断原则。

（3）监测效益的要求

离线监测有时要求油样状态服从仪器操作的要求。例如，取样以后要经过油样稀释、磨粒分离等过程，不但改变了油液的物理状态，甚至有可能改变了原始信息。监测中的大量精力花费在前期工作上，而捕捉到的异常油样毕竟又是少数。在线监测则要求仪器服从监测油样的要求，不改变、不损耗油液特性，维持油液原始形态，并可减少人为的影响。

（4）特殊作业的要求

对于某些流动性移动设备、连续作业设备，或工作环境恶劣、危险性高的设备，工作人员或不可能直接取样、及时取样。如船舶、舰艇属于离岸作业方式，具有流动性强的特点，即便定时取样，也不可能及时送到地面实验室。而在线监测技术则可以在航行中进行现场诊断，快速获得分析结果，有利于加强船舶的维护、保养和维修管理，提高船舶的在航率。另外，也避免了传统油液监测技术中时间滞后带来的问题。

在线监测消除了人为的不确定性因素，取样和检测几乎同时进行，没有时间间隔。只要安装位置选择合适，则基本上解决了取样代表性的问题，对系统误差也易排除。这是常规离线监测手段所不能达到的。因此，针对设备润滑安全的监测，由于在线监测技术具有监测实时性的特点，所以研究人员对其已经开展了深入的研究，并且在石化、电力、轨道交通等行业中得到了广泛的应用，保障设备的运维安全。

7.2 油液在线监测传感器技术

油液在线监测依靠监测传感器对油液的油质状态及设备的磨损信息进行实时监测，因此，实现对油液进行在线监测，首先要对油液在线监测传感器技术进行研究，下面主要针对油液水分传感器、黏度传感器、油液品质传感器、颗粒监测传感器以及相关传感器技术进行介绍。

7.2.1 油液水分传感器

水分传感器可以实现对油液中水分含量的实时监测。国内外开发的油液水分传感器技术主要采用电学方法，其原理就是利用油液的电化学性能（如介电常数）来反映油液污染状况，通过油的电化学性能参数对水分又特别敏感这一特性来实现。根据监测原理的不同，传感器采用的电学方法主要分为电阻法和电容法。电阻法是通过测量油液中的电阻值变化来间接反映水分含量的方法。水分的导电性比较强，因此当水分含量高时，电阻值会相应减小。但是电阻法对水分含量的微小变化不够敏感，不如电容法精确。电容法利用油液中水分对介电常数的影响来实现水分含量的监测。由于水对介电常数的影响敏感，电容法通常具有高灵敏度，能够准确探测到微小水分变化。国外维萨拉油液微水传感器以其世界领先水平的技术，利用电容法对油液中的水分进行精确监测，凭借其高灵敏度、准确性以及出色的耐用性和可靠性，赢得了业界的广泛认可。国内广州机械科学研究院研发的微量水分传感器和含水率传感器，同样采用电容法作为其核心测量原理，不仅能够实时准确地监测油液中的微量水分，而且在性能上已经超越了一些国外知名品牌的同类产品。

1. 薄膜电容式微量水分传感器

（1）薄膜电容检测原理

薄膜电容式微量水分传感器是基于电容式湿敏元件的感湿原理制成的，如图7-1所示。当电容式湿敏元件吸附环境中的水分子时，其介电常数也随之变化，吸附水分子越多，介电常数越大，电容型湿敏材料的容值也越大。

电容式湿敏元件主要由基片、金属下电极、聚酰亚胺（PI）感湿薄膜、金属上电极组成，其中下电极为平板状，上电极为多孔结构，有利于水气分子通过多孔结构进出感湿薄膜。聚酰亚胺感湿薄膜的介电常数很小，当湿度变化范围为 0%RH ~ 100%RH 时，聚酰亚胺介电常数变化范围 2.9 ~ 7.7。同时水的介电常数较大，聚酰亚胺吸收水分子时，在外电场作

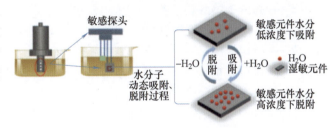

图 7-1 电容式湿敏元件动态工作示意

用下，通过引入强极性分子会发生极化，如果外电场一定，则随着湿度的增大，水分子的偶极矩分子增多，从而表现出介电常数增大。因此，以聚酰亚胺湿敏材料作为高分子感湿介质薄膜，该电容式湿度传感器的介质实际上是聚酰亚胺和水，该感湿薄膜所吸附或释放的水分子数量随着环境湿度的变化而发生改变，从而使得复合介电常数随之发生变化，最终引起电容的变化。

根据湿敏电容计算公式可知，湿敏电容的容值与湿度成正比。图 7-2 所示为电容式湿敏元件结构，图 7-3 所示为引线式湿敏电容感湿特性曲线。

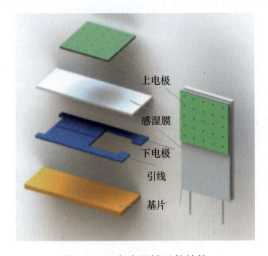

图 7-2 电容式湿敏元件结构

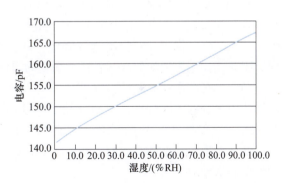

图 7-3 引线式湿敏电容感湿特性曲线

电容量与环境中水蒸气相对压力（p/p_0）的关系为

$$C = \varepsilon_0 \varepsilon_U \frac{S}{d} \tag{7-1}$$

$$\varepsilon_U = \varepsilon_r + a\varepsilon_{H_2O} W_U \tag{7-2}$$

$$W_U = b\left(\frac{p}{p_0}\right) = bU \tag{7-3}$$

式中　C——电容量；

　　　ε_0——真空介电常数（F/m），取值 8.854187817×10⁻¹²；

　　　ε_U——相对湿度为 U%RH 时高分子湿敏材料的介电常数；

　　　S——电容式传感器有效电极面积（m²）；

d——高分子感湿膜厚度（m）；

ε_r——0%RH 时的介电常数；

a、b——结构常数；

W_U——U%RH 时高分子单位质量吸附水分子的质量（kg）；

ε_{H_2O}——吸附水的介电常数。

电容式微量水分传感器通过湿敏元件对油液中的水分进行吸附、脱附，从而引起湿敏电容（可看作电容器）中介质介电常数的变化，从而改变电容器的电容量。传感器通过对电容量变化大小的检测来实现对油液中水分的状态监测。电容式湿敏元件的电路设计由触发器组成 R、C 多谐振荡器，利用电容的充放电特性形成充放电振荡波形。通过调节电阻，可使振荡频率发生变化，即

$$f \approx \frac{1}{RC\ln(k)} \tag{7-4}$$

式中　f——频率（Hz）；

　　　R——电阻（Ω）；

　　　C——电容（F）；

　　　k——常量。可推知振荡频率与电容 C 成反比关系，因此通过振荡频率的变化对应至湿度的变化。

相同水分含量的润滑油在不同温度下的饱和程度是不同的，例如，某润滑油在温度 32℃ 和 71℃ 时的水溶解度分别为 105ppm（1ppm = 10⁻⁶，下同）和 186ppm，当该润滑油中的水分含量为 150ppm 时，对 70℃ 时的该润滑油距饱和点还很远，而对于 30℃ 下的该润滑油，则水分含量已经饱和，若温度继续降低，则会继续析出游离态的水，增大对设备的损害程度。因此，仅用润滑油的水分含量来衡量润滑油的风险程度是并不可靠的。

因此，在润滑油的微量水分检测中引入"水活性"这一概念，主要是为了用它来表示润滑油中水分的饱和程度。水活性是油中的水分含量与其所能容纳的水分总量的比值，用 a_w 表示，其值在 $(0\sim1)a_w$ 之间，其在数值上等于周围环境的平衡相对湿度百分数，因此，可以通过对相对湿度的测量来得到润滑油的水活性，水活性越大，说明油液中的水分含量越接近饱和水分溶解度。

（2）水活性与油中水分含量的关系

由于水分在油中的溶解度主要受温度的影响，油中水分的溶解度 S 可以表示为

$$\lg S(T) = -\frac{A}{T} + B \tag{7-5}$$

式中　T——热力学温度（K）；

A 和 B——油液中水的溶解度系数。

根据油中水分含量 C_w 与水活性 a_w 呈线性关系，则

$$C_w = a_w \times S(T) \tag{7-6}$$

由式（7-5）、式（7-6）可得油液中水分含量在饱和点以下时水分含量与水活性和温度的关系，即

$$C_w = a_w \times 10^{\left(-\frac{A}{T+273.16}+B\right)} \tag{7-7}$$

因此，若润滑油的溶解度系数确定，即可通过温度和水活性计算出润滑油中的水分含

量。不同的油液具有不同的溶解度系数。取少量油样，使用卡尔费休滴定法得到油样的水分含量，同时测量出两个不同温度点下油样的水活性，代入式（7-7），通过解二元一次方程组即可计算出该油品的溶解度系数 A 和 B。

薄膜电容式微量水分传感器主要应用于对水含量要求比较严格的设备，当前工业领域所应用的传感器能够在 $-40\sim85℃$ 工作环境下实现油液 $(0\sim1)\,aw$ 水活性测量，在 $(0\sim0.9)\,aw$ 的范围内的精度为 $\pm3\%$，而在 $(0.9\sim1)\,aw$ 的测量范围内的精度为 $\pm5\%$，而且可以实现对不同油液中水分含量快速响应和准确测量，通过对传感器设置报警阈值，实现对油液水含量预警。

2. 叉指电容式宽量程水分传感器

油液中乳化水及游离水是油液中水分超过其溶解度后析出水或者水包油状态下的水分，也是油液中水分含量相对较高时的存在状态。叉指电容式宽量程水分传感器通过电容法实现对油液中微量水、乳化水及游离水的检测。油液中微量水检测原理同薄膜电容式微量水分传感器，但是其高分子材料吸水能力有限，并不适用于水分含量较高油液中水分的测量。乳化水及游离水测量利用叉指电容法，将叉指布置的两个电极作为电容器，将油液作为特殊结构电容器的电介质，通过叉指电容边缘效应有效地识别润滑油中是否含有水分（见图 7-4），测量油液中的乳化水和游离水，利用水分的介电常数远大于其他油液污染物的介电常数，通过测量传感器的电容值变化来反映油液介电常数的变化，进而推得水分含量的变化。因此，通过监测传感器的电容变化，就能够实现对润滑油中水分含量的准确检测和识别。

如图 7-5 所示，若待测材料为油水混合液时，叉指电容的电容值由平行板电容 C_1、边缘效应产生的电容 C_2 和 C_3 组成，其中 C_1、C_3 电容值在结构确定的条件下为固定值，C_2 的电容值取决于油水混合液的介电常数。

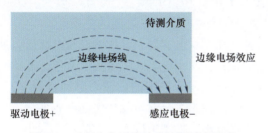

图 7-4　叉指电容边缘效应检测原理示意

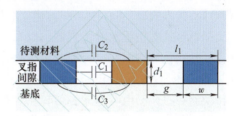

图 7-5　叉指电容检测原理示意

叉指电容的总电容值为 C，其总值为

$$C = (C_1 + C_2 + C_3) \times (2N - 1) \tag{7-8}$$

式中　N——叉指对数；

C_1——一对叉指节之间所产生的平板电容。电容值计算式为

$$C_1 = \varepsilon_0 \times \varepsilon_1 \times \frac{l \times d_1}{g} \tag{7-9}$$

式中　ε_0——真空介电常数（F/m）；

ε_1——相对介电常数；

l——叉指长度（m）；

d_1——电极厚度（m）；

g——叉指缝隙之间的距离（m）。

C_2 和 C_3 分别为一对叉指节待测油水混合物侧和基底材料侧由于边缘效应所产生的电容，电容可通过保角映射法计算，计算式为

$$C_2 = \frac{\varepsilon_0 \times \varepsilon_{\mathrm{mix}} \times l}{\pi} \ln \left[\left(1 + \frac{2 \times w}{g}\right) + \sqrt{\left(1 + \frac{2 \times w}{g}\right)^2 - 1} \right] \tag{7-10}$$

$$C_3 = \frac{\varepsilon_0 \times \varepsilon_2 \times l}{\pi} \ln \left[\left(1 + \frac{2 \times w}{g}\right) + \sqrt{\left(1 + \frac{2 \times w}{g}\right)^2 - 1} \right] \tag{7-11}$$

式中　w——叉指宽度（m）；

　　　ε_2——基底材料介电常数；

　$\varepsilon_{\mathrm{mix}}$——待测油水混合物介电常数。

油水混合物介电常数计算方法可采用 Maxwell-Garnett 等效介电常数模型和对数模型进行分段式计算，计算方法如下。

Maxwell-Garnett 介电常数模型（适用于低含水且离散相均匀分散在连续相中）为

$$\varepsilon_{\mathrm{mix}} = \varepsilon_{\mathrm{oil}} + 3 \times \alpha \times \varepsilon_{\mathrm{oil}} \times \frac{(\varepsilon_{\mathrm{w}} - \varepsilon_{\mathrm{oil}})}{\left[\varepsilon_{\mathrm{w}} + 2 \times \varepsilon_{\mathrm{oil}} - \alpha \times (\varepsilon_{\mathrm{w}} - \varepsilon_{\mathrm{oil}})\right]} \tag{7-12}$$

对数模型（适用于高含水且离散相非均匀分散在连续相中）为

$$\ln \varepsilon_{\mathrm{mix}} = \alpha \times \ln \varepsilon_{\mathrm{w}} + (1 - \alpha) \times \ln \varepsilon_{\mathrm{oil}} \tag{7-13}$$

式中　$\varepsilon_{\mathrm{oil}}$——润滑油的介电常数；

　　　ε_{w}——水的介电常数；

　　　α——水分含量。

将式（7-12）和式（7-13）分别代入式（7-10）中，并将式（7-13）、式（7-10）、式（7-11）代入式（7-8）中，即可建立润滑油水分含量与电容 C 之间的关系。

叉指电容式宽量程水分传感器可以看作一种平面测量电容器，其中油充当电介质。油中水分含量的变化分别引起电容和测量电路特性的变化。叉指电容式宽量程水分传感器检测电路（见图7-6）设计采用电容驱动器用频率振荡器产生固定频率的方波去驱动待测电容器，调制转换器会将待测电容器的容值转化成数字量；当油中水分含量变化引起电容变化时，数字滤波器将调制转换器测量的电容器容值滤波后再输出，输出值即为当前的容值大小。

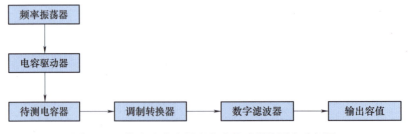

图7-6　叉指电容式宽量程水分传感器检测电路框图

当前，基于叉指电容法的油液水分传感器能在-40~85℃的工作环境下，测量溶解水的水活性，测量范围为（0~1）aw，且在（0~0.9）aw 的区间内，其测量精度达到±3%，而在（0.9~1）aw 的区间内，精度为±5%。对于游离水，含水率的测量范围广，可实现

0.05%～1%，绝对精度±0.05%；1%～10%，绝对精度±0.5%范围含水率的检测，能够实现较宽含量范围的水分监测。

7.2.2　油液黏度传感器

根据检测原理的不同，黏度传感器可以分为谐振式、热激励式和声波式等。目前，技术较为成熟、工程应用较多的是谐振式传感器，谐振式传感器又分为音叉式和悬臂梁式两种。音叉谐振式黏度传感器采用具有压电效应的石英晶体材料制成的石英音叉为敏感结构，通过石英音叉谐振频率与谐振阻抗反映不同油液的变化特性来实现对黏度的测量，基于音叉谐振式原理的传感器主要检测低黏度范围的油液。悬臂梁谐振式黏度传感器是基于机械谐振敏感元件的谐振式传感器，它通过谐振单元的谐振子在被测油液中受到的阻尼效应来反映油液黏度，基于悬臂梁谐振式的传感器主要检测高黏度范围的油液。

1. 音叉谐振式黏度传感器

音叉谐振式黏度传感器的核心检测单元是采用压电石英晶体材料制成的谐振音叉结构，由正逆压电效应实现机械振动与电信号的相互转换，进而通过浸没油液中石英音叉的谐振频率偏移与谐振阻抗变化，实现对黏度、密度及介电常数的测量。

石英晶体由二氧化硅（SiO_2）组成，是无色透明的固体，如图 7-7 所示，莫氏硬度 7，熔点 1750℃。除此之外，石英晶体具有良好的机械、电学及温度特性，也是一种重要的电子材料，被用作谐振器、滤波器及温度传感器等。石英晶体具有压电效应，对其某个方向加外力，晶体内电荷产生极化，晶体内部的正负电荷对会集中在压电晶体两个表面上，引起的电势差产生电场，晶体受力越大，电场强度越强，称为正压电效应。反之，逆压电效应是向石英晶体表面加电压激励，晶体会产生形变，压电效应实现了电能和机械能之间的耦合。对石英晶体三维坐标轴的某个方向沿一个角度切割称为石英晶体的切型。不同切型之间具有相异的电气、机械和温度特性，通常也用于不同的场合。例如 $X0°～5°$ 切型的石英晶体处于低频弯曲振动模式，通常将其加工成音叉状，具有高品质因数、稳定的振动频率。

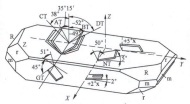
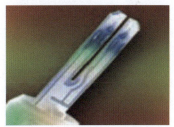

a) 石英晶体　　　　　　b) 石英晶体各种切型的位置　　　　　c) 音叉状敏感元件示意

图 7-7　石英晶体切型及音叉示意

石英音叉因具有压电特性而成为一种机电换能器，通过机电耦合系数将机械模型与电气模型相结合，石英音叉的机械模型与电气模型如图 7-8 所示。石英音叉的机械模型相当于质量-弹簧-阻尼二阶机械系统，如图 7-8a 所示，石英音叉的电气模型为 RLC 串联电路，如图 7-8b 所示。其中，RLC 对应石英音叉压电特性的等效电路，也称为音叉的动态支路，C_0 是由于音叉表面铺设的电极，导致音叉悬臂间耦合的寄生电容，也称音叉的静态支路。表 7-1 显示了石英音叉的机电耦合模型的对应关系。

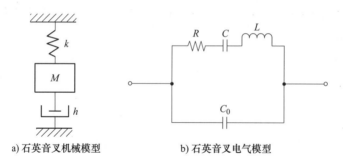

a) 石英音叉机械模型　　　　　　　b) 石英音叉电气模型

图 7-8　石英音叉的机电模型

表 7-1　石英音叉的机电耦合对应关系

机械参数	电气参数
h（阻尼）	R（电阻）
M（质量）	L（电感）
k（弹性系数）	C（电容）
x（位移）	q（电荷）
$v = \mathrm{d}x/\mathrm{d}t$（速度）	$i = \mathrm{d}q/\mathrm{d}t$（电流）
$Q = \sqrt{kM}/h$（品质因数）	$Q = \sqrt{L/C}/R$（品质因数）
$\omega_0 = \sqrt{k/M}$（谐振频率）	$\omega_0 = 1/\sqrt{LC}$（谐振频率）

音叉的机械结构可等效为悬臂梁模型，其有效质量计算式为

$$m = 0.2427\rho \times LWT \tag{7-14}$$

式中　m——有效质量（kg）；

　　　ρ——石英晶体密度（kg/m³）；

　　　L——音叉悬臂的长度（m）；

　　　W——音叉悬臂的宽度（m）；

　　　T——音叉悬臂的厚度（m）。

音叉谐振时，谐振频率与机械参数之间的关系为

$$f = \frac{1}{2\pi}\sqrt{\frac{k}{m}} = 1.015\frac{W}{2\pi L^2}\sqrt{\frac{Y}{\rho}} \tag{7-15}$$

$$k = \frac{1}{4}Y\frac{TW^3}{L^3} \tag{7-16}$$

式中　f——谐振频率（kHz）；

　　　Y——石英晶体的杨氏模量（Pa）；

　　　k——石英晶体的弹性系数（Pa）。

杨氏模量表征了固体材料对形变的抵抗能力。Y 值越大，材料的硬度也越大。对于石英晶体，$Y = 7.87 \times 10^{10}\,\mathrm{Pa}$。

在电气模型中，音叉的动态支路发生串联谐振时，串联谐振频率 f_0、等效电感 L 分别为

$$f_0 = \frac{1}{2\pi\sqrt{LC}} \tag{7-17}$$

$$L = \frac{1}{\omega_0^2 C} \tag{7-18}$$

式中　f_0——串联谐振频率（kHz）；

　　　L——等效电感（H）；

　　　C——电容（F）；

　　　ω_0——发生谐振时的角频率（rad/s）。

在不考虑 C_0 的影响下，石英音叉在串联谐振点的品质因数 Q、等效阻抗 Z 和等效导纳 Y 如式（7-19）~式（7-21）所示，由式（7-19）~式（7-21）可知，当石英音叉位于串联谐振状态时，角频率 $\omega = \omega_0$，其中 $\omega_0 = 2nf_0$，阻抗为阻性，无感性和容性，阻抗处于最小值。

$$Q = \frac{2\pi f_0 L}{R} = \frac{1}{2\pi f_0 RC} \tag{7-19}$$

$$Z(\omega) = R + j\omega L + \frac{1}{j\omega C} = \frac{j\omega RC + [1 - (\omega/\omega_0)^2]}{j\omega C} \tag{7-20}$$

$$Y(\omega) = \frac{1}{Z(\omega)} = \frac{\omega^2 C^2 R + [1 - (\omega/\omega_0)^2]j\omega C}{[1 - (\omega/\omega_0)^2]^2 + \omega^2 C^2 R^2} \tag{7-21}$$

式中　R——电阻（Ω）；

　　　j——虚数的虚部；

　　　ω——角频率（rad/s）；

　　　ω_0——发生谐振时的角频率（rad/s）；

　　　L——电感（H）；

　　　C——电容（F）。

音叉及其驱动电路中通常存在由音叉臂之间和引线之间的电容组成静态电容 C_0，当激励交流电压频率与谐振频率不等时，音叉等效阻抗受 C_0 的影响，式（7-22）为静态电容的阻抗，即

$$Z_p = \frac{1}{j\omega C_0} \tag{7-22}$$

音叉的 RLC 动态支路和 C_0 静态支路处于并联状态，它们之间的谐振称为并联谐振。设频率 f_a 时测量音叉的阻抗最大，此时发生并联谐振，图 7-9 所示为石英音叉在空气中的频率–阻抗谱。f_a 处的角频率 ω_a 的计算式为

$$\omega_a = 2\pi f_a = \sqrt{\frac{C_0 + C}{LC_0 C}} = \omega_0 \sqrt{1 + \frac{C}{C_0}} \tag{7-23}$$

此时，石英音叉的等效导纳计算式为

$$Y_1(\omega) = j\omega C_0 + \frac{\omega^2 C^2 R + [1 - (\omega/\omega_0)^2]j\omega C}{[1 - (\omega/\omega_0)^2]^2 + \omega^2 C^2 R^2} \tag{7-24}$$

记 $[1 - (\omega/\omega_0)^2]^2 + \omega^2 C^2 R^2 = M$，得

$$Y_1(\omega) = \frac{\omega^2 C^2 R}{M} + j\omega \left[C_0 + \frac{[1 - (\omega/\omega_0)^2]^2 C}{M} \right] \tag{7-25}$$

由上式可知，当 $\omega = \omega_0$ 时，$M = \omega_0^2 C^2 R^2$，阻抗最小，为音叉的串联谐振点；当 $\omega = \omega_a$ 时，

$M = (C/C_0)^2 + \omega_a^2 C^2 R^2$ 最大，阻抗最大，为音叉的并联谐振点。石英音叉的串联谐振频率不受静态电容的影响，仅阻抗大小受到影响。由于静态电容 C_0 的大小不确定，因此音叉的并联谐振频率不是稳定状态。通常测量其串联谐振频率以及谐振阻抗作为音叉的谐振点数据。

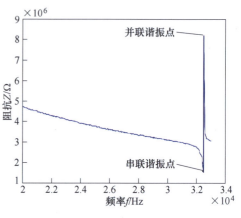

图 7-9　石英音叉频率-阻抗谱

图 7-10 所示为石英音叉在不同黏度油液中的频率-阻抗曲线，利用石英音叉的频率-阻抗特性中谐振阻抗与油液黏度的变化关系，可对油液黏度进行测量，串联谐振频率随着不同黏度密度的油液而偏移，故可引入串联谐振频率对密度进行回归解析；在低频激励下，石英音叉在不同介电常数的油液中的静态电容不同，其阻抗也不同，因此可通过对低频激励下石英音叉阻抗的变化来测量油液的介电常数。

基于该原理研制的黏度传感器，可以测量黏度为 $0.5 \sim 50\text{cP}$ 的液体，主要用于发动机润滑油、液压油、燃油及传动油等油液黏度监测。黏度 $>10\text{cP}$ 时，精度在 $\pm 2\%$ 以内，液体黏度 $< 10\text{cP}$ 时，测量偏差在 $\pm 0.2\text{cP}$ 内。密度测量范围在 $0.65 \sim 1.5\text{g/cm}^3$、测量偏差在 $\pm 2\%$ 以内时，也可以测量液体 $1.0 \sim 6.0$ 内的介电常数。

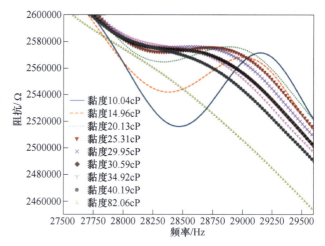

图 7-10　不同黏度油液中的频率-阻抗曲线

2. 悬臂梁谐振式黏度传感器

悬臂梁谐振式黏度传感器是基于机械谐振敏感元件的谐振式传感器，它通过谐振单元的谐振子在被测油液中受到的阻尼效应来反映油液黏度，谐振子在油液中谐振时响应波形受油液黏度的影响，不同黏度对应不同的响应波形，通过检测响应波形的变化来计算油液黏度信息。同时，以谐振子在油液中谐振时响应波形的频率反应密度，不同密度的油液，谐振子谐振时的频率不同，通过检测响应波形的频率来计算油液密度信息。

其原理性结构如图 7-11 所示。

对于悬臂梁谐振式黏度传感器，激励振动的方式有压电激励、电磁激励、热激励、声波激励等，其中压电激励振动应用较为广泛，其通常采用压电陶瓷的正逆压电效应来完成电能与机械能相互转换。压电陶瓷片受电场的极化作用会产生压电效应，具体表现在给压电陶瓷片施加与极化方向相同的电场时，陶瓷片会发生扩张，反之，则收缩。如图 7-11 所示，电极 1 和电极 2 分别施加电路中的信号 A 和信号 B，信号 A 和 B 的频率相同，相位差 $180°$，即当给电极 1 施加正电压时，电极 2 施加的是负电压。压电陶瓷片电极 1 和电极 2 部分受到的极化方向相同，若给电极 1 施加正电压时，电极 1 部分的压电陶瓷扩张，则电极 2 部分的压

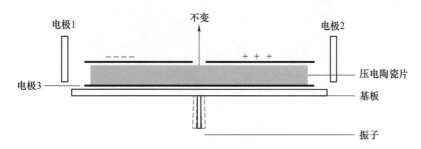

图 7-11　黏度传感器原理性结构示意

电陶瓷会收缩并发生振动。扩张和收缩形变会使基板呈弧形,中间部分形变最大,边缘部分形变最小,而两电极间的部分不发生形变。与压电陶瓷片相连的基板受到其形变的影响,使基板底部谐振子发生左右摆动,激励信号使陶瓷片与谐振子组成的结构体工作在谐振状态,此结构体因振动而获得能量,机械品质因数 Q 值,反映谐振系统消耗能量快慢的程度,则

$$Q = 2\pi \frac{E_S}{E_C} \tag{7-26}$$

式中　Q——机械品质因数;

　　　E_S——谐振敏感元件储存的总能量(J);

　　　E_C——谐振敏感元件每个周期由阻尼消耗的能量(J)。

向压电陶瓷片施加激励信号时,压电陶瓷片因电荷的存在而发生振动,即逆压电效应(产生"电-机"的过程),停止施加激励信号时,结构体因振动会使压电陶瓷片表面产生电荷,即正压电效应(产生"机-电"的过程),结构体的能量便在这种"电-机-电"的过程中逐渐损耗,表现在物理量上,电路检测到的信号电压会逐渐衰减,如图 7-12 所示。

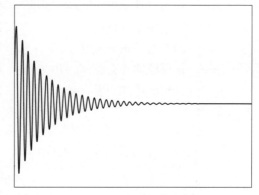

图 7-12　电压信号衰减曲线

1)理想状态下,激励信号施加在压电陶瓷片上后,驱使振子发生简谐振动,若撤去激励信号,振子在无外力的作用下发生自由振动;当振子在被测油液中自由振动时,会受到来自油液的阻尼作用,此时,振子的振动情况可近似等效为一个有阻尼单自由度振动系统的自由振动,其简化模型如图 7-13 所示。

其自由振动方程的一般形式为

$$m\ddot{u}(t) + c\dot{u}(t) + ku(t) = 0 \tag{7-27}$$

式中　c——阻尼器的等效黏性阻尼系数(N·s/m²);

　　　k——弹簧的等效刚性系数(N/m);

　　　m——质量块的等效质量(kg);

　　　t——系统振动时间(s)。

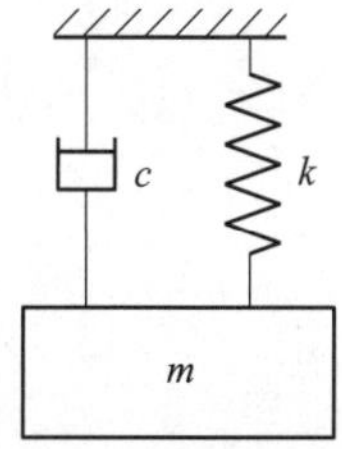

解方程式(7-27)可得以下参数,即

$$\omega_{\mathrm{n}} = \sqrt{k/m} \tag{7-28}$$

图 7-13　单自由度振动系统的简化模型

$$\xi = \frac{C}{C_c} = \frac{C}{2m\omega_n} \tag{7-29}$$

$$C_c = 2m\omega_n \tag{7-30}$$

式中　ω_n——固有振动角频率（rad/s）；

　　　ξ——系统的阻尼比；

　　　C_c——系统临界阻尼系数；

2）该自由振动系统在油液中处于欠阻尼状态（$0<\xi<1$）时具有以下属性（图7-14）：阻尼系统的自由振动振幅按指数规律 $Ae^{-\xi\omega_n t}$ 衰减。

以振幅对数衰减率描述振幅衰减的快慢，它定义为经过一个自然周期相邻两个振幅之比的自然对数，即

$$\delta = \ln\frac{e^{-\xi\omega_n t}}{e^{-\xi\omega_n(t+T)}} = \xi\omega_n T = \frac{2\pi\xi}{\sqrt{1-\xi^2}} \tag{7-31}$$

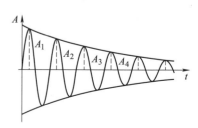

图7-14　欠阻尼系统的衰减振动

液体阻尼与液体黏度和密度的关系为

$$C_t = 2A\sqrt{j\omega\eta\rho_l} \tag{7-32}$$

式中　C_t——由被测液体引起的阻尼；

　　　A——振子的面积，$j = \sqrt{-1}$；

　　　ω——振动角频率（rad/s），且有 $\omega = 2\pi f = \omega_n\sqrt{1-\xi^2}$；

　　　f——振动频率（kHz）；

　　　ω_n——固有振动角频率（rad/s）；

　　　η——被测液体动力黏度（Pa·s）；

　　　ρ_l——被测液体的密度（kg/m³）。

C_t 即式（7-29）中的 C，将 C_t 替换到式（7-29）中，有

$$C_t = 2m\xi\omega_n \tag{7-33}$$

将式（7-28）代替到式（7-33）中，有

$$C_t = 2m\xi\sqrt{k/m} \tag{7-34}$$

由式（7-31）$\delta = \dfrac{2\pi\xi}{\sqrt{1-\xi^2}}$ 可得

$$\xi = \frac{\delta}{\sqrt{4\pi^2 + \delta^2}} \tag{7-35}$$

将式（7-35）代入到式（7-34）中，有

$$C_t = 2m\sqrt{k/m}\,\frac{\delta}{\sqrt{4\pi^2 + \delta^2}} \tag{7-36}$$

将式（7-32）代入到式（7-36）中，有

$$2A\sqrt{j\omega\eta\rho_l} = 2m\sqrt{k/m}\,\frac{\delta}{\sqrt{4\pi^2 + \delta^2}} \tag{7-37}$$

振子为悬臂梁结构，对固有振动角频率作进一步描述，则

$$\omega_{\mathrm{n}} = \frac{3.52}{l^2} \sqrt{\frac{EI_0}{\rho F}} \tag{7-38}$$

式中　l——振子长度（m）；

　　　ρ——振子的体积质量密度（$\mathrm{kg/m^3}$）；

　　　F——振子的横截面积（$\mathrm{m^2}$）；

　　　E——振子的弹性模量（Pa）；

　　　I_0——振子的截面惯性矩（$\mathrm{m^4}$）。

则液体中振动角频率为

$$\omega = \omega_{\mathrm{n}} \sqrt{1 - \xi^2} = \frac{3.52}{l^2} \sqrt{\frac{EI_0}{\rho F}} \sqrt{1 - \xi^2} \tag{7-39}$$

将式（7-39）代入式（7-37），可得动力黏度 η，即

$$\eta = \frac{kml^2}{7.04 j \pi A^2 \rho_1} \sqrt{\frac{\rho F}{EI_0}} \frac{\delta^2}{\sqrt{4\pi^2 + \delta^2}} \tag{7-40}$$

由式（7-40）可知，动力黏度与振幅对数衰减率呈正相关关系，振幅对数衰减率增大时，表示振动波形衰减较快，也即受到阻尼后能量衰减较快，反映出液体黏度增大。

密度理论公式推导如下。

该机械谐振敏感机构振动形式为欠阻尼单自由度的衰减振动，可等效为一阶悬臂梁振动模型，振动形式如图 7-15 所示。

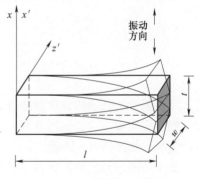

图 7-15　悬臂梁振动模型

振子位于油液中，其受液体影响的外力简化振动模型为

$$F = m_{\mathrm{eff}} \frac{\mathrm{d}v}{\mathrm{d}t} + \gamma v + k \int v \mathrm{d}t \tag{7-41}$$

式中　F——悬臂梁所受的力（N）；

　　　v——相对速率（m/s）；

　　　γ——黏性力常数（$\mathrm{Pa \cdot s}$）；

　　　k——振子弹性常数（N/m）；

　　m_{eff}——悬臂梁有效质量（kg）。

振子在无干扰的情况下，由 $\omega_{\mathrm{n}} = \sqrt{k/m}$ 可知，其谐振频率为

$$f_0 = \frac{1}{2\pi} \sqrt{\frac{k}{m_{\mathrm{eff}}}} \tag{7-42}$$

式中　k——振子的等效刚性系数；

　　m_{eff}——振子的有效质量。

当振子处于液体中，设附加于振子上的液体质量为 Δm_{eff}，则改变后的谐振频率为

$$f' = \frac{1}{2\pi} \sqrt{\frac{k}{m_{\mathrm{eff}} + \Delta m_{\mathrm{eff}}}} \tag{7-43}$$

对式（7-43）进一步描述，即

$$f' = \frac{1}{2\pi} \sqrt{\frac{k}{m_{\text{eff}} + \Delta m_{\text{eff}}}} = f_0 \left(1 - \frac{1}{2}\frac{\Delta m_{\text{eff}}}{m_{\text{eff}}}\right) = f_0 \left(1 - \frac{1}{2}\frac{\Delta m}{m}\right) \tag{7-44}$$

则改变的频率偏移为

$$\Delta f = f' - f_0 = -\frac{f_0}{2}\frac{\Delta m_{\text{eff}}}{m_{\text{eff}}} = -\frac{f_0}{2}\frac{\Delta m}{m} \tag{7-45}$$

由于振子结构尺寸不变，则附加于振子上的液体体积可视为不变，所以引起附加有效质量发生改变的主要是被测液体密度。

液体的质量密度公式为

$$m_1 = \rho_1 v \tag{7-46}$$

式中 m_1——液体质量（kg）；

   ρ_1——液体密度（kg/m^3）；

   v——液体体积（m^3）。

设附加于振子表面的液体有效质量为 Δm_{eff}，液体密度为 ρ_1，附着的液体有效体积为 v_{eff}，则

$$\Delta m_{\text{eff}} = \rho_1 v_{\text{eff}} \tag{7-47}$$

将式（7-47）代入式（7-45），可得液体密度与频率的关系，为

$$\rho_1 = \frac{-2m_{\text{eff}}}{f_0 v_{\text{eff}}}(f' - f_0) \tag{7-48}$$

由式（7-48）可知，液体密度与谐振元振动频率呈负相关关系，液体密度增大，振动频率减小。

当谐振子所处液体黏度越大时，所受阻尼越大，其能量的衰减会更快，表现在电压信号上，则会衰减得更快，如图 7-16a 所示，描述振动特性曲线衰减快慢的振幅对数衰减率，其数值更大，如图 7-16b 所示。

基于该原理的黏度传感器主要用于黏度等级较高的油液监测，能够在 $-40 \sim 85 ℃$ 的工作环境下，实现 $80 \sim 1800\text{cSt}(1\text{cSt} = 10^{-6}\text{m}^2/\text{s})$ 的油液黏度测量，此测量范围内的精度为 $±5\%$。同时，该传感器还能够对油液的密度进行测量，测量范围为 $0.6 \sim 1.25\text{g/cm}^3$，精度为 $±2\%$。

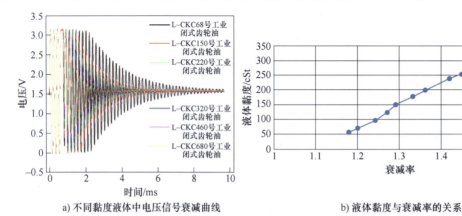

a) 不同黏度液体中电压信号衰减曲线   b) 液体黏度与衰减率的关系

图 7-16   不同黏度液体的振动特性曲线

7.2.3　油液品质传感器

润滑油在使用一段时间后，因为有外界杂质的侵入，所以摩擦副接触面会产生磨损，加之润滑油本身的氧化、凝聚、分解等，润滑油就会发生劣化，润滑油的黏度、酸碱值、杂质含量及水分含量等理化性能就会随之发生变化，致使其使用性能有所下降。如果继续使用劣化的润滑油，零部件磨损会随之加剧，甚至会导致润滑系统发生灾难性故障。因此，为了避免上述问题，就有必要实时地监测润滑油的使用状况，通过一定的监测数据来衡量润滑油的变质程度，以确定合理的换油时机。反之，如果在润滑油使用正常的情况下更换新油，则会造成资源浪费。

1. 油液品质传感器

目前，市面上存在多种油液品质传感器，依据其不同检测原理主要有红外光谱法和电化学阻抗法。例如，亚拜科技 MIRS8-T 在线油液检测器（见图 7-17 和图 7-18），基于中红外透射光谱的原理，可以同时监测黏度、氧化、硫化、硝化、总酸、总碱及 PH 值。以绝缘油的酸值为例，作为有机物，不同酸值大小的绝缘油，根据其含有不同程度的醛类、酸类、酮类（都含有 C=O）等有关指标，与老化油吸收峰的相关性进行模型建立，为传感器与红外技术结合以及油样实时监测等研究提供了一定的参考价值与指导意义。

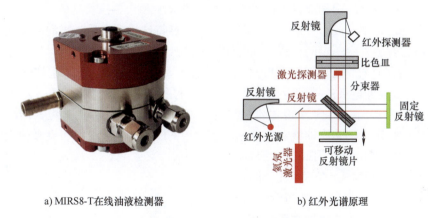

a) MIRS8-T 在线油液检测器　　　　b) 红外光谱原理

图 7-17　MIRS8-T 在线油液检测器和红外光谱原理

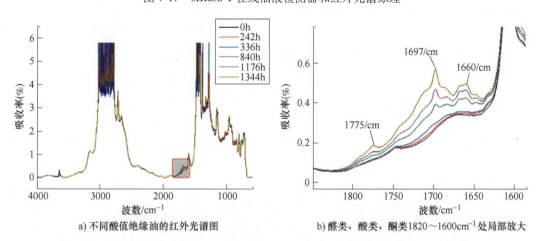

a) 不同酸值绝缘油的红外光谱图　　　　b) 醛类、酸类、酮类1820~1600cm^{-1}处局部放大

图 7-18　不同酸值绝缘油的红外光谱及醛类、酸类、酮类 1820~1600cm^{-1} 处局部放大

美国 Poseidon 在线油液品质传感器，基于电化学阻抗谱（EIS）原理实现水分、污染物和油液品质的在线监测。该传感器检测探头是同轴双电极结构，包含工作电极（Working Electrode，WE）和对电极（Counter Electrode，CE）。WE 与润滑油中的各类介质发生氧化还原反应，产生与目标介质浓度成比例的电流，通过 CE 将电流提供给传感器。WE 和 CE 在检测过程互为氧化还原反应，导致 CE 的电位产生浮动。通过工程论证了传感器的应用能提高润滑检测性能，并能有效解决工程中在线监测的水分异常和润滑油老化失效临界等问题，为设备润滑安全运维策略提供依据。

上述两款传感器虽然在油液监测领域赢得了国内外用户的一致认可，但其价格比较昂贵。目前，国内油质监测主要以监测理化指标为主，而理化指标中，介电常数和电导率都能综合反应油液中混入颗粒、水分、酸等污染物的程度，国内也有较为成熟的介电常数传感器和体积电阻率传感器，其中体积电阻率传感器已成功应用在变压器油的状态监测中，并为电力行业开拓了新的监测方式。

2. 同轴介电常数传感器

介电常数传感器通常可分为平板式电容传感器、圆柱式电容传感器和膜片式电容传感器。相比 3 种电容传感器，圆柱式电容传感器具有更加良好的电磁场屏蔽功能，由于其对电容的测量只与圆筒内部结构相关，因此受外界影响非常小。

根据润滑油的化学组成，一般可以将其看作为一种特殊的电介质。当润滑油使用一定时间后，其介电常数会发生一定的变化。当将润滑油放入电容器两极之间时，由于电介质的极化，因此会使电容增大。同轴电极介电常数传感器主要有金属内电极（涂敷聚四氟乙烯作为绝缘材料）、金属外电极。外电极开有 4 个圆孔，有利于油液流进、流出，其中聚四氟乙烯的介电常数约为 2.5，与油液的介电常数接近。当油液流进传感器内外电极间隙后，由于内外电极产生的恒定电场，当油液发生氧化、水分污染以及产生磨粒时，会被两级间的电场极化，使得介电常数增大，因此通过测量两极间充满润滑油的电容器容值便可以推导出油液介电常数，进而可以知道该润滑油的变化程度，从而决定是否需要更换油液。

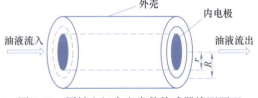

图 7-19　同轴电极介电常数传感器检测原理

同轴电极介电常数传感器检测原理如图 7-19 所示。

由电容器的知识可知，设内外电极电位差为 U_0，两极间未加入任何介质，电荷量为

$$Q_0 = C_0 U_0 \tag{7-49}$$

由麦克斯韦方程可得出此时距离同轴轴心距离为 r 的电位移为

$$D_0 = \varepsilon_0 E_0 = \frac{Q_0}{2\pi L} \tag{7-50}$$

场强为

$$E_0 = \frac{Q_0}{2\pi r L \varepsilon_0} \tag{7-51}$$

根据电场与电势的关系可得

$$E_0 = -\frac{\mathrm{d}U_0}{\mathrm{d}r} \tag{7-52}$$

则

$$U_0 = -\int_{R_2}^{R_1} E_0 \mathrm{d}r = -\int_{R_2}^{R_1} \frac{Q_0}{2\pi r L \varepsilon_0} \mathrm{d}r = \frac{Q_0}{2\pi r L \varepsilon_0} \ln \frac{R_2}{R_1} \tag{7-53}$$

其中 R、r 为外电极半径，计算可得

$$C = \frac{2\pi r \varepsilon_0 L}{\ln \dfrac{R_2}{R_1}} \tag{7-54}$$

两电极间换成是润滑油，介电常数为 ε_r，场强为 E，电压为 U，电容大小为 C。据麦克斯韦方程可得，当电容器极板上的总电荷量 Q 不变时，即 $Q = Q_0$，电位移大小不变，即

$$D = \varepsilon_r \varepsilon_0 E = D_0 \tag{7-55}$$

将 $D_0 = \varepsilon_0 E_0$ 代入式（7-55）得

$$E = \frac{E_0}{\varepsilon_r} \tag{7-56}$$

将式（7-56）代入式（7-54）得

$$C = \frac{2\pi \varepsilon_r \varepsilon_0 L}{\ln \dfrac{R_2}{R_1}} = \varepsilon_r C_0 \tag{7-57}$$

由此可知，电介质的引入会导致电容量增大 ε_r 倍。当润滑油被水污染、磨损的金属颗粒和自身添加剂消耗后氧化产生的极性物质，均可导致介电常数值发生变化，理论推导可以通过检测油液的介电常数判断润滑油的品质。

综上可得，同轴电极介电常数传感器的计算公式为

$$C = \frac{2\pi \varepsilon_r \varepsilon_0 L}{\ln \dfrac{R_2}{R_1}} \tag{7-58}$$

式中　C——电容值（pF）；

ε_0——真空介电常数（F/m），为 8.85×10^{-12}；

ε_r——极板间介质的相对介电常数；

L——同轴电极长度（m）；

R_1——同轴内电极半径（m）；

R_2——同轴外电极半径（m）。

由式（7-58）可知，电容与介电常数存在线性关系，并且电极常数（灵敏度）为

$$K = \frac{\mathrm{d}C}{\mathrm{d}\varepsilon} = \frac{2\pi L}{\ln \dfrac{R_2}{R_1}} \tag{7-59}$$

为了润滑油能够顺畅地在电容传感器内外电极间流动，一般会在外电极上开 N 个（比如 4 个）小圆孔，如图 7-20 所示。

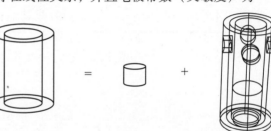

图 7-20　实际同轴内外电极电容传感器

设小圆孔的半径为 r，则可以推导出图 7-21 实际同轴内外电极的电容值为

$$C = \cfrac{2\varepsilon}{R_2 \, \ln \cfrac{R_2}{R_1}} \int_0^r \arccos\left[1 - \frac{2r^2}{R_2^2} + \frac{2}{R_2^2}(r-l)^2\right] \mathrm{d}l = \cfrac{\left[\pi - \arcsin\left(\cfrac{2r^2}{R_2^2}\right)\right]\varepsilon_r}{\ln \cfrac{R_2}{R_1}} \qquad (7\text{-}60)$$

利用式（7-60）推导结果，可得出如图 7-21 所示的电容器的电容为

$$C' = C_0 - 4C = \cfrac{\left[2\pi L - 4\pi r + 4r \cdot \arcsin\left(1 - \cfrac{2r^2}{R_2^2}\right)\right]\varepsilon_r}{\ln \cfrac{R_2}{R_1}} \qquad (7\text{-}61)$$

同时，对于电容器而言，必须要考虑边缘效应，边缘效应的影响因素有同轴电极厚度、内外电极间距、同轴电极长度、同心圆柱同轴度，以及外电极开孔小圆半径，综合分析以上因素及检测原理。

基于该原理与结构实现工业应用的传感器，可在 $-40 \sim 85\text{℃}$ 环境下稳定工作，酸值测试量程为 $0 \sim 1\text{mgKOH/g}$，其测量精度达到 $\pm 12\%$；常量水 $0 \sim 15\%$，其测量精度达到 $\pm 0.05\%$；介电常数量程 $1 \sim 3$。

3. 同轴体积电阻率传感器

体积电阻率检测是一种常用的设备绝缘状态评估方法，可用于解释绝缘油介电特性发生偏离的原因，也可解释其对于使用该液体的设备会产生的潜在影响。通过监测油液的体积电阻率可以实现变压器油绝缘效果的评估，确定是否需要更换油液，对于在线监测变压器的安全运维起着重要的作用。

体积电阻率的检测方法目前主要为离线检测方法，标准 DL/T 421—2009《电力用油体积电阻率测定法》所使用的离线体积电阻率测定方法采用三电极测试法，而在线体积电阻率测定技术主要使用的是采用铂电极制成的双电极电阻法检测，以便携式探头为主，主要应用在水质测量中。目前，在润滑油中的检测主要以测试油液电导率为主，用以表征油液的污染程度，而对变压器介质油用体积电阻率作为输出的则较少。

体积电阻率传感器检测原理如图 7-21 所示，主要通过在同一轴线上设置两个环形电极，其中一个电极被称为内电极，另一个电极被称为外环电极，内电极与外环电极之间通过空气或介质（油液）隔开。在检测过程中，内电极通常被加上一个恒定的电压，而外环电极则被接地。施加电压时，两极间的空气作为高阻值绝缘体形成微弱电流，当两极间流过油样时，会增加其导电性，导致通过油样的电流发生改变，通过测量所施加电压和电流的比例，可以计算出变压器油的体积电阻率。变压器油的体积电阻率与绝缘状态有关，当变压器油中存在潜在的问题时，例如湿气、固体颗粒或其他污染物，会导致电阻率降低，即电导性增加。因此，通过检测变压器油的体积电阻率，可以评估变压器绝缘状态的良好程度。

液体内部的直流电场强度与稳态电流密度的商称为液体介质的体积电阻率，通常用 ρ 表示，即

$$\rho = \cfrac{\cfrac{U}{L}}{\cfrac{I}{S}} = \frac{U}{I} \times \frac{S}{L} = R \times K \qquad (7\text{-}62)$$

$$K = \frac{S}{L} = \frac{1}{\varepsilon\varepsilon_0} \times \left(\varepsilon \times \varepsilon_0 \times \frac{S}{L} \right) = 0.113C_0 \tag{7-63}$$

式中　I——两电极间所加直流电流（A）；

$\quad\quad S$——电极面积（$\mathrm{m^2}$）；

$\quad\quad L$——电极间距（m）；

$\quad\quad \varepsilon$——空气的相对介电常数；

$\quad\quad \varepsilon_0$——真空介电常数（8.85×10^{-12}）$[\mathrm{A\cdot s/(V\cdot m)}]$；

$\quad\quad C_0$——空电极电容（pF）。

K 为电极常数，其中 R 是根据电路中充放电与电信号放大后得出，电路如图 7-22 所示。

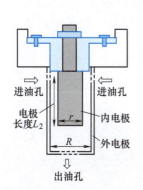

图 7-21　体积电阻率传感器检测原理示意

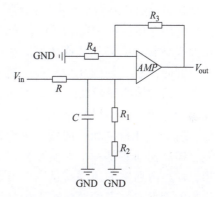

图 7-22　体积电阻率传感器检测电路示意图

其中，待测电阻 R 与固定电容 C 构成充放电电路，充满电后 R、R_1、R_2 构成分压电路，其分压电压 V_1 计算如下

$$V_1 = \frac{R_1 + R_2}{R_1 + R_2 + R} \times V_{\mathrm{in}} \tag{7-64}$$

经过分压后得电信号 V_1 经过放大器放大后得到输出电压信号 V_{out}，计算如下

$$V_{\mathrm{out}} = V_1 \times \left(1 + \frac{R_3}{R_4} \right) \tag{7-65}$$

因此，待测电阻 R 可由式（7-64）、式（7-65）计算得到，即

$$R = \frac{R_3 + R_4}{R_4} \times (R_1 + R_2) \times \frac{V_{\mathrm{in}}}{V_{\mathrm{out}}} - R_1 - R_2 \tag{7-66}$$

简化式（7-66），其中，$a_1 = \dfrac{R_3 + R_4}{R_4} \times (R_1 + R_2) \times V_{\mathrm{in}}$，$a_2 = -R_1 - R_2$，则

$$R = \frac{a_1}{V_{\mathrm{out}}} + a_2 \tag{7-67}$$

$$\rho = R \times K = \left(\frac{a_1}{U} + a_2 \right) \times 0.113C_0 = \frac{a}{V_{\mathrm{out}}} + a_0 \tag{7-68}$$

式中　ρ——待测液体的体积电阻率（$\Omega\cdot\mathrm{m}$）；

$\quad\quad U$——两电极间所加直流电压（V）；

R——电极间待测液体的体积电阻（Ω）；

K——电极常数（m）。

当前，工业应用的体积电阻率传感器可以实现基于 GB/T 7595—2017《运行中变压器油质量》规定的体积电阻率 90℃检测，体积电阻率检测量程 $0\sim40\mathrm{G\Omega\cdot m}$，精度±25%。

7.2.4 颗粒监测传感器

颗粒污染物在线监测，是采用安装在设备润滑系统上的监测传感器，实时采集油液中颗粒量信息并提供超限报警功能的一门在线油液监测技术。根据检测原理的不同，颗粒污染物监测传感器主要有以下几种类型。

1. 遮光型颗粒计数传感器

遮光型颗粒计数传感器是目前应用最广泛的一种污染度传感器，其方法是使一定体积的样品流过仪器传感器，用遮光法（也称光阻法）检测出大于某粒径的颗粒数量，然后计算并显示出大于该粒径的颗粒数或浓度。在一次取样时，可同时测量、判别几种粒径。遮光型颗粒计数传感器的检测原理如图 7-23 所示，计量泵吸油口产生负压，将样品抽入系统，先经过传感器，后经过计量泵和单向阀，最后排出到废液瓶。样品流通室是一个横截面积很小的矩形通道，样品流通室的两侧有透明的玻璃窗口，激光二极管发出一束发散角较大的高斯光束，经过透镜整形后变成一束横截面呈矩形的平行光，穿过检测区后被光电二极管接收，均匀的平行光束和样品流通室构成了检测区。当检测区没有固体粒子经过时，光束可以全部到达光电二极管的受光靶面，光电二极管接收到的能量最强。当液体中含有固体颗粒时，光线

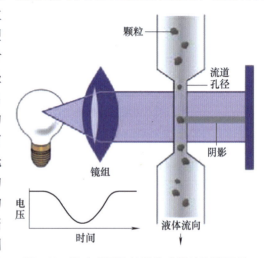

图 7-23　遮光型颗粒计数传感器的检测原理

会被固体颗粒遮挡，光电二极管接收到的光强减弱，传感器产生的电压也减小。光电二极管产生的电流大小与光照面积成正相关。

当光束照射含有悬浮微粒的液体时光能减弱，此时浮液中微粒会对光产生散射和吸收等作用，因为这些作用导致的光强减弱与微粒的浓度存在线性关系，因此使用郎伯-比尔定律来描述。当微粒浓度较小时，透射光强度与入射光强度之间的关系为

$$I = I_0 \exp(-K_{\mathrm{ext}}Cls) \tag{7-69}$$

式中　I_0——入射光强度（$\mathrm{W/m^2}$）；

I——透射光强（$\mathrm{W/m^2}$）；

K_{ext}——微粒的消光系数，它由入射光波长、微粒尺寸和折射率决定；

C——微粒浓度（mol/L）；

l——光路长度（cm）；

s——微粒迎着光束方向的投影面积（$\mathrm{cm^2}$）。

光束中每通过一个微粒，都要对光强变化进行一次纪录，因此在这段很短的时间内可以认为，悬浮液中的微粒数为 1，则有 $CAl = 1$，其中 A 为光电器件有效接收面积，则

式（7-69）变为

$$I = I_0 \exp\left(-\frac{s}{A}K_{\text{ext}}\right) \tag{7-70}$$

由于光衰减产生的光电脉冲幅度可表示为

$$E = (I_0 - I)A = \left[1 - \exp\left(-\frac{s}{A}K_{\text{ext}}\right)\right]E_0 \tag{7-71}$$

式（7-71）中消光系数 K_{ext} 是散射系数 K_{sca} 与吸收系数 K_{abs} 的和，即

$$K_{\text{ext}} = K_{\text{sca}} + K_{\text{abs}} \tag{7-72}$$

但是在光阻法检测中，前向 0 角度附近的散射光仍然能够被探测器接收，因此必须对散射系数进行修正。实际中式（7-72）变为，

$$K'_{\text{ext}} = K'_{\text{sca}} + K_{\text{abs}} \tag{7-73}$$

设前向小角度 β 范围内散射光通量被接收，该光通量可表示为

$$Q(\beta) = \frac{\lambda^2 I_0}{4\pi}\int_0^\beta \left[i_1(\theta) + i_2(\theta)\right]\sin\theta\mathrm{d}\theta \tag{7-74}$$

$i_1(\theta)$、$i_2(\theta)$ 为散射强度函数。令 $\eta = Q(\beta)/Q(\pi)$，则有

$$K'_{\text{sca}} = (1 - \eta)K_{\text{sca}} \tag{7-75}$$

代入到式（7-71），则有

$$K'_{\text{ext}} = K_{\text{ext}} - \eta K_{\text{sca}} \tag{7-76}$$

用 K'_{ext} 代替式（7-71）中的 K_{ext}，并将 s 以无量纲数 α 表示，α 为表征颗粒大小的无量纲数，$\alpha = \pi d/\lambda$，可得到探测器输出脉冲表达式为

$$E = \left\{1 - \exp\left[-\frac{\lambda^2\alpha^2}{4\pi A}(K_{\text{ext}} - \eta K_{\text{sca}})\right]\right\}E_0 \tag{7-77}$$

式（7-77）中 K_{ext} 是关于 α、m 的函数，ηK_{sca} 是关于 α、m 和 β 的函数，其中 m 为微粒的折射率。当微粒的粒径足够大（$\alpha \geq 10$），即对应于半导体激光器（$\lambda = 780\text{nm}$），粒径大于 $2\mu\text{m}$ 时，可近似认为消光系数为 2。在 α 较小时，消光系数振荡剧烈，使得式（7-75）中某一脉冲幅值所对应 α 不能唯一取值，因此遮光法不适用于小粒子的检测。

当 $\alpha \geq 10$，m 值确定，且 β 值由光阻法仪器传感器的结构来决定时，ηK_{sca} 是与 α 相关的函数，用 $K_\beta(\alpha)$ 表示，则式（7-77）可变为

$$E = \left\{1 - \exp\left\{-\frac{\lambda^2\alpha^2}{4\pi A}\left[2 - K_\beta(\alpha)\right]\right\}\right\}E_0 \tag{7-78}$$

2. 吸附式磨粒监测传感器

针对铁磁性金属磨粒开发的吸附式磨粒在线监测传感器是比较成功的一种，该传感器能定量检测油液中金属磨粒的含量，具有体积小、便于安装等优点。它是利用油液流经传感器具有磁场的待检区域时金属颗粒所产生的扰动，使检测区与磨粒数量相关的磁力线或磁通量发生改变，并进行标定而检测出磨粒数量的原理进行工作的。

吸附式传感器原理基于磁塞式铁磁传感器，在磁塞原理的基础上利用了铁磁颗粒的磁效应原理，其结构图如图 7-24 所示。传感器由永磁体、PCB 线圈、抵消线圈、线圈铁芯 4 部分组成。其中，永磁体为传感器提供磁性，使传感器具有吸附功能，能够将油液中的铁磁颗粒吸附到 PCB 线圈上。由于油液的流动，油液中的铁磁颗粒会逐渐吸附积累在 PCB 线圈

上，当传感器上的铁磁性颗粒吸附到一定量或经过一定时间后，需要对传感器进行释放，因此需要对驱动线圈施加一定电压，提供一个反向磁场，用于抵消永磁体的磁场，使吸附积累在 PCB 线圈上的铁颗粒得以释放，使之清零。当铁磁颗粒通过 PCB 线圈时会被吸附到 PCB 线圈上，使其电感量发生变化。PCB 线圈连接在 LC 振荡电路上，通过专用的电感采样芯片控制。该电路会将电感量的变化转换为频率的变化，最终可通过频率的变化达到检测的目的。

吸附式铁磁传感器铁磁颗粒和 PCB 线圈等效电路如图 7-25 所示。R_1 和 L_1 为 PCB 线圈的电阻和电感，U 为 PCB 线圈两端电压，R_2 和 L_2 为铁磁颗粒的等效电阻和等效电感，I_1 为 PCB 线圈的电流，I_2 为铁磁颗粒的等效电流，M 为 PCB 线圈与铁磁颗粒之间互感。

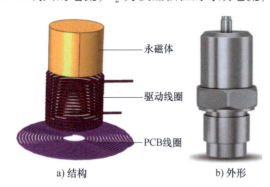

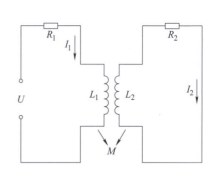

图 7-24　吸附式磨粒监测传感器示意　　　　图 7-25　PCB 线圈与铁磁颗粒之间的等效电路

a) 结构　　　　b) 外形

根据基尔霍夫电压平衡定律：

$$\begin{bmatrix} R_1 + j\omega L_1 - j\omega M \\ -j\omega M \qquad R_2 + j\omega L_2 \end{bmatrix} \cdot \begin{bmatrix} I_1 \\ I_2 \end{bmatrix} = \begin{bmatrix} U \\ 0 \end{bmatrix} \tag{7-79}$$

$$\begin{cases} R_1 I_1 + j\omega L_1 I_1 - j\omega M I_2 = U \\ R_2 I_2 + j\omega L_2 I_2 - j\omega M I_1 = 0 \end{cases} \tag{7-80}$$

$$Z = \frac{U}{I_1} = R_1 + \frac{\omega^2 M^2}{R_2^2 + (\omega L_2)^2} R_2 + j\omega \left[L_1 - \frac{\omega^2 M^2}{R_2^2 + (\omega L_2)^2} L_2 \right] \tag{7-81}$$

式中　　　　　　　　ω ——振荡角频率（rad/s）；

$R_1 + \dfrac{\omega^2 M^2}{R_2^2 + (\omega L_2)^2} R_2$ ——铁磁颗粒和 PCB 线圈总的等效电阻（Ω）；

$L_1 - \dfrac{\omega^2 M^2}{R_2^2 + (\omega L_2)^2} L_2$ ——铁磁颗粒和 PCB 线圈总的等效电感（H）。

PCB 线圈的品质因数为

$$Q = \frac{\omega L}{R} = \frac{\omega \left(L_1 - \dfrac{\omega^2 M^2}{R_2^2 + (\omega L_2)^2} L_2 \right)}{R_1 + \dfrac{\omega^2 M^2}{R_2^2 + (\omega L_2)^2} R_2} \tag{7-82}$$

由式（7-81）、式（7-82）可知，铁磁性颗粒的大小会影响 PCB 线圈电感 L、阻抗 Z，以及 PCB 线圈的品质因数 Q 的变化，因此传感器只需要实现其中一个变量的变化，即可实现对铁磁颗粒的检测。

PCB 线圈电感大小与线圈匝数 n、匝宽 w、匝距 s、线圈外径 d_{out}、线圈内径 d_{in}、平均直径及填充比等有关（见图 7-26）。不同形状的 PCB 电感线圈产生不同的磁场分布，相比方形、多边形平面电感线圈，圆形 PCB 电感线圈由于其形状的对称性，因此相比其他形状的 PCB 线圈磁场分布均匀性更好。

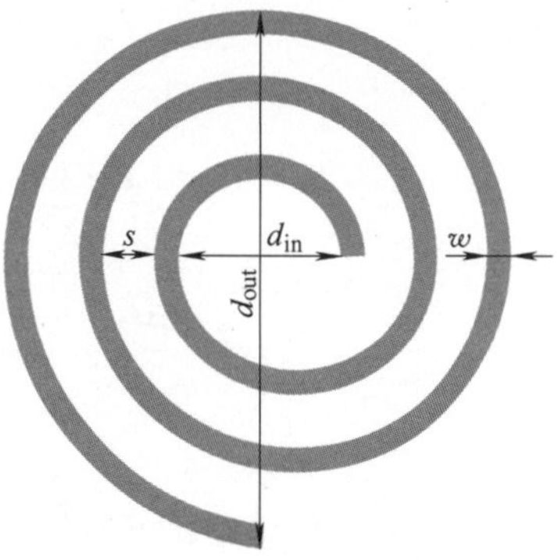

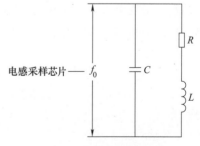

平面电感线圈电感量采用以下公式计算，即

$$L = \frac{\mu_0 n^2 d_{avg} c_1}{2}\left[\ln\left(\frac{c_2}{\rho}\right) + c_3\rho + c_4\rho^2\right] \quad (7\text{-}83)$$

式中　　　μ_0——真空磁导率；

n——线圈匝数；

图 7-26　平面 PCB 线圈

d_{avg}——线圈平均匝数，$d_{avg} = \dfrac{d_{out} + d_{in}}{2}$；

ρ——填充率，$\rho = \dfrac{d_{out} - d_{in}}{d_{out} + d_{in}}$；

$c_i(i = 1,2,3,4)$——基于线圈结构的影响因素，对于圆形 PCB 电感线圈，其值为 $c_1 = 1$、$c_2 = 2.46$、$c_3 = 0$、$c_4 = 0.2$。

当 PCB 电感线圈为单层线圈时，线圈外径需要很大，才能得出一个较大的电感，这不符合传感器的设计要求，因此可以通过设计多层电感线圈来增加 PCB 线圈的电感量，对于双层 PCB 电感线圈来说，线圈电感值为

$$L = L_{self} + M \quad (7\text{-}84)$$
$$L_{self} = L_1 + L_2 \quad (7\text{-}85)$$

式中　L——总电感；

L_{self}——线圈的自感值；

M——线圈之间的互感。

其中，自感是由线圈自身的参数决定的，是相对固定的。互感与周围环境有关，主要与环境的磁场有关，而铁磁颗粒会被磁场磁化而反作用于磁场，最终导致其电感发生变化。

传感器的测量电路如图 7-27 所示。PCB 线圈与并联电容 C 组成 LC 振荡电路，通过专用的电感采样芯片读取振荡电路的谐振频率。

当没有铁磁性颗粒被吸附到 PCB 线圈表面时，假设此时 PCB 线圈的电感线圈为 L_0，PCB 电感线圈与电容组成的振荡电路频率 f_0 为

$$f_0 = \frac{1}{2\pi\sqrt{L_0 C}} \quad (7\text{-}86)$$

基于此，假设铁磁磁性颗粒由于磁化效应而引起 PCB 线圈电感变化量为 ΔL_1，铁磁性颗粒的影响使振荡

图 7-27　传感器的测量电路

频率为 f_1，铁磁性颗粒引起振荡频率变化量为 Δf_1，则可以得出铁磁性颗粒引起传感器谐振频率的变化量 η 为

$$f_1 = \frac{1}{2\pi\sqrt{(L_0 + \Delta L_1)C}} \tag{7-87}$$

$$\Delta f_1 = f_0 - f_1 = \frac{\sqrt{L_0 + \Delta L_1} - \sqrt{L_0}}{2\pi\sqrt{(L_0 + \Delta L_1)L_0C}} \tag{7-88}$$

$$\eta = \frac{\Delta f_1}{f_0} = 1 - \frac{\sqrt{L_0}}{\sqrt{L_0 + \Delta L_1}} = 1 - \frac{\sqrt{L_0}}{\sqrt{L_0 + \dfrac{\pi\mu_0\mu_r r^2}{2}\sum\limits_{n-1}^{n}\dfrac{1}{R_n}}} \tag{7-89}$$

式中 μ_0——真空磁导率（H/m）；

μ_r——材料的相对磁导率（H/m）；

r——铁磁性颗粒的半径（mm）。

由式（7-89）可知，单个铁磁性颗粒引起传感器频率变化的大小，与颗粒的尺寸大小密切相关；随着被吸附在 PCB 线上感应区铁磁颗粒的积累，铁磁颗粒引起传感器谐振频率的变化量越大。

PCB 线圈作为传感器的核心敏感元件，其性能与线圈匝数 n、匝宽 w、匝距 s、线圈外径 d_{out}、线圈内径 d_{in}、平均直径及填充比等参数相关，因此设计合适的 PCB 线圈参数，有利于提升 PCB 线圈对铁磁性颗粒的灵敏度，从而增大颗粒对 PCB 线圈引起的频率变化，提升传感器的检测精度。

目前，吸附式磨粒监测传感器能有效实现对油液中铁磁性磨损颗粒的含量进行实时监测，并且有效排除如气泡振动等干扰，被广泛应用于风电、钢铁、石化等行业。传感器通过监测油液中磨粒，实现机械设备的磨损连续记录与状态评估，可对早期设备故障磨损起到重要的预警作用。

3. 电感式油液金属磨粒检测传感器

电感式油液金属磨粒检测传感器的核心元件是电感线圈，用于感知金属磨粒对线圈交变磁场造成的磁场扰动，由此来分辨金属磨粒尺寸和属性（即铁磁性或非铁磁性）。

电感式油液金属磨粒检测传感器的核心元件结构形式多种多样，其中基于电感平衡检测原理的三线圈（双激励单检测）结构形式开发的电感式油液金属磨粒检测传感器（见图 7-28）已经在能源、工业、船舶和航空航天等行业中得到成熟应用。由图 7-28 可看出，该传感器由 3 个线圈组成，包括 2 个激励线圈和 1 个检测线圈。两侧完全一样的激励线圈异名端输入正弦交流电，并激发出磁场强度相等、方向相反的磁场，在中心位置两者磁场相抵消为零。中间检测线圈测量当金属磨粒通过时对平衡磁场的扰动，并输出反映金属磨粒尺寸和属性的感应电压信号。

图 7-29 所示为电感式油液金属磨粒检测传感器的等效电路。

激励线圈的输入正弦交流电为 I，激励线圈 1、激励线圈 2 和检测线圈的电感量和电阻分别为（L_1，R_1）、（L_2，R_2）和（L_3，R_3）；激励线圈 1 与激励线圈 2 之间的互感系数为 M_{12}，激励线圈 1 和激励线圈 2 与检测线圈间的互感系数分别为 M_{13} 和 M_{23}。两激励线圈分别在检测线圈中产生互感磁通链 φ_{13} 和 φ_{23}，两者之和随时间变化的快慢与检测线圈输出感

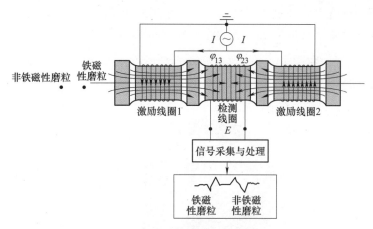

图 7-28   电感式油液金属磨粒检测传感器原理示意

应电压成正比关系，忽略绕组电阻电压和漏磁电压，检测线圈感应电动势为 E，则感应电压 U 用互感系数表达为

$$U = -E = \frac{\mathrm{d}(\varphi_{13} - \varphi_{23})}{\mathrm{d}t} = \frac{\mathrm{d}\varphi_{\Omega}}{\mathrm{d}t} = (M_{13} - M_{23})\frac{\mathrm{d}I}{\mathrm{d}t} \tag{7-90}$$

无金属磨粒时，三线圈处于电感平衡状态，互感系数 $M_{13} = M_{23}$，则检测线圈输出感应电压为 0，即

$$U = (M_{13} - M_{23})\frac{\mathrm{d}I}{\mathrm{d}t} = 0 \tag{7-91}$$

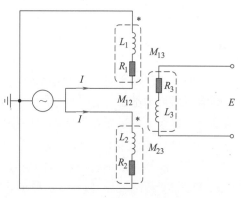

图 7-29   等效电路

当金属磨粒通过时，磨粒扰动磁场与线圈磁场发生耦合，引起检测线圈内磁通量 φ_{Ω} 变化，此时互感系数 $M_{13} \neq M_{23}$，感应电压不为 0，即

$$U = (M_{13} - M_{23})\frac{\mathrm{d}I}{\mathrm{d}t} \neq 0 \tag{7-92}$$

金属磨粒引起的交变磁场扰动是其磁化效应和涡流效应的叠加。尺寸识别方面，磨粒尺寸越大，对线圈磁场的扰动量越大，则输出感应电压幅值越高。属性识别方面，铁磁性磨粒的磁导率较大，其在磁场中的磁化效应远大于涡流效应，表现为增大线圈磁场 φ_{Ω}，感应电压 U 相对初始电压增高；非铁磁性磨粒则相反，由于磁导率较小，电导率高，其涡流效应更为明显，表现为减少线圈磁场 φ_{Ω}，感应电压 U 相对降低，因此可通过判断感应电压 U 相对初始电压的增减情况（相位）来识别金属磨粒属性，即是铁磁性磨粒还是非铁磁性磨粒。

在频域下，忽略磨粒速度的影响，通过磨粒的位置扫描来模拟磨粒在传感器中轴线上的直线运动，仿真结果如图 7-30 所示。

由图 7-30 可知，传感器线圈内部磁场径向分布不均匀，径向中点磁场最弱，越靠近线圈内壁，磁场越强，也越有利于磨粒检测。无磨粒时，两边激励线圈磁场强度相等且方向相反，因此三线圈中轴线中点处磁场近似为 0。如图 7-31 所示，磨粒半径 r_0 越大，传感器输出信号越大，铁磁性磨粒（Fe）和非铁磁性磨粒（nFe）信号相位相反。

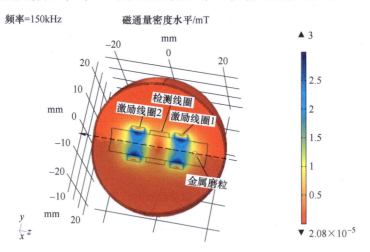

图 7-30　频域下磨粒在传感器中轴线上位置扫描仿真三维示意

工业现场润滑油中金属磨粒在微米（μm）级别，对传感器线圈磁场的影响极其微弱，产生的磨粒信号为微伏（μV）级别，容易隐藏到干扰信号中，给磨粒信号提取带来了很大的困难。锁相放大器采用在无线电电路中已经非常成熟的外差式振荡技术，很好地利用了噪声与目的信号（正弦波）之间在性质上的差异，将被测量的目的信号通过频率变化的方式转变成直流，能够有效提取微弱目的信号。锁相放大器包括信号通道、参考通道、相敏检测器（PSD）和低通滤波器（LPF）。单锁相放大器工作原理如图 7-32 所示。

设频率相同的参考信号为 $U_R(t) = U_r \sin(2\pi ft)$ 作为参考输入；搭载了磨粒信号的检测信号为 $U_{\text{input}}(t) = U_0 \sin(2\pi ft + \varphi)$ 作为待测信号，噪声信号为 $B_{\text{input}}(t)$，输入信号=待测信号+噪声信号，即 $S_{\text{input}}(t) = U_{\text{input}}(t) + B_{\text{input}}(t)$。经过乘法器相乘后 $S_{\text{PSD}}(t)$ 为

$$S_{\text{PSD}}(t) = S_{\text{input}}(t) \times U_R(t) = [U_{\text{input}}(t) + B_{\text{input}}(t)] \times U_R(t)$$

$$= U_0 \sin(2\pi ft + \varphi) \times U_r \sin(2\pi ft) + B_{\text{input}}(t) \times U_r \sin(2\pi ft)$$

$$= \frac{1}{2} U_0 \times U_r [\cos(2\pi ft + \varphi - 2\pi ft) - \cos(2\pi ft + \varphi + 2\pi ft)] + B_{\text{input}}(t) \times U_r \sin(2\pi ft)$$

$$= \frac{1}{2} U_0 U_r \cos\varphi - \frac{1}{2} U_0 \times U_r \cos(4\pi ft + \varphi) + B_{\text{input}}(t) \times U_r \sin(2\pi ft) \tag{7-93}$$

相乘后的 $S_{\text{PSD}}(t)$ 信号经过低通滤波器滤除 1 倍频 $[B_{\text{input}}(t) \times U_r \sin(2\pi ft)]$ 和 2 倍频 $\left[\frac{1}{2} U_0 U_r \cos(4\pi ft + \varphi)\right]$ 的高频分量，得到包含幅值信息近似直流的低频分量 $S_{\text{output}}(t)$，即

$$S_{\text{output}}(t) = \frac{1}{2} U_0 U_r \cos\varphi \tag{7-94}$$

当搭载磨粒信号的输出感应电压信号与参考信号同相位，即 $\varphi = 0$ 时，经过相敏检波器相乘和低通滤波后，直流电压值输出最大，磨粒信号被完整提取。

但在实际应用中，一方面，传感器受到外界环境干扰时，感应电动势相位 φ 会发生偏

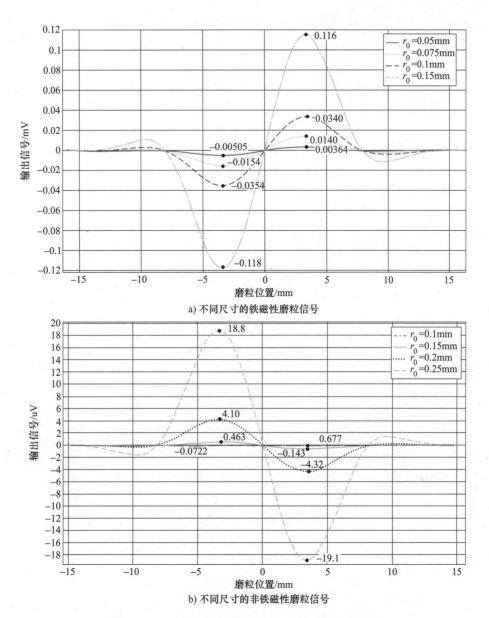

a) 不同尺寸的铁磁性磨粒信号

b) 不同尺寸的非铁磁性磨粒信号

图 7-31　不同尺寸金属磨粒通过传感器线圈仿真结果

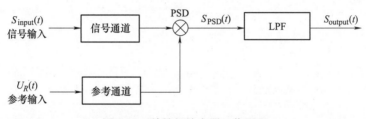

图 7-32　单锁相放大器工作原理

移。另一方面，磨粒通过传感器时，总会引起检测线圈等效电感量 L_{eq3} 发生变化，根据 LC

并联回路相位差公式，此时检测线圈输出的磨粒感应电动势相位 φ 为

$$\varphi = \arctan \frac{2\pi f L_{eq3} - \dfrac{1}{2\pi f C_3}}{R_3} \tag{7-95}$$

因此，输出信号 $S_{\text{output}}(t)$ 的相位 φ 难以保持始终不变，需要两个锁相放大器组成双锁相正交解调电路，避免信号缺失，将信号从噪声中完整恢复。

电路设计可分为激励电路部分和检测电路部分。

激励电路部分：传感器的激励线圈需要正弦交流电来驱动。为得到纯净的频谱，可利用直接数字频率合成器（DDS）技术产生激励源信号。

检测电路部分：可使用两个锁相放大器组成双锁相正交解调电路。检测线圈输出的感应电动势经过解调，输出两路信号（I 和 Q），后需经过软件上的矢量运算进行信号合成。图 7-33 所示为微弱磨粒信号提取框图。

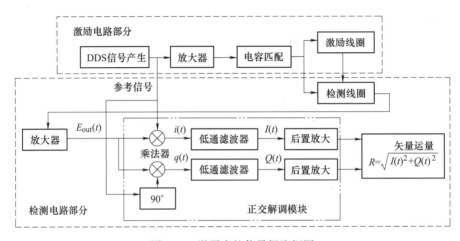

图 7-33　微弱磨粒信号提取框图

单个铁磁性和非铁磁性磨粒分别通过传感器正交解调电路后，输出磨粒信号分别如图 7-34、图 7-35 所示。

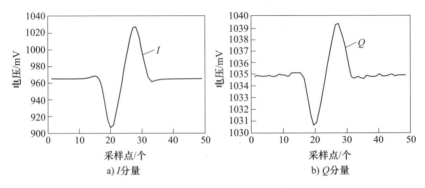

a) I 分量　　　　　b) Q 分量

图 7-34　单个铁磁性磨粒正交解调输出的 I 和 Q 分量

不同尺寸的 Fe 磨粒以 0.22m/s 通过传感器，测量结果如图 7-36 所示。

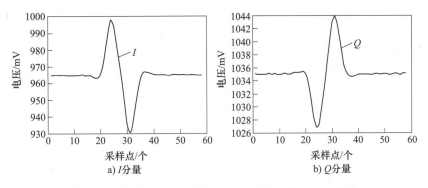

图 7-35　单个非铁磁性磨粒正交解调输出的 I 和 Q 分量

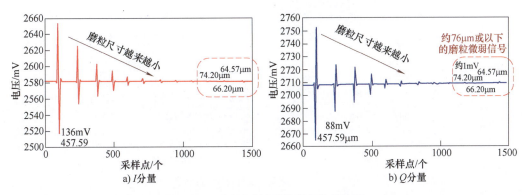

图 7-36　不同尺寸铁磁性磨粒信号检测

由图 7-35 可知，由于 I 和 Q 为相位相差 90°的正交参考信号，传感器对金属磨粒引起的线圈磁场扰动信号进行正交解调后，在 I 和 Q 通道上分别输出磨粒的分量信号。铁磁性和非铁磁性磨粒在 I 分量上的信号波形相位相差 180°，由此可分辨磨粒属性。由图 7-36 可看出，磨粒尺寸越大，信号幅值越大，由此可识别磨粒尺寸。基于锁相放大技术设计的正交解调电路，可实现对小磨粒微弱信号的有效提取。

电感式油液金属磨粒检测传感器具有结构简单，不受润滑油中气泡、油泥等影响，抗外界干扰性能优，高灵敏、高可靠性，以及快速检测金属磨粒属性、尺寸、个数的特点，在油液磨损在线监测行业中得到广泛应用，工程化应用的传感器基本能够实现 $70\mu m$ 以上铁磁性颗粒的高精度监测。通过对油液中金属磨粒的实时在线监测，可对机械设备运行状况进行健康诊断，能及时发现并预报机械摩擦系统突发性磨损故障。国外对电感式油液金属磨粒检测传感器的研究开展较早，且已经形成系列化的成熟产品，并实现了军民两用。国内多所研究机构也开展了大量研究，主要针对小管径、高检测精度的研究，但还处于理论验证阶段，且实验室模拟的环境过于简单，没有实际应用。国内企业开发的电感式油液金属磨粒检测传感器产品主要问题是实用性较差，不能较好地反映设备磨损状况。针对国内一些工业现场实际应用，广州机械科学研究院有限公司开发的油液金属磨粒传感器对油中金属磨粒检测精度高、可靠性好，在磨损监测性能上优于一些国外知名品牌同类传感器。

4. 图像式磨粒监测传感器

（1）磨粒图像识别技术

在国外，美国 Foxboro 公司在 20 世纪 80 年代研制出在线式铁谱仪，1998 年美国洛克马丁公司和美国海军研究实验室合作开发的自动磨粒分析仪（LNF），开拓了航空领域磨粒图像快速分析技术新方向。该技术采用脉冲激光束射向流通池中运动的磨粒，基于光的前向散射原理直接在 CCD 像面获取磨粒透射图像，从而获取二维透射图像并提取磨粒的形状特征，由于光脉冲只有几个毫秒长，在拍照瞬间粒子的运动可忽略（即不考虑运动模糊的情况），短时间内即可获取粒子的一系列快照。内部算法使用几千张图片来计算悬浮粒子的特征参数及统计数据，可测量的粒子尺寸为 $4 \sim 100 \mu m$，并将 $>20 \mu m$ 的粒子进行分类：切削、严重滑动、疲劳、非金属、纤维、水滴及气泡。图 7-37 所示为自动磨粒分析仪的工作原理。

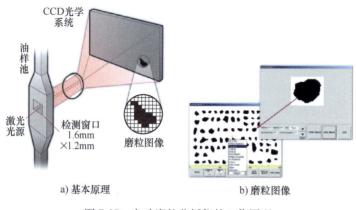

a) 基本原理　　　　　　　　　　b) 磨粒图像

图 7-37　自动磨粒分析仪的工作原理

自动磨粒分析仪的分类工具是人工神经网络。该网络的训练数据由专家进行的传统铁谱试验得到。网络所需的特征参数为粒子轮廓整体信息及长短轴比。由于分类依据是磨粒轮廓信息，因此 MoS_2、积炭、密封材料及黑色金属氧化物等，会被当成固体微粒，分到严重滑动、疲劳、切削的一类中去。自动磨粒分析仪的主要优势：相比于传统颗粒计数仪，自动磨粒分析仪不需要根据 NIST SRM 2806 标准来校准，因为它是直接对粒子成像的，CCD 摄像阵列在制造时就校准好了线性参数，而人工校准往往要将仪器送回原厂校准。识别后的典型磨粒剪影保存在数据库中，在用户界面选择相应的类别，就可以调出历史记录，并且可以对自动识别的结果进行修正。但需要注意的是，因该技术使用了 4 倍的显微物镜，受限于成像靶面的尺寸与景深的需求，导致油样流速较小，污染度监测数据不准确，且难以实现在线应用。

在国内，最早研究磨粒在线监测技术的是西安交通大学润滑理论与轴承研究所，并在 1989 年研制出国内第一台在线铁谱仪 OLF-1，经过改进，在 1997 年又成功研制出 OLF-4 在线铁谱仪。在线磨粒传感器的早期结构最初是由谢友柏院士提出的，随后 2008 年左右，西安交通大学毛军红与武通海等课题组共同研究开发了一种新的在线图像可视铁谱仪（On-Line Visual Ferrograph，OLVF），如图 7-38 所示，它通过高梯度磁场将铁磁性磨粒吸附沉积下来，从而获得磨粒在线可视铁谱图像，并通过磨粒分析给出磨粒的各种参数指标，这些参数指标就可以表征机械设备各个阶段的磨损状态，之后两课题组在不同方向上对 OLVF 进行了深入研究。但在线图像可视铁谱仪受传感器结构限制，在应用时存在的问题是：磨粒沉积可控性差，难以在视场范围内有效捕获磨粒；放大倍率不足，致使磨粒成像质量较差；此外，磨粒黏连成链限制了单磨粒特征的提取，降低了磨损状态表征的全面性。

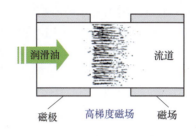

a) 在线图像可视铁谱仪结构　　　　b) 磨粒沉积原理

图 7-38　在线图像可视铁谱仪

2013 年，武通海课题组提出了视频获取方式的磨粒在线监测探头（见图 7-39），能够获取单颗磨粒的多角度信息，除了采用 IPCA 这个特征参数外，还可以进行磨粒三维重建与形貌特征信息提取，进一步对磨粒进行分类，分析磨损机理，但局限在于视频拍摄运动中的磨粒存在运动模糊的问题，且后续图像处理算法更加复杂（见图 7-40）。

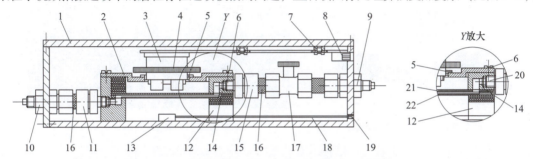

图 7-39　一种基于视频获取的润滑油磨粒在线监测探头

1—外壳　2—遮光套筒　3—CMOS 摄像头　4—对焦环　5—密封圈　6—紧固螺钉　7—调节螺钉
8—USB 数据接口　9—进油嘴　10—出油嘴　11—流道出油嘴　12—流道支撑台　13—平面发光二极管
14—流道框架　15—流道进油嘴　16—油管　17—节流阀　18—控制电路　19—电源接口
20—螺纹孔　21—上玻璃片　22—下玻璃片

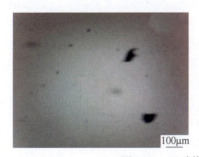
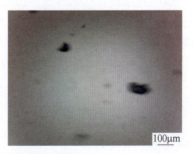

图 7-40　运动模糊的磨粒图像

2015 年，广州机械科学研究院开发研制出一款高放大倍率的反射型在线磨粒图像传感器，并经过工程应用实现了产业化，该款传感器不仅解决了磨粒的放大倍数问题，同样基于算法解决了在线磨粒图谱的机理识别问题，不仅可用于工业设备的磨损状态评价，还可用于对发动机的磨损监测。2023 年，在磨粒图像传感器的基础上，去除励磁模块，直接通过高速工业相机进行磨粒翻滚过程的视频采集，研制出基于机器学习算法的磨粒视觉传感器，该款传感器采用大景深远心物镜，结合透反射光源及高速 CMOS 工业相机，实现 4～200μm 颗粒污染物动态采集和智能识别磨粒视觉传感器的主要优势：相比于颗粒计数传感器和自动磨粒分析仪，该技术采用透反射光源以及分时分段算法，不仅可以实现颗粒计数、输出污染度等级，并且内置了校准功能，无需返厂校准，还可以通过颜色识别磨粒的材质来判断磨损类型及污染物类别，可以识别 Fe、Cu、氧化物、油泥、纤维及气泡等物质。

（2）磨粒图像传感器

广州机械科学研究院研发的在线磨粒图像传感器原理如图 7-41 所示，它利用施加了直流电的励磁线圈，产生强大的磁场，将油液中的铁磁性颗粒吸附于玻璃面上，并使其呈链式排列，然后结合特制光学镜组和 CMOS 工业相机实现高放大倍率的磨粒图像采集，这些图像随即传输至上位机检测系统进行详细的图像处理和诊断分析，如颗粒计数、尺寸分布评估和形状分析等，进一步识别磨损模式并评估机械设备的健康状况。

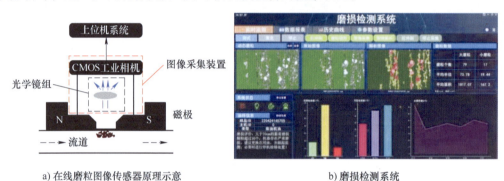

a) 在线磨粒图像传感器原理示意　　　　　　b) 磨损检测系统

图 7-41　在线磨粒图像传感器原理示意和磨损检测系统

有效的磨粒沉积是传感器的首要技术难点，在线磨粒图像传感器在励磁线圈的设计上，采用带回型铁芯的励磁线圈进行磁场调控，通过施加不同直流电压，改变通过线圈的电流值，从而在磁头的尖端产生最大的磁场强度，如图 7-42 所示。铁磁性颗粒主要是在两磁头尖端的空隙处被吸附和拍照，因此分析空隙处的磁场分布更为直观，通过在仿真中的路径示意图，选择尖头中间位置，路径从左到右，分析该路径上的磁场分布情况，可以明显看到，当路径直线接触到铁芯后，磁感应强度迅速上升，在尖端位置出现最大值，随后进入空气介质，磁感应强度迅速下降，因双线圈磁场本身就是对称分布，所以路径点图的磁感应强度也呈现对称分布。

二维平面仿真能得到磁场的分布情况，但是磁头尖端的磁感应强度与实际值相差较大，因此进一步通过建立三维结构模型，按照 1∶1 结构模型进行磁场强度仿真，重点观测磁头区域的磁感应强度值。

根据仿真结果，加载电压越大，通过线圈的电流越大，磁头尖端的磁感应强度值也越大，但铁芯材料会达到饱和磁感应强度值，当励磁线圈加载 12V 电压时，磁头尖端的磁感应强度值可达 360mT，与实测值一致且大于相关产品的磁力值参数，因此可以满足磨粒有效吸附和沉积的要求。

获取清晰且放大的磨粒图像是传感器的关键技术。磨粒吸附和沉积完成后，就需要获取磨粒图像，即利用显微成像技术对磨粒进行光学成像（见图 7-43），然后通过优化光路，将

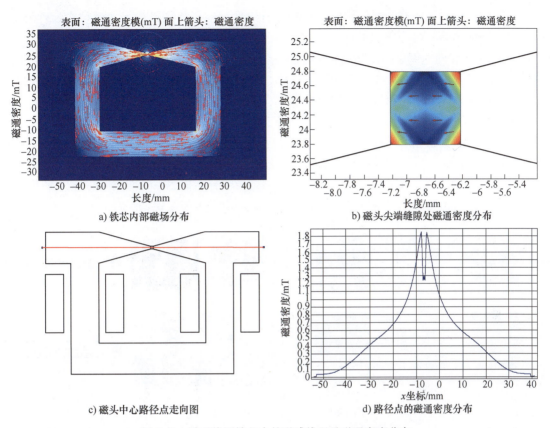

a) 铁芯内部磁场分布

b) 磁头尖端缝隙处磁通密度分布

c) 磁头中心路径点走向图

d) 路径点的磁通密度分布

图 7-42　励磁线圈铁芯中的磁感线以及磁通密度分布

磨粒图像呈现在工业相机靶面上，最后通过工业相机将采集的图像传输至磨粒分析系统进行磨粒识别分析。在线磨粒图像传感器的图像采集系统由光学系统（10×显微物镜组合）和 500 万 CMOS 相机组成。根据牛顿放大率公式可得，物镜的垂轴放大率为 $\beta = -x_1/f_1 = -\Delta/f_1$，正常情况下，显微物镜筒长为 160mm，根据筒长/焦距关系，可计算求得放大倍率，同理根据光路的仿真和计算，可以实现不同放大倍数的调整；在线磨粒图像传感器在光路中创新性增加了棱镜，通过改变棱镜的尺寸来调整放大倍数，同时还可以减少光路所占的体积，实现高光学放大倍率的磨粒图像采集。

设备磨损状态的评估是传感器的核心技术。磨粒图像采集的最终目的是要对设备润滑油中磨粒的存在形式做出全面评价，以评估设备的磨损状态，只有尽可能全面地获取磨粒在定量和定性上的特征信息，才能准确地评估润滑部件的磨损状态。而采集到的磨粒图像体现的是一个拥有许多磨粒组合成的磨粒群，对它的评估既要在磨粒群体

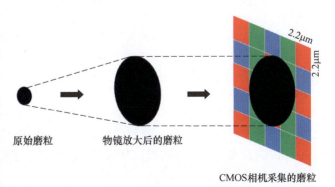

图 7-43　磨粒成像过程示意

上定量评估，也对组成这个群体的每个磨粒进行定性评估，特别是大尺寸磨粒的定性评估，因此这是该传感器的核心技术难点。

如图 7-44 和图 7-45 所示，传感器内置的核心磨粒图像算法，结合了广州机械科学研究院检测多年来积累的十多万张来自钢铁、石化、水泥、石油开采、风/火/核电等多个行业中压缩机、液压系统、齿轮箱等设备的磨粒图像，并从中选取上万余张磨损特征鲜明的典型磨粒图像进行标注、训练磨损颗粒识别的综合模型，最终开发出深度学习图像处理算法并应用于在线监测与磨损状态诊断评价系统。该系统不仅可以实时采样、数据分析图形实时显示、采样数据实时存储，并随时调出历史数据，还能够实现对各项指标历史趋势与实时数据进行查询，并对各项指标的状态、产生异常的原因进行自动智能描述，智能判断指标异常可能造成的后果，并给出相应的设备维护建议，该系统已经应用于工业现场。

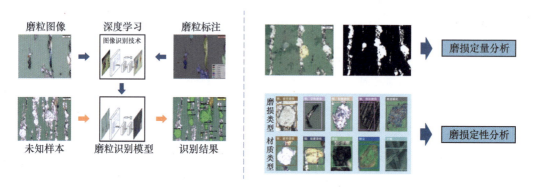

图 7-44　磨粒识别模型的训练过程

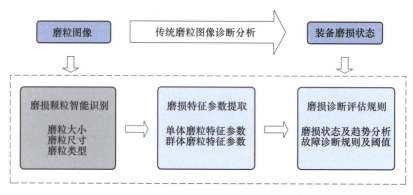

图 7-45　基于磨损颗粒识别的磨损状态诊断评价方法

（3）磨粒视觉传感器

磨粒视觉传感器的工作原理如图 7-46 所示，油液流入传感器内部的油池后，通过上方的光学透镜组以及高速 CMOS 工业相机直接对油液中的磨粒进行动态图像采集，然后采用特定的人工智能图像识别算法处理和解析，实现油液颗粒污染度（颗粒计数）、磨粒智能识别、故障诊断及趋势分析等数据信息管理，可以进一步监测机械设备易磨损部件运行状态及其磨损发展进程。

磨粒视觉传感器的核心难点就是磨粒动态视觉下的智能识别，当去除磁力装置后，磨粒

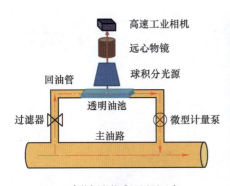

a) 磨粒视觉传感器原理示意

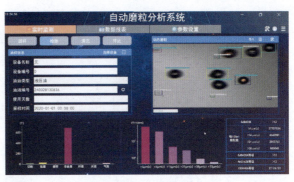

b) 自动磨粒分析系统

图 7-46　磨粒视觉传感器原理示意和自动磨粒分析系统

在油液中处于自由运动状态，抓取磨粒就需要特殊的目标跟踪算法，由于流速、景深以及采集频率等原因，运动的磨粒图像存在拖影及磨粒在运动中的滚动全貌识别，需要算法做进一步的处理，才能获取磨粒的多角度特征信息。如图 7-47 所示，在磨粒提取上，为了从视频流中高效提取磨损颗粒，传感器选用了高速且高精度的 YOLOV8 算法，以单类别识别方法从视频流中提取磨损颗粒。该算法具有以下优点：①简化了标注流程，减少了对专家知识的依赖，加速了训练集的构建；②该模型适用于多种场景下，且标注简单，可以快速迭代；③降低了识别难度，有助于快速获得性能优异的模型。在磨粒跟踪上，为了避免同一磨损颗粒在多帧中的重复检测及计数，引入了 BOT track 技术进行精准跟踪。这一技术通过对目标的动态路径和视觉特征的连续分析，确保了跨帧的识别一致性；在磨粒识别上，将磨损颗粒识别功能独立化，可灵活复用已有的磨粒识别训练集，以迅速适配并开发满足各种场景需求的模型，这种方法不仅加快了开发周期，还提高了模型的可定制性，使其能够应对多变的应用环境和不断演进的识别任务。图 7-48 所示为传感器捕获到的典型颗粒污染物。

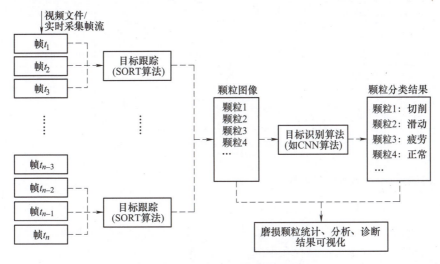

图 7-47　颗粒污染物智能识别算法

在污染度检测上，进行了 GBW（E）120083 标准物质对比测试，结果见表 7-2。从表 7-2

可以看出，标准油液给出的油液参考值等级为 10 级，磨粒视觉传感器测得的油液污染度等级（GJB 420B—2015 等级）在 10，根据测量数据计算出总体油液磨粒检出率基本和校准物质的检测结果一致；传感器内置有校准功能，经过校准调试，传感器测得的油样污染度等级（GJB 420B—2015 等级）可控制在 10 以内，达到应用要求。

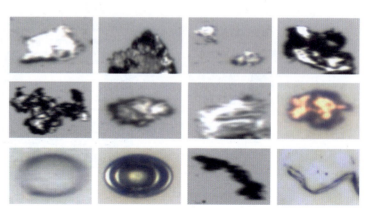

图 7-48　典型颗粒污染物展示

表 7-2　油样污染度等级测试

被测油样	磨粒尺寸/μm						等级					
	>4	>6	>14	>21	>38	>70						
	1mL 油样中的颗粒数/个											
标准油样	61340	24080	1683	422	42	2	10	10	9	9	9	7
测试 1	61822	26164	1599	362	47	0	10	10	9	9	9	0
测试 2	63461	27399	1642	445	41	0	10	10	9	9	9	0
测试 3	62089	26116	1781	459	47	0	10	10	9	9	9	0
测试 4	62893	26131	1533	307	35	0	10	10	9	9	8	0
测试 5	59570	24387	1585	398	29	0	10	10	9	9	8	0
测试 6	53739	21570	1497	324	35	0	10	10	9	9	8	0
测试 7	62345	25811	1728	416	48	1	10	10	9	9	9	6
测试 8	60844	26116	1737	351	18	0	10	10	9	9	7	0
测试 9	53051	22460	1259	310	29	0	10	10	9	9	8	0
测试 10	50519	20454	1356	354	29	0	10	10	9	9	8	0
测试 11	58980	25228	1641	396	47	0	10	10	9	9	9	0
测试 12	60391	25066	1533	321	6	0	10	10	9	9	6	0

注：等级中的 6 个数值分别对应磨粒尺寸>4μm、>6μm、>14μm、>21μm、>38μm、>70μm 的污染度等级。

7.3　油液传感器测试评价技术

传感器在生产后，需要对其开展多性能测试评价，以确保传感器在油液监测过程中对于外界环境的应激响应及性能稳定。不同的油液监测传感器由于其原理不同、使用环境存在差异，因此所进行的测试评价也会存在不同。

7.3.1　传感器测试中的误差和数据处理

由于测试方法的不完善，测量仪器的性能、精度和稳定性的限制，测试环境的变化，分析试剂的空白，计量器具本身的误差，以及分析人员操作技能和经验等客观和主观因素的影响，即使是同一人在相同条件下对同一个样品进行重复分析，也不可能得到完全一致的测量结果，因此或多或少存在测量误差。

误差是客观存在的，任何测试都不可能没有误差。因此，分析工作者要做的是正确认识和判断测试过程中可能产生误差的各种因素，采取适当措施，尽可能减小误差，以得到误差小、准确度高的测量结果。另外，在认识误差属性和产生原因的基础上，了解误差分布的规律，掌握数据处理的统计方法，正确判断并合理表达测量结果。

1. 分析测试误差

分析测试中的误差被定义为测量值与真值之差，它表征测量结果的准确度。真值只是一个理想的概念。由于任何测量都存在缺陷，在实际测量中无法获得真值。通常用约定真值、相对真值或排除了所有测量上的缺陷时通过完善的测量所得到的量值来代替真值。根据误差的性质，可将其分为三类：随机误差、系统误差和过失误差。

（1）随机误差

在测量过程中，由于一系列不确定因素和无法控制的测量条件的随机波动而引起的分析误差就是随机误差，如分析仪器本身的稳定性、测量参数随环境温度和外加电压电流无规则变动，以及分析样本的不均匀性等，都会引起其分析结果的波动。在分析测试中随机误差不可避免，也不可能被校正或修正，但会随着测量次数的增加而减小。因此，严格控制测量条件，增加测量次数，可有效减小测量的随机误差。

（2）系统误差

在一定的测试条件下，由某个或几个固定因素引起的误差，就是系统误差。例如，标准物质认定值的偏差导致校准测量结果存在方向性的误差，测量中仪器方向性漂移引起的误差，都是系统误差。在重复测定中，系统误差会重复出现，并且会随测试条件改变按某一确定的规律变化，分析工作者可从中找出该测试条件引起的系统误差的大小，并予以校正，以减小系统误差的影响。

（3）过失误差

指一种显然与事实不符、超出规定条件下预期的误差，有时也称粗大误差。过失误差主要是由于操作人员的疏忽或失误，未按分析方法或仪器的规定条件操作而造成的误差。在测量过程中过失误差是一类可以避免的误差。

在正常的测量中，测量值的误差由随机误差和系统误差组成，其关系如下：

$$测量误差 = 测量值 - 真值 = 随机误差 + 系统误差$$
$$测量值 = 真值 + 随机误差 + 系统误差$$

2. 测试结果的准确度

传统的准确度是指测量值与真值的一致程度。由于在实际测量中不可能得到真值，因此在统计学中引入"接受参照值"概念代替真值，也称为约定真值。大多数情况下，标准物质的指定值可认为是接受参照值。

精密度是指在规定条件下，重复测量结果之间的一致程度。由于精密度与测量条件有关，因此现在多采用测量重复性和再现性来表征测量结果的精密度，分别表示实验室内和实验室间两种不同条件下的精密度，即表示了测量条件"相同"和"很不相同"两种状态下测量结果的一致程度。

GB/T 3358.2—2009《统计学词汇及符号　第 2 部分：应用统计》、JJF 1001—2011《统

用计量术语定义》和 GB/T 6379.1—2004《测量方法与结果的准确度（正确度与精密度）第1部分：总则与定义》中对观测值、测试结果、接受参照值、准确度、正确度和精密度等有关术语与定义表述如下。

1）观测值：作为一次观测结果而确定的特性值，或由样本中每一个单元获得的相关特性值。

2）测试结果：用规定的测试方法所确定的特性值。

3）接受参照值：用作比较的经协商同意的标准值，它来自基于科学原理的理论值或确定值、基于一些国家或国际组织的试验工作的指定值或认定值、基于科学或工程组织赞助下合作实验室工作中的同意值或认定值。当上述情况不能获得时，则用可测量的期望，即规定测量总体的均值。

4）准确度：测试结果与接受参照值间的一致程度。

5）正确度：由大量测试结果得到的平均数与接受参照值间的一致程度。

6）偏倚：测试结果的期望与接受参照值之差。

7）精密度：在规定条件下，独立测试结果间的一致程度。

7.3.2 传感器的基本特性

传感器的基本特性是指传感器的输入-输出关系特性，是传感器的内部结构参数作用关系的外部特性表现。不同的传感器有不同的内部结构参数，决定了它们在不同输入信号激励下表现出不同的外部特性。

传感器所测量的量基本上有两种形式：稳态（静态或准静态）和动态（周期变化）。稳态的信号不随时间变化（或变化很缓慢）；动态的信号是随时间变化而变化的。传感器的基本任务就是要尽量准确地反映被测输入量的状态，因此传感器所表现出来的输入-输出特性也就不同，即存在静态特性和动态特性。一个高精度的传感器，要求有良好静态特性和动态特性，从而确保检测信号（或能量）的无失真转换，使检测结果尽量反映被测量的原始特征。

1. 传感器的静态特性

传感器的静态特性是它在稳态信号作用下的输入-输出关系。静态特性所描述的传感器的输入-输出关系式中不含时间变量。衡量传感器静态特性的主要指标是线性度、灵敏度、分辨率、迟滞、重复性和漂移。

（1）线性度

线性度（Linearily）是指传感器的输出与输入呈线性关系的程度。传感器的理想输入-输出特性应是线性的，这有助于简化传感器的理论分析、数据处理、制作标定和测试。但传感器的实际输入-输出特性大都具有一定程度的非线性，如果传感器的非线性项的方次不高，在输入量变化范围（Range）不大的条件下，则可以用切线或割线拟合、过零旋转拟合、端点平移拟合等来近似地代表实际曲线的一段（多数情况下是用最小二乘法来求出拟合直线），这就是传感器非线性特性的"线性化"。

采用的直线称为拟合直线，实际特性曲线与拟合直线间的偏差称为传感器的非线性误差，取其最大值与输出满刻度值（FulScale，编写为 FS，即满量程）之比作为评价非线性误差（或线性度）的指标。

（2）灵敏度

灵敏度（Sensilivity）是传感器在稳态下输出量变化对输入量变化的比值，通常用 S 或 K

来表示，即

$$K = \frac{\Delta y}{\Delta x}$$

对于线性传感器，它的灵敏度就是它的静态特性曲线的斜率；非线性传感器的灵敏度为变量。很明显，曲线越陡峭，灵敏度越大；反之，曲线越平坦，则灵敏度越小。

通常用拟合直线的斜率表示系统的平均灵敏度。一般希望传感器的灵敏度高，且在满量程的范围内是恒定的，即输入-输出特性为线性。但要注意，灵敏度越高，就越容易受外界干扰的影响，系统的稳定性就越差。

（3）分辨率

分辨率（Resolution）是指传感器能够感知或检测到的最小输入信号增量，反映传感器能够分辨被测量微小变化的能力。分辨率可以用增量的绝对值或增量与满量程的百分比来表示。通常将模拟式传感器的分辨率规定为最小刻度分格值的一半，数字式传感器的分辨率是最后一位的数字。灵敏度越高，分辨率越好（小）；反之亦然。

（4）迟滞

迟滞（Hysteresis），也叫回程误差，是指在相同测量条件下，对应于同一大小的输入信号，传感器正（输入量由小增大）、反（输入量由大减小）行程的输出信号大小不相等的现象。产生迟滞的原因：传感器机械部分存在不可避免的摩擦、间隙、松动和积尘等引起能量吸收和消耗。

（5）重复性

重复性（Repealabilily）表示传感器在输入量按同一方向做全量程多次测试时所得输入-输出特性曲线一致的程度。实际特性曲线不重复的原因与迟滞产生的原因相同。

（6）漂移

漂移（Drift or Shift）是指传感器在输入量不变的情况下，输出量随时间或温度等变化的现象。漂移将影响传感器的稳定性或可靠性。产生漂移的原因主要有两个：一是传感器自身结构参数发生老化，如零点漂移（简称零漂，Zero Drift），它是在规定条件下，一个恒定的输入在规定时间内的输出在标称范围最低值处（即零点）的变化；二是在测试过程中周围环境（如温度、湿度、压力等）发生变化，这种情况最常见的是温度漂移（简称温漂），它是由周围环境温度变化而引起的输出变化。温度漂移通常用传感器工作环境温度偏离标准环境温度（一般为20℃）时的输出值的变化量与温度变化量之比来表示。

2. 传感器的动态特性

在实际测试工作中，大量的被测信号是随时间变化的动态信号，对动态信号的测量不仅需要精确地测量信号幅值的大小，而且需要测量和记录反映动态信号变化过程的波形，这就要求传感器能迅速准确地测出信号幅值的大小和无失真地再现被测信号随时间变化的波形。

传感器的动态特性是指传感器对动态激励（输入）的响应（输出）特性，即一个动态特性好的传感器，随时间变化的输入量的响应特性（Response Charaeteristic）输出随时间变化的规律（输出变化曲线），将能再现输入随时间变化的规律（输入变化曲线），即输出输入具有相同的时间函数。但实际上由于制作传感器的敏感材料对不同的变化会表现出一定程度的惯性（如温度测量中的热性），因此输出信号与输入信号并不具有完全相同的时间函数，这种输入与输出间的差异称为动态误差，动态误差反映的是惯性延迟所引起的附加误差。

传感器的动态特性可以从时域和频域两个方面分别采用瞬态响应（Transient Response）法和频率响应（Frequeney Response）法来分析。由于输入信号的时间函数形式是多种多的，在时域内研究传感器的响应特性时，只研究几种特定的输入时间函数，如阶跃函数、脉冲函数和斜坡函数等。在频域内研究动态特性一般是采用正弦函数。为了便于比较和评价，常用阶跃信号和正弦信号作为输入信号，对应的传感器动态特性指标分为两类，即与阶跃响应（Step Response）和与频率响应特性有关的指标：①在采用阶跃输入研究传感器的时域动态特性时，常用延迟时间、上升时间、响应时间及超调量等来表征传感器的动态特性。②在采用正弦输入信号研究传感器的频域动态特性时，常用幅频特性和相频特性来描述传感器的动态特性。

7.3.3 传感器的基本参数测试

1. 一般性测试

一般性测试主要是指对传感器的外观、表征符号等基本特征和功能进行测试。主要是对传感器的一般功能进行检测，确保能达到正常使用的水平。其中，外观检测针对传感器的外观形态，主要包括以下几个方面。

1）表面不应有明显的凹痕、划伤、裂缝和变形，表面涂层应均匀，不应起泡、龟裂和脱落。

2）金属零部件不应有锈蚀或者其他机械损伤。

3）传感器各零部件应紧固无松动，进行插接的活动部件应插接自如。

4）传感器表面说明功能的符号文字及其他所有标志应清晰端正、安装牢固。

除了以上针对外观进行的观察测试，传感器的基本功能也应该正常，满足运行要求。传感器在通电时能正常工作，相关指示灯亮起，并且在启动后要求能够连续工作24h无故障。同时，要求传感器通信功能正常。

2. 重复性测试

重复性测试主要是针对传感器的可靠性和稳定性，要求在同一工况条件下，传感器对同一样品的检测结果具有相同或者类似的检测结果。针对不同的传感器，不同测试的结果偏差应该保持在一定范围内。在该测试条件下，采用同一类型的同种传感器，针对同一种油液进行测试。通常根据需求对油液重复进行3~5次检测，对比每次检测结果之间的偏差情况。要求各检测结果之间的偏差保持在10%以内，针对不同的传感器在不同的应用过程中要求会更为严苛，因此需要准确测试。

需要注意的是，由于采用的是同一传感器，在每次测试前，传感器的初始条件应该保持一致，因此油液的初始条件也应该保持一致，例如压力、流速、温湿度等条件，每组测试的时间应保持相同，多次测量后对比每次的检测结果，并可以根据实际情况对各结果之间的偏差情况进行分析。

3. 一致性测试

一致性测试是指对于同一种油液样品，使用同一型号的不同传感器进行测试，所检测的结果偏差在一定范围内。在测试过程中，可根据需求选择若干只传感器作为检测对象，每只传感器为一组，将传感器置于同一油液样品中进行测试。将各组传感器置于油中测试一段时间，探究各组传感器检测结果的偏差。

一致性测试根据不同传感器而有不同的检测结果。例如，水分传感器则是通过对比不同传感器的水分检测值来进行测试；黏度传感器则是通过对比不同传感器所检测到的油液黏度值来进行检测；磨粒传感器则要求所测得的磨粒的量具有一致性。要求不同传感器之间的检测结果偏差越小越好，通常在 1%~5% 以内则认为是一致的。

需要特别注意的是，一致性测试是由于对同一种油液采用不同的传感器进行测试，测试的时间有先后，因此在进行各组测试时，应尽量保证油液是处于同样的初始状态，即油液的量、油中各物质和污染物的量应该保持一致，同时，各组的测试时间也应保持一致，在此条件下，才能保证测试的结果具有科学性和有效性。

4. 测量误差测试

1）试验方法：按照相关变电设备在线监测装置专项技术规范的要求进行试验。在进行其他试验项目之前先进行测量误差试验。完成所有试验项目后，可再进行一次测量误差试验（选取一个测量点）作为参考。

2）合格判据：测量误差应满足相关在线监测装置技术规范中的具体规定。

7.3.4　传感器的环境可靠性测试

1. 低温试验

低温试验要求如下。

1）试验方法：按 GB/T 2423.1—2008《电工电子产品环境试验　第 2 部分：试验方法　试验 A：低温》规定和方法进行低温储存及运行试验，严酷等级按产品可能经受的环境条件选择标准规定的温度等级及暴露时长。

2）合格判据：①低温贮存。低温试验前后产品外观无改变、性能在误差范围内；②低温运行。低温运行时，产品应能冷启动，且试验前后外观无改变、性能在误差范围内。

2. 高温试验

高温试验要求如下。

1）试验方法：按 GB/T 2423.2—2008《电工电子产品环境试验　第 2 部分：试验方法　试验 B：高温》规定和方法进行高温储存及运行试验，严酷等级按产品可能经受的环境条件选择标准规定的温度等级及暴露时长。

2）合格判据：试验前后及高温下，产品外观无改变、性能在误差范围内。

3. 恒定湿热试验

恒定湿热试验要求如下。

1）试验方法：按 GB/T 2423.3—2016《环境试验　第 2 部分：试验方法　试验 Cab：恒定湿热试验》规定和方法进行试验，严酷等级按产品可能经受的环境条件选择标准规定的温湿度等级及暴露时长。

2）合格判据：试验前后及湿热环境下，产品外观无改变、性能在误差范围内。

4. 交变湿热试验

交变湿热试验要求如下：

1）试验方法：GB/T 2423.4—2008《电工电子产品环境试验　第 2 部分：试验方法　试验 Db：设交变湿热（12h+12h 循环)》规定和方法进行试验，严酷等级按产品可能经受的环境条件来选择标准规定的温湿度等级及循环数。

2）合格判据：试验前后及湿热环境下，产品外观无改变，性能在误差范围内。

5. 振动试验

振动试验要求如下。

1）试验方法：GB/T 2423.10—2019《环境试验　第 2 部分：试验方法　试验 Fc：振动（正弦）》规定和方法进行试验，严酷等级按安装环境选择。

2）合格判据：试验结束后，产品不应发生紧固件松动、机械损坏等现象且性能在误差范围内。

6. 碰撞试验

碰撞试验要求如下。

1）试验方法：GB/T 2423.5—2019《环境试验　第 2 部分：试验方法　试验 Ea 和导则：冲击》规定和方法进行试验，严酷等级按产品可能经受的运输和工作环境进行选择。

2）合格判据：试验结束后，产品不应发生紧固件松动、机械损坏等现象，且性能在误差范围内。

7. 防尘试验

防尘试验要求如下。

1）试验方法：按 GB/T 4208—2017《外壳防护等级（IP 代码）》中的规定和方法进行防尘试验。室内及遮蔽场所使用的装置，按照外壳防护等级 IP31 进行试验；户外使用的装置，按照外壳防护等级 IP55 进行试验。

2）合格判据：试验结束后，机壳内无明显灰尘沉积，或进尘不足以影响监测装置的正常操作或安全性。

8. 防水试验

防水试验要求如下。

1）试验方法：按 GB/T 4208—2017 中规定的试验要求和试验方法进行防水试验，室内及遮蔽场所使用的装置，应符合外壳防护等级 IP31 的要求；户外使用的装置，应符合外壳防护等级 IP55 的要求。

2）合格判据：试验结束后，机壳内无明显进水，或进水不足以影响监测装置的正常操作或安全性。

9. 冲击试验

冲击试验要求如下。

1）试验方法：GB/T 2423.5—2019《环境试验　第 2 部分：试验方法　试验 Ea 和导则：冲击》规定和方法进行试验，严酷等级和冲击脉冲波形按产品可能经受到的实际运输或工作环境来选择。

2）合格判据：试验结束后，产品不应发生紧固件松动、机械损坏等现象，且性能在误差范围内。

7.3.5　传感器的安全性能测试

1. 绝缘电阻试验

绝缘电阻试验要求如下。

1）试验方法：在正常试验大气条件下，用绝缘电阻表测量装置各独立电路与外露的可导电部分之间，以及各独立电路之间的绝缘电阻，施加电压时间不小于 5s。

2）合格判据：绝缘电阻值应不小于 $100M\Omega$（见表 7-3）。

表 7-3　绝缘电阻值要求

额定工作电压/V	绝缘电阻值要求/MΩ		测试电压/V
	正常条件	湿热条件	
≤60	≥100	≥2	250
>60	≥100	≥2	500

2. 介质强度试验

介质强度试验要求如下。

1）试验方法：在正常试验大气条件下，对装置各独立电路与外露的可导电部分之间，以及各独立电路之间，施加频率为 50Hz 历时 1min 的工频电压；试验电压从零起始，在 5s 内逐渐升到规定值并保持 1min，随后迅速平滑地降到零值，测试完毕断电后用接地线对被测试样品进行安全放电；试验过程中，任一被试回路施加电压时，其余回路等电位互连接地。

2）合格判据：试验过程中及试验后，监测装置不应发生击穿、闪络及元器件损坏现象。

7.4　油液在线监测装置与系统

油液在线监测装置是根据企业监测设备特征所选择的油液传感器种类特征、现场安装条件及环境要求，针对性开展的传感器集成模块设计，装置内部油液流通管路设计，以及数据采集模块、数据处理模块、通信模块、抽油泵控制模块和电源模块的集成设计。根据现场工况及监测方式需要，油液在线监测装置分为数据采集监测部分与数据诊断显示部分一体式和分体式两种形式。油液在线监测系统主要是指在线监测软件系统，其通过油液在线监测装置采集的各种监测数据进行储存分析，建立故障规则集，并加上诊断算法，形成智能诊断专家系统及远程运维平台，能够对所监测设备的润滑与磨损状态实时监测及故障预警。

7.4.1　油液在线监测系统架构

油液在线监测系统架构包含 4 个维度，如图 7-49 所示，分别是对象层，即选定的监测机组润滑系统；采集层，即根据监测对象配置的油液在线监测仪器；监控层，即在线监控软件系统；运维层，即实现远程运维的云平台。

油液在线监测系统主要应用在工业重大装备上。通过对不同机组对象的特性分析，结合其机组润滑监测的重点、痛点以及难点，提供相应的油液在线监测解决方案。

1）针对对象层，根据被监测机组的运行工况、润滑特点以及常见故障特征，对监测手段进行标准化部署，确保监测过程准确有效。

2）针对采集层，面向不同机组类型与行业需求，油液在线监测仪的配置也不尽相同，如重大机组监测仪、防爆型监测仪、一体式监测仪、定制化监测仪及智能污染控制系统等。不同的环境、需求，选择对应的油液在线监测仪，对机组润滑系统进行实时采集、监测，初步分析油液的数据，得到初步诊断结论。

3）针对监控层，可根据具体需求适配 PC 端、移动端、大屏展示端等场景。不同的用户有不同的展示需求，将多个监测仪数据汇总到监测系统显示屏上，对不同部门、机组，进行综合的分析、诊断，并显示到不同的用户客户端。

4）针对运维层，作为油液在线监测的大数据中心，汇总了多个监测系统的监测数据和诊断结论，结合离线数据、运维记录，进行大数据挖掘、智能诊断等全方位运维深度分析，最终生成预警信息、预测诊断及运维报告等信息。

7.4.2 对象层-机组润滑系统

工业机组由于摩擦副材料、工况、环境和使用油液等各异，因此其润滑特点、磨损失效机理各不相同。油液在线监测的应用需要根据机组的润滑特点及常见润滑异常，配置监测参数，基于状态参数去选定监测传感器。针对工业大机组的在线监测信息见表7-4。

图 7-49　油液在线监测技术体系架构

表 7-4　在线监测工业大机组信息

机组	常用油品	润滑特点	常见润滑异常（部件异常现象）	在线监测指标
透平机组	L-TSA 汽轮机油（L-TSA 32/46 汽轮机油）	透平机组的主要润滑点是滑动轴承、推力轴承，转速高，采用的是全流体润滑，两相互运动的摩擦副表面被润滑油隔开，几乎不会产生磨损	轴瓦漆膜、轴瓦擦伤、剥落等	黏度、水分、污染度、磨损（铁磁性颗粒、非铁磁性颗粒）
往复式压缩机组	L-DAB 空气压缩机油（L-DAB 100/150 空气压缩机油）	往复式压缩机组的润滑分为内部润滑和外部润滑。内部润滑的润滑油与压缩气体直接接触，并随压缩气体排出；外部润滑不接触压缩气体。对于大型往复式压缩机组，内部润滑系统和外部润滑系统是独立的。而在小型无十字头压缩机中，内外部油润滑系统是相通的，此时润滑油与压缩空气接触，会吸收大量的压缩热。往复式压缩机具有多个润滑点，因此通常采用压力强制润滑	缸套活塞磨损、轴瓦巴氏合金剥落等	黏度、水分、磨损（铁磁性颗粒、非铁磁性颗粒）

（续）

机组	常用油品	润滑特点	常见润滑异常 （部件异常现象）	在线监测指标
齿轮箱	L-CKD 工业闭式齿轮油 （L-CKD 150/220/320/460 工业闭式齿轮油）	摩擦副接触区载荷大，润滑油容易受到剪切力影响，润滑方式为边界润滑或混合润滑。大型齿轮箱通常用油量较大，带有稀油站和外循环过滤系统。小型齿轮箱通常用油量较小，不带有过滤系统和外油箱，属于飞溅润滑	齿面疲劳磨损、齿面点蚀、齿面剥落、齿面塑性变形及断齿等	黏度、水分、磨损（铁磁性颗粒、非铁磁性颗粒）、电导率
液压系统	L-HM 抗磨液压油 （L-HM32/46/68 抗磨液压油）	液压系统主要作用是传递功率，因此工作压力高，产生的摩擦力大。为了保证执行动作的准确性和稳定性，液压元件精度非常高，对液压油的清洁度要求高	液压缸磨损失效、液压阀件卡涩等	黏度、水分、污染度
柴油机组	柴油机油 （CD/CF-4/CH/CI 15W40 柴油机油）	机油箱体积小，每升润滑油负载功率大，润滑油循环量大，热负荷和机械负荷都很高，润滑系统容易受到燃油燃烧产物的酸性组分和燃烧后的沉积物如炭黑污染，船舶柴油机可能与水接触	缸套拉缸、活塞磨损、轴瓦轴颈磨损等	黏度、水分、磨损（铁磁性颗粒、非铁磁性颗粒）、红外光谱参数（碱值、氧化、添加剂含量等）

7.4.3 采集层-油液在线监测装置

为了获取更多的关于设备润滑磨损信息，提高设备油液在线故障监测的准确度，在线油液监测传感器技术向着集成化方向发展。这也是针对机械摩擦学系统在油液综合诊断信息中参数间表现出多种关联和互补特性发展起来的。集成传感器通过获取设备磨损颗粒、油品理化、污染度等信息，监测系统自动实现设备运行工况的综合分析与故障诊断。目前，油液分析的各种在线监测方法越来越多，性能也逐步稳定。这些仪器逐渐集成化，能快速地同时测定多项在用润滑油的理化指标。

1. 油液在线监测装置硬件集成设计

油液在线监测装置是根据设备现场安装和环境需要，以及传感器的特性特点，针对性地开展传感器集成模块设计、装置内部油液流通管路设计，以及数据采集模块、数据处理模块、通信模块、抽油泵控制模块和电源模块的集成设计，如图7-50所示。

2. 分体式油液在线监测装置

由于工业设备及环境限制，现场不需要查看监测数据，因此油液监测系统设计可采用分体式设计方案，即采集与显示分开，采用上位机、下位机形式，如图7-51所示。

集多款传感器信息的在线油液监测下位机系统设计，通常由油液自动循环采集模块、油

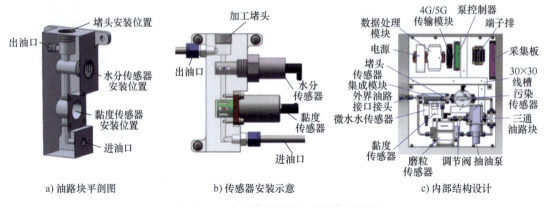

a) 油路块平剖图 b) 传感器安装示意 c) 内部结构设计

图 7-50 油液在线监测装置硬件集成设计

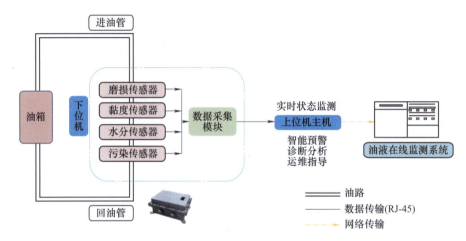

图 7-51 分体式油液在线监测装置设计模型

液信息监测传感器模块、信号解码及调制模块及油液特征信息归集模块等硬件组成。

1) 油液自动循环采集模块：包括取样控制阀、定压阀、功能油池及微量泵等重要组成构件，用于实时采集含有当前状态下的机械设备摩擦副润滑磨损信息的辅助硬件设计。

2) 油液信息监测传感器模块：根据润滑油的理化性能及工况特性选择包括润滑油黏度传感器、油质传感器（污染度传感器）、水分传感器、电导率传感器及磨粒监测传感器等，并增加润滑油温度监测传感器，用于采集机械设备运行过程中润滑油理化指标、污染度指标以及润滑油所携带的磨粒信息和润滑油温度状态信息。

3) 信号解码及调制模块：用于将被监测润滑油性能变化的各传感器采集到的原始特征电平信号进行解码及调制，校验位进行有效电平信号的转换，得到需要的润滑油理化特征参数。

4) 油液特征信息归集模块：用于实现润滑油各个传感器信号通道的特征信息归集、汇总到同一数据格式，数据包分解传输并进行数据校验，有效解决图像、视频和音频等数据的粘包问题，为在线油液监测与诊断中心提供稳定可靠的数据。

油液在线监测下位机采用的各个传感器电源要求包括电压等级、电流大小、交变/直流等有所不同，有些传感器的信号输出是模拟量或脉冲信号，有些本身又集成了信号处理单元，可直接输出 RS232、CAN 总线信号等数字信号。进口的传感器或传感器敏感元件，多采用单一模拟量输出，通过对时序控制来输出多个参数，需要解码后才能提取有效信号。多个传感器测试单元独立形成子系统，完成本测试单元的信号采集，同时通过内部模块集成、数据标定、油品性能分析和数据传输来实现对工业现场设备的智能化诊断。

上位机单元主要由工控机、显示器组成，工控机对采集到的数据进行实时分析，通过客户端显示器数据可以直观地展现出实时数据。分体式油液在线监测装置工业应用现场如图 7-52 所示。

3. 一体式油液在线监测装置

将图 7-51 所示的模型一体化，即形成一体式油液在线监测装置。一体式油液在线监测装置具有采集与监控

a) 石化行业　　　　b) 核电行业

图 7-52　分体式油液在线监测装置工业应用现场

一体化的便利，非常便于现场点检及浏览查看，及时运维处理。同时，一体化油液在线监测装置还能集仪器之外的润滑点采用单传感器监测的集中显示优点，这样，在一个设备区域或同类设备区域，一体化油液在线监测装置变成为一个监控中心，集中展示了多台设备的润滑状态信息。图 7-53 所示为广州机械科学研究院有限公司设计的一款一体式油液在线监测装置，图 7-54 所示为一体式油液在线监测装置工业应用现场。

图 7-53　一体式油液在线监测装置　　　　图 7-54　一体式油液在线监测装置工业应用现场

7.4.4　监控层–软件系统

1. 在线监测软件系统概述

在功能上，一个完整的在线监测软件系统应该具备以下几个功能模块。

（1）参数设置模块

此模块的功能是对油液在线监测系统各个参数的设置，包含油液参数、报警值、润滑系统及数据库等。通过对油液参数的配置，可配置油液中黏度、水分等参数的系数，以满足不同油液特性指标的监测。报警值设置可配置各个参数的报警值，对油液监测系统的报警起到至关重要的作用。润滑系统是本系统的泵、阀门等，通过控制手/自动模式、转速、开关，

以满足现场需求或不同安装油路状况的调试配置需求。

（2）数据采集模块

此模块的功能是负责对数据的采集、处理、分析、存储、通信和显示。通过设置特定传感器，对工业设备润滑系统监测参数信号进行实时采集。数据的分析处理是将传感器采集到的原始信号通过某些数据处理方法，转变为能够直观反映设备状态的特征值数据，并在界面上实时显示这些参数数值。

（3）数据库系统管理模块

数据库模块主要用来实现对在线监测系统中所有数据进行操作、管理、维护、存储、查询以及某些界限值的改动，这些数据包括监测装置所采集的各种特征参数信号值、诊断知识库等。根据实际情况，项目使用的数据库主要分为两部分：一部分用于将数据采集设置、数字滤波、特征值判据等基本参数存放在数据库中，在系统初始化时读取这些参数；另一部分是在被监测机组正常运转状态时定时储存监测的特征参数，当设备发生故障时自动将原始数据和特征参数进行储存。

（4）故障诊断模块

将传感器采集的原始信号经过处理和分析后获得的有关参数特征值与设定的界限标准值进行对比，以此来判断设备运转状态是否正常。若监测的参数超出设定界限值的范围，则会调用诊断知识库对异常情况进行初步的综合诊断，找出故障源，同时将故障信息发送给故障报警显示模块。

（5）故障报警显示模块

当系统发现故障时，该模块会将故障信息、警示信息直观地显示出来。

由以上对在线监测系统的主要功能模块的描述，根据各个模块之间的关系，整个油液在线监测系统从初始信号的采集、特征参数的提取及对设备的状态监测预警与故障诊断，信号数据在各个模块之间的流程如图 7-55 所示。

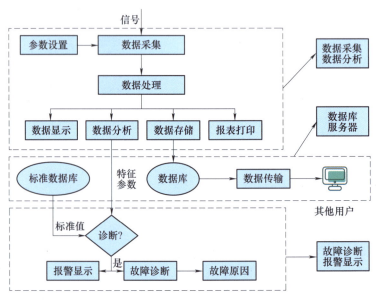

图 7-55　模块流程

2. 油液在线监测与智能污染控制系统

针对关键装备智能运维难题，广州机械科学研究院有限公司根据多年项目经验的积累，研发出集油液实时监测与污染处理于一体的智能污染监控系统，如图 7-56 所示。智能污染监控系统具有油液持续在线监测与油液自动净化两大功能。

智能污染控制系统能为用户提供油液实时质量监控，当监测到油液被污染时，能够自动启动净化功能，对油液进行持续过滤净化，无需人为操控。在净化过程中仍保持在线监测，

图 7-56　智能污染监控系统

直至油液监测数据恢复正常，自动停止净化，其部署架构如图 7-57 所示。

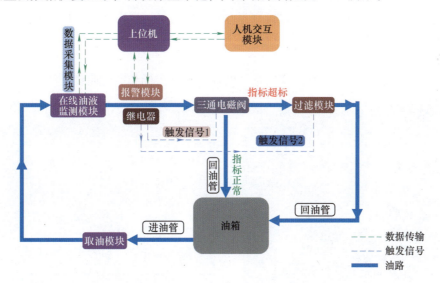

图 7-57　智能污染监控系统部署架构

系统污染防控有以下两种模式。

（1）自动模式

自动净化功能无需人为操控。在设备运行过程中，当检测到油液监测数据超出许可范围时，面板"警报指示灯"亮，过滤模块接收到信号，自动启动过滤功能；"过滤运行指示灯"亮，过滤泵开始运转，对油箱里的油液进行循环过滤，同时散热扇自动运转，对过滤电动机进行散热。持续过滤至监测数据恢复正常后，面板"警报指示灯"熄灭。过滤模块自动停止过滤后，"过滤运行指示灯"熄灭，过滤泵、散热扇停止运转。

（2）手动模式

手动净化功能为单独控制过滤器设置，自动过滤功能只有当监测数据超标时才会自动启动，不受人为控制。当油液监测数据正常，过滤模块未接收到启动信号，但仍想启动过滤功能时，可按下面板"过滤"按钮，设备开始启动过滤，再按一次"过滤"按钮，按钮弹起，过滤停止。

工业应用现场如图 7-58 所示。

3. 油液在线监测系统

广州机械科学研究院有限公司为油液在线监测装置研发出监测系统，图 7-59 所示为该系统的登录界面。该系统可对检测装置中的硬件进行控制，并对传感器数据进行采集处理和保存，提供查询和分析等功能。

该系统整体画面设计适应小屏的应用特点，上部为标题栏，左侧

图 7-58　智能污染控制系统工业应用现场

为导航栏，其余部分为内容页切换显示位置。左侧导航栏为纵向排列的页面切换按钮，包括实时监测、趋势分析、历史数据、报警日志及系统设置等，点击导航按钮即可跳转显示对应的预设页面，预设页面显示在内容页位置，下面是系统主要功能介绍。

（1）实时监测

实时监测预设三个功能卡片，实时数据监控、特征指标和实时曲线，如图 7-60 所示。

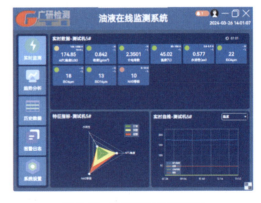

图 7-59　油液在线监测系统　　　　　图 7-60　数据实时监测界面

（2）趋势分析

趋势分析页面主体由历史曲线功能卡片组成，主要提供历史数据的查询，生成曲线图表并支持基本的调整功能和结果的保存导出，如图 7-61 所示。

（3）历史数据

历史数据页面主体由历史数据功能卡片组成，主要提供历史数据的查询，生成表格并支持保存导出，如图 7-62 所示。

其中主体部分为数据表格显示区域，查询的数据根据时间记录进行倒序显示，即默认显示最新的数据。

（4）实时报警

当系统参数指标中存在报警时，则会在系统的标题栏报警标签中进行数字显示，并对应显示当前产生的最高级别的报警颜色，点击标签，可以在弹出窗中查看系统启动后产生的历

史报警记录，如图 7-63 所示。

（5）系统设置

系统设置页面由系统设置功能卡片组成，提供参数设置、硬件调节、系统管理、开发选项及关于系统等系统的设置类目。囊括系统的数据、通信和控制等基本设置项，如图 7-64 所示。

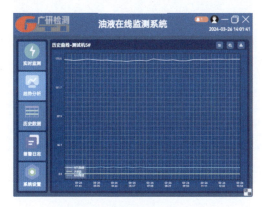

图 7-61　数据趋势分析界面

图 7-62　历史数据界面

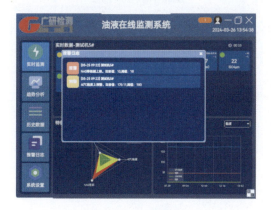

图 7-63　实时报警界面

图 7-64　系统设置界面

（6）开发选项

开发选项中提供了进阶的系统设置项，包括用于调试操作、系统信息变更，以及清除历史数据、报警数据和原始数据等数据操作选项，如图 7-65 所示。

（7）关于系统

关于系统页面展示了当前设备和系统的信息，包括设备名称、设备型号、设备编号、系统版本和参数版本，如图 7-66 所示。

4. 移动端油液在线监测 APP

油液在线监测 APP 是用于企业用户查看机械设备油液关键指标状态，对油液状态进行分析、诊断的手机 APP 软件。系统结合油液数据监测传感器设备，实时监测机械设备各个部位的油液关键指标数据，对机组润滑磨损状态提供理论依据，减少企业运维人员对机械设备现场取油、送检、化验等繁杂流程。油液在线监测 APP 主要分为：实时数据、在线监测、报警统计、诊断分析、对比分析、通信状态、数据报表和档案管理等八大模块，部分模块如图 7-67 所示。

图 7-65　开发选项界面

图 7-66　关于系统界面

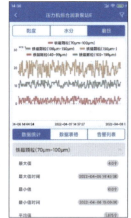

图 7-67　油液在线监测 APP

7.4.5　运维层-监测预警与运维云平台

"设备润滑安全在线监测与智能运维云平台"（Web 端）是用于企业用户查看机械设备油液监测关键指标状态，对机组状态进行分析、诊断的 Web 平台。平台结合被监测机组的信息、油液监测数据信息、诊断自适应规则等，对机组油液状态和机组磨损状态提供实时预警和数据分析结论，减少企业运维人员对机械设备现场取油、送检、化验等繁杂流程，并合理安排现场运维时机。

图 7-68 所示为广州机械科学研究院有限公司根据企业需求开发的一款企业级多功能监控云平台，同时也是集团对多企业机组集中监控、分析、决策的运维平台。系统主要分为七大模块：综合大屏、实时数据、历史报警、诊断分析、报表管理、档案管理和系统设置。档案管理：配置站点部门、机组设备的档案信息。档案与设备测点信息关联。系统设置：为用户提供系统权限控制和界面控制管理。其余模块：用于从多种方式监测和统计设备的润滑状

态，提供数据分析和诊断相关功能。

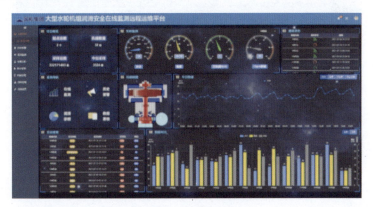

图 7-68　运维平台示例

1. 综合大屏

综合大屏展示企业运行机组信息、数据采样概览信息，如图 7-69 所示。通过丰富的数据可视化柱状图、折线图、仪表盘等统计图表展示机组关键润滑指标的运行状态，对近期机组故障报警信息进行滚动轮播，帮助企业用户掌握机组设备的整体运行状态。

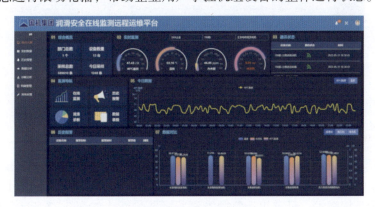

图 7-69　综合大屏示例

2. 实时数据

实时数据模块可查询机组的实时数据和历史数据，通过历史采样数据生成数据趋势分析图，并对历史趋势数据进行统计分析，如图 7-70 所示。用户可选择多台同类型机组进行采集数据趋势的对比。企业用户可通过对比情况分析机组设备数据差异，再结合被监控机组现场环境、运行工况等因素分析导致机组数据差异的原因。

3. 历史报警

历史报警以机组基础信息、历史采集数据为样本，通过推导算法自动设定每台机组的报警阈值，实现不同类设备不同的预警策略，如图 7-71 所示。当设备出现故障报警时，可通过短信/邮件/APP 多种方式及时告知用户设备异常情况。运维人员接收到报警后，通过现场确认、抽样检测等确认报警，在系统中进行报警确认、运维存档、报警消除等操作，形成机组运维流程的闭环。在历史报警中可查看机组设备的所有报警信息，对故障报警进行统计

图 7-70 实时数据示例

图 7-71 历史报警示例

归纳。

4. 诊断分析

诊断分析系统结合 Python 数据分析、诊断算法，以离线检测数据、机组历史采集数据、故障报警情况为数据样本，对机组运行状态进行智能诊断，如图 7-72 所示。结合机组的运行状态信息，给予诊断结果和相关的处理建议，帮助企业用户制订更加合理且经济可靠的设备运维计划方案。

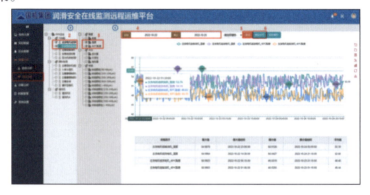

图 7-72 诊断分析示例

5. 报表管理

报表管理根据机组采样数据、报警数据、统计数据、融合数据和离线检测数据生成机组的数据报表，供企业用户查看机组整体的数据样本情况，支持多种格式的数据导出功能，如 PDF/EXCEL 等，如图 7-73 所示。

图 7-73　报表管理示例

6. 档案管理

档案管理用于企业档案信息、部门档案、机组档案和采集指标档案的配置，可自由配置机组监测指标，手动设置报警阈值，帮助企业用户管理机组监测各类数据与分析相关的档案资料，如图 7-74 所示。

7. 系统设置

系统提供用户权限配置功能，管理员账户可创建多个用户角色，并配置各用户角色的权限，包括各个子界面查看权限和按钮点击权限。企业用户可根据自身部门划分配置不同的用户角色，给予不同角色不同的用户权限，以保障系统的安全性和稳定性，如图 7-75 所示。

图 7-74　档案管理示例

图 7-75　系统设置示例

参 考 文 献

[1] 张鄂. 铁谱技术及其工业应用 [M]. 西安：西安交通大学出版社，2001：285.

[2] 谢友柏. 摩擦学科学及工程应用现状与发展战略研究 [M]. 北京：高等教育出版社，2009：119.

[3] 黄志坚. 机械设备故障诊断与监测技术 [M]. 北京：化学工业出版社，2020：497.

[4] 严新平. 机械系统工况监测与故障诊断 [M]. 武汉：武汉理工大学出版社，2009：246.

[5] 杨志伊. 设备状态监测与故障诊断 [M]. 北京：中国计划出版社，2006：278.

[6] 贺石中. 设备润滑诊断与管理 [M]. 北京：中国石化出版社，2017：390.

[7] 吕伯平. 航空油液监测技术 [M]. 北京：航空工业出版社，2006：141.

[8] WU T H, MAO J H, WANG J T, et al. A new on-line visual ferrograph [J]. Tribology Transactions, 2009, 52 (5)：623-631.

[9] 冯伟，陈闽杰，贺石中. 油液在线监测传感器技术 [J]. 润滑与密封，2012, 37 (1)：99-104.

[10] SUN J Y, WANG L M, LI J F, et al. Online oil debris monitoring of rotating machinery：A detailed review of more than three decades [J]. Mechanical Systems and Signal Processing, 2021, 149：107341.

[11] PENG Y P, WU T H, WANG S, et al. Wear state identification using dynamic features of wear debris for on-line purpose [J]. Wear, 2017, 376：1885-1891.

[12] 杨其明. 磨粒分析 磨粒图谱与铁谱技术 [M]. 北京：中国铁道出版社，2002：171.

[13] MYSHKIN N K, GRIGORIEV A Y. Morphology：Texture, shape, and color of friction surfaces and wear debris in tribodiagnostics problems [J]. Journal of Friction and Wear, 2008, 29 (3)：192-199.

[14] 王立勇. 电磁式油液磨损颗粒在线监测技术 [M]. 北京：化学工业出版社，2022：198.

[15] HONG W, WANG S P, TOMOVIC M, et al. Radial inductive debris detection sensor and performance analysis] [J]. Measurement Science and Technology, 2013, 24 (12)：125101-125107.

[16] XIAO H, WANG X Y, LI H C, et al. An inductive debris sensor for a large-diameter lubricating oil circuit based on a high-gradient magnetic Field [J]. Applied Sciences, 2019, 9 (8)：1546.

[17] 陈浩，王立勇，陈涛. 电感式磨粒传感器线圈参数对磁场均匀性影响研究 [J]. 电子测量与仪器学报，2020, 34 (1)：10-16.

[18] 陈平，胡义亮，冷肃. 双激励大口径扁平流道感应式磨粒传感器 [J]. 摩擦学学报，2023, 43 (4)：368-376.

[19] 黄兴. 润滑技术手册 [M]. 北京：机械工业出版社，2019：754.

[20] 吴超，郑长松，马彪. 电感式磨粒传感器中铁磁质磨粒特性仿真研究 [J]. 仪器仪表学报，2011, 32 (12)：2774-2780.

[21] 牛泽，李凯，白文斌，等. 电感式油液磨粒传感器系统设计 [J]. 机械工程学报，2021, 57 (12)：126-135.

[22] 郑长松，李萌，高震，等. 电感式磨粒传感器磨感电动势提取方法 [J]. 振动测试与诊断，2016, 36 (01)：36-41.

[23] HAN Z B, WANG Y H, QING X L. Characteristics study of In-Situ Capacitive sensor for monitoring lubrication oil debris [J]. Sensors, 2017, 17 (12)：256-268.

[24] REN Y J, LI W, FENG Z G, et al. Inductive debris sensor using one energizing coil with multiple sensing coils for sensitivity improvement and high throughput [J]. Tribology International, 2018, 128：96-103.

[25] 韩婷婷. 基于介电常数的电容式油品传感器设计 [D]. 南京理工大学，2015. DOI：10.7666/d. Y2823640.

[26] 张忠厚. 复杂电容器电容计算方法 [J]. 辽宁工程技术大学学报：自然科学版，2010，29（4）：701-704. DOI：10. 3969/j. issn. 1008-0562. 2010. 04. 046.

[27] 黄文力，孙广生，严萍，等. 同轴电极内电极直径变化的边缘效应仿真研究 [J]. 电工技术学报，2006，21（4）：117-121.

[28] 肖国熙. 变压器油体积电阻率的测量 [J]. 变压器，1993，30（12）：3. DOI：CNKI：SUN：BYQZ. 0. 1993-12-010.

[29] OKUBO H，INUI A，徐国梁. 长期运行中变压器油劣化的研究 [J]. 变压器，1986（2）：30-35. DOI：CNKI：SUN：BYQZ. 0. 1986-02-013.

[30] 张晓飞，杨定新，胡政，等. 基于电介质介电常数测量的油液在线监测技术研究 [J]. 传感技术学报，2008，21（12）：208-211.

第 2 篇

设备润滑磨损故障智能诊断

第 8 章 设备润滑磨损故障智能诊断概述

在人体医学中，诊断是从医学角度对人们的精神和体质状态做出的判断，是治疗和预防的前提，其过程是医生运用既有的知识经验以及收集到的资料，结合人体表征状态和检验检测报告进行综合、分析、联想和推理的思维过程。诊断的功效随着人类生活水平的提高、医疗技术的发展而不断地拓展与延伸。与人体医学诊断对应，设备故障诊断是指通过收集设备在运行或维护中发现的故障现象、故障历史轨迹、状态监测数据和设备功能参数等，对其存在的初始故障、条件故障和功能性故障等进行分析判断，确定故障部位、故障模式、故障原因，并对故障的严重程度及其影响、设备健康和安全运行状态进行评估。

随着工业技术的发展，国防工业、设备制造业、能源电力、石油化工、工程建设和载运交通等工业领域的机械设备，已逐步实现大型化、高速化、集成化和自动化，工业界对于设备的关注重点由研发、设计与制造逐步延伸到全寿命周期的研究论证，特别是在完成本体技术上的完备性建设后，对设备的使用控制、运行维护和健康管理的重视程度将大幅提升。对于设备来说，设备的故障类似于人类的疾病，诊断的内涵也由单一故障诊断识别拓展至设备全寿命的健康态势感知、评估与预测。相应地，多维度、多参数诊断需求增大，且设备逐步实现集群化、体系化建设，诊断对象数量增长迅速，获取的数据量剧增，数据种类和数据结构复杂程度增高，推动设备故障诊断进入了大数据和智能化时代。

8.1 润滑磨损故障智能诊断内涵

8.1.1 智能诊断概念

智能诊断（Intelligent Fault Diagnosis）是从设备可靠性、测试性、维修性及安全性等方面出发，以信息论、系统论和机器学习理论等为基础，以现代仪器仪表、传感器、物联网和计算机等为技术手段，结合设备的功能、结构、原理等特征，已形成一门全新的技术，而且从单纯的故障诊断发展成为设备运行状态与工况监测、故障诊断与预测、运维决策、健康管理及设计改进等在内的设备全寿命管理的系统性工程。

智能诊断实际上是对传统的状态监测的进一步拓展，是由状态监测与诊断向全寿命健康管理的一次重大转变，其特点是在故障诊断的基本理论上引入了人工智能结构和方法。主要是将人工智能技术应用到故障诊断中，根据设备监测数据、运行信息、领域知识与经验，对设备故障定位、诊断及预测，以便尽可能发现、排除故障，从而提高设备运行的可靠性、安全性。它是一个由领域专家、模拟脑功能的硬件、必要的外部设备、物理器件以及支持这些硬件的软件所组成的系统。传统的智能诊断研究与应用将专家系统、模糊诊断、神经网络和遗传算法等传统机器学习或数据驱动方法与故障诊断理论相互融合为主，但是随着数据采集多源化程度、设备复杂程度的提升，嵌入式传感器的大量应用，其效能逐步下降。当前，人工智能已由推理期、知识期发展到学习期。在算法领域，尤其是图像视觉、大数据分析等领域的成果，使得如集成学习、深度学习、迁移学习和强化学习等理论算法应用广泛，设备的智能诊断也发展到一个新的阶段，但并不意味着传统机器学习模型完全失效，在一些特定的工业场景下，传统机器学习模型由于其内部关系清晰、可解释性高等优势依然有存在价值，在工业领域有所使用。

8.1.2　润滑磨损故障智能诊断研究方向

摩擦、磨损和润滑作为机械设备全寿命周期必须要研究的摩擦学基础理论和工程应用问题，主要研究对象是设备摩擦学系统的摩擦副与润滑剂。摩擦学系统故障诊断主要针对摩擦副磨损异常和润滑剂性能失效，是设备故障诊断的主要组成之一。油液监测作为摩擦学系统故障诊断的主要技术，通过对润滑剂性能状态和摩擦副磨损状态的监测与诊断，实现对摩擦学系统整体故障诊断，因此，摩擦学系统故障诊断也可以称为润滑磨损故障诊断。如上所述，人工智能、大数据、物联网等逐步在工业应用中取得丰富的研究成果，也为设备润滑磨损故障诊断带来新的机遇。润滑磨损诊断模式将由以人工主导的设备本体异常磨损与润滑油异常劣化等故障的检出、定位与识别，转变为以诊断规则为基础、数据为核心、算法为手段、决策制定与规律获取为目标的智能诊断新常态。

润滑磨损智能诊断是将传统油液监测技术与工业人工智能技术相融合，以数据挖掘、案例与知识推理和机器学习等为工具，通过提取多维度、多参数监测诊断数据蕴含的工业设备运行与健康状态特征，利用诊断规则、专家经验和知识图谱等，识别设备的故障或者潜在故障、评估设备健康状态并定量化分级，通过历史大数据分析，解析设备故障、健康状态的演化规律、关联因素及程度等，在此基础上，预测设备润滑剂寿命和磨损状态趋势，实现设备运行管理和运行维护决策的科学化、合理化。在工业中，摩擦学系统智能诊断（润滑磨损智能故障诊断）的主要研究方向、内容的组成框架如图8-1所示。

工业环境中需求的润滑磨损智能故障诊断与实验室环境下的研究方向有很大不同。实验室环境中大多是针对故障机理、模式和诊断算法等进行研究，而工业环境中需要的是全寿命、系统化、体系化的摩擦学智能诊断研究，不但涉及故障，同时还涉及状态、趋势、演化规律、对运维策略与设计优化的支撑，以及基于行业大数据应用的集群分析，因此工业的智能诊断不仅是一个算法模型、软件系统，更是一个系统工程。

8.1.3　润滑磨损故障智能诊断的结构与流程

智能诊断系统一般由人机交互平台（含中控端、移动端和云端）、数据信息获取、诊断所需的基本库（知识库、模型库和数据库）、智能诊断实现（服务器端、边缘端）等四大部分、共8个模块组成。基本模块组成与交互示意如图8-2所示。

1）人机接口模块是整个系统的控制与协调机构，负责向用户、系统维护人员、管理人员及专家提供与系统各项功能的接口和通道，以便对系统进行管理、维护和使用。

2）知识库、模型库和数据库及其管理模块负责管理和存储系统所需的知识、模型和数据，向系统提供数据、知识，以及模型的建立、增加、删除、修改及检查等操作功能。

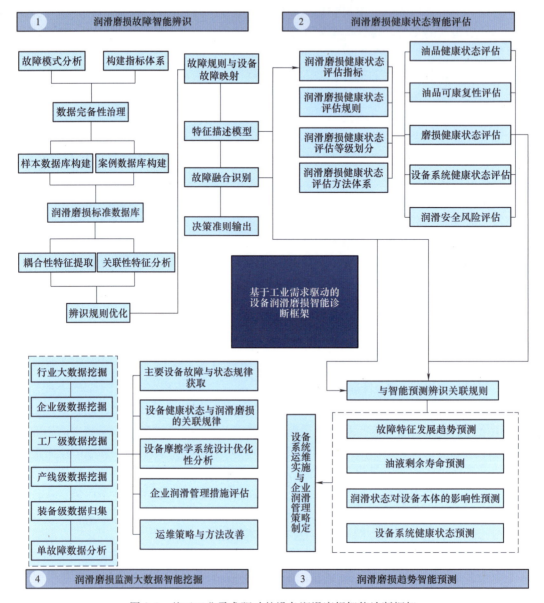

图 8-1　基于工业需求驱动的设备润滑磨损智能诊断框架

3）诊断推理模块负责运用监测诊断信息和相关知识完成系统诊断任务，是诊断系统的核心之一。

4）预测推理模块负责运用诊断监测信息、历史信息、预测模型和相关知识进行推理，完成系统预测任务，是诊断系统的另一个核心。

5）诊断信息获取模块通过主动、被动和交互等方式获取有价值的诊断信息，许多诊断与预测系统还需配备复杂的信号分析和处理工具，方便系统进行有效的特征提取。

6）诊断知识规则构建和解释机构模块是基于记录和回溯诊断与预测过程及推理过程的中间结果，构建相对应的知识规则，形成相应的知识体系，同时可以帮助用户了解诊断与预测推理的过程，掌握诊断和预测的主要依据。

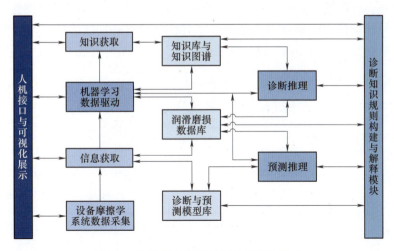

图 8-2　润滑磨损故障智能诊断模块组成

7）知识获取和机器学习模块主要用于完善系统的知识库和模型库，提高系统的诊断和预测能力。

在诊断流程方面，目前已有的国际标准 ISO 13374-1：2003《机器状态监测和诊断—数据处理、通信和演示　第 1 部分：一般准则》，将设备状态监测与故障诊断数据处理与信息流分为数据采集（DA）、数据处理（DM）、状态检测（SD）、健康评估（HA）、预兆评估（PA）和提出建议（AG）等 6 个功能模块，其一般性流程如图 8-3 所示，自上向下形成信息流。

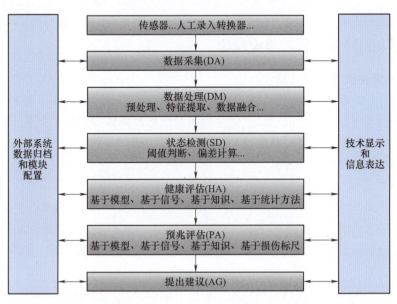

图 8-3　设备状态监测与在故障诊断数据处理与信息流

对于润滑磨损故障诊断来说，具有设备状态监测与故障诊断的一般性流程，但相对于振动、参数等其他故障诊断技术有所不同，它是通过对有着设备"血液"之称的润滑油、液压油等进行检测，获取其性能和其携带的磨损与污染颗粒等方面数据或者图像，然后进行检测数据分析、故障特征提取和融合诊断，实现对设备润滑磨损故障的检测隔离、诊断与识别、润滑剂污染溯源、趋势预测及设备的运维决策。主要实现的技术流程如图 8-4 所示。

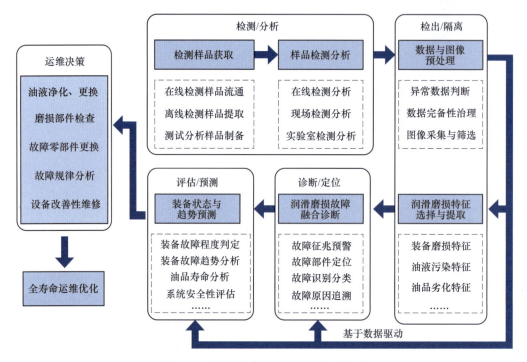

图 8-4　设备润滑磨损故障诊断技术流程

8.2　润滑磨损故障智能诊断研究现状

8.2.1　润滑失效分析研究现状

从功能上分，润滑油性能包含物理性能和化学性能，由于润滑油在使用中受到氧化、剪切、热作用与污染等，会发生氧化、硝化、裂解与添加剂降解等劣化和介质、颗粒等污染现象。润滑油性能失效分析主要是从宏观和微观两方面实现对以上现象的状态与趋势表征，以及对润滑油物理、化学性能的评价。

1. 润滑油性能劣化分析

性能劣化是对润滑（液压）油液物理、化学和功能性等方面的性能变化进行表征，涉及的数据主要包含劣化产物数据、物理化学性能数据、添加剂损耗数据和功能性指标数据等。性能劣化分析研究主要围绕常规理化指标数据、红外光谱数据或图谱和添加剂元素数据开展。

常规理化指标检测技术在润滑油性能分析中的应用较早，对应的检测指标对润滑油性能的表征较为系统，能够直接与润滑油油液的宏观特征和性能实现映射，特征表达直观且相应评价标准成熟，以上可以从 ASTM D6224 的 4 个版本与 ASTMD4378 的 5 个版本的演变清晰地看出，油液理化指标检测技术已经形成了完整的技术方法和相对完备的阈值判定特征。但也还存在一些不足之处，如检测耗时长且费用高、对润滑油劣化的机理性特征信息获取不足，开展深层次故障诊断、失效溯源和寿命分析难度大，且不能满足当前日益增长的检测需求等。

红外光谱油液分析技术在20世纪60年代末已有应用报道，但由于该技术是从分子级对润滑油液进行检测，获取的是油液图谱信息，使得该技术获取数据的解析、解释需要以油液的劣化机理为基础及计算机图谱处理技术作为支撑，造成其早期应用推广缓慢，但由于该技术能够简捷、快速、精确地一次性完成性能劣化、污染和添加剂降解等多方面的定性与定量检测分析，相对于常规理化指标检测能够大幅提升样品的检测效率，因此自该技术应用以来，围绕数据对润滑油性能的劣化分析与表征开展了大量研究。在红外光谱油液表征指标确定方面，COATES等在对润滑油劣化产物分子基团分析的基础上，研究了基于油液氧化产物、硝化产物和添加降解等特征的红外光谱表征波数区间；在美国JOAP-TSC等机构研究和主导下，制定了ASTM 2412—2004标准，规范了矿物类与多元醇酯类润滑油氧化、硝化、硫化等产物和添加剂降解的红外光谱表征指标及其特征谱波数区间与定量计算方法；根据后续的研究应用成果，制定了矿物类和烃基类润滑油的磷酸盐抗磨添加剂、氧化物、硝化物和硫化物的趋势特征获取方法；石新发等在以上研究成果的基础上，应用主成分分析对某型柴油机在用润滑油的红外光谱指标进行了基于组合特征提取的油液性能分析。以上研究，明确了红外光谱油液分析中润滑油劣化中副产物的特征基团，确定了其表征指标或者图谱范围，实现了基于红外光谱分析的润滑油性能劣化监测与评价。

由于当前基于红外光谱分析的润滑油性能评价体系尚不完善，润滑油性能评价的主要依据是常规理化指标，因此实现数据对润滑油的宏观理化指标预测和关联性分析也是润滑油红外光谱特征研究的主要方向。SASTRY、CANECA等应用PLS模型分别实现了红外光谱谱图数据预测润滑油基础油黏度指数与闪点、润滑油的黏度；WINTERFIELD等应用PLS模型建立了按照ASTM程序获取润滑油红外光谱特征与其酸值、碱值的关系；AL-GHOUTI等应用PLS-1模型实现了红外光谱谱图数据预测在用发动机润滑油黏度指数与碱值；RIVAS等应用投影寻踪、支持向量机、线性模型、随机森林及PLS等算法研究了红外光谱谱图数据预测在用航空矿物润滑油酸值的方法；PINHEIRO等应用SVR、PLS、惩罚回归及隐变量回归等研究了基于红外光谱数据的润滑剂黏度指数、酸值、运动黏度和皂化值等9种指标的预测方法；石新发等应用灰色加权关联度模型研究了柴油机润滑油红外光谱指标与常规理化检测指标的整体特征关联性和红外光谱指标间的关联性，并在此基础上构建了润滑油劣化监测流程；以上研究为红外光谱分析技术数据的解释、表征和应用提供了理论依据，为其更深入应用奠定了基础，为建立全面、高效且与设备磨损监测相适应的润滑油性能监测体系提供了支撑。

随着传感技术的发展，基于电化学技术的润滑油劣化性能分析逐步得到应用，在其数据特征提取方面也开展了研究，LVOVICH等研究了润滑油氧化与电化学阻抗谱频率的关联特性，并建立了相应的拟合模型；史永刚等依据润滑油劣化中伏安特性变化，通过拟合回归，实现其酸、碱值的检测；李喜武、王海林等在研究介电常数与润滑油酸值、铁含量等之间关系的基础上，建立了关系函数；管亮等开展应用二维相关介电谱润滑油氧化产物的检测研究，并与中红外光谱进行对比分析，取得了较好的效果，实现了二维相关介电谱润滑油氧化衰变的表征。基于电化学技术的润滑油性能分析由于其检测流程简单、传感部件结构尺寸小，且获取的信号或数据易与性能映射等优点，其应用研究直接带动了润滑油性能劣化在线监测的发展。

2. 润滑油污染特征提取

润滑油污染从来源上可分为内部污染和外部污染两类。内部污染主要包含润滑油降解副产物、微生物和磨损颗粒等，其主要原因是性能劣化和设备部件磨损；外部污染主要是设备润滑系统外的物质侵入，主要包含：水、燃料油、其他润滑剂等介质和粉尘颗粒的污染。润滑油污染特征主要体现在两个方面，一是侵入介质的定性、定量表征；二是降解、磨损与污染等生成固体颗粒的计数与尺寸分布特征。

润滑油外部介质污染为偶发性故障，不具有时间依赖性，在其诊断特征构建中，特征组成相对明确，以常规理化指标作为直接表征污染物含量的特征，以润滑油闪点、黏度的变化作为轻质油液侵入污染的间接判定特征，以原子发射光谱的 Na、Mg 元素作为润滑油受海水污染判定特征，以介电常数作为润滑油水污染的定量表征特征，在现场检测和在线监测等场合得到应用。

由于红外光谱能够一次性获取油液的劣化特征和介质污染特征，因此在 20 世纪 60 年代已初步确定了水、燃油和乙二醇等外来污染源的红外光谱特征波数区间。在后续研究应用中，PENG 等研究的后续版本规范了矿物类与多元醇酯类润滑油等水、乙二醇和燃料油污染的表征特征图谱区间及指标计算方法；VOORT 等应用无水乙腈对矿物类和酯类润滑油油样中的水分进行提取，将红外光谱的 $3676cm^{-1}$ 作为乙腈提取水分的特征波数，实现了对油液中水分的测定，测试值与卡尔费休法测试值偏差相当，在可接受范围内；BASSBASI 等应用 PCA 与 PLS-DA 组合模型，实现了基于 FT-IR 光谱的发动机油劣质油混入识别，并将 $1800\sim600cm^{-1}$ 谱图确定为劣质油识别的特征谱图；HOLLAND 等针对水在润滑油中的不同存在状态，以 $3150\sim3500cm^{-1}$ 为特征谱图区间，研究了乳化状态对红外光谱测定润滑油中水污染的影响，提出了水污染样品检测的预处理方法；王菊香等选择 $1500\sim680cm^{-1}$ 为红外光谱特征谱区间，应用 PLS-BP 模型实现了基于红外光谱的在用润滑油燃油稀释的含量测定；李婧等通过对水、燃料油、水乙二醇等污染的润滑油样品的红外光谱分析，在 ASTM E2412—2004 的基础上优化构建以上污染指标的特征谱区间，并实现了区间峰面积与污染百分比的拟合计算。从以上研究看，应用红外光谱对润滑油污染监测是以特征指标的确定方法研究为主，从微观上对污染后润滑油的基础油劣化、添加剂降解和副产物生成研究不足，不能对润滑油性能进行整体评价，判定标准尚不完善。因此，润滑油污染的解释与评价以及污染后性能的评定仍依据常规理化指标特征，在后续的研究中还需对污染后润滑油微观变化对宏观的物理化学性能影响等进行面向知识规则的关联性研究。

在润滑油颗粒污染方面，一般采用颗粒计数的方式表征，20 世纪 60 年代，美国航天学会根据飞机液压系统润滑油的固体颗粒分布特征制定了 NAS 1638 颗粒计数等级标准，将 $5\sim100\mu m$ 分为颗粒 5 个特征尺寸范围，确定 14 个计数等级。在后续的应用中，国际上相继制定了 SAE AS4059、ISO 4406 等规范计数特征尺寸；我国也在以上标准的基础上，相继制定了 GB/T 14039、GJB 420B 等标准；逐步形成颗粒污染的计数特征体系。在颗粒污染特征的建立方面，针对不同类型、不同应用场合的设备均建立了污染颗粒控制目标等级，以保证设备摩擦学系统不会出现泄漏、卡滞、间隙增大等问题，但从目前来看，该方面的应用与研究还主要限于对应用设备的目标污染度进行判断，其综合智能化应用研究涉及较少。

8.2.2　磨损故障诊断研究现状

磨损故障诊断主要是指通过对磨粒分析，发现能够表征摩擦副磨损的机理、形式、过程和程度的特征，主要包含两个方面：一是磨粒的形貌、纹理等图像特征；二是磨损元素及其含量、磨粒数量等定量化特征，从不同的角度诊断与预测设备的磨损状态。

1. 磨粒图像特征提取

磨粒图像特征提取是对磨粒图像进行定性、定量描述，获取形态、几何尺寸、纹理和材质等特征，以此作为设备磨损状态辨识的技术依据。自铁谱分析技术诞生以来，磨粒图像识别先后经历了基于经验的人工识别、基于数学模型与专家系统的自动识别、基于神经网络与机器学习的单颗粒智能识别，以及基于深度学习的整张铁谱图像智能识别等4个研究阶段。

早期研究依靠双色显微镜、扫描电镜等对沉积在铁谱谱片或滤膜谱片上的磨损颗粒进行图像、材质等信息采集，开展基于人工的图像描述性识别与磨损模式的映射研究；OFMAN等应用铁谱片加热法，依据磨损颗粒颜色随温度的变化不同，实现了不同材质颗粒的识别，建立了磨粒升温识别规则；BEDDOW等开展了基于磨粒图像的形态分析方法研究，获取了能够用于统计识别的尺寸、几何相貌等参数。此阶段研究主要围绕铁谱图像中磨粒的描述、表征和分类等特征构成，基于专家经验建立相应的描述指标体系或方法，为后续磨粒识别的应用发展奠定了理论基础。

20世纪90年代，主要是研究解决单个磨粒描述与识别的主观依赖性问题，研究方向集中于磨粒形貌、纹理与颜色等特征的定量化表征，磨粒识别与分类组合规则的建立，以及基于计算机图像识别的磨损颗粒数字化表征。此阶段，KIRK等应用分形参数法和计算机图像分析实现磨损颗粒的纹理、边界和几何尺寸等数字化表征，研究了面向计算机识别的磨粒形貌、纹理等表征指标及识别分类规则；MYSHKIN等应用HSI数字图像模型研究了磨粒表面颜色特征，开启了数字化像素在磨粒识别的研究；CHO、PENG等应用灰色模糊、应用聚类与统计分析，MYSHKIN等应用三层反向传播神经网，研究了单个磨粒识别与分类，开启了浅层机器学习在磨粒识别中的应用研究。磨粒识别在此阶段逐步实现了由基于人工经验的识别，转向基于数学模型与计算机相结合的识别方法研究，初步实现了基于特征数字化描述的单颗粒自动识别。

进入21世纪，磨粒提取的研究主要体现在以下5个方面。

1）在磨粒识别指标数字化表征和分类识别的基础上，开发了用于图像自动识别的软件系统，初步具备了人机交互的识别能力和半自动识别能力。

2）开展了以优化提升识别精度、准确率和效率为目标的磨粒特征提取、识别和分离算法的研究，涉及的算法主要是基于统计理论和数据驱动等浅层机器学习算法，例如：神经网络、小波分解、核主成分分析、半监督局部保持投影，基于SVM、主成分分析、D-S理论等的多层次信息融合，基于主成分、灰色关联模型组合、分水岭及区域相似度组合等。

3）新图像采集与识别技术及方法应用，REINTJES等应用激光和神经网络集成，实现了基于新光学技术的图像采集及与机器学习模型的集成应用，一体化解决了采集与识别的问题；YUAN等利用激光共焦扫描技术和小波分析，WANG等应用基于多光照图像采集与三维曲面重建等的光度立体识别方法，获得了颗粒的形貌特征和表面纹理变化特征，实现了基于三维图像的磨粒特征获取与识别。

4）开展基于深度机器学习的整张铁谱图像的磨粒识别研究，自2012年以后，深度学习在图像识别中取得了突出成绩，并逐步开展应用于铁谱分析图像的磨损颗粒识别研究，其中以基于卷积神经网络（Convolutional Neural Networks，CNN）对磨粒图像识别的研究应用为主，实现了磨损颗粒的全数字化表征和全像素识别，同时开展了 CNN 网络与其他算法的组合应用研究，例如：PENG 等组合应用迁移学习、CNN 网络和 SVM 解决了识别中故障或典型磨粒训练样本不足的问题，提升了识别准确度。

5）自图像式在线铁谱分析技术开展应用研究以来，在对实验室环境下沉积在铁谱谱片或者滤膜谱片上磨损颗粒进行识别研究的基础上，开展对在线监测实时获取的磨粒图像进行识别与分类研究。李绍成等应用粒子群与最小二乘支持向量机实现了在线监测磨粒的综合分类；WU 等应用灰色分水岭算法与边界形态分割技术实现了在线监测磨粒图像的分离；PENG 等在磨损颗粒特征提取的基础上应用均值平移聚类算法实现了在线监测磨粒分类识别；WU 等应用 CNN 网络和模糊核算法分别实现了图像失焦时的在线监测磨粒表面特征恢复和颗粒边界及形貌重构，初步解决了在线铁谱图像识别问题。但是，由于以上方法所需的硬件计算资源大、计算速度慢等问题，不能够实现现场快速识别流经在线铁谱仪的颗粒，因此使得工程化应用还存在一定的困难。

经过近 40 余年的研究，逐步形成了磨损颗粒识别的方法、理论与技术体系，由单个颗粒图像识别分析拓展到了整张图像的颗粒分割、识别与分类，铁谱图像多目标颗粒识别的难题得到解决；为适应润滑磨损实时监测需求，开展了面向在线监测的磨粒识别与分类研究，为在物联网和边缘计算环境下开展磨粒识别分类研究与应用奠定了基础。

2. 磨损故障定量化诊断

磨损故障定量化诊断是指依靠磨损定量数据特征对故障进行定性和定位、定量化表征和态势分析。磨损故障定量化诊断主要是围绕数据进行挖掘，提出能够表征故障的特征，进而实现故障诊断，其关键在于找到能够实现设备磨损故障、状态及其演变过程等定量化描述的指标、参数或指标组合。磨损定量数据包含磨损元素及其含量和磨粒数量两个主要方面数据。

磨损元素数据一般是指原子发射光谱、X-荧光能谱等检测数据，二者在数据单位、数据构成和数据维度上基本一致，特征提取的方法有很强的相似性。磨粒数量主要由直读式铁谱、磁性颗粒检测和在线磨粒监测等数据构成，尺寸特征与数量分布按照仪器设定有所不同。

磨损元素数据挖掘研究主要围绕指标界限值的制定、特征指标优选和特征参数重构三方面开展。

1）在界限值制定方面，HUO 等应用最大熵理论、闫辉等应用改进三线值法、周平等应用稳健回归理论、RAPOSO 等应用 T 分布检验法，研究了磨损元素的界限值制（修）定方法，为指标阀值判断、异常值动态检测和界限值动态修订提供了方法支撑，建立了基于单个元素指标的设备磨损状态判据特征。

2）在特征指标优选方面，霍华等应用熵聚类算法、徐超等应用基于核密度估计的 Vague 集理论、刘燕等应用模糊粗糙集理论，从 20 种左右的分析元素中选择出对故障敏感的元素作为特征指标，有效地降低了数据分析的维度，减少了无用数据的干扰。

3）在特征参数重构方面，魏海军等以两个相邻油样的元素值之比构建了磨损预警特征参数；高经纬等提出了磨损元素的相关系数、浓度梯度等表征特征，并以两元素的浓度比例值作为特征来消除换油的影响；刘韬等应用主成分分析构建分析元素指标的组合特征，准确实现故障模式的分类。

以上研究对磨损元素数据进行了二次挖掘，利用数据内部关系特征，实现了基于多指标组合的磨损状态判定，也解决了单个指标数据易受外界干扰的问题。

在磨粒定量数据挖掘方面，21世纪前，主要研究直读式铁谱大颗粒指标（D_L）和小颗粒指标（D_S）重构新指标特征。SCOTT等定义了磨损总量、磨损严重度与磨损严重度指数等指标特征；MILLS等基于以上特征开展了液压系统的磨损趋势分析；POCOCK等以$D_L(D_L-D_S)$为磨损烈度指数对直升机齿轮箱磨损进行了磨损趋势监测；严新平等以D_L+D_S与样品体积、样品稀释度组合构建了润滑油样品的总磨损量特征；朱新河等引入铁谱定量劣化参数特征，提升了直读式铁谱反映设备磨损劣化程度的直观性。通过以上研究，构建了基于所获取的颗粒尺寸与数量的设备磨损状态表征规则。自21世纪以来，随着便携铁磁性颗粒定量分析仪器和在线颗粒检测传感器的发展，直读式铁谱在润滑磨损监测与故障诊断中的应用呈递减状态，相应的研究也较少，主要转向了磨粒在线监测数据的分析、处理与特征重构，但以上关于直读式铁谱数据的特征提取研究，为后续铁磁性颗粒现场便携式检测仪器和在线监测装置的数据分析提供了技术依据和思路。在对磨粒的在线监测中，WANG等将D_L定为>30μm，D_S定为<30μm，并以大颗粒所占百分比构建了在线铁谱磨粒表征特征；在对图像式在线铁谱的颗粒定量处理中，构建了磨粒覆盖面积作为磨粒的定量表征特征；CAO等在对在线监测磨粒图像进行灰度分类的赋值的基础上，应用2D-VMD算法将图像特征重构为磨粒链覆盖面积、数量、链长度与宽度。

8.3　润滑磨损故障智能诊断面临的问题与挑战

经过数十年的发展应用，润滑磨损故障诊断理论与方法研究取得大量的成果，但随着设备大型化、复杂化、高速化、自动化和智能化建设的深入，以及传感器、计算机、数据库和工业人工智能技术的发展，原有构建的依赖于人工的传统润滑磨损诊断方法已远不能满足当前设备系统的需求。工业生产中对智能故障诊断的需求越来越强烈，但实现润滑磨损的智能故障诊断仍面临的挑战性问题需要进一步研究。

1）润滑磨损诊断检测技术发展与当前设备发展不相适应，不能满足当前高精度、高效率、低成本的检测需求，例如传统的理化分析仍在油品性能分析中占主导地位；另外，针对基于傅里叶变换红外光谱和新型传感的油液特征提取研究不足，特别是便于实现在线监测的油液电化学分析技术的特征提取研究不够深入。

2）诊断知识与规则需要大量的基础性研究及数据作为支撑，当前普遍存在设备润滑磨损故障模式及机理与故障演变规律研究不足，设备机理性研究、研发设计、试验验证、寿命分析等数据缺失，造成设备磨损、润滑油劣化与工业设备运行状态及寿命管理的关联性特征不足。

3）润滑磨损各指标相互影响比较复杂，磨损金属颗粒对润滑油劣化的催化作用、润滑油性能对设备磨损形式及寿命的影响、油液宏观指标与微观指标的关联，以及油液污染与其对性能劣化的相互关系等耦合特征，尚未完全建立及定量化表征。

4）在前期的润滑磨损故障诊断研究中，针对某一技术手段特征或者一类故障特征提取研究占主导，对于设备润滑磨损、油品性能下降、摩擦学系统健康等方面的综合性特征，以及用于设备与润滑油寿命分析与运维的预测性特征等全寿命周期健康管理提取方法研究不足。

5）从目前的研究成果看，基于实验室台架故障模拟数据的特征提取研究多，面向工程实际数据的润滑磨损故障特征提取研究少，虽然准确解决了部分故障特征提取的问题，然而实验室故障模拟相对单一，在工程实践中可遇不可求，实际工业场景的故障源及故障发展相对复杂多变。

6）在设计润滑磨损故障诊断算法与模型时，大多数算法的可重复性验证不足，系统性和可概括性偏弱，例如磨粒的相貌等样本标注主观化影响较大，不同设备训练样本、知识库样本等差异化，模型泛化能力弱，且部分的透明度与可解释性有待提升。

7）大数据环境下的特征提取方法不足，大数据的非线性、耦合、协同甚至于互斥等特征，对传统以专家经验为主导的设备润滑磨损诊断方式带来了挑战；现有的特征提取算法仅能实现故障诊断特征的研究，不能胜任大数据环境下的润滑磨损故障本质特征、演化特征和轨迹特征等提取。

8）现有研究大多直接对经过筛选、转换的润滑磨损故障诊断数据进行研究，但是在实际工业场景中，海量的正常大数据与少量的异常状态样本，造成样本训练集、故障样本集等构建难度较大，训练的模型精度低；同时，缺乏系统的数据治理体系，数据的完整性差，大量无效数据与有效数据共存。

8.4　润滑磨损故障智能诊断发展趋势

为满足现代化高性能制造工业需求，工业润滑磨损故障诊断特征提取理论与方法研究主要围绕提升设备摩擦学系统整体可靠性与安全性展开，具体流程如图 8-5 所示，在今后应着重开展以下几个方向研究。

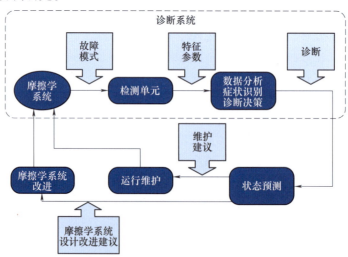

图 8-5　基于润滑磨损故障诊断的摩擦学系统性能提升流程

1. 多方位数据一体化综合应用与特征提取

随着传感技术、仪器仪表技术和网络技术的发展，在线监测、工业现场检测等技术成为了润滑磨损故障诊断的主要构成和发展趋势之一。因此，在实施中针对润滑磨损实验室与工业现场离线式检测、在线式监测等采集的多源数据，需要开展多方位一体化的特征提取方法研究，在各自技术体系内的数据特征提取的研究基础上，形成多源数据特征提取的综合性方法体系，实时预警、现场预诊和全面故障诊断特征一体化的完整表征。同时，随着当前工业信息的应用需求和信息技术的发展，边缘端、云端、中心端多方数据协同成为工业企业数字化建设布局的趋势，因此润滑磨损诊断特征提取也需要在此方向上开展方法与技术的研究。

2. 工业化的润滑磨损数据治理与标识

首先，数据作为润滑磨损故障诊断的基础，由于缺少统一的采集规范、标识规则，并受检测技术体系的影响，获取的实际工业数据，在维度、尺度和粒度上存在较大的差异化，甚至充斥大量的要素缺失，因此工业化的润滑磨损故障诊断的数据预处理应上升到数据治理的高度，对已有的历史大数据进行转换、清洗无效数据，补充工业数据要素，研究面向工业大数据的标识与规则化方法，构建标准化数据库；其次，针对工业中正常状态数据海量与故障样本数据少的矛盾性问题，需研究设备润滑磨损的非优状态表征及其溯源特征，以及非优状态判别特征的标识，以实现及时的非优预警；最后，逐步引入多方位的标记体系，实现样本标识去本地化专业知识（主要是指单一的专家经验）的标识方式，以及工业现场操纵、设备设计制造和维护维修等多方位协同学习的标识方法。

3. 多层次、多角度的故障特征提取模式研究

工业设备的润滑磨损影响因素多，故障模式复杂，耦合性、并发性和不确定性特征明显，因此，仅靠单一的方法难以获取其故障及其影响的整体性特征，需要形成基于机理分析、实验室台架、工业数据、案例推理与规则推理等相结合的特征提取方法，通过各种方式的优势结合，解析与重构以上方式数据的故障相关信息，逐步完善早期故障和复杂耦合故障的表征模式，构建能实现故障快速预警、评估与溯源，以及面向设备润滑磨损安全的特征集；同时，开展耦合数据的关系特征挖掘，逐步形成多信息环境下的不同技术手段数据或者同一技术手段数据关系特征描述及其对润滑磨损故障的映射关系与影响性分析。

4. 润滑磨损故障诊断新理论与新方法研究

近年来，随着润滑磨损故障诊断在工业中深入应用，使得数据量大幅增加，基于传统机器学习的特征提取方法需要先验知识，对原有特征与评估标准依赖性强，并且受特征条件变化的影响人，这些缺点使传统机器学习方法的泛化能力弱。深度学习通过构建深层模型、模拟大脑学习过程，可实现自动或者无监督特征提取和复杂关系拟合，且计算能力强，目前已经在磨粒识别等方面有所应用，但在实施过程中，还需要依据经验调节层数和模型参数，提取过程的解释性还存在不足。因此，研究深度学习方法与传统浅层机器学习方法相结合的特征提取方法，实现单层特征与深层特征混合提取，将深度迁移学习、对抗网络等新的方法引入到润滑磨损故障特征提取中，以解决故障样本数据不足或不平衡、磨粒图谱涵盖磨损形式或者颗粒形貌不全等问题，实现对缺失样本或数据的补充与训练等，从而提升模型的泛化能力、鲁棒性，是今后特征提取方法的重要研究方向。

5. 大数据环境下的诊断理论、方法和应用研究

当前设备故障诊断进入了大数据时代，挖掘设备润滑磨损故障诊断大数据中隐含的特征，获取故障发生、发展和防治规律，是今后故障诊断特征提取的必然趋势。首先，在大数据治理的基础上研究由高维化特征提取向低维化转化的方法，形成新的低维化的特征集、特征组合和特征规则；其次，研究基于集群化设备大数据的分布式特征提取方法，获取同类设备不同型号、地域和服役环境下的设备润滑磨损特征及其影响因素；再次，利用大数据研究检测技术、指标等相互关联规律，实现耦合特征的解析与提取，研究故障模式及其与检测指标等的关联规律，实现寿命衰退演化规律、设备故障状态精准评价、基于退化轨迹的预测分析等所需特征的提取；最后，研究基于润滑磨损大数据的设备摩擦学系统可靠性与安全性的主要影响因素，及其对摩擦学系统功能发挥、发展的影响，逐步完善摩擦学系统设计。

6. 面向设备绿色润滑的诊断、评估与预测技术研究

绿色润滑是设备绿色化的主要构成之一，也是今后设备制造业的发展趋势之一，其涉及的最为主要的两个方面就是设备服役寿命和润滑剂使用寿命的延长，最大化地降低资源消耗。润滑磨损故障诊断作为保证在役设备以上两个方面的主要技术支撑，在其面向绿色化的特征提取中，首先，是开展基于磨损的设备服役寿命特征提取研究，构建设备自身寿命特征表征集或表征组合；其次，是开展基于性能劣化的润滑剂寿命特征提取研究，形成润滑剂主要劣化影响特征和寿命评价特征；最后，是开展面向制造绿色化的润滑剂劣化、污染等状态下的可康复性特征提取研究，以实现可康复性评价，并针对主要影响润滑剂继续使用的功能性因素进行康复，延长其使用寿命。

总之，设备摩擦学系统智能故障诊断要根据工业实际需求和情况，一方面需要通过长期的技术积累和理论分析，逐步对设备摩擦学系统典型故障的模式、机理和演化规律进行研究，建立针对性的故障知识谱系，作为智能诊断的基础；另一方面要深入研究、改进与集成当前智能算法，优化智能诊断系统，增强算法和系统的学习和进化适应能力，使其更加胜任摩擦学系统的故障诊断。

———————— **参 考 文 献** ————————

［1］贺石中，冯伟．设备润滑诊断与管理［M］．北京：中国石化出版社，2017.

［2］贺石中．大型矿山设备润滑磨损故障的油液监测与诊断［J］．中国设备管理，1996（6）：20-21. DOI：CNKI：SUN：SBGL．0．1996-06-021.

［3］杨鹏．风电齿轮箱润滑状态监测与故障诊断系统开发［J］．电子世界，2019（4）：149-150. DOI：CNKI：SUN：ELEW．0．2019-04-096.

［4］严新平，李志雄，张月雷，等．船舶柴油机摩擦磨损监测与故障诊断关键技术研究进展［J］．中国机械工程，2013，24（10）：1413-1419.

［5］杨其明，严新平，贺石中．油液监测现场实用技术［M］．北京：机械工业出版社，2006.

［6］THOLE F B. The analysis of commercial lubricating oils by physical methods［J］. Journal of the Society of Chemical Industry，1930，49（19）：400-400. doi：10. 1002/jctb. 5000491908.

［7］EISENTRAUT K J，NEWMAN R W，et al. Spectrometric Oil Analysis：detecting engine failures before they occur［J］. Analytical Chemistry，1984，56（9）：1086-1094.

［8］陈涛，孙伟，张旭．基于灰色关联度的风电齿轮箱传动系统故障树分析［J］．太阳能学报，2012，33（10）：1655-1660.

［9］JIANG L P. Gas path fault diagnosis system of aero-engine based on grey relationship degree［J］. Procedia Engineering，2011，15：4774-4779.

［10］WANG Q，WU C，SUN Y. Evaluating corporate social responsibility of airlines using entropy weight and grey relation analysis［J］. Journal of Air Transport Management，2015，42：55-62.

[11] 郝博，王建新，王明阳．基于数字孪生的装配过程质量控制方法［J］．组合机床与自动化加工技术，2021（4）：147-153．

[12] 关子杰．润滑油与设备故障诊断技术［M］．北京：中国石化出版社，2002．

[13] 虞和济，陈长征．基于神经网络的智能诊断［M］．北京：冶金工业出版社，2000．

[14] 陈果．滚动轴承早期故障的特征提取与智能诊断［J］．航空学报，2009，30（2）：362-367．DOI：10.3321/j.issn：1000-6893.2009.02.028．

[15] 王道平．故障智能诊断系统的理论与方法［M］．北京：冶金工业出版社，2001．

[16] 赵荣珍，孟凡明，张优云．智能故障诊断系统模式研究［J］．润滑与密封，2003（6）：18-21．DOI：10.3969/j.issn.0254-0150.2003.06.007．

[17] 蒋瑜，陈循，杨雪．智能故障诊断研究与发展［J］．兵工自动化，2002，21（2）：12-15．DOI：10.3969/j.issn.1006-1576.2002.02.004．

[18] 张建华，王占林．基于模糊神经网络的故障诊断方法的研究［J］．北京航空航天大学学报，1997（4）：502-506．DOI：CNKI：SUN：BJHK.0.1997-04-018．

[19] 余建坤，余家宇．智能机械润滑系统智能故障诊断研究与实现［J］．数字技术与应用，2017（11）：46-47．DOI：CNKI：SUN：SZJT.0.2017-11-026．

[20] 吴今培，肖健华．智能故障诊断与专家系统［M］．北京：科学出版社，1997．

[21] 雷亚国，何正嘉，訾艳阳．基于混合智能新模型的故障诊断［J］．机械工程学报，2008，44（7）：112-117．DOI：10.3321/j.issn：0577-6686.2008.07.018．

[22] 贺石中．工业企业设备润滑管理智能化"2017中国润滑技术论坛"论文集［C］．广州：润滑与密封编辑部，2017．

[23] 徐波，于劲松，李行善．复杂系统的智能故障诊断［J］．信息与控制，2004，33（1）：56-60．DOI：10.3969/j.issn.1002-0411.2004.01.013．

[24] 冯志敏，王颖．智能化故障诊断系统的研究与开发［J］．中国航海，2003（1）：13-17．DOI：10.3969/j.issn.1000-4653.2003.01.004．

[25] 张金玉，张优云，谢友柏．机械故障诊断支持系统的构架研究［J］．中国机械工程，2003，14（5）：420-423．DOI：10.3321/j.issn：1004-132X.2003.05.019．

[26] 卢志美，曹熙武，梁进奕，等．柴油机智能故障诊断技术及其发展趋势［J］．装备制造技术，2010（1）：107-109．DOI：10.3969/j.issn.1672-545X.2010.01.041．

[27] BERNHARD J, VELLEKOOP M J. Physical sensors for water-in-oil emulsions［J］. Sensors and Actuators A，2004，110：28-32.

[28] LIU H T, TANG X CH, LU H, et al. An interdigitated impedance micro sensor for detection of moisture content in engine oil. Nanotechnology and Precision Engineering［J］. Nanotechnology and Precision Engineering，2020（2）：75-80. DOI：10.1016/j.npe.2020.04.001.

[29] ZHANG L, YANG Q. Investigation of the design and fault prediction method for an abrasive particle sensor used in wind turbine gearbox［J］. Energies，2020，13（2）：365. 365doi：10.3390/en13020365.

[30] GREGORY S H, LIN Y Q, ALEXANDER I K, et al. Oil debris monitoring for failure detetion isolation［P］. United States，US 2018/0023414 A1，Jan. 25，2018.

[31] HONG W, CAI W J, WANG S P. Mechanical wear debris feature, detection, and diagnosis：A review［J］. Chinese Journal of Aeronautics，2018，31（5）：867-882.

[32] BOWEN R, SCOTT D, SEIFERT W. Ferrography［J］. TRIBOLOGY International，1976（6）：109-115. DOI：10.1016/0301-679X（76）90033-5.

[33] WANG J Q, LIU X L, WU M, et al. Direct detection of wear conditions by classification of ferrograph images［J］. Journal of the Brazilian Society of Mechanical Sciences and Engineering，2020，42：152. DOI：

10. 1007/s40430-020-2235-4.

［34］ BAI C Z, ZHANG H P, ZENG L, et al. Inductive magnetic nanoparticle sensor based on microfluidic chip oil detection technology. Micro machines, 2020, 11（2）, 183. doi: 10. 3390/mi11020183.

［35］ ZHU X L, ZHONG C, ZHE J. Lubricating oil conditioning sensors for online machine health monitoring-A review ［J］. Tribology International, 2017, 109: 473-484.

［36］ WU T H, WU H K, DU Y. Progress and trend of sensor technology for on-line oil monitoring ［J］. SCIENCE CHINA（Technological Sciences）, 2013, 56（12）: 2914-2926.

［37］ ULRICH C, PETERSSON H, SUNDGREN H, et al. Simultaneous estimation of soot and diesel contamination in engine oil using electrochemical impedance spectroscopy ［J］. Sensors Actuators, B Chem, 2007, 127: 613-618.

［38］ MOON S I, PAEK K K, LEE Y H, et al. Multiwall carbon nanotubesensor for monitoring engine oil degradation ［J］. Electrochem Solid-State Lett, 2006, 9（8）: 78-80.

［39］ KASBERGER J, SAEED A, HILBER W, et al. Towards an integrated IR absorption microsensor for online monitoring of fluids ［J］. Elektrotechnik & Information stechnik , 2008, 125: 65-70.

［40］ SIMONETTA C, MARZIA Z, DOMINIQUE S P. Metal oxide gas sensor array for the detection of diesel fuel in engine oil ［J］. Sensors and Actuators B, 2008, 131: 125-133.

［41］ ALLISON M, TOMS K C. Filter debris analysis for aircraft engine and gearbox health management ［J］. Journal of Failure Analysis and Prevention, 2008, 8（2）: 183-187. DOI: 10. 1007/s11668-008-9120-2.

［42］ JONES M H, ALBERICH J. Severity of wear: A new index ［J］. Tribotest, 1997, 4（2）: 219-230.

［43］ TOMOMI HONDA, AKIRA SASAKI. Development of a turbine oil contamination diagnosis methodusing colorimetric analysis of membrane patches ［J］. Journal of Advanced Mechanical Design, Systems, and Manufacturing, 2018, 12（4）: 1-8.

［44］ RHODES C A, STOWERS L F, HAWKINS L, et al. In-line dynamic control monitoring of fluids for space systems ［J］. Powder Technology, 1976, 14: 203-208.

［45］ PHILLIP W, CENTERS. Laboratory evaluation of the on-line ferrogph ［J］. Wear, 1983, 90: 1-9.

第 9 章　设备润滑磨损故障诊断阈值制定

油液监测指标阈值，也称监测指标状态控制的门槛值或界限值，是油液监测系统中故障预警、诊断和评估的一项重要依据。在油液监测中，监测指标涉及摩擦副磨损金属元素、油液性能和污染等方面，根据不同设备的设计和运行要求，在润滑油中指标均是动态变化的，有的呈现增长，有的呈现双向变化，从不同指标的变化程度上可以初步得出指标对应状态的变化，为后续有效地进行针对性的诊断、评估提供早期的依据。在日常工业检测中，检测指标的判断通常为两种：一种是检测结果直接与所对应的阈值比对判断；另一种是通过长期监测，获取其趋势阈值或与早期的变化对比判断其相对变化的速率，实现状态及发展趋势的判断。无论是哪种情况，指标数据的状态判定均需依赖于阈值，该阈值可以是直接阈值，也可以是趋势阈值或变化速度阈值。

9.1　油液监测异常值的检验

异常值也称为离群值，指的是某个特征显著不同于其他数据，或明显偏离其余数据的点。在油液监测工作中，对异常数据的甄别是一项重要工作，一方面，异常值的存在，会对阈值的制定产生影响，多数情况下会导致报警值过于宽松，这样就容易造成漏诊，因此在制定阈值前，通常要先将离群值从数据集中剔除；另一方面，异常值本身也表征该设备状态的异常，将这些离群点找出来，进行有针对性的原因分析，也可以累积诊断经验，为企业润滑管理的提升提供依据。异常值检验就是要将这些离群点找出来，有多种方法可以实现异常值的检验，下面介绍几种常用的异常值检验方法。

9.1.1　基于统计概率法的异常值检验

统计概率法首先对数据分布做出假设，然后基于假设的数据分布，找出不符合特定分布规律的异常值。常用的方法有正态分布法、箱形图法、直方图法及切比雪夫不等式法等。

1. 正态分布法

正态分布法是假设一组数据服从某特定参数的正态分布，然后约定一个范围，这个范围之外的数据就被认定为异常点。正态分布具有优良的性质，其概率密度分布关于均值 μ 对称，分布在 $[\mu-3\sigma,\ \mu+3\sigma]$ 中的概率为 99.73%，也就是说只有不到 0.3% 的数据会落在均值

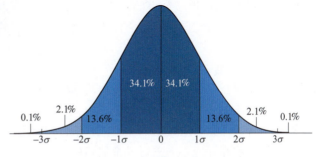

图 9-1　正态分布法异常值统计示例

的 $\pm3\sigma$ 之外，这是一个小概率事件，因此通常采用 3σ 来判断异常值。图 9-1 所示为正态分布法异常值统计示例。

2. 箱形图法

箱形图（也称盒图、箱线图等），用于显示一组一维数据分散情况的统计，可以通过图

形直观地探索数据特征。箱形图共由 5 个数值点构成，分别是最小观察值（Min）、25% 分位数（$Q1$）、中位数（$Q2$）、75% 分位数（$Q3$）及最大观察值（Max）。最小观察值和最大观察值是根据 $Q1$ 和 $Q3$ 计算而得到，即

$$Min = Q1 - 1.5 \left| (Q3 - Q1) \right|$$
$$Max = Q3 + 1.5 \left| (Q3 - Q1) \right|$$

超出最大或最小观察值的数据，即为离群值。在箱形图中，通常以"圆点"形式进行展示。图 9-2 所示为箱形图法异常值统计示例。

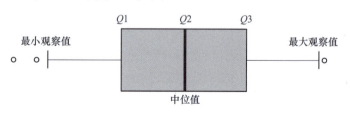

图 9-2　箱形图法异常值统计示例

3. 直方图法

直方图法是利用直方图去判断异常值，是一种非参数的统计学方法。其核心思想是将样本按照数据分布分成多个区间，数据所处区间的样本数越少，则该数据是异常值的概率越大，多数对象落入到同一直方图区间的一个箱中，则该区间就可以看作是正常区间，否则就可以被认为是异常点。图 9-3 所示为直方图法异常值统计示例，落入图中虚线包裹的方框外的数据，就被判断为异常值。

4. 切比雪夫不等式法

针对总体分布未知的数据，可以采用切比雪夫不等式来检测异常值。切比雪夫不等式可以简单描述为：任意一个数据集中，位于其平均数的 k 个标准差范围内数值所占的比例，至少为 $(1 - 1/k^2)$，其中 k 为 >1 的任意正数，示例如下。

1）所有数据中，至少有 3/4（或 75%）的数据位于平均数 2 个标准差范围内。

2）所有数据中，至少有 8/9（或 88.9%）的数据位于平均数 3 个标准差范围内。

3）所有数据中，至少有 24/25（或 96%）的数据位于平均数 5 个标准差范围内。

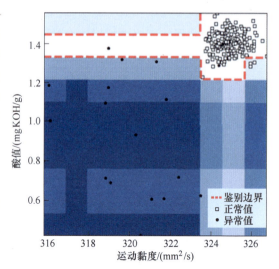

图 9-3　直方图法异常值统计示例

因此，对于任意一组数据，在不能获取其概率分布的情况下，都可以通过切比雪夫不等式，利用平均数和标准差来进行异常值检验。

9.1.2　基于离散度的异常值检验

基于离散度的检验方法是通过样本的特征差异来判断异常值，非异常点周围大部分点总是具有相似的某一特征，例如密度、距离、夹角等，但异常点总会与其他大部分点存在显著差异。因此，通过统计数据集内各样本点间的特征度量值，就可以获取与多数类别存在明显差异的异常点。

1. 基于密度的异常值检验方法

从数据密度的角度来看，正常样本点总是处于高密度区域，而异常样本总是处于低密度区域。基于密度的异常值检验方法思路是：对于一个待分析的数据集 D，其中的某一个非离群样本 x_c 周围的密度与其相邻样本 y 的周围密度是相似的，而离群样本 x_o 周围的密度与其邻近样本 y 周围密度会明显不同，通过对比样本 x 周围的密度和其相邻对象 y 周围的密度，就可以获取离群值的相关信息。常见的 LOF（Local Outlier Factor）算法就是一种基于密度的异常值检验方法，它通过比较每个点 p 和其邻域点的密度来判断该点是否为异常点。CBLOF（Cluster-Based Local Outlier Factor）算法在 LOF 的基础上增加了聚类的操作，降低了异常值检验的复杂度。图 9-4 所示为通过 CBLOF 检验的运动黏度与酸值之间的异常值统计结果。

2. 基于距离的异常值检验方法

如果一个数据样品远离大部分点，那么就可以认为这个样本是异常的。因此对于一个待分析的数据集 D，可以指定一个距离阈值 r 来定义数据对象的合理邻域。对于每个样本 x_i，可以考察 x_i 的 r-邻域中的其他样本的个数。如果数据集中多数样本远离 x_i，即均不在 x_i 的 r-邻域中，则 x_i 可以被视为一个离群点，这就是基于距离的异常值检验方法的基本思路。KNN 近邻算法就是最常见的基于距离的异常值检验方法。常见的距离函数包括欧式距离、曼哈顿距离等。图 9-5 所示为采用 KNN 算法检验的运动黏度与酸值之间的异常值结果。

3. 基于角度的异常值检验方法

基于角度的离群点检测是一种针对多维数据集的检测方法。该方法类似于 LOF 等局部离群点检测方法，通过计算数据点与其他点的角度来判断其是否为离群点。该算法采用角度作为离群点的度量标准，认为离群点在所有数据点之间形成了大量的锐角或钝角，最终得出离群点。由于高维数据的角度相比距离更加稳定，因此该方法主要应用于高维数据的异常值检验。常见的方法有角度离群算法 ABOD。图 9-6 所示为通过角度离群算法 ABOD 检验的运动黏度与酸值之间的异常值结果。

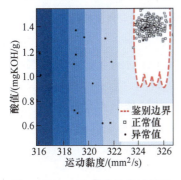

图 9-4　CBLOF 异常值统计结果

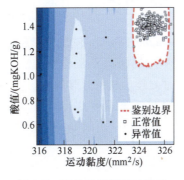

图 9-5　KNN 异常值统计结果

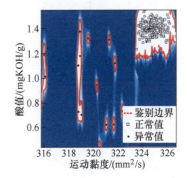

图 9-6　ABOD 异常值统计结果

9.1.3　基于 Kmeans 算法的异常值检验

在设备状态监测过程中，由于缺乏可靠的历史资料，因此往往无法确定共有多少故障类别，在仅有监测数据的条件下，通过对数据特征的统计分析，可以将具有相近特征的数据组成一个类别，而对不同特征的数据划入不同的类别，本着同类相近、异类相远的原则对数据进行区分。这类方法首先会形成多个不同类别的特征集，而后通过计算特征集合内各点距中心的距离，来完成异常值的区分。下面以 Kmeans 算法为例，介绍聚类分析算法在异常值检验中的应用。

Kmeans 算法的核心思想，就是使聚类域中所有样品到聚类中心的距离平方和最小。设样本模式集为 $X = \{X_i, i = 1, 2, 3, \cdots, N\}$，其中 X_i 为 n 维的模式向量，$X_i = \{X_{ik}, k = 1, 2, 3, \cdots, n\}$，聚类问题就是要找到一个划分簇集 $\omega = \{\omega_1, \omega_2, \cdots \omega_C\}$，使得聚类准则函数 J 到最小。

$$J = \sum_{j=1}^{c} \sum_{X_i}^{M} d(X_i, \overline{X^{(\omega_j)}}) \tag{9-1}$$

式中　　$\overline{X^{(\omega_j)}}$——第 j 个类的中心；

$d(X_i, \overline{X^{(\omega_j)}})$——样本到相应类中心的距离。应用欧几里得距离表示，即：

$$d(X_i, \overline{X^{(\omega_j)}}) = \sqrt{\sum_{k=1}^{n} (x_{ik} - \overline{x_k^{(\omega_j)}})^2} \tag{9-2}$$

当各类中心明确时，类别的划分按最邻近法则确定。即若满足 $d(X_i, \overline{X^{(\omega_i)}}) = \min\limits_{i=1, 2, \cdots,} d(X_i, \overline{X^{(\omega)}})$，则样品 X_i 属于类 j。

当获得多个不同簇后，计算每个点到簇中心的距离值，将距离与设置的阈值相比较，如果其大于阈值则认为是异常，否则正常。

图 9-7 所示为通过 Kmeans 算法得出的 Fe 和 Cu 含量的异常值，其中 0 表示多数样本，而 1 表示异常样本。

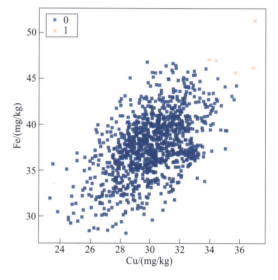

图 9-7　Kmeans 算法异常值检验

9.1.4　基于孤立森林法（Isolation Forest）的异常值检验

孤立森林法是一种基于集成学习的快速异常检测方法，具有线性时间复杂度和高精准度，适用于大数据、大样本的异常处理。从统计学来看，在数据空间里，若一个区域内只有分布稀疏的点，表示数据点落在此区域的概率很低，可以认为这些区域的点是异常的。因此，"异常值"可定义为那些分布稀疏，且距离高密度群体较远的"容易被孤立的点"。这就是"孤立森林"法的前提假设。

孤立森林与随机森林非常相似，它是基于给定数据集的决策树集成而建立的（见图 9-8）。其思路如下：假设有一组样本数据，在一定范围内随机选一个值，对样本进行二叉划分，

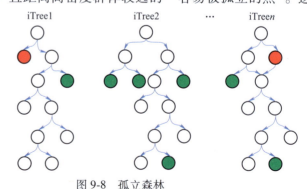

图 9-8　孤立森林

将小于该值的样本划分到节点左边，大于或等于该值的样本划分到节点的右边，这样就得到了一个分裂条件和两个数据集。然后分别在这两个数据集上重复上面的过程，直到达到终止条件，这样就构成了一棵"树"，每一个节点，就可以看作一个分枝，每一个数据就可以看作一片叶子。终止条件通常有两种：一种是数据分身不可再分，即该数据集中只剩下一个样本，或者全部样本值相同；另一种是树的高度到达一定程度。

将"树"建立好之后，就可以对数据进行预测。预测过程就是数据按树分枝进行分类，达到叶子的节点，并记录这个过程中经过的路径长度，即从根节点，穿过中间的节点，最后到达叶子节点，在这种随机分割的策略下，异常值通常具有较短的路径。

孤立森林将异常值识别为在"树"的分类平均路径较短的观测结果。孤立森林需要一个观测值来了解一个数据点的异常程度。它的值在 0 和 1 之间，观测值定义为

$$s(x, n) = 2^{-\frac{E(h(x))}{c(n)}} \tag{9-3}$$

式中　$E(h(x))$ ——根节点到叶节点 x 的路径长度 $h(x)$ 的平均值；

　　　$c(n)$ ——给定 n 的 $h(x)$ 的平均值，用于规范化 $h(x)$。

通过式（9-3）对每个样本进行异常评分，得分较高的就可以判断为异常值。图 9-9 所示为通过孤立森林算法得出的某齿轮油酸值和运动黏度的异常值结果。

以上介绍了几种异常值的检验评定方法。图 9-10 分别为采用这些方法对同一数据集合的异常值识别结果，图 9-10 中虚线内的密集域为多数簇域，也就是正常域，而虚线外为异常样本的分布区域，可称为少数域或异常域，异常域内的点就是异常值。颜色越深的区域表明样本的特征与主要群点差异越显著。从图 9-10 可看出，采用不同的算法，所判断出的异常值会有差异。

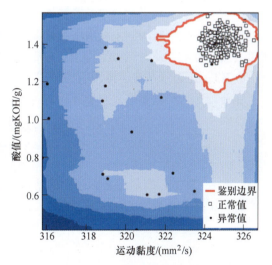

图 9-9　孤立森林法异常检验

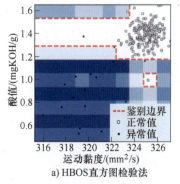

a）HBOS直方图检验法

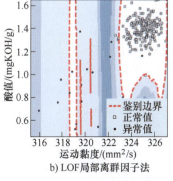

b）LOF局部离群因子法

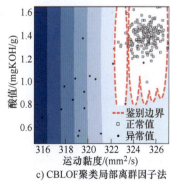

c）CBLOF聚类局部离群因子法

图 9-10　各类异常值检验结果

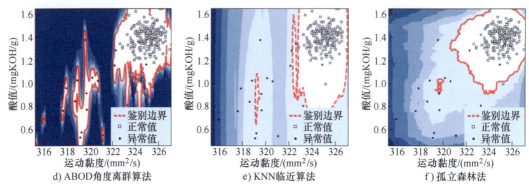

d) ABOD角度离群算法   e) KNN临近算法   f) 孤立森林法

图 9-10　各类异常值检验结果（续）

9.2　基于正态分布的阈值制定方法

油液中某些指标在使用过程中，并不会随着运行时间有规律地增加或减小，而是会受到各种因素的影响，并带有一定的随机性，或者是维持在某一水平上。这种情况下，在一个换油期内，如果按等时间间隔获取大量样品的监测数据，则会发现这些参数监测数据的统计结果符合正态分布，此时就可采用正态分布法制定其界限值。

9.2.1　正态分布法计算阈值的原理

正态分布的概率密度分布函数见式（9-4），即

$$f(x;\ \mu,\ \sigma)=\frac{1}{\sigma\sqrt{2\pi}}\exp\left(\frac{(x-\mu)^2}{2\sigma^2}\right) \tag{9-4}$$

式中　μ——总体平均值；

σ——总体标准差（又称标准偏差）。

μ 和 σ 可分别通过式（9-5）和式（9-6）计算得出，即

$$\mu=\lim_{n\to\infty}\frac{1}{n}\sum x \tag{9-5}$$

$$\sigma=\sqrt{\frac{\sum(x-\mu)^2}{n}} \tag{9-6}$$

图 9-11 所示为正态分布的概率密度曲线。

由图 9-11 可知：

1）68.27% 数据集的值将落在总体均值的 1 倍标准偏差内，即落在区间 $[\mu-1\sigma,\ \mu+1\sigma]$ 上，通常将这个范围称为"1σ 区间"。在这个范围内的样本数据近似等于统计平均值，通常被认为是"白色警戒"级别，即对应的是正常阈值。

2）94.45% 的样本将落在总体均值的 2 倍标准偏差内，即落在 $[\mu-2\sigma,\ \mu+2\sigma]$ 上，通常将这个范围称为"2σ 区间"。在"1σ 区

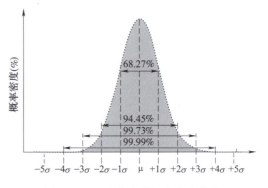

图 9-11　正态分布的概率密度曲线

间"外和"2σ 区间"内约 26% 的数据，被认为是"绿色警戒"级别，对应的是边缘正常阈值。

3）99.73% 的样本将落在总体均值的 3 倍标准偏差内，即落在 $[\mu-3\sigma,\ \mu+3\sigma]$ 上。通常将这个范围称为"3σ 区间"。在"2σ 区间"外和"3σ 区间"内的约 5% 的数据，被认为是"黄色警戒"级别，对应的是报警阈值。

4）对于落在 3 倍标准偏差外的数据，即落在 $[-\infty,\ \mu-3\sigma)$ 和 $(\mu+3\sigma,\ \infty]$ 区间上的数据，被认为是"红色警戒"级别，对应的是异常阈值。

9.2.2　正态分布的检验

在采用正态分布法求取某组数据的阈值前，首先需要判断该组数据是否服从正态分布，即进行正态性检验。正态性检验的方法有多种，在本节中主要介绍偏度-峰度检验法、KS 检验和 SW（Shapiro Wilk）检验这三种常见的检验方法。

1. 偏度-峰度检验法

偏度-峰度法是检验一个总体是否符合正态分布的较为有效的方法，其理论依据为正态分布密度曲线是对称的，且坡度适当，若被检验的数据符合正态分布，其分布密度曲线就不能太偏斜，也不能过陡或过缓，这两个特征就分别用偏度和峰度来表征。

偏度是描述随机变量概率分布不对称的程度，用偏度系数 S 来表示，其计算公式见式（9-7）；通过对偏度系数的计算，能够判定数据分布的不对称程度以及方向。

$$S = \frac{\sum (x_i - \bar{x})^3}{n\sigma^3} \tag{9-7}$$

式中　x_i——样本测定值；

　　　$\bar{x}$——n 次测定值的平均值；

　　　n——样品量；

　　　σ——标准差。

对于正态分布，其偏度系数 S 为 0；若 S 不为 0，则为偏度分布。当 $S>0$ 时，为正偏态（也叫作右偏态）；当 $S<0$ 时，为负偏态（也叫作左偏态），如图 9-12 所示。系数 S 的绝对值越大，偏离正态的情况越明显。

峰度是表示密度分布曲线顶端的尖峭或扁平程度，用峰度系数 K 来表示，计算公式见式（9-8）。通过对峰度进行计算，能够判定数据分布的集中程度。

$$K = \frac{\sum (x_i - \bar{x})^4}{n\sigma^4} - 3 \tag{9-8}$$

式中　x_i——样本测定值；

　　　$\bar{x}$——n 次测定值的平均值；

　　　n——样品量；

　　　σ——标准差。

对于正态分布，其峰度系数 K 为 0。当峰度系数 $K>0$ 时，为高狭峰；当峰度系数 $K<0$ 时，为低阔峰。系数 K 的绝对值越大，表示峰越尖锐，频数分布越集中，如图 9-13 所示。

利用变量的偏度和峰度进行正态性检验时，可以分别计算偏度和峰度的 Z 评分（Z-score）

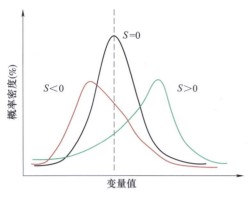

图 9-12　偏度系数对分布的影响

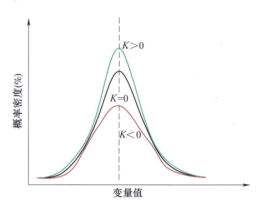

图 9-13　峰度系数对分布的影响

$$Z_S = S/S_S \tag{9-9}$$

$$Z_K = K/S_K \tag{9-10}$$

其中，Z_S 为偏度的 Z 评分，Z_K 为峰度的 Z 评分，S_S 为 S 系数的标准差，S_K 为 K 系数标准差。

在显著性水平为 0.05 的检验水平下，若偏度 Z_S 评分和峰度 Z_K 评分在 $[-1.96,+1.96]$ 之间，那么可认为数据服从正态分布；若其中任何一个评分的绝对值>1.96，则认为不服从正态分布。

事实上，K 系数和 S 系数的标准误差会随着样本数据量增大而减小，意味着当样本数据较大时，检验标准 Z 值会增大，会给正确判断样本数据的正态性情况造成一定的干扰。因此，当样本量<100 时，尝试峰度和偏度系数来判断样本的正态分布性会比较合理。

2. KS 检验

KS 检验是以两位苏联数学家 Kolmogorov 和 Smirnov 的名字命名的，它是一个拟合优度检验。KS 检验通常用来检验一个经验分布是否符合某种理论分布，或者比较两个经验分布是否具有显著性差异。其原理是将样本数据的经验分布与已知的理论分布相比，若两者差距较小，则推论该样本取值与已知分布一致。

KS 统计量定义为

$$D_n = \max_{1 \leqslant i \leqslant n} \left\{ |F(x_i) - G(x_i)|, \ |F(x_{i-1}) - G(x_i)| \right\} \tag{9-11}$$

式中　$F(x)$——该组数据的经验分布函数；

　　　$G(x)$——已知理论分布的累计分布函数。

KS 检验主要分为以下基本步骤。

1）建立假设检验，例如正态分布检验，可建立如下假设条件。

H_0：样本服从正态分布；H_1：样本不服从正态分布。

2）计算出样本数据的累计概率分布函数，并计算理论分布的累计概率函数，然后带入式（9-11）计算 D_n。例如，对于正态分布检验，需要先计算出标准正态分布的累计分布函数，再计算样本集的累计分布函数，两个函数之间在不同的取值处会有不同的差值。最后需要找出差值最大的那个点 D。

3）查表确认临界值 $D_n(\alpha)$。

4）做出判断，若样本计算得到的 $D_n > D_n(\alpha)$，则拒绝零（H_0）假设，即认为样本不符合已知的理论分布；否则即接受零（H_0）假设，样本符合已知的理论分布。

KS 检验不需要知道数据的分布情况，是一种非参数检验方法，无需对要检验的数据分组，可以用于任何分布的检验，适合用于大样本数量的正态性检验。但当检验的数据分布符合特定的分布时，KS 检验的灵敏度反而比其他检验方法低。

3. SW 检验

SW（Shapiro-Wilk）检验是 Samuel Shapiro 和 MartinWilk 于 1965 年提出的一种显著性假设检验方法，从统计学意义上将样本分布与正态分布进行比较，以确定数据是否显示出与正态性的偏离或符合。

假设一组样本量为 n 的样本服从正态分布，将样本按照大小顺序排序，则统计量 W 的值定义为

$$W = \frac{\left(\sum_{i=1}^{n} a_i x_i \right)^2}{\sum_{i=1}^{n} (x_i - \bar{x})^2} \tag{9-12}$$

式中　n——样本量；

　　　x_i——排序后的样本数据；

　　　a_i——待估常量，可以通过查 W 检验系数表得出。

当计算得出的 $W > W_\alpha$ 时，认为该样本总体服从正态分布，其中 W_α 为给定的检验水平 α 下的 W 临界值，可以通过查表获取。

SW 检验主要分为以下基本步骤。

1）建立原假设，假设样本总体服从正态分布，即 H_0：x 服从正态分布。

2）将从总体中获得的 n 个样本观测值按由小到大的次序排列成 $x_1 \leqslant x_2 \leqslant \cdots \leqslant x_n$。

3）计算统计量 W，其中待估常量 a_i 可以通过查 W 检验系数表得出。

4）根据给定的检验水平 α 和样本容量 n，查正态性 W 检验临界值表，得到临界限值 W_α。

5）对比 W 与 W_α 大小，判断样本是否符合正态分布。若 $W < W_\alpha$，则拒绝 H_0，即认为在显著性水平 α 的检验水平下，样本不符合整体分布；反之，则不能拒绝 H_0，即认为在显著性水平为 α 的检验水平下，样本符合正态分布。

SW 检验是一种有效的正态性检验方法，适用于小容量样本，当样本数在 3~50 时，SW 检验得到的正态性检验结果的可靠性比 KS 检验要高。

9.2.3　正态分布的三线值法

如果一组数据经检验符合正态分布，则可根据均值 μ 和标准方差 σ 求取数据集的报警阈值。实际应用时，多采用三线值法制定油液监测参数的阈值。所谓的三线值法就是根据概率和统计学中的"小概率事件"理论，分别将报警阈值 a_1 和异常阈值 a_2 定义为

$$a_1 = \mu \pm 2\sigma \qquad (9\text{-}13)$$

$$a_2 = \mu \pm 3\sigma \qquad (9\text{-}14)$$

式中 μ——样本均值；

　　　σ——样本方差。

采用三线值法制定油液监测参数阈值的流程如图 9-14 所示。

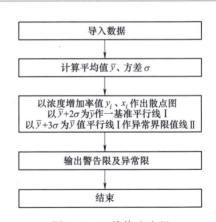

图 9-14　三线值法流程

9.2.4　正态分布法阈值制定示例

某炼油厂的透平压缩机所使用的 L-TSA 46 汽轮机油黏度的频数分布情况见表 9-1，其运动黏度分布及正态拟合如图 9-15 所示。

表 9-1　透平压缩机汽轮机油黏度的频数分布

分布区间	下限（L)/(mm²/s)	40	40.5	41	41.5	42	42.5	43	43.5
	上限（H)/(mm²/s)	40.5	41	41.5	42	42.5	43	43.5	44
频数 f/个		1	1	5	12	19	22	24	44
累积百分率（%）		0.2	0.4	1.4	3.8	7.6	12	16.8	25.6
分布区间	下限（L)/(mm²/s)	44	44.5	45	45.5	46	46.5	47	47.5
	上限（H)/(mm²/s)	44.5	45	45.5	46	46.5	47	47.5	48
频数 f/个		40	44	53	51	49	40	25	31
累积百分率（%）		33.6	42.4	53	63.2	73	81	86	92.2
分布区间	下限（L)/(mm²/s)	48	48.5	49	49.5	50	50.5	51	51.5
	上限（H)/(mm²/s)	48.5	49	49.5	50	50.5	51	51.5	52
频数 f/个		13	11	7	5	0	2	0	1
累积百分率（%）		94.8	97	98.4	99.4	99.4	99.8	99.8	100

通过 SW 检验，得出统计量 $W = 0.81 > W_{\alpha = 0.05}$，因此不拒绝原假设，说明黏度服从正态分布，图 9-15 所示为运动黏度的分布直方图及拟合的正态分布曲线，通过样本的均值 $\mu = 45.4$、标准差 $\sigma = 1.8$，得到运动黏度的正态分布函数为

$$f(x) = \frac{1}{\sqrt{2\pi} \times 1.8} \exp\left(-\frac{(x - 45.4)^2}{2 \times 1.8^2}\right)$$

$$(9\text{-}15)$$

再根据三线值法，分别将警告阈值 a_1 和异常阈值 a_2 定义为：$a_1 = \mu + 2\sigma = 49$，$a_2 = \mu + 3\sigma = 50.8$。

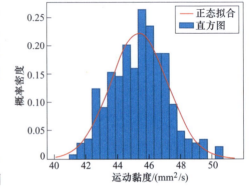

图 9-15　运动黏度分布及正态拟合

9.3　基于累积分布的阈值制定方法

前述的正态分布法，是在假定样品服从正态分布的前提下进行的，但实际上，某些参数

的数据分布并不一定服从正态分布，例如油中的磨损元素，会随着使用时间的增加而增加，不存在降低的情况，因此其分布曲线也不会出现正态分布特有的钟形曲线。不论是参数估计法还是非参数估计法，都是通过求出样本的概率密度函数来获取样本的实际分布，过程极为复杂，每种方法使用起来都有一定的局限性，无法建立起通用的诊断规则。而累积分布法的提出，就成功解决了这些问题，这种方法不需要知道求取样本的概率密度分布函数，只需要做出样本实际的累积分布图，就可以获取界限值，适用于任何分布的数据。

9.3.1　累积分布法计算阈值的原理

累积概率分布又称为累积分布函数，它用于描述随机变量落在任一区间上的概率。对于连续变量，累积分布函数是概率密度函数的积分；对于离散变量，累计概率分布是各离散变量的概率密度求和。

对于所有实数 x，累积分布函数定义如下

$$F_X(x) = P(X \leqslant x) \qquad (9\text{-}16)$$

其中 X 代表随机变量，x 代表 X 的取值。累积概率分布函数代表了实数 X 取值 $\leqslant x$ 的概率。图 9-16 所示为正态分布概率密度曲线及其累积概率密度曲线。

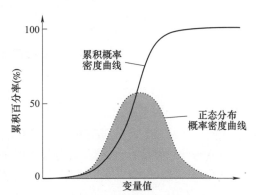

图 9-16　正态分布概率密度曲线及其累积概率密度曲线

根据累积概率分布函数进行界限值设定的方法，叫作累积分布法。油液监测的数据多是离散变量，其累积概率就是所有 $\leqslant x$ 值出现的概率的和。实际使用累积分布法时，常将数据样本划定合适区间，通过做出一组实际检测值的累积分布图，来考察在不同区间中数据样本的分布频率，并计算出百分位的分位值，因此累积分布法也叫作百分位数法。

9.3.2　累积分布法制定阈值的步骤

采用累积分布法制定阈值分为以下基本步骤。

1）确定分组组距。分组组距是指样本分组的单位区间的长度，即每个区间的最大值和最小值之差。例如，如果分组起点是 0，分组组距是 10，那么样本的分组区间就为［0，10］、（10，20］、（20，30］…；如果分组组距为 5，则样本的分组区间［0，5］、（5，10］、（10，15］。实际分组时，需根据总体样本数量值范围的不同来确定合适的组距。分组组距越小，统计的区间数也就越多。图 9-17 所示为同一系列数据按不同分组组距得到的频数分布图。

2）对样品进行分组，将总体数据按拟定的分组组距进行分组，分组起点定在最小值以下。

3）统计在不同区间中数据样本的数量，获取样本的分布频数。

4）获取不同百分位的数值。百分位数值是指累积概率分布为某个百分位数时所对应的样本值，以 P_x 表示。百分位数值可以直接从累积分布曲线上截取得出，也可采用式（9-17）计算，即

$$P_x = L + i/f_x (N * x\% - \sum f_L) \qquad (9\text{-}17)$$

式中：P_x——第 x 百分位数；

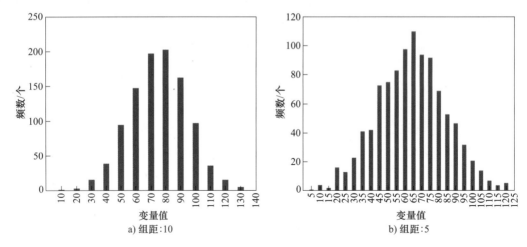

图 9-17　不同分组组距下的频数分布图

L——与 P_x 相对应的 x 分组值的下限；

　i——分组组距；

f_x——与第 x 百分位数对应的频数；

N——总频数；$x\%$ 第 x 百分位数时的累计频率；

$\sum f_L$——第 x 百分数前一组的累计频数。

5）确定阈值。阈值的大小与所选取的百分位数有关，例如，对于双侧阈值，可选取 P_5 和 P_{95} 作为报警阈值，选取 P_1 和 P_{99} 作为异常阈值，如图 9-18a 所示；对于单侧阈值，如果是高侧阈值（如酸值、磨损元素含量），通常选取 P_{90} 作为报警阈值，P_{98} 作为异常阈值，如图 9-18b 所示；如果是低侧阈值（如碱值、添加剂元素含量等），通常选取 P_{10} 作为报警阈值，P_2 作为异常阈值，如图 9-18c 所示。在实际操作时，建议结合故障情况选取适当的百分位作为监测参数的阈值。

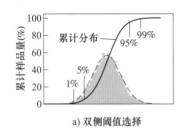
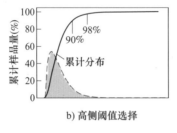
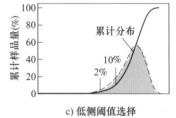

图 9-18　不同阈值选择方式

累计分布法是一种基于实际的工业油液监测数据集分布，而不依赖于假定的统计模型，因此更贴近于工业实际。该方法适用于参数或非参数性数据的统计分析，包括数据呈现单调变化（例如递增或者递减）、周期性单调变化或分布无规律可循的数据集等。此外，当数据集除了常见原因变化外还包括特殊原因变化时，也可以使用这种方法。

9.3.3　累积分布法阈值制定示例

现有某风电场的多台风力发电机主齿轮箱油近 5 年监测的 1768 个主齿轮箱油的 Fe 元素

的检测结果，其中最小的结果为 0，最大的结果 385。根据检测结果的最小值和最大值，设定分组起点为 0，分组终点为 400，分组组距为 10，将数据分为 40 个组别。统计出其频数分布和累积分布见表 9-2，其分布曲线如图 9-19 所示。

表 9-2　某风电场主齿轮箱油中 Fe 的频数分布及累积分布

分布区间	下限（L）/（mg/kg）	0	10	20	30	40	50	60	70	80	90
	上限（H）/（mg/kg）	10	20	30	40	50	60	70	80	90	100
频数 f/个		75	180	462	312	227	186	111	71	34	23
累积百分率（%）		4.24	14.42	40.55	58.20	71.04	81.56	87.84	91.86	93.78	95.08
分布区间	下限（L）/（mg/kg）	100	110	120	130	140	150	160	170	180	190
	上限（H）/（mg/kg）	110	120	130	140	150	160	170	180	190	200
频数 f/个		16	16	11	12	6	3	6	1	3	2
累积百分率（%）		95.98	96.89	97.51	98.19	98.53	98.70	99.04	99.10	99.26	99.38
分布区间	下限（L）/（mg/kg）	200	210	220	230	240	250	260	270	280	290
	上限（H）/（mg/kg）	210	220	230	240	250	260	270	280	290	300
频数 f/个		0	0	1	0	1	1	1	1	1	0
累积百分率（%）		99.38	99.38	99.43	99.43	99.49	99.55	99.60	99.66	99.72	99.72
分布区间	下限（L）/（mg/kg）	300	310	320	330	340	350	360	370	380	390
	上限（H）/（mg/kg）	310	320	330	340	350	360	370	380	390	400
频数 f/个		0	0	2	0	0	0	0	1	1	1
累积百分率（%）		99.72	99.72	99.83	99.83	99.83	99.83	99.83	99.89	99.94	100.0

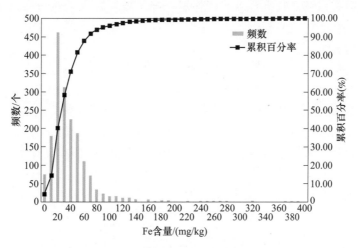

图 9-19　频数分布和累积分布曲线

由于齿轮油中的 Fe 含量只会随着使用时间上升，因此只需设置单侧上限阈值，如果选取 P_{90} 作为报警阈值，P_{98} 作为异常阈值，则采用式（9-17），计算出 P_{90} 和 P_{98} 分别为

$$P_{90} = 70 + 10 \div 71 \times (1768 \times 90\% - 1553) = 75.3$$
$$P_{98} = 130 + 10 \div 12 \times (1768 \times 98\% - 1724) = 137.2$$

因此，依据累积分布法制定的风力发电机主齿轮箱油的 Fe 元素含量的上限警戒值和异常值分别为 75.3 和 137.2。实际使用时，还需要根据故障发生的情况，选取其他百分位作为界限值。值得注意的是，样本的选择尤为重要，选择一个包含从正常到劣化至不能使用的数据总体，这样制定出来的界限值更具有预警作用。

9.4 基于非参数估计的阈值制定方法

前述的正态分布法，是在假定样品服从正态分布的前提下，通过对其特征值进行求取来获取数据分布规律的一种方法，这假定样本服从某种分布，求取其参数的方法，叫作参数估计法。然而，实际上油液监测数据的概率分布是未知的，并不总是服从某种假定的分布。主观上的假定由于不能正确反映现场监测数据的分布特征，因此引入了不可避免的系统误差，相应所获得结果的可靠性也将不能得到保证，而采用非参数估计的方法就能避免这种系统误差。非参数估计对基本分布不做假定，主要利用随机抽样本身的信息来对估计量的优劣作出判断，最大得分估计量方法就是一种非参数估计方法。本节将介绍几种非参数估计方法在油液监测阈值制定中的应用。

9.4.1 最大熵法

对于一组数据，可以知道该组数据的任意数值，也可以获取其平均值，但并不了解其概率分布。实际上，这组数据符合概率分布，可能并不是唯一的，特别是在样本量较少的情况下。例如，某个风场所有齿轮箱油的污染度分为 8、9、10、11、12 共 5 个等级，且平均等级为 10 级，在这种情况下，5 个等级的概率分布并不唯一，即

$$8P_1 + 9P_2 + 10P_3 + 11P_4 + 12P_5 = 10 \tag{9-18}$$

$$P_1 + P_2 + P_3 + P_4 + P_5 = 1 \tag{9-19}$$

方程组有无限多组解，数据也就有无数种分布，要从这无限组分布里面，挑选出"最佳的""最合理"的分布，挑选的标准就是最大熵原理，即在所有可能的概率分布中，熵最大的模型是最好的分布。

最大熵原理是由 Jaynes 在 1957 年提出的，在所有满足给定约束条件的众多概率密度函数中，信息熵最大的概率密度函数（下文简称 MEPDF）为最佳。因此，在已知任意随机变量前几阶原点矩的前提下，其 MEPDF 与原随机变量概率密度函数的误差最小。

对于只有少量油液监测数据样本的情况，如果没有充足的理由来选择某种解析分布函数，可通过最大熵方法来确定出最不带倾向性的被测量分布的形式及参数，求解不含主观因素的概率密度分布，从而计算阈值。

对于连续型随机变量 x，其信息熵定义为

$$E(x) = -\int_{-\infty}^{+\infty} f(x) \ln f(x) \, dx \tag{9-20}$$

式中　$f(x)$——概率密度函数。如果连续性随机变量满足如下约束条件，即

$$\int_{-\infty}^{+\infty} f(x) \, dx = 1 \tag{9-21}$$

$$\int_{-\infty}^{+\infty} x^i f(x) \, dx = m_i (i = 1, 2, \cdots, N) \tag{9-22}$$

式中　m_i——随机变量 x 统计样本的第 i 阶原点矩，可通过样本统计计算确定。

则其最大熵分布的密度函数为

$$f(x) = \exp \left[\lambda_0 + \sum_{i=1}^{m} \lambda_i x^i \right] \tag{9-23}$$

式中　λ_0，λ_i——拉格朗日乘子。

只要求出 λ_0，λ_i，就能够获取最大熵分布的密度函数。λ_0、λ_i 的求取方法有多种，这里不再赘述。

在获取到样本的最大熵分布密度函数后，设定好故障率，就可以利用分布函数求出阈值。

图 9-20 所示为某钢厂的 HM-68 抗磨液压油运动黏度的频率分布，通过估计发现最大熵分布是一个正态分布，可以根据三线值法，制定出警告界限值和异常界限值。

9.4.2　核密度估计法

某一个概率分布中，如果观察到了某个数，则可以认为这个数的概率密度较大，与其接近的数概率密度也会较大，而离其较远的数概率密度会较小。基于这种想法，针对观察中的每个数，都可以去拟合想象中的那个远小近大概率密度。针对每个观察中出现的数拟合出多个概率密度分布函数之后，取平均值，就可以估计出一个总体的概率密度。核密度估计法就是基于这个原理，即利用一定范围内各点密度的平均值来估计总体概率密度。

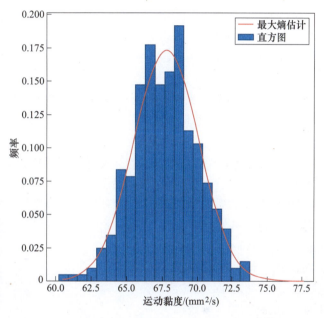

图 9-20　某抗磨液压油运动黏度的频率分布与最大熵分布

对于概率密度，可以理解为单位空间数据出现的概率，用式（9-24）表示，即

$$p(x) \cong \frac{k}{NV} \tag{9-24}$$

式中　k——区域内数据的个数；

V——区域空间体积；

N——数据的总个数。

已知测试样本数据 x_1，x_2，…，x_N，在不利用有关数据分布的先验知识，且对数据分布不附加任何假定的前提下，假设 R 是以 x 为中心的某一个 d 维空间，h 为这个空间的边长，那么该空间的体积可以表示为 $V = h^d$。要计算落入该空间内的样本数 k_N，需要构造一个函数，使得

$$\varphi \left(\frac{x - x_i}{h} \right) = \begin{cases} 1 & \dfrac{|x_{ik} - x_k|}{h} < \dfrac{1}{2}, \quad k = 1, 2, \cdots \\ 0 & \text{其他} \end{cases} \tag{9-25}$$

同时该函数要需满足以下关系，即

$$\varphi(u) \geqslant 0, \ \int \varphi(u) \, \mathrm{d}u = 1 \tag{9-26}$$

那么落入 R 内的样本数就可以表示为

$$k_N = \sum_{i=1}^{N} \varphi\left(\frac{x - x_i}{h_N}\right) \tag{9-27}$$

那么，将式（9-27）带入到式（9-24）中，任意点 x 处的概率密度函数可以表示为

$$p(x) = \frac{1}{N h^d} \sum_{j=1}^{N} K\left(\frac{x - x_j}{h}\right) \tag{9-28}$$

式中 N——样本数量；

h——窗口半径，是人工设定的正参数；

d——维数；

$K(x)$——窗函数。当样本 x 为一维特征参数时，则有

$$p(x) = \frac{1}{Nh} \sum_{j=1}^{N} K\left(\frac{x - x_j}{h}\right) \tag{9-29}$$

核密度法概率密度函数求取的关键点是窗函数和窗宽的选择，其中窗函数通常选择矩形窗和高斯窗，窗宽和其选择方法有很多，这里不再赘述。

图 9-21 所示为采用核密度法估计的某风力发电机偏航齿轮箱油中 Fe 含量的概率分布曲线，可根据曲线求出不同样本概率的 Fe 元素值，例如，如果选取样本概率为 0.9772 的值作为 Fe 含量的警告界限值，那么可根据曲线求出该值为 532。

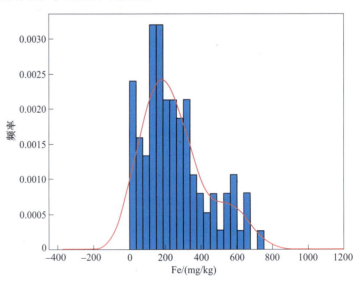

图 9-21　Parzen 窗概率密度估计

9.4.3　KNN 近邻法

如果一个样本在特征空间中 K 个最相邻样本中的大多数属于某一个类别，则该样本也属于这个类别，并具有这个类别样本的特性。这就是 KNN 近邻法的基本思路。该方法只依据最邻近的一个或者几个样本的类别来决定待分样本所属的类别。决策时，只与极少量的相邻样本有关。

KNN 算法与 Parzen 窗格算法的基本思路相近，本质上都是遵循式（9-24）。不同的是，Parzen 窗算法是固定体积 V，想办法计算体积 V 内数据的个数 K，而 KNN 算法是固定数据的个数 K，想办法计算体积 V。例如，要利用 N 个样本来估计 $p(x)$，则首先可以为样本数 N 确定其某个函数 k_N，然后选定体积，并令其一直增长到捕获了 k_N 个样本为止，那么这些捕获的样本就在这个体积之中，体积的大小与样本点周围的密度有关，若样本点周围的密度较

高，那么要包含 k_N 个样本所需要的体积就相对较小；若样本点周围的密度较低，那么需要的体积就相对较大，但在进入密度高的区域之后增大就会停止。

KNN 近邻法估计公式为

$$\hat{P}_N(x) = \frac{k_N}{NV_N} \tag{9-30}$$

式中　N——总样本数；

　　　k_N——关于 N 的某个函数，当 N 趋于无穷时，k_N 也趋于无穷；

　　　V_N——包含 k_N 个样本的体积，当 N 趋于无穷大时，V_N 趋近于 0，$\hat{P}_N(x)$ 也将收敛于未知总体分布 $P(x)$，即

$$\lim_{N \to \infty} k_N = \infty \tag{9-31}$$

$$\lim_{N \to \infty} V_N = 0 \tag{9-32}$$

$$\lim_{N \to \infty} \hat{P}_N(x) = P(x) \tag{9-33}$$

图 9-22 所示为采用 KNN 近邻法对某风力发电机偏航齿轮箱油中的 Fe 含量数据进行估计的结果。值得注意的是，选取不同的 K 值，所得到的曲线也会有差异。当 $K=35$ 时，其概率分布曲线接近实际分布，因此可以利用 $K=35$ 时的概率分布曲线，选取样本累计概率为 0.9772 的值为作为阈值，得出其阈值为 554。

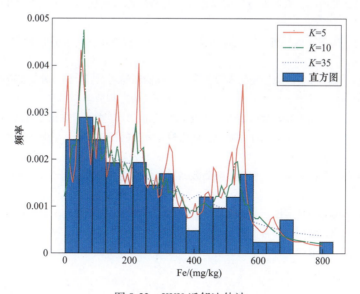

图 9-22　KNN 近邻法估计

参 考 文 献

［1］特雷弗·哈斯蒂，罗伯特·提布施拉尼，杰罗姆·弗雷曼. 统计学习要素：机器学习中的数据挖掘、推断与预测［M］. 张军平，译. 北京：清华大学出版社，2021.

［2］李航. 统计学习方法［M］. 北京：清华大学出版社，2021.

［3］ CHARU C A. Outlier analysis. Springer，2018.

［4］ 孙玉彬. 基于统计方法的风电机组油液监测诊断标准的设置方法［J］. 润滑与密封，2016，41（8）：136-141.

［5］ ASTM. Standard guide for statistically evaluating measurand alarm limits when usingoil analysis to monitor equipment and oil for fitness and contamination：ASTM D7720—2021［S］. USA：ASTM，2021.

［6］ 万耀青，郑长松，马彪. 原子发射光谱仪作油液分析故障诊断的界限值问题［J］. 机械强度，2006，28（4）：485-488.

［7］ 周平，刘东风，石新发，等. 基于稳健回归的油液光谱分析界限值制定［J］. 润滑与密封，2010，35（5）：85-88.

［8］ 朱焕勤，张子阳，张永国，等. 某型飞机发动机润滑油光谱分析界限值制定方法研究［J］. 润滑与密封，2008（6）：65-67.

［9］ 李爱，陈果. 基于 SVM 的航空发动机油样光谱诊断界限值制定［J］. 航空动力学报，2011，26（4）：8.

［10］ 张全德. 基于数据挖掘的航空发动机磨损界限值制定方法研究［D］. 南京：南京航空航天大学，2018.

［11］ 孙玉彬. 油液监测诊断标准的制定原理及方法："全国油液监测技术会议"论文集［C］. 北京：中国机械工程学会，2010.

［12］ 孙金哲，陈军，沈兴国，等. 基于 GM（O，N）模型的油液光谱分析界限值制定［J］. 润滑与密封，2012，37（8）：103-106.

［13］ 马仲蒉，赵军，梁培钧. 原子发射光谱仪作油液分析故障诊断的界限值问题［J］. 装备制造技术，2012（10）：3.

［14］ 吴汪洋，张巍. 基于光谱分析趋势值的机械设备油液监测方法研究［J］. 液压与气动，2009（9）：77-79.

［15］ 万耀青，马彪. 油液分析故障诊断的界限值和多目标诊断问题："第十一届全国设备监测与诊断学术会议"论文集［C］. 北京：中国机械工程学会设备与维修工程分会，2002.

［16］ 李爱. 航空发动机磨损故障智能诊断若干关键技术研究［D］. 南京：南京航空航天大学，2013.

［17］ 赵慧，甘仲惟，肖明. 多变量统计数据中异常值检验方法的探讨［J］. 华中师范大学学报（自然科学版），2003，37（2）：133-137.

［18］ 鲁铁定，周世健，刘薇，等. 大坝变形监测数据异常值检验与分析［J］. 人民黄河，2009，31（12）：92-93，96.

［19］ 姚翔. 异常值检验对结构实体混凝土强度评定结果的影响［J］. 安徽建筑，2023，30（1）：185-186.

［20］ 毋红军，刘章. 统计数据的异常值检验［J］. 华北水利水电学院学报，2003，24（1）：69-72.

［21］ 费鹤良，徐锦龙. 指数样本异常值检验的 Fisher 型统计量分布的分位点［J］. 宇航学报，1986（4）：85-90.

［22］ 刘金娣，李莉莉，高静，等. 异常值检验方法的比较分析［J］. 青岛大学学报（自然科学版），2017，30（2）：106-109.

第 10 章　设备润滑磨损故障智能诊断的特征提取

在进行智能诊断建模中，如果对原始数据的所有属性进行学习、训练，则会受到冗余数据、无用数据和噪声数据的干扰，同时还有可能造成维数灾难。特征是原始数据中有用信息的数学总结，好的特征不仅能够提高诊断模型效能，还能降低模型构建的复杂程度。特征提取是利用数据领域知识，将原始数据转变成能够使机器学习算法从而达到最佳性能的有用信息的过程。简而言之，就是通过数学方法来得到原始数据的代表性信息，最大程度地减少无用数据。特征提取一般包含数据预处理、特征约简、特征提取及特征优化。对润滑磨损数据进行特征提取研究，寻找出能够最大化表达原始磨损信息集特征、特征组合，实现信息的组合应用，是其实施中的重要技术问题。

10.1　润滑磨损故障数据组成及特点

10.1.1　润滑磨损故障诊断数据组成

随着油液检测仪器、传感技术和信息技术的发展，目前设备润滑磨损监测数据的来源可分为基于离线实验室的样品监测数据、现场便携式检测仪器获取的数据、在线监测采集的实时数据。

1. 离线实验室润滑磨损诊断数据组成

基于离线实验室润滑磨损故障诊断，主要涉及润滑剂性能分析和磨粒分析两大技术领域，主要有原子发射光谱分析、红外光谱分析、理化指标分析、铁谱分析、污染度测试技术及电化学分析技术等。以上方法从原理和方法上均有所不同，数据组成及来源由各技术手段所决定，针对一个样品可以获得多达上百项技术指标。具体数据属性组成见表 10-1。

表 10-1　润滑磨损故障诊断数据属性组成

信息种类		数据来源	表征属性
磨损类信息		原子发射光谱分析	Fe、Cr、Pb、Cu、Sn、Al 等磨损特征元素浓度
		铁谱与滤膜分析	磨粒形貌、浓度、尺寸分布、颜色及成分等
		PQ 铁磁性颗粒分析	PQ 值，即铁磁性颗粒的含量
		直读式铁谱分析	大小尺寸分布下的磨粒数量
		自动磨粒分析	形貌及颗粒数量
油液性能类信息	添加剂类信息	原子发射光谱分析	Na、Mg、Ca、Ba、P、Zn 等元素浓度
		红外光谱分析	抗氧剂、抗磨剂水平
	润滑油劣化信息	红外光谱分析	积炭、氧化、硝化、硫化程度、总酸（碱）值
		理化指标分析	酸（碱）值、旋氧值、抗磨性指标等
	污染类信息	原子发射光谱分析	Na、Mg、Si、B 等元素浓度
		红外光谱分析	水分、燃油
		理化指标分析	运动黏度、闪点、水分、机械杂质等
	电化学类信息	润滑油剩余寿命分析	与新油对比的剩余寿命的百分比
		电化学分析	电解质常数、电导率等

2. 在线润滑磨损诊断数据组成

随着监测技术手段的发展和设备诊断预警实时性需求增加，油液在线监测技术逐步在大型设备，特别是船舶、飞机等对安全性要求高的设备中得到应用。虽然用于油液在线监测的传感器研究有十多年历史，但由于设备润滑系统工作环境的复杂性，因此目前应用相对可靠的主要有：运动黏度、水分、介电常数和磨粒等可用于柴油机油液在线监测的传感器。虽然也有研究 X-荧光型元素在线分析传感器、超声波颗粒监测传感器等，但目前还未能实现工程化应用。表 10-2 所列为广州机械科学研究院有限公司可实现的设备油液在线监测技术指标，目前国内外可实现的工业化应用也大都集中于表 10-2 中所列的指标。

表 10-2　在线油液监测指标信息组成

监测参数	黏度（40℃）/（mm²/s）	0~500
	水分/（mg/L）	10~1000
	水活性/aw	0~1
	铁磁性颗粒/μm	70~99，100~150，>150，指标对应尺寸的颗粒数量
	非铁磁性颗粒/μm	200~300，300~400，>400，指标对应尺寸的颗粒数量
	温度/℃	-20~100
	介电常数	可实现酸碱、金属颗粒和水污染的监测
	红外光谱指标	积炭、氧化、硝化、硫化程度、添加剂降解等

目前，对于工业现场检测，已能够从润滑油劣化和设备磨损两个方面实现润滑磨损状态原位监测与故障检出，且在工程实践中取得广泛的应用，其数据组成与离线实验室相比，属性较少，数据格式和单位基本相同。在实际工业应用中，离线实验室检测、工业现场检测和在线检测三个不同层次的润滑磨损检测技术体系在功能上是相互补充和支撑的，在线监测技术主要实现设备润滑磨损异常的实时预警，保障设备运行安全；工业现场检测技术能够为润滑磨损故障进行及时的预诊、分类，减少因送样至实验室而造成的延误，并及时验证在线监测技术预警的准确性，降低检测的虚警率；实验室检测技术体系主要是对设备润滑磨损进行定期的全面、精细的诊断与评估，对在线监测或现场检测发现的故障征兆或隐患进行诊断、定位、溯源、原因分析和决策。

3. 润滑磨损故障诊断数据对应的特征分类

故障诊断中的特征工程实施必须以对应的故障模式或形式为依据，所获特征或特征组合以能够定性、定量描述，或表征故障及其原因为目标。总体来说，润滑磨损故障诊断特征可以分为四大类：磨粒识别特征、磨损状态定量特征、油液劣化特征和油液污染特征。其中，又包含数十种子类特征。图 10-1 所示为润滑磨损故障特征的分类及其对应的能够表征设备润滑磨损的故障模式。

从图 10-1 可看出，以上特征既具有一定的独立性，又具有很强的相关性和交叉性，且不同特征的数据来源大都不是唯一的，一种手段能够提供多个特征所需数据，一个特征也可能需要多种手段相互支撑印证，存在较强的交叉性；设备结构与材质、润滑剂组成与功能的复杂性，使得特征表征数据存在维度高、形成多样和量纲不同等特点，所要实施的方法特征约简差异化大，提取的特征组合数量多、形式多，特征组合复杂。从技术体系上看，在润滑磨损诊断工业实践中还同时具有在线监测、工业现场检测和离线实验室检测等多方信息共存的特点，虽然在一定程度上提高了润滑磨损诊断的能力，但也为检测数据的分析与应用以及特征约简、提取、优化带来了一定的难度。

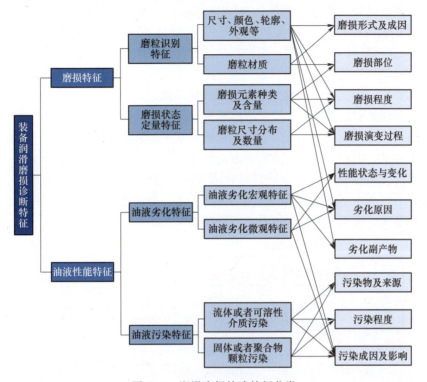

图 10-1　润滑磨损故障特征分类

10.1.2　润滑磨损故障诊断数据特点

当前，润滑磨损故障诊断数据主要包含发射光谱元素分析、常规理化指标、铁谱分析、红外光谱和污染度等数据源，其总体上呈现以下特点。

1）信息的多源性与各异性。油液监测信息源不但涉及的技术手段多、获取方式不同，而且涉及的系统部件多、信息量大，且来源复杂，不但要考虑信息采集源（技术手段），还要考虑信息的生成源（设备部件），比如：同一磨损元素可能来自于轴承，也可能来自于齿轮，造成了故障定位难的问题。油液监测信息中数字型、文字描述型和图像型等信息并存，数据计量单位各异；同一信息源能表征多种故障类别，同一信息能指向多种故障部件；时间依赖性信息（如：发射光谱信息）和非时间依赖性信息共存（如：进水、燃油等污染类信息），信息在表征设备状态方面的时间尺度差别大；宏观信息（如：理化指标）和微观信息（如：红外光谱信息）共存。

2）信息的冗余性、互补性与协同性。在油液监测中，很多情况下存在不同手段产生的关于同一特征的多个信息，在一定程度上造成了信息的冗余，比如：润滑油中进燃油故障，黏度、闪点和红外光谱均能够表征出来。油液监测的某个仪器或手段只从一个角度反映了系统状态，在监测中应综合应用信息来反映系统整体状态，使各个信息源在一定程度上具有互补性。在故障诊断或状态判定时，单个信息源往往需要另一个信息源的支持才能对状态进行确定，形成协同作用的方式，比如润滑油中进海水故障，检测到进水后，必须依靠元素分析来确定是海水还是淡水。

3）信息的高维性、非线性。油液监测主要的信息源有多种，且各信息源中均有多个指标，比如：仅发射光谱元素分析就有 19 个数据指标，各类信息源指标总和近百余个，还有图像信息（铁谱谱图等），信息种类和表现形式多样化，造成了信息存在维数高，在信息处理中存在计算过程繁琐、非线性强，以及所建立的模型阶次过高等问题。另外，由于油液监测大部分是靠检测提取的油样来获取信息的，并且也受取样时间间隔、设备更换油和故障的出现等因素的影响，因此很容易造成信息的非线性增强。

10.1.3 润滑磨损故障诊断特征提取实施策略及流程

机械设备故障的演变一般是一个渐进式过程，在不同程度的故障阶段所表现出的显性或潜在特征是不同的，因此润滑磨损故障诊断应针对故障的不同阶段进行，所需要的诊断特征也应与故障对应。按照图 10-2 所示的设备故障发展过程，以及各润滑磨损故障诊断数据源的信息特征，可将润滑磨损故障诊断信息分为功能型、指标型和过程型三类特征信息，针对故障发展过程所需，实施润滑磨损故障诊断特征提取。

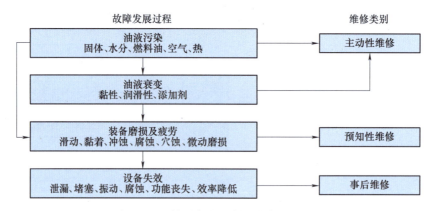

图 10-2　机械设备润滑磨损故障发展过程

1）功能型特征指不具有时间依赖性，定性特征明显，且能够表征设备损伤或故障程度的指标，比如分析式铁谱信息。

2）指标型特征指有瞬态时间属性，能够定量表达，且能够与标准或要求的参数值（或范围）对比，表征设备状态的指标。此类信息重点是指污染类信息，比如润滑油进水后，水分含量与 Na、Mg 元素浓度的变化；润滑油进燃油后，闪点、黏度的变化，虽然黏度、闪点也具有一定的过程型信息特征，但其表现没有指标型信息特征明显。另外，PQ 值和直读式铁谱的大颗粒数在一定程度上也具有指标型信息的特征，并且还具有一定过程型信息的特征，在处理过程中应区别对待。

3）过程型特征指具有很强的时间依赖性的时变指标，在某一时刻，虽然这类指标可能在一定范围内有随机性，但是整体变化趋势会随时间呈现一定的规律性。此类特征的代表是原子发射光谱中的磨损信息、红外光谱中的油液劣化信息，以及理化指标分析中的酸碱值、机械杂质等。

工业设备润滑磨损特征提取是根据相关表征指标体系的特点及关系，通过机理分析、统计计算、回归分析和组合模型构建等，建立清晰的信息关系、敏感的特征集合和有效的故障模式表征等。综上可以得出，在实施过程中，所要解决的关键问题主要有磨粒图像等数字特征提取、主要技术手段指标关联性研究、强关联度指标的相互组合表征、特征组合或特征指标集构建以及特征或其组合与故障的映射表征关系等。按照数据构成及其特点，以及故障诊断特征提取的共性的框架流程，通常的润滑磨损诊断特征提取技术与实施流程如图 10-3所示。

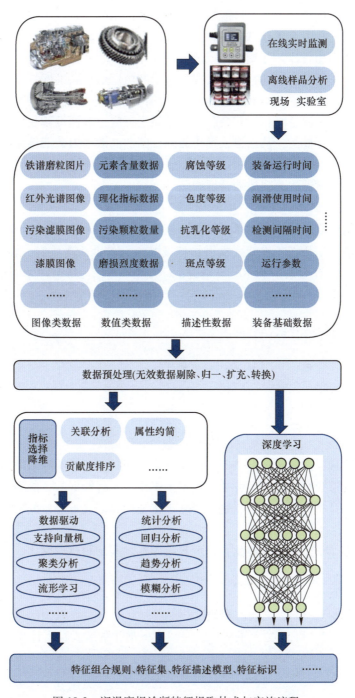

图 10-3　润滑磨损诊断特征提取技术与实施流程

10.2　润滑磨损故障诊断特征约简

由于润滑磨损故障诊断自身特点，所获取的信息特征无论从量级、单位、粒度等均有很大的不同，因此在诊断过程中易受到无效或冗余数据的干扰，造成诊断决策过程的复杂程度增高，增加了信息应用的难度，还在一定程度上影响判断的准确度。特征约简是数据处理方法中的一种重要的数据预处理技术，能够有效删除数据中的冗余、不相关特征，降低算法占用的存储空间，提升学习算法计算性能，进而提高分类与故障识别性能，其任务就是从获取的属性特征中选择出蕴含原始数据全部或绝大部分信息的特征属性子集，进而为模式识别、数据融合等打下基础。如前所述，润滑磨损故障诊断数据信息高维性特点非常显著，数据表征含义的重叠较多，因此应用合理的信息特征约简方法，剔除无关信息或影响性较小的指标，选择有显著类别差异、互相不冗余，且能够最大程度地表征设备润滑磨损状态和原始信息特性的特征指标是必要的，从而形成用于故障诊断的润滑磨损数据特征属性规则选取与建立方法。

10.2.1　基于熵度量的磨损故障特征约简

1. 特征约简模型设计

令设备磨损故障诊断属性集合 $C = \{c_1, c_2, c_3, \cdots, c_j, \cdots, c_n\}$，属性为表征设备磨损故障的原子发射光谱指标、直读式铁谱指标及其组合等两大类指标，设有 N 个故障诊断数据样本，每个属性对应取值为 $Xc_j = \{x_{c_j1}, x_{c_j2}, \cdots x_{c_jN}\}$，每个样本对应数据集为 $Y_b = \{Y_{c_1b}, x_{c_2b}, \cdots x_{c_nb}\}$，$b = 1, 2, \cdots, N$，每个取值所对应的概率为 $p_1, p_2, \cdots, p_N$，且满足 $\sum_{m=1}^{N} p_m = 1$，此时属性 c_j 的信息熵为

$$H_{c_j} = -\sum_{m=1}^{N} p_m \log p_m \tag{10-1}$$

则系统总信息熵值为

$$H_{总} = \sum_{j=1}^{n} H_{c_j} \tag{10-2}$$

为了更好地实现系统状态数据特征的优化选择，同时保留系统样本间的分类特性，引入熵度量理论，对能够表征系统分类特性的数据集优化，实现数据的二次降维。熵度量法以样本间的距离作为熵计算的基本要素，是一种基于特征熵表征其重要度的特征约简方法，以此实现特征约简。

熵度量算法基于一个相似性度量，该度量与样本之间的距离成反比，具体表示式为

$$S_{gh} = e^{-aD_{gh}} \tag{10-3}$$

其中：$g, h = 1, 2, \cdots, N$；

式中　　S_{gh}——样本 Y_g 和 Y_h 之间的相似度；

　　　　D_{gh}——样本 Y_g 和 Y_h 之间的距离，一般用标准化的欧式距离计算，其计算式为

$$D_{gh} = \left[\sum_{k=1}^{N} (Y_{gk} - Y_{hk}) / (\max Y_k - \min Y_k) \right] \tag{10-4}$$

式中　　　　　k——$k = 1, 2, \cdots, N$，n 为样本维数；

$\max Y_k$ 和 $\min Y_k$ ——样本集第 k 个属性的标准化数据最大值和最小值；

　　　　a ——一个参数，其计算式为

$$a = -\,(\ln 0.5)/D \tag{10-5}$$

对于包含 N 个数据样本的数据特征集，其熵计算式为

$$E = -\sum_{g=1}^{N-1}\sum_{h=g+1}^{N}\left[S_{gh}\times\log S_{gh} + (1-S_{gh})\times\log(1-S_{gh})\right] \tag{10-6}$$

当系统移除属性元素 c_i 后引起已知数据集的信息熵的变化为

$$\Delta E(c_i) = \left|E_{c_i} - E_{(c_i-\{ci\})}\right| \tag{10-7}$$

$\Delta E(c_i)$ 是属性 c_i 重要度的一个量化值，其越大，说明属性 c_i 对原始数据集越重要。

设约简集合为 $C' = \{C_1', C_2', \cdots, C_f', \cdots C_m'\}$ 且 $|C_1'| = |C_2'| = \cdots = |C_f'|\cdots = |C_m'|$，$c_{f_j}$ 表示子集 C_f' 的第 j 个属性元素，按式（10-7），$\Delta E(c_{f_j})$ 表示子集 C_f' 移除其中属性元素 c_{f_j} 后信息熵的变化，则约简子集 C_f' 熵重要度定义为

$$EI(C_f') = \sum_{f=1}^{m} {}_{c_{f_j}\in C_f'}\Delta E(c_{f_j}) \tag{10-8}$$

约简集合 C' 中最优约简子集 C'' 定义为

$$\begin{aligned}C'' = \{C''|EI(C') = \max\{EI(C_1'),\ EI(C_2'),\ \cdots,\\ EI(C_f'),\ \cdots,\ EI(C_m')\}\}\end{aligned} \tag{10-9}$$

磨损诊断属性集合经过两次约简后，所产生的新的子集能够有效保留系统信息量和分类特性，降低后续诊断识别过程中的工作量和复杂程度。

2. 特征子集构建流程

依据构建的润滑磨损特征约简模型，设计特征子集优选流程如图 10-4 所示。按照设计的流程，以柴油机故障诊断为例，对其磨损故障诊断原始属性集进行特征简约，并按照自己选取条件优选新的特征集合。

在第一次约简中，参照主成分特征提取的特征约简规则，以约简后获取的新特征集各属性信息熵值的和为原始特征集，总信息熵值的 80% 为属性选择规则，对属性集进行第一次约简。

在第二次属性约简中，依据行业专家的建议，对于设备磨损诊断来说，一般约简后得到的子集中的属性元素个数应大于或等于原诊断属性集中的属性元素个数 $n/2-1$（n 为偶数）或 $n-1/2$（n 为奇数），如果约简的属性元素过多，则可能造成有用信息的损失，影响分类或识别效果。

3. 特征约简案例分析

选择用于某型船舶柴油机磨损故障诊断研究的 44 个油样的磨损监测数据，其数据集可表示为

$$C = \{c_{s1},\ c_{s2},\ \cdots,\ c_{sp},\ \cdots,\ c_{z1},\ c_{z2},\ \cdots,\ c_{zt}\}$$

其中，磨损指标数据集包含发射光谱的 Fe、Cr、Pb、Cu、Al、Si、Na、Mg、Ca、P、Zn 等 11 种元素指标（属性）、D_L（大铁磁性颗粒）、D_S（小铁磁性颗粒）、D_L+D_S、D_L-D_S、I_S 等 5 个直读式铁谱指标（属性）。

按照式（10-7）计算每个监测指标的信息熵值，结果如图 10-5 所示。

各磨损指标信息熵值按照从大到小累加，当累加至某个指标时，累加的信息熵值大于等

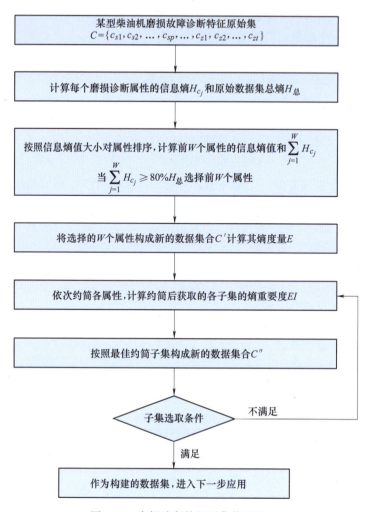

图 10-4 磨损诊断特征子集优选流程

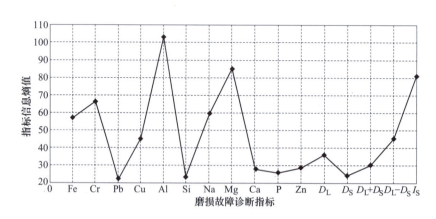

图 10-5 某型船舶柴油机磨损故障诊断指标信息熵值

于原监测数据集信息熵的 80%时，选择用于累加的指标作为新的数据指标（属性）集，从原始数据集中选择 10 个指标构成了新的数据集，即

$$C_1 = \{Fe, Cr, Cu, Al, Na, Mg, D_L, D_L+D_S, D_L-D_S, I_S\}$$

按式（10-5）~式（10-8）对经过一次约简获取的新子集 C_1 进行二次约简，计算筛选过程中的各磨损诊断指标的熵重要度 EI，见表10-3。表10-3中，"约简第一维、第二维、第三维"表示将 C_1 依次减少一维的计算过程，EI 是过程中计算的各熵重要度。按式（10-9）选择每减少一维的最优子集，进入下一步约简优化。

表 10-3　基于熵度量的特征约简过程中各磨损诊断指标的熵重要度

约简	指标	Fe	Cr	Cu	Al	Na	Mg	D_L	D_L+D_S	D_L-D_S	I_S
第一维	EI	32.1	43.6	29.8	33.7	35.2	28.9	33.4	32.9	36.7	38.6
约简	指标	Fe	Cu	Al	Na	Mg	D_L	D_L+D_S	D_L-D_S	I_S	
第二维	EI	42.3	43.2	39.6	47.8	46.6	37.9	56.8	36.7	45.8	
约简	指标	Fe	Cu	Al	Na	Mg	D_L	D_L-D_S	I_S		
第三维	EI	60.2	61.3	57.8	58.9	55.7	70.3	53.9	56.8		

按专家提供的约简规则，对 C_1 约简3维后，获得新的子集为
$$C'' = \{Fe, Cu, Al, Na, Mg, D_L-D_S, I_S\}$$

新的子集各指标数据如图10-6、图10-7所示，分别为原子发射光谱元素数据和直读式铁谱数据。

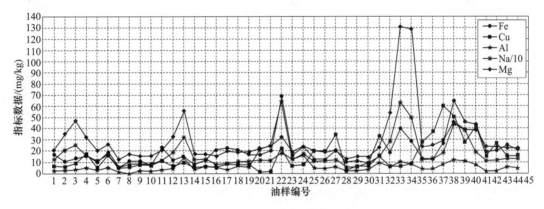

图 10-6　油样原子发射光谱元素数据

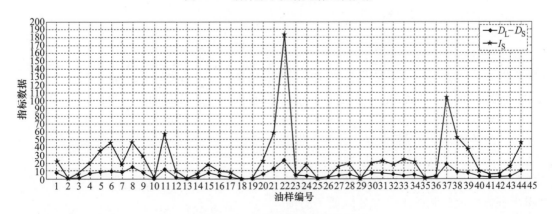

图 10-7　油样直读式铁谱数据

4. 特征约简效果评价

油液监测多源信息约简的目的是减少干扰数据或冗余数据的影响，提升信息的聚类特性。轮廓系数（Silhouette Coefficient），是聚类效果好坏的一种评价方式，它结合内聚度和分离度两种因素，可以用来对相同原始数据经过不同算法或算法不同运行方式获取的新的特征子集的聚类结果进行评价。本部分使用 Kmeans 聚类算法，应用欧式距离将原始数据集和约简后获得的子集分类数据分为 k 个类簇。对于簇中的每个样本元素，分别计算它们的轮廓系数。对于第 m 类簇，设其中有 u 个样本，$m \in 1, 2, \cdots, k$，样本元素 Y_{mi}、Y_{mj}，i，$j \in 1, 2, 3, \cdots, u$，$i \neq j$，则两个样本之间的距离为

$$G_{Y_{mi}, Y_{mj}} = \sqrt{(Y_{mi1} - Y_{mj1})^2 + (Y_{mi2} - Y_{mj2})^2 + \cdots + (Y_{min} - Y_{mjn})^2} \tag{10-10}$$

样本元素 Y_i 到所有它属于的簇中其他点的距离均值为

$$w_{Y_{mi}} = \sum_{j=1}^{N} G_{Y_{mi}, Y_{mj}} / u, \ m \in 1, 2, \cdots, k \tag{10-11}$$

对于第 o 类簇，假设其中有 v 个样本，$o \in 1, 2, \cdots, k$，$o \neq m$，则其中的样本元素为 Y_{op}，$p \in 1, 2, 3, \cdots, v$，则样本 Y_{mi} 到 Y_{op} 的距离为

$$G_{Y_{mi}, Y_{mop}} = \sqrt{(Y_{mi1} - Y_{op1})^2 + (Y_{mi2} - Y_{op2})^2 + \cdots + (Y_{min} - Y_{opn})^2} \tag{10-12}$$

样本元素 Y_{mi} 到各个非本身所在簇的所有点的平均距离为

$$U_{Y_{mio}} = \sum_{p=1}^{v} \sum_{j=1}^{N} G_{Y_{mi}, Y_{op}} / v \tag{10-13}$$

$$B_{mi} = \min U_{Y_{mio}}, \ o \in 1, 2, \cdots k \tag{10-14}$$

则样本元素 Y_{mi} 的轮廓系数为：$Z_{mi} = \dfrac{B_{mi} - W_{Y_{mi}}}{\max\{B_{mi}, W_{Y_{mi}}\}}$，可见轮廓系数的值介于 $[-1, 1]$，越趋近于 1，代表内聚度和分离度都相对较优。样本集 N 个样本的平均轮廓系数为不同类簇中的各样本轮廓系数的平均值。

按式（10-10）~ 式（10-14）分别计算原始数据集和约简后的数据集的平均轮廓系数，在不同分类簇数情况下，所得两种数据集平均轮廓系数如图 10-8 所示。

对比二者轮廓系数发现，当 $k=2$ 时，二者的聚类效果最优，且降维后的轮廓系数更大，聚类后的同类数据集的距离更小，异类的类间距更大，说明降维后数据集聚类性能较原始数据集有很大的提升。

应用熵理论，构建了某型船舶柴油机磨损故障诊断特征无监督约简算法。结果表明，该算法经过基于信息熵值的特征集一次约简和基于度量熵的特征子集二次约简，在保证数据集分类特性的基础上，有效降低了磨损故障识别的特征指标维度。

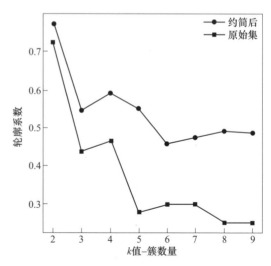

图 10-8　降维后轮廓系数大小

10.2.2　基于粗糙集理论的润滑油劣化特征约简

为提高监测的准确性，往往将多种监测技术联用，对润滑油进行监测。虽然多种技术联用可以增加信息的来源，提高监测的准确性，但是也带来了信息冗余，增加了不必要的信息处理和监测的工作量。利用基于粗糙集理论的数据挖掘模型能够实现冗余信息的融合约简，简化对条件的搜索判断过程，提高推理效率。

1. 粗糙集理论

粗糙集（Rough Set）理论是一种研究不精确、不确定性知识的数学工具，由波兰科学家 Z. Pawlak 提出。

定义1：称 $S = (U, A\{V_a\}, a)$ 为知识表示系统，其中，U 为非空有限集，称论域；A 为非空有限集，称属性集合；V_a 为属性 $a \in A$ 的值域；$a: U \to V_a$ 为一单射；使论域 U 中任一元素取属性 a 在 V_a 中的某唯一值。如果 A 由条件属性集合 C 和结论属性集合 D 组成，C、D 满足 $C \cup D = A$，$C \cap D = \Phi$，则称 S 为决策系统。为了表示简单，有时用 $(U, C \cup \{d\})$ 表示决策系统。

定义2：对决策系统 $S = (U, C \cup \{d\})$，$B \subseteq C$ 是条件属性集合的一个子集，称二元关系 $\mathrm{ind}(B, \{d\}) = \{(x, y) \in U \times U: d(x) = d(y)\}$ 或者 $P_a \in B$，$a(x) = a(y)$ 为 S 的不可分辨关系，其中，x、y 为 U 中的元素。

在一个决策系统中，各个条件属性之间往往存在着某些程度上的依赖或关联，简约可以理解为在不丢失信息的前提下，可以最简单地表示决策系统的结论属性对条件属性集合的依赖和关联。

定义3：对于一个给定的决策系统 $S = (U, C \cup \{d\})$，条件属性集合 C 的简约是 C 的一个非空子集 C'，它满足以下条件。

1）$\mathrm{ind}(C', \{d\}) = \mathrm{ind}(C, \{d\})$。

2）不存在 $C'' \subset C'$，使 $\mathrm{ind}(C'', \{d\}) = \mathrm{ind}(C, \{d\})$。

属性简约并不唯一，C 的所有简约的集合记作 $S_{RED}(C)$。C 的所有的简约的交集称为核，记作 $S_{\mathrm{core}}(C)$，$S_{\mathrm{core}}(C) = \cap S_{RED}(C)$。

定义4：对于决策系统 $(U, C \cup \{d\})$，$\mathrm{ind}(C, \{d\})$ 将 $U = \{x_1 x_2 x_3 \cdots x_n\}$ 划分为 $X_1 X_2 \cdots$，X_t，$D(X_i) = \{v = d(x): x \in X_i\}$ 为 X_i 的所有结论值的集合。称为 $(c_{ij})_{n \times n} S$ 的分辨矩阵，即

$$c_{ij} = \begin{cases} a \in c: a(X_i) \neq a(X_i), D(X_i) \neq D(X_j) & 1 \leq i, j \leq t \\ \Phi & \text{其他} \end{cases}$$

称 $f(S) = \bigwedge\limits_{1 \leq i, j \leq n} \vee c_{ij}$，为 S 的分辨函数，其中，$\vee c_{ij}$ 表示 c_{ij} 中所有属性的析取运算，$\wedge$ 表示合取运算。

基于粗糙集约简，从数据库中发现规则需经过以下步骤（见图10-9）。

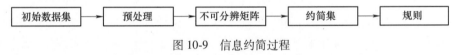

图10-9　信息约简过程

1）预处理。将数据库中的初始数据信息转换为粗糙集形式，并明确条件属性和决策属性。

2）数据约简。生成不可分辨矩阵，并在不可分辨矩阵的基础上生成约简属性集。

3）发现规则。在约简的信息表中，根据可信度阈值发现规则。

2. 特征约简案例分析

应用 Avatar360 型傅立叶变换红外光谱仪和部分常规理化监测手段对某型柴油机油样进行分析，数据见表 10-4。其中，C、O、N、S、ZDDP 分别表示润滑油的积炭、氧化深度、硝化深度、硫化深度和 ZDDP 指标，单位为 A/0.1mm；酸值、黏度都是以变化值给出的，正向变化的为正值，负向变化的为负值，酸值单位为 mgKOH/g，黏度单位为 mm^2/s，Ruler 指标为润滑油剩余寿命，数据为剩余寿命与全寿命的百分比。

表 10-4　润滑油监测数据分析结果

油样编号	C	O	N	S	ZDDP	黏度	酸值	Ruler
	/（A/0.1mm）					/（mm^2/s）	/（mgKOH/g）	指标（%）
1	0.06	0.06	0.04	0.05	-0.07	0.71	0.3196	66.4
2	0.07	0.07	0.05	0.06	-0.07	0.76	0.3487	66.6
3	0.09	0.1	0.03	0.06	-0.06	0.82	0.3715	63.7
4	0.1	0.11	0.04	0.06	-0.07	0.93	0.3998	62.6
5	0.08	0.08	0.04	0.04	-0.04	0.66	0.3438	75.1
6	0.11	0.09	0.05	0.05	-0.03	0.73	0.3821	67.2
7	0.09	0.09	0.03	0.04	-0.05	0.74	0.3124	60.3
8	0.1	0.09	0.04	0.04	-0.08	0.83	0.3520	62.5
9	0.12	0.09	0.04	0.05	-0.05	0.86	0.3733	59.2
10	0.13	0.11	0.03	0.06	-0.06	1.06	0.4222	51.5
11	0.09	0.09	0.03	0.05	-0.05	0.88	0.33 6	65.1
12	0.12	0.10	0.05	0.05	-0.06	1.06	0.3503	63.0

通过大量的工业检测数据分析，总结出该型润滑油红外光谱指标各状态的界限值，具体见表 10-5。

表 10-5　润滑油红外光谱指标各状态界限值　　　　　（单位：A/0.1mm）

状态	红外光谱指标界限值				
	C	O	N	S	ZDDP
正常状态	0.099	0.088	0.040	0.052	-0.065
警告状态	0.117	0.109	0.051	0.067	-0.081
异常状态	0.145	0.130	0.062	0.082	-0.097

常规理化指标分析形成相关的评价标准或换油标准，取 GJB 3714—1999《舰艇主要润滑油换油指标》中各指标失效线的 50% 为警告限，根据换油指标和警告限，制定正常限和异常限，黏度的正常状态临界值为黏度变化率绝对值的 5%（0.67mm^2/s），警告限 10%（1.34mm^2/s），异常限 15%（2.01mm^2/s）；酸值的正常状态限为酸值增加 0.25mgKOH/g，警告限为 0.5mgKOH/g，异常限为 0.75mgKOH/g；Ruler 指标正常状态临界值为剩余寿命 75%，警告限为 50%，异常限为 25%。

将它们的指标数据划分为3类；正常（1）、警告（2）、异常（3），将润滑油状态也划分为3类：正常（1）、警告（2）、异常（3）；利用隶属度函数等数学方法评价润滑油的各项指标，得到其润滑油衰变信息决策系统，见表10-6。

表 10-6　润滑油衰变信息决策系统

油样编号	油液指标状态								决策
	C	O	N	S	ZDDP	黏度	酸值	Ruler	
1	1	1	1	1	1	1	1	1	1
2	1	1	2	2	1	1	1	1	1
3	1	2	1	1	1	1	1	1	1
4	1	2	1	2	1	1	2	1	1
5	1	1	1	1	1	1	1	1	1
6	1	1	2	1	1	1	2	1	1
7	1	1	1	1	1	1	1	1	1
8	1	1	1	1	2	1	1	1	1
9	2	1	1	1	1	1	2	2	1
10	2	2	1	1	1	2	2	2	2
11	1	1	1	1	1	1	1	1	1
12	2	1	1	1	1	2	1	1	1

删除表中状态重复的油样1、5、11，保留7。以 a、b、c、d、e、f、g、h 分别代表指标 C、O、N、S、ZDDP、黏度、酸值、Ruler 指标，得到表10-6的不可分辨矩阵，见表10-7。由表10-7得其不可分辨函数为

$$f(S) = (a \vee b \vee c \vee d \vee f \vee g \vee h) \wedge (a \vee f \vee g \vee h) \wedge (a \vee d \vee f \vee g \vee h)$$
$$\wedge (a \vee d \vee f \vee h) \wedge (a \vee b \vee f \vee g \vee h) \wedge (a \vee b \vee e \vee f \vee h)$$
$$\wedge (b \vee f) \wedge (b \vee g \vee h)$$

表 10-7　润滑油衰变信息不可分辨矩阵

	2	3	4	6	7	8	9	10	12
2								abcdfgh	
3								afgh	
4								adfgh	
6								adfh	
7								abfgh	
8								abefh	
9								bf	
10									
12								bgh	

由分辨函数，原条件属性可约简为三种形式：$\{a, b\}$、$\{b, f\}$ 和 $\{b, h\}$，即为 $\{C,$

O}、{O，黏度} 和 {O，Ruler 指标}。

根据实际检测需要，选择约简 {C，O} 构建润滑油信息决策系统，见表 10-8。

表 10-8　约简后润滑油信息决策系统

油样编号	2	3	4	6	7	8	9	10	12
C	1	1	1	1	1	1	2	2	2
O	1	2	2	1	1	1	1	2	1
决策	1	1	1	1	1	1	1	2	1

对润滑油衰变信息进行挖掘后，原来决策系统中条件属性由 8 个减少到 2 个，删除了冗余信息。由此可见，粗糙集理论通过发现数据间的关系来去除冗余的信息，从而简化了信息的表达空间维数，根据约简可以构造新的决策系统，简化对条件的搜索判断过程，提高推理效率；同时，也说明了依靠润滑油的红外光谱信息是可以完成润滑油状态评价任务的。

10.2.3　基于特征贡献度的无监督特征约简

1. 特征约简模型构建

（1）Kmeans PSO 选择算法

在油液监测特征约简中，已经有相关研究，部分学者应用层次分析方法，通过对油液监测信息指标排序来实现特征约简，但是前提要获取专家知识，才能获取初始判断矩阵；科研人员应用粗糙集理论实现了油液衰变信息的特征约简，但是需要预先明确获取样品的所属类。而在油液监测中，监测对象复杂多样，不可能每个型号设备都能实现专家知识获取和预先分类，因此需要一种无监督的特征约简方法来实现油液监测信息特征约简，以提升方法的泛化能力，为此，设计了一种基于特征贡献度的无监督过滤式特征约简算法。

Kmeans 算法的核心思想，就是使聚类域中所有样品到聚类中心距离的平方和最小。设样本模式集为 $X = \{X_i, i = 1, 2, 3, \cdots, N\}$，其中，$X_i$ 为 n 维的模式向量，$X_i = \{X_{ik}, k = 1, 2, 3, \cdots, n\}$，聚类问题就是要找到一个划分簇中心 $\omega = \{\omega_1, \omega_2, \cdots \omega_C\}$（其中 C 为类的个数，ω_j 表示第 j 类的中心），使得聚类准则函数 J 到最小，即

$$J = \sum_{j=1}^{c} \sum_{X_i}^{M} \mathrm{d}(X_i, \overline{X^{(\omega_j)}}) \tag{10-15}$$

式中　$\overline{X^{(\omega_j)}}$——第 j 个类的中心模式向量；

$\mathrm{d}(X_i, \overline{X^{(\omega_j)}})$——对应样本到相应类中心的距离，一般选择，应用欧几里得距离表示，即

$$\mathrm{d}(X_i, \overline{X^{(\omega_j)}}) = \sqrt{\sum_{k=1}^{n} (x_{ik} - \overline{x_k^{(\omega_j)}})^2} \tag{10-16}$$

当各类中心明确时，类别的划分按照最邻近法则确定。即若满足 $\mathrm{d}(X_i, \overline{X^{(\omega_j)}}) = \min_{l=1, 2, \cdots, c} \mathrm{d}(X_i, \overline{X^{(\omega_l)}})$，则样品 X_i 属于类 j。

此方法最为关键的是合理制定各类的中心，得到准则函数 J 最小的划分簇中心。为了快速找到聚类过程中的各类中心点，在聚类过程中引入 PSO 算法（粒子群优化算法），对 Kmeans 算法进行优化。PSO 算法是应用于优化连续非线性函数的人工智能算法，由群体智能生命模拟和进化算法两者交叉而成。

其基本数学过程描述如下：设搜索空间维数为 D，粒子总数为 N，粒子 i 的位置向量以 $x_i = (x_{i1}, x_{i2}, \cdots, x_{iD})$ 表示，粒子 i 当前为止搜索到的个体最优位置为 $p_{\text{best}_i} = (P_{i1}, P_{i2}, \cdots, P_{iD})$，粒子群当前为止搜索到的全局最优位置为 $g_{\text{best}_i} = (g_1, g_2, \cdots, g_D)$，粒子 i 的位置变化速度向量为 $v_i = (v_{i1}, v_{i2}, \cdots, v_{iD})$，那么粒子 i 的 d 维的速度和位置按式（10-17）和式（10-18）更新。

$$v_{id}(t+1) = v_{id}(t) + c_1 r_1 (p_{id}(t) - x_{id}(t)) + c_2 r_2 (g_d(t) - x_{id}(t)) \tag{10-17}$$

$$x_{id}(t+1) = x_{id}(t) + v_{id}(t+1), \ 1 \leqslant i \leqslant N, \ 1 \leqslant d \leqslant D \tag{10-18}$$

式中　c_1——调节粒子向自身最优位置飞行的步长；

　　　c_2——调节飞至全局最优位置的步长；

　r_1、r_2——$[0, 1]$ 的随机数。

全部粒子都会跟随当前的最优粒子，逐代搜索，最终搜索到全局最优解。

PSO 聚类就是利用已定义好的 PSO 结构，对 Kmeans 计算中的各聚类中心位置不断优化，最终得到符合要求的准则函数，实现求解聚类问题的最优解。在运算中主要对粒子组成的三个部分进行计算，即粒子位置、速度和适应度。其具体算法流程如图 10-10 所示。

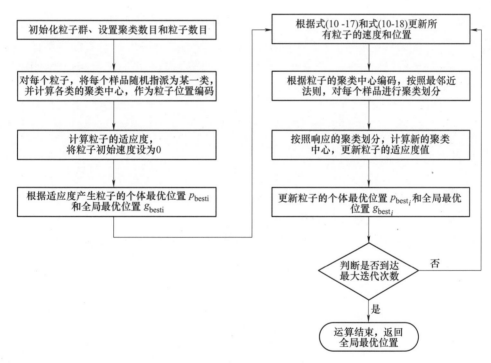

图 10-10　Kmeans PSO 聚类算法

具体实现步骤如下。

步骤 1：按照 Kmeans 聚类算法和最邻近法则，确定样本（粒子）的聚类。

步骤 2：粒子群初始化。按照给定的聚类情况和聚类数目，对粒子数量，粒子类别、位置、速度、适应度等进行初始化。

步骤 3：粒子准则函数 J 表示的适应度值以聚类，按照初始粒子群得到的粒子个体最优位置和全局最优位置。

步骤4：根据聚类划分，按式（10-1）重新计算聚类中心和聚类准则函数 J，更新所有粒子的速度和位置。

步骤5：在计算中不断更新所有粒子的速度和位置，重新聚类，按步骤3、步骤4，计算新的聚类中心和聚类准则函数，更新粒子的适应度值。

步骤6：按步骤5进行迭代，如果达到结束条件（或最大迭代次数），结束算法，输出全局最优聚类解，否则转入步骤3~步骤5，继续运算。

（2）特征贡献度计算

特征约简就是要找到最能代表原始特征集信息的特征子集，通过计算特征贡献度，选择特征贡献较大的因素形成特征子集，是常见的特征约简手段。分类能力是评价特征子集优劣的准则之一，实际中用于评价的函数很多，其中类内类间距离判据是广泛应用的数据集合聚类后分类能力评价判据。

特征贡献度是指每一个特征对聚类结果的贡献程度。一个特征在样本分类时，越能表征样本间的特性和样本所处类别的特性，那这个特征就对整个样本分类的贡献度越大。以此定义特征贡献度如下。

设样本 $X_i = (x_1, x_2, x_3, \cdots, x_t, \cdots, x_m)$（其中 x_t 表示样本特征，$i = 1, 2, 3, \cdots, n$），样本集合中各样本分别属于 c 个不同聚类类别，$X_{i_c}^c$ 表示为属于 $\omega_{(c)}$ 类的样本，$(c) = 1, 2, 3, \cdots, c$，$i_c = 1, 2, 3, \cdots, k_c$，$k_c$ 为属于 $\omega_{(c)}$ 类样本数，$P_{(c)}$ 表示相应类别的先验概率。以 $M_{(c)}$ 表示第 c 类的均值向量，即

$$M_{(c)} = \frac{1}{k_c} \sum_{i_c=1}^{k_c} X_{i_c}^{(c)} \tag{10-19}$$

以 M 表示整个样本集的总平均向量，即

$$M = \sum_{(c)=1}^{c} P_{(c)} M_{(c)} \tag{10-20}$$

第 t 特征在第 c 类类内散布的贡献度为

$$S_c(t) = E\{(X_{i_c}^{(c)})(t) - M_{(c)}(t))^2\} \tag{10-21}$$

第 t 特征的总体类内散布的贡献度为

$$S_c(t) = \sum_{(c)=1}^{c} P_{(c)} E\{(X_{i_c}^{(c)})(t) - M_{(c)}(t))^2\} \tag{10-22}$$

第 t 特征的样本总体类间散布的贡献度为

$$S_B(t) = \sum_{(c)=1}^{c} P_i(M_{(c)}(t) - M(t))^2 \tag{10-23}$$

由上可以得出样本中第 t 特征的总体贡献度为

$$F(t) = \frac{S_B(t)}{S_w(t)} \tag{10-24}$$

聚类结束后，根据式（10-21）~式（10-23）计算每一个特征的每一类类内散布度、总体类内散布度、总体类间散布度，从而得出每一个特征总体贡献度。将特征集 $X_i = (x_1, x_2, x_3, \cdots, x_t)$ 按特征贡献度由大到小排列。在新的特征序列中查找急剧变化的点或拐点，

如果出现多个点，则以第一个为选择依据，选择点之前的特征即为所要选择的特征，从而得出新的特征子集 $\{x_1^*, x_2^*, \cdots, x_{t_0}^*\}$。该方法是依据每个特征对聚类结果的贡献程度大小来选择特征子集的，实际上是一种无监督的过滤式的特征约简方法。

2. 发射光谱元素数据特征约简案例分析

发射光谱元素分析拥有操作简便、对油样预处理要求少、分析速度快、获取的数据指标多，以及数据精度高等特点，多年来一直在油液监测中广泛应用，已成为油液监测最成功的技术手段和大多数油液监测实验室的基本配置，因此研究该技术获取的哪些指标在监测中处于主导地位是有意义的。选取 2 台某型柴油机（编为 1 号、2 号）滑油油样发射光谱元素数据，通过对数据初选，在每个油样 19 种元素指标中，选择了 Fe、Cr、Pb、Cu、Al、Si、Na、Mg、Ca、P 和 Zn 等 11 种元素构成特征集，各元素趋势如图 10-11 ~ 图 10-14 所示。

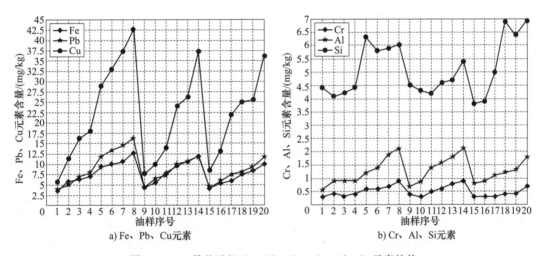

a) Fe、Pb、Cu元素   b) Cr、Al、Si元素

图 10-11 1 号柴油机 Fe、Pb、Cu、Cr、Al、Si 元素趋势

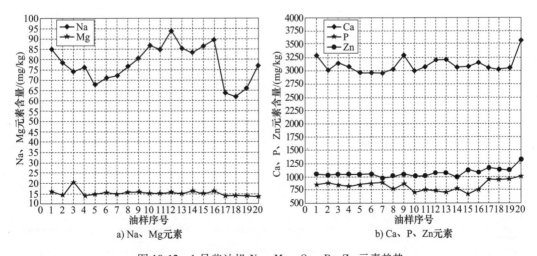

a) Na、Mg元素   b) Ca、P、Zn元素

图 10-12 1 号柴油机 Na、Mg、Ca、P、Zn 元素趋势

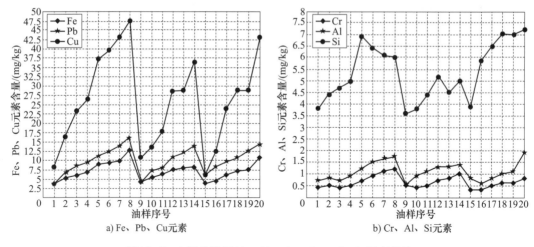

a) Fe、Pb、Cu元素

b) Cr、Al、Si元素

图 10-13　2 号柴油机 Fe、Pb、Cu、Cr、Al、Si 元素趋势

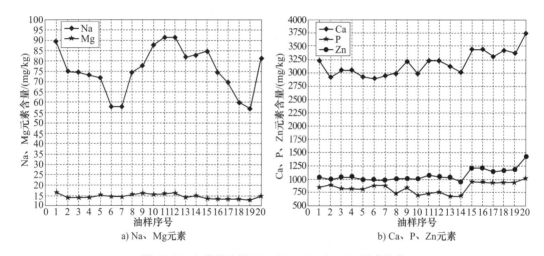

a) Na、Mg元素

b) Ca、P、Zn元素

图 10-14　2 号柴油机 Na、Mg、Ca、P、Zn 元素趋势

通过 Kmeans PSO 聚类，得出特征约简前 40 个油样基于发射光谱元素数据的状态聚类结果见表 10-9，图 10-15 所示为粒子群迭代过程。

表 10-9　1 号柴油机油样特征约简前聚类情况

油样序号	1	2	3	4	5	6	7	8	9	10
聚类类别	4	4	3	3	2	2	1	1	4	4
油样序号	11	12	13	14	15	16	17	18	19	20
聚类类别	3	3	2	1	4	4	3	3	3	1
油样序号	21	22	23	24	25	26	27	28	29	30
聚类类别	4	4	3	3	2	2	2	1	4	4
油样序号	31	32	33	34	35	36	37	38	39	40
聚类类别	3	2	2	2	4	4	2	2	2	1

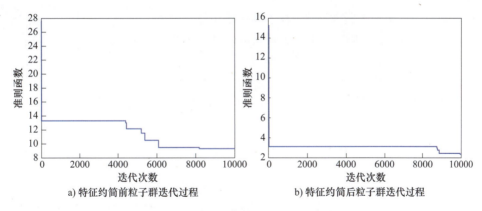

a) 特征约简前粒子群迭代过程　　　　b) 特征约简后粒子群迭代过程

图 10-15　特征约简前后粒子群迭代过程

按式（10-21）~式（10-23）计算各元素（特征）对聚类结果的贡献度，以从大到小的顺序排列，见表 10-10。

表 10-10　1 号柴油机油样发射光谱特征元素的贡献度

特征元素	Cu	Pb	Fe	Al	Cr	Si	Na	Mg	Ca	Zn	P
贡献度	4.43	3.72	3.45	1.65	1.60	1.33	0.71	0.61	0.34	0.30	0.24

按表 10-10 绘制图 10-16a，将参数按照贡献度大小排序。由图 10-16 可看出，在第四个特征点上出现了急剧下降趋势，根据特征约简算法，选择前三个特征作为新的特征子集，即 $X_i^* = \{Cu、Pb、Fe\}$，用以代表原始特征集。

应用新特征子集对原有样本进行重新分类，迭代过程见图 10-15b，分类结果见图 10-16b，其中各坐标值为实际观测值与平均值的比值，以实现数据在量纲上的一致。

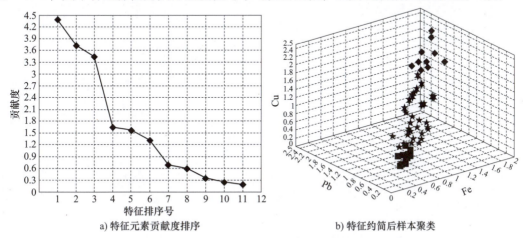

a) 特征元素贡献度排序　　　　b) 特征约简后样本聚类

图 10-16　特征排序及粒子群聚类

注：图 10-16b 中不同形状的点代表具有不同分类特征的数据。

从图 10-16a、b 对比看，特征约简前得到的聚类准则函数最小值为 9.2867，特征约简后得到的聚类准则函数最小值为 2.3508；类内距离指各样本到聚类中心的距离和，可作为各聚类集的类别可分离性判据，因此，引入类内距离，为式（10-22）中所有特征的 $S_c(t)$ 之和；类间距离是指各聚类类别中心到总样本集中心的距离之和，类间距离为式（10-23）中所有特征的 $S_B(t)$ 之和，以类内间距离与类外间距离的比值为分类性能的判据，比值越大，分类性能越好，特征约简前聚类的类间距离与类内距离比值为 2，特征约简后聚类的类间距离与类内距离比值为 8.42。从以上分析中可得出，经过特征约简后，样本的聚类特性明显提升。

选取另外一种型号柴油机（记为型号 2）润滑油 40 个不同运行时间油样的原子发射光谱数据进行特征约简和实用验证，其计算过程中的结果和分类情况见表 10-11。

表 10-11 2 号柴油机特征约简前油样聚类情况

油样序号	1	2	3	4	5	6	7	8	9	10
聚类类别	3	3	3	3	4	3	2	2	4	3
油样序号	11	12	13	14	15	16	17	18	19	20
聚类类别	1	1	1	1	1	1	4	4	4	4
油样序号	21	22	23	24	25	26	27	28	29	30
聚类类别	4	4	3	3	4	2	2	4	1	4
油样序号	31	32	33	34	35	36	37	38	39	40
聚类类别	4	2	1	1	1	4	4	4	4	4

按式（10-21）~式（10-24）计算各元素（特征）的对聚类结果的贡献度，以从大到小的顺序排列，见表 10-12。

表 10-12 2 号柴油机油样发射光谱特征元素的贡献度

特征元素	Cu	Cr	Fe	Mg	Ca	Si	Al	Zn	Pb	P	Na
贡献度	2.87	2.17	2.04	0.66	0.66	0.49	0.48	0.36	0.34	0.23	0.06

按照表 10-12 绘制图 10-17a。

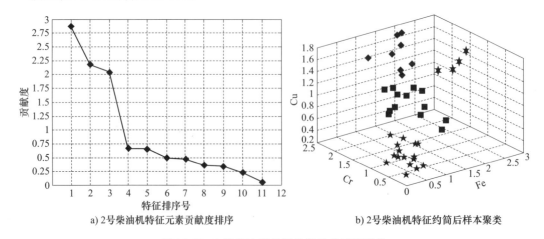

a) 2 号柴油机特征元素贡献度排序   b) 2 号柴油机特征约简后样本聚类

图 10-17 2 号柴油机特征排序及粒子群聚类

注：图 10-17b 中不同形状的点代表具有不同分类特征的数据。

由图 10-17a 可看出，在第四个特征点上出现了急剧下降趋势，根据特征约简算法，选择前 3 个作为新的特征子集，即 $X_i^* = \{Cu、Cr、Fe\}$，用以代表原始特征集。

应用新特征子集对原有样本进行重新分类，结果见图10-17b，其中各坐标值为实际观测值与平均值的比值，以实现数据在量纲上的一致。在分类性能的对比上，从计算得出特征约简前和特征约简后的准则函数、类间距离与类内距离比值分析，能得出与1号柴油机相同的结论。

由特征约简结果看，两种型号柴油机所获取的特征子集包含的磨损元素是不同的，也说明两种柴油机所要关注的磨损部件或元素对应的摩擦副不同。由图10-17b可看出，以选择的特征子集对样品重新分类，由于去除了其他特征的干扰，因此样品的聚类特征更为明显，各类样品的分布区域都相对独立，也说明了样本分类特性的提高。

3. 润滑油红外光谱数据特征约简案例分析

傅里叶变换红外光谱分析技术能够快速、准确地定量分析在用润滑油的污染和衰变情况，实现对油品状态较为全面的监测，因其监测指标全、检测速度快且精度高的特点，成为油液监测技术的另一主要手段。

上述两台柴油机的红外光谱数据为实验室精密红外光谱仪所测数据，通过初步筛选，选取积炭、氧化值、硝化值、硫化值、ZnDTP等5项指标构成初始特征集，以及其黏度、酸值、Ruler指标组合数据见表10-13。

表 10-13　油样油品监测数据均值化

设备名称	油样编号	积炭	氧化值	硝化值	硫化值	ZnDTP	黏度变化	酸值变化	Ruler
			/(A/0.1mm)				/(mm²/s)	/(mgKOH/g)	(%)
1号柴油机	1	0.28	0.29	0.62	0.54	0.41	0.12	0.40	1.16
	2	0.42	0.44	0.93	0.81	0.83	0.16	0.54	1.08
	3	0.56	0.58	0.93	0.81	0.83	0.31	0.69	1.05
	4	0.70	0.73	1.24	0.81	1.04	0.73	0.91	1.02
	5	0.70	0.87	1.24	1.07	1.24	0.94	0.97	1.01
	6	0.84	0.87	1.24	1.07	1.24	1.24	1.09	0.96
	7	0.84	1.02	1.24	1.34	1.45	1.39	1.17	0.94
	8	0.98	1.16	1.55	1.61	1.45	1.49	1.28	0.94
	9	0.42	0.87	0.00	0.00	0.41	0.14	0.80	1.14
	10	0.70	0.87	0.62	0.81	0.83	0.57	0.98	1.10
	11	0.98	1.02	0.93	1.07	1.04	0.96	1.13	1.03
	12	0.98	1.16	0.93	1.34	1.04	1.43	1.24	0.92
	13	1.26	1.45	1.24	1.34	1.24	1.61	1.36	0.90
	14	1.40	1.60	1.55	1.61	1.45	1.82	1.47	0.88
	15	0.56	0.87	0.62	0.54	0.62	0.25	0.74	1.19
	16	0.84	0.87	0.93	0.81	0.83	0.75	0.90	1.06
	17	0.84	1.02	1.24	0.81	1.04	0.96	1.06	0.96
	18	1.12	1.02	1.24	1.34	0.62	1.12	1.14	0.93
	19	1.12	1.16	0.93	1.07	0.83	1.29	1.26	1.06
	20	1.54	1.31	1.55	1.34	0.62	1.43	1.40	0.95

（续）

设备名称	油样编号	积炭	氧化值	硝化值	硫化值	ZnDTP	黏度变化/(mm²/s)	酸值变化/(mgKOH/g)	Ruler/(%)
			/(A/0.1mm)						
2号柴油机	1	0.42	0.29	0.00	0.00	0.41	0.06	0.35	1.21
	2	0.70	0.44	0.62	0.54	0.62	0.27	0.51	1.16
	3	0.84	0.58	0.93	0.81	0.83	0.53	0.58	1.11
	4	0.98	0.87	0.93	0.81	1.04	0.80	0.71	1.02
	5	1.12	1.02	0.93	1.07	1.24	1.04	0.81	1.00
	6	1.12	1.16	1.24	1.07	1.45	1.24	1.01	0.89
	7	1.26	1.31	1.24	1.07	1.45	1.45	1.15	0.85
	8	1.40	1.31	1.55	1.07	1.66	1.63	1.29	0.88
	9	0.42	0.87	0.00	0.00	0.41	0.16	0.71	1.15
	10	0.84	1.02	0.93	0.81	0.62	0.61	0.90	1.14
	11	0.84	1.02	0.93	0.81	0.83	0.96	1.04	1.01
	12	1.40	1.31	1.24	1.34	0.83	1.43	1.20	0.96
	13	1.68	1.45	1.55	1.34	1.04	1.69	1.37	0.83
	14	1.82	1.60	1.55	1.61	1.24	2.08	1.55	0.73
	15	0.98	0.87	0.62	1.07	0.83	0.37	0.75	1.15
	16	1.26	1.02	0.93	0.81	1.24	0.82	0.89	1.04
	17	1.40	1.02	0.62	1.07	1.45	1.04	1.01	0.94
	18	1.54	1.16	0.93	1.61	1.45	1.31	1.13	0.90
	19	1.26	1.31	0.93	1.61	1.04	1.73	1.24	0.92
	20	1.68	1.45	1.55	1.34	1.24	2.08	1.28	0.89

按 Kmeans 聚类算法，得到 1 号柴油机的 40 个油样的基于红外光谱的特征约简前聚类结果，见表 10-14。

表 10-14 1 号柴油机特征约简前油样聚类结果

油样序号	1	2	3	4	5	6	7	8	9	10
聚类类别	1	2	2	2	3	3	3	4	1	2
油样序号	11	12	13	14	15	16	17	18	19	20
聚类类别	3	3	4	4	1	2	3	2	3	4
油样序号	21	22	23	24	25	26	27	28	29	30
聚类类别	1	1	2	2	3	3	4	4	1	2
油样序号	31	32	33	34	35	36	37	38	39	40
聚类类别	2	4	4	4	2	3	3	4	4	4

按照式（10-21）~式（10-24）计算各特征对聚类结果的贡献度，见表 10-15。

表 10-15　1号柴油机油样红外光谱特征对聚类结果的贡献度

特征	氧化值	积炭	硫化值	硝化值	ZnDTP
贡献度	3.11	2.50	2.20	1.16	1.06

按表 10-15 绘制图 10-18a。

选择 $X_i^* = \{\text{Oxidation}、\text{Soot}、\text{Sulfation}\}$ 作为新特征子集，并以新的润滑油红外光谱指标特征子集进行重新分类，分类结果见图 10-18b。其中，各坐标值为实际观测值与平均值的比值，以实现数据的在量纲上的一致。

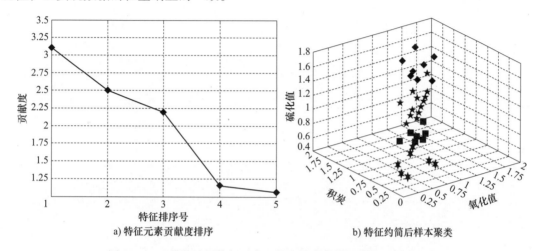

a) 特征元素贡献度排序　　　　　b) 特征约简后样本聚类

图 10-18　1号柴油机特征元素贡献度排序及特征约简后样本聚类

注：图 10-18b 中不同形状的点代表具有不同分类特征的数据。

选取上述 2 号柴油机润滑油 34 个不同运行时间油样的现场红外光谱仪测得的红外光谱数据，该数据是由现场红外光谱仪测得的，每个油样的数据由 8 个特征指标构成，通过对数据初选，选择了 AW（抗磨添加剂）、硝化值、氧化值、积炭、硫化值、总碱值和水分等 7 种指标数据构成初始特征集。按上述聚类算法，得到 34 个油样基于红外光谱的特征约简前聚类结果，见表 10-16。

表 10-16　2号柴油机特征约简前油样聚类情况

油样序号	1	2	3	4	5	6	7	8	9	10	11	12	13	14	15	16	17
聚类类别	3	2	2	1	1	4	1	4	3	3	1	4	1	3	2	2	1
油样序号	18	19	20	21	22	23	24	25	26	27	28	29	30	31	32	33	34
聚类类别	4	1	4	2	2	1	1	1	3	2	3	4	3	3	3	1	1

按照式（10-21）~式（10-24）计算各特征的对聚类结果的贡献度，见表 10-17。

表 10-17   2 号柴油机油样红外光谱特征的对聚类结果的贡献度

特征	积炭	氧化值	硝化值	TBN	硫化值	ZnDTP	水分
贡献度	9.60	4.79	4.74	2.95	2.62	1.41	1.04

按表 10-17 绘制图 10-19a。

选择 $X_i^* = \{$Soot、Oxidation、Nitration$\}$ 作为新特征子集，并以新的润滑油红外光谱指标特征子集进行重新分类，结果见图 10-19b。其中，各坐标值为实际观测值与平均值的比值，以实现数据的在量纲上的一致。

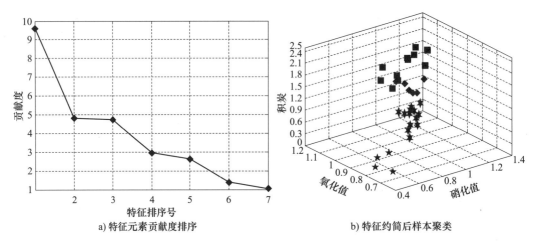

a) 特征元素贡献度排序   b) 特征约简后样本聚类

图 10-19   2 号柴油机特征元素贡献度排序及特征约简后样本聚类

注：图 10-19b 中不同形状的点代表具有不同分类特征的数据。

从图 10-19 可看出，与发射光谱元素数据有相同的结果，基于两种红外光谱分类的油样，虽然不同型号柴油机的特征子集不同，但是基于特征子集所生成各类别相对集中，聚类特征明显，各类别的分布区域是相对独立的。另外，2 号柴油机润滑油的硝化值指标为特征子集的元素，在一定程度上说明该柴油机的燃烧状况没有 1 号好。

上述案例结果表明，润滑油发射光谱和红外光谱信息通过基于特征贡献的无监督过滤式特征约简后，不仅减少了特征指标数量和信息处理量，而且从分类效果和分类性能判据值的变化看，经过选择得出特征子集与原始特征子集相比，明显提升了分类性能，消除了非主要特征的干扰。通过在不同设备的发射光谱和红外光谱中特征约简中的应用，也说明了该方法有较强的可移植性。

10.3   润滑磨损故障特征提取

特征提取作为一种复杂信息系统特征归约的方法，是利用全部的已有特征去寻找一个低维特征空间来实现特征压缩，实际上是通过一个映射过程来实现的，目的是将包含在数据中的相对有效信息投影到几个以某种形式组合的新特征量上，这一过程是特征合并，而不是以删除特征的方式来降低原始信息集的维度。磨损是摩擦副摩擦而产生的必然，是主要的失效形式。油液监测作为主要的状态监测技术之一，能够有效辨识机械的磨损故障，但油液监测信息来源较多，各信息源间和指标间的关系复杂，部分指标存在高关联性，如果能够对信息进行组合，以信息组合表达的方式降低信息处理的维度，能够有效地提高信息应用的效率。对油液监测信息进行特征提取研究，寻找出能够最大化表达原始磨损信息集特征、特征组合，实现信息的组合应用，是油液监测实施中的重要技术问题。基于油液监测的特征提取方法很多，下面主要介绍主成分分析（PCA）算法在油液监测特征提取中的应用。

10.3.1   基于 PCA 的线性特征提取

1. PCA 算法

PCA(Principal Component Analysis) 主成分分析是一种常见的数据分析方式，常用于高维数据的降维，可用于提取数据的主要特征分量。PCA 是以正交变换使多指标转换到一个新的坐标系中，从而得出几个综合因素，通过得出的几个新的综合因素来最大程度地表达原来的众多特征，而且得到的综合因素彼此不相关，从而达到原来数据降维与简化的目的，是信息特征提取中常用的方法。

主成分分析是一种线性变换，其基本的算法思想如下。

设 $X = (x_1, x_2, x_3, \cdots, x_n)^T$ 是一个 n 个参数的测量向量，相应有 m 个试验点，则得到样本矩阵 A 为

$$A = \begin{bmatrix} x_{11} & x_{12} & x_{13} & \cdots & x_{1m} \\ x_{21} & x_{22} & x_{23} & \cdots & x_{2m} \\ x_{31} & x_{32} & x_{33} & \cdots & x_{3m} \\ \cdots & \cdots & \cdots & & \cdots \\ x_{n1} & x_{n2} & x_{n3} & \cdots & x_{nm} \end{bmatrix} \qquad (10\text{-}25)$$

式（10-25）中，x_{nm} 表示第 n 个参数的第 m 次测量值，在本小节中，x_{nm} 表示第 m 个油样的第 n 个傅里叶变换红外光谱指标。

给定的线性变换式为

$$\begin{cases} y_1 = a_{11}x_1 + a_{12}x_2 + a_{12}x_3 + \cdots + a_{1n}x_n \\ \cdots \\ y_n = a_{n1}x_1 + a_{n2}x_2 + a_{n3}x_3 + \cdots + a_{nn}x_n \end{cases} \qquad (10\text{-}26)$$

式（10-26）中，x_1，x_2，$\cdots$，x_n 表示选取的油液监测特征指标，y_1，y_2，$\cdots$，y_n 表示运算后得到的各主成分。

通过式（10-26）寻找新的坐标 Y_1、Y_2、$\cdots$、Y_n，使全部样本点投影到新的坐标 Y_1 上的分量弥散最大，即方差最大，这样，Y_1 方向上就保存了原来样本最多的信息量，则称 y_1 为第一主成分，方差 $Var(y_1)$ 越大，Y_1 方向上保存的样本信息就越多，如果 Y_1 方向上保存的信息不足，则考虑 Y_2 方向上，依次类推 Y_3、Y_4、$\cdots Y_p$ 方向上（$p \leqslant n$）保存的信息，则得到 y_2、y_3、$\cdots y_p$ 保留信息量递减的主成分，实现通过线性变换进行信息压缩和相关性信息提取，用尽可能少的维数，最大限度地表示原始数据的信息特征。

主成分分析的计算过程如下。

1）由于主成分分析的数据必须满足于零均值条件，因此将实际中原始数据按式（10-27）进行标准化处理。

$$x_i^* = \frac{x_{ij} - \overline{x_i}}{\sqrt{std(x_i)}} \qquad (10\text{-}27)$$

式中　$std(x_i)$——序列 x_i 的标准偏差，$std(x_i) = \sqrt{\dfrac{1}{n-1} \sum\limits_{j=1}^{m} \overline{(x_{ij} - \overline{x_i})}}$；

$\qquad\quad x_i$——油样的第 i 个傅里叶变换红外光谱指标的数据序列；

$\qquad\quad x_{ij}$——第 j 个油样的第 i 个指标值；

$\qquad\quad \overline{x_i}$——数据序列的平均值；

$\qquad\quad x_i^*$——指标数据标准化处理后的序列，其中 $i=1$，2，$\cdots$，n，$j=1$，2，$\cdots$，m。

2）重新生成准化后数据矩阵 $A'_{n \times m}$，并按式（10-28）计算 $A'_{n \times m}$ 的协方差矩阵 $A^*_{n \times n}$，即

$$A^*_{n \times n} = \frac{1}{m} A'_{n \times m} {A'_{n \times m}}^T \qquad (10\text{-}28)$$

3）由特征方程 $(\lambda I - A^*_{n \times n}) a = 0$，求出 $A^*_{n \times n}$ 特征值 λ_i（由大到小排列）及特征向量 α_i，并按式（10-26）求出 y_i，$i=1$，2，$\cdots$，n。

4）按式（10-29）计算前 p 个特征值的累计贡献率 η 为

$$\eta = \sum_{i=1}^{p} \lambda_i \Big/ \sum_{i=1}^{n} \lambda_i \qquad (10\text{-}29)$$

根据预先设定的累计贡献率 η_0（一般取85%），按照 $\eta \geqslant \eta_0$，求出最小的 p 值，并得出其对应的特征向量 a_1，a_2，$\cdots$，a_i，$\cdots$，a_p。

5）对选择的特征向量进行归一化，把原始样本 $x_k = (x_{1k}, x_{2k}, \cdots x_{nk})^T$，按照投影到各归一化的向量 a_i 表示的方向上，得到压缩后对应的主成分得分 y_k。

$$y_{ik} = <a_i, x_k> \; (i = (1, 2, \cdots, p), \; k = (1, 2, \cdots, m)) \qquad (10\text{-}30)$$

PCA算法通过舍去一部分信息后，能缓解样本的维度过大现象，降维后消除数据之间的隐藏相关性，是常用的数据降维方法。由于PCA本质上是数据的线性变换，而油液数据中多存在非线性关联的特点，因此在针对复杂的多维油液就显得不适用了。

2. 特征提取案例分析

以两台柴油机的红外光谱数据为研究对象，按照主成分分析计算过程，对两台柴油机的红外光谱数据分别进行主成分分析，计算各特征值的贡献率为 $\lambda_i \Big/ \sum\limits_{i=1}^{n} \lambda_i$，再计算主成分 y_1、y_2、y_3、y_4、y_5 的贡献率，按累计贡献率 $\sum\limits_{i=1}^{k} \lambda_i \Big/ \sum\limits_{i=1}^{n} \lambda_i (k \leqslant n)$ 计算主成分 y_1、y_2、y_3、y_4、y_5 的累计贡献率，具体见表10-18。

通常 η_0 的取值满足累计贡献率达到85%以上，主成分 y_1、y_2、$\cdots$，y_k 可作为原始数据的特征信息描述模型。

由表10-18可看出，1号柴油机润滑油傅里叶变换红外光谱信息的第一主成分的贡献率为96.79%，对应的主成分方程为

$$y_1 = -0.4615 x_1 - 0.4539 x_2 - 0.4302 x_3 - 0.4451 x_4 - 0.4445 x_5 \qquad (10\text{-}31)$$

2号柴油机润滑油 FT-IR 光谱信息的第一主成分贡献率为97.12%，对应的主成分方程为

$$y_1 = -0.4654 x_1 - 0.4595 x_2 - 0.4278 x_3 - 0.4380 x_4 - 0.4443 x_5 \qquad (10\text{-}32)$$

表 10-18　各主成分的特征值和特征向量

设备	主成分序号	特征值 λ_i	贡献率（%）	累计贡献率（%）	特征向量 a_i					
1号柴油机	1	5.3392	96.79	96.79	a_1	-0.4615	-0.4539	-0.4302	-0.4451	-0.4445
	2	0.1382	2.51	99.30	a_2	-0.5535	-0.4795	0.5773	0.2158	0.2893
	3	0.0266	0.48	99.78	a_3	0.5520	-0.7160	-0.2605	0.0815	0.3284
	4	0.0086	0.16	99.94	a_4	0.4192	-0.1909	0.6305	-0.3052	-0.5449
	5	0.0036	0.06	100	a_5	0.0037	0.1215	0.1265	-0.8095	0.5601
2号柴油机	1	5.4813	97.12	97.12	a_1	-0.4654	-0.4595	-0.4278	-0.4380	-0.4443
	2	0.0852	1.51	98.63	a_2	0.3789	0.5950	-0.6360	-0.2924	-0.1116
	3	0.0445	0.81	99.44	a_3	-0.5853	0.3062	-0.0149	-0.3554	0.6612
	4	0.0276	0.49	99.93	a_4	0.4936	-0.5750	-0.2166	-0.2705	0.5529
	5	0.0041	0.07	100	a_5	-0.2317	-0.1023	-0.6045	0.7233	0.2175

以上表明两台柴油机润滑油傅里叶变换红外光谱信息的第一主成分能够很好地表征原始数据的信息，可作为原始数据的特征信息描述模型。通过特征信息的提取，将原始信息的维数由 5 维降至 1 维，并保留了原始信息足够的信息量，达到了数据降维的目的。按式（10-30）、式（10-31）、式（10-32）计算监测 40 个油样对于第一主成分的得分见表 10-19，从各油样对于主成分的得分可以看出，在一个换油（补油）周期内，随着使用时间的增长油样的得分明显呈递减状态，较好地反映了在用润滑油油液的衰变趋势，实现了特征指标集成表达。

表 10-19　两台柴油机各油样对于第一主成分的得分

设备	油样编号	得分	设备	油样编号	得分	设备	油样编号	得分	设备	油样编号	得分
1号柴油机	1	9.993	1号柴油机	11	-0.047	2号柴油机	1	9.992	2号柴油机	11	0.389
	2	1.888		12	-0.321		2	2.436		12	-0.427
	3	0.925		13	-0.860		3	0.956		13	-0.874
	4	0.281		14	-1.293		4	0.361		14	-1.223
	5	-0.046		15	0.663		5	-0.068		15	0.385
	6	-0.137		16	0.220		6	-0.342		16	-0.066
	7	-0.406		17	-0.044		7	-0.522		17	-0.249
	8	-0.856		18	-0.140		8	-0.783		18	-0.691
	9	0.848		19	-0.238		9	1.444		19	-0.422
	10	0.400		20	-0.683		10	0.475		20	-0.962

一方面，从现有文献来看，大部分文献是将实际参数的分布近似为正态分布，在此也同样将获取的在用润滑油的傅里叶变换红外光谱各指标分布定为服从正态分布；另一方面，两台柴油机工作环境基本相同，两台机器的油样作为整体应用，在此基础上按正态分布理论，采取三线值法制定各指标界限值（保留小数点后四位），见表 10-20。

表 10-20   红外光谱指标控制界限值

状态	积炭	氧化值	硝化值	硫化值	ZnDTP
正常	0.0977	0.0957	0.044	0.0514	−0.0649
警告	0.1233	0.1188	0.0544	0.0639	−0.0812
换油	0.1493	0.1424	0.0653	0.0770	−0.0983

其中，正常与警告界限值之间为应注意状态区域，警告与换油界限值之间为警告状态区域，处于换油界限值以上时应进行润滑油更换。根据式（10-31）、式（10-32）分别计算各状态界限值关于两台柴油机润滑油的傅里叶变换红外光谱信息的第一主成分的得分，见表 10-21。

表 10-21   各界限值对于第一主成分的得分

设备	正常界限值	警告界限值	换油界限值
1 号柴油机	−0.4304	−1.2179	−2.0305
2 号柴油机	0.1614	−0.5941	−1.3441

根据表 10-20 和表 10-21，画出各油样和各界限值第一主成分得分散布图，如图 10-20、图 10-21 所示。

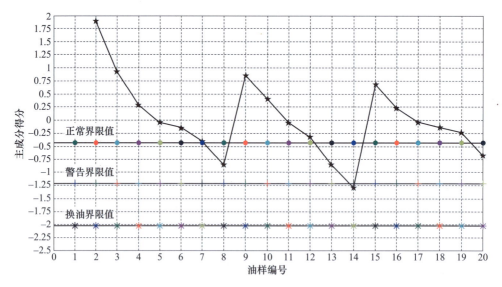

图 10-20   1 号柴油机油样对于第一主成分得分散布图

注：1 号柴油机 1 号油样得分为 9.994，因其值较大而未在图中列出。

图 10-20 和图 10-21 不仅很好地表征了两台柴油机润滑油的衰变，还很好地将油样按油液分类，从图 10-20 可看出，1 号柴油机第 8、13、20 号油样处于正常和警告状态之间，14 号油样处于警告状态与换油界限之间；从图 10-21 可看出，2 号柴油机第 6、7、8、12、17、18、19 号油样处于正常和警告状态之间，13、14、20 号油样处于警告状态与换油界限之间；14 号油样的积炭值已经超过了换油界限，但总体评价处于警告状态，这说明仅靠单个指标不能全面反映润滑油油液状态。综上可以看出，两台主柴油机的第一主成分是表达润滑油综

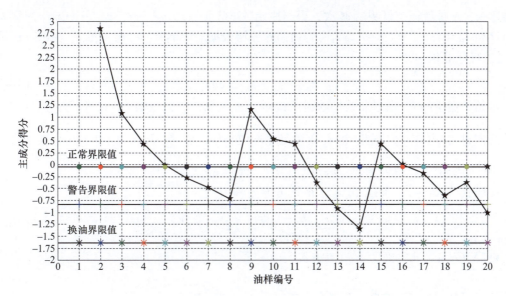

图 10-21　2 号柴油机油样对于第一主成分得分散布图

注：2 号柴油机 1 号油样得分为 9.992，因其值较大而未在图中列出。

合油品状态信息的。由图 10-20、图 10-21 还可看出，两台柴油机润滑油均未达到换油状态，说明润滑油更换时间可以延长。

10.3.2　基于核算法的非线性特征提取

在实际工业环境中，油液监测的数据有很大一部分是非线性的，且非线性是油液监测信息主要特点之一，因此如使用主成分分析（PCA）等线性方法便很难正确发现非线性数据集中所蕴含的真正有意义的信息，甚至会导致所谓的"维数灾难"。本节应用核主成分理论对从某型柴油机 55 个油样获取的磨损数据进行特征提取，将原有的 11 维数据，压缩成为两维的特征主成分，并以压缩获取的两阶特征主成得分对柴油机的磨损状态进行了评价与分类。

1. 核主成分算法

核主成分（KPCA）是一种针对非线性信息的特征提取方法，它通过某种预先构造好的非线性映射函数 Φ，将输入的原始特征矢量映射转换到一个高维特征空间，如图 10-22 所示，为使输入矢量具有更好的可分性，对在高维空间中的生成数据实施 PCA 分析，从而得到数据的非线性主分量，按照 PCA 的特征提取思路进行特征提取。该方法通过引入核函数，将内积运算引入到

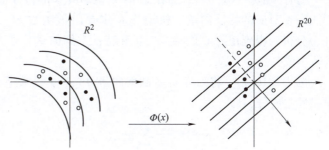

图 10-22　KPCA 基本原理示意

高维空间的映射 Φ 之间的运算，从而实现原始数据高维空间的运算，从而减少计算量，降低计算复杂度，避免高维映射过程中容易导致的"维数灾难"问题的发生。

某柴油机在油液监测实施过程中，共检测提取 M 个样品，每个样品检测 N 个指标，即

可描述为：N 维特征向量测试 M 次，得到原始数据 $X = \{x_1, x_2, \cdots, x_k, \cdots, x_M\}$，第 k 维向量序列 $x_k = \{x_{1k}, x_{2k}, \cdots, x_{NK}\}$，为消除原始数据的量纲差异，数据按式（10-33）对序列 x_k 进行标准化，即

$$x_k^* = x_k - \overline{x_k} / \sqrt{std x_k} \tag{10-33}$$

原始数据空间 R^N 通过非线性映射函数 Φ 变换到高维特征空间 F，x_k^* 映射到高维空间 F 的映射向量为 $\Phi(x_k^*)$，假设 $\Phi(x_k^*)$ 满足零均值条件，即 $\sum\limits_{k=1}^{M} \Phi(x_k^*) = 0$，在高维空间对映射数据，对映射生成数据 $\Phi(x_1^*)$，$\Phi(x_2^*)$，$\cdots \Phi(x_M^*)$ 进行 PCA 分析。

按照式（10-34），求得 $\Phi(x_k^*)$ 的协方差矩阵为

$$C = \frac{1}{M} \sum_{i=1}^{M} \Phi(x_i^*) \Phi(x_i^*)^T \tag{10-34}$$

则协方差矩阵的特征方程可表示为

$$CV = \lambda V \tag{10-35}$$

将式（10-34）带入式（10-35），得

$$V = \frac{1}{\lambda M} \sum_{i=1}^{M} \Phi(x_i^*) \Phi(x_i^*)^T V \tag{10-36}$$

由于存在特征向量 $\alpha = (\alpha_1, \alpha_2, \cdots, \alpha_M)^T$，因此有

$$V = \sum_{j=1}^{M} \alpha_j \Phi(x_j^*) \tag{10-37}$$

将 V 和 C 代入式（10-35），并将方程两边同时点乘 $\Phi(x_k^*)$，得

$$\lambda \left\{ \sum_{j=1}^{M} \alpha_j \left[\Phi(x_k^*) \cdot \Phi(x_j^*) \right] \right\} = \frac{1}{M} \sum_{j=1}^{M} \alpha_j \Phi(x_k^*) \cdot \sum_{i=1}^{M} \Phi(x_i^*) \left[\Phi(x_i^*) \Phi(x_j^*) \right] \tag{10-38}$$

定义一个 $M \times M$ 维的核矩阵 K，令

$$K_{ij} = k(x_i, x_j) = k(\Phi(x_i^*) \Phi(x_j^*)) \tag{10-39}$$

则有 $M\lambda\alpha = K\alpha$，可以看出，$M\lambda$ 是核矩阵 K 的特征值，向量 $\alpha = (\alpha_1, \alpha_2, \cdots, \alpha_M)^T$ 是特征值 λ 对应的特征向量，核矩阵 K 主要由核函数 $k(x_i, x_j)$ 来确定，通过对核矩阵开展 PCA 分析，得到矩阵 C 的特征向量和特征空间的主分量方向，然后按照 PCA 特征约简方法进行主成分选择。

按式（10-40）将油样 x_j 的映射向量 $\Phi(x_j^*)$ 投影至 F 空间的特征方向上，求得各阶的非线性主成分，即

$$y_{ni} = \sum_{k=1}^{M} a_k^n \overline{K}(x_k, x_j), \quad n = 1, 2, \cdots, p \tag{10-40}$$

式中　$\overline{K}$——零均值化的核矩阵。

油样 x_j 的对于每阶主成分的得分为

$$y_j = (y_{1j}, y_{2j}, \cdots, y_{pj})^T, \quad j = 1, 2, \cdots, M \tag{10-41}$$

研究表明，高斯径向基核函数［见式（10-42）］的收敛特性和聚类特征总体比较好，在对没有任何先验知识的特征向量执行 KPCA 时，一般取 $\delta \geqslant 2^5$。

$$k(x, y) = \exp\left[-\|x - y\|^2 / (2\delta^2) \right] \tag{10-42}$$

对于核矩阵 K 的生成，具体如下：

由于 $\Phi(x_k^*)$ 很少满足零均值条件，因此按式（10-43）在特征空间 F 对 $\Phi(x_k^*)$ 进行零均值处理，即

$$\overline{\Phi}(x_k^*) = \Phi(x_k^*) - \frac{1}{M}\sum_{k=1}^{M}\Phi(x_k^*) \tag{10-43}$$

但是在实施中，由于 $\Phi(x_k^*)$ 不可预先求得，因此只能对核矩阵 K 进行处理，按式（10-44）用 $\overline{K}$ 替代核矩阵 K，即

$$\overline{K} = (K - L_M K - K L_M + L_M K L_M)_{ij} \tag{10-44}$$

其中，$(L_M)_{ij} = \dfrac{1}{M}$，$i, j = 1, 2, \cdots, M$。

2. 特征提取案例分析

对某船主动力柴油机进行长期跟踪油液监测，按照标准取样规程提取润滑油油样 55 个，该柴油机此间共运行 10800h，期间更换润滑油 4 次，补充润滑油 2 次，发现轴瓦异常磨损故障征兆 2 次（7#油样、34#油样对应的时刻），期间无发生外来介质污染润滑油现象。

在润滑磨损监测与诊断实验室，应用原子发射光谱仪、直读式铁谱仪、铁磁性颗粒分析仪（测试 PQ 指标）、X-荧光能谱仪和分析式铁谱仪对油样进行了检测分析。在检测流程设计中，考虑到原子发射光谱存在大颗粒检测方面的不足，直读式铁谱能够有效地定量检测大小磨损颗粒，设计了应用原子发射光谱仪与直读式铁谱联用对其进行跟踪监测，应用铁磁性颗粒分析仪、X-荧光能谱仪和分析式铁谱仪对异常的样品进行诊断分析。

原子发射光谱主要测试指标有 19 种元素，数据单位为 mg/kg，根据该型柴油机摩擦副材质组成、润滑油特性和检测仪器的误差效应，在磨损特征元素中，初步剔除了 Ni、Sn、Ag 等元素，剩余的磨损元素数据及变化如图 10-23 所示；直读铁谱的测试指标为 D_L（大颗粒数，尺寸>5μm）和 D_S（小颗粒数，尺寸<5μm），根据直读铁谱在应用中所关注的定量参数，选择添加了由两者演绎生成的以下参数：$D_L + D_S$（磨损总量）、$D_L - D_S$（磨损严重度）、I_S（磨损严重度指数），以上指标数据及变化如图 10-24 所示；铁磁性颗粒分析、X-荧光能谱和分析式铁谱主要对原子发射光谱和直读式铁谱检测分析中发现异常的状况进行诊断，其数据非连续存在，将在后续的诊断中列出，此处不再展示。

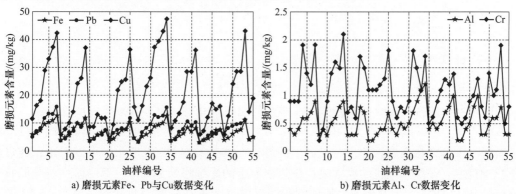

a) 磨损元素Fe、Pb与Cu数据变化　　　　b) 磨损元素Al、Cr数据变化

图 10-23　磨损原色变化

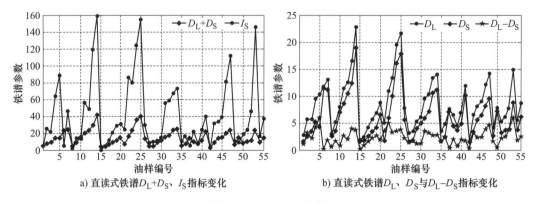

a) 直读式铁谱 D_L+D_S、I_S 指标变化　　　b) 直读式铁谱 D_L、D_S 与 D_L-D_S 指标变化

图 10-24　D_L、D_S 变化

根据以上数据，应用传统三限值法，获取各指标的不同状态控制阈值，具体见表10-22。

表 10-22　磨损监测指标控制阈值

控制界限	Fe	Pb	Cu	D_L	D_S	D_L+D_S	D_L-D_S	I_S
注意阈值	9.2	11.2	32.4	13.4	10.3	23.6	3.8	82.6
警告阈值	11.8	14.4	43.9	18.1	14.4	32.4	5.2	123.2
异常阈值	14.3	17.6	55.5	22.9	18.5	41.2	6.6	163.9

按照特征约简的方法，对原子发射光谱检测的磨损元素指标进行第二次选择，保留 Fe、Pb、Cu 三个元素，与直读式铁谱的指标组合，共 8 个特征指标，按照核主成分计算方法与过程，对上述 55 个油样进行核主成分分析，计算各阶主成分的特征值，各阶特征值分布情况如图 10-25 所示。

参照 PCA 分析的贡献率计算方法，按照式 $\lambda_i/\sum_{i=1}^{M}\lambda_i$，其中 $i = 1$,

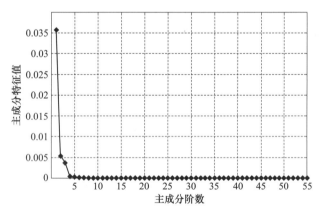

图 10-25　各阶主成分特征值分布

2, 3···M，计算各主成分的贡献率。按照式 $\sum_{i=1}^{k}\lambda_i/\sum_{i=1}^{M}\lambda_i k \leqslant M$，计算主成分 y_1，y_2，y_3···y_k 的累计贡献率。通常在 PCA 分析中，按照特征值从大到小计算累积贡献率，取贡献率达到 85% 的前几个特征值对应的主成分作为油样空间的特征描述。从图 10-25 可以计算出，前两个特征值贡献率为 78.24%、11.67%，累积贡献率为 89.91%。因此，选择前两个主成分，并计算每一个油样数据在这两个主成分上的得分，结果如图 10-26 所示。可以看出，通过特征信息的提取，该型柴油机的磨损表征信息由原来的 8 维降低为 2 维，第一阶主成分的贡献率已经达到 78.24%，可以用于表征该型柴油机磨损状态与基本变化趋势。将表 10-22 的三

个控制界限阈值组合作为测试油样，分别得到三个阈值在第一阶主成分上的得分，以得分值做出第一阶主成分得分的三个状态控制线（见图10-26），将55个油样进行磨损状态分类。由图10-26a可以看出，该型柴油机7#、13#、24#、33#、34#、53#等油样所对应时刻的磨损状态处于注意状态和警告状态之间，14#、25#油样所对应时刻的磨损状态处于警告状态和异常状态之间。根据该柴油机监测与维护纪录，在5#、6#油样对应的时间间隔内更换了一次润滑油滤器，减少了大尺寸颗粒的影响，对磨损状态在一定程度起到了改善作用，这在图10-26a中也得到了明显的反映。由以上分析可以得出，以第一阶主成分表征该型柴油机的整体磨损状态是有效的。

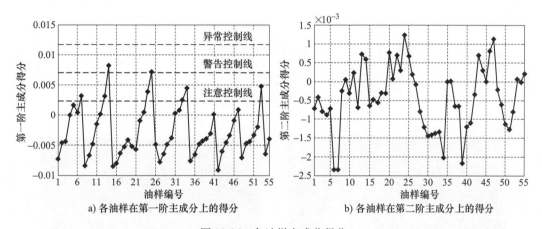

a) 各油样在第一阶主成分上的得分　　　　　　　b) 各油样在第二阶主成分上的得分

图10-26　各油样主成分得分

从图10-26b可看出，直读式铁谱指标对第二阶主成分的变化为正向影响，二者具有一定的抵消作用。但从6#、7#、24#、34#、39#、47#油样的第二阶主成分得分可以看出，在轴瓦材质元素、直读式铁谱指标单独有较大的增长，第二阶主成分能够明显地反映出来，这说明第二阶主成分能够在整体磨损状态评价的基础上，进一步对引起磨损状态劣化的原因分析方面提供判据，与第一阶主成分共同实现柴油机磨损状态的分析。以两阶主成分分别为横纵坐标，对55个油样进行分类，并以表10-22中的三个状态控制阈值在两阶主成分的得分，将状态划为8个状态区域，如图10-27所示。从图10-27可看出，两阶主成分能够很好地实现样品的状态分类，其中处于Ⅳ、Ⅵ、Ⅷ区域和Ⅱ区域中接近注意控制线的部分的油样均带有明显的轴瓦异常磨损特征信息，处于图中Ⅲ、Ⅴ、Ⅶ区域和Ⅰ区域中接近注意控制线部分的油样反映了表征柴油机磨损整体状态。由此，可以通过将后续油样作为测试油样，分别计算油样在两阶主成分上的得分，并与图10-27中的区域进行对比，获取该型柴油机的磨损状态。

从图10-27还可看出，轴瓦异常磨损征兆的7#、33#、34#油样分类在Ⅳ区域，在检修记录中发现有两处连杆大端轴瓦磨损存在异常现象，其中34#油样对应的铁谱图像中的铜质颗粒和检查实物如图10-28和图10-29所示，从中可以清晰地看到轴瓦的异常磨损，验证了状态分类的准确性。对于整体磨损状态处于警告状态的14#、25#油样，被分类至Ⅴ区域，后经更换润滑油和滤器，该柴油机的磨损状态得到改善。

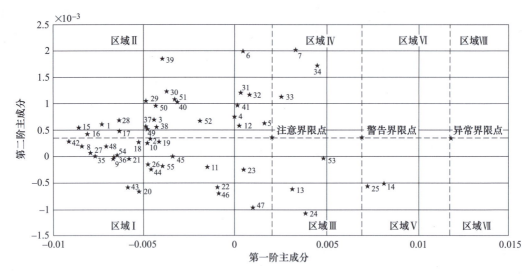

图 10-27　油样所表征的柴油机磨损状态划分

图 10-28　34# 油样铁谱图像的铜质颗粒

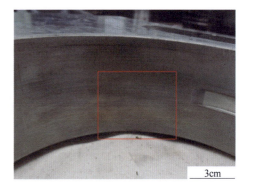

图 10-29　34# 油样对应的轴瓦磨损实物

为进一步对分类与诊断结果进行验证，对 7#、14#、25#、33#、34# 油样进行 PQ 和 X 荧光能谱分析，数据见表 10-23。

表 10-23　部分油样 X 荧光能谱与 PQ 数据

油样编号	X 荧光能谱数据/(mg/kg)			PQ
	Fe	Pb	Cu	
7	15.2	26.1	66.2	5
14	29.7	13.3	42.5	30
25	26.6	12.8	38.9	35
33	11.0	25.8	78.3	5
34	12.9	31.2	88.6	5

参照 X 荧光能谱与原子发射光谱数据对比分析方法，以及 PQ 对大尺寸铁磁性颗粒的敏感特性，将表 10-23 中数据与图 10-27 对比，可以发现，轴瓦磨损异常的 7#、33#、34# 油样

X 荧光能谱与原子发射光谱数据的 Pb、Cu 数据差异化较大，有大尺寸轴瓦磨损颗粒存在，证实了轴瓦处于非正常磨损状态，而二者的 Fe 数据差异较小，PQ 数值较低，说明未有其他异常发生。对于整体磨损状态处于异常状态的 14#、25# 油样，X 荧光能谱与原子发射光谱数据的 Fe 数据差异化较大，Pb、Cu 数据差异较小，PQ 数值均在 30 以上，说明此时柴油机的异常磨损主要是由铁质摩擦副引起的，轴瓦处于正常的磨损状态。

通过以上分析，可以得出核主成分提取的两阶主成分特征，能够实现该型柴油机的磨损状态评价和磨损故障的诊断。

10.4　润滑磨损故障诊断特征关联性分析

油液监测信息的多源性，直接造成了组成的复杂性，信息冗余、互补和协同共存，信息间的相互影响和信息与设备技术状态的关联性不明确，为油液监测多源信息融合带来一定的难度，也会影响融合效果，因此有必要对油液监测信息关联性进行分析。对于一个确定的摩擦学系统而言，组成是相对稳定的，各种因素的相互关系也是相对稳定的，因而油液监测信息的关系和信息与设备状态的关联性也是稳定的，通过对在用润滑油监测信息关联性分析，能够从理论上揭示监测信息间的相互关系，掌握信息与设备状态的关联性，还可以对部分润滑油监测信息进一步阐释，实现油液多参数监测及信息的相互补充与印证。

随着现代机械设备性能不断提高，功能不断完善，也伴随出现了机械系统愈趋复杂、故障机理分析也愈趋困难，以及故障模式较多、区分难度大等问题，因此挖掘不同故障之间的关联，对设备状态分析具有十分重要的意义，关联规则是形如 $X \rightarrow Y$ 的蕴涵式，其中，X 和 Y 分别称为关联规则的先导和后继，关联规则最初是针对购物篮分析（Market Basket Analysis）问题提出的，目前已大量应用于多种工业场景，对于工业大数据能够有效地挖掘隐藏在大量数据背后的故障模式知识，有效地突破了故障诊断在知识获取方面的瓶颈，增强了故障诊断推理诊断和解释能力。因此，对于多维度油液监测数据，挖掘不同模式之间的关联，不仅能发现油液自身的理化指标的关联特性，同时也能发现污染与磨损、磨损与理化指标、污染与磨损指标之间的量化关联大小，这极大地扩展了故障推理的空间，增加了对不同设备、不同油液等不同对象的诊断依据来源。

10.4.1　基于数据统计特征的关联规则挖掘

1. 基于频繁项集的关联规则挖掘

由于油液监测数据包含对油液理化指标、污染程度、磨损情况等多个方面，且随着机械结构日益复杂和润滑剂性能的不断提升，某指标单独异常的情况越来越少，设备故障也伴随出现多状态异常并发的现象，因此挖掘不同状态之间的关联程度成为了解设备的重要方式，多关联规则挖掘是数据挖掘中的重要内容之一，其目的在于从数据库中发现项集内频繁出现的事件和相关程度，目前已在商业分析、分类设计和捆绑销售中有成熟应用。关联规则挖掘过程主要包含两个阶段：第一阶段必须先从资料集合中找出所有的高频项目组即频繁项集；第二阶段再由这些高频项目组中产生关联规则（Association Rules）。其中，项集是最基本的模式，它是指若干个项的集合。频繁项集是指支持度大于等于最小支持度（min_sup）的集合，支持度是指某个集合在所有事务中出现的频率。目前主要采用三个指标来度量一个关联规则，分别是支持度（Support）、置信度（Confidence）、提升度（Lift）。根据三个指标可以筛选出满足条件的关联规则，挖掘相关信息为后续决策提供帮助。

频繁项集：经常同时出现的事件的集合，如图 10-30 所示。

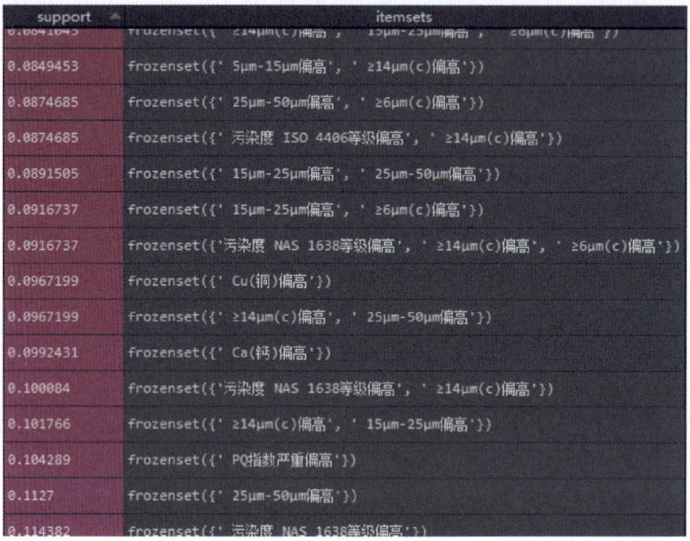

图 10-30　关联事件挖掘

关联规则：用于表示数据内隐含的关联性，例如：油液污染导致设备磨损。

置信度：置信度（B→A）是指事件 A 在另外一个事件 B 已经发生条件下的发生概率。即"在 B 的条件下 A 发生的概率"。关联规则 B→A 的置信度等价于条件概率 $P(A|B)$。

$$\text{confidence}(B \to A) = \frac{\text{同时出现} \{A, B\} \text{的次数}}{\text{事件 B 发生的次数}} = P(A|B) = P(AB)/P(B)$$

Apriori 是目前最有影响的挖掘布尔关联规则频繁项集的算法，其原理：如果一个项集是频繁的，则它的所有子集也一定是频繁的，即假设集合 {A，B} 是频繁项集，则它的子集 {A}、{B} 都是频繁项集。如果一个集合不是频繁项集，则它的所有超集都不是频繁项集。即假设集合 {A} 不是频繁项集，则它的任何超集如 {A，B}、{A，B，C} 必定也不是频繁项集，通过关联原理大大降低了频繁项集的计算复杂度。Apriori 算法核心是基于两阶段频集思想的递推算法，其主要步骤如下。

1）扫描原始事务型数据，并将提取候选 1 项集，根据给定的最小支持度 s，提取项集频数不小于支持度 s 的项集，形成频繁 1 项集。

2）扫描原始事务型数据并提取候选 2 项集的集合，且对集合中各个 2 项集进行判断，将不包含频繁 1 项集的 2 项集排除，形成新的集合作为候选集。根据支持度 s 筛选出频繁 2 项集。

3）重复第二步的思路，得到频繁 3 项集、频繁 4 项集……频繁 n 项集，且 $n+1$ 项集都不满足支持度阈值条件。

4）给定置信度，判断各频繁项集规则是否为有效的规则，计算该规则的提升度，判断规则是否有效。

Apriori 算法开创性地使用基于支持度的剪枝技术，能够避免候选项集数量增长过快的现象。其关联规则在分类上属于单维、单层、布尔关联规则。

支持度：支持度表示 A 与 B 同时出现的概率，例如，图 10-30 所示为最小支持度为

0.05 的频繁项集。

$$\text{Support}\{A、B\} = \frac{\text{同时出现}\{A，B\}\text{的次数}}{\text{总事件数}}$$

提升度：

$$\text{Lift}(B \to A) = P(A|B)/P(A)$$

1）提升度反映了关联规则中 A 与 B 的相关性。

2）提升度>1 且越高时，表明正相关性越高。

3）提升度<1 且越低时，表明负相关性越高。

4）提升度=1 时，表明没有相关性。

如图 10-31 所示，Lift（"污染度 ISO 4406 等级偏高" → "PQ 指数偏高"）= 16.32%/5.97% = 2.73>1，说明事件"污染度 ISO 4406 等级偏高"与"PQ 指数偏高"呈现正相关，且"污染度 ISO 4406 等级偏高"对事件"PQ 指数偏高"的提升度为 2.73，即当"污染度 ISO 4406 等级偏高"发生后，"PQ 指数偏高"发生的概率提升了 2.73 倍。

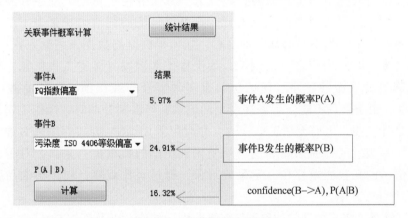

图 10-31　关联概率计算示例

2. 基于距离特征的关联规则挖掘

KNN（K-Nearest Neighbor）算法是数据挖掘分类（Classification）技术中最常见的算法之一，其指导思想是"近朱者赤，近墨者黑"，即由相邻的样本来推断出当前对象的类别，常用于数据分类。KNN 通过测量向量之间的距离来进行分类，其核心思想借鉴了极大似然估计的原理，当一个样本在特征空间中的 k 个最相邻的样本中的大多数属于某一个类别，则认为该样本也属于这个类别，并具有这个类别上样本的特性。其中评价相似性的距离函数包括欧式距离、明可夫斯基距离、曼哈顿距离等。

欧式距离为

$$dist(X，Y) = \sqrt{\sum_{i=1}^{n}(x_i - y_i)^2} \tag{10-45}$$

明可夫斯基距离（Minkowski Distance）为

$$dist(X，Y) = \left(\sum_{i=1}^{n}|x_i - y_i|^p\right)^{1/p} \tag{10-46}$$

曼哈顿距离为

$$dist(X, Y) = \sum_{i=1}^{n} |x_i - y_i| \tag{10-47}$$

当不同特征量级之间存在差异时，则通常采用归一化预处理或采用余弦相似度或皮尔森相关系数来评价不同数据间的相似大小。

皮尔逊相似性表达式为

$$Corr(x, y) = \frac{< x_i - \bar{x}, y_i - \bar{y} >}{\|x_i - \bar{x}\|\|y_i - \bar{y}\|} \tag{10-48}$$

其中，$< x, y >$ 表示向量 x、y 的内积；余弦相似性同样对量级不敏感，该方法计算两个向量之间的夹角，在工业场景中是评价数据相似性的常见方法。其计算式为

$$CosSim(x, y) = \frac{< x, y >}{\|x\|\|y\|} \tag{10-49}$$

通过油液监测数据及 KNN 算法确认油品牌号。一个产品的诞生，通常会经过多道工序，每道工序都有其特定的生产设备，因此大多数工业生产现场，都会有多种类别的设备，而不同的设备使用的润滑油也有差异，这就给现场的润滑维护带来了隐患，因而加错油的现象时有发生。当不小心加错油之后，如何根据监测数据去判断究竟用了何种油，这也是润滑磨损诊断的内容之一。例如，某工程作业现场有多种工程机械，每种机械都会使用特定牌号的液压油，导致现场总共有多种型号的液压油，各种油液数据分布如图 10-32 所示。由于管理不善，现场缺少用油记录，当需要补油时，操作工不清楚现有设备中使用的是什么油，因而无法正确补油。此时可采用 KNN 近邻算法来对油液数据进行匹配。将液压系统中现有的油品和现场所使用液压油的数据进行采集，对于不同的液压油，其典型值中的某些变量存在一定聚簇现象，通过对比观察，初步将油品牌号锁定在 A、B、C 三个牌号之中。

根据推理结果，将三种油品的典型值包括黏度、酸值，以及添加剂元素 Ca、Zn 和 P 含量构成的特征向量，并采用 KNN 的分类后的二维投影的结果，如图 10-33 所示。图 10-33 中三种不同的颜色分别代表 A、B、C 牌号液压油。X 点表示不确定油品的数据，通过尝试不同的 K 值，分析发现，离 X 点最近的 K 个数点几乎都是 A 牌液压油，因此推测出该系统所用的液压油很可能是 A 牌号液压油。

3. 基于线性相关系数的关联规则挖掘

大数据的一个显著特征是数据的分布特性，因此大数据挖掘的一个主要功能是分析其数据交互规则，进而获得有用信息，这也是大数据分类算法、聚类算法及相关性判定的基础。对于油液监测来说，通过线性相关性分析，可以实现故障的精确判定及其趋势性预测。通过可视化的方式，初步判定各监测参数之间的线性相关性，可依此建立故障诊断的思路和方向。

图 10-34 所示为某品牌油液的监测数据分布情况，其中包含了理化指标和污染度及磨损元素各个指标的数据分布和关联程度，图形矩阵的对角线图为各参数的概率密度图，可反映该参数的分布规律，其他非对角图反映其横轴参数与纵轴参数的相关关系。以风电行业数据为例，挖掘油液监测数据的各个属性之间相关性信息。

油液牌号

· 福斯46号清洁型抗磨液压油	· 低凝抗磨液压油 46号	· 美孚DTE 10超凡 46号
· L–HM 抗磨液压油46号	· 美孚DTE 25 46号	· 沃尔沃液压油VG46
· Q8 46号抗磨液压油	· 高性能无锌抗磨液压油 46号	· Q8 HAYDN 46 高性能液压油
· Calpro 46号高清抗磨液压油	· 46号高清抗磨液压油	· Q8 HAYDN 46
· Q8 46号液压油	· 嘉实多高性能无锌抗磨液压油 46号	· 加德士特技抗磨液压油46号
· 沃尔沃液压油VG46	· 卡博路高清抗磨液压油46号	· Q8 46号低凝抗磨液压油

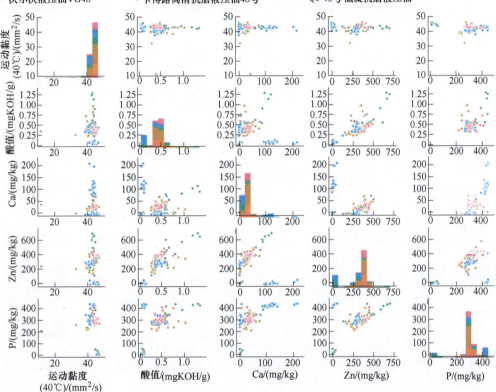

图 10-32　数据样本集

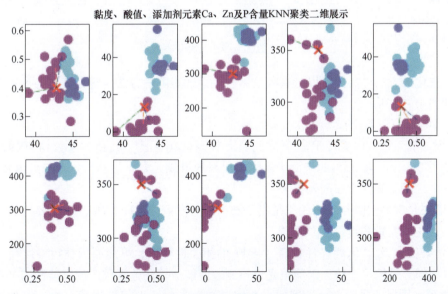

图 10-33　基于大数据匹配的分类结果示意图

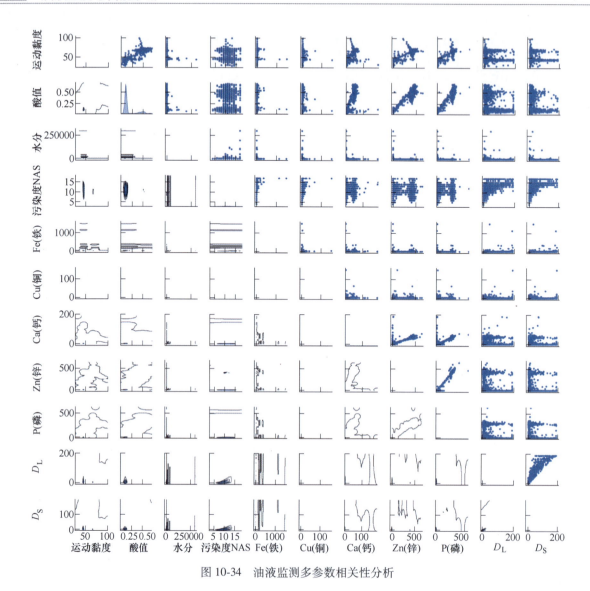

图 10-34　油液监测多参数相关性分析

除可视化的方法外，还可以计算和绘制相关系数矩阵的方法，定量分析各参数之间的相关性，如图 10-35 所示。

由图 10-35 可以看出：

1）添加剂元素 Ca、Zn、P 三者之间具有较高的相关性，其相关系数均>0.9，且正相关，这表明 Ca、Zn、P 很可能来源于复配添加剂的组成元素；另外，三者与酸值较为相关，表明这 3 个元素为酸性添加剂元素。

2）磨损元素 Fe 和 D_L、D_S 相关是由于磨损为并发事件，Fe、D_L、D_S 主要检测的都是铁磁性材质（主要是钢质部件）的磨损。

3）污染度和 D_L、D_S 相关性较高，与 Fe 的相关性稍低，可能原因是污染度高时加剧了磨损，虽然部分颗粒尺寸较大未能被光谱检测，但能被检测范围较广的直读铁谱（项目 D_L、D_S）检测到；同时不排除部分油液的直读铁谱结果受到油中污染物的影响，尤其是部分污染情况严重的油液。

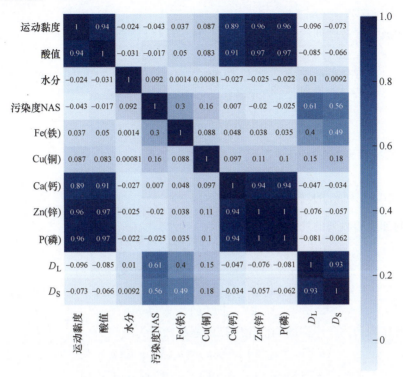

图 10-35　油液监测多参数相关性定量分析

10.4.2　基于灰色模型的关联性分析

1. 加权灰色关联矩阵模型

油液监测中的过程型数据具有显著的时间依赖性，数据随设备运行时间变化趋势明显，而且能够表征设备运行中磨损状态和润滑油油品状态的变化过程，这类特征样本连续性好、样本量大，能够用数学模型分析出其内部关联性。

润滑系统是具有不确定性的复杂的摩擦学系统，灰色系统理论对其比较适用，在研究油液监测中的数据趋势预测、磨粒识别以及部分指标关联性分析中均有应用。油液监测特征间的相互影响比较大且复杂，而且特征受到影响一般是全局的，即不仅是技术手段间的特征互相影响，同一技术手段的不同特征也互相影响，仅研究某一特征与其他一个或多个特征的关联性不能够满足要求，应从整体上研究信息间的关联性。因此，对灰色关联矩阵模型进行改进，通过序列的一次累减生成描述曲线的变化趋势，使模型更能反映特征在整个过程的关联性，并将模型的环境参数由两级转换为三级，构成多参考列的灰关联空间，生成加权灰关联矩阵模型，新的矩阵模型所得的模型更能反映样本参数整体趋势关联程度。

令 y_i，$i \in I$ 为参考序列，Y 为 y_i 的全体集，则

$$y_i = (y_i(1)，y_i(2)，y_i(3)\cdots，y_i(k))$$
$$Y = \{y_i | i \in I = (1，2，\cdots，m)\};$$

令 x_j，$j \in I$ 为比较序列，X 为 x_j 的全体集，则

$$X = \{x_j | j \in I = (1，2，\cdots，s)\};$$

$$x_j = [x_j(1),\ x_j(2),\ x_j(3)\cdots,\ x_j(k)]$$

式中，$k \in K = \{1,\ 2,\ 3\cdots n\}$。

X 与 Y 构成多参考序列的灰关联因子集，称为 $X \cup Y$，即

$$X \cup Y = \{y_i,\ x_j | i,\ j \in I = (1,\ 2,\ 3,\ \cdots,\ m)\}$$

为消除测试数据量纲的影响，按式（10-50）对 y_i、x_j 进行均值化处理，则

$$\begin{cases} u_i(k) = y_i(k)/\overline{y_i} \\ w_j(k) = x_j(k)/\overline{x_j} \end{cases} \tag{10-50}$$

式中　$\overline{y_i}$——指标序列 y_i 的均值，$\overline{y_i} = \sum_{k=1}^{n} y_i(k)$；

$\overline{x_j}$——指标序列 x_j 的均值，$\overline{x_j} = \sum_{k=1}^{n} x_j(k)$。

参考序列和比较数列的均值化序列表示为

$$u_i = [u_i(1),\ u_i(2),\ u_i(3),\ \cdots u_i(k)]$$
$$w_j = [w_j(1),\ w_j(2),\ w_j(3),\ \cdots w_j(k)]$$

Δ_{ij} 为 $X \cup Y$ 上差异信息序列：$\Delta_{ij} = [\Delta_{ij}(1),\ \Delta_{ij}(1),\ \Delta_{ij}(1),\ \cdots,\ \Delta_{ij}(n)]$，则

$$\Delta_{ij}(k) = |u_i(k) - w_j(k)| \tag{10-51}$$

计算参考序列和比较序列的均值化序列的累减数列为

$$\begin{cases} u'_i(1) = u_i(1),\ u'_i(k) = u_i(k) - u_i(k-1) \\ w'_j(1) = u_j(1),\ u'_j(k) = u_j(k) - u_j(k-1) \end{cases} \tag{10-52}$$

则 $u_i(k)$ 与 $w_j(k)$ 的加权灰色关联系数为

$$\gamma(u_i(k),\ w_j(k)) = \frac{\min\limits_i \min\limits_j \min\limits_k \Delta_{ij}(k) + \zeta \max\limits_i \max\limits_j \max\limits_k \Delta_{ij}(k)}{\lambda_1 |u_i(k) - w_j(k)| + \lambda_2 |u'_i(k) - w'_j(k)| + \zeta \max\limits_i \max\limits_j \max\limits_k \Delta_{ij}(k)} \tag{10-53}$$

式中 $\min\limits_i \min\limits_j \min\limits_k \Delta_{ij}(k)$ 为三级最小差，$\max\limits_i \max\limits_j \max\limits_k \Delta_{ij}(k)$ 为三级最大差，$\zeta \in [0,\ 1]$，通常取 0.5。

通过计算 $\gamma[u_i(k),\ w_j(k)]$ 可以得出对应 $y_i(k)$ 与 $x_j(k)$ 在 k 点的关联系数，进而得出两序列在 k 点的比较测度。按式（10-54）计算 $X \cup Y$ 上序列 y_i、x_j 的灰色关联度为

$$\gamma(y_i,\ x_j) = \frac{1}{n} \sum_{k=1}^{n} \gamma[u_i(k),\ w_j(k)] \tag{10-54}$$

由此得到 $X \cup Y$ 上加权灰色关联矩阵 γ 为

$$\gamma = \begin{bmatrix} \gamma(y_1,\ x_1) & \gamma(y_1,\ x_2) & \cdots & \gamma(y_1,\ x_s) \\ \gamma(y_2,\ x_1) & \gamma(y_2,\ x_2) & \cdots & \gamma(y_2,\ x_s) \\ \cdots & \cdots & \cdots & \cdots \\ \gamma(y_m,\ x_1) & \gamma(y_m,\ x_2) & \cdots & \gamma(y_m,\ x_s) \end{bmatrix} \tag{10-55}$$

对于参考序列 y_i，如果有 $\gamma(i,\ j) > \gamma(i,\ p)$，则称 x_j 对于参考序列 y_i 的灰关联度比 x_p 大，即因子 x_j 对于参考序列 y_i 的影响比 x_p 大，以此类推，可得出因子对参考序列的关联序模型。

若 $\gamma(y_i^*, x_j^*) = \max_i \max_j \gamma(y_i, x_j)$，则称灰色关联矩阵上最强元为 $\gamma(y_i^*, x_j^*)$。

$C_{OL}x_j = [\gamma(y_1, x_j), \gamma(y_2, x_j), \cdots, \gamma(y_m, x_j)]$，若 $C_{OL}x_j^* = \max_j C_{OL}x_j$，则称 $C_{OL}x_j^*$ 为灰色关联矩阵最强列；若 $C_{OL}x_j^* = \min_j C_{OL}x_j$，则称 $C_{OL}x_j^*$ 为灰色关联矩阵关键列。

$R_{OW}y_j = [\gamma(y_i, x_1), \gamma(y_i, x_2), \cdots, \gamma(y_i, x_j)]$，若 $R_{OW}y_i^* = \max_i R_{OW}y_i$，则称 $R_{OW}y_i^*$ 为灰色关联矩阵最强行；若 $R_{OW}y_i^* = \min_i R_{OW}y_i$，则称 $R_{OW}y_i^*$ 为灰色关联矩阵关键行。

2. 油液衰变监测数据

对两台船舶柴油机的润滑油进行跟踪监测，先后提取40个油样。应用精密傅里叶变换红外光谱系统对油样进行测试，指标为 Soot（积炭）、Oxidation（氧化产物）、Nitration（硝化产物）、Sulfation（硫化产物）、Diesel fuel（燃油稀释量）、Water（水分）、ZnDTP（添加剂损耗），Soot、Oxidation、Nitration、Sulfation、ZnDTP 以吸光度值表达，单位为 A/0.1mm；Water、Diesel fuel 以质量分数表达，单位为%，最低检测限为水分0.1%，燃油量2%。两台柴油机在监测期间没有进水和进燃油现象发生。

在用润滑油油品监测主要测试项目有黏度、酸值和润滑油寿命（Ruler），采用自动运动黏度仪测定润滑油100℃运动黏度，采用卡尔费休水分测试仪测试润滑油水分，采用润滑油剩余寿命分析仪（Ruler）测定润滑油剩余寿命，采用酸碱电位滴定仪测定润滑油酸值，黏度（mm²/s）、酸值（mgKOH/g）得出的是变化值，Ruler 为占润滑油全寿命百分比（%）。傅里叶变换红外光谱指标中 Water 和 Diesel fuel 测试数据为0，卡尔费休水分均<0.1%，不做分析。

图10-36所示为两台柴油机润滑油傅里叶变换红外光谱指标变化趋势，Soot、Oxidation、Nitration、Sulfation 4项指标随时间增长趋势明显，ZnDTP 下降趋势明显，以上指标能够清晰地表征换油（补油）的影响，说明傅里叶变换红外光谱能很好地监测润滑油油液状态。

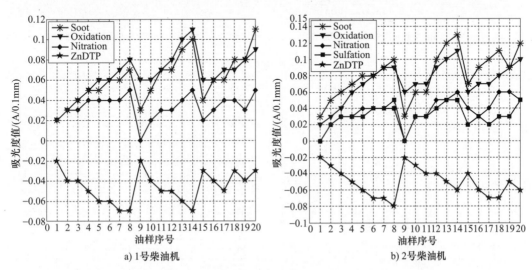

图10-36　两台柴油机润滑油傅里叶变换红外光谱指标变化趋势

图10-37~图10-39所示分别为两台柴油机润滑油的运动黏度、酸值和剩余寿命变化趋势。

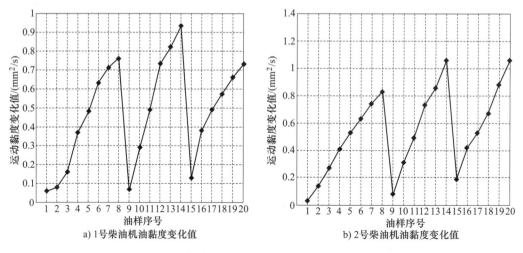

a) 1号柴油机油黏度变化值　　b) 2号柴油机油黏度变化值

图 10-37　两台柴油机润滑油的 100℃运动黏度变化趋势

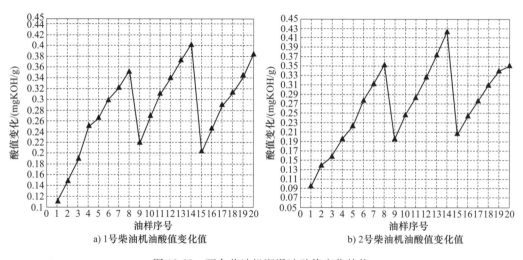

a) 1号柴油机油酸值变化值　　b) 2号柴油机油酸值变化值

图 10-38　两台柴油机润滑油酸值变化趋势

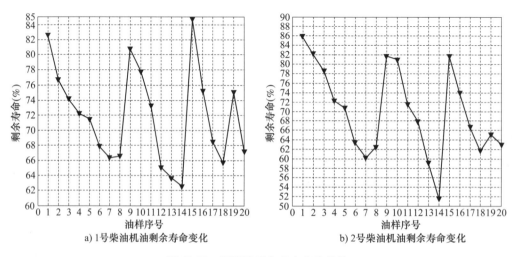

a) 1号柴油机油剩余寿命变化　　b) 2号柴油机油剩余寿命变化

图 10-39　润滑油剩余寿命变化趋势

从图 10-37、图 10-38 可看出，在一个换油周期内，运动黏度和酸值随润滑油使用时间增长而呈上升趋势，但未能反映补油变化，说明黏度和酸值是其性能的宏观体现，没有微观指标反应灵敏。从图 10-39 可看出，润滑油剩余寿命随时间增长而下降，润滑油更换时剩余寿命均在 50% 以上，说明按照推荐换油时间换油存在不合理性，在第二个周期适当延长了换油期，参照衰变监测数据适当进行部分更换。从图 10-36~图 10-38 还可看出，傅里叶变换红外光谱指标与理化指标的变化趋势是基本一致的，但是从监测效率方面考虑，傅里叶变换红外光谱的跟踪监测能力优于理化指标技术手段。

按照加权灰关联矩阵的计算过程，以润滑油理化指标为参考序列，以 FT-IR 光谱指标为比较序列，计算润滑油傅里叶变换红外光谱与理化指标信息加权灰色关联矩阵，见表 10-24。

表 10-24　傅里叶变换红外光谱与理化指标信息加权灰色关联矩阵

	Soot	Oxidation	Nitration	Sulfation	ZnDTP
黏度/(mm^2/s)	0.7385	0.7399	0.7146	0.7281	0.7077
酸值/(mgKOH/g)	0.7935	0.8689	0.7373	0.7505	0.7571
Ruler（%）	0.6479	0.6963	0.6390	0.6349	0.6546

表 10-24 中，$\gamma(\text{Oxidation}, 酸值) = \max_i \max_j \gamma(y_i, x_j)$，称 $\gamma(\text{Oxidation}, 酸值)$ 是关联矩阵最强元；$C_{OL}\text{Oxidation} = \max_j C_{OL}x_j$，称 $C_{OL}\text{Oxidation}$ 为关联矩阵最强列。

从表 10-24 得出在用润滑油傅里叶变换红外光谱指标对于理化指标的关联序：

黏度：Oxidation≻Soot≻Sulfation≻Nitration≻ZnDTP；

酸值：Oxidation≻Soot≻Sulfation≻ZnDTP≻Nitration；

Ruler：Oxidation≻ZnDTP≻Soot≻Nitration≻Sulfation；

最强元 $\gamma(\text{Oxidation}, 酸值)$ 说明对酸值影响最大的是 Oxidation，表明氧化的最直接结果是润滑油酸值的增加；最强列 $C_{OL}\text{Oxidation}$ 说明氧化对润滑油性能衰变有整体影响，在监测中可以重点关注 Oxidation 的变化，对其他指标进行间接评估。另外，这对润滑油配方的改进有指导作用。

3. 傅里叶变换红外光谱信息自关联规则

自关联性是通过计算傅里叶变换红外信息灰色自关联矩阵，对其指标间的关联性进行分析。在计算灰色自关联矩阵时，每一个指标序列本身既是比较序列又是参考序列，计算中式（10-51）改为

Δ_{ij} 为 $X \cup X$ 上的差异信息序列：

$$\Delta_{ij} = [\Delta_{ij}(1), \Delta_{ij}(1), \Delta_{ij}(1), \cdots, \Delta_{ij}(n)]$$

$$\Delta_{ij}(k) = |w_i(k) - w_j(k)| (i \neq j)$$

其他计算过程与前面相同，每个傅里叶变换红外光谱指标分别作为参考序列，其他指标作为比较序列，计算傅里叶变换红外光谱信息灰色自关联矩阵，见表 10-25。

表 10-25　傅里叶变换红外光谱信息灰色自关联矩阵

	Soot	Oxidation	Nitration	Sulfation	ZnDTP
Soot	1.0000	0.8030	0.7442	0.7524	0.7607
Oxidation	0.8030	1.0000	0.7133	0.7382	0.7343
Nitration	0.7442	0.7133	1.0000	0.7681	0.7357
Sulfation	0.7524	0.7382	0.7681	1.0000	0.7256
ZnDTP	0.7607	0.7343	0.7357	0.7256	1.0000

从表 10-25 可知，FT-IR 光谱指标间关联序模型：

Soot：Oxidation≻ZnDTP≻Sulfation≻Nitration；

Oxidation：Soot≻ZnDTP≻Sulfation≻Nitration；

Nitration：Sulfation≻Soot≻ZnDTP≻Oxidation；

Sulfation：Nitration≻Soot≻Oxidation≻ZnDTP；

ZnDTP：Soot≻Oxidation≻Nitration≻Sulfation

$\gamma(\text{Soot}, \text{Oxidation}) = \max_i \max_j (x_i, x_j)$，表明积炭和氧化产物间关联性最强，说明氧化使润滑油清净分散剂损耗，引起了积炭增多，与积炭第二相关的 ZnDTP 也能说明这一点。

$\gamma(\text{Nitration}, \text{Oxidation}) = \min_i \min_j (x_i, x_j)$，表明 Oxidation 和 Nitration 关联性最弱，硝化的增长是在非正常燃烧和燃油雾化不良时，特别是燃油空气比值较低的情况下，因此，Nitration 可以作为柴油机燃烧状况监测的一个指标。

表 10-26 列出了应用傅里叶变换红外光谱对同型某柴油机润滑油监测数据。

表 10-26　某柴油机润滑油监测数据　　　　（单位：A/0.1mm）

油样编号	工作时间/h	Soot	Oxidation	Nitration	Sulfation	ZnDTP
1	1667	0.17	0	0.02	0.02	0
2	1742	0.19	0.02	0.04	0.03	−0.02
3	1987	0.22	0.03	0.06	0.04	−0.02
4	2107	0.25	0.03	0.07	0.04	−0.03

从表 10-26 可看出，Nitration 相对于 Oxidation 增长趋势明显，且 Soot 相对于上述两台柴油机偏大。该柴油机由于任务需要，长期处于低工况运行，由自关联分析结果，考虑到可能是燃烧条件不佳造成的，在检修期时进行了相关检查，发现气缸内部特别是活塞顶部有一定的积炭，为此调整了气阀间隙，对喷油器进行喷油压力调整试验。

—————— 参 考 文 献 ——————

［1］马玉鑫．流程工业过程故障检测的特征提取方法研究［D］．上海：华东理工大学，2015．

［2］MU B，WEN S CH，YUAN SH J．PPSO：PCA based particle swarm optimization for solving conditional non-linear optimal perturbation［J］．Computers &Geosciences，2015，83：65-71．

［3］FOLCH-FORTUNY A，ARTEAGA F．A Ferrer PCA model building with missing data：New proposals and acomparative study［J］．Chemometrics and Intelligent Laboratory Systems，2015，146：77-88．

［4］霍华，李柱国．基于信息熵及模糊熵聚类算法的油液监测数据关联性［J］.上海交通大学学报，2005，39（1）：95-97.

［5］徐超，张培林，任国全．基于 Parzen 窗的 Vague 集理论用于油液原子光谱特征优选［J］.光谱学与光谱分析，2011，31（2）：465-468.

［6］刘燕，李世其，段学燕．模糊信息系统知识发现方法在油液监测故障诊断中的应用［J］.内燃机学报，2008，46（4）：374-378.

［7］张英波，贾云献，邱国栋，等．基于油液中金属浓度梯度特征的滤波剩余寿命预测模型［J］.系统工程理论与实践，2014，34（6）：1620-1625.doi：CNKI：SUN：XTLL.0.2014-06-031.

［8］SASTRY M I S, CHOPRA A, SARPAL A S, et al. Determination of Physicochemical Properties and Carbon-Type Analysis of Base Oils Using Mid-IR Spectroscopy and Partial Least-Squares Regression Analysis［J］.Energy & Fuels, 1998, 12：304-311.

［9］CANECA A R, PIMENTEL M F, GALVÃO R K H, et al. Assessment of infrared spectroscopy and multivariate techniques for monitoring the service condition of diesel-engine lubricating oils［J］.Talanta, 2006, 70：344-352.doi：10.1016/j.talanta.2006.02.054.

［10］WINTERFIELD C, VAN DE VOORT F R. Automated acid and base number determination of mineral-based lubricants by fourier transform infrared spectroscopy：Commercial laboratory evaluation［J］.Journal of Laboratory Automation, 2014, 19（6）：577-586.

［11］MOHAMMAD A A, YAHYA S A, MOHAMMAD A. Application of chemometrics and FTIR for determination of viscosity index and base number of motor oils［J］.Talanta, 2010, 81：1096-1101.

［12］BEATRIZ L D R, JOSÉ-LUIS V, JOAQUÍN O M, et al. Determination of the total acid number（TAN）of used mineral oils in aviation engines by FTIR using regression models. Chemometrics and Intelligent Laboratory Systems, 2017, 160, 32-39.

［13］CAROLINA T P, RICARDO R R, MARGARIDA J Q, et al. Assessment and Prediction of Lubricant Oil Properties Using Infrared Spectroscopy and Advanced Predictive Analytics［J］.Energy Fuels, 2016, 12.

［14］石新发，刘东风，周志才．船舶柴油机润滑油衰变监测信息关联性分析［J］.内燃机学报，2013，31（3）：281-287.

［15］LVOVICH V F, SMIECHOWSKI M F. Impedance characterization of industrial lubricants［J］.Electrochimica Acta 2006, 51（8-9）：1487-1496.

［16］史永刚，刘绍璞，陈铿，等．基于电化学分析的润滑油酸值和碱值测定［J］.润滑与密封，2006，180（8）：43-45.

［17］李喜武，苏建，刘玉梅．介电常数法监测汽车发动机润滑油技术［J］.西南交通大学学报，2011，46（5）：862-835.

［18］王海林，尹焕，罗文，等．发动机润滑油理化指标与介电常数关系分析［J］.重庆理工大学学报：自然科学版，2010，24（1）：14-17.

［19］管亮，王雷，龚应忠，等．润滑油氧化衰变的二维相关介电谱分析初探［J］.石油学报（石油加工），2015，31（1）：92-97.

［20］石新发，刘东风，周志才．油液监测信息综合应用的关键问题研究［J］.武汉理工大学学报（交通科学与工程版），2014，38（6）：1351-1354.

［21］FREDERIK R, JACQUELINE S, ROBERT C, et al. An automated FTIR method for the routine quantitative determination of moisture in lubricants：An alternative to Karl Fischer titration［J］.Talanta, 2007, 72：289-295.

［22］BASSBASI M, HAFID A, PLATIKANOV S, et al. Study of motor oil adulteration by infrared spectroscopy and chemometrics methods［J］.Fuel, 2013, 104：798-804.

［23］HOLLAND T, ABDUL-MUNAIM A M, WATSON D G, et al. Influence of Sample Mixing Techniques on Engine Oil Contamination Analysis by Infrared Spectroscopy［J］.Lubricants, 2019, 7, 4.

[24] 王菊香，王凯．红外光谱法结合 PLS-BP 网络对在用油中燃油稀释的测定［J］．分析试验室，2018，37（7）：821-825. doi：10. 13595/j. cnki. issn1000-0720. 2018. 0156.

[25] 李婧，田洪祥，孙云岭，等．FTIR 光谱在润滑油污染物定量监测中的应用研究［J］．光谱学与光谱分析，2019，39（11）：3459-3464.

[26] 韩崇昭，朱洪艳，段战胜．多源信息融合［M］.2 版．北京：清华大学出版社，2010.

[27] 潘泉，王增福，梁彦，等．信息融合理论的基本方法与进展（Ⅱ）［J］．控制理论与应用，2012，29（10）：1233-1244.

[28] 权太范．信息融合神经网络-模糊推理理论与应用［M］．北京：国防工业出版社，2002：10.

[29] 沈怀荣，杨露，彭颖，等．信息融合故障诊断技术［M］．北京：科学出版社，2013：79-80.

[30] 郭创新，彭明伟，刘毅．多数据源信息融合的电网故障诊断新方法［J］．中国电机工程学报，2009，29（31）：1-7.

[31] 鲁峰，黄金泉．基于 ESVR 信息融合的航空发动机故障诊断研究［J］．应用基础与工程科学学报，2010，18（6）：982-989.

[32] 王华伟，吴海桥．基于信息融合的航空发动机剩余寿命预测［J］．航空动力学报，2012，27（12）：2749-2755.

[33] 李宁，王李管，贾明滔．基于信息融合理论的风机故障诊断［J］．中南大学学报（自然科学版），2013，44（7）：2861-2866.

[34] 苏祖强，汤宝平，姚金宝．基于敏感特征选择和流形学习的维数约简的故障诊断［J］．振动与冲击，2014，33（3）：70-76.

[35] 张恒，赵荣珍．故障特征选择和特征信息融合的加权 KPCA 方法研究［J］．振动与冲击，2014，33（9）：89-93.

[36] 胥永刚，孟志鹏，陆明．基于双树复小波包变换和 SVM 的滚动轴承故障诊断方法［J］．航空动力学报，2014，29（1）：67-73.

[37] 潘泉．多源信息融合理论及应用［M］．北京：清华大学出版社，2013：121-291.

[38] 姜延吉．多传感器信息融合技术研究［D］．哈尔滨：哈尔滨工程大学，2013.

[39] 杜玮．复杂系统监测的多传感器信息融合理论与应用研究［D］．武汉：武汉理工大学大学，2011.

[40] 康健．基于多传感器信息融合关键技术的研究［D］．哈尔滨：哈尔滨工程大学，2013.

[41] 韩晓娟．多源信息融合技术在火电厂热力系统故障诊断中的应用研究［D］．北京：华北电力大学，2008.

[42] 王万清．高层信息融合中可靠证据合成方法研究［D］．郑州：信息工程大学，2013.

[43] NAKAMURA E F，LOUREIRO A A. Information fusion in wireless sensor networks：the Procee--dings of the 2008 ACM SIGMOD international conference on Management of data［C］. New York：ACM，2008.

[44] 谢友柏．现代设计理论与方法研究［J］．机械工程学报，2004，40（4）：1-9.

[45] 石新发，贺石中，谢小鹏．摩擦学系统润滑磨损故障诊断特征提取研究综述［J］．摩擦学学报，2023，43（3）：241-255.

[46] 董红斌，滕旭阳，杨雪．一种基于关联信息熵度量的特征选择方法［J］．计算机研究与发展，2016，53（8）：1684-1695.

[47] 杨淑莹．模式识别与智能计算［M］．北京：电子工业出版社，2011：129.

[48] GNANAMBAL K，BABULAL C K. Maximum load ability limit of power system using hybrid differential evolution with particle swarm optimization［J］. International Journal of Electrical Power & Energy Systems，2012，43（1）：150-155.

[49] 屈梁生，张西宁，沈玉娣．机械故障诊断理论与方法［M］．西安：西安交通大学出版社，2011：293.

[50] 蒋盛益，王连喜．不平衡数据的无监督特征选择方法［J］．小型微型计算机系统，2013，34（1）：63-67.

［51］杨俊杰，陆思聪，周亚斌．油液监测技术［M］．北京：石油工业出版社，2009：126.

［52］PALAK Z. Rough sets and intelligent data analysis［J］. Information Sciences, 2002, 147: 1-12.

［53］张文修，吴伟志，梁吉业，等．粗糙集理论及方法［M］．北京：科学出版社，2005.

［54］于洪，杨大春，吴中福．基于粗糙集理论的数据挖掘的应用［J］．计算机与现代化，2001（4）：45-48.

［55］何兴高，李蝉娟，王瑞锦，等．基于信息熵的高维稀疏大数据降维算法研究［J］．电子科技大学学报，2018，47（2）：236-241.

［56］伍星，迟毅林，陈进．基于熵度量和遗传算法的粗糙集归约方法［J］．振动与冲击，2009，28（2）：82-85，110.

［57］张继洲，米志飞，谢春丽．基于熵度量的属性约简算法研究［J］．森林工程，2015，31（4）：87-91.

［58］KANTARDZIC M. DATA MINING Concepts, Models, Methods and Algorithms［M］. IEEE PRESS, 2020: 77-19.

［59］刘建敏，刘艳斌，乔新勇，等．柴油机状态变化趋势的组合预测方法研究［J］．内燃机学报，2009，27（4）：375-378.

［60］邓聚龙．灰色理论基础［M］．武汉：华中科技大学出版社，2004：158.

［61］Tmos Larry A, ALLISOM M T. Machinery Oil Analysis［M］. Society of Tribologists and Lubrication Engineers, 2008: 277-296.

［62］LI W, ZHU Z C, FAN J. Fault diagnosis of rotating machinery with a novel statistical feature extraction and evaluation method［J］. Mechanical Systems and Signal Processing, 2015, 50-51: 414-426.

［63］TIINANEN S, NOPONEN K, TULPPO M. ECG-derived respiration methods: Adapted ICA and PCA. Medical Engineering and Physics［J］. Medical Engineering and Physics: 2015, 37: 512-517.

［64］姚晓山，张卫东，周平．基于油液监测的船舶柴油机故障预测与健康管理技术研究［J］．武汉理工大学学报（交通科学与工程版），2014（38）：874-877.

［65］刘韬，田洪祥，郭文勇．主成分分析在某型柴油机光谱数据分析中的应用［J］．光谱学与光谱分析，2010，30（3）：779-782.

［66］JOSÉMANUEL B D L, ALBERTO P M, ORESTES L S. Optimizing kernel methods to reduce dimensionality in fault diagnosis of industrial systems［J］. Computers & Industrial Engineering, 2015, 87: 140-149.

［67］王昱皓，武建文，马速良．基于核主成分分析-SoftMax 的高压断路器机械故障诊断技术研究［J］．电工技术学报，2020，35（S1）：267-276.

［68］韩敏，张占奎．基于改进核主成分分析的故障检测与诊断方法［J］．化工学报，2015，66（6）：2139-2149.

［69］SHAO R P, HU W T, WANG Y Y. The fault feature extraction and classification of gear using principal component analysis and kernel principal component analysis based on the wavelet packet transform［J］. Measurement, 2014, 54: 118-132.

［70］刘东风，石新发，周志才．润滑油中磨粒的 X-荧光能谱测试方法研究与应用［J］．润滑与密封，2015，41（5）：94-97.

第 11 章 基于机器学习的设备润滑磨损故障智能诊断

目前，油液监测技术已应用到众多工业领域，其技术内容除包含润滑剂本身的理化性能指标分析外，还包含诊断人员对设备磨损、油液污染的综合评价。为了使故障诊断工作摆脱对专业技术人员和诊断专家的过分依赖，打破机械故障诊断量大与诊断专家相对稀少之间的尴尬局面，实现高效、可靠的智能诊断是解决这一问题的唯一途径。近年来，随着智能算法的迅速发展，使得如人工神经网络、决策树、支持向量机、集成学习等机器学习技术也逐步应用于设备的故障诊断中，并在实践中取得了显著的成效，也表现出相对出色的性能。下面分别介绍神经网络、决策树、支持向量机 SVM 和集成学习的原理，以及在设备润滑磨损故障智能诊断中的应用过程。

11.1 基于人工神经网络的诊断模型

人工神经网络（Artificial Neural Network，ANN），简称神经网络（Neural Network，NN），其名称和结构受人类大脑的启发，是一种模仿生物神经网络结构和功能的数学模型，也是近年来深度学习算法的核心。人工神经网络由大量的节点（或称"神经元"）组成，其结构上包含一个输入层、一个或多个隐藏层和一个输出层。每层的节点互相连接，并具有相关的权重和阈值，如果任何单个节点的输出高于指定的阈值，那么该节点将被激活，并将数据发送到网络的下一层，否则，节点将被抑制。由于油液数据的非线性、非高斯及多维的特点，结合目前设备的多故障并发的现象，若采用传统模型识别多个故障标签，则难以获得较好的精度，且建模过程复杂。神经网络依靠训练数据来学习数据特征，通过正向传递数据、反向传递误差，不断地提高自身精度，并且只要设置几个参数就能达到较好的识别效果。因此，在设备润滑磨损智能故障诊断过程中，采用神经网络建立诊断模型是较好的选择。随着神经网络算法的不断发展，神经网络出现了循环神经网络、卷积神经网络等多个扩展型，而 BP 神经网络作为基础模型，更加值得开展应用研究。因此，本节主要介绍 BP 神经网络在油液监测故障诊断中的应用过程。

11.1.1 BP 神经网络原理

BP 神经网络具有任意复杂的模式分类能力和优良的多维函数映射能力，解决了简单感知器不能解决的疑惑和一些其他问题。从本质上讲，BP 算法就是以网络误差平方为目标函数、采用梯度下降法来计算目标函数的最小值。结构上，BP 神经网络属于多层正向传递的网络，由输入层、隐藏层（可能有多层）、输出层构成，每层包含了不同数量的神经元，在模型训练过程中，每次根据训练得到的结果与预想结果之间的误差来修改神经元的权值和阈值，使得输出结果逐步接近预想结果。BP 神经网络的学习过程由数据的正向传递和误差的反向传递两个过程组成。

正向传递时，将样本数据从输入层进行输入，数据经过各个隐藏层的处理后，最后从输出层传出。由于网络的实际输出与期望输出之间产生误差，再将误差数据从最后一层逐层反传，然后再根据误差学习信号来修正各层神经元的权值。通过数据正向传递与误差反向传递，使得各层调整权值周而复始地进行，直到网络输出误差减小到预先设置的阈值以下，或者超过预先设置的最大训练次数。最终形成 BP 神经网络。

由于三层神经网络可以很好地解决一般的模式识别问题，因此该网络也被广泛应用。图 11-1 所示为三层神经网络的基本结构。

设输入层输入向量为 $X_k = (x_1^k, x_2^k, \cdots, x_i^k, \cdots, x_n^k)$，输出向量为 $D_k = (d_1^k, d_2^k, \cdots, d_t^k, \cdots, d_q^k)$，隐藏层神经元输入向量为 $S_k = (s_1^k, s_2^k, \cdots, s_j^k, \cdots, s_p^k)$，输出向量为 $B_k = (b_1^k, b_2^k, \cdots, b_j^k, \cdots, b_p^k)$，输出层神经元输入向量为 $C_k = (c_1^k, c_2^k, \cdots, c_t^k, \cdots, c_q^k)$，输出向量为 $Y_k = (y_1^k, y_2^k, \cdots, y_t^k, \cdots, y_q^k)$，输入层至隐藏层的连接权值为 $\{\omega_{ij} | i = 1, 2, \cdots, n; j = 1, 2, \cdots, p\}$。隐藏层至输出层的连接权值为 $\{v_{jt} | j = 1, 2, \cdots, p; t = 1, 2, \cdots, q\}$，中间层的神经元阈值为 $\{\theta_j | j = 1, 2, \cdots, p\}$，输出层神经元阈值为 $\{\mu_t | t = 1, 2, \cdots, q\}$。

设输入样本的模式为 m，当第 k 个模式存在时，输出层的误差函数为

$$E^k = \sum_{t=1}^{q} (d_t^k - y_t^k)^2 / 2 \quad (11\text{-}1)$$

在 BP 神经网络应用中通过传递函数、连接权值和误差阈值等对网络进行不断地调整，到最后通过训练样本建立合理的网络结构，其应用具体过程如下。

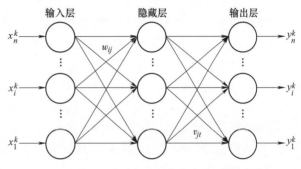

图 11-1　三层 BP 神经网络结构

1）预置网络训练误差阈值和最大的训练次数，初始化各连接权值（即赋予一个较小的随机变量）。

2）输入训练样本，向前计算网络对输入样本的各神经元的输入和输出。

3）按式（11-2）和式（11-3）计算网络训练的误差，依据误差反向对各层的连接权值和单元阈值进行修正。

输出层训练误差为

$$e_{tk} = (1 - y_t^k) y_t^k (d_t^k - y_t^k) \quad (11\text{-}2)$$

隐藏层训练误差为

$$e_{tk} = (1 - y_t^k) y_t^k \sum_{t=1}^{n} \omega_{tk} (d_t^k - y_t^k) \quad (11\text{-}3)$$

4）继续对训练样本进行训练，转至步骤 2）进行循环，直到训练样本完成全部训练。

5）当到达最大训练次数或误差 E^k 满足预置的阈值时，停止训练，否则转至步骤 2）进行循环。

以 10.2.1 小节中的某型船舶柴油机 44 个油样数据为研究对象，经过两次约简，获取的该型柴油机磨损诊断指标（属性）集为 7 维，将该型柴油机磨损诊断数据集，经过特征约简与优化后得到的特征子集为

$$C'' = \{Fe, Cu, Al, Na, Mg, D_L - D_S, I_S\} \quad (11\text{-}4)$$

按照网络构建的规则，一般隐藏层神经元的个数为 2，因此将神经网络的层数设计为 3 层，网络输入层神经元数为 7 个，输出层神经元数为 6 个，则隐含层神经元个数为 15 个，

网络输入向量范围为［0，1］，隐藏层传递函数选择 tansig，输出层传递函数选择 logsig，训练函数选择 trainlm，最大训练次数为 100，网络误差为 0.001，网络结构如图 11-2 所示。

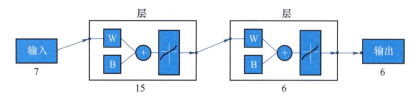

图 11-2　BP 神经网络结构

11.1.2　案例分析

所选的 44 个磨损监测数据中对应的柴油机，在使用中所发现的故障模式主要有以下 6 种类型：①正常状态 S_1；②主轴承异常磨损 S_2；③活塞异常磨损 S_3；④润滑油进海水 S_4；⑤铁质摩擦副异常磨损 S_5；⑥综合磨损状态较差 S_6。

通过希尔变量（0 或者 1）来实现故障模式征兆的表达，加上正常状态，故障模式向量有 6 个元素组成，即为 $V = \{S_1, S_2, S_3, S_4, S_5, S_6\}$，如果某种故障模式存在，则在向量对应的元素为 1，其余为 0；由此以上故障模式可以表达为以下变量，即

正常状态：　　　　　　　　　$S_1 = \{1, 0, 0, 0, 0, 0\}$

主轴承异常磨损：　　　　　　$S_2 = \{0, 1, 0, 0, 0, 0\}$

活塞异常磨损：　　　　　　　$S_3 = \{0, 0, 1, 0, 0, 0\}$

润滑油进海水：　　　　　　　$S_4 = \{0, 0, 0, 1, 0, 0\}$

铁质摩擦副异常磨损：　　　　$S_5 = \{0, 0, 0, 0, 1, 0\}$

综合磨损状态较差：　　　　　$S_6 = \{0, 0, 0, 0, 0, 1\}$

对于多种故障现象的存在，则需要将故障模式表征向量对应的元素同时为 1，例如：同时存在活塞异常磨损征兆和润滑油进海水故障时，表示为

$$S_多 = \{0, 0, 1, 1, 0, 0\} \tag{11-5}$$

将该型柴油机的 44 个油样的磨损监测数据通过故障诊断专家分类，进行故障类别标识，将标识后的样本选取 30 个作为训练样本。根据专家经验规则得到的该型柴油机油液监测数据训练样本神经网络类编码，见表 11-1。从表 11-1 可看出，有部分样本是存在复合故障模式或者征兆的。

表 11-1　某柴油机油液监测数据训练样本神经网络类编码

序 号	原子发射光谱数据/（mg/kg）					直读式铁谱数据		神经网络类编码					
	Fe	Cu	Al	Na	Mg	$D_L - D_S$	I_S						
1	17	9.7	2.7	122	20.5	8.7	230.6	0	0	0	0	1	0
2	10.8	6.1	2.8	207.1	35.4	0.6	10.9	0	0	0	1	0	0
3	13.6	9.2	3.7	257.6	46.7	1.7	72.9	0	0	0	1	0	0
4	15.7	17.4	5.1	158.4	32.9	7	191.8	0	1	0	0	0	0
5	10.4	9.5	3.2	115.2	20.5	9.5	346.8	0	0	0	0	1	0
6	19	16.2	5.4	163.1	26	9	457.2	0	1	0	0	1	0

（续）

序号	原子发射光谱数据/(mg/kg)					直读式铁谱数据		神经网络类编码					
	Fe	Cu	Al	Na	Mg	D_L-D_S	I_S						
7	5.6	5	1.2	48.5	13.3	7.5	183.8	1	0	0	0	0	0
8	11	8.8	0	75.8	17	14	462.0	0	0	0	0	1	0
9	10.6	7.9	2.7	87.7	15.3	7.3	288.4	0	0	0	0	1	0
10	8	7.3	1.8	87.3	15.4	1.3	24.3	1	0	0	0	0	0
11	23.3	11.3	3.6	115	21	13.6	569.5	0	1	0	0	1	0
12	13.1	6.7	4.1	186.1	33	2.2	95.5	1	0	0	0	0	0
13	15.2	9.5	13.5	322.8	55.9	0.2	7.4	0	0	1	1	0	0
14	8.1	5.8	14	119.2	17.1	17.4	1061.4	0	0	1	0	1	0
15	12	6.2	6.2	127.1	17.1	7.5	179.3	1	0	0	0	0	0
16	21	5.5	5.3	76.8	15.5	4.6	104.9	1	0	0	0	0	0
17	22.7	8.4	3.4	89.2	19.4	2.4	88.3	1	0	0	0	0	0
18	13.8	27.6	4.2	122.6	25.2	3	45.0	0	1	0	0	0	0
19	27.2	40.4	7.7	184.3	29.5	18.1	1040.8	0	0	0	0	1	0
20	16.6	8.5	21.1	115	22.4	6.1	227.5	0	0	1	0	0	0
21	20.2	8.7	24.7	113	24.5	13.1	585.6	0	0	1	0	0	0
22	68.9	22.2	64.5	181	32.8	23.8	1837.4	0	0	0	0	0	1
23	45.8	27.9	10.9	379.5	39.1	7.5	374.3	0	0	0	1	0	1
24	15.8	6.7	13.2	120.1	18.5	5	41.0	0	0	1	0	0	0
25	23.7	8.1	15.6	176.3	24.2	4.4	174.2	0	0	1	0	0	0
26	13.5	20.3	4.6	108.6	20	1.1	18.8	0	1	0	0	0	0
27	13.2	19.7	4.3	108.4	19.1	2.5	33.8	0	1	0	0	0	0
28	20	34.6	5.7	119.5	20.4	4.8	153.6	0	1	0	0	0	0
29	9.8	2.7	1.5	53.6	13.3	8.6	18.2	1	0	0	0	0	0
30	10.7	5.9	2.2	53.2	14.9	1.2	15.4	1	0	0	0	0	0

　　以该型柴油机剩余的14个油样监测数据作为测试样本，应用选择的子集和设计的BP神经网络验证本文构建的识别模型的有效性，被识别的14个磨损故障测试样本的神经网络类编码见表11-2。

表11-2　某柴油测试油样样本及测试结果

序号	原子发射光谱数据/(mg/kg)					直读式铁谱数据		神经网络类编码					
	Fe	Cu	Al	Na	Mg	D_L-D_S	I_S						
1	9.2	6.4	3.5	87.4	14.6	7.3	194.9	0.97	0.00	0.00	0.00	0.01	0.00
2	33.5	15.7	9	153	23.2	6.9	231.2	0.00	1.00	0.23	0.00	0.15	0.00
3	18.4	6.3	5.8	286.3	53.7	6.4	180.5	0.00	0.00	0.01	1.00	0.00	0.00
4	40.2	13.2	10.3	631.5	130.7	4.1	260.4	0.00	0.00	0.00	1.00	0.01	0.75

（续）

序 号	原子发射光谱数据/（mg/kg）					直读式铁谱数据		神经网络类编码					
	Fe	Cu	Al	Na	Mg	D_L-D_S	I_S						
5	28.9	16.6	8.2	496.2	128.5	4.9	219.0	0.01	0.01	0.12	1.00	0.00	0.06
6	13.2	28	3.9	122.5	24.3	1.1	13.9	0.00	1.00	0.00	0.02	0.00	0.00
7	54.8	34.7	11.9	439.8	45.4	8.6	522.9	0.00	0.01	0.00	1.00	0.04	1.00
8	43.5	31.9	7.4	187.9	38.3	2.9	98.9	0.00	1.00	0.00	0.42	0.00	0.18
9	19	15.3	1.5	110.9	23.9	2.6	49.4	0.00	0.98	0.00	0.02	0.00	0.00
10	20.6	17.2	2.1	115.4	23.8	2.5	57.8	0.00	1.00	0.00	0.01	0.00	0.00
11	25.3	15.8	5.6	131.8	22.8	3.4	161.2	0.00	0.98	0.00	0.00	0.22	0.00
12	21.3	16.2	4.6	126.3	22.3	10.1	457.5	0.00	1.00	0.00	0.00	1.00	0.00
13	20.6	4.8	8.8	105.5	18.8	0.5	4.7	0.00	0.00	0.80	0.25	0.00	0.00
14	17	7.8	5.6	105	18.8	0.7	11.8	0.33	0.00	0.02	0.01	0.00	0.00

从表 11-2 可看出，1#样本的表征向量中表征正常状态元素的值>0.8，可以认定为正常状态，14#样本的表征向量中表征正常状态元素的值虽然为 0.33，但是大于向量中其他元素值较多，可以认定为正常状态；2#、6#、8#、9#、10#、11#、12#等样本的表征向量中表征主轴承异常磨损状态元素的值均>0.9，可以认定这 7 个样本对应设备存在主轴承异常磨损现象，且 12#油样存在铁磁性颗粒较多的征兆；样本 2#、5#、13#油样表征向量中表征活塞异常磨损状态元素的值均有所体现，且 13#油样的该值为 0.80，可以认定为活塞有异常磨损的前期征兆；3#、4#、5#、7#油样表征向量中表征润滑油进海水的值为 1 或接近 1，认定这 3 个油样存在润滑油进海水的现象；4#、7#油样表征向量中表征综合磨损状态元素的值分别为 0.75、1.00，从油样的原始数据看，7#油样的各指标数据确实比 4#油样要大，这说明模型分类的正确性；从测试样本的总体识别看，基本上与专家识别相一致。

另外，从表 11-2 还可看出，由于指标为过程型指标，具有一定的渐变性，因此造成测试样本神经网络类编码没有像训练样本编码那样明确为 0 或 1，且正常状态时每次迭代运算输出模式编码数值存在不一致，但没有指向任何一种故障模式的现象，故障或存在故障隐患状态下的模式指向是明确的。

按照图 11-2 所示流程对存在问题的油样进行分析式铁谱和水分分析，检测发现 3#、4#、5#、7#油样的水分含量（体积分数）分别为 0.25%、0.46%、0.38%、0.29%。图 11-3a、b分别为 4#、7#油样铁谱谱片图像。从图 11-3a、b 可以看出，7#油样中含有大量的滑动磨损类磨粒和疲劳剥落磨粒，表明其综合磨损状态异常；4#油样中含有大量的切屑类磨粒和疲劳剥落磨粒，但从磨粒尺寸和磨粒密集度看，均较 7#油样小，这也在一定程度上验证了模型判定结果的准确性。

利用原始数据集建立 BP 识别网络所得的 14 个磨损故障测试样本的神经网络类编码见表 11-3。与表 11-2 相比，测试样本识别结果的准确性较差，但在一定程度上也说明，油液监测多源信息应用中需进行特征约简或者提取，以减少无用数据或冗余数据干扰。

a) 4#油样   b) 7#油样

图 11-3 柴油机故障特征磨粒

表 11-3 未进行特征约简的测试样本识别的神经网络类编码

测试样本编号	神经网络类编码					
1	0.00	1.00	0.02	0.01	0.00	0.03
2	0.03	0.01	0.03	0.98	0.00	0.12
3	0.00	0.00	0.00	1.00	0.21	0.53
4	0.00	0.00	0.00	1.00	0.03	0.27
5	0.00	0.95	0.00	0.79	0.01	0.00
6	0.00	0.96	0.13	0.06	0.00	0.01
7	0.00	1.00	0.00	0.00	0.03	0.05
8	0.00	0.79	0.00	0.99	1.00	0.36
9	0.00	0.96	0.00	0.99	0.99	0.12
10	0.00	1.00	0.13	0.01	0.03	0.00
11	0.78	1.00	0.00	0.00	0.00	0.00
12	0.00	1.00	0.00	0.01	0.27	0.00
13	0.00	0.04	0.03	0.00	0.85	0.00
14	0.01	0.74	0.00	0.00	0.07	0.00

11.2 基于决策树的诊断模型

决策树（Decision Tree）是机器学习中一种基本的分类和回归算法，是依托策略抉择而建立起来的树型决策流程，由于这种决策分支画成图形很像一棵树的枝干，故称决策树。在机器学习中，决策树就是带有多个判决规则（If-then）的一种树型结构，代表的是对象属性与对象值之间的一种映射关系，可以依据树结构中的判决规则来预测未知样本的类别和值。相比其他机器学习算法，决策树易于理解和实现，具有较好的可解释性。由于油液监测涉及的手段较多，且监测对象结构与监测信息的映射关系获取的难度相对较大，因此对于油液监测多源信息的映射关系构建决策树模型，在解决故障模式及故障间的信息关联等方面，更具适用性。

11.2.1 决策树原理

决策树是由节点（Node）和有向边（Directed Edge）组成，其节点有两种类型：内节点（Internal Node）和叶节点（Leaf Node），内节点表示一个特征或属性，叶节点表示一个类，而有向边则代表某个可能的属性值，每个叶节点则对应从根节点到该叶节点所经历的路径所表示的对象的值。决策树属于监督学习算法，在专家监督知识的基础上，建模过程中可以降低使用者对背景知识掌握程度。决策树的生成主要包含两个步骤：第一是节点的分裂，主要表示当前的属性无法判断时，产生新的节点；第二是阈值的确定，选择适当的阈值使得树的分类错误率最小。常见的基本树有 ID3、CART 建树算法，二者采用了不同策略的特征分裂方法。图 11-4 所示为一个面向齿轮油识别的 ID3 决策树。由图 11-4 可知，根节点包含样本全集，叶节点对应于决策结果，其他每个节点则对应于一个属性测试；每个节点包含的样本集合根据属性被划分到子节点中；同时包含样本熵、类别数量和对应的决策结果。

ID3 算法的核心思想是以信息增益来度量特征约简，选择信息增益最大的特征进行分裂，算法采用自顶向下的贪婪搜索遍历可能的决策树空间。

信息增益=信息熵-条件熵，即

$$Gain(D, A) = H(D) - H(D|A) \tag{11-6}$$

数据集的信息熵为

$$H(D) = -\sum_{k=1}^{K} \frac{|C_k|}{|D|} \log_2 \frac{|C_k|}{|D|} \tag{11-7}$$

式中　C_k——数据集 D 中属于第 k 类样本的样本子集。

针对某个特征 A，对于数据集 D 的条件熵 $H(D|A)$ 为

$$H(D|A) = \sum_{i=1}^{n} \frac{|D_i|}{|D|} H(D_i) = -\sum_{i=1}^{n} \frac{|D_i|}{|D|} \left(\sum_{k=1}^{K} \frac{|D_{ik}|}{|D_i|} \log_2 \frac{|D_{ik}|}{|D_i|} \right) \tag{11-8}$$

式中　D_i——D 中特征 A 取第 i 个值的样本子集；

　　　D_{ik}——D_i 中属于第 k 类的样本子集。

与 ID3 不同，CART 算法主要采用基尼系数来代替信息增益，基尼系数代表了模型的不纯度，基尼系数越小，不纯度越低，特征越好。假设 K 个类别，第 k 个类别中所包含的样本在总样本中的概率为 p_k，概率分布的基尼系数表达式为

$$Gini(p) = \sum_{k=1}^{K} p_k(1 - p_k) = 1 - \sum_{k=1}^{K} p_k^2 \tag{11-9}$$

对于数据集 D，个数为 $|D|$，根据特征 A 的某个值 a，将 D 分成 D_1 和 D_2，则在特征 A 的条件下，样本 D 的基尼系数表达式为

$$Gini(D, A) = \frac{|D_1|}{|D|} Gini(D_1) + \frac{|D_2|}{|D|} Gini(D_2) \tag{11-10}$$

建立决策树模型后，需要对建树的效果进行评价，一般评价预测值与真实值之间的差异，定义以下几个指标：真正率（TP）、真负率（TN）、假正率（FP）、假负率（FN），其和 n 为总的测试样本，可按以下公式评估预测模型的性能。

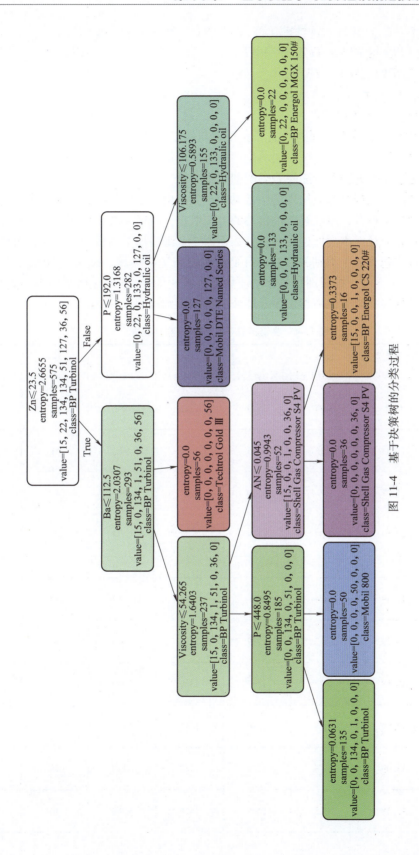

图 11-4　基于决策树的分类过程

正确分类率（C），正确预测数的比例：$C = (TP + TN)/n$

正预测值（PPV）：$PPV = TP/(TP + FP)$

负预测值（NPV）：$NPV = TN/(TN + FN)$

灵敏度（Sn）：$S_n = TP/(TP + FN)$

特指度（Sp）：$S_p = TN/(TN + FP)$

ROC 曲线面积：描述不同判别阈值下真正率与假正率之间的关系，ROC 面积越大，说明预测准确率越高。

11.2.2　基于决策树的润滑油品分类识别案例分析

柴油机油混用是工程机械应用现场中常见的现象，由于不同种类的油液混合导致柴油机产生故障风险的概率提升，而通过柴油机油的检测数据，判断系统内使用了何种油液，为解决该问题提供了新途径。本案例选择实验室数据库 518 组在用柴油机油数据为分析样本，见表 11-4。样本集中包含 4 个类别的油液，每个油液检测运动黏度、碱值（TBN）、Mg、Mo、Ca、Zn 和 P 等 7 个参数，按照训练集和验证集合数量比为 7：3 的比例将样本集进行拆分。以下通过样本数据建立决策树模型，演示油液的类别识别过程。

表 11-4　决策树算法所采用的监测数据

油液牌号	100℃运动黏度 /(mm²/s)	碱值 /(mgKOH/g)	Ca /(mg/kg)	Zn /(mg/kg)	P /(mg/kg)	Mo /(mg/kg)	Mg /(mg/kg)
Delo 500 15W-40	13.5	9.94	3359	1313	1040	67	14
Delo 500 15W-40	13.34	11	3525	1234	973	41	17
Delo 500 15W-40	14.27	9.9	3500	1222	991	41	13
CAT 3E 9842	13.19	9.09	1068	1472	1027	45	879
......							
CAT 3E 9842	12.49	8.24	998	1338	1057	57	914
CAT 3E 9842	13.29	8.42	1289	1325	1043	34	774
CAT 3E 9842	13.68	8.77	1367	1369	1050	34	793
CumminsCH-4 15W-40	12.69	10.8	1336	1511	1117	50	1236
CumminsCH-4 15W-40	13.09	10.3	1244	1487	1129	48	1143
CumminsCH-4 15W-40	12.58	10.5	1385	1479	1068	46	1214

（续）

油液牌号	100℃运动黏度 /（mm²/s）	碱值 /（mgKOH/g）	Ca /（mg/kg）	Zn /（mg/kg）	P /（mg/kg）	Mo /（mg/kg）	Mg /（mg/kg）
CumminsCH-4 15W-40	13.87	11.1	1712	1422	1044	41	1064
CumminsCH-4 15W-40	13.43	10.7	1332	1438	1058	41	1153
LIEBHERR 10W-40	14.79	16	4869	1348	1009	0	27
LIEBHERR 10W-40	14.63	15.1	4332	1261	1027	0	32
LIEBHERR 10W-40	14.14	15.7	4473	1295	1046	0	26
LIEBHERR 10W-40	14.29	15.7	4490	1239	1009	0	23
$N=518$							

首先，通过训练集的 361 个样本，建立决策树模型，如图 11-5 所示。

然后，采用验证集中的 157 个样本对模型精度进行验证，结果见表 11-5，并根据计算结果形成混淆矩阵，如图 11-6 所示。从表 11-5 和图 11-6 可看出，该模型对于 LIEBHERR 10W-40 的识别率最高，达到了 100%；对于 Delo 500 15W-40 的识别率最低，但也达到了 92.3%，说明该模型的精度较高，可以使用该模型对未知样本进行分类。

表 11-5　决策树算法误差

油液 代号	实际油液牌号	预测油液			
		Delo 500 15W-40	CAT 3E 9842	CumminsCH-4 15W-40	LIEBHERR 10W-40
0	Delo 500 15W-40	39	0	3	0
1	CAT 3E 9842	0	18	0	1
2	CumminsCH-4 15W-40	3	1	85	0
3	LIEBHERR 10W-40	0	0	0	7

为进一步验证模型的精度，重新在样本集外随机抽取 100 个检测数据，使用该模型对油液类别进行划分，形成 ROC 曲线如图 11-7 所示。结果表明，该模型对这 100 个样本的识别误差最高的依然是 Delo 500 15W-40，为 89%，其余类别识别效果均在 95% 以上。

11.2.3　基于决策树的柴油机磨损失效识别案例分析

从实验室数据库的柴油机子库中，选取钻井平台柴油机 325 个润滑油监测样本，样本数据包括：运动黏度、酸值、污染度、污染元素（Si）、添加剂元素（包括 Ca、Zn、P）、磨损元素（Fe、Cu、Al）以及铁磁性颗粒 PQ 指数。这些指标的不同组合可从多个维度表征柴油机磨损的失效形式、故障源和程度，性能指标、添加剂与磨损指标的相关性分析可以获得油液性能变化特别是添加剂的衰减对磨损失效形式及其程度的影响。

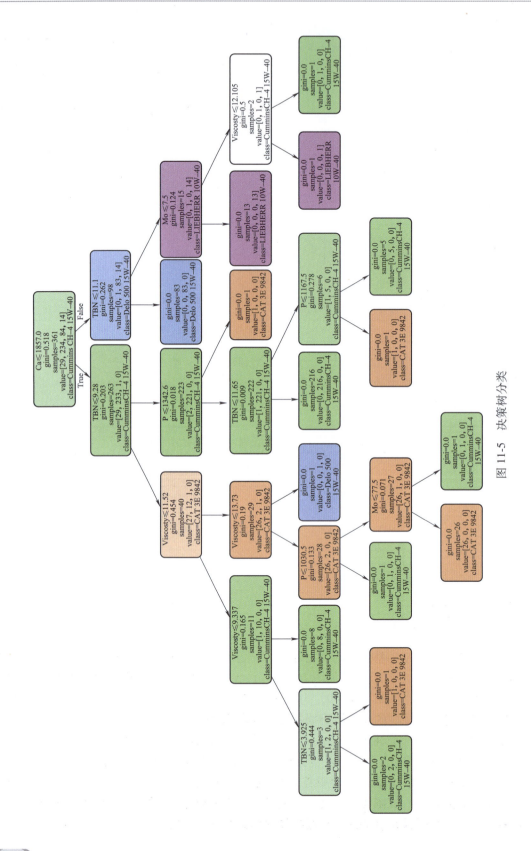

图 11-5　决策树分类

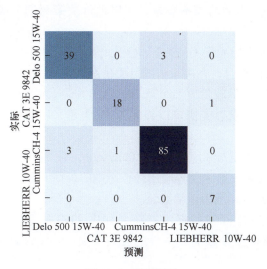

图 11-6　混淆矩阵

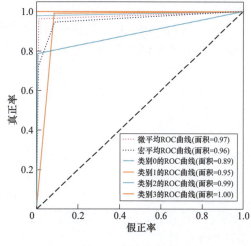

图 11-7　ROC 曲线

将磨损失效形式分为以下三类：磨粒磨损（标记为"0"类）、疲劳磨损（标记为"1"类）、滑动磨损（标记为"2"类），即分类模型中样本的输出。所选择的 325 组监测样本中，疲劳磨损样本为 52 个，磨粒磨损样本为 148 个，滑动磨损为 125 个。将这 325 组样本按 5∶5 比例分为两个样本集，分别作为训练集和测试集，每个样本集中，各失效形式样本均占比 50% 左右。在建树过程中，将测试数据集和训练集互换，即训练集变为验证集，验证集变为训练集，建立交叉验证子数据集，以此进行交叉评价所建树的决策效果，提升决策树模型的鲁棒性。

应用 CART 算法构建决策树诊断模型，如图 11-8 所示。图 11-8 中的 Value = {c_1, c_2,

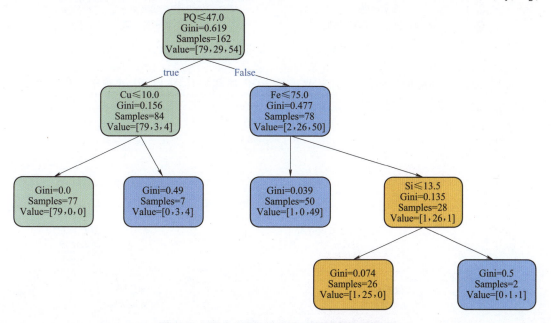

图 11-8　基于 CART 的柴油机磨损决策树模型

$c_3\}$，其中 c_1，c_2，c_3 分别表示属于 0 类、1 类、2 类的样本数量，用以评价决策树的分类效果。

由图 11-8 可看出，铁磁性颗粒的指数 PQ、磨损元素 Fe 含量、磨损元素 Cu 含量以及污染物元素 Si 作为柴油机磨损失效类型的关键指标集合，在决策树的分类情况如下。

1）当 PQ 指标值较高（PQ>47.0），且 Fe 含量较低（Fe<75.0mg/kg）时，为滑动磨损，这是由于滑动磨粒一般尺寸较大（>10μm），发射光谱难以检测到 Fe 含量，所以表现为 Fe 含量较低。

2）当 PQ 值较高（PQ>47.0）时，Fe 含量也较高（Fe>75.0mg/kg），且 Si 含量>13.5mg/kg 时，磨损失效模式为磨粒磨损，硅含量一般为外界硬质颗粒污染的表征元素。

3）当 PQ 值较低，且 Cu 含量也较低时，此时一般为正常磨粒。

由建树过程及其分类结果，做出分类效果评价用的混淆矩阵，如图 11-9 所示。从图 11-9 中计算得出，决策树模型可以正确诊断检测参数组中 94% 的疲劳磨损，96% 的磨粒磨损和 96% 的滑动磨损。

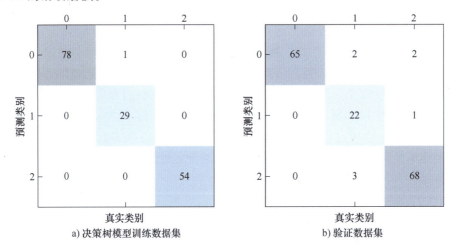

图 11-9　决策树模型训练数据集和验证数据集的混淆矩阵

图 11-10 所示为表明决策树准确率评价的 ROC 曲线。从图 11-10 可看出，训练数据集

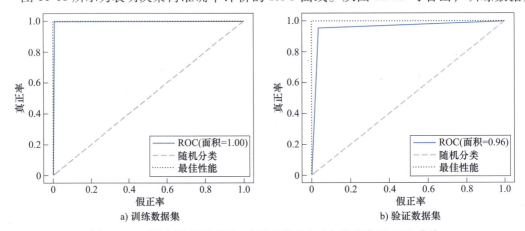

图 11-10　决策树分类模型基于训练数据集和验证数据集的 ROC 曲线

AUC 面积可达到 100%，而验证数据集 AUC 面积也可达到 96%，训练数据集和验证数据集 AUC 面积较为接近，表明决策树模型未出现过拟合。

11.3　基于支持向量机的诊断模型

支持向量机（Support Vector Machines，SVM）是目前常用的机器学习监督算法之一，在解决小样本、非线性及高维模式识别问题中表现出许多特有优势，尤其适用于润滑监测故障数据的特点，也为研究润滑磨损智能诊断提供了新的途径。SVM 原理上基本不涉及概率密度或大数定律等统计概率学知识，因此建模过程也不同于现有的多数模型。SVM 的最终决策函数只由少数的支持向量所确定，计算的复杂性取决于支持向量的数目，而不是样本空间的维数，这在某种意义上避免了"维数灾难"。从本质上看，它避开了从归纳到演绎的传统过程，实现了高效的从训练样本到预报样本的"转导推理"，大大简化了通常的分类和回归等问题。

11.3.1　支持向量机原理

基于 SVM 的故障诊断问题可作为对样本分类问题，即通过训练样本将数据空间划分为不同的分类区域，每个区域对应一种运行状态，然后将测试数据进行投影，确定其所属区域，推断测试数据对应的运行状态。支持向量机是一种二分类监督类算法，它的基本定义是在特征空间上的间隔最大的线性分类器，SVM 学习的基本想法是求解能够正确划分训练数据集并且几何间隔最大的分离超平面（$\omega x + b = 0$）。对于线性可分的数据集来说，这样的超平面有无穷多个（即感知机），但是几何间隔最大的分离超平面却是唯一的。由于实际数据大部分并不线性可分，SVM 的处理方法是选择一个核函数，通过核函数将数据映射到高维空间，将在原始空间中线性不可分转化为在高维空间线性可分，SVM 的学习策略就是间隔最大化，也等价于求解凸二次规划的问题，具体地，$K(x, z)$ 为正定核函数，意味着存在一个从输入空间到特征空间的映射 $\phi(x)$，对任意输入空间中的 x, z，有

$$K(x, z) = \phi(x)\phi(z) \tag{11-11}$$

如此就可获得低维数据在高维空间数据的投影结果，然后再对高维数据进行分类。对于二分类问题，采用 sign 函数作为感知机函数，即

$$f(x) = \text{sign}(\omega x + b) \tag{11-12}$$

当 $\omega x + b > 0$ 时，$f(x) = 1$；当 $\omega x + b < 0$ 时，$f(x) = -1$，然后得到线性二分类的识别结果。

而非线性的分类问题采用核函数替代线性支持向量机的内积，即

$$f(x) = \text{sign}\left(\sum_{i=1}^{N} \alpha_i^* y_i K(x, x_i) + b^*\right) \tag{11-13}$$

其中，α_i^* 为拉格朗日乘子，常用的核函数如高斯核函数为

$$K(x, x_i) = \exp\left(-\frac{\|x - x_i\|^2}{2\sigma^2}\right) \tag{11-14}$$

在分类时，当超平面距离数据点的"间隔"越大，分类的确信度（Confidence）也越大，如图 11-11 所示。为了使得分类的确信度尽量高，需要让所选择的超平面能够最大化这个"间隔"值，当得到最大"间隔"时，即获得 SVM 分类函数。

使用两种不同核函数对数据集样本进行分类，分类结果如图 11-12 所示。通过对比发

现，通常如果数据相对线性可分，则采用线性核函数或非线性核函数均有不错表现，如图 11-12a 所示。但对于非线性数据集，采用线性核函数表现就相对一般了，如图 11-12b 所示。

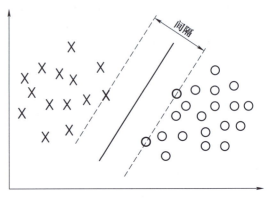

图 11-11 SVM 原理

11.3.2 案例分析

从广州机械科学研究院有限公司数据库的风力发电机主齿轮箱润滑油（齿轮油）数据库中，选取了 151 个样本作为研究对象，其中正常状态样本 50 个、油液性能劣化样本 50 个和系统异常磨损样本 51 个，每个样本下选取具有特征性的理化指标，包括 40℃运动黏度、酸值、水分、颗粒污染度（NAS 1638 污染度等级标准）、PQ 指数、光谱元素（Fe、Si、Ca、Zn、P）共 10 个项目记录，共得到 151 个有效试验数据，标准化处理后的数据见表 11-6。

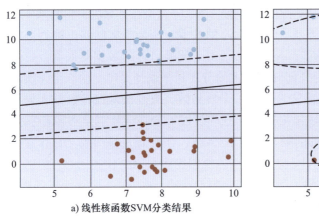

a) 线性核函数SVM分类结果

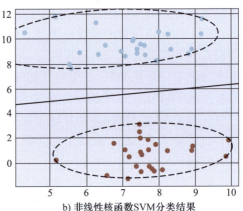

b) 非线性核函数SVM分类结果

图 11-12 不同核函数 SVM 分类结果对比

表 11-6 齿轮油检测项目部分数据标准化处理后结果

油样标签	40℃运动黏度 /(mm²/s)	酸值 /(mgKOH/g)	水分 /(mg/kg)	NAS-1638 污染度等级	PQ 指数	元素含量/(mg/kg)				
						Fe	Si	Ca	Zn	P
1	0.225	0.286	-1.027	-1.107	-0.363	-0.955	-1.523	0.530	0.072	-0.224
1	0.269	-0.713	-0.757	-0.553	-0.363	-1.045	-1.523	0.334	0.072	-0.099
1	0.030	-0.713	-0.892	0.000	-0.363	-0.866	-1.523	0.041	0.018	0.238
2	0.218	0.661	-1.113	0.553	-0.363	0.295	0.611	-0.740	-0.306	-0.295
2	0.146	-0.089	-0.095	0.553	-0.363	0.652	0.611	-0.544	-0.306	-0.330
2	0.374	-0.338	0.298	1.107	-0.363	0.474	0.611	0.041	-0.144	-0.295
3	0.244	-1.088	-0.647	0.553	-0.276	0.384	0.611	-1.521	-0.144	3.224
3	-0.325	-0.089	-0.843	1.660	1.091	0.742	1.679	-0.642	0.072	-0.455
3	-0.173	-0.213	-0.451	-1.107	0.736	1.367	0.611	-0.349	-0.144	-0.099

使用主成分 PCA 算法从原始数据中提取主成分分析结果见表 11-7。由表 11-7 可知，PCA 处理后的前 5 个主成分累计贡献率>80%，说明前 5 个主成分能较好地携带十维原始数据的分析信息，部分样本的前 5 个主成分得分情况见表 11-8。

表 11-7　齿轮油检测项目主成分分析结果

监测特征	第一主成分特征向量	第二主成分特征向量	第三主成分特征向量	第四主成分特征向量	第五主成分特征向量	主成分	特征值	累计贡献率（%）
运动黏度	-0.522	0.005	0.034	-0.068	0.095	1	2.954	29.539
酸值	0.050	0.026	0.839	-0.221	-0.266	2	2.410	53.638
水分	0.201	-0.269	0.360	0.191	0.735	3	1.086	64.499
NAS 等级	0.167	0.395	-0.054	-0.117	0.522	4	0.948	73.983
PQ 指数	0.015	0.312	0.204	0.766	-0.222	5	0.783	81.808
Fe	0.118	0.541	0.089	-0.070	0.071	6	0.600	87.812
Si	0.154	0.543	-0.105	0.004	-0.014	7	0.555	93.362
Ca	0.392	-0.261	-0.142	0.321	-0.091	8	0.331	96.668
Zn	0.543	-0.132	-0.039	0.022	-0.130	9	0.236	99.028
P	0.413	0.028	-0.020	-0.450	-0.167	10	0.097	100.000

表 11-8　齿轮油检测项目部分样本主成分得分

油样标签	第一主成分	第二主成分	第三主成分	第四主成分	第五主成分
1	-0.694	-1.762	-0.135	-0.091	-1.374
1	-0.655	-1.636	-0.887	0.001	-0.626
1	-0.449	-1.193	-0.921	-0.333	-0.469
2	-0.667	1.141	0.142	-0.846	-0.435
2	-0.357	0.988	-0.118	-0.427	0.520
2	-0.006	0.825	-0.315	-0.189	1.092
3	0.572	1.326	-1.096	-2.141	-0.174
3	0.235	2.677	-0.270	0.477	0.152
3	-0.185	1.085	-0.022	0.502	-0.875

利用 PCA 对提取的特征参数矩阵进行降维处理。图 11-13a 包含了所有的样本数据，将图 11-13a 中黑方框内数据样本放大，得到图 11-13b。从图 11-13b 可看出，二维主成分能对 3 类诊断状态进行初步聚类，其中系统润滑及磨损状态正常与油液劣化样本聚合度较好，存在 4 个数据交叉点；系统异常磨损样本分布较散且与油液劣化样本存在较多线性不可分数据点。为进一步分析，还得到了前三个主成分的三维得分图（见图 11-13c），三维主成分得分图能够较清晰地划分正常样本与油液劣化样本，而油液劣化样本与异常磨损样本则仍然存在线性不可分数据点。

综上所述，利用 PCA 主成分分析能对原始监测数据样本中的正常样本与油液劣化样本进行初步分类，为更清晰地描述分类结果，将抽取累计贡献率>80%的前 5 个主成分作为数

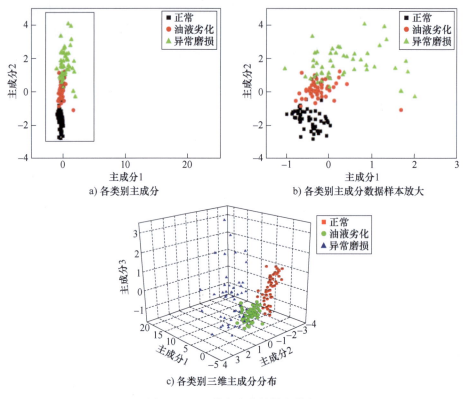

a) 各类别主成分

b) 各类别主成分数据样本放大

c) 各类别三维主成分分布

图 11-13　三维主成分的样本散点

据集，结合 SVM 进一步建立监测状态的分类识别模型。

　　将 151 个数据样本按 6∶4 的比例划分为训练集和测试集，即训练集样本 87 个，测试集样本 64 个。其中，训练集样本包含正常状态随机样本 32 个，油液性能劣化随机样本 23 个，系统异常磨损随机样本 32 个。通过网格搜索法确定 SVM 中的误差惩罚因子 $C=10$，设置 RBF 核参数 $g=0.1$，多项式和 Sigmoid 核参数 $g=1$。将训练样本得到的模型对测试集进行分类预测，最终可得到模型对三类监测状态的分类精度。

　　利用 SVM 对 PCA 降维后的样本进行分析，最终得到的分类精度见表 11-9。对 4 种核函数进行对比发现，RBF 核函数的分类精度达到 97%，分类精度最好；线性和多项式核函数次之，精度达到 95%；Sigmoid 核函数的分类精度为 75%，分类精度最差。

表 11-9　三类监测状态的 SVM 分类精度

SVM 类型	分类精度（%）			
	总分类	正常	油液劣化	系统异常磨损
线性核函数	95	100	96	89
RBF 核函数	97	100	96	94
多项式核函数	95	100	96	89
Sigmoid 核函数	75	89	59	78

　　为了测试 SVM 分类识别模型的稳定性，在数据集中加入 20% 噪声，得到的结果见

表 11-10。在加入噪声之后，线性核函数与 RBF 核函数分类精度最高，达到 94%，表明 SVM 分类识别模型具有较好的泛化能力。

表 11-10　加噪声后三类监测状态的 SVM 分类精度

SVM 类型	分类精度（%）			
	总分类	正常	油品劣化	系统异常磨损
线性核函数	94	93	94	94
RBF 核函数	94	100	94	88
多项式核函数	92	93	94	88
Sigmoid 核函数	71	86	100	29

11.4　基于集成学习的诊断模型

11.4.1　集成学习原理

在面向复杂的油液数据样本建模过程中，通常期望得到一个稳定且在各个方面表现都较好的诊断模型，但实际情况往往差强人意，有时只能得到多个有偏好的模型（弱监督模型，在某些方面表现比较好）。导致这种现象的原因可能是由于故障样本数据多维、脏样本等原因。集成学习的思想就是将多个弱监督模型结合一个强分类器，相比单一分类器获得更好"泛化性能"，其潜在思想是：即便某一个弱分类器得到了错误的预测，其他的弱分类器也可以对错误进行纠正。目前集成学习思想主要包含 Boosting、Stacking 及 Bagging 等三个类别，适用于在复杂环境下油液数据的诊断模型建模。

1）Boosting（提升方法）是一种采用减小监督学习中偏差的机器学习算法，其过程也是学习一系列弱分类器，然后组合为一个强分类器。Boosting 中有代表性的是 AdaBoost（Adaptive Boosting）算法：刚开始训练时对每一个训练样本赋予同等权重，然后对训练集训练 t 轮，并对训练失败的训练样本赋予较大的权重，也就是让学习算法在每次学习后更注意学错的样本，从而得到多个预测函数。

2）Stacking 是一种分层模型集成框架，前 $n-1$ 层由多个基学习器组成，其输入为原始训练集，方法要求基模型之间的相关性要尽量小，同时基模型之间的性能表现不能差距太大。第二层的模型则是以第一层基学习器的输出作为训练集进行再训练，从而得到完整的 Stacking 模型。

3）Bagging 是通过结合几个模型降低泛化误差的技术。主要思想是分别训练几个不同的模型，然后让所有模型表决样本的输出。Bagging 方法有很多种，其主要区别在于随机抽取训练子集的方法不同，如从整体数据集中采取有放回抽样得到 N 个数据集，在每个数据集上学习出一个模型，最后的预测结果利用 N 个模型的输出得到，分类问题采用 N 个模型预测投票的方式，回归问题采用 N 个模型预测平均的方式。随机森林（Random Forest）就属于 Bagging 集成学习的一种方式。随机森林由多个决策树组成，并且每一棵决策树之间是没有关联的，最终结果通过 N 个树投票得出。

集成学习已经被证明在 Kaggle 数据科学竞赛中能够获得较好的成绩，其具有极高的准确率，且不容易过拟合，有很好的抗噪声能力，对异常点离群点不敏感，同时能处理高维度的数据，且不用进行特征约简优化，前处理过程简单；其既能处理离散型数据，也能处理连

325

续型数据，数据集无需规范化（归一化）。在部署实施时，容易实现并行化运算，提升运算效率。图 11-14 所示为采用三种基分类器集成的融合模型的分类结果及模型边界。由图 11-14 可知，相比决策树、KNN 以及支持向量机 SVM 三种分类器的分类结果，采用投票方式的集成学习的结果泛化性能更好，也更为合理。

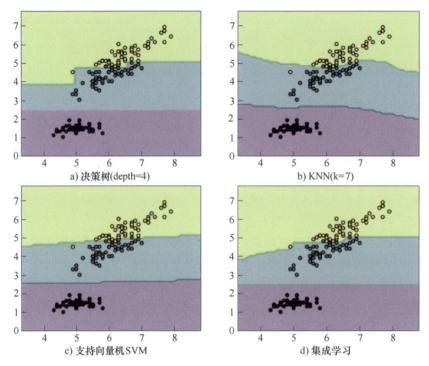

图 11-14　基于多元多类的集成学习投票分类结果

11. 4. 2　随机森林

随机森林（Random Forest）模型是由 BREIMAN 和 CUTLER 于 2001 年提出的一种基于集成学习的决策树优化算法。它通过对大量分类树的聚集提高了模型的预测精度，形成一种基于集成算法的集群决策树模型。随机森林的运算速度很快，且具有很强的抗干扰能力，在处理大数据时表现优异，即使存在大量的数据缺失，也可获得不错的效果。随机森林模型具有决策树的优点，决策过程中不用做变量选择，对于不平衡的数据集来说，它可以平衡误差，且具有很高的预测准确率，对异常值和噪声具有很好的容忍度，因此适用于多源异构、多故障模式、多映射关系的故障诊断。

随机森林属于 Bagging 集成学习的一种模型。随机森林由多个决策树组成，且每棵决策树之间没有关联，最终结果通过 N 个决策树投票得出。

随机森林大致过程如下。

1）从样本集中有放回随机采样选出 n 个样本。

2）从所有特征中随机选择 k 个特征，对选出的样本利用这些特征建立决策树。

3）重复以上两步 m 次，即生成 m 棵决策树，形成随机森林。

4）对于新数据，经过每棵树决策，最后投票确认为哪一类。

近年来，有学者提出采取分层抽样方式的加权随机森林，根据决策树的分类能力给决策树分配聚集投票时的权重，取代早期随机森林算法的简单投票。采用分层子空间加投票权重的随机森林为不剪枝的分类回归决策树的集成，不剪枝决策树是学习通过装袋（Bootstrap）获得的训练数据集的有放回抽样样本，即为袋内数据。其原理是，在每棵决策树的生长过程中，根据其训练数据集中指标特征和所属类别的相关性，对指标特征进行分层；在其每个节点处采用分层抽样技术生成特征子空间，从中选择特征用于节点分裂；在聚集决策树时，采用权重树的集成方式，充分利用袋外数据（未装袋数据）来评估树的分类能力，给决策树分配集成时的权重。当分类输入新数据样本时，向森林中的每棵决策树传递数据样本，每棵树给出一个分类结果，将所有树的分类结果融合对应的权重，选择在森林的所有决策树中得票最多的类别作为最终决策，如图 11-15 所示。

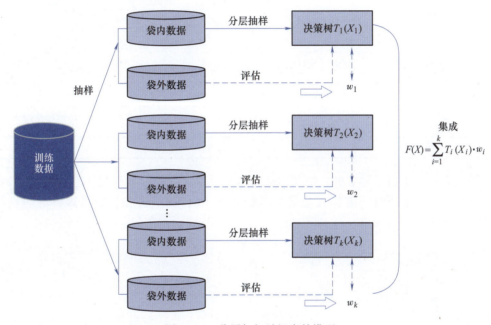

图 11-15　分层加权随机森林模型

加权随机森林构建流程如下。

1）对于随机森林中的每颗决策树模型，通过 Bagging 方法生成袋内数据和袋外数据。

2）根据袋内数据，计算指标特征和类别映射信息量，并得到指标特征关于类别的相关性程度，基于指标特征与类别的相关程度，将特征分为两个不相交的特征层。

3）对于树中的每个节点，采用分层抽样技术生成特征子空间，子空间中的特征为待分裂节点选择最佳分裂方式的候选特征。

4）决策树不剪枝的生长，直至达到最大深度时停止。

5）使用袋外数据评估决策树准确率，并将准确率设置为权重 w_i。最终获得随机森林模型为

$$F(X) = \sum_{i=1}^{k} w_i T_i(X_i)$$

式中　$T_i(X_i)$——第 i 棵决策树的识别结果；

　　　　k——决策树的数量；

w_i —— T_i 决策树的相应权重，分类越准确的树会被分配更大的权重。

11.4.3 案例分析

采用 11.2.3 中决策树模型使用的相同磨损失效识别训练样本进行学习，并应用相同的测试样本进行验证评估，建立基于随机森林的磨损模式识别模型，每棵决策树用来训练的数据集都是通过有放回抽样得到，抽样数据集与单一决策树数据集大小一致，设置最大决策树的数量为 20，模型性能与决策树比较见表 11-11，与应用 CART 算法得出的单一决策树模型相比，随机森林的指标更均衡、表现更好。

表 11-11　决策树（CART）和随机森林模型的性能对比

性能测试	决策树（CART）		随机森林	
	训练	验证	训练	验证
准确率 C(%)	99.4	95.1	100.0	95.7
敏感性 Sn(%)	96.6	81.4	100.0	81.7
特异性 S_p(%)	100.0	95.7	100.0	97.0
阳性预测值比例 PPV(%)	98.8	95.7	100.0	95.3
阴性预测值比例 PPV(%)	100.0	94.2	100.0	98.5
AUC 值	1.00	0.96	1.00	0.98

训练完成后，按照分类结果，生成随机森林模型的混淆矩阵如图 11-16 所示，ROC 曲线如图 11-17 所示。通过训练集和验证集混淆矩阵和 ROC 曲线可知，随机森林的识别率达96%，ROC 曲线面积为 0.98。

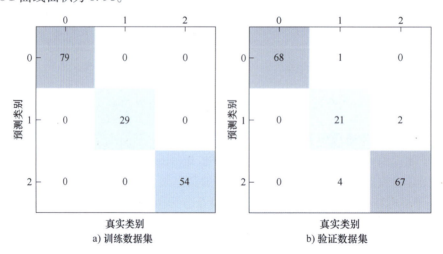

图 11-16　随机森林模型训练数据集和验证数据集的混淆矩阵

随机森林分类树的个数与决策深度是影响模型的重要参数，如图 11-18 所示，当分类树个数>7 时，训练数据集的验证准确性趋于稳定，当分类树个数>20 时，验证数据集的准确性最优且趋于稳定，项目最终选取分类树个数为 20；当决策深度等于 3 时，训练数据集和验证数据集准确性均达到最优。

在油液润滑磨损智能诊断建模过程中，往往单一模型不能完全适应于多维、非线性的油

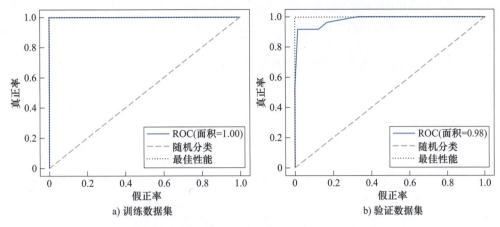

a) 训练数据集　　　　　　　　　b) 验证数据集

图 11-17　随机森林模型基于训练数据集和验证数据集的 ROC 曲线

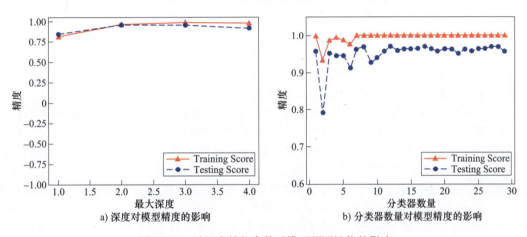

a) 深度对模型精度的影响　　　　　b) 分类器数量对模型精度的影响

图 11-18　随机森林超参数对模型预测性能的影响

液数据情况，随机森林模型是对决策树模型的优化拓展，通过多棵决策树的集成来有效提高模型分类和预测能力的鲁棒性。对比单一决策树的识别结果，采用多棵决策树集成的随机森林模型可以进一步提升预测准确率和稳健性，相比单一模型更适用于设备的故障诊断。且通过对故障诊断结果的分析，随机森林模型能够避免复杂的参数寻优过程和传统分类器的过拟合现象，能够处理大规模数据集，通过分类器的组合，提高了故障诊断准确率，并缩短了分类模型的预测时间，具有较好的应用前景。

━━━━━━━━　参 考 文 献　━━━━━━━━

［1］伊恩·古德费洛，约书亚·本吉奥，亚伦·库维尔. 深度学习［M］. 北京：人民邮电出版社，2017.

［2］周志华. 机器学习［M］. 北京：清华大学电出版社，2016.

［3］宋旭东. 面向深度学习和大数据的轨道交通轴承故障智能诊断方法［M］. 北京：清华大学电出版社，2023.

［4］黄志坚. 液压系统故障智能诊断与监测［M］. 北京：电子工业出版社，2023.

［5］ 黄南天．电气设备故障智能诊断技术［M］．北京：科学出版社，2016.

［6］ 魏浩．基于深度学习的旋转机械故障诊断与剩余使用寿命预测方法研究［D］．北京：北京化工大学，2023.

［7］ 岳根霞，王剑，刘金花．决策树算法在诊断机械故障信息挖掘中的应用［J］．机械设计与制造，2022（1）：168-171，176.

［8］ 庞梦洋，索中英，郑万泽，等．基于 RS-CART 决策树的航空发动机小样本故障诊断［J］．航空动力学报，2020，35（7）：1559-1568.

［9］ 黄瑾，刘洋，钟麦英，等．利用随机森林算法的卫星控制系统故障诊断［J］．宇航学报，2021，42（4）：513-520.

［10］ WANG Y, LU C J, ZUO C P. Coal mine safety production forewarning based on improved BP neural network［J］. International Journal of Mining Science and Technology, 2015, 25：319-324.

［11］ ZHAO X F, QIN B, ZHOU L. BP neural network recognition algorithm for scour monitoring of subsea pipelines based on active thermometry［J］. Optik, 2014, 125：5426-5431.

［12］ MA D Y LIANG Y C, ZHAO X S. Multi-BP expert system for fault diagnosis of power system［J］. Engineering Applications of Artificial Intelligence, 2013, 26：937-944.

［13］ 曲朝阳，高宇蜂，聂欣．基于决策树的网络故障诊断专家系统模型［J］．计算机工程，2008，34（22）：215-217. DOI：10.3969/j. issn. 1000-3428. 2008. 22. 075.

［14］ 张超，马存宝，宋东，等．基于粗糙决策树模型的复杂设备智能故障诊断［J］．兵工学报，2008，29（9）：1123-1128. DOI：10.3321/j. issn：1000-1093. 2008. 09. 021.

［15］ 李世其，段学燕，刘燕．一种决策树增量学习算法在故障诊断中的应用［J］．华中科技大学学报（自然科学版），2006，34（4）：79-81. DOI：10.3321/j. issn：1671-4512. 2006. 04. 025.

［16］ 凌维业，贾民平，许飞云，等．粗糙集神经网络故障诊断系统的优化方法研究［J］．中国电机工程学报，2003，23（5）：98-102. DOI：10.3321/j. issn：0258-8013. 2003. 05. 022.

［17］ 曹龙汉，曹长修．基于粗糙集理论的柴油机神经网络故障诊断研究［J］．内燃机学报，2002，20（4）：357-361. DOI：10.3321/j. issn：1000-0909. 2002. 04. 013.

［18］ 郭创新，朱传柏，曹一家，等．电力系统故障诊断的研究现状与发展趋势［J］．电力系统自动化，2006，30（8）：98-103. DOI：10.3321/j. issn：1000-1026. 2006. 08. 021.

［19］ 王皓，周峰．基于小波包和 BP 神经网络的风机齿轮箱故障诊断［J］．噪声与振动控制，2015，35（2）：154-159.

［20］ 许敬成，陈长征．BP 神经网络在齿轮箱故障诊断中的应用［J］．噪声与振动控制，2018，（22）：673-677.

［21］ 张亮，陈志刚，杨建伟，等．基于决策树与多元支持向量机的齿轮箱早期故障诊断方法［J］．计算机测量与控制，2016，24（1）：12-15.

［22］ 古莹奎，潘高平，朱繁泷，等．基于邻域属性重要度与主成分分析的齿轮箱故障特征约简［J］．中国机械工程，2016，27（13）：1783-1789.

［23］ 刘方园，王水花，张煜东．支持向量机模型与应用综述［J］．计算机系统应用，2018，27（4）：1-9.

［24］ 白鹏．支持向量机理论及工程应用实例［M］．西安：西安电子科技大学出版社，2008.

［25］ 周志才，刘东风，石新发．基于灰信息挖掘的视情维修决策方法研究［J］．振动与冲击，2016，35（5）：55-58.

［26］ 李武，胡冰，王明伟．基于主成分分析和支持向量机的太赫兹光谱冰片鉴别［J］．光谱学与光谱分析，2014，（12）：3235-3240.

［27］ 赵海洋，王金东，刘树林，等．基于神经网络和支持向量机的复合故障诊断技术［J］．流体机械，2008，36（1）：39-42，73.

［28］王爱平，万国伟，程志全，等．支持在线学习的增量式极端随机森林分类器［J］．软件学报，2011，22（9）：2059-2074．

［29］吴潇雨，和敬涵，张沛，等．基于灰色投影改进随机森林算法的电力系统短期负荷预测［J］．电力系统自动化，2015，39（12）：50-55．

［30］鄢仁武，叶轻舟，周理．基于随机森林的电力电子电路故障诊断技术［J］．武汉大学学报（工学版），2013，46（6）：742-746．

［31］王梓杰，周新志，宁芊．基于PCA和随机森林的故障趋势预测方法研究［J］．计算机测量与控制，2018，26（2）：21-23，26．

第 12 章　磨粒图像智能识别

磨粒分析技术是一种有效的设备工况监测和故障诊断的手段，其核心是对磨粒的定性和定量分析，常用的分析方法是采用磨粒分析技术，该分析方法在前面章节已经介绍。传统的磨粒分析主要是依靠行业专家完成，识别结果和诊断意见往往取决于专家的个人经验和领域水平，存在主观性强、误差不可控等问题，专家人才的稀缺也提高了磨粒分析的成本，这些因素都在很大程度上制约了磨粒分析技术的应用和进一步发展。为了突破上述制约与瓶颈，基于图像识别的磨粒智能识别技术应运而生，使磨粒分析工作对专家的依赖性大幅度降低，分析诊断效率也明显提升。

12.1　磨粒图像智能识别的发展过程

自铁谱分析方法问世后，通过计算机技术来实现以磨粒智能识别为关键技术的磨粒分析自动化研究就一直在进行着。磨粒智能识别的核心构成技术包括特征提取和分类决策网络两个部分。特征提取部分负责将磨粒的形状、纹理、颜色等信息量化为具体的特征参数；分类决策网络部分负责将这些特征参数映射变换到具体磨粒的类型。根据这两个部分所采用技术特点不同，大体可将磨粒识别分为基于规则系统、传统机器学习、特征学习和深度学习 4 个阶段。

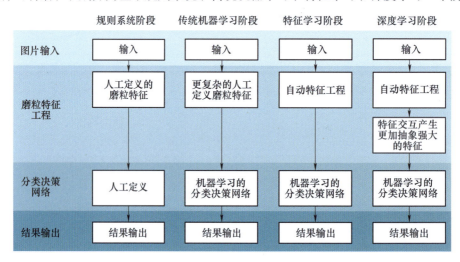

图 12-1　磨粒图像智能识别的发展过程

1）基于规则系统：最早的识别系统是基于规则系统进行开发的，成形于 20 世纪 70 年代。这个阶段磨粒特征提取和分类决策网络都是人工定义的，即人为设定需要提取磨粒的特征和这些特征的提取方法，并依据专家经验制定磨粒与磨粒特征直接的关联规则，以完成磨粒的分类，识别效果非常依赖于专家的设计能力。

2）基于传统机器学习：随着计算机科学技术的发展，2005 年前后，磨粒识别进入到传统机器学习阶段，此时特征提取和分类决策网络都有了很大的改进。在特征提取方面，数学形态学、小波分析、反相灰度、颜色聚类等技术提取了更复杂的磨粒形态特征，从而提升了磨粒识别的准确率；在分类决策网络上引入了机器学习中的分类器，如采用 BP 神经网络、决策树、支持向量机等替代原有基于专家经验制定的分类规则，这些分类器可以通过数据自主学习分类规则，其分类准确率优于专家经验制定的分类规则。

3）基于特征学习：人工设计的特征对磨粒进行表征本身具有局限性，是对图像的简化表示，表达的图像信息往往不够全面。大部分特征参数只能适用于含有特定特征的磨粒、特征参数之间甚至可能存在冲突。2012 年，卷积神经方法开始出现在图像识别领域，并展示出强大的特征提取能力，在 2018 年磨粒识别也引入了该技术。卷积神经网络可以根据数据特征自行学习，完成磨粒特征的设计、提取，如此获得的特征对磨粒有强大的表达能力，该技术让磨粒分类的准确性有了突破性的飞跃。

4）基于深度学习：目前的磨粒识别技术已全面进入深度学习阶段，更加高效、复杂的卷积网络模型被应用到磨粒识别任务中，磨粒识别的准确率也逐步提高。在这个阶段中，磨粒识别也由单个磨粒的识别向多磨粒的目标检测、目标实例分割发展。磨粒识别技术也不仅仅局限于磨粒图像的识别，在应用场景上也进行了更多的探索，如在线磨粒传感器上视频数据中磨粒的识别、多源数据融合下磨粒识别、磨粒图像复原等处理技术。

纵观磨粒识别发展的整个过程，可以发现磨粒识别本质上是一种图像识别，其依托于图像识别技术的发展，目前也朝着深度学习、智能识别的方向发展。随着磨粒识别准确率的提高，部分较为成熟的磨粒识别技术也开始了工业化应用的尝试，进行设备磨损程度诊断及磨损故障识别。

12.2　磨粒智能识别原理

磨粒识别是计算机图像识别技术的一种，在原理上是模拟人类的视觉识别机制实现的。在磨粒识别过程中，知觉机制必须排除输入的多余信息，抽出磨粒的关键信息，最后由大脑中一个机制将分阶段获得的磨粒信息整理成一个完整的视觉印象，与大脑存储记忆中已经分好的磨粒类别进行对比识别。这种识别方式简单地说就是先提取磨粒所具有的特征，然后与候选类别的特征进行对比分类。因此，由此机制实现的磨粒识别可以根据信息处理过程分为磨粒的特征提取阶段和特征对比识别阶段。磨粒的特征提取部分一般称为磨粒的特征工程；特征的对比识别称为分类器。下面对这两部分进行详细介绍。

12.2.1　磨粒特征提取

磨粒的分类极其依赖于磨粒特征参数，而特征参数提取效果优劣直接关系到磨粒识别准确率的高低。磨粒特征提取就是特征参数设计、选取及处理的过程，是磨粒识别中的关键步骤。特征工程的目的是尽可能地从磨粒图像数据中获取到全面且准确的磨粒特征参数，各类磨粒之间特征参数差异越明显越有利于后期的磨粒分类。选择哪些参数以描述磨粒的特征、怎么计算这些特征参数，是一个需要长期试验的课题。根据磨粒特征工程的发展历史，可以分为人工设计的手动特征工程和机器自主学习的自动特征工程两个阶段。

1. 磨粒特征人工提取

手动特征提取是一种传统的特征工程方法，它主要是利用领域知识来构建特征，一次只能产生一个特征，这是一个繁琐、费时又易出错的过程。手动特征工程主要存在于基于规则系统、基于传统机器学习的磨粒识别技术中。

根据磨粒识别的相关论文，为了尽可能地描述磨粒图像的特征信息，人们在过去使用计算机图像处理技术、形态学分析方法等手段提出了超过 200 个用来描述磨粒特征的特征参数。但从研究结果可以看出，人工设计的特征对磨粒进行表征本身具有很大的局限性，一是这些特征参数仅仅是对图像的简化表示，所表达的图像信息往往不够全面，二是部分特征参数是针对某些特定场景下的磨粒进行设计的，导致这些磨粒特征参数不具有普适性，甚至在不同的场景下还存在冲突。这些问题只能通过再次设计新的特征或对特征参数进行处理来缓解，这又使得磨粒识别系统的普适性及泛化能力受到了一定的限制。因此，合理设计和选取合适的磨粒特征参数，并对其进行恰当的处理是提高磨粒识别准确率的关键，表 12-1 列出了最为常用的几类特征参数及其定义，这些特征参数主要从结构参数、形状参数、颜色参数、几何参数、纹理参数和分形参数方向提出。

表 12-1　磨粒特征定义

特征	定　义
面积 S	磨粒的投影面积
长度 L	磨粒长轴方向的长度
粒度 D	磨粒的等效圆直径，$D = 2\sqrt{S/\pi}$
圆度 R	磨粒轮廓边缘与圆的相似程度 $R = 4S/\pi L^2$
纤度 R_f	磨粒中心轴长度除以磨粒宽度
轮廓特征 CF	轮廓点与其重心距离的有序数列，由最远点为起点顺时针标记，并通过归一化、插值将数据转为到固定值域和长度

手动特征提取虽然具有很高的可解释性，通常仅需要很低的运算量。但因其表征简单、存在很多先天性不足，而且随着计算机处理能力的提升，低运算量的优势已不再明显，逐渐被以卷积神经网络为代表的图像自动特征工程取代。

2. 磨粒特征智能提取

自动特征工程旨在通过从数据集中自动创建候选特征，且从中选择若干最佳特征用于训练或预测的一种方式，从而实现特征的自主学习，被广泛应用于各类机器学习任务中。在图像识别领域，目前自动特征工程主要通过卷积神经网络来实现。

卷积神经网络（Convolutional Neural Networks，CNN）是近年发展起来的一种高效的计算机视觉物体识别方法。卷积神经网络源于生物中的视觉神经网络，它通过特殊的网络连接方式模仿生物识别图像的多层过程，首先理解的是颜色和亮度，然后是边缘、角点、直线等局部细节特征，接下来是纹理、几何形状等更复杂的信息和结构，最后形成整个物体的概念，从而能够用于解决复杂的图像分类问题，实现高准确度的图像识别。近些年的研究表明，卷积神经网络具有很强的泛化能力以及特征学习能力，这也为磨粒识别提供了一种新的解决思路。

卷积神经网络主要由卷积层、池化层构成，卷积层主要负责特征的提取，池化层负责特征的压缩。

（1）卷积层（Convolution Layer）

卷积层是一种特殊的神经网络结构。一般而言，神经网络中神经元的个数越多、神经元之间的连接越复杂，能够表示的输入输出关系就越多，对特定输入输出关系的表示也就越精确，但神经元个数越多，神经元之间的连接越复杂，也就越难找到合适的权重。尤其是当网络的输入数据为图像时，不同的网络层的神经元如果以全连接方式构成神经网络，则网络参数量会变得非常大，以 1000×1000 像素的图片为例，即使当下一层神经网络仅有 100 个神经元时，该层间的参数就有（1000×1000+1）×100 ≈ 1 亿个参数，这对神经网络的权重训练来说是灾难性的，以目前计算机的计算能力是难以完成训练的。

对此，为了减少参数量，人们提出了局部感知野的概念，即图像中位置相距较近的像素点之间有较强的关系，因此神经元只需要对图像的局部信息进行感知，然后将各个局部的感知结果进行组合得到全局信息，这就是卷积层的基本思路。

卷积神经网络中最重要的特点就是在卷积层完成的卷积运算操作。假设二维图像卷积时其输入层为第（$l-1$）层，它输入的特征图是尺寸为 $U \times V$ 的 $X^{(l-1)}$，特征对应的卷积核是尺寸为 $M \times N$ 的 $K^{(l)}$，若给每个输出都加上一个偏置单元 $B^{(l)}$，则卷积层的输出 $X^{(l)}$ 为一个（$U - M + 1$）×（$V - N + 1$）阶矩阵，对应位置 $X_{i,j}^{(l)}$ 元素的计算过程为

$$X_{i,j}^{(l)} = \sum_{m=0}^{M-1}\sum_{n=0}^{N-1} k_{m,n}^{(l)} \times x_{i+m,j+n}^{(l-1)} + b^{(l)} \tag{12-1}$$

式（12-1）中，$0 \leq i \leq U$，$0 \leq j \leq V$，$k_{m,n}^{(l)}$、$b^{(l)}$ 就是需要被学习的权重。在磨粒识别中，卷积过程中的输入往往是多通道的，例如输入层的磨粒图片通常采用的是 RGB 三通道格式，进行的第一次卷积就是三通道的。在对这些图像进行多通道卷积操作时，需将二维卷积扩展到对应位置的所有 D 个通道上，因此在对 D 个通道的图片进行卷积时对应卷积核要有与之对应的 D 个通道，最终将一次卷积处理的所有元素的和作为该位置的卷积结果，计算过程为

$$X_{i,j}^{(l)} = \sum_{d=0}^{D-1}\sum_{m=0}^{M-1}\sum_{n=0}^{N-1} k_{d,m,n}^{(l)} \times x_{d,i+m,j+n}^{(l-1)} + b^{(l)} \tag{12-2}$$

为了可视化卷积过程，选滚动轴承运行过程产生的磨粒，（见图 12-2a），进行整体边

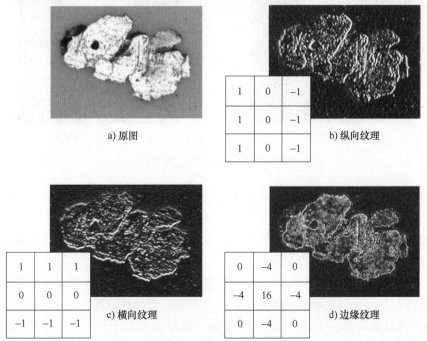

a）原图

b）纵向纹理

c）横向纹理

d）边缘纹理

图 12-2　卷积操作示例

缘、横向边缘、纵向边缘卷积，结果分别如图 12-2b ~ d 所示，即通过卷积操作分别获取磨粒的整体轮廓信息、横向边缘信息、纵向边缘信息。可以看出，卷积操作是将输入图像与某个卷积核进行卷积运算，从而得到与这个卷积核对应的特征图，换言之，就是通过不同的卷积核对图像进行卷积操作，可以实现不同特征的提取。卷积核中的权重参数是通过反向传播网络训练学习得到的，这种根据数据集特点学习、创建得到的参数，对数据集具有很高的适配性，具有很强大的特征提取能力。

（2）池化层

池化层（Pooling Layer）也称为采样层。为了对一个区域经过卷积提取的特征进行聚合统计，人们引入了池化操作。池化即是对输入的特征图进行采样，以一种特定的方式对特征图进行压缩的过程。如图 12-3 所示，取过滤器覆盖范围内的最大值作为输出，其中过滤器尺寸和移动步长为 2，这就是最大值池化操作。

图 12-3　最大值池化

最大值池化就是保留特征图各个区域的最大激活值组成新的特征图，如图 12-4 所示。从图 12-4 可看出，池化操作保留了卷积层特征图中高亮的像素点，即保留了更加重要的特征，可以认为池化操作是一种高效的特征图降维操作。

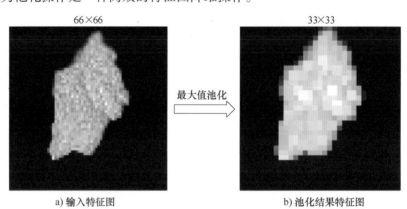

a) 输入特征图　　　　　　　　　　　　　b) 池化结果特征图

图 12-4　图像最大值池化示例

卷积神经网络本质是一类结构特殊的 BP 神经网络，其强大的特征表达能力源于以下几个方面。

1）卷积神经网络的特殊结构设计使得网络更关注图像中位置相距较近像素点之间的关系，而这些关系正是图像特征提取的核心。

2）卷积神经网络中卷积核的权重参数是通过误差梯度反向传播训练学习得到的，这种根据数据集特点学习、创建得到的参数，对数据集具有很高的适配性。

3）由于其自动学习的特点，避开了人工设计特征的繁重工作，卷积神经网络在实际应用中都是多层多核的，将这些卷积核包含在一个复杂且足够深度的网络中，多级特征之间组合成更具表达能力的高级特征，使其特征表达能力远超手动特征工程。

总的来讲，与手动特征工程相比，卷积神经网络无论是在特征表达能力还是设计便捷性上都具有无可比拟的优势，因此目前被广泛应用于图像识别的自动特征工程中。磨粒识别作为图像识别的一种特殊应用，在磨粒的自动特征工程中自然也大量采用卷积神经网络。

12. 2. 2　磨粒特征分类方法

前面介绍了磨粒的手动特征工程和自动特征工程，将特征工程提取的特征通过一定的关系映射到磨粒类别中，即完成了磨粒的识别。无论是早期基于规则系统还是后期基于传统机器学习或深度学习方法，其本质都是在完成这个映射。

这个映射过程可以视为机器学习中的分类问题，解决分类问题的算法很多。根据磨粒识别的相关研究论文，其中较为常见的分类算法有：决策树、逻辑回归（最大熵分类器）、支持向量机、朴素贝叶斯和 BP 神经网络等；另外，可以将不同的分类算法进行组合，形成集成学习算法，如随机森林等。

1. 决策树

决策树是一种基于"if-then-else"规则的有监督学习算法，与"if-then-else"规则不同的是决策树的规则通过数据集训练得到，而不是人工制定的。决策树算法采用树形结构，使用层层推理来实现最终的分类。如图 12-5a 所示，在进行磨粒分类时，在树的内部节点（特征条件）处使用某一磨粒特征值进行判断，根据判断结果决定进入哪个分支节点，直至到达叶节点处（磨粒类别），最终得到分类结果。决策树是最简单的分类算法，它易于实现，可解释性强，完全符合人类的直观思维，有着广泛的应用。

2. 逻辑回归

决策树是一类广义线性模型，常用于二分类，由于其表达能力有限，因此该方法一般不直接用于磨粒分类，通常是判断某个颗粒是否属于某个磨损类别，而通过多个逻辑回归，可以实现对磨粒复合磨损类别的判断，如图 12-5b 所示。比如，某些颗粒经过多次磨损后既满足磨损类型 A 的特征，又符合磨损类型 B 的特征，此时使用其他多分类的分类器，只能将其划分为 A、B 中的某一类，但是如果采用多个逻辑回归，则可以很好地将这个磨粒符合的磨损类型都识别出来。

3. 支持向量机

很多时候磨粒特征与磨损类型的映射关系不是线性可分的（见图 12-5c，无法通过一条直线将特征划分为不同的集合），此时需要寻求一种功能更为强大的非线性可分的分类器。支持向量机则是可以满足这类非线性可分的情况，它通过内核函数执行一些非常复杂的数据转换，将低维度的输入空间转换为更高维度的空间，从而在高维空间中完成分类。

4. 神经网络

神经网络是一种模仿动物神经网络行为特征，进行分布式并行信息处理的算法数学模型，如图 12-5d 所示。这种网络依靠误差的反向传播调整网络内部大量节点之间相互连接的关系，从而达到处理信息的目的，并具有自学习和自适应的能力。神经网络以磨粒特征为输入，输出是各种磨粒的概率，最后选择概率最大者为该模型的分类。神经网络由于其结构复杂且具有很强大的分类能力，因此对数据量的要求更高，在数据量足够时，神经网络的分类效果好于其他分类器。

5. 集成学习

集成学习本身不是一个单独的分类算法，而是使用一个序列学习器进行学习，并使用某种规则将各个学习结果进行整合，从而获得比单个学习器更好的学习效果的一种机器学习方法。例如，采用多个决策树聚合成随机森林，通过多数分类器的正确结果来规避少部分分类器得到的错误预测，并对错误的磨粒分类进行纠正。

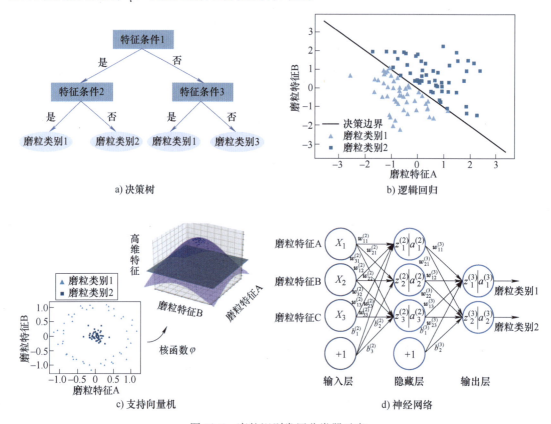

图 12-5　磨粒识别常用分类器示意

上述这些分类器在早期的磨粒识别模型中均有采用，以满足特定磨粒识别任务需求。但随着磨粒数据的累计，神经网络的强大拟合效果逐渐凸显优势。神经网络与卷积神经网络属于同类技术，在模型搭建方面更加方便。因此，当图像识别/磨粒识别进入以采用卷积神经网络进行自动特征工程为标志的深度学习阶段时，其他分类器逐渐被神经网络所取代。

12.2.3　磨粒特征提取辅助技巧

数据作为深度学习的驱动力，对于模型的训练至关重要，充足的训练数据不仅可以缓解模型在训练时的过拟合问题，而且可以进一步扩大参数搜索空间，帮助模型进一步朝着全局最优解优化。但是，很多实际的项目都难以有充足的数据来完成任务，若要保证完美完成任务，则需要做好两件事，即寻找更多的数据和充分利用已有的数据。否则训练得到的磨粒识别模型往往存在过拟合的问题，进而导致模型泛化能力差、测试精度不高，难以满足应用需求。

在磨粒智能识别任务中，尽管可以通过增加检测来获取更多的铁谱图像数据，但这些数据往往是初级的原始形态，很少有数据被加以正确的人工标注。数据的标注是一个耗时且昂贵的操作，目前为止尚无行之有效的方式来解决这一问题。仅靠增加检测收集充分的磨粒标注数据代价是十分昂贵的，甚至是不可能的，因此采取一些技巧辅助磨粒识别模型的训练、提高已有数据的利用率都是十分必要的。

1. 图像增广

图像增广技术通过对训练图像做一系列随机改变，来产生相似但又不同的训练样本，从而扩大训练数据集的规模，通过随机改变训练样本可以降低模型对某些属性的依赖，最大程度地利用原始数据，以增强模型的泛化能力。数据增广技术已经在磨粒识别领域得到广泛应用，也成为研究重点之一。

早期图像增广多采用图像裁剪缩放、透视变换、镜像翻转、颜色空间变换和随机擦除等简单的图像处理方法，如图 12-6 所示。后来陆续出现一些混类增强的算法，例如通过对图像进行混类叠加来达到数据增强的效果，后续还有研究者提出了 CutMix、FMix 等方法。随着深度学习的发展，现行深度学习框架大多已集成了上述的图像增广技术。由于磨粒的识别对磨粒纹理、颜色特征比较依赖，因此在进行磨粒图像的图像增广时，应谨慎选择裁剪、色彩平衡等会破坏磨粒图像完整性或导致图像颜色变化的方法参数。

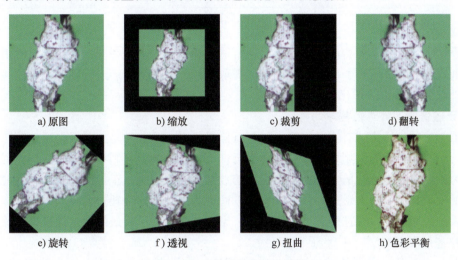

a) 原图　　　　　b) 缩放　　　　　c) 裁剪　　　　　d) 翻转

e) 旋转　　　　　f) 透视　　　　　g) 扭曲　　　　　h) 色彩平衡

图 12-6　磨粒图像的图像增广

2. 迁移学习

迁移学习是一种学习的思想和模式，指的是利用数据和领域之间存在的相似性关系，将之前学到的知识应用于新的未知领域。理论上，任何领域之间都可以做迁移学习。但是，如果源域和目标域之间相似度不够，则迁移结果并不理想，会出现所谓的负迁移情况。在实际应用中，如何找到合理的相似性，并选择或开发合理的迁移学习方法，且能够避免负迁移现象，是整个迁移过程最重要的前提。

按照迁移学习领域权威论述，将迁移学习的基本方法可以分为 4 种：①基于样本的迁移；②基于模型的迁移；③基于特征的迁移；④基于关系的迁移。其中，基于模型的迁移是在磨粒识别中最常用到的（见图 12-7）。基于模型的迁移方法是指从源域和目标域之间找到共享的参数信息，以实现迁移的方法，就是说构建参数共享的模型，这主要是在神经网络中用的特别多，因为神经网络的结构可以直接进行迁移。比如，神经网络经典的 fine-tune（微调适应）就是模型参数迁移的很好体现。

目前的研究表明，在计算机视觉任务中将预训练模型作为新模型的训练起点是一种行之

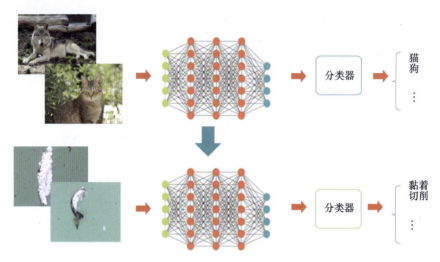

图 12-7　磨粒识别的迁移学习

有效的模型参数迁移学习方法。这是因为通常这些预训练的模型在开发神经网络时消耗了巨大的时间资源和计算资源，已习得强大特征提取技能，所以可以通过迁移学习将这些特征提取能力迁移到相关的任务上。

3. 无监督学习或半监督学习

机器学习的训练方式有三种：第一种是有监督学习；第二种是无监督学习；第三种是半监督学习。有监督学习只用标注过的数据进行训练，无监督学习则只用未标注的数据，而半监督学习则用大量未标注的数据、少量标注的数据来进行训练。正如前文所述，目前磨粒智能识别的模型训练需要大量已标注的训练集，而训练集的标注会耗费大量人力物力，同时由于每个人的经验不同，标注的训练集将带有一定的主观性，所以最好通过计算机半监督学习来将磨粒进行聚类。

目前，有关磨粒识别领域的成果，主要集中于有监督学习方面。而半监督学习方面，2019 年有学者提出的基于深度学习的半监督齿轮故障诊断，可以为磨损碎片识别提供借鉴。事实上，半监督学习在其自身的领域有不少的成果，总体来说目前仍处于初步发展阶段，而在磨粒识别领域则几乎没有任何进展。但无监督学习、半监督学习的图像识别技术对磨粒识别领域具有极为重要的参考价值，这也是磨粒识别发展的一个重要方向。

12.3　磨粒智能识别实现案例

磨粒识别作为机器学习的一个特殊应用，在实现磨粒识别的开发时，应遵从机器学习的标准开发流程，过程包含技术选型、数据准备、模型训练、模型部署应用，以及后续更新迭代等环节。

12.3.1　磨粒智能识别方法

1. 算法选择

虽然在图像识别技术的推动下磨粒识别取得了很大的进步，但是依然存在很多的瓶颈。不同算法之间能实现的效果、对数据集质量、运算量都有各自的特点，只有在明确识别需求和应用场景的情况下，才能结合实际业务场景选择合适的技术路线和算法。根据表 12-2 所列常用磨粒分析标准 ASTM D7690—2011（2017）《用分析铁谱法对在用润滑油中颗粒进行显微表征的标准规程》、NB/T 51068—2017《煤矿在用设备齿轮油铁谱分析方法　旋转式铁谱法》、SH/T 0573—1993《在用润滑油磨损颗粒试验法（分析式铁谱法）》可知，磨粒的类别、尺寸、面积是磨粒分析的关键，确认本次的磨粒识别的技术类别为实例分割。为了保证分割效果，本次采用监督学习的方式，原型算法选用经典实例分割算法 Mask R-CNN。

表 12-2　常见磨粒分析方法及其结果报告方法

分析方法	结果报告方法
ASTM D7690—2011（2017）	按磨损颗粒类别报告每类颗粒的半定量浓度
NB/T 51068—2017	根据磨粒类型、尺寸选择权重计算磨损等级评分，报告等级评分
SH/T 0573—1993	报告磨粒的尺寸、形态、类别、成分、数量；并根据上述信息计算和报告磨损颗粒的覆盖面积、磨损值、磨损严重度和磨损烈度指数

Mask R-CNN 网络由计算机视觉中的 CNN（卷积神经网络）技术发展而来，在二维视觉下物体的识别、定位、轮廓分割任务中有优异的表现，图 12-8 所示为 Mask R-CNN 网络对人像的识别结果。同样，Mask R-CNN 也能很好地满足磨粒分析中的磨损类别识别、颗粒尺寸计算等要求。通过大量已进行磨粒标注的铁谱图像以迁移学习的方式训练 Mask R-CNN 网络，训练得到的磨粒识别模型可对磨粒图像进行较好的磨粒识别、分割和定位，并且可结合图像比例尺等信息，通过图像处理技术，最终计算获得各磨粒的面积、尺寸、类型和位置（掩膜）等信息。

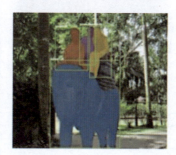

图 12-8　Mask R-CNN 卷积神经网络的图像识别效果

图 12-9 所示为 Mask R-CNN 网络的工作流程。即：①图片输入；②使用骨干网络对图片进行卷积预处理、提取特征；③根据特征图，结合区域推荐网络生成约 2000 个可能存在目标的候选区域，然后根据极大值抑制的方法，选出最终若干个可能性最大的区域；④根据预

先设定置信度要求，删除低于置信度的候选区域；⑤对剩余候选区域进行物体分类（磨粒类别）、生成准确的边界框（位置信息）、判断每个像素点是否为物体（磨粒掩膜）。

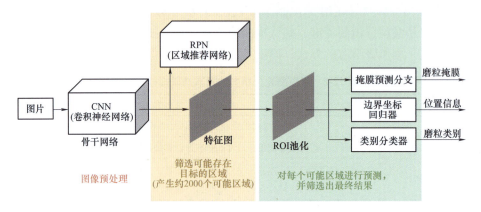

图 12-9　Mask R-CNN 网络的工作流程

2. 训练策略

Mask R-CNN 网络的参数庞大，若需要针对磨粒识别训练获得较为理想的模型参数，则往往需要数十万甚至百万级别的磨粒标签数据，这对磨粒分析领域是一个巨大的挑战。近年来，随着机器学习研究的不断深入，可以通过迁移学习（Transfer Learning）来帮助磨粒识别模型的训练。本章节采用的是基于参数模型的迁移，将一个通过 COCO 数据集训练好的 Mask R-CNN 图像分类网络模型作为预训练模型，冻结模型前段的低级特征提取网络，对部分高级特征提取网络进行微调，重新训练分类器网络，实施方案如图 12-10 所示。

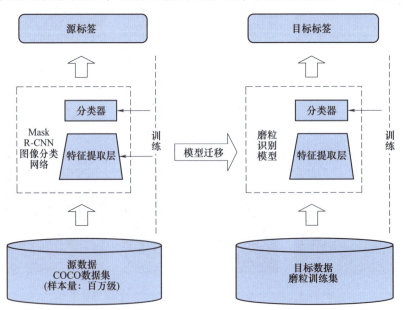

图 12-10　使用迁移学习训练磨粒识别网络

12.3.2　数据准备

数据是磨粒识别的开始也是基石，数据集的质量直接关系到模型最终的识别结果。磨粒数据集的准备从磨粒图像的采集开始，采集的时候尽可能模拟磨粒分析常见的光照条件，且保证采集到的图片有足够的分辨率和清晰度。此外，磨粒图像采用显微镜拍照，采集时应注意"白平衡"的调节，以保证色彩还原的准确率。由于采集到的数据可能存在重复数据、照片失真、图像对焦失败等质量问题，故在采集工作完成后应执行数据清洗，以获得高质量的数据。

然后对清洗后的数据进行标注，这是数据准备流程中最重要的一个环节。人工标注磨粒环节具体的做法是需要技术人员手动标注出磨粒，并根据经验给出磨损种类。与通用识别的标注不同，磨粒标注是专业性很强的工作，有经验的技术人员和无经验的技术人员对磨粒种类认识有一定的偏差，即使同样是有经验的技术人员，对于同一个磨粒图像也会有不同的见解，因此在标注前对标注人员进行培训，统一标注标准是很有必要的。

结合所选择的实例分割技术类别，按其匹配的 COCO 数据集格式对磨粒进行标注，标注样品的可视化结果如图 12-11 所示。在标注时定期统计各种磨粒样本的标注数量，对于数量较少的磨粒类别，在标注时增加对应样品的磨粒分析，获取到更多该类型磨粒的铁谱图像数据，可以缓解数据不平衡的问题。

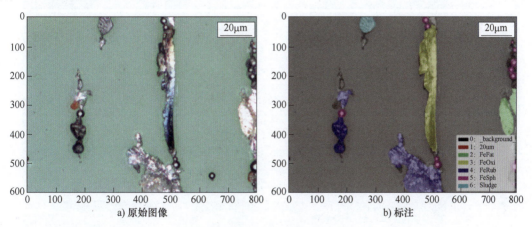

a) 原始图像　　　　　　　　　　　　b) 标注

图 12-11　磨粒的标注

12.3.3　模型训练

将标注样本的 70% 划分为训练集（train set），用来训练磨粒识别模型，将剩余 30% 作为测试集（test set），用于后续评估训练后模型的泛化误差。Mask R-CNN 模型的骨架网络分别选取 R-50-FPN、R-101-FPN 进行测试，选择不同超参数进行训练，通过模型评估对部分超参数进行调节，选出其中的最优超参数。

根据最终选择的超参数，以所有标注样本训练磨粒识别模型，训练时的损失函数迭代结果如图 12-12 所示。在经过 10000 次迭代后，模型的总损失（loss）、分类损失（loss classifier）和实例分割损失（loss mask）趋于稳定，终止训练。

为达到可视化模型识别效果，按磨粒数量由少至多选取 3 张典型磨粒图片，选择骨架网络为 R-50-FPN 和 R-101-FPN 分别进行预测，结果如图 12-13 所示。

由图 12-13 可看出，本次试验中基于 Mask R-CNN 网络的磨粒识别模型对大中尺寸磨损颗粒的分类和实例分割效果较好。该模型的识别效果和泛化能力在后续工作中，还可以通过网络改进和不断新增训练样本的方式进一步提高。

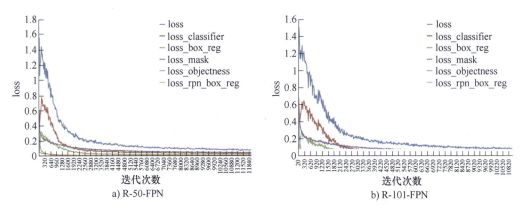

图 12-12　训练过程的目标函数变化

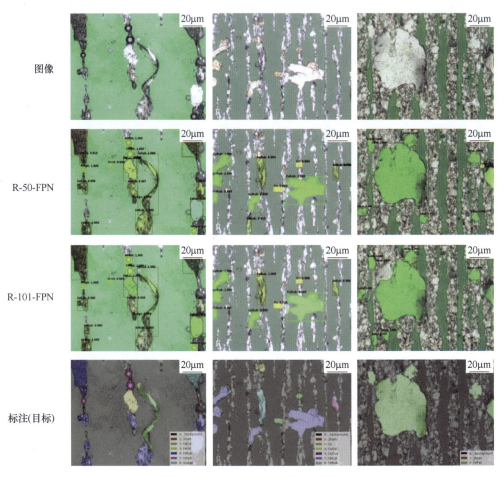

图 12-13　模型识别结果

12.3.4　结果应用

通常磨粒识别模型得出的掩膜信息是与该磨粒边界框（Bounding Box）相同大小的一组二值数字图像，为便于后续计算，需要将其通过一定的算法转化成具有实际含义的数组或数值，如磨粒评价中常用到磨粒尺寸和磨粒面积。相关的一些处理方法如下。

（1）磨粒轮廓提取

通过 Suzuki85 算法对该二值数字图像进行拓扑分析，确定二值图像的外边界、孔边界以及他们的层次关系，获取图像的轮廓信息。轮廓信息表示为一组有序的二维数组，是该磨粒上所有轮廓点的坐标。为减少后续计算量，通常使用 Teh-Chini 近似算法提取轮廓中的关键点近似替代原轮廓的所有点。该方法可以通过计算机视觉库 OpenCV 中的 FindContours 函数实现。

（2）磨粒像素面积

磨粒面积是评估一个磨粒大小的最直接体现，在磨粒图像中，磨粒的面积可以通过计算磨粒轮廓围成的多边形面积获得。封闭像素轮廓所围成多边形区域的面积可以通过向量积的方法求解，其核心思想是将 N 边形都能划分为 $N-3$ 个三角形进行求和（见图 12-14）。由于三角形向量积是有向面积，因此无论是凹多边形还是凸多边形，该方法均适用。

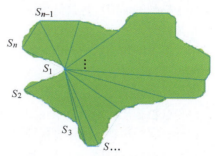

图 12-14　向量积求多边形面积

$$S = \frac{1}{2} \Big[\sum_{1}^{n-1} (x_i y_{i+1} - x_{i+1} y_i) + (x_n y_1 - x_1 y_2) \Big]$$

（3）磨粒像素尺寸

在润滑磨损中，如果磨粒尺寸超过油膜厚度，则会引起设备磨料磨损，由于磨粒是不规则的颗粒，故通过磨粒图像中的最小外接圆直径作为磨粒尺寸（见图 12-15）。使用迭代算法（Iterative Algorithm）查找包含二维点集的最小区域的圆，求出其直径作为磨粒尺寸。

（4）磨粒实际尺寸计算

上述的磨粒面积和尺寸计算，均为磨粒在磨粒图像中的像素面积、像素尺寸，实际应用中需转化为磨粒的实际面积、尺寸。由于在前述磨粒识别模型的训练时，将磨粒图像的各种比例尺信息也作为其中一类模型颗粒，因此可以借助磨粒识别模型完成磨粒图像的比例尺进行识别（见图 12-16）。通过识别出的比例尺信息，按比例计算出各磨粒的实际尺寸和实际面积。

$$磨粒实际尺寸 = \frac{比例尺 \times 磨粒像素尺寸}{比例尺像素尺寸}$$

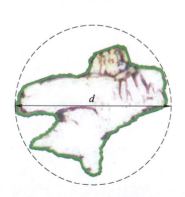

图 12-15　最小内接圆直径

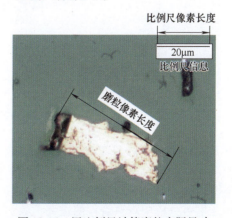

图 12-16　用比例尺计算磨粒实际尺寸

在实际应用中，由于通常采用固定的显微镜和镜头，利用显微镜校准标尺可以轻易得到摄像头视场尺寸，以此作为比例尺计算能获得更为精确的结果。

12.4 磨粒智能诊断系统设计与实现

12.4.1 系统设计

磨粒分析涵盖油液采集、制样、观察记录和识别、诊断分析的全过程。首先，设备润滑系统中采集到的油液经过铁谱仪进行制样制成铁谱基片或分析滤膜；然后，使用显微镜观察铁谱基片或分析滤膜，并通过摄像头对观察结果进行拍照记录，最后，进行诊断分析得出诊断结果。根据磨粒识别的分析过程，设计的磨粒识别系统主要工作应包含磨粒图像采集和磨粒智能识别两部分。

图像采集环节要求适用于硬件要求低、平台通用性高的机器上，以便于在各场合进行配置；由于磨粒智能识别功能采用了深度学习算法，深度学习的模型计算量需求大、环境配置复杂，而且磨粒识别功能还有快捷升级迭代的要求，以不断提高识别进度和准确率，因此磨粒识别环节通常难以做到低硬件性能、强通用性的要求。基于上述分析，磨粒智能诊断系统在设计上采用客户端与服务端分离的模式。客户端专注于人机交互，分析人员在磨粒分析过程中控制显微镜摄像头快速采集磨粒图像，并发送至服务端进行磨粒的智能识别；将磨粒识别功能部署在服务端，服务器端专注于磨粒识别和计算，同时这样设计还提供了磨粒识别功能的更换、升级和维护的便捷性。磨粒智能诊断系统整体结构如图12-17所示。

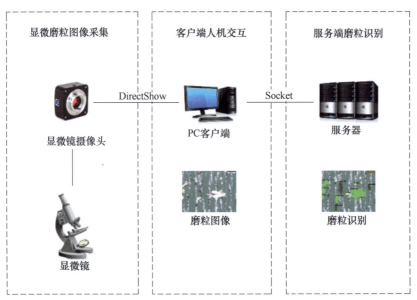

图12-17 磨粒智能诊断系统整体结构

12.4.2 硬件组成

根据系统设计，硬件部分主要包含显微镜、摄像头、客户端和服务器4个设备。

1. 显微镜

显微镜是磨粒分析中观察磨粒的主要工具，通常采用的是同时配备反射光源和透射光源的双光源显微镜。这是因为磨粒通常包含金属氧化物、非金属氧化物和其他有机物以及杂质等各种形态、颜色各异的颗粒，采用双光源照明方式可以区分前景和背景，更清晰地突出磨粒的轮廓和各种特征。磨粒智能诊断系统中所选用的显微镜为奥林巴斯 BX41 铁谱显微镜，该显微镜在满足磨粒观察的前提下，设有专用摄像头安装结构，方便安装显微镜摄像头，对磨粒进行显微拍摄。

2. 摄像头

磨粒图像的清晰程度对于磨粒识别至关重要。因此，用于磨粒显微拍摄的摄像头不仅要具备较高的像素，而且必须具有专业级的成像效果，确保颜色精准清晰再现。磨粒智能诊断系统选用的显微镜摄像头为 E3ISPM20000KPA 显微镜摄像头，该摄像头支持上述奥林巴斯 BX41 显微镜，拥有 2000 万像素，采用 USB3.0 高速接口，支持多种操作系统，支持 Direct-Show 技术开发，便于接入客户机后通过程序对摄像头进行控制，快速拍摄出精准清晰的显微磨粒图像。

3. 客户端

磨粒智能诊断系统客户端软件所运行的操作系统为当前主流的 Windows 操作系统，对客户机的硬件要求不高，客户端程序与服务端程序需要建立 Socket 套接字连接。

4. 服务器

磨粒智能诊断系统中运用到深度学习中的图像实例分割算法，在模型预测过程中需要进行高性能计算，计算量大，普通计算机的硬件配置较低，相对来讲运行速度慢，不能满足使用需求。GPU（图形处理器）处理矩阵算法的能力非常强大，图像实例分割算法中涉及大量的卷积运算，GPU 在这方面具有优势，因此可以通过配置 GPU 并行计算来提升模型的运算速度。

12.4.3　软件设计

软件设计分为服务端和客户端两部分，二者通过网络通信进行连接，其工作流程如图 12-18 所示。客户端分为采集模块、传输模块、结果展示模块。采集模块驱动摄像头进行拍照；传输模块将采集到的图像以及与有助于诊断分析的相关信息（如设备信息、制样样品量、拍照视野等）传输至服务器并监听等待服务器处理结果返回；结果展示模块则是将返回信息按需求进行展示。服务端中接收到的信息传输识别，识别模型开启识别与诊断，诊断

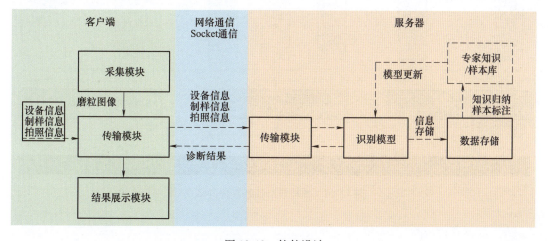

图 12-18　软件设计

后的结果通过通信模块返回给客户端进行展示、使用，同时将信息存储进入数据库，定期对数据进行知识归纳、样本标注，以不断扩充专家知识库及样本库，实现识别诊断功能的不断迭代升级。

以下对服务端、网络通信、客户端三部分的软件设计思路分别进行具体介绍。

1. 服务端设计

（1）磨粒识别模块

磨粒识别功能是基于图像识别技术实现的，原型算法选择了图像识别中经典实例分割网络 Mask R-CNN，该网络由计算机视觉中的 CNN 技术发展而来，在二维视觉下物体的识别、定位、轮廓分割任务中有优异的表现，能很好地满足磨粒分析中的磨损类别识别、颗粒尺寸计算等要求，具体内容如图 12-19 所示。通过大量已进行磨粒标注的铁谱图像以迁移学习的方式训练 Mask R-CNN 网络，训练得到的磨粒识别模型可实现对磨粒图像进行较好的磨粒识别、分割和定位效果，并且可结合图像比例尺等信息，通过图像处理技术，最终计算获得各磨粒的面积、尺寸、类型和位置（掩膜）等信息。

（2）磨损诊断模块

将磨粒识别功能输出的结果与设备信息、制样信息、拍照信息作为输入信息，输入预设好的诊断分析模块，实现磨损部件的预测。诊断分析模块主要是结合专家的经验知识形成的诊断规则，例如通过图像处理技术进行覆盖率计算，使用 BP 神经网络、随机森林、SVM 等模型评估磨损程度，以关联规则、模糊匹配、贝叶斯网络等方法实现的磨损部件诊断，综合实现磨损诊断分析。

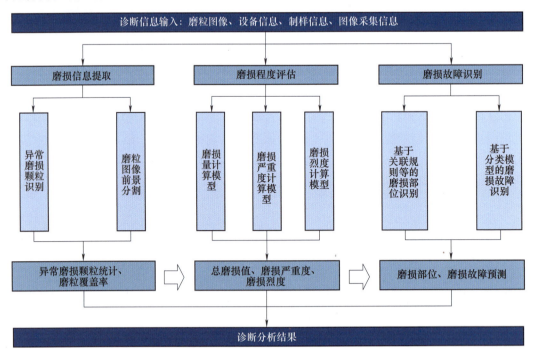

图 12-19　磨粒智能诊断系统的模块

（3）数据存储模块

服务器同时负责图像数据、知识库的存储，所采集的图像同步存储到磨粒图像数据库。

在软件的使用过程中，不断积累磨粒的样本集，定期进行标注，将这些样本制成样本库训练更高准确率的模型，用于磨粒识别功能的更新；同时数据库中还存储相应的油品数据、设备运行情况等信息，定期进行数据清洗、归纳总结成专家知识库和基础数据库，用于诊断规则、诊断模型的更新和升级。通过不断的升级迭代，提高识别和诊断的准确率，同时这些数据也可以用于探索新的识别方式、诊断方法，开发新的诊断分析功能。

2. 网络通信设计

目前，系统采用 C/S（客户机/服务器）架构，与 B/S（浏览器/服务器）架构相比，C/S 架构适用于局域网，能降低系统的通信开销，充分利用两端硬件环境的优势，具有运行速度、数据安全、人机交互及本地资源调度等方面的优势。通过 C/S 架构，系统客户端软件可以在与服务器处于同一局域网内的任一客户机上运行。

客户端和服务端之间采用 Socket 通信，其优势在于分离了客户端和服务端的关注点，使服务端重点关注数据处理，而客户端重点关注用户界面。Socket 是应用层与 TCP/IP（传输控制协议/网际协议）协议族通信的中间软件抽象层，它将复杂的 TCP/IP 协议族隐藏起来，并且对外提供了一组接口，Socket 通信过程如图 12-20 所示。

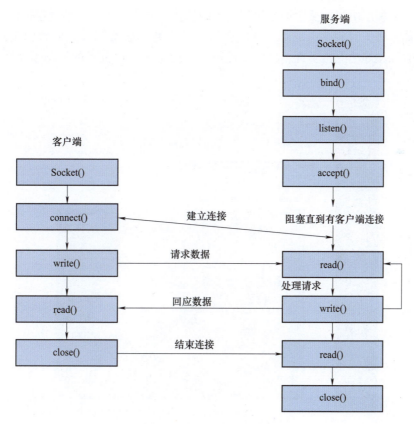

图 12-20　Socket 通信过程

3. 客户端设计

客户端软件需要具有很好的人机界面，操作简单。主要包含显微图像采集、结果展示、统计分析、诊断报告 4 个功能模块，如图 12-21 所示。

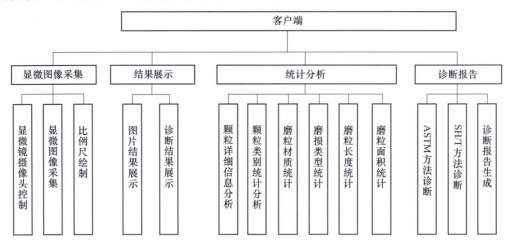

图 12-21　客户端软件功能模块

（1）显微图像采集模块

显微图像采集模块包括显微镜摄像头设备的选择、开启和关闭，显微镜摄像头分辨率及其他参数（如：曝光时间、白平衡、对比度等）的设置，显微镜放大倍数的选择，图像右上角比例尺的标注等功能，实现了摄像头控制、图像采集、比例尺的绘制以及图像的存储，如图 12-22 所示。

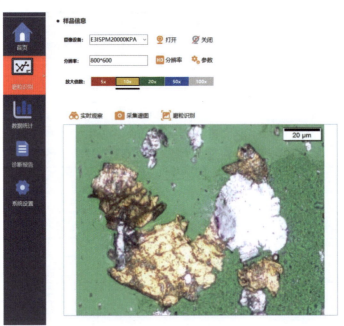

图 12-22　显微图像采集模块

（2）结果展示模块

结果展示模块包括比例尺、磨粒覆盖率、磨损程度、主要磨粒类型、主要磨损材质等信息，以及识别后的磨粒图像，实现了磨粒识别的操作，以及磨粒图像识别后的结果展示，如图 12-23 所示。

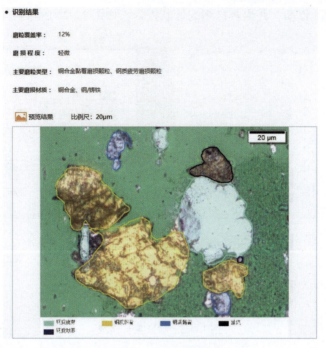

图 12-23　结果展示模块

（3）统计分析模块

统计分析模块包括识别到的详细颗粒信息，并支持按磨粒的尺寸、面积、覆盖率、磨损类型、材质等信息进行联合统计，实现了磨粒数据的展示和统计分析，如图 12-24 所示。

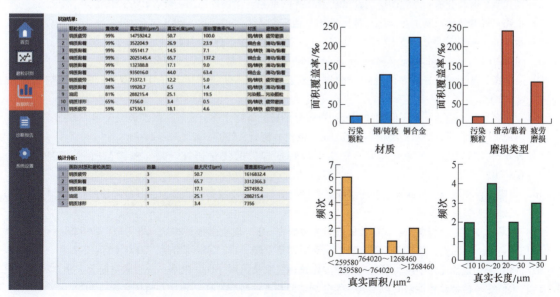

图 12-24　统计分析模块

（4）诊断报告模块

诊断报告模块支持目前主流的 ASTM D7690—2011（2017）和 SH/T 0573—1993 两种磨粒分析进行磨损情况诊断，并出具详细的诊断报告，如图 12-25 所示。

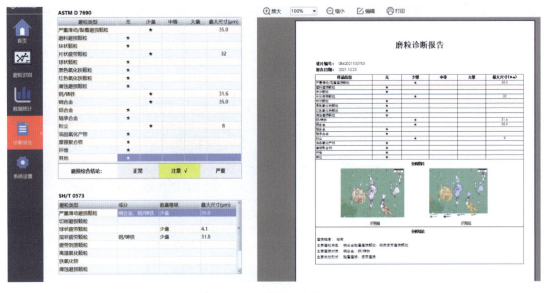

图 12-25　诊断报告模块

参 考 文 献

［1］王汉功，陈桂明．铁谱图像分析理论与技术［M］．北京：科学出版社，2005

［2］杨其明．磨粒分析：磨粒图谱与铁谱技术［M］．北京：中国铁道出版社，2002.

［3］张鄂．铁谱技术及其工业应用［M］．西安：西安交通大学出版社，2001.

［4］潘汉玉．铁谱图像分析技术应用的研究［J］．摩擦学学报，1992，12（4）：362-375.

［5］GUYON I. An introduction to variable and feature selection［M］．USA，JMLR. org，2003.

［6］吴振锋．基于磨粒分析和信息融合的发动机磨损故障诊断技术研究［D］．南京：南京航空航天大学，2001.

［7］全书海．基于表面灰度图像的加工表面形貌分形特征研究［D］．武汉：武汉理工大学，2003.

［8］袁成清，严新平．磨粒类型识别研究［J］．润滑与密封，2007，32（3）：21-23.

［9］钟新辉，费逸伟，李华强，等．铁谱磨粒特征参数的优化研究［J］．润滑与密封，2005（4）：108-110.

［10］李艳军，左洪福，吴振锋．基于磨粒显微形态分析的发动机磨损状态监测与故障诊断技术［J］．应用基础与工程科学学报，2000，8（4）：431-437.

［11］陈果，左洪福．润滑油金属磨粒的分类参数研究［J］．航空学报，2002，23（3）：279-281.

［12］刘金龙，陈国安，葛世荣，等．磨粒分形识别及发展［J］．润滑与密封，2000（5）：2-7.

［13］唐春锦．融合提升小波和霍夫变换的磨粒纹理提取及识别［D］．南京：南京航空航天大学，2015.

［14］朱倩雯．机械设备油液磨粒图谱智能分割与检测方法研究［D］．重庆：重庆大学，2022.

［15］梁华，杨明忠．机械设备磨损故障分析与智能化铁谱诊断［J］．武汉理工大学学报（信息与管理工程版），1995（3）：36-42.

［16］梁华，杨明忠．基于神经网络的磨粒识别专家系统："1994 年全国铁谱技术会议"论文集［C］．武汉：中国机械工程学会摩擦学分会，1994.

［17］梁华，杨明忠．磨粒的计算机识别方法的研究与评述［J］．中国机械工程，1995（3）：28-30.

［18］吴振锋，左洪福，刘红星，等．因子模糊化 BP 神经网络在磨粒识别中的应用［J］．摩擦学学报，2000，20（2）：143-146.

［19］王伟华，殷勇辉，王成焘．磨粒形状特征提取及神经网络识别［J］．中国矿业大学学报，2003，32（2）：200-203.

［20］杨宏伟，钟新辉，胡建强．基于粗糙集和神经网络的润滑油中磨损磨粒的识别［J］．润滑与密封，2007，32（1）：162-164.

［21］王国忠，王静秋，千海武．融合灰色关联和主成分分析的磨粒自动识别［J］．计算机技术与发展，2012，22（4）：16-20.

［22］李艳军，左洪福，吴振锋，等．基于 D-S 证据理论的磨粒识别［J］．航空动力学报，2003，18（1）：114-118.

［23］曹一波，谢小鹏．基于 D-S 证据理论和集成神经网络的磨粒识别［J］．润滑与密封，2006（5）：64-67.

［24］李兵，张培林，傅建平，等．基于模糊灰色信息集成理论的磨粒识别研究［J］．润滑与密封，2006（2）：124-126.

［25］顾大强，周利霞，王静．基于支持向量机的铁谱磨粒模式识别［J］．中国机械工程，2006，17（13）：1391-1394.

［26］石宏，张帅，李昂．基于自适应支持向量机的磨粒识别技术研究［J］．科学技术与工程，2012，12（32）：8543-8546.

［27］高彦杰、于子叶．深度学习—核心技术、工具与案例解析［M］．北京：机械工业出版社，2019.

［28］HUBEL D H, WIESEL T N. Receptive fields, binocular interaction and functional architecture in the cat's visual cortex［J］. Journal of Physiology, 1962, 160（1）：106-154.

［29］RUMELHART D E, HINTON G E, WILLIAMS R J. Learning internal representations by error propagation［C］// MIT Press, 1986：318-362.

［30］LÉCUN Y, BOTTOU L, BENGIO Y, et al. Gradient-based learning applied to document recognition［J］. Proceedings of the IEEE, 1998, 86（11）：2278-2324.

［31］LECUN Y, BOSER B, DENKER J S, et al. Backpropagation applied to handwritten zip code recognition［J］. Neural Computation, 1989, 1（4）：541-551.

［32］PAN S J. and YANG Q. A survey on transfer learning［J］. IEEE TKDE, 2010, 22（10）：1345-1359.

［33］武通海，邱辉鹏，吴教义．图像可视在线铁谱传感器的图像数字化处理技术［J］．机械工程学报，2008，44（9）：83-87.

［34］WOLFGANG H, MURRAY S F. Continuous wear measuremen by on-line ferrography［J］. Wear, 1983, 90：11-19.

［35］CHAMBERS K W, ARNESON M C. An on-line ferromagnetic wear debris sensor for machinery condition monitoring and failure detection［J］. Wear, 1988, 128：325-337.

［36］LIU Y, XIE Y B. Research on an on-line ferrograph［J］. Wear, 1992, 153：323-330.

［37］LIU Y, WEN S Z, XIE Y B. Advances in research on a multi-channel on-line ferrograph［J］. Tribology International, 1997, 30（4）：279-282.

［38］LV X J, XIE Y B, ZHENG N N, et al. Research on an on-line image visualizing ferrography［J］. Tribology, 2006, 126（6）：580-584.

［39］WU T H, MAO J H, DONG G N, et al. Journal bearing wear monitoring via on-line visual ferrography［J］.

Advanced Materials Research，2008，44-46：189-194.

［40］CAO W，ZHANG H，WANG N. The gearbox wears state monitoring and evaluation based on on-line wear debris features［J］. Wear，2019，426-427：1719-1728.

［41］HONG W，CAI W J，WANG S P. Mechanical wear debris feature，detection，and diagnosis：A review［J］. Chinese Journal of Aeronautics，2018，31（5）：867-882.

［42］CHEN T，WANG L Y，GU Y H，et al. Review on online inductive wear debris monitoring technology［J］. The Journal of Engineering，2019，23：8518-8521.

［43］YUAN C Q. Study of surface characteristics both of wear particles & wear components and their relationship in wear process［D］. Wuhan：Wuhan University of Technology，2005.

［44］SCOTT D，WESTCOTT V C. Predictive maintenance by ferrography［J］. Wear，1977，44：173-182.

［45］MICHAEL V H，JOHN H J. The development of Ferrography as a laboratory wear measurement method for the study of engine operating conditions on diesel engine wear［J］. Wear，1977，44：183-199.

［46］JOHN K B，S F，VETTER A F. Morphological analysis of metallic wear debris［J］. Wear，1980，58：201-211.

［47］KIRK T B，STACHOWIAK G W，BATCHELOR A W. Fractal parameters and computer image analysis applied to wear particles isolated by ferrography［J］. Wear，1991，145：347-365.

［48］KIK T B，PANZERA D，ANAMALAY R V，et al. Computer image analysis of wear debris for machine condition monitoring and fault diagnosis［J］. Wear，1995，181-183：717-722.

［49］MYSHKIN N K，KONGB H，GRIGORIEV A Y，et al. The use of color in wear debris analysis［J］. 2001，Wear，251：1218-1226.

［50］UNCHUNG C，JOHN A T. Quantitative correlation of wear debris morphology：grouping and classification［J］. Tribology International，2000，33：461-467.

［51］PENG Z，KIRK T B. Wear particle classification in a fuzzy grey system［J］. Wear，1999，225-229：1238-1247.

［52］MYSHKIN N K. KWON O K，GRIGORIEV A Y，et al. Classification of wear debris using a neural network［J］. Wear，1997，203-204：658-662.

［53］PENG Z，GOODWIN S. Wear-debris analysis in expert system［J］. Tribology Letters，2001，11（3-4）：177-184.

［54］PENG Z X. An integrated intelligence system for wear debris analysis［J］. Wear，2002，252：730-743.

［55］吴明赞，陈淑燕，陈森发，等. 基于粗集-神经网络的磨损颗粒模式识别［J］. 摩擦学报，2002，22（3）：235-237.

［56］王伟华，殷勇辉，王成焘. 基于径向基函数神经网络的磨损颗粒识别系统［J］. 摩擦学报，2003，23（4）：341-343.

［57］周新聪，萧汉梁，严新平，等. 一种新的磨损颗粒图像特征参数［J］. 摩擦学报，2002，22（2）：138-141.

［58］李岳，温熙森，吕克洪. 基于核主成分分析的铁谱磨损颗粒特征提取方法研究［J］. 国防科技大学学报，2007（4）：113-116.

［59］张云强，张培林. 基于半监督局部保持投影的磨损颗粒图像特征降维［J］. 中南大学学报（自然科学版），2015，46（6）：2937-2943.

［60］PENG P，WANG J G. FECNN：A promising model for wear particle recognition［J］. Wear，2019，432-433：202968.

［61］关浩坚，贺石中，李秋秋，等. 卷积神经网络在装备磨损颗粒识别中的研究综述［J］. 摩擦学报，2022（2）：426-445.

［62］WANG S, WU T H, SHAO T, et al. Integrated model of BP neural network and CNN algorithm for automatic wear debris classification ［J］. Wear, 2019, 426-427：1761-1770.

［63］杨智宏, 贺石中, 冯伟. 基于 Mask R-CNN 网络的磨损颗粒智能识别与应用 ［J］. 摩擦学报, 2021, 41：105-114. DOI：10. 16078/j. trbology. 2020020.

［64］何贝贝, 崔承刚, 郭为民, 等. 基于 Faster R-CNN 的齿轮箱铁谱磨粒识别 ［J］. 润滑与密封, 2020 （10）：105-112.

［65］PENG P, WANG J G. FECNN：A promising model for wear particle recognition ［J］. Wear, 2019 （2019）：432-433.

第 13 章　在用润滑油可靠性评估及寿命预测

在工业领域，润滑油的寿命和可靠性与设备运行状态息息相关，大多数设备的异常磨损都伴随润滑油状态异常现象发生，因此开展对油品的使用寿命和可靠性研究，对视情维护、避免事故发生具有重要意义。目前，预测分析技术作为润滑油的寿命预测方法之一，在工程上已成熟应用。预测性维护的关键在于依据当前设备在用油的数据变化，推测未来一段时间内的设备状态变化作为后续决策的依据。目前，工业界常用的预测分析方法有线性回归、时间序列分析及机器学习等。线性回归包含一元及多元线性回归方法，时间序列方法主要包含ARMA（时间序列分析模型）、指数平滑、多项式回归等，而基于机器学习的时间序列方法主要包含RNN（循环神经网络）及LSTM（长短期记忆网络）方法等。

可靠性是指元件、产品、系统在一定时间内，以及在一定条件下无故障地执行指定功能的能力或可能性。通过可靠度、失效率、平均无故障间隔等来评价产品的可靠性。润滑油的可靠性主要依赖于其基础油及添加剂的性能，较高的基础油性能如抗氧化性、油水分离性和高性能极压抗磨添加剂等能显著提升润滑油的可靠性。但由于市面上的润滑油种类繁多，润滑油的使用条件也多种多样，采用试验设计的方法评估某一品牌的润滑油可靠性存在局限性，因此采用统计学方法，采集产品的寿命或磨损数据对其可靠性进行评估，进而对润滑油或润滑系统的可靠性进行评估更有实际意义。

目前，常用的可靠性评价函数主要有6个，包括2个离散型函数：泊松分布、二项分布；4个连续性函数：正态分布、对数正态分布、指数分布、Weibull分布。其中正态分布、对数正态分布及Weibull分布适用于摩擦损耗失效的机械设备寿命评估，指数分布适用于电子产品的可靠性评估。由于不同的函数适用的对象和条件有所不同，因此在进行可靠性评估过程中，需确定以下几个因素。

1）对象：可靠性问题的研究对象可以是原件、组件、零件、部件、总成、机器和设备，也可以是整个系统。研究可靠性问题时首先要明确对象，不仅要确定具体的产品，还应明确它的内容和性质。如果研究对象是一个系统，则不仅包括硬件，而且也包括软件和操作等因素在内。

2）使用条件：包括环境条件（如温度、压力、湿度、载荷、振动、腐蚀及磨损等）、使用方法、维修水平、操作水平等预期的运输、存储及运行条件，对其可靠性都会有很大影响。

3）规定功能：一般来说，"完成规定功能"是指在规定的使用条件下能维持所规定的正常工作，应注意"失效"不一定仅指产品不能工作，因为有些产品虽然还能工作，但由于其功能参数已漂移到规定界限之外，即不能按规定正常工作，因此也视为"失效"。要弄清楚该产品的功能是什么，其失效或故障（丧失规定功能）是怎样定义的。同时也要注意产品的功能有主次之分，故障也有主次之分。有时次要的故障不影响主要功能，因而也不影响完成主要功能的可靠性。

13.1　基于 Weibull 分布的在用润滑油可靠性评估

13.1.1　润滑可靠性评估常用函数

在工业设备的可靠性评估中，广泛采用 Weibull、Gamma 等函数进行建模，由于设备浸入污染物或发生磨损产物主要残留在润滑系统中，通过对不同类型的行业设备的油液监测数据进行采集和分析，建立起数学模型对润滑油可靠性进行评估具有十分重要的意义。用于润滑油可靠性评估的函数较多，主要包括正态分布、Gamma、Weibull 及指数分布多个函数。几种常见的分布函数如下。

正态分布函数为

$$f(x) = \frac{1}{\sqrt{2\pi}\,\sigma} \exp\left(-\frac{(x-\mu)^2}{2\,\sigma^2}\right) \tag{13-1}$$

Gamma 分布函数为

$$f(x,\beta,\alpha) = \frac{\beta^\alpha}{\Gamma(\alpha)} x^{\alpha-1} e^{-\beta x} \tag{13-2}$$

Weibull 分布函数为

$$f(x,\beta,\eta,\gamma) = \frac{\beta}{\eta}\left[\frac{t-\gamma}{\eta}\right]^{\beta-1} e^{-\left(\frac{t-\gamma}{\eta}\right)^\beta} \tag{13-3}$$

指数分布函数为

$$f(x,\theta) = \frac{1}{\theta} e^{\frac{-x}{\theta}}, x > 0 \tag{13-4}$$

而后通过数据进行参数计算，得出可靠性曲线。

13.1.2　基于 Weibull 分布的润滑油可靠性建模

润滑油作为一种烃类与高分子添加剂的混合物，其使用条件复杂，外界因素对其干扰程度和其自身的氧化、劣化对其可靠性均有影响。由于 Weibull 分布是可靠性分析中常用的较为复杂的一种分布，对于各种类型的试验数据的拟合能力很强，因此也适用于油液的可靠性评估过程，通过形状（Shape）、尺度（Scale）和位置（Local）等三个参数的变化，Weibull 分布可以很好地描述不同数据分布（见图 13-1），因此具有较好的泛化性。但建立 Weibull 分布模型的难点在于精确的估计模型参数。目前，常用的参数估计法有图估计法、最小二乘法、极大似然估计法及回归分析法等。根据统计数据及参数估计结果建立分布模型，并在模型的基础上进一步划定界限值，对工业设备界定异常状态范围具有一定参考意义。

三参数 Weibull 分布的概率密度函数为

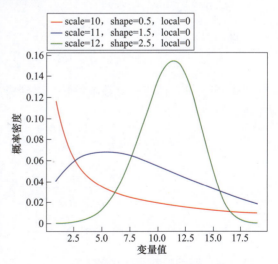

图 13-1　三参数 Weibull 分布

$$f(t) = \frac{\beta}{\eta} \cdot \left[\frac{t-\gamma}{\eta} \right]^{\beta-1} \cdot e^{-\left(\frac{t-\gamma}{\eta}\right)^{\beta}} \qquad (13\text{-}5)$$

其中，β、η、γ 分别表示形状参数、尺度参数和位置参数。在可靠性领域，当形状参数 $\beta < 1$ 时，故障率函数是 t 的递减函数；当 $\beta = 1$ 时，故障率函数为固定值；当 $\beta > 1$ 时，故障率函数是递增函数，且当 $\beta > 1$ 时，故障率函数的曲线拐点为

$$(e^{1/\beta} - 1)/e^{1/\beta} \qquad (13\text{-}6)$$

三参数的 Weibull 分布通常采用极大似然法求解，极大似然原理就是利用已知样本的结果信息，反推最大概率导致样本结果的模型参数值。即"模型已知，但参数未知"。似然函数为

$$L(\theta) = \prod_{i=1}^{n} f(x_i; \theta) \qquad (13\text{-}7)$$

其中，θ 为参数。

极大似然方法的目的是求解参数 $\hat{\theta}$，即

$$L(x_i; \hat{\theta}) = \max L(x_i; \theta) \qquad (13\text{-}8)$$

三参数的 Weibull 分布的概率密度函数为

$$f(x; \beta, \eta, \gamma) = \frac{\beta}{\eta} \left(\frac{x-\gamma}{\eta} \right)^{\beta-1} \exp\left[-\left(\frac{x-\gamma}{\eta} \right)^{\beta} \right] \qquad (13\text{-}9)$$

结合极大似然法及式（13-8），得到三参数 Weibull 极大似然函数为

$$L(\beta, \eta, \gamma) = \prod_{i=1}^{n} \frac{\beta}{\eta} \left(\frac{x_i-\gamma}{\eta} \right)^{\beta-1} \exp\left[-\left(\frac{x_i-\gamma}{\eta} \right)^{\beta} \right] \qquad (13\text{-}10)$$

对式（13-10）取对数，得

$$l(\beta, \eta, \gamma) = \ln L(\beta, \eta, \gamma)$$

$$= n\ln\beta - n\beta\ln\eta + (\beta-1)\sum_{i=1}^{n} \ln(x_i - \gamma) - \frac{\sum\limits_{i=1}^{n} (x_i - \gamma)^{\beta}}{\eta^{\beta}} \qquad (13\text{-}11)$$

对式（13-11）的三个参数求偏导，得到极大似然方程组，通过求解方程组即可得到模型参数，即

$$\frac{\partial l}{\partial \beta} = \frac{n}{\beta} - n\ln\eta + \sum_{i=1}^{n} \ln(x_i - \gamma) - \left[\left(\frac{x_i-\gamma}{\eta} \right)^{\beta} \ln\left(\frac{x_i-\gamma}{\eta} \right) \right] = 0 \qquad (13\text{-}12)$$

$$\frac{\partial l}{\partial \eta} = -\frac{\beta n}{\eta} + \frac{\beta}{\eta^{\beta+1}} \sum_{i=1}^{n} \left[(x_i - \gamma)^{\beta} \right] = 0 \qquad (13\text{-}13)$$

$$\frac{\partial l}{\partial \gamma} = (1-\beta) \sum_{i=1}^{n} \frac{1}{x_i - \gamma} + \frac{\beta}{\eta^{\beta}} \sum_{i=1}^{n} (x_i - \gamma)^{\beta-1} = 0 \qquad (13\text{-}14)$$

13.1.3 模型参数寻优求解

由式（13-12）~式（13-14）的极大似然方程可知，方程组中的三个子方程较为复杂，采用常规解析方法无法逐一求解，需要采用遗传算法求解。遗传算法不要求函数连续，且具有拓展性强、鲁棒性好等优点，已得到广泛应用。遗传算法的基本原理参考生物学中"物竞天择，适者生存"的思想，并借鉴自然界生物种群遗传进化机理，通过个体适应能力的

判定，以及变异、交叉的遗传方式，在迭代过程中尽量扩大优秀个体及其后代占比，以寻找适应能力最高的后代。本节将遗传算法与三参数 Weibull 分布的极大似然函数方程组结合起来，逐步求解 Weibull 的参数，并在遗传算法迭代环节，动态设置交叉及变异概率，以优化后代的适应度发散不收敛的问题。观察子方程发现，每一个形状参数 β 对应唯一的位置参数 γ 和尺度参数 η。为了简化计算过程，可将 γ、η 看成是 β 的函数，即：$\gamma = f(\beta)$，$\eta = f(\beta)$，简化后可得

$$\frac{n}{\beta} + \sum_{i=1}^{n} \ln t_i - \frac{n}{\beta} \ln \left(\frac{\sum_{i=1}^{n} t_i^{\beta}}{n} \right) - \sum_{i=1}^{n} \left[\frac{n t_i^{\beta}}{\sum_{i=1}^{n} t_i^{\beta}} \ln \left(\frac{t_i}{\eta} \right) \right] = 0 \tag{13-15}$$

其中：

$$\eta = \sqrt[\beta]{\frac{\sum_{i=1}^{n} t_i^{\beta}}{n}} \tag{13-16}$$

针对传统遗传算法的基因交叉及变异率固定不变，可能导致迭代过程不能收敛的现象，有学者提出动态修正基因的交叉概率 P_m 及变异概率 P_c。例如，对适应度较大的个体，变异的概率应较小，交叉的概率应较大，以增加优秀基因的遗传后代占比。若个体的适应度低于整体平均适应度时，则增大其变异概率，降低交叉概率。当个体的适应值最大，其变异概率为 0，并在迭代过程中直接复制保留。个体的交叉概率为

$$P_{mi} = \frac{f_{max} - f_i}{f_{max} - f_{min}} \tag{13-17}$$

变异概率：$P_{ci} = 1 - P_{mi}$，其中 f_{max}、f_{min} 表示个体最大及最小适应度。由于遗传算法不能直接处理问题空间的参数，因此必须通过编码将求解的目标转化成具有遗传特性的染色体或者个体。为了体现基因变异的特性，需将个体采用二进制、十进制以及浮点数等方式编码。浮点数在编码方式上需要遵循一定的标准，计算过程相对繁琐；十进制编码虽然在位数上能存储更多的信息，但是变异过程中误差变化较大；二进制编码在后续的交叉和变异等操作中的误差精度控制相比十进制更好，因此对种群采用二进制编码。

在迭代过程中，其适应能力越佳，表明个体越优秀。令适应度函数 $T = \frac{1}{|y|}$，设 β 为求解变量，由于一元方程的 $T \geq 0$，若 T 越大，则说明 y 越接近 0，获得适应度函数的最大值的解即为目标所得，

$$y = \frac{n}{\beta} + \sum_{i=1}^{n} \ln t_i - \frac{n}{\beta} \ln \left(\frac{\sum_{i=1}^{n} t_i^{\beta}}{n} \right) - \sum_{i=1}^{n} \left[\frac{n t_i^{\beta}}{\sum_{i=1}^{n} t_i^{\beta}} \ln \left(\frac{t_i}{\eta} \right) \right] = 0 \tag{13-18}$$

当计算得到 β、η、γ 的值后，代入便可得出概率密度函数。

表 13-1 记录了某大型风力发电机变桨齿轮箱润滑油中磨损金属元素 Fe 含量的测试结果，该结果包含了从监测开始到结束中首次出现异常故障的时间。

表 13-1　某大型风力发电机变桨齿轮箱磨损失效数据

序号	1	2	3	4	5	6	7	8	9	10	11	12	13	14	15
Fe 含量/（mg/kg）	212	256	289	330	412	520	624	718	824	936	1068	1176	1231	1295	1329

　　传统遗传算法的停止条件有两个：遗传代数达最大；适应值达到迭代次数内的最佳。设置初始交叉概率 $P_c = 0.7$，变异概率 $P_m = 0.3$，群体规模 popsize = 500，最大迭代次数为 500。初始种群中个体以随机方式产生，个体的求解区间为 [0，5]，且当迭代次数 $\geqslant 50$，且最优个体适应度恒定不变时停止迭代。遗传算法求解目标函数如图 13-2 所示。

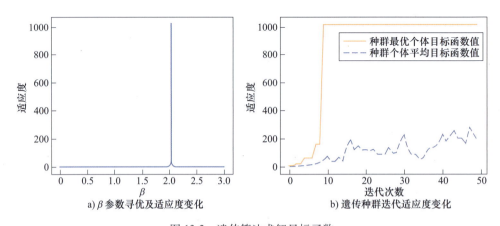

a) β 参数寻优及适应度变化　　　　b) 遗传种群迭代适应度变化

图 13-2　遗传算法求解目标函数

　　图 13-2 可知，在迭代过程中，种群的个体平均目标函数值即适应度值逐步上升，表明在动态修正交叉及变异概率的策略下，群体的平均适应度逐渐增大，而曲线跌宕现象可能由于变异的随机性导致，当迭代至第 10 代，出现适应度函数值最大的最优个体，且在 50 代次内，并未出现更优个体，因此求得适应度最高个体即方程最优解 $\beta = 2.02$，带入式（13-12）和式（13-14），同时计算出 $\eta = 845.67$、$\gamma = 14.52$，拟合度检验 AD 统计量 $= 0.447$，对比采用最小二乘法计算得出的二参数 Weibull 分布的数据 $\beta = 1.67$、$\eta = 738.63$，拟合度检验 AD 统计量 $= 0.494$，图 13-3a、b 所示分别为二参数、三参数 Weibull 分布下的概率图线性拟合，图 13-3 中最外侧的两条曲线构成 95% 置信区间，对比发现，数据点都分布在直线周围，且均处于 95% 区间范围内。通过计算，二者的拟合优度 P 值均 >0.05。

　　因此得出大型风力发电机液力变桨系统的可靠性函数为

$$R(t) = e^{-\left(\frac{t-14.52}{845.67}\right)^{2.02}} \tag{13-19}$$

故障率密度函数为

$$f(t) = \frac{2.02}{845.67}\left[\frac{t-14.52}{845.67}\right]^{102} e^{-\left(\frac{t-14.52}{845.67}\right)^{2.02}} \tag{13-20}$$

　　图 13-4a、b 所示分别为故障密度曲线和可靠性及失效概率曲线，同时计算得出故障率曲线的拐点为：$(e^{1/2.02} - 1)/e^{1/2.02} = 0.39$，对应 Fe 含量为 779mg/kg。

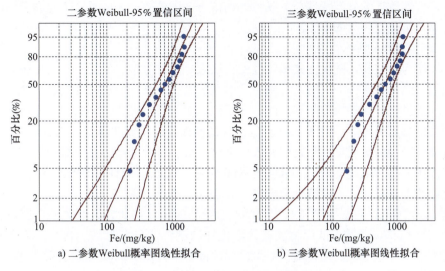

a) 二参数Weibull概率图线性拟合   b) 三参数Weibull概率图线性拟合

图 13-3　Weibull 分布下概率图线性拟合

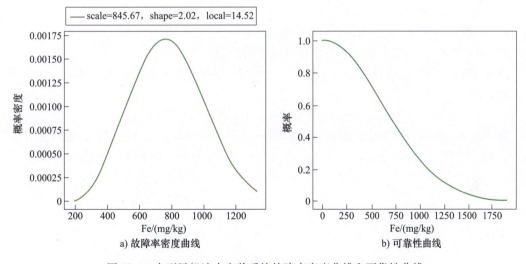

a) 故障率密度曲线   b) 可靠性曲线

图 13-4　大型风机液力变桨系统故障率密度曲线和可靠性曲线

13.2　基于多元数据分布的在用润滑油可靠性评估

基于相关性分析的润滑监测可靠性评估方法是通过油液监测数据，结合合理的数学模型建模描述系统的失效机制及动态演化过程，对于多数润滑系统，油液监测的各项指标能够反映系统内不同单元的劣化状态，通过大数据的统计结果可知各监测指标之间普遍存在统计相关性，使系统可靠性建模复杂化。针对这一问题，拟引入多元统计工具 Copula，探索失效相关可靠性建模与优化设计的新途径。具体研究内容包括：以黏度、酸值、光谱元素等油液监测指标为变量，以多元系统的内在相关性理论分析为依据，构造 Copula 模型评估系统可靠性，实现系统可靠性建模。Copula 可靠性模型的优点是以简洁、灵活的函数形式避开传统分析方法繁冗的多重联合积分，由不同相关系数更客观地描述复杂系统失效相关的非线性特征，体现了失效数据的分布特性与关联特性的耦合，为失效相关的复杂工业润滑系统可靠性评估、仿真及优化提供新的方法。

13.2.1 Copula 函数简介

Copula 作为研究复杂随机变量相关性的方法之一，在金融、保险及可靠性研究等领域得到广泛应用。润滑系统作为机械系统中复杂的系统之一，系统状态存在复杂的相关性，通过油液监测也能经常发现各检测数据之间存在不同程度的相互关联，因此利用连接函数 Copula 在描述相关性方面的优势，引入了基于 Copula 的油液润滑可靠性模型。

当分布不同的随机变量互相之间并不独立时，对于联合分布的建模会变得十分困难。若已知多个边缘分布的随机变量下，且各变量间不相互独立，针对此种情况，Copula 函数则是一个非常好的工具对存在关联特性数据进行联合分布建模。

根据 Sklar 理论，对于 N 个随机变量的联合分布，可以将其分解为这 N 个变量各自的边缘分布和一个 Copula 函数，从而将变量的随机性和耦合性分离开来。其中，随机变量各自的随机性由边缘分布进行描述，随机变量之间的耦合特性由 Copula 函数进行描述。

在一般情形下，n 元 Copula 函数 $C:[0,1]^n \to [0,1]$ 是多元联合分布，其中 U_i 是均匀分布，则

$$C(u_1, u_2, \cdots, u_n) = P(U_1 \leq u_1, U_2 \leq u_2, \cdots, U_n \leq u_n)$$

1）函数 C 为定义域在 $[0,1]$ 的 N 维空间。

2）函数 C 在它的每个维度上都是单调递增的函数。

Sklar 定理：对于边缘累积分布 $F_1, F_2, \cdots, F_n$ 存在一个 n 维 Copula 函数 C，满足下列关系式，即

$$F(x_1, x_2, \cdots, x_n) = C(F_1(x_1), F_2(x_2), \cdots F_n(x_n)) \tag{13-21}$$

若 $F_1, F_2, \cdots, F_n$ 为连续函数，则 C 唯一存在。若 $F_1, F_2, \cdots, F_n$ 为边缘累计分布函数，则 C 为相应 Copula 函数，F 为 $F_1, F_2, \cdots, F_n$ 的联合分布函数，对式（13-21）求导可得

$$f(x_1, x_2, \cdots, x_n) = c(F_1(x_1), F_2(x_2), \cdots F_n(x_n)) \cdot \prod_{i=1}^{n} f_i(x_i) \tag{13-22}$$

其中：

$$c(F_1(x_1), F_2(x_2), \cdots, F_n(x_n)) = \frac{\partial C(F_1(x_1), F_2(x_2), \cdots, F_k(x_n))}{\partial F_1(x_1) \partial F_2(x_2) \cdots \partial F_k(x_n)} \tag{13-23}$$

Copula 函数的核心概念是以 Copula 函数将多个随机变量的边缘分布耦合起来。定理给出了一种利用边际分布对多元联合分布建模的方法：首先构建各变量的边际分布；而后找到一个恰当的 Copula 函数，确定它的参数，作为刻画各个变量之间相关关系的工具。

Copula 函数的构造形式多种多样，主要包含正态-Copula 函数和 t-Copula 函数及阿基米德 copula 函数，常见的二元 Copula 函数见表 13-2，其中 u、v 分别表示个体边缘分布函数。

由于累计分布函数是计算 x 点左侧的点的数量，因此累计分布函数 CDF 具有单调递增性，且满足

$$\lim_{x \to -\infty} F_X(x) = 0$$
$$\lim_{x \to +\infty} F_X(x) = 1 \tag{13-24}$$

在本方案中，因为实际数据均 $\geqslant 0$，所以 $\lim\limits_{x\to 0}F_X(x)=0$，且有 $F_X(x_1)\leqslant F_X(x_2)$，if $x_1<x_2$，X 值落在一区间（a，b]之内的概率为 $P(a<X\leqslant b)=F_X(b)-F_X(a)$。且根据概率积分变换定理，任意随机变量的累计分布函数都服从均匀分布。因此，可采用各属性累计分布函数作为 Copula 函数的边缘函数。

表 13-2　常见的二元 Copula 函数

Copula	$C(u,v\mid\theta)$	$\theta\in\Omega$
Clayton	$(u^{-\theta}+v^{-\theta}-1)^{-1/\theta}$	$(0,\infty)$
AMH	$\dfrac{uv}{1-\theta(1-u)(1-v)}$	$[-1,1)$
Gumbel	$\exp\{-[(-\ln u)^{\theta}+(-\ln v)^{\theta}]^{1/\theta}\}$	$[1,\infty)$
Frank	$-\dfrac{1}{\theta}\ln\left(1+\dfrac{(\exp-\theta u-1)(e-\theta v-1)}{\exp-\theta-1}\right)$	$(-\infty,\infty)/\{0\}$
A12	$\{1+[(u^{-1}-1)^{\theta}+(v^{-1}-1)^{\theta}]^{1/\theta}\}^{-1}$	$[1,\infty)$
A14	$\{1+[(u^{-1/\theta}-1)^{\theta}+(v^{-1/\theta}-1)]^{1/\theta}\}^{-\theta}$	$[1,\infty)$
FGM	$uv+\theta uv(1-u)(1-v)$	$[-1,1]$
Gaussian	$\displaystyle\int_{-\infty}^{\Phi^{-1}(u)}\int_{-\infty}^{\Phi^{-1}(v)}\dfrac{\exp\left(\dfrac{2\theta sw-s^2-w^2}{2(1-\theta^2)}\right)}{2\pi\sqrt{1-\theta^2}}dsdw$	$[-1,1]$
Ind	u,v	—

13.2.2　油液多元联合可靠性函数

通过多元油液监测数据的分布情况，建立基于 Copula 函数的油液可靠性函数，传统 Copula（如多元 t-Copula、正态 Copula）在应用过程中对变量有所限制，且随着数据维数的增大，如何建立 Copula 模型也是主要难题。藤 Copula 函数在 Copula 函数的基础上，引入了图形工具"藤"，可对高维多元分布进行分解，在形式上就是利用条件分布与联合分布之间的转化公式对联合分布进行计算，将高维数据相关性问题转为多个二维数据组合问题进行求解，使得高维数据的解决方式更加直观。R-Vine Coula 是藤的一种特殊形式，其内含的约束包含二维分布和条件二元分布。由于 R-Vine Coula 可以将二元 Copula 拓展为任意维数的 Copula 模型，通过控制节点和分支度（Degree）使得 R-Vine Coula 结构丰富多样，因此近年来得到广泛研究。但随着维数的上升，其藤结构数量也会呈指数级别的上升，已有学者在如何获得最佳藤结构上开展大量研究，但始终无法避免最优路径和计算负担上带来的问题。部分学者在 R-Vine Coula 基础上研究出了 C 藤与 D 藤 Copula，大大减少了寻优路径，为确定最优 Copula 开辟了新方法。现分别介绍如下。

1）C 藤模型具有星形结构，当多变量之间某个变量与其他变量相关性强，而其他变量相互之间相关性弱时具有较高精度，以 5 维数据为例，其藤结构如图 13-5 所示。

利用 C 藤结构分析多维相关变量相关性时，其联合概率分布表达式为

$$f(x_1,\cdots,x_n) = \prod_{k=1}^{n} f(x_k) \cdot \prod_{j=1}^{n-1} \prod_{i=1}^{n-j} c_{j,j+1|1,\cdots,j-1}\left[F(x_j|x_1,\cdots,x_{j-1}), F(x_{j+1}|x_1,\cdots,x_{j-1}) \right]$$

(13-25)

2）D 藤模型具有明显的平行结构，当多变量两两之间相关程度接近时具有较好的精度，其藤结构如图 13-6 所示。利用 D 藤结构分析多维相关变量相关性时，其条件概率表达式如式（13-26），同样，D 藤结构的条件概率分布函数也满足式（13-24）所示性质。

$$f(x_1,\cdots,x_n) = \prod_{k=1}^{n} f(x_k) \prod_{j=1}^{n-1} \prod_{i=1}^{n-j} c_{i,\,j+i|i+1,\cdots,\,i+j-1}\left[F(x_i|x_{i+1},\cdots,x_{i+j-1}), \right.$$
$$\left. F(x_{j+i}|x_{i+1},\cdots,x_{i+j-1}) \right]$$

(13-26)

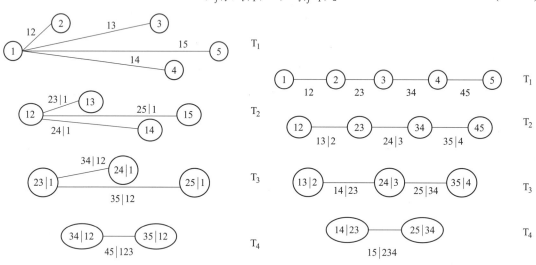

图 13-5　C-Vine Copula 藤结构　　　　图 13-6　D-Vine Copula 藤结构

由于 D-Vine 的结构特点，一旦 T_1 第一层树被确定，则 T_2，T_3，$T_4\cdots$，T_i 也随之确定。但由于高维 Copula 问题的可选数量非常大，尽管其中 D-Vine 大大减少了搜索范围，但对于 n 维数据，其 D-Vine 结构数量任然为 $\dfrac{n!}{2}$ 个，因此本文为了确定 D-Vine 树的结构，通过相关系数矩阵找到最佳路径确定 T_1 参数顺序。

对于 D-Vine Copula 中的 Pair Copula，本文采用遍历所有 Copula 函数族的方式，对于其参数，依然采用极大似然法相关系数计算其参数 θ。以 Gumbel Copula 函数为例，展示其参数求导过程，Gumbel Copula 公式为

$$C = \exp\left\{ -\left[(-\ln u)^\theta + (-\ln v)^\theta \right]^{1/\theta} \right\}$$

(13-27)

其中 u、v 代表边缘分布，求解参数 θ 的极大似然方程为

$$L(\theta) = \prod_{i=1}^{n} c(U,V;\theta)$$

(13-28)

对式（13-28）取对数，则

$$\ln(L(\theta)) = \prod_{i=1}^{n} \ln(c(U,V;\theta))$$

(13-29)

式（13-29）取最大值时，求得参数 θ，即

$$\frac{\partial \ln(L(\theta))}{\partial \theta} = 0 \tag{13-30}$$

为保证选择的 Copula 能够足够好地描述原数据的特征，通过赤池信息准则确定最优的二元 Copula 函数为

$$AIC = -2 \sum_{i=1}^{n} \ln\left[c(u_{i,1}, u_{i,2} | \theta)\right] + 2k \tag{13-31}$$

式中，$i = 1, 2, \cdots, n$ 为观测值，θ 为二元 Copula 参数，k 为 Copula 参数的个数。通过计算 AIC 值求取最小的二元参数 Copula 作为最后的最优待选 Copula。

13.2.3　案例分析

如上所述，建立多元 Copula 函数的第一步，首先要解决的是各监测指标属性的边缘分布，通过上述的极大似然方程计算得出边缘分布 K-S 检验结果，见表 13-3。图 13-7 所示为部分属性拟合结果。由图 13-7 可知，各个样本点均严格处于 95% 置信区间内，说明各个边缘分布函数能够拟合当前样本的分布特性。

表 13-3　各属性 Weibull 拟合结果的检验

模型参数	黏度	TBN	Ca	Soot	Zn	Fe	P	Cu
t-stastic	0.00	0.03	0.03	0.01	0.03	0.05	0.00	0.05
p 值	0.64	0.48	0.56	0.78	0.15	0.46	0.13	0.17

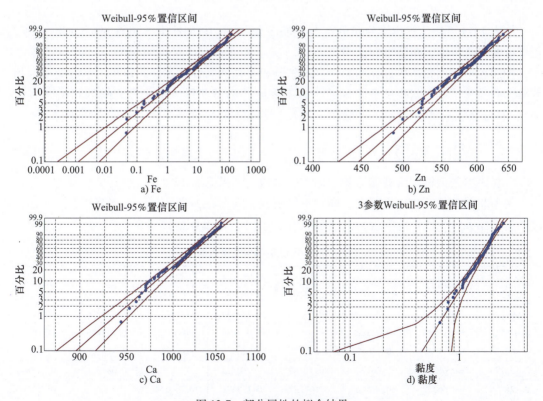

图 13-7　部分属性的拟合结果

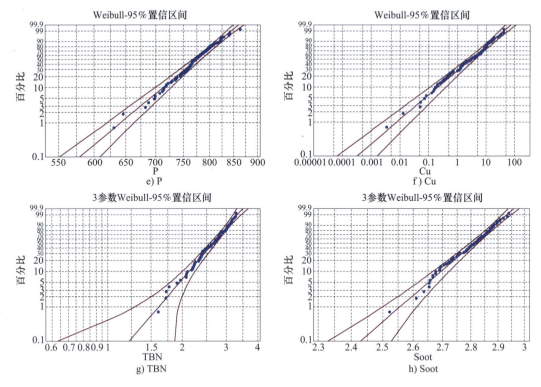

图 13-7　部分属性的拟合结果（续）

从表 13-3 可知，各边缘分布的 K-S 检验 p 值均>0.05，且 K-S 统计量 t-stastic 也表明，各变量的符合当前分布的原假设为真。

按照皮尔逊相关系数计算相关性，皮尔逊相关系数又称皮尔逊积矩相关系数或简单相关系数，它描述了 2 个定距变量间联系的紧密程度，用于度量 2 个变量之间的相关（线性相关），其值介于-1 与 1 之间，一般用 r 表示，计算公式为

$$r = \sum_{i=1}^{n} (x_i - \bar{x})(y_i - \bar{y}) \bigg/ \sqrt{\sum_{i=1}^{n} (x_i - \bar{x})^2 (y_i - \bar{y})^2} \tag{13-32}$$

计算该型柴油机润滑磨损监测指标关联系数，结果见表 13-4。

由关联系数的计算结果可知，样本不同属性之间存在关联性，并不完全独立。因此，通过数据观察关联系数矩阵发现，数据关联特点适用于 Copula 建模思想。

表 13-4　各监测指标关联系数矩阵

1	−0.1273	0.001621	0.076112	0.067224	0.134575	0.228405	0.159147
−0.1273	1	0.039372	−0.12571	0.084301	−0.05324	−0.06799	−0.12997
0.001621	0.039372	1	−0.04396	−0.13617	−0.06723	−0.17506	−0.16872
0.076112	−0.12571	−0.04396	1	0.017675	−0.10152	0.107129	−0.05507
0.067224	0.084301	−0.13617	0.017675	1	−0.07421	0.118578	−0.16177
0.134575	−0.05324	−0.06723	−0.10152	−0.07421	1	0.084361	0.112842
0.228405	−0.06799	−0.17506	0.107129	0.118578	0.084361	1	0.252766
0.159147	−0.12997	−0.16872	−0.05507	−0.16177	0.112842	0.252766	1

经过计算得出基于各相关系数矩阵后，借助二元相关系数总和最大值求解 T_1 树结构，得到的顺序即 T_1 树结构顺序结果，如图 13-8 所示。

图 13-8 D-Vine Copula T_1 树结构

在确定 T_1 树后，根据 D-vine 特征，$\{T_2, T_3, \cdots, T_7\}$ 也随之确定，最终得到 D-Vine Copula，而后通过遍历 Copula 函数，通过 AIC 准则确定相邻节点之间选择最佳的二元函数，各节点确定的 Copula 函数如图 13-9 所示。

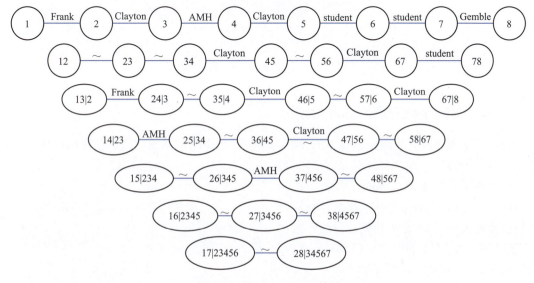

图 13-9 D-Vine Copula 结果

观察模型的拟合结果，可发现第一层树中大部分是 Student t-Copula，而下层树中大部分 Pair Copula 之间为独立不关联。由此可见，在 D-Vine Copula 结构下，各维度之间相关性随着树结构延伸而逐渐消失，耦合后的衍生节点之间的关联性下降、独立性增强。

通过计算，最终得出联合 Copula 与系统相对可靠性的关系，画出其相对可靠性曲线，如图 13-10 所示。

图 13-11 所示为二元相对可靠性函数，图 13-11 中左上角为二维变量的可靠性值投影等势线，从投影面可看出，在同一曲线上的可靠性一致。例如，以三维角度 Fe、Cu 含量及其可靠性形成的三维累计 Copula 分布函数，在图中曲面颜色一致的可靠性相同。根据二维特征建立的 Copula 可靠性 CDF 图像及数据，可以推算出各油液在使

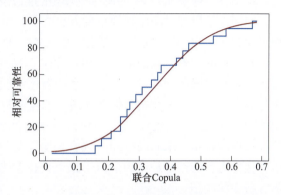

图 13-10 系统相对可靠性

用一段时间后的可靠性。从而对换油周期、设备检修提供合理的依据。

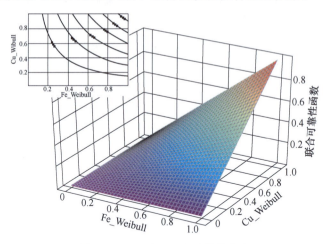

图 13-11　二元 Copula 可靠性分布

13.3　基于时间序列的润滑油寿命预测

时间序列预测作为预测分析技术的一种，指将已获得的数据按时间顺序排成序列，分析其变化方向和程度，从而对未来若干时期可能达到的水平进行推测。时间序列预测的基本原理是：对过去的时间序列数据进行统计分析，推测出序列的发展趋势。目前，常用的方法包括长短记忆神经网络（LSTM）、自回归移动平均（ARMA）、向量自回归（VAR）等。预测分析技术也常用于设备剩余寿命（RUL）预测，如图 13-12 所示。通过分析设备历史性能的退化趋势，预测设备从当前时刻到最终失效的剩余寿命。

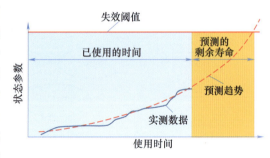

图 13-12　润滑油剩余寿命预测示意图

13.3.1　基于 ARMA 时间序列模型的润滑油寿命预测

ARMA 是研究时间序列的重要方法之一，由自回归模型（简称 AR 模型）与移动平均模型（简称 MA 模型）"混合"构成，相比单一的 AR 模型法或 MA 模型法，它有着更精确的估计和更小的误差。在润滑油使用过程中，某些属性（如黏度、酸值等）的变化在一定程度上都具有自回归的特点，油液发生的氧化或损耗，微观层面上是油液分子基团发生裂变、氧化或自由基组合等变化，但在宏观上的监测数值则会表现出连续性和自相关性的特征。采用 ARMA 方法预测油液状态，不仅能发现油液各参数序列的自相关和自回归特性，同时预测结果也能显示未来一段时间内数值变化范围。因此，该方法常用于对在用油状态的预测分析，也可为预防性维护或剩余寿命预测提供参考。本章节主要介绍 ARMA 法在油液状态监测分析中的应用。

1. ARMA 时间序列

自回归滑动平均模型，又名 ARMA（Auto Regression Moving Average Model），是常见时

间序列预测分析模型之一。ARMA 是研究平稳随机过程的典型方法。该方法认为一个时间序列的相互依存关系表现在原始数据的延续性上，在某时刻的值受到历史值和噪声的影响。对于时间序列 $\{x_1, x_2, \cdots, x_n, \cdots\}$，$\text{ARMA}(p, q)$ 数学模型表示为

$$x_t = \mu + \phi_1 x_{t-1} + \phi_2 x_{t-2} + \cdots + \phi_p x_{t-p} + \varepsilon_t - \theta_1 \varepsilon_{t-1} - \cdots - \theta_q \varepsilon_{t-q} \tag{13-33}$$

式中 x_t——当前值；

       μ——常数项；

  p 和 q——模型阶数；

  ϕ_i 和 θ_i——滞后 p 阶的偏自相关和自相关系数；

   $\{\varepsilon_t\}$——残差序列。

当 $q = 0$ 时，$\text{ARMA}(p, q)$ 模型退化成自回归模型（AR），即

$$x_t = \mu + \phi_1 x_{t-1} + \phi_2 x_{t-2} + \cdots + \phi_p x_{t-p} + \varepsilon_t \tag{13-34}$$

当 $p = 0$ 时，$\text{ARMA}(p, q)$ 模型退化成移动平均模型（MA），即

$$x_t = \mu + \varepsilon_t - \theta_1 \varepsilon_{t-1} - \theta_2 \varepsilon_{t-2} - \cdots - \theta_q \varepsilon_{t-q} \tag{13-35}$$

为了确定 $\boldsymbol{\varphi} = \{\varphi_1 \varphi_2, \cdots, \varphi_p\}$ 参数集合，将 AR 自回归模型进行变换，则

$$\varepsilon_t = X_t - \varphi_1 X_{t-1} - \varphi_2 X_{t-2} - \cdots - \varphi_p X_{t-p} \tag{13-36}$$

ε_t 为序列残差，对上式两边取平方，得

$$\varepsilon_t^2 = \sum_{j=p+1}^{N} \left[x_j - (\varphi_1 x_{j-1} + \varphi_2 x_{j-2} + \cdots + \varphi_p x_{j-p}) \right]^2 \tag{13-37}$$

假设

$$\boldsymbol{Y} = \begin{bmatrix} x_{p+1} \\ x_{p+2} \\ \vdots \\ x_N \end{bmatrix}, \boldsymbol{X} = \begin{bmatrix} x_p & x_{p-1} & \cdots & x_1 \\ x_{p+1} & x_p & \cdots & x_2 \\ \vdots & \vdots & & \vdots \\ x_{N-1} & x_{N-2} & \cdots & x_{N-p} \end{bmatrix}, \boldsymbol{\varphi} = \begin{bmatrix} \varphi_0 \\ \varphi_1 \\ \vdots \\ \varphi_p \end{bmatrix}, \boldsymbol{\varepsilon} = \begin{bmatrix} \varepsilon_{p+1} \\ \varepsilon_{p+2} \\ \vdots \\ \varepsilon_N \end{bmatrix} \tag{13-38}$$

得出

$$\boldsymbol{Y} = \boldsymbol{X}\boldsymbol{\varphi} + \boldsymbol{\varepsilon} \tag{13-39}$$

因此残差序列平方和公式为

$$S(\boldsymbol{\varphi}) = (\boldsymbol{Y} - \boldsymbol{X}\boldsymbol{\varphi})^T (\boldsymbol{Y} - \boldsymbol{X}\boldsymbol{\varphi}) = \boldsymbol{Y}^T\boldsymbol{Y} - 2\boldsymbol{Y}^T\boldsymbol{X}\boldsymbol{\varphi} + \boldsymbol{\varphi}^T\boldsymbol{X}^T\boldsymbol{X}\boldsymbol{\varphi} \tag{13-40}$$

于是式（13-40）的最小二乘估计为

$$\boldsymbol{\varphi} = (\boldsymbol{X}^T\boldsymbol{X})^{-1}\boldsymbol{X}^T\boldsymbol{Y} \tag{13-41}$$

优化目标即残差平方和最小时获得的参数 $\{\varphi_1 \varphi_2, \cdots, \varphi_p\}$ 的值，而后针对模型残差 ε_t 进行检验，判断是否符合正态分布。当模型残差为服从正态分布的白噪声序列后，即获得当前序列的 $\text{AR}(p)$ 模型。$\text{MA}(q)$ 模型计算同理，当获得 $\text{AR}(p)$、$\text{MA}(q)$ 后，再通过式（13-33）组合成 $\text{ARMA}(p, q)$ 模型。

2. ARMA 计算流程

$\text{ARMA}(p, q)$ 建模一般包括数据预处理、平稳性检验、相关系数的确定、模型方程的建立与检验以及趋势预测等几个步骤。ARMA 时间序列计算步骤如图 13-13 所示。

（1）时间序列预处理

由于工业数据具有不齐整、碎片化的特点，因此采用时间序列分析前，需先观察样本的

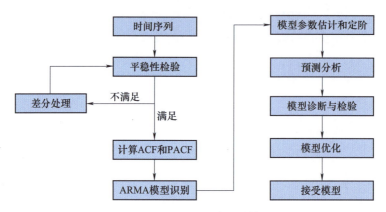

图 13-13　ARMA 时间序列计算步骤

时间特性，针对时间序列不齐整、间隔不统一的样本，应进行预处理。常见的非等间隔时间序列处理方法有插值法和滤波法。图 13-14 所示分别为采用临近插值（Slinear）、阶梯插值（Nearest、Zero）及样条插值（Quadratic、Cubic）等方法处理后的时间序列。通过插值法不仅能解决时间序列间隔不等的问题，同时也能拟合序列的历史变化特点。

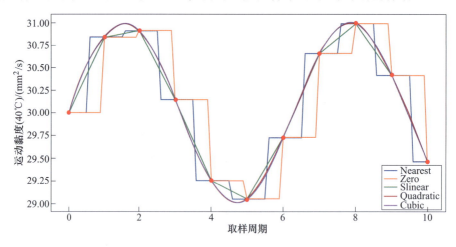

图 13-14　不同插值法对比

（2）平稳性检验

ARMA 模型只适用于平稳序列预测，首先需对序列进行平稳性检验，判断该序列是否为平稳非白噪声序列。若为非平稳序列，则需要对该序列进行处理，使其符合 ARMA 模型建模的条件。常用检验方法如 ADF 检验（单位根检验）。ADF 检验是对 DF 检验的扩展，DF检验只能应用于一阶情况，当序列存在高阶的滞后相关时，则一般采用 ADF 检验。

ADF 检验即检验序列中是否存在单位根，若存在单位根，则说明当前序列为非平稳时间序列，通过以下三个方程判定序列是否存在单位根，即

$$\Delta X_t = \alpha + \beta t + \sigma X_{t-1} + \sum_{i=1}^{m} \beta_i \Delta X_{t-i} + \varepsilon_t \qquad (13-42)$$

$$\Delta X_t = \alpha + \sigma X_{t-1} + \sum_{i=1}^{m} \beta_i \Delta X_{t-i} + \varepsilon_t \qquad (13\text{-}43)$$

$$\Delta X_t = \sigma X_{t-1} + \sum_{i=1}^{m} \beta_i \Delta X_{t-i} + \varepsilon_t \qquad (13\text{-}44)$$

实际检验时，按照顺序依次从式（13-42）→式（13-43）→式（13-44）；ADF 检验的零假设 H0：$\sigma = 0$ 原序列存在单位根，为非平稳序列；备选假设 H1：$\sigma < 0$，原序列不存在单位根，即为平稳序列，只要其中一个模型的检验结果拒绝了零假设，就可以认为时间序列是平稳的；当三个模型的检验结果都不能拒绝零假设时，则认为时间序列是非平稳序列。此时可通过差分、取对数等手段对数据进行处理转化为平稳序列。当对象成为平稳序列后再进行白噪声检验。白噪声序列即序列中任意两个时点的变量都不相关，且序列中不存在明显的动态规律，因此不能用于预测和推断。一般可通过 Ljung-Box test 法进行检验，通过观察 p 值的大小来判断是否为白噪声序列。

（3）p 和 q 值的确定和模型方程的获取

检验当前序列为平稳非白噪声后，需要根据序列的自相关函数与偏自相关函数的拖尾和截尾性确定 ARMA(p, q) 中的 p 和 q 值。截尾是指时间序列的自相关函数（ACF）或偏自相关函数（PACF）在某阶后均收敛到 0 的性质，如图 13-15a 所示；拖尾是 ACF 或 PACF 按指数或成正弦波形式衰减，称其具有拖尾性，如图 13-15b 所示。通过确定的 p、q 值来估计 ARMA(p, q) 模型中的未知参数集，即获得模型方程。时间序列 ARMA 模型的判定规则见表 13-5。

由表 13-5 可知，若序列的自相关函数拖尾、偏自相关函数截尾，则 ARMA 模型退化为 AR 模型；若序列自相关函数截尾、偏自相关函数拖尾，则 ARMA 模型退化为 MA 模型；若自相关、偏自相关函数均拖尾，则为 ARMA 模型。从图 13-15 可看出，序列的自相关函数拖尾、偏自相关函数截尾，因此序列模型为 AR(p) 模型。当确定模型后，可通过式（13-36）~式（13-41）计算模型参数，最终得出模型 ARMA 方程。

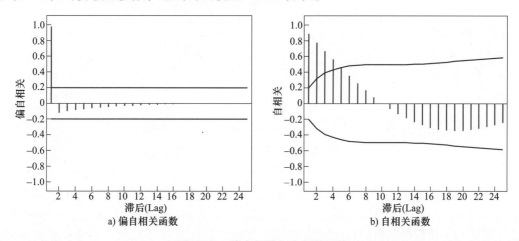

图 13-15　偏自相关与自相关函数

表 13-5　ARMA 模型判定基本原则

模型	自相关函数	偏自相关函数
AR(p)	拖尾	截尾
MA(q)	截尾	拖尾
ARMA(p, q)	拖尾	拖尾

（4）模型方程的检验

当建立好模型后，还需要通过残差的正态性来检验模型是否有效，若残差不符合正态分布，则重新选择 p、q 值再拟合。

（5）趋势预测

模型方程经过检验后，就可以用来预测序列的未来走势。

3. 应用示例

2021 年 4—8 月，某压缩机通过在线监测系统获得油液运动黏度、水分、温度数据。由于运动黏度作为评价油液性能最关键的指标，黏度异常将直接导致摩擦副异常磨损；油中进水将使得设备生锈的风险增大，水分将使油液氧化变质，增加油泥，恶化油质；油温升高将使油液的寿命显著减少。因此，采用 ARMA 方法分别对该三项指标的变化做出预测。各项监测结果见表 13-6。

表 13-6　序列监测数值

检测时间	40℃运动黏度/(mm²/s)	水分/(mg/kg)	温度/℃
2021-4-23 15：30	32.62	28	42.41
2021-4-23 15：45	32.77	22	42.21
2021-4-23 16：00	32.77	25	42.34
2021-4-23 16：15	32.21	24	42.01
2021-4-23 16：30	32.21	23	41.57
2021-4-23 16：45	32.59	24	41.56
……			
2021-8-23 15：30	32.22	22	43.21
2021-8-23 15：45	32.22	23	42.25
2021-8-23 16：00	32.70	34	42.65
2021-8-23 16：15	32.7	31	41.89
2021-8-23 16：30	33.31	35	41.23
2021-8-23 16：45	33.33	32	41.01
2021-8-23 15：30	33.27	33	40.56

采用 ARMA 模型对当前的在线油液监测数据的部分状态进行预测分析。由于油液是一个包含多种烃类化合物及添加剂的组合物质，其性能退化并不仅取决于某一个变量的退化，因此需要对多个维度的数据进行 ARMA 建模。通过平稳性检验及自相关及偏自相关函数计算后，各个油液指标的平稳性及白噪声检验结果见表 13-7。由表 13-7 可知，各指标检验 p 值均<0.05，因此满足平稳及非白噪声序列特点。

表 13-7　各参数平稳性检验结果

平稳及白噪声检验	黏度	水分	温度
平稳性 ADF test（p-value）	0.0002	0.0017	0.0094
白噪声 Ljung-Box test（p-value）	0.031	0.001	0.042

当判定序列为平稳非白噪声序列的特点后，结合表 13-5 对序列的自相关及偏自相关函数的拖尾及截尾特性进行判定。

各参数自相关及偏自相关函数如图 13-16 所示。

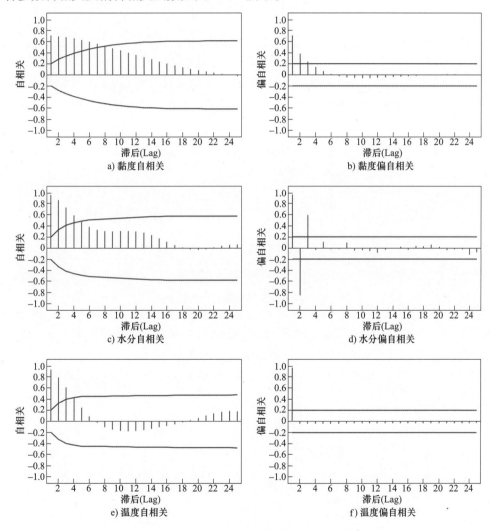

a) 黏度自相关　　　　b) 黏度偏自相关

c) 水分自相关　　　　d) 水分偏自相关

e) 温度自相关　　　　f) 温度偏自相关

图 13-16　各参数自相关及偏自相关函数

通过图 13-16 最终得出黏度为 ARMA(4, 2) 模型，水分为 ARMA(2, 2) 模型，油温为 AR(2) 模型。当确定各指标的模型后，采用 Minitab 软件对其参数进行估算，并最终得出各个监测指标的 ARMA 方程为

黏度 ARMA(4, 2)：$X_t = 1.10X_{t-1} - 0.51X_{t-2} - 0.34X_{t-3} + 0.26X_{t-4} + \varepsilon_t - 1.01\varepsilon_{t-1} -$

$$0.90\varepsilon_{t-2} \tag{13-45}$$

水分 ARMA（2，2）：$X_t = 1.7X_{t-1} - 0.8X_{t-2} + \varepsilon_t - 1.1\varepsilon_{t-1} - 0.90\varepsilon_{t-2}$ （13-46）

油温 AR（2）：$X_t = 1.8X_{t-1} - 0.83X_{t-2} + \varepsilon_t$ （13-47）

通过对各模型残差项 ε_t 进行正态性检验，如图 13-17 所示。从图 13-17 可发现，其正态性服从 N（0，1），即说明参数满足建模条件。

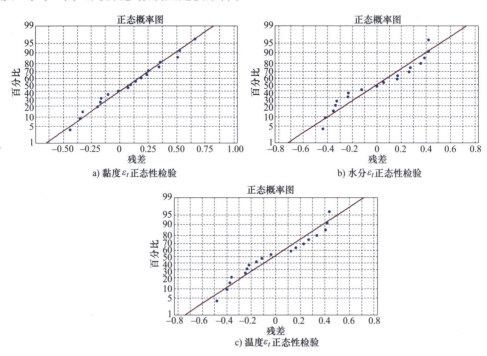

图 13-17　各模型残差正态性检验

在获取到各参数的数学模型后，即可对这些参数进行预测，如图 13-18 所示。图中，蓝色曲线表示原始数据（实际监测数据），黄色曲线表示预测数据。

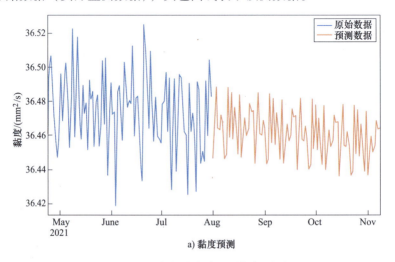

图 13-18　润滑油在线监测指标预测

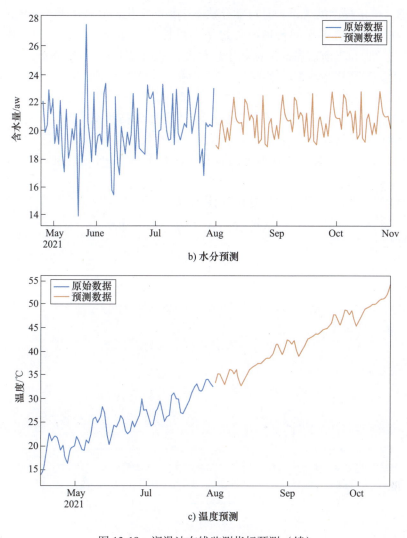

b) 水分预测

c) 温度预测

图 13-18　润滑油在线监测指标预测（续）

　　由图 13-18 可知，黏度有下降趋势，但在控制范围内；水分在未来期限内始终保持平稳，按照黏度变化率±10%、水分≤300ppm 的控制范围，二者均保持正常，油温有一定上升趋势，说明系统冷却系统可能存在异常，通过监测数据预测未来 2 个月油温将保持上升趋势。因此，建议介入观察冷却系统，确认是否出现异常。

13.3.2　基于 LSTM 模型的润滑油寿命预测

1. LSTM 网络原理

　　长短时记忆网络（Long Short Term Memory Network，LSTM），是一种改进之后的循环神经网络 RNN。RNN（循环神经网络）在普通多层 BP 神经网络基础上，增加了隐藏层各单元间的横向联系，通过一个权重矩阵，可以将上一个隐藏层的神经单元的值传递至当前的神经单元，从而使神经网络具备了记忆功能，对于处理有上下文联系的 NLP、或者时间序列的机器学习问题，有很好的应用性。近年来，在语音识别、语言建模、翻译和图像字幕等各种问题处理上取得了巨大成功，由于油液监测指标有复杂的历史依赖性，此刻的油液状态与上一刻的历史状态有一定程度的关系，且可能导致下一刻的变化，故采用循环神经网络是非常合适的。LSTM 在隐藏层各单元间传递时通过多个可控门（遗忘门、输入门、候选门、输出门），控制之前信息和当前信息的记忆和遗忘程度，从而使 RNN 网络具备了长期记忆功能，解决了 RNN 无法处理长距离的依赖问题，在时间序列预测问题上也有广泛的应用。LSTM 的第一步是决定要从细胞状态中丢弃什么信息。该决定由被称为"忘记门"的 Sigmoid 层实现。它查看 s_{t-1}（前一个输出）和 x_t（当前输入），并为单元格状态 C_{t-1}（上一个状态）中的每个数字输出 0 和 1 之间的数字。1 代表完全保留，而 0 代表彻底删除。接下来通过候选门创建候选向量 C_t，该向量将会被加到细胞的状态中。在下一步中，通过这两个向量来创建更新值。

LSTM 模型如图 13-19 所示，其中遗忘门模型为

$$f_t = \sigma(W_f^T \times s_{t-1} + U_f^T \times x_t + b_f) \tag{13-48}$$

输入门模型为

$$i_t = \sigma(W_f^T \times s_{t-1} + U_i^T \times x_t + b_i) \tag{13-49}$$

候选门模型为

$$C_T' = \tanh(W_f^T \times s_{t-1} + U_i^T \times x_t + b_c) \tag{13-50}$$

因此记忆单元的模型为

$$C_t = f_t \times C_{t-1} + i_t \times C_T' \tag{13-51}$$

输出门模型为

$$O_t = \sigma(W_O^T \times s_{t-1} + U_O^T \times x_t + b_O) \tag{13-52}$$

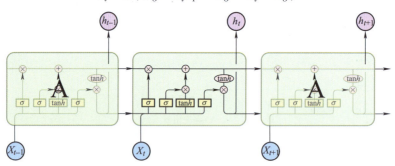

图 13-19　LSTM 模型结构简易示意

2. 应用示例

为了预测某机械设备的温度变化情况，采用 LSTM 对温度序列建模，采用 Python 编写模型，通过设置模型参数及序列样本训练得到模型，然后基于模型预测未来数据变化。图 13-20 所示为基于 LSTM 预测的结果。图中，黄色部分为预测值，绿色部分为实际值，为了对比预测的准确性，采用预测样本和实际样本进行对比。

对序列样本进行配对 T 检验，检验共生成两个数据表见表 13-8、表 13-9。

表 13-8 中显示了数据的均值、数据量、数据标准差和均值的标准误。实际值和预测值的标准差分别为 0.62、0.29，表明大多数实际温度数据值、预测数据值与其各自的平均值相差水平，说明数据不平稳，且具有波动性。

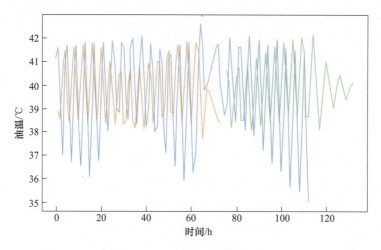

图 13-20　LSTM 水分预测结果

表 13-8　成对样本统计量

类型	均值	标准差	均值标准误差
实际值	39.1	0.62	0.09
预测值	39.5	0.29	0.06

表 13-9 中主要显示了实际值和预测值的相关系数和 Sig 参数。相关系数表明了实际值和预测值之间的关系密切程度。相关系数 $|r|$ 的取值范围为 $[-1, +1]$。$|r|$ 越接近 1，说明关联程度越高，一般当 $|r|>0.75$ 时，认为两组数据的线性相关性较强。从表 13-9 可看出，相关系数 $|r|$ 为 0.928，>0.75，表明实际值和预测值具有高度相关性。同时，Sig 参数为 0.000，当 Sig<0.05 时，说明相关系数具有统计意义，实际值与预测值的相关性成立。通过该方法能预测出油温变化，预测序列特征和以往数据具有高度相关性，模型对数据的过去具有很好的学习能力，预测值能够表现出过去时态的变化情况。

表 13-9　成对样本相关系数

类别	数据量 N	$|r|$	Sig
实际值 & 预测值	1568	0.928	0.000

13.3.3　其他预测模型

1. 基于指数平滑法的时间序列预测

指数平滑法是时间预测中的常用方法，该方法认为时间序列的态势具有稳定性或规则性，因此可根据一定规则合理地顺势推延，且最近的数据对未来数据的预测影响更大。依据最近的过去态势，预测出未来的持续变化趋势，因此该方法将较大的权数放在最近的序列数据。简单的平均法是对过去时间数据全部加以同等利用；移动平均法则不考虑较远期的数据，并在加权移动平均法中给予近期数据更大的权重；而指数平滑法则兼容了全期平均和移动平均的优点，不舍弃过去的数据，但是仅给予逐渐减弱的影响程度，即随着数据的远离，赋予逐渐收敛为零的权数。指数平滑的基本公式为

$$S_t = ay_t + (1 - a)S_{t-1} \tag{13-53}$$

式中 S_t——t 时刻平滑值；

        a——平滑常数；

        y_t——t 时刻实测值。

当时间数列无明显的趋势变化时，可用一次指数平滑预测。二次指数平滑是对一次指数平滑的结果再平滑，适用于具有线性趋势的时间数列。三次指数平滑法与二次指数平滑法一样，对时间序列的非线性趋势进行修正，是在前两次指数平滑的基础上，使用两次平滑值再进行一次平滑，得到其关于时间的非线性发展趋势模型。选用指数平滑法时，一般根据原数列散点图呈现的趋势来确定。如呈现直线趋势，则选用二次指数平滑法；如呈现抛物线趋势，则选用三次指数平滑法。或当时间序列的数据经二次指数平滑处理后，仍有曲率时，应用三次指数平滑法。图 13-21 所示为采取一次指数平滑法对黏度的预测情况。

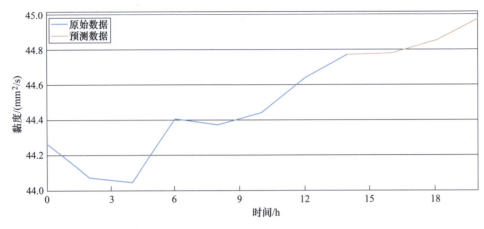

图 13-21   指数平滑预测分析

2. 基于 Prophet 模型的时间序列预测

2018 年，Facebook 开源了一种时间序列预测的算法 Prophet，其本质是一个可加模型，基本形式为：$y(t) = g(t) + s(t) + h(t) + \varepsilon_t$。其中，$g(t)$ 表示趋势项；$s(t)$ 表示周期项，或者称为季节项；$h(t)$ 表示节假日项，即在当天是否存在节假日；ε_t 表示误差项或者称为剩余项。该方法在一定程度上考虑了某些主观因素导致的序列变化情况，对于在线监测的过程尤为适用，例如设备的周期启停现象、设备运转的季节性差异等，这些因素往往是由于市场或生产等宏观因素导致的。该方法结合了基于时间序列分解和机器学习的拟合，其功能还包含了处理时间序列存在的一些异常值及数据缺失的情形。在 Prophet 算法里，趋势项有两个重要的函数，一个是逻辑回归函数，另一个是分段线性函数。

逻辑回归函数为

$$g(t) = \frac{C}{1 + \exp\{-[k + a(t)^t\delta] \cdot \{t - [m + a(t)^T\gamma]\}\}} \tag{13-54}$$

分段线性函数为

$$g(t) = [k + a(t)^t\delta] \cdot t + [m + a(t)^T\gamma] \tag{13-55}$$

式中 k——曲线增长率；

        m——曲线的中点；

δ——增长率的变化量；

C——曲线的最大渐近值。

实际情况函数的 3 个参数 k、m、C 通常都不是常数，而是随时间变化的 3 个函数 $k(t)$、$m(t)$、$C(t)$。而且时间序列曲线的走势肯定不会一直保持不变，在某些特定的时间或者有某种潜在的周期内曲线会发生变化。在 Prophet 算法中引入变点检测，在时间的前 80% 设置 S 个点，划分成 S_j 个子时间，在不同的区间内，趋势项的函数选择需要根据实际情况进行确定。式（13-55）中，$a(t)=(a_1(t)，a_2(t)\cdots a_s(t))^T$，其作用与神经网络中修正线性单元函数 ReLU 类似，相当于一个开关函数，当 $t>S_j$ 时，$a_j(t)=1$；当 $t\leqslant S_j$ 时，$a_j(t)=0$。$\delta=(\delta_1，\delta_2\cdots\delta_j)^T$，$\delta_j$ 表示变点增长率的分布集合，其中，$\delta_j\sim \text{Laplace}(0，\tau)$，$\tau$ 表示在时间 S_j 上的增长率变化情况。γ 表示 $k(t)$ 在 S_j 的边界函数。Prophet 是一个工业级的应用，其只适用于具有明显的内在规律的商业行为数据，而不是在时间序列预测的模型上有非常大的创新，对于不具有明显趋势性、周期性的时间序列，使用 Prophet 进行预测就不适合了。图 13-22 所示为基于 Prophet 模型的某液压油酸值变化情况，图中蓝色区域表示其属性变化的预测上限和下限。由图 13-22 可知，其酸值在未来三年整体呈上升趋势，这与油液长时间使用而导致基础油氧化、添加剂损耗的表现一致。

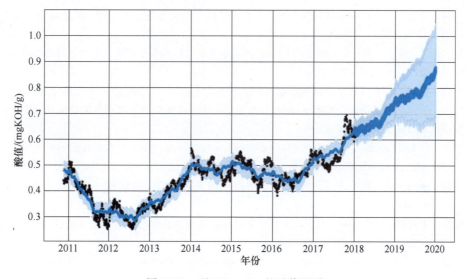

图 13-22　基于 Prophet 的酸值预测

参 考 文 献

［1］雷亚国. 旋转机械智能故障诊断与剩余寿命预测［M］. 西安：西安交通大学出版社，2017.

［2］贾祥. 韦布尔分布及其可靠性统计方法［M］. 北京：科学出版社，2021.

［3］岳晓宁，赵宏伟. 统计分析与数据挖掘技术［M］. 北京：清华大学出版社，2019.

［4］崔策，石新发，贺石中，等. 基于 Weibull 分布的大型风机液力变桨系统可靠性评估［J］. 液压与气动，2020（12）：8-13.

［5］牟黎明. 基于威布尔回归模型的数控机床关键组件剩余寿命预测［D］. 长春：吉林大学，2023.

[6] 杨洋. 贝叶斯优化和关联规则挖掘的若干问题研究 [D]. 北京：清华大学，2022.

[7] 周丹，李成榕，王忠东. 变压器 Weibull 寿命建模参数估计方法的比较 [J]. 高电压技术，2013，39（5）：1170-1177.

[8] 辛龙，周越文，翟颖烨，等. 基于 Weibull 分布的航空装备部件寿命预测研究 [J]. 电光与控制，2014（12）：102-105.

[9] 孙淑霞. 基于三参数威布尔分布的齿轮可靠性设计研究 [D]. 沈阳：东北大学，2015.

[10] 辛龙，周越文，翟颖烨，等. 基于 Weibull 分布的航空装备部件寿命预测研究 [J]. 电光与控制，2014（12）：102-105.

[11] 胡良谋，曹克强，熊申辉，等. 前轮转弯减摆助力器故障分布的三参数威布尔分布模型 [J]. 液压与气动，2016（9）：71-75.

[12] 凌丹. 威布尔分布模型及其在机械可靠性中的应用研究 [D]. 成都：电子科技大学，2011.

[13] 赵继超，袁越，傅质馨，等. 基于 Copula 理论的风光互补发电系统可靠性评估 [J]. 电力自动化设备，2013，33（1）：124-129.

[14] 冯钧，刘伟，谭龙，等. 高维 Copula 函数的动态系统可靠性模型研究 [J]. 机械强度，2022，44（1）：86-94.

[15] 郝会兵. 基于贝叶斯更新与 Copula 理论的性能退化可靠性建模与评估方法研究 [D]. 南京：东南大学，2016.

[16] 胡启国，周松. Vine Copula 模型的失效动态相关机械系统可靠性分析 [J]. 机械科学与技术，2018，37（8）：1149-1155.

[17] 姜潮，张旺，韩旭. 基于 Copula 函数的证据理论相关性分析模型及结构可靠性计算方法 [J]. 机械工程学报，2017，53（16）：199-209.

[18] 张琳娜. 改进遗传算法在计算机数学建模中的应用研究 [J]. 电子设计工程，2021，29（19）：31-34.

[19] 张详坡，尚建忠，陈循. 三参数 Weibull 分布竞争失效场合变应力加速寿命试验统计分析 [J]. 机械工程学报，2014，50（14）：42-49.

[20] 张爱萍，任光，林叶锦，等. 基于复杂网络 Newman 快速算法的船舶柴油机故障诊断 [J]. 内燃机工程，2015，36（2）：61-67.

[21] 田洪祥，李婧，孙云岭，等. 基于相关系数的柴油机润滑油监测研究 [J]. 机电工程，2018，35（10）：1042-1047.

[22] 何连杰，史常凯，闫卓，等. 基于广义 S 变换能量相对熵的小电流接地系统故障区段定位方法 [J]. 电工技术学报，2017，32（8）：274-280.

[23] PATTON A. Copula methods for forecasting multivariate time series [J]. Handbook of Economic Forecasting，2013（2）：899-960.

[24] CHEN Q P. A study on pair-copula constructions of multiple dependence [J]. Application of Statistics and Management，2013，44（2）：182-198.

[25] MIN A，CZADO C. Bayesian model selection for D-vine pair-copula constructions [J]. Canadian Journal of Statistics，2011，39（2）：239-258.

[26] 艾超，陈立娟，孔祥东，等. 基于有功功率控制的液压型风力发电机组最佳功率追踪策略关键问题研究 [J]. 机械工程学报，2017，53（2）：192-198.

[27] 周志刚，徐芳. 考虑强度退化和失效相关性的风电齿轮传动系统动态可靠性分析 [J]. 机械工程学报，2016，52（11）：80-87.

[28] 邱望标，郭天水，薛玉，等. 基于 SST k-ω 湍流模型与遗传算法的高速电梯井道风口优化设计 [J]. 液压与气动，2019（5）：51-57.

[29] 韩华，谷波，康嘉. 基于遗传算法和支持矢量机参数优化的制冷机组故障检测与诊断研究 [J]. 机械

工程学报，2011，47（16）：120-126.

[30] 郝子源，张旭，石健，等. 基于任务可靠度的电动伺服机构可靠性验证试验设计［J］. 液压与气动，2016（9）：91-98.

[31] TORRADO N，KOCHAR S C. Stochastic order relations among parallel systems from Weibull distributions ［J］. Journal of Applied Probability，2015，52（1）：102-116.

[32] LEE J D，SUN Y，TAYLOR J E. On model selection consistency of regularized M-estimators ［J］. Electronic Journal of Statistics，2015，9（1）：608-642.

[33] 顾侃. 序列数据趋势性知识发现［D］. 北京：北京科技大学，2018.

[34] 周国哲，付永领，杨荣荣. 基于遗传算法的电动静液作动器模型参数辨识［J］. 液压与气动，2016（4）：92-96.

[35] 李瑞莹，康锐. 基于ARMA模型的故障率预测方法研究［J］. 系统工程与电子技术，2008，30（8）：1588-1591.

[36] 崔建国，赵云龙，董世良，等. 基于遗传算法和ARMA模型的航空发电机寿命预测［J］. 航空学报，2011，32（8）：1506-1511.

[37] 黎锁平，刘坤会. 平滑系数自适应的二次指数平滑模型及其应用［J］. 系统工程理论与实践，2004，24（2）：94-99.

第3篇
行业应用案例

第 14 章 石油化工行业案例

石油化工行业是指以石油和天然气为原料，生产石油产品和化工产品的加工工业，是国民经济基础性产业。从石油中提取的数百种有机物质，广泛应用于农业、能源、交通、机械、电子、纺织、轻工、建筑及建材等行业中，支撑工业的生产和发展。机械设备是石油化工生产的基础，润滑是保障生产设备正常运行的必要条件。石油化工是流程性生产行业，其生产具有较强的连续性，一旦生产设备出现润滑故障，往往会导致停产，严重时还可能导致安全事故，引发一系列严重后果，因此生产设备的润滑维护是石化企业设备管理的重点工作，一直以来都受到企业的高度重视。做好石化生产设备的润滑维护，一方面能保证设备安全运转，降低危险事故的发生，保障生产人员的安全，另一方面可以有效提高设备的使用寿命，减少维修成本，保障企业的经济利益。

14.1 石油化工行业典型设备润滑特点

从原油加工成燃油、润滑油及石油化工产品的过程，需要经历脱盐、蒸馏、裂化及重整等多种工艺，生成设备包含静设备（如反应器、换热器等）和动设备（如泵、压缩机、汽轮机等），需要进行润滑的设备大多是输送加工原料或添加剂的泵、压缩机等动设备。这些设备具有以下特点。

1）连续性强。石化行业的生产过程连续性强，前一个设备生产的产品往往是下一个设备的生产材料，当中间设备出现问题时，往往影响着整条产品线的生产，核心设备检修往往要等到数年一次的停产大修。

2）危险性大。部分设备接触的介质具有高温、高腐蚀性特点，如输送泵，工作过程中会接触到原油中含有的硫化物和生产过程中的腐蚀性介质，这些介质会腐蚀设备、管路及密封等部件。

3）密封性能要求高。加工过程中原料往往经过高温、高压处理，且使用的大多数溶剂和催化剂都是以气体和液体形式存在的，属易燃、易爆物质，极易泄漏和挥发，这就要求生产设备具有良好的密封性能，防止因这些物质挥发而造成安全事故。

14.1.1 离心式压缩机润滑特点

离心式压缩机是速度式压缩机的一种，它是依靠高速旋转的叶轮对气体产生的离心力来压缩并输送气体的机器，其外观如图14-1所示。随着石油化工生产规模的扩大和机械加工工艺的发展，离心式压缩机得到了越来越广泛的应用。近几年，离心式压缩机已成为石油化工生产的关键设备。炼油厂的三机、化肥厂的五机、乙烯厂的三机等大机组几乎都是由汽轮机驱动离心式（或轴流式）压缩机组成。离心式压缩机具有转速高、功率大、技术密集、价格昂贵、无备机和检修周期长等特点。

为了保证压缩机组的安全运行，离心式压缩机组通常采用集中式压力供油系统，并与齿轮增速器、驱动机（如电动机或汽轮机）的润滑系统合并在一起，主要润滑点包含压缩机前后端轴承、驱动汽轮机前后端轴承、止推轴承，以及部分压缩机组中的变速齿轮箱部件。整个润滑系统包括油箱、泵前过滤器、油冷器、油气分离器、阀门及高位油箱等部件。

由于离心式压缩机与驱动汽轮机共用一套润滑系统，在油液选择上通常参照要求较高的汽轮机进行选择，即要求油液具有优良的抗氧化安定性，良好的防锈耐腐性、抗乳化性、消泡性和析气性，以及合适的黏度，因此石化企业的离心式压缩机通常采用 L-TSA 32 号、46 号汽轮机油进行润滑，而中间变速齿轮箱的压缩机机组需要采用具有一定极压能力的 L-TSE 32 号、46 号汽轮机油。

图 14-1　离心式压缩机

需要注意的是，合成气与氨气压缩机需要采用抗氨汽轮机油。这是因为合成气压缩机、氨制冷压缩机在较高压力下，被压缩的氨气、合成气不可避免地会与汽轮机油相接触，而一般汽轮机油中加有酸性添加剂，与氨接触后会发生化学反应，生成不溶于油的白色絮状沉淀物，从而影响设备正常运行，甚至发生故障。抗氨汽轮机油与抗氧防锈汽轮机油的主要区别在于配方体系采用的是非酸性添加剂，不与氨起化学反应。

14.1.2　往复式压缩机润滑特点

往复式压缩机是指通过气缸内活塞或隔膜的往复运动使缸体容积周期变化并实现气体的增压和输送的一种容积型压缩机，根据往复运动组件的结构分为活塞式压缩机和隔膜式压缩机。图 14-2 所示为往复式压缩机的典型外观。往复式压缩机的体积较小、重量较轻，且气流量、压力和工作效率相对较高，在石油化工企业中其主要作用是向反应装置中输送介质气体，并向反应装置提供其所需压力。

活塞式压缩机的润滑可分为内部润滑和外部润滑两部分。内部润滑用于润滑气缸、活塞、活塞环及填料等与被压缩气体直接接触的工作部件的摩擦面，又叫气缸润滑；外部润滑用于润滑曲轴、连杆、轴承、十字头及滑道等传动部件的摩擦面。石油化工行业的压缩机多为大中型带十字头的压缩机，润滑分两个独立系统，压缩腔内部采用自润滑材料或用注油器提供润滑油，外部润滑采用油泵连续供油的压力润滑方式。

往复式压缩机运行过程中会产生高温，润滑油在气缸活塞部位与热的压缩空气不断接触，会引起油液的氧化分解并生成胶质和各种酸类物质。如有磨损的金属杂质掺入，则更易引起氧化。因此，往复式压缩机油除了需要具备合适的黏度和较好的抗磨承压能力外，还要求具备良好的高温抗氧化性和耐蚀性。石油化工企业的往复式压缩机通常采用 68 号 ~ 150 号 L-DAA/DAB 压缩机油进行润滑，也有机组使用同等黏度的无灰抗磨液压油。

图 14-2　往复式压缩机

14.1.3　螺杆式压缩机润滑特点

螺杆压缩机由一对平行、互相啮合的阴阳螺杆（转子）构成，阳螺杆节圆外有凸齿，阴螺杆节圆内有凹齿。随着螺杆旋转啮合运动，转子的工作容积随着阴阳螺杆的相继侵入而发生改变，进而改变压缩气体体积，实现气体的压缩。螺杆压缩机在较低压力下有流量幅度较宽的操作特性，还有结构和操作简单、气流脉动较低等优点，目前广泛应用于石油化工领域，主要用于合成聚合物、分离气体和运输气体。图 14-3 所示为一种螺杆式压缩机的外观。

螺杆式压缩机可分为干式螺杆压缩机和喷油螺杆压缩机两类。干式螺杆压缩机为了保持转子间必不可少的间隙，通常采用同步齿轮，转子啮合过程中互不接触，油液仅润滑止推轴承、轴颈轴承、同步齿轮

图 14-3　螺杆式压缩机

和传动机构等。喷油螺杆压缩机中，主转子（阳螺杆）靠外部动力驱动，从转子（阴螺杆）由主转子驱动，转子之间的接触靠润滑油进行润滑，因此喷油螺杆压缩机的润滑油除了润滑轴承外，还需要对螺杆进行润滑。

整体而言，螺杆式压缩机的工作条件相对比较严苛，尤其是喷油螺杆压缩机，润滑油在压缩机内以较高的循环速度反复地被加热、冷却，同时还受到铜、铁等金属的催化，以及混入的冷凝水、固体颗粒的影响，极其容易变质。因此在实际应用中，螺杆压缩机通常采用厂家根据压缩机特点定制的专用油，这些油液的基础油以 PAO、酯类油、PAG 等合成油居多。

14.1.4　冷冻机润滑特点

冷冻机是用压缩机改变冷媒气体的压力变化来达到低温制冷的机械设备。冷冻机本质上

就是压缩机，因而其结构与压缩机类似，也可分为活塞式、螺杆式、离心式等几种不同形式，润滑方式也与压缩机相同。但是，由于冷冻机压缩介质特殊，因此所用润滑油与一般压缩机油有差异，需要采用专门的冷冻机油润滑。

冷冻机油的主要功能是冷却压缩机，减少摩擦中的损耗，防止磨损，冷却压缩机因压缩和摩擦而产生的热，同时也具有一定的密封作用，防止制冷剂泄漏。但有别于一般的机械设备润滑油，润滑仅是冷冻机油最基本的特性。由于其与制冷剂接触的工作特殊性，因此冷冻机油需考虑与冷媒在溶解性、低温适应性等方面的配伍要求。与此同时，还需要考虑冷媒的制冷深度、环保法规等要求，因此冷冻机油的选用需要综合考虑冷冻机的结构、冷媒种类、冷冻机油种类的影响。在石油化工企业应用中，冷冻机多采用其厂家提供的专用油，有很高的个性化差异。

14.1.5　泵的润滑特点

泵是一种输送液体的机器，它将原动机的机械能或其他外部能量传送给液体，从而完成对液体的输送。离心泵具有流量均匀、结构简单、运转可靠和维修方便等优点，因此在石油化工行业生产中的应用最为广泛。

离心泵（见图14-4）的结构比较简单，润滑的主要部位是轴承，润滑方式也多样，常见的润滑方式有油杯滴油润滑、油浴（浸油）润滑、飞溅润滑、

图14-4　离心泵

强制喷油循环润滑及油雾润滑等。在石油化工行业，泵的数量特别多、通常以机泵群的方式出现，维护工作量大，一方面难以实时监控泵机的润滑油质量，另一方面更换润滑油时又极易造成事故，因此多采用耗油量低、润滑效果良好的油雾润滑系统进行集中供油润滑，同时利用油雾的吹扫作用实现轴承的降温、清洁。对一些润滑要求高的泵机或系统末端油雾压力低的机泵，可以改进轴承箱结构补充油浴润滑，选用46号、68号汽轮机油或同等黏度的抗磨液压油。

14.1.6　电动机润滑特点

电动机（见图14-5）是石油化工设备中广泛使用的另一

图14-5　电动机

种原动力，其作用是将电能转为机械轴的动能，作为其他设备的动力源。它结构简单、坚固耐用、运行可靠、价格低廉、维护方便，广泛应用于各行各业。石油化工企业中电动机一般用于驱动离心泵、压缩机等旋转机械设备。

轴承是电动机上一个非常重要的部件，电动机的性能和寿命直接受到轴承的影响，轴承也是电动机主要的润滑部件。根据电动机轴承大小，其采用的润滑方式也有所不同，通常采用自润滑材料、润滑脂、强制润滑等三种方式。石油化工企业中，用于驱动泵机的电动机通常为中小型电动机，多采用滚动轴承，一般使用 2 号锂基脂或 2 号极压复合锂基脂润滑；用于驱动压缩机的电动机，通常功率较大，需要强制供油润滑，一般采用优质汽轮机油或抗磨液压油，在黏度等级上以 ISO VG32、ISO VG46、ISO VG68 居多。

石油化工行业典型设备常用油液见表 14-1。

表 14-1　石油化工行业典型设备常用油液

设备	关键摩擦副	在用油液
离心式压缩机	止推轴承、轴颈轴承、汽轮机轴承、齿轮箱	无齿轮箱：L-TSA 32 号、46 号汽轮机油 带齿轮箱：L-TSE 32 号、46 号汽轮机油
螺杆式压缩机	止推轴承、轴颈轴承、同步齿轮、螺杆	厂家专用油
往复式压缩机	曲轴、连杆、轴承、十字头及滑道	L-DAA/DAB 68 号、100 号、150 号压缩机油
冷冻机组	曲轴、连杆、轴承、十字头及滑道 止推轴承、轴颈轴承、同步齿轮、螺杆 止推轴承、轴颈轴承	厂家专用油
泵机	轴颈轴承	滑动轴承：32 号、46 号、68 号汽轮机油或液压油 滚动轴承：2 号锂基脂或 2 号极压复合锂基脂
电动机	轴颈轴承	2 号锂基脂或 2 号极压复合锂基脂润滑

14.2　石油化工行业设备常见润滑磨损故障

14.2.1　压缩机轴瓦产生漆膜

漆膜是一种高分子烃类聚合物，通常黏附在摩擦副表面，呈棕色或棕褐色，如同给摩擦副上镀了一层"油漆"，因而得名漆膜。漆膜是润滑油的氧化产物，其形成机理比较复杂，但普遍认为与油液的"微燃烧"有关。润滑油通常溶解一定量的空气，当润滑油从低压区被泵入高压区时，油中的小空气泡被急剧压缩，导致油液微区温度迅速升高，出现绝热"微燃烧"，生成尺寸极小的具有极性的不溶物。润滑油对这些不溶物具有一定的溶解性，但当不溶物含量过高且超出润滑油的溶解度时，就会析出并沉降下来，黏附在摩擦副表面，在摩擦产生高温作用下，逐渐碳化，形成漆膜。

漆膜会减少轴瓦间隙，增加轴瓦表面与轴之间的摩擦，使轴瓦温度升高。而在轴瓦与轴接触的瞬间，部分漆膜又会被磨掉，轴承间隙又会增加，进而轴温也会略有下降，这个过程会反复出现。因此，轴温呈现波浪式上升，是摩擦副产生漆膜的典型症状。

漆膜问题是石油化工企业大型机组普遍存在的问题，也是工业界的难题，目前并没有很好的措施能够完全避免漆膜的产生，但可以通过监控漆膜倾向指数来评估设备产生漆膜的风险，一旦漆膜倾向指数偏高，就采用带有漆膜去除效果的过滤装置来降低油中不溶物的含量,可以有效地降低漆膜的生成风险。

14.2.2 润滑系统受到压缩介质污染

压缩机广泛应用于石油化工行业的多种工艺流程中,用于压缩、输送各种工艺气体。压缩机内部需要设置密封装置,以减少或防止介质沿着间隙泄漏。但这些密封装置属于易损件,会因自然老化、磨损、腐蚀等原因损坏,密封效果逐渐变差,直至最终失效。当压缩腔和润滑系统之间的密封存在破损时,由于压缩或输送压力较高,压缩介质通常会侵入到润滑系统中,因此润滑油受到压缩工艺介质的污染,通常与设备的密封磨损失效有关。

高压气体进入润滑系统中,随着油液的搅动不可避免地会卷入到润滑油里并形成气泡,破坏油膜的完整性,造成润滑不良。压缩机润滑油中出现大量气体会导致油液的闪点、黏度下降,此时可以通过油液分析及时发现。一旦发现压缩介质进入润滑系统,则应检查系统密封件的磨损情况,更换密封件或零件。早期气体并未与润滑油进行反应,可以通过振动、真空脱气等方式除去气体,恢复油液的润滑性能,处理后经检测合格的油液可继续使用。

部分压缩气体本身可能所含的水、粉尘、油污,以及工艺反应中间产物等污染物,压缩时产生的高温以及水的存在会使这些污染物变质而具有腐蚀性,这些污染物一旦侵入润滑油系统,会加速油液劣化,甚至部分中间产物能与润滑油进行反应,对油液润滑性能造成恶劣影响。在石油化工行业中较容易出现该情况的是聚丙烯回收压缩机,聚丙烯回收压缩机的压缩气体中存在氢气、乙烯等轻质气体及三乙基铝等催化剂,在潮湿空气中易生成凝胶,影响油液的润滑效果,导致设备跳停。出现此情况需要检查系统的密封部件的磨损情况,更换密封部件或零件,并对润滑油进行更换。

14.2.3 压缩机轴瓦异常磨损

轴瓦是压缩机中最重要的零部件之一,处于压缩机的心脏部位,承受了很大的交变载荷,且受力不均匀,非常容易损坏。当轴瓦润滑油中含有水分时,会导致油膜在高压下破裂,或者局部润滑油膜强度不足,引起摩擦副表面之间直接接触,产生干摩擦,摩擦副表面温度会迅速升高,使轴瓦产生烧结。

如果润滑油中含有固体颗粒,则这些颗粒一方面会刺破油膜,使摩擦副表面微区直接接触,从而产生黏着磨损,另一方面伴随着轴承的转动,对轴瓦表面产生切削作用,导致轴瓦产生磨粒磨损;此外,固体颗粒进入运动副间隙后,在碾压和滚动下还可能对轴瓦表面产生应力,使轴瓦表面出现疲劳裂纹,最终导致轴瓦合金从轴瓦基体表面脱落,产生疲劳磨损。

压缩机的轴瓦磨损,通常与润滑油有关,因此维护好润滑系统,防止固体颗粒、水分等进入润滑部位,是预防轴瓦磨损的重要举措。此外,还需关注润滑油的质量,一旦润滑油发生严重变质,应及时进行换油处理。

14.2.4 铜质摩擦副受到腐蚀

对于活塞式压缩机,比较常见的一类故障是铜合金部件的腐蚀。大多数活塞机组使用的是 L-DAA/B 压缩机油、机械油或抗磨液压油。这些油液中均含有一定量的 ZDDP(二烷基二硫代磷酸锌)添加剂。ZDDP 是一种广泛应用的多功能润滑油添加剂,其有良好的抗氧化、抗磨和耐腐蚀作用,但该添加剂会对铜质或银质部件造成一定的腐蚀。故当这类油液用于一些铜质部件的润滑时,油液检测时会发现光谱分析中 Cu 含量较高且持续增长,但磨粒分析中并未发现铜合金。严重的时候,在检修时会发现铜合金部件表面颜色暗淡,出现腐蚀迹象。这种情况下，通常需要对润滑油进行重新选型，选择无灰液压油或者不含有 ZDDP 添加剂的压缩机油，即可有效避免重要的铜部件产生腐蚀。

14.3 石油化工行业设备润滑失效案例

14.3.1 新氢压缩机瓦斯泄漏故障监测

1. 案例背景

某炼油厂多年来坚持开展设备的油液监测工作，目的是通过油液监测发现设备可能出现的早期磨损，以便及时采取措施进行视情维修。在 2012 年 7 月中旬，该炼油厂对运行设备进行监测时，发现编号为 A、B 的两台新氢压缩机润滑油的监测数据出现异常。图 14-6 所示为新氢压缩机外观。

2. 检测数据及分析

这两台新氢压缩机使用的是进口的 220 号压缩机油，正常情况下油品的 40℃运动黏度

图 14-6 新氢压缩机外观

应在 $198 \sim 242 mm^2/s$ 之间，而 2012 年 7 月监测结果显示，压缩机 A 油液 40℃运动黏度仅为 $176.8 mm^2/s$，压缩机 B 油液的 40℃运动黏度仅为 $160.2 mm^2/s$，与历史数据相比有明显下降（见图 14-7），极有可能受到轻质组分的污染。

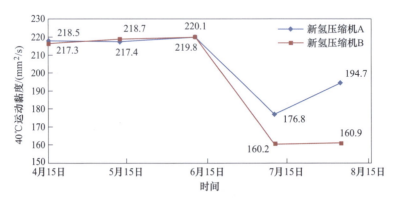

图 14-7 新氢压缩机 A、B 黏度变化趋势

为了确认故障，现场工作人员于 8 月 4 日再次取样，复查结果见表 14-2。压缩机 A 和压缩机 B 的复查样品运动黏度依然偏低。同时压缩机 A 油液的闭口闪点为 202℃，而压缩机 B 油液的闭口闪点仅为 134℃，闪点的检测结果更进一步验证了系统受轻质组分污染的可能。

表 14-2　新氢压缩机油液复查检测结果

检测项目	新油	新氢压缩机 A	新氢压缩机 B
运动黏度（40℃）/（mm²/s）	218.3	194.7	160.9
酸值/（mgKOH/g）	0.08	0.09	0.09
水分/（体积分数,%）	<0.03	<0.03	<0.03
闭口闪点/℃	236	202	134

与现场工作人员进行沟通后，初步怀疑这两台新氢压缩机润滑系统中可能进入了瓦斯气体。为此对送检的样品进行了气相色谱检测，结果见表 14-3。检测结果表明，送检的两个在用油中，甲烷、乙烷等可燃气体的含量远超过新油中相关气体的含量，说明润滑油中的确存在瓦斯气体。

表 14-3　气相色谱分析结果

检测项目	新油	新氢压缩机 A	新氢压缩机 B
甲烷/（μL/L）	0.94	34.13	401.55
乙烯/（μL/L）	0.23	1.09	2.49
乙烷/（μL/L）	未检出	189.94	2914.91
乙炔/（μL/L）	未检出	未检出	未检出
氢气/（μL/L）	未检出	1.53	5.89
一氧化碳/（μL/L）	0.51	20.08	56.52
二氧化碳/（μL/L）	469.69	554.28	968.86

3. 结论及建议

基于上述检测数据和分析，初步判断现场存在瓦斯泄漏，瓦斯气体已经进入了润滑系统。瓦斯气体是可燃气体，进入润滑系统后，会增加闪燃的风险，如不及时处理很可能发生火灾安全事故，建议现场查明泄漏原因，并更换润滑油。

4. 现场反馈

现场工作人员立即对相关机组进行了紧急停机检修，并组织技术人员查找原因，最终发现是操作工排油操作不规范，导致瓦斯泄漏进入了润滑系统。由于发现及时，成功地避免了一次重大的安全事故，也未造成重大经济损失。

14.3.2　主电动机液压油受废油污染监测

1. 案例背景

某石油化工企业现场的挤压机和泵的主电动机采用的是 M46 号液压油进行润滑，在 2017 年 2 月，现场工作人员对部分主电动机润滑油进行更换。在 2017 年 3 月定期监测时，发现这些主电动机润滑油中 Si 含量突增，现场怀疑补加的新油存在问题，因此对补给站中剩余的新油进行检测分析。

2. 检测数据及分析

新油的检测结果见表 14-4。从表 14-4 可看出，该油的各项理化指标以及添加剂中 Ca、Zn、P 元素都与数据库中的该牌号液压油的典型数据相符，但是 Cu、Si 含量较高，而正常的 M46 新油中 Cu、Si 含量非常低（见图 14-8），说明送检的新油确实存在质量问题。

表 14-4　补给站中新油的检测结果

检测项目	补给站 M46 检测值	数据库中 M46 典型值
运动黏度（40℃）/(mm²/s)	46.16	41.4~50.6
酸值/(mgKOH/g)	0.35	0.30~0.45
开口闪点/℃	246	>230
水分（体积分数,%）	<0.03	≤0.03
Si 含量/(mg/kg)	62	<1
Cu 含量/(mg/kg)	29	<1
Ca 含量/(mg/kg)	32	25~40
Zn 含量/(mg/kg)	260	240~280
P 含量/(mg/kg)	233	220~250

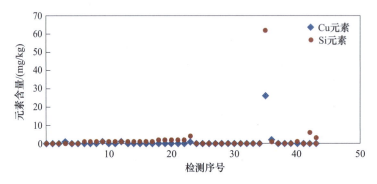

图 14-8　M46 新油中 Cu、Si 含量的典型分布

　　根据检测结果分析，M46 新油其他指标均正常，仅 Cu、Si 含量高，根据诊断经验，导致这种现象发生的原因可能有两种：一是采购到了再生油液；二是新油在储存过程中受到污染。

　　现场重新取了油库中新油进行检测，结果见表 14-5。由表 14-5 可见，油库中的新油各项检测结果均与 M46 典型值相符，因此判断补给站中的新油 Cu、Si 含量异常是源于储存过程中受到污染。

表 14-5　油库中新油的检测结果

检测项目	油库中 M46 检测值	数据库中 M46 典型值
运动黏度（40℃）/(mm²/s)	46.19	41.4~50.6
酸值/(mgKOH/g)	0.38	0.30~0.45
开口闪点/℃	248	>230
水分（体积分数,%）	<0.03	≤0.03
Si 含量/(mg/kg)	<1	<1
Cu 含量/(mg/kg)	<1	<1
Ca 含量/(mg/kg)	32	25~40
Zn 含量/(mg/kg)	271	240~280
P 含量/(mg/kg)	246	220~250

3. 结论与建议

对油库中新油和补给站中的新油进行检测。结果表明，所采购新油无质量问题，但中转站中的新油受到污染，建议查明污染来源。

4. 现场反馈

现场从油液仓库管理方面继续排查，最终发现，员工在加油前，会用中转桶将油库中的新油转运至补给站，然后再加入到电动机润滑系统中。而该次所用的中转桶也曾用于转运受硅油污染的废旧润滑油，残留的废旧润滑油对新油造成了污染，导致油中的 Si 含量持续偏高。

多数润滑油失效，都是因为现场的润滑管理不规范造成的。设备的润滑管理不仅仅是加油、换油，还需要做好仓储管理、污染控制等各方面的工作，制定润滑管理制度，严格按照润滑管理导则对每个步骤进行规范，这样才能提升设备润滑的可靠性，延长设备使用寿命，提高企业的经济效益。

14.3.3　注水泵润滑油水分污染在线监测

1. 案例背景

注水泵是石油开采过程中的重要设备，其作用是在油层注入相应的介质，促使油层的压力不断提升，从而实现取油的目的，可以说注水泵的运行效率直接影响石油开采效率。某采油作业点为了提高注水泵的运行效率，减少注水泵的故障率和维修时间，在其作业点安装数台油液在线监测装置，实时监测注水泵润滑状态。

该项目安装的油液在线监测装置配备有多款传感器，可以实时观察润滑油液的水分、黏度、铁磁颗粒等指标。一旦指标出现长时间异常现象，系统将会第一时间发出报警信号，以提示相关工程师对异常现象做出处理。该在线监测设备固定在润滑油站旁，实时采集的油液数据通过无线传输到位于控制室的油液在线监测主机上，通过润滑在线监测系统客户端实现对油液的实时监控等功能。

图 14-9 所示为现场油液在线监测设备安装规划，图 14-10 所示为现场在线监测监控界面。

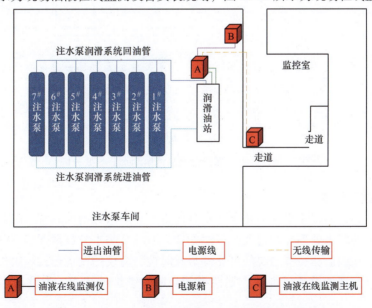

图 14-9　注水泵润滑油站现场油液在线监测设备安装规划

图 14-10　注水泵润滑油站现场油液在线监测监控界面

2. 检测数据及分析

在 2018 年 11 月，现场完成了在线监测仪器的安装和调试，监测设备运行正常。2019年 1 月 23 日早 7 点，系统持续捕捉到水分超标信号，如图 14-11 所示。报警装置立即对现场发出警告。

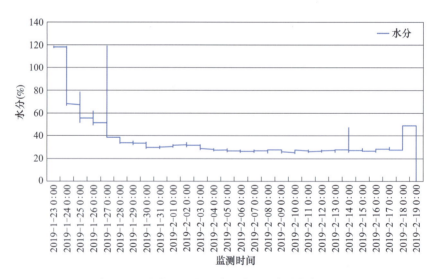

图 14-11　注水泵润滑油站油液监测水分数据分析

3. 现场反馈及处理

现场通过排查，确定注水泵油箱存在水分污染，导致水分指标异常，随后客户开起过滤机对设备进行过滤脱水处理。经过及时过滤处理，系统监测水分数据逐步下降，逐渐恢复到正常水分指标。在线监测装置系统的可靠性与及时性，为现场设备运行与维护提供了及时可靠的数据信息，实现了设备运维从计划性维护到视情维护的转变，为设备远程运维奠定了基础。

14.4 石油化工行业设备磨损故障案例

14.4.1 油浆泵轴承磨损故障监测

1. 案例背景

某石化企业的高温油浆泵采用的是Law-rence生产的单级悬臂式离心泵，油浆泵由高温轴承箱、轴、联轴器、叶轮及内壳体衬套等组成，结构如图14-12所示。工作时高温油浆从轴向进入泵中，然后从径向出口排出。其轴承采用的是油浴润滑，使用的是L-TSA 46号汽轮机油，轴承箱两端由高温油封制品进行密封，防止灰尘、微粒及水等杂质侵入。油浆泵配置两台泵，一台正常运行，一台备用，正常情况下，每3个月会进行一次切换，并更换润滑油。

图14-12 油浆泵的高温轴承箱

2. 检测数据及分析

现场工作人员在2019年7~10月期间，每个月对油浆泵进行取样监测，主要监测油液的运动黏度、酸值、水分、开口闪点、元素含量和磨粒指标，具体监测数据见表14-6。

表14-6 油浆泵的常见油液理化性能监测值

时间	2019-7-10	2019-8-7	2019-9-13	2019-10-11	参考值
运动黏度（40℃)/(mm²/s)	44.59	44.90	45.60	46.31	41.4~50.6
酸值/(mgKOH/g)	0.08	0.09	0.08	0.07	≤0.07
水分/(mg/kg)	19	50	40	28	≤100
开口闪点/℃	234	232	235	234	≥180
Fe含量/(mg/kg)	<1	<1	1	3	≤4
Cu含量/(mg/kg)	<1	<1	<1	1	≤4
Si含量/(mg/kg)	<1	<1	<1	1	≤4
Cr含量/(mg/kg)	<1	<1	1	2	≤3
Ca含量/(mg/kg)	<1	<1	<1	<1	—
P含量/(mg/kg)	<1	<1	<1	4	—

由表14-6可发现，2019年7~10月，轴承箱润滑的各项监测数值在参考控制范围内，但其运动黏度、Fe含量、Cu含量均有轻微的增长趋势；特别是2019年10月监测时，Fe含量有明显增长，特别是磨粒分析发现，润滑油中存在个别尺寸>50μm的钢质磨粒，表面有明显的黏着擦伤痕迹，如图14-13所示。初步判断油浆泵轴承存在异常磨损，建议现场工作人员予以重点关注。

3. 现场反馈及处理

在收到油液监测报告后，现场工作人员调出振动监测传感器数据，并在后续每天对各轴

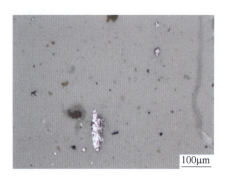
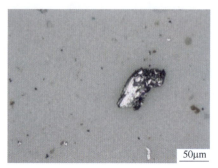

100μm　　　　　　　　　　　　　　　50μm

图 14-13　2019 年 10 月铁谱分析中的磨粒

承位置进行数据采集，结果如图 14-14 所示。由图 14-14 可见，自 2019 年 10 月 11 日起，轴承振动值、加速度值开始出现上升趋势，在 10 月 16 日时驱动端轴承（3A、3H、3V，见图 14-12）振动加速度急剧上升，说明该轴承部位失效的可能性很大。

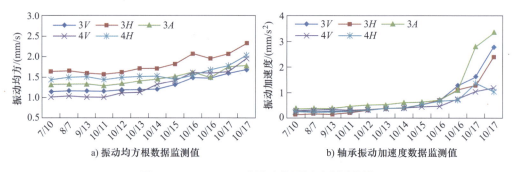

a) 振动均方根数据监测值　　　　　　　b) 轴承振动加速度数据监测值

图 14-14　302-P-208 高温油浆泵振动监测结果

为了避免故障加剧后对油浆泵造成进一步的损伤，影响到炼油装置的安全运行，现场对该油浆泵进行了解体检修，拆检后发现轴承箱底部有金属磨屑粉末，其中角接触轴承的一颗滚珠表面磨损剥落，保持架的相应部位出现损伤，如图 14-15 所示。这一案例也说明油液监测比振动监测要提前发现磨损故障隐患，为预防性维修提供了早期信息。

a) 滚珠表面磨损剥落　　　　　　　　　b) 保持架损伤

图 14-15　角接触轴承磨损

14.4.2　膜回收往复压缩机磨损故障监测

1. 案例背景

某石化厂膜回收装置的原料气压缩机采用往复压缩机，外观如图 14-16 所示。该型号压缩机采用润滑油为 L-DAB 68 空压机油，润滑点包括活塞-缸套摩擦副、曲轴轴承、连杆大小头等。在 2019 年 2 月，定期监测时发现现场一台膜回收压缩机润滑油的污染度较历史数据有明显上升，金属元素浓度略有增长。

图 14-16　原料气压缩机外观

2. 检测数据及分析

监测数据见表 14-7。从表 14-7 可看出，自 2018 年 12 月起，油液的污染度出现上升趋势，6~14μm 的颗粒数等级由 20 上升至 22，磨损金属元素 Cu、Sn 含量也出现突增现象，如图 14-17 所示。

表 14-7　膜回收压缩机油油液监测数据

监测项目	2018-11-20	2018-12-20	2019-01-20	2019-02-15	2019-04-18
运动黏度（40℃）/(mm²/s)	65.07	65.51	64.97	65.14	66.75
酸值/(mgKOH/g)	0.09	0.11	0.10	0.10	0.10
水分/(mg/kg)	63	52	61	58	52
污染度 NAS 1638 等级	12	>12	>12	>12	>12
污染度 ISO 4406 等级	23/20/12	23/21/12	23/22/10	23/22/10	23/21/10
Fe 含量/(mg/kg)	2	3	2	4	4
Cu 含量/(mg/kg)	3	3	3	6	2
Pb 含量/(mg/kg)	<1	1	<1	1	<1
Cr 含量/(mg/kg)	<1	<1	<1	<1	<1
Sn 含量/(mg/kg)	<1	<1	8	10	<1
Al 含量/(mg/kg)	<1	<1	<1	<1	<1
Mn 含量/(mg/kg)	<1	<1	<1	<1	<1
Ni 含量/(mg/kg)	<1	<1	<1	<1	<1
Ag 含量/(mg/kg)	<1	<1	<1	<1	<1
Ti 含量/(mg/kg)	<1	<1	<1	<1	<1
Si 含量/(mg/kg)	1	<1	<1	1	1
Na 含量/(mg/kg)	<1	<1	<1	<1	<1
V 含量/(mg/kg)	<1	<1	<1	<1	<1
B 含量/(mg/kg)	<1	<1	<1	<1	<1
K 含量/(mg/kg)	<1	<1	<1	<1	<1
Mo 含量/(mg/kg)	<1	<1	<1	<1	<1

（续）

监测项目	2018-11-20	2018-12-20	2019-01-20	2019-02-15	2019-04-18
Mg 含量/（mg/kg）	<1	<1	<1	<1	<1
Ba 含量/（mg/kg）	10	12	11	13	<1
Ca 含量/（mg/kg）	15	17	14	16	6
Zn 含量/（mg/kg）	4	5	<1	5	2
P 含量/（mg/kg）	219	227	221	223	212
D_L	6.2	14.5	17.5	14.1	14.5
D_S	4.1	9.7	9.7	7.8	9.4

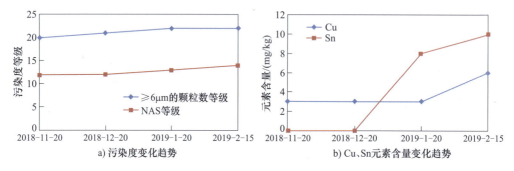

a) 污染度变化趋势　　　　　　　　b) Cu、Sn元素含量变化趋势

图 14-17　监测数据变化趋势

污染度等级升高意味着油中的固体颗粒浓度增加，而金属元素 Cu、Sn 是滑动轴瓦的主要元素组成，其出现在润滑油中，通常是轴瓦磨损的征兆。为了进一步确认故障，对 2019 年 2 月 15 日所取的样品进行了磨粒分析，结果如图 14-18 所示。

图 14-18　故障样品中的异常磨损颗粒

从图 14-18 可发现，油中存在尺寸高达几百 μm 的滑动磨粒，且磨粒表面呈现出橙、蓝、紫相间的回火色，说明磨粒遭受到了高温氧化，其表面已经被氧化。对该磨粒进行电镜能谱分析，结果见表 14-8、图 14-19。由表 14-8 可见，磨粒的主要成分是 Sn 元素，来源于轴承合金的磨损。

表 14-8 电镜能谱分析

元素种类	元素含量（质量分数,%）
C	11. 64
N	3. 93
O	20. 53
Fe	0. 68
Cu	0. 52
Cd	4. 63
Sn	52. 99
Sb	5. 08

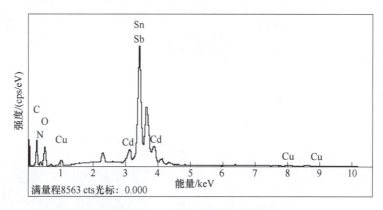

图 14-19 电镜-能谱分析数据

3. 结论与建议

结合污染度、光谱元素及磨粒分析的检测结果综合判断，该压缩机的轴瓦出现了严重的异常磨损，建议尽快停机检查。

4. 客户反馈

2019 年 4 月，客户对设备进行中修，将曲轴轴承进行了拆卸，发现轴瓦表面的巴氏合金层出现了明显烧蚀和大面积剥落，轴瓦表面已变得凹凸不平，如图 14-20 所示。

a) 膜回收原料气压缩机损坏   b) 剥落下来的颗粒

图 14-20 膜回收原料气压缩机损坏及剥落下来的颗粒

14.4.3 造粒机主减速箱在线油液监测案例

1. 案例背景

聚丙烯装置粒料产品转化过程中的重要步骤是挤压造粒，所采用的关键设备就是挤压造粒机。随着工业技术的不断进步和发展，挤压造粒机也逐渐发展成为"机、电、仪"高度一体化的机组，极大地提升了聚丙烯产品的质量和生产效率，但与此同时也对挤压造粒机的平稳运行提出了更高的要求。某石化企业为了保障挤压造粒机的安全平稳运行，于 2018 年为其现场的造粒机主减速箱量身定制了一套在线监测系统，以便实时了解其润滑动态，做好预防维护。

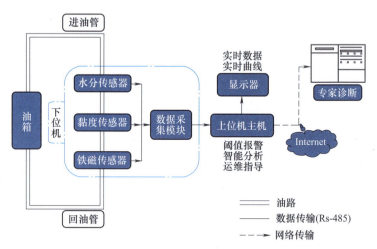

图 14-21　在线监测系统的结构原理

该套在线监测系统结构原理如图 14-21 所示，支持水分、黏度、铁磁颗粒的监测。由于该减速机齿轮箱的滤油机回油管及取油管皆留有预留接口，因此只需将油液在线监测系统进出油口连接到原取油管和回油管上，即可实现油路循环。图 14-22 所示为现场安装场景。

2. 监测数据及分析

在线监测系统成功完成安装后，开始对现场设备进行在线油液监测。2019 年第一季度，在线监测发现该减速机中铁磁性颗粒数量有上升趋势，到 4 月底时，$70 \sim 100 \mu m$ 的颗粒数量出现明显的突增，如图 14-23 所示。

从现场的磨损监测数据可以看出，在 2019 年 1 月起，该减速齿轮箱在用润滑油中磨损颗粒

图 14-22　在线监测装置下位机安装场景

浓度开始增长，但较为缓慢，随着时间延长，磨粒的浓度增长速度加快，特别是大颗粒的增长明显，说明齿轮箱的磨损状态异常，局部位置出现了急剧磨损。

3. 现场反馈及处理

2019 年 4 月 30 日，现场对该造粒机主减速箱进行检查，发现主减速机 S_3 轴输出端新更换的油封处存在渗油情况，进一步探查发现是 S_3 轴输出端保持架损坏，轴承滚子已经脱出。为此，现场对减速箱进行了检修，更换了输出端轴承。

14.4.4 挤压机齿轮箱在线监测磨损故障监测

1. 案例背景

2021 年 1 月，某石油化工厂在聚乙烯挤压机熔融泵齿轮箱上部署了油液在线监测系统，

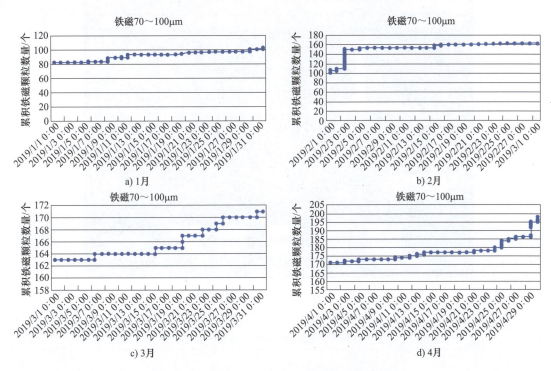

图 14-23 1~4 月 70~100μm 铁磁性颗粒数据分析

如图 14-24 所示。通过该仪器可以实现对齿轮箱润滑油的黏度、水分及磨粒进行实时监测。2022 年 3 月 17 日，在线监测系统监测到齿轮箱润滑发生磨粒报警，如图 14-25 所示。

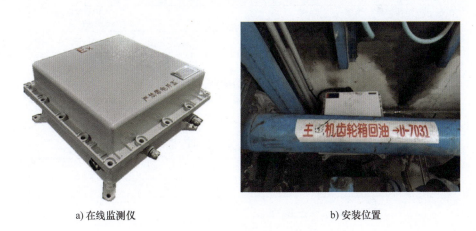

a) 在线监测仪   b) 安装位置

图 14-24 油液在线监测系统及其安装位置

2. 监测数据及分析

发生报警后，技术人员对主要指标的监测数据进行分析，并于当天取样送至实验室做进一步分析。图 14-26 所示为齿轮箱润滑油黏度、温度及水分在线监测数据变化趋势。表 14-9 列出了离线检测结果。

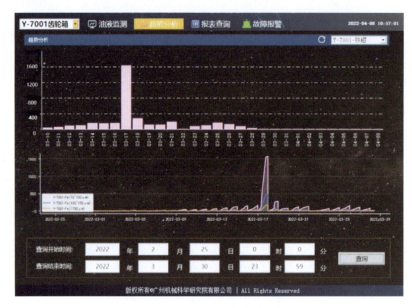

图 14-25 远程监测到磨粒异常

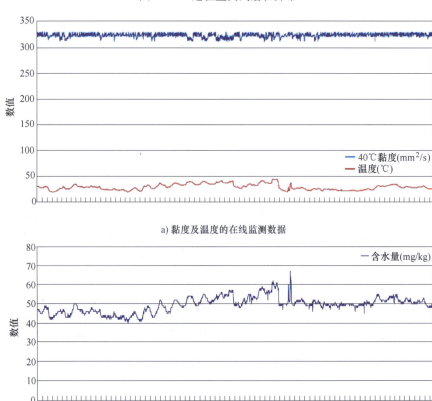

a) 黏度及温度的在线监测数据

b) 水分在线监测数据

图 14-26 挤压机熔融泵齿轮箱在线监测数据

表 14-9 挤压机熔融泵齿轮箱在线监测数据

检测项目	离线数据	24h 内在线数据（均值）	推荐控制范围
黏度/(mm²/s)	327.9	323.3	288~352
水分/(mg/kg)	77	56	<500

从图 14-26 及表 14-9 中可以看出，系统在用油黏度、温度和水分均处正常状态。离线黏度为 327.9mm²/s，在线监测到的黏度平均值约 323.3mm²/s，两者具有较高的一致性。监测期间齿轮箱润滑油整体水含量比较稳定，在 40~70mg/kg 之间波动。报警期间，在线监测水分平均值为 56mg/kg，而离线实验室检测结果为 77mg/kg，也较为吻合。结合在线和离线的监测数据，齿轮箱润滑油品质良好。

图 14-27 所示为磨粒在线监测的变化趋势。齿轮箱在用油中磨粒数量自 3 月 1 日起缓慢上升，到 3 月 17 日出现突增，说明油中存在大尺寸的异常磨粒。通过离线磨粒分析，发现油中存在个别尺寸>40μm 的铁磁性异常磨粒（见图 14-28），表明齿轮箱局部存在突发性异常磨损。

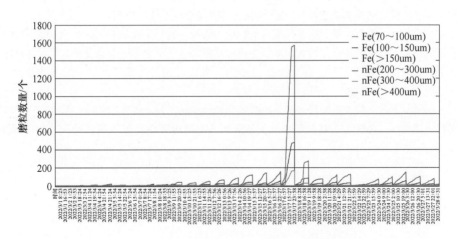

图 14-27 熔融泵齿轮箱铁磁性磨粒在线监测数据

3. 结论与建议

熔融泵齿轮箱存在突发性异常磨损，导致油中大尺寸磨粒增加，引发监测仪器报警，应注意观察数据的变化趋势，并取样进行磨粒分析，对设备的磨损状态做进一步分析判断。齿轮箱润滑油油质状态正常，可继续使用，考虑到油中磨粒增长会导致油液污染度升高，加速齿轮的磨损，建议现场对齿轮箱润滑油进行过滤净化处理，降低油中磨粒浓度。

图 14-28 熔融泵齿轮箱润滑站中铁磁性异常磨粒

<h1 align="center">参 考 文 献</h1>

[1] 卢春喜. 炼油过程及设备 [M]. 北京：中国石化出版社，2014.

[2] 郭强. 石油化工设备维护与管理相关措施分析 [J]. 中国设备工程，2024，（2）：59-61.

[3] 贺石中，冯伟. 设备润滑诊断与管理 [M]. 北京：中国石化出版社有限公司，2017.

[4] 靳兆文. 压缩机运行与维修实用技术 [M]. 北京：化学工业出版社，2014.

[5] 孙志伟. 基于油液分析技术的设备监测与故障诊断方法研究 [D]. 太原：太原理工大学，2012.

[6] 张东峰，刘行宇，李宏燕. 离心式压缩机的应用现状 [J]. 煤炭与化工，2022，45（6）：120-124.

[7] 张长乐. 离心式压缩机轴瓦高温故障分析及处理措施浅析 [J]. 中国设备工程，2021（17）：264-265.

[8] 徐建，金宏春，郑翠英. 活塞式压缩机循环润滑系统 [J]. 机械制造与自动化，2015，（3）：62-64，70.

[9] 薛阿男. 往复式压缩机的维护与故障处理分析 [J]. 中国设备工程，2022，（15）：46-48.

[10] 魏龙. 活塞式压缩机润滑油的选择 [J]. 压缩机技术，1998（6）：15-17.

[11] 李微微，孙宏飞. 往复式压缩机润滑油的选用 [J]. 中国设备工程，2009（8）：28-30.

[12] 申宝武. 螺杆式空气压缩机的润滑分析 [J]. 石油商技，2007（1）：52-57.

[13] 李继勇，马有建. 螺杆压缩机常见故障分析及检修方法 [J]. 大氮肥，2018，41（6）：416-419.

[14] 徐建平. 冷冻机油的技术动态 [J]. 合成润滑材料，2010，（2）：26-30.

[15] 施东学，应远才，周霞，等. 抗氨压缩机油的应用研究 [J]. 石油商技，2005，（4）：32-35.

[16] 刘春刚. 油雾润滑系统在石化行业机泵群中的应用研究 [D]. 北京：北京化工大学，2011.

[17] 陈兆虎，田宏光，刘俊，等. 石化设备"漆膜"形成机制与防范 [J]. 润滑与密封，2018（2）：137-140.

[18] 王泓. 润滑油黏度下降引起的烃类压缩机故障分析及措施 [J]. 润滑与密封，2016（7）：143-145.

[19] 张柏成，谭桂斌，冯伟等. 高温泵轴承失效分析及润滑可靠性监测系统的应用 [J]. 润滑与密封，2020（9）：131-134.

第 15 章　水泥行业案例

水泥行业是我国国民经济发展的重要基础材料产业，其产品广泛应用于建筑、水利、国防等工程，为改善民生、促进国家经济建设和国防安全起到了重要作用。水泥生产过程涉及众多的生产设备，如立磨机、回转窑、煤磨机及水泥磨等，这些设备具有体积大、功率大和重量大的特点，长年在高温高粉尘环境下运行，给润滑工作提出了更高的要求。特别是干法水泥生产工艺，对流水作业的要求相当高，一旦某台设备发生机械故障，其维修和停机费用都非常大，将给工厂带来巨大的损失。因此，做好水泥生产设备的润滑维护，可以确保水泥生产设备正常运行，保障企业安全生产，具有非常重要的意义。

15.1　水泥行业典型设备润滑特点

水泥生产是一个复杂的过程，先后要经过破碎均化处理、生料制备、熟料烧成、熟料粉磨、包装及运输等多个工序，所拥有的设备种类非常多，除了常见的"三磨一窑"，还要用到很多破碎设备、输送设备以及风动设备等，如图 15-1 所示。这些设备常年处于高温高粉尘的环境中，承受着重载及冲击载荷，润滑条件十分恶劣，油膜不易形成，摩擦副也极易因润滑问题而出现异常磨损，因此润滑维护一直是水泥生产现场设备维护的重点。

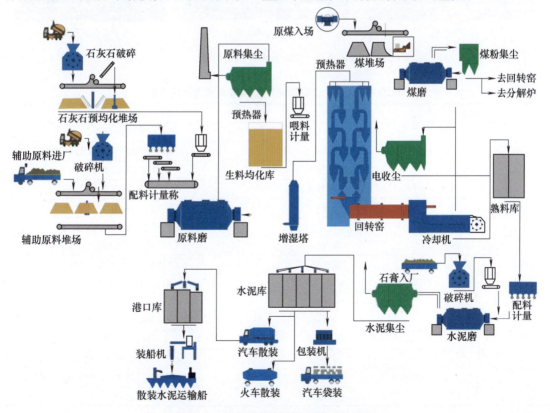

图 15-1　新型干法水泥生产线工艺流程

15.1.1　破碎及运输设备润滑特点

生产原料在进入生产线之前，需要对其进行破碎和均化处理。在这个环节，需要用到大量的破碎设备和运输设备。这些设备大多数露天作业，由于昼夜温差变化大，且设备处于低速重载工况，因此要求润滑剂具有良好的黏温性能、抗水性能和极压抗磨性能。这些设备的主要润滑点是传动减速机和轴承，其中减速机大多采用浸油飞溅润滑，轴承采用油杯油脂润滑。图 15-2 所示为破碎及运输的典型设备，其典型润滑点及常用油见表 15-1。

a) 锤式破碎机

b) 圆锥式破碎机

c) 板式喂料机

d) 堆取料机

e) 皮带输送机

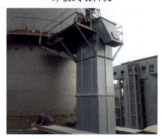

f) 斗式提升机

图 15-2　破碎及运输典型设备

表 15-1　破碎及运输设备常见润滑点及常用润滑剂

润滑设备	润滑点	常用润滑剂
破碎机	电动机轴承	高温润滑脂
	减速机	L-CKD 重负荷工业闭式齿轮油
	锤头/辊子轴承	润滑脂
	液压系统	L-HM 抗磨液压油
振动筛	减速机	L-CKD 重负荷工业闭式齿轮油
	轴承	润滑脂
板式喂料机	减速机	L-CKD 重负荷工业闭式齿轮油
堆取料机	减速机	L-CKD 重负荷工业闭式齿轮油
	液压系统	L-HM 抗磨液压油
皮带输送机	输送机轴承	润滑脂
	减速机	L-CKD 重负荷工业闭式齿轮油
斗式提升机	开式齿轮	开式齿轮润滑剂
	减速机	L-CKD 重负荷工业闭式齿轮油
称量机	齿轮箱	L-CKD 重负荷工业闭式齿轮油
	连座轴承	润滑脂

15.1.2 生料粉末设备润滑特点

生料粉末是将石灰石、黏土、砂岩和铁矿等原料按一定的比例混合后，经过原料磨研磨成细粉的工艺过程。这项工艺通常需要用到三大粉磨设备：辊压机、立磨机、球磨机，其外观如图15-3所示。这些设备处于低速重载工况和高粉尘的环境下，要求润滑剂具有较好的承载能力和抗磨性能。主减速机和轴承是粉磨设备最主要的润滑点，多采用齿轮油润滑。其中立磨、球磨的大型主减速机多采用稀油循环润滑，立磨磨辊轴承承受重载，多采用高黏度合成齿轮油集中润滑。生料粉末主要设备及其润滑点常用润滑剂见表15-2。

a) 辊压机　　　　　　　　　　b) 立磨机　　　　　　　　　　c) 球磨机

图 15-3　生料粉末工艺主要润滑设备

表 15-2　生料粉末主要设备及其润滑点常用润滑剂

润滑设备	润滑点	常用润滑剂
辊压机	减速机	L-CKD 重负荷工业闭式齿轮油
	压辊轴承	润滑脂
	液压系统	L-HM 抗磨液压油
立磨机	减速机	L-CKD 重负荷工业闭式齿轮油
	磨辊轴承	L-CKD 重负荷合成工业闭式齿轮油
	液压系统	L-HM 抗磨液压油
	选粉机减速机	L-CKC/L-CKD 重负荷工业闭式齿轮油
球磨机	减速机	L-CKD 重负荷工业闭式齿轮油
	主轴承/滑履轴承	L-CKD 重负荷工业闭式齿轮油
	开式齿轮	开式齿轮润滑剂

15.1.3 熟料烧成设备润滑特点

熟料烧成是将已制备好的生料再煅烧成水泥熟料，这一工艺又包含预热、烧成和冷却等过程，主要设备有：预热器、分解炉、回转窑、篦冷机和高压风机，如图15-4所示。烧成工艺中的设备都处于高温环境中，回转窑日产量上千吨，煅烧时筒内温度高达2000℃，筒体外表面温度也在300℃以上，经过煅烧后的原料进入篦冷机时的入料温度通常在1300℃以上，会向周围辐射很多的热量，窑尾烟筒均向四周洒落灰尘，这意味着设备不仅处于高温高粉尘的环境中，还要在非常大的工作载荷下连续性生产，承受着冲击振动，负荷变化非常大，这些特性对设备的润滑也提出了更多的要求，润滑油不仅要具备良好的高温抗氧化性，还需要优异的承载能力和极压性能。烧成工艺主要设备及其润滑点的常用润滑剂见表15-3。

| a) 回转窑 | b) 篦冷机 | c) 高压风机 |

图 15-4　熟料烧成工艺主要润滑设备

表 15-3　烧成工艺主要设备及其润滑点的常用润滑剂

润滑设备	润滑点	常用润滑剂
回转窑	主减速机	L-CKD 重负荷工业闭式齿轮油
	开式齿轮	开式齿轮润滑剂
	托轮	托轮托瓦专用油
	液压挡轮	L-HM 抗磨液压油
篦冷机	液压系统	L-HM 抗磨液压油
	传动轴轴承	润滑脂
	托轮	润滑脂
	挡轮	润滑脂
	破碎机轴承	润滑脂
高压风机	电动机轴承	润滑脂
	风机轴承	润滑脂

15.1.4　熟料研磨及包装设备润滑特点

　　熟料研磨是将烧成冷却后的熟料磨成细粉，保证出厂水泥粒度符合标准要求。粉磨设备是熟料研磨工艺的重要设备，常用的粉磨设备有辊压机和球磨机。粉磨及包装过程，还需要用到各种各样的输送设备，如链式输送机、斗式提升机等。这些设备长年处于高粉尘的环境中，承受了较高的载荷，因此要求润滑剂具备良好的承载能力及抗磨性能。图 15-5 所示为熟料研磨及包装工艺常见润滑设备。熟料研磨及包装常见设备及其润滑点常用润滑剂见表 15-4。

| a) 球磨机 | b) 链式输送机 | c) 包装机 |

图 15-5　熟料研磨及包装工艺常见润滑设备

表15-4 熟料研磨及包装常见设备及其润滑点的常用润滑剂

润滑设备	润滑点	常用润滑剂
辊压机	减速机	L-CKD 重负荷工业闭式齿轮油
	滚子轴承	极压润滑脂
	液压系统	L-HM 抗磨液压油
球磨机	减速机	L-CKD 重负荷工业闭式齿轮油
	主轴承/滑履轴承	L-CKD 重负荷工业闭式齿轮油
	开式齿轮	开式齿轮润滑剂
链式输送机	头尾轮轴承	极压润滑脂
	减速机	L-CKC/L-CKD 重负荷工业闭式齿轮油
	主电动机轴承	极压润滑脂
	液力耦合器	L-HM 抗磨液压油
斗式提升机	头尾轮轴承	极压润滑脂
	减速机	L-CKC/L-CKD 重负荷工业闭式齿轮油
	主电动机轴承	极压润滑脂
	传动链条	极压润滑脂
皮带输送机	减速滚筒	L-CKC/L-CKD 重负荷工业闭式齿轮油
	头尾轮轴承	极压润滑脂
	主电动机轴承	极压润滑脂
	托辊轴承	极压润滑脂
包装机	减速机	L-CKC/L-CKD 重负荷工业闭式齿轮油
	轴承	极压润滑脂

15.1.5 风动和除尘设备润滑特点

水泥生产中还有一类必不可少的设备，那就是风动设备，常见的风动设备有离心风机、罗茨风机及空气压缩机。离心风机用途最为广泛，例如窑头、窑尾电除尘排风、篦冷机鼓排风、各类磨机排风、选粉及循环用风等都采用了大型离心风机。大型离心风机功率大，多为高压设备，其传动装置和轴承的润滑大多采用稀油站强制循环冷却的润滑方式，任何一台大型离心风机出现故障都将导致生产线停顿。图 15-6 所示为风动除尘主要润滑设备。常见风动设备润滑点及常用润滑剂见表 15-5。

a) 空气压缩机　　　　　　　　b) 离心风机　　　　　　　　c) 罗茨风机

图 15-6 风动除尘主要润滑设备

表 15-5　常见风动设备润滑点及常用润滑剂

润滑设备	润滑点	常用润滑剂
空气压缩机	轴承	高温润滑脂
	液压系统	L-HM 抗磨液压油
离心风机	主电动机轴承	高温润滑脂/L-TSA 汽轮机油
	风机轴承	高温润滑脂/L-TSA 汽轮机油
	减速机	L-CKD 重负荷工业闭式齿轮油
罗茨风机	轴承和齿轮	L-TSA 汽轮机油

15.2　水泥行业设备常见润滑磨损故障

15.2.1　油液选型不当

水泥生产设备种类繁多，其工作条件、结构及运作方式不尽相同，对润滑工作的要求也就各有不同，因此选择正确的润滑油极其关键。目前，水泥生产机械设备润滑油的选择主要是依据设备设计中所附加的说明书，按照设备制造商的建议，选择指定油品，而实际上说明书所规定的油品并不一定适合此设备，这是因为很多机械的设计工程师并不具备专业的润滑知识，所规定的油液知识套用过去同类或相近设备所使用的油液，这就不利于润滑油性能的发挥，影响设备的正常运行。

此外，一些设备在维修后，部分零部件得以更换，设备的工况也会发生相应的变化，继续使用原有的油液，可能导致设备磨损故障。油液选型不当是水泥企业润滑管理中常见的问题之一，例如风机轴承采用液压油润滑、重载磨辊轴承选用低黏度中负荷齿轮油润滑、磨合期的开式齿轮选用普通开式齿轮润滑剂润滑，这些现象在水泥厂时有发生，是水泥企业润滑管理中需要改善的方面。

15.2.2　油脂错用混用

油脂混用是水泥生产设备润滑管理中的另一常见现象，主要表现在四方面：一是同种类不同黏度等级的油液混用，这种现象在减速机中经常发生，例如，在原本用 320 号齿轮油的减速机中加入 220 号齿轮油，导致油液黏度下降，承载能力和抗磨性能下降，引起异常磨损；二是同黏度的不同种类的油液混用，例如，在原本使用汽轮机油的风机轴承润滑系统中，补加了同黏度等级的液压油，导致油液的高温抗氧化性能下降，使用寿命缩短；三是不同基础油的油液混用，例如，聚醚类合成油和矿物油混用，这种情况多发生在螺杆式空气压缩机中，两种不相容的油液混合后会生成大量油泥，导致油液黏度急剧增高，引发润滑失效；四是润滑油和润滑脂混用，这种情况的出现，通常不是人为操作失误引起的，而是因设备密封失效而引起密封润滑脂进入润滑系统，这也会导致油液外观发生变化、黏度升高，对设备造成不利影响。

水泥企业设备种类繁多，相应地使用的油液种类也非常多，某些企业现场使用的油脂类别达数百种，因此极易出现油液错用和混用，这对润滑管理也提出了挑战。要避免此类问题的发生，还要从润滑管理着手，加强新油的入库检测，规范油液的存储和加换油的操作，做到加油器具专油专用，并加强对润滑操作人员的培训，提升企业自身的润滑管理水平。

15.2.3 粉尘颗粒污染

在水泥生产过程中，处处都充斥着粉尘，这些粉尘不可避免地会进入到设备润滑系统。粉尘颗粒对润滑系统的危害非常大，主要表现在三方面：一是粉尘颗粒会刺破油膜，破坏油膜的连续性，导致摩擦副表面局部失去润滑油膜，产生干摩擦，同时跟随摩擦副的运动，对摩擦副表面造成磨料磨损，缩短零部件的使用寿命；二是粉尘颗粒还会吸附添加剂及氧化产物，加速油液的衰变；三是大量的粉尘进入润滑系统后，还会造成油路堵塞，缩短滤芯的使用寿命。在实际生产中，由固体颗粒污染导致水泥生产设备异常磨损乃至失效的案例非常多，粉尘颗粒污染也是水泥企业润滑管理中的难题。

15.2.4 齿轮、轴承磨损失效

水泥生产设备主要运动部件是齿轮传动、滑动轴承和滚动轴承等，且大多处于低速重载的工况，在运行过程中极易出现异常磨损，最常见的磨损失效形式有点蚀和疲劳磨损。点蚀是最为常见的一种磨损，是齿面或轴承表面受到循环变化的接触应力后产生疲劳裂纹、表面金属脱落而形成的，点蚀进一步发展会形成片蚀或疲劳剥落。

引起齿轮或轴承疲劳磨损的原因是多方面的，就润滑方面而言，与基础油黏度和油中的固体颗粒有很大的关系。通常情况下，黏度越小的润滑油，在疲劳裂纹发展初期，就越容易渗入到裂纹中，促使裂纹进一步扩展，而黏度大的润滑油缓冲吸振能力强，形成的承载油膜厚，减轻了粗糙峰的相互作用，抗点蚀能力更强。而固体颗粒会破坏油膜，在高压下会对齿轮或轴承表面产生压应力，加速早期裂纹的生成。除此之外，润滑剂中如含有水分，还会导致轴承锈蚀，表面硬度和强度下降，容易生成裂纹。因此，对处于低速重载高粉尘工况的水泥生产设备，选择合适的油液并对油液的性能进行定期监测，及时掌握润滑油的性能变化，对延长其使用寿命至关重要。

15.3 水泥行业设备润滑失效案例

15.3.1 篦冷机液压系统受硅油污染监测

1. 案例背景

某企业水泥生产现场的熟料冷却系统采用的是推动式篦式冷却机，其传动液压系统使用的是 L-HM 46 抗磨液压油作为传动介质。在 2019 年的某次油液监测中，发现该液压油出现了 Si 含量急剧上升的现象。

2. 检测数据及分析

该液压系统的定期监测数据见表 15-6。从表 15-6 可看出，液压油污染度和 Si 含量在最后一次监测时出现了明显的上升，但是磨损元素 Fe、Cu 含量的变化趋势较为平稳，如图 15-7 所示。

表 15-6 篦式冷却机液压油监测数据

检测项目	2017-5-19	2017-11-25	2018-6-5	2018-11-3	2019-5-23
运动黏度（40℃）/（mm²/s）	45.16	45.41	45.25	45.38	45.69
酸值/（mgKOH/g）	0.54	0.52	0.55	0.53	0.54
污染度 NAS-1638 等级	8	9	9	9	>12
污染度 ISO 4406 等级	19/16/13	20/17/14	19/17/14	19/17/14	26/24/22

（续）

检测项目	2017-5-19	2017-11-25	2018-6-5	2018-11-3	2019-5-23
Fe 含量/（mg/kg）	2	3	2	3	4
Cu 含量/（mg/kg）	0	0	0	0	0
Si 含量/（mg/kg）	9	13	15	17	350

Si 元素主要来源有以下三种：抗泡剂、粉尘污染及硅油脂污染。

1）抗泡剂。抗泡剂分为有机硅型抗泡剂和非硅型抗泡剂。有机硅型抗泡剂消泡效果好，通常只需要百万分之几的添加量就可以达到消泡目的，其常用添加浓度为 1 ~ 20mg/kg，添加进石油产品后，均匀分散在油中，根据新油的检测结果，该油配方中几乎不含有硅，因而排除 Si 元素来源于抗泡剂的可能性。

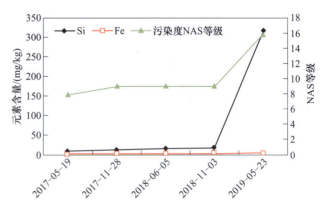

图 15-7　Si 含量变化情况

2）粉尘污染。粉尘是 Si 元素的另一个来源，水泥生产现场环境恶劣，空气中的粉尘浓度也会比其他行业更高。但是，该样品的磨粒图像（见图 15-8）显示，油中并没有发现明显的粉尘颗粒，因而可以排除因大量粉尘污染而导致 Si 含量急剧上升的可能性。

3）硅油脂污染。Si 元素的另外一个可能来源是硅油脂。硅油具有良好的化学稳定性、绝缘性和疏水性，因此常作为高级润滑油、防振油、绝缘油、脱模剂和隔离剂等，以硅油为

图 15-8　样品中磨粒图像

基础油调制而成的硅脂也常作为密封脂使用，不论是硅油还是硅脂，都广泛应用于各行业。硅油不溶于矿物油，在进行污染度测试时，悬浮的硅油会对污染度的测试结果产生影响，导致污染度的检测结果增加，且液压油中硅急剧增高的特点，也符合受到硅油污染的现象表征。

根据油液监测结果分析，确定该液压油受到了硅油的污染，建议现场排查可能的污染源。

3. 现场反馈

根据检测结果，现场展开原因调查，最终发现，该液压系统取样点的管上有一个耐振压力表，采用的是硅油作为耐振介质，而表内的介质液位出现明显下降（见图 15-9），说明耐振液已出现泄漏。取样时，耐振压力表正处于泄漏状态，泄漏出的硅油介质污染了样品，从而导致液压油中 Si 含量及污染度严重偏高。在找到污染源后，现场对该耐振压力表进行维护处理以防止耐振介质泄漏。现场再次在油箱中取样，监测结果显示，油箱中的液压油 Si

含量正常，并未受到耐振介质的污染，仍然可以正常使用。

a) 现场液压站

b) 出现泄漏的压力表

图 15-9　发生硅油泄漏的压力表

15.3.2　螺杆式空气压缩机油稠化原因分析

1. 案例背景

某企业水泥生产现场的一台螺杆式空气压缩机的润滑油使用的是"S"专用润滑油，根据相关资料显示，该油是一款醚酯类合成油。在 2015 年 5 月进行了换油处理，换油后不到一个月，就逐渐出现了开机困难的现象。经检查发现，该螺杆式空气压缩机的润滑油出现了稠化现象，同时伴随着焦糊味，如图 15-10 所示。

2. 检测数据及分析

考虑到是换油后才出现故障，因此怀疑故障与新油的品质有关，于是对新油和故障油的常规理化指标进行了检测，并与该油的典型值进行了对比分析，检测结果见表 15-7。

图 15-10　油液结焦

表 15-7　"S"专用润滑油新旧油理化性能检测结果

检测项目	新油	旧油	典型值
运动黏度（40℃）/（mm²/s）	36.65	>1000	48
运动黏度（100℃）/（mm²/s）	6.53	>1000	9.0
黏度指数	133	—	173
酸值/（mgKOH/g）	0.11	30.85	0.05
倾点/℃	−33	—	−50
Fe 含量/（mg/kg）	0	36	0
Cu 含量/（mg/kg）	0	8	0
Ba 含量/（mg/kg）	0	123	780

根据表 15-7 的检测结果，分析如下。

1）送检的新油与"S"专用润滑油的典型值相比，运动黏度、黏度指数均明显更低，酸值、倾点等检测数据也与典型数据不符，这说明该批次采购的新油存在质量问题。

2）与送检的新油相比，故障旧油运动黏度和酸值均非常高，说明油液氧化严重。元素分析的结果表明，旧油中含有较高的 Ba 元素，而新油中并不含有这种元素。Ba 元素主要来源于防锈剂，是"S"专用润滑油的特征元素。旧油中含有 Ba 元素，意味着空气压缩机存在混油现象，即空气压缩机在换油前，残留的"S"专用润滑油没有得到彻底去除。

为进一步验证，将客户采购送检的新油和标准"S"专用润滑油新油进行了红外光谱对比分析，如图 15-11 所示。从图 15-11 可看出，送检的新油（红色图谱）与"S"专用润滑油典型图谱（蓝色图谱）存在较大差异，"S"专用润滑油属于聚乙二醇合成油（PAG），而送检的新油属于烃类油。

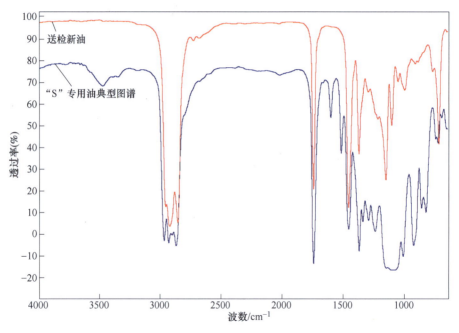

图 15-11　送检新油和标准"S"专用润滑油新油的红外光谱对比

3. 结论与建议

通过检测，确认该批次的新油并非"S"专用润滑油，而是一款烃类油。在换油时，新加入的烃类油与系统中残留的"S"专用润滑油相混合。由于"S"专用润滑油基础油非常特殊，与矿物油或烃类油并不相容，而螺杆式空气压缩机的工作温度非常高，混合油品在高温作用下发生氧化反应，导致大量胶状物生成，最终使得油品黏度升高，开机困难。

而导致混油现象的发生，其可能原因有两个方面：一是现场换油时误加入了其他品种的油液；二是新油出现质量问题。因此，建议现场先核查换油记录，确认是否误加了其他油液，然后对新油的供应渠道进行调查，明确事故责任。

4. 现场反馈

现场对所采购的新油重新取样检测，最终确认该批次采购的新油存在质量问题，并对供应商进行了追责。由于螺杆式空气压缩机结构特殊,机头的油无法全部排出,新旧油混用情况不可避免。得益于该次事故的教训,现场后续换油前,都会对所采购的新油进行检测,确保新油无质量问题。

15.3.3 立磨磨辊润滑油黏度增高原因分析

1. 案例背景

某水泥厂的生料磨采用的是立式辊磨机,该磨机具有三个磨辊,磨辊轴承采用L-CKD 680齿轮油进行润滑,每个磨辊轴承都有独立润滑系统。在2018年5月,巡检人员发现有两台磨辊轴承的润滑油出现了变黑、变稠现象,如图15-12所示。

2. 检测数据及分析

对三个磨辊轴承在用油进行了检测分析,并与新油数据进行了比较,检测数据见表15-8。数据分析如下。

图15-12 立磨磨辊在用油外观(从左到右分别为 1#、2#、3#磨辊油样)

1)1#、2#磨辊轴承油的运动黏度和酸值明显上升,且2#磨辊轴承油的运动黏度值已超出仪器检测上限,说明这两个油液存在严重的氧化或者高黏度样品污染的现象。

2)1#、2#磨辊轴承油中的Li含量较高,但是新油中并不含有Li元素,说明Li元素通常来源于污染,Li元素最常见的来源是锂基润滑脂。锂基润滑脂通常用作轴承的密封材料,保护密封橡胶不被润滑油溶胀,因此磨辊轴承润滑油极有可能受到了密封用的锂基润滑脂的污染。

3)三个在用油的运动黏度和Li含量具有正相关性,即运动黏度高的样品,Li含量也高,说明这三个在用油受到了不同程度的锂基润滑脂污染。

表15-8 立磨磨辊在用油的检测数据

取样位置	1#磨辊轴承油	2#磨辊轴承油	3#磨辊轴承油	新油
运动黏度（40℃)/(mm²/s)	1793	>2000	718.1	672.8
总酸值/(mgKOH/g)	2.84	2.76	1.95	1.84
水分（质量分数,%)	0.11	0.11	0.12	<0.03
PQ指数	313	253	113	<15
Fe含量/(mg/kg)	329	195	203	0
Cu含量/(mg/kg)	103	487	9	0
Li含量/(mg/kg)	388	1037	23	0
Si含量/(mg/kg)	64	39	17	5
Ca含量/(mg/kg)	135	60	10	0
Zn含量/(mg/kg)	238	771	38	1
P含量/(mg/kg)	1797	1783	1726	1705

3. 结论与建议

结合油液的外观和检测数据，判断这三个磨辊轴承润滑油受到了不同程度的锂基脂污染，其中 2# 磨辊轴承润滑油受到的污染最为严重，建议现场检查密封脂是否存在泄漏。

4. 现场反馈

现场立即对轴承进行了检查，确认该起事故的确是由轴承密封脂的泄漏引起的，现场对磨辊轴承的密封进行了修复，并对轴承进行了及时检查，发现轴承并没有受到损伤，于是更换新油后继续运行，避免了一起严重设备事故。

15.3.4　辊压机润滑油水分超标在线预警

1. 案例背景

某水泥厂部署了 12 台动设备油液在线监测系统，2020 年 8 月，远程油液在线监测系统监测到现场辊压机动辊润滑油水分数据异常报警。辊压机是水泥生产的关键设备，辊压机轴承润滑油箱一旦进水，由于现场无人值守，很容易导致因辊压机润滑不良而产生轴承磨损故障。

2. 监测数据及分析

油液在线监测数据显示，2020 年 8 月初期运行正常，但至 8 月 20 日时，在线监测系统监测到润滑油中水分含量突发性增加，系统出现报警，后几天连续报警，如图 15-13 所示。

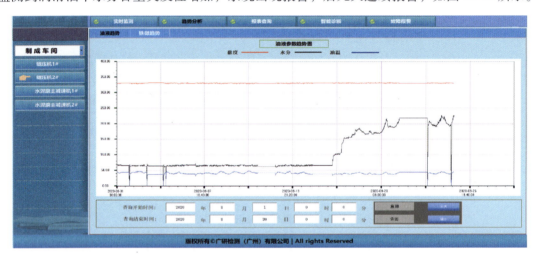

图 15-13　辊压机动辊润滑油水分在线监测时序

3. 现场反馈处理

在发现水分数据异常后，及时与现场工作人员联系，经过调查，发现在报警前曾更换板式冷却器，并对拆卸下的冷却器进行清洗，但重新安装时，因为没有处理好密封性，所以导致设备进水。由于在线监测发现及时，并及时采取处理措施，因此避免了该润滑油的水分加剧污染，保障了设备润滑安全。

15.4　水泥行业设备磨损故障案例

15.4.1　立磨磨辊轴承磨损故障监测

1. 案例背景

某水泥厂的原料立磨磨辊轴承采用的是 680 号齿轮油润滑，在 2018 年 5 月进行例行监测时，发现 2# 磨辊轴承润滑油黏度明显低于 1# 和 3# 磨辊轴承润滑油，与此同时，2# 磨辊轴承润滑油中 Cu 含量也有明显偏高。

2. 检测数据及分析

3 个磨辊轴承在用油检测数据见表 15-9。

表 15-9　立磨磨辊轴承在用油的检测数据

取样位置	1# 磨辊	2# 磨辊	3# 磨辊
运动黏度（40℃）/(mm²/s)	688.1	612.6	650.8
总酸值/(mgKOH/g)	0.34	0.26	0.38
水分（质量分数,%）	<0.03	<0.03	<0.03
PQ 指数	79	116	62
Fe 含量/(mg/kg)	82	51	69
Cu 含量/(mg/kg)	4	72	6
Pb 含量/(mg/kg)	0	15	1

根据表 15-9 数据分析如下。

1）2# 磨辊轴承的 40℃ 运动黏度、PQ 指数及 Cu、Pb 含量均明显高于其他两个样品。

2）结合历史数据的趋势分析，发现 2# 磨辊轴承在用油的运动黏度、Fe、Cu 含量及 PQ 指数均出现突然增加的情况，如图 15-14 所示。

3）对比 1#、2#、3# 磨辊轴承润滑油检测数据，发现 2# 磨辊轴承润滑油的运动黏度比 1#、3# 更低，如图 15-15 所示。

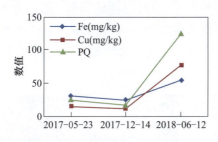

图 15-14　立磨 2# 磨辊在用油磨损
指标变化趋势

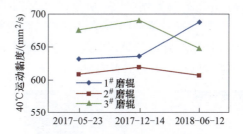

图 15-15　1#、2#、3# 磨辊用油
的 40℃ 运动黏度对比

4）对 2# 磨辊样品做进一步的磨粒分析，发现其样品存在大量铜合金磨粒，如图 15-16 所示。从图 15-16 可知，这些磨粒的尺寸普遍在 50μm 以上，部分磨粒甚至超过 100μm，多呈现薄片状，表面带有空洞和微裂纹，是典型的疲劳磨损。而在磨辊轴承中，铜合金的主要来源是保持架，大量的铜合金磨粒表明，该轴承的保持架可能存在较为严重的异常磨损。

综合分析，2# 轴承出现了较严重的疲劳磨损。而疲劳磨损的产生，通常与油膜强度不足有关，油膜强度的大小，又与齿轮油的黏度密切相关。从上述的检测分析可以看出，2# 磨辊轴承油的黏度一直低于 1# 和 3# 磨辊轴承油，且随使用时间的延长，有着明显的下降趋势。黏度降低，直接导致油膜的厚度和强度下降，轴承在油膜强度不足的条件下长期运行，极容

图 15-16 2#磨辊用油中发现的大量铜合金磨粒

易出现疲劳磨损，产生磨损颗粒，而这些磨粒又会进一步加剧轴承各部件的磨损。

3. 结论和建议

2#磨辊轴承的铜质保持架已经发生了较严重的异常磨损，其原因可能与轴承使用的润滑油黏度下降有关，建议对 2#磨辊轴承进行检修，并更换润滑油。

4. 现场反馈

现场工作人员立即对该磨机进行了拆机检修，在 2#磨辊轴承内部发现大量磨粒，轴承保持架磨损严重，轴承内圈出现严重的疲劳剥落，如图 15-17 所示。现场工作人员对轴承进行了更换处理，同时更换了润滑油。

15.4.2 辊压机定辊齿轮箱的磨损故障监测

1. 案例背景

某水泥厂的一台辊压机定辊减速机自 2014 年开始开展油液监测，该定辊减速机（见图 15-18）由三对齿轮副组成，分别是平行轴齿轮副、一级行星齿轮副和二级行星齿轮副，采用的是强制润滑与浸油润滑结合方式，减速箱高速轴轴承有油温监控，并有自动停机保护。在 2015 年 12 月监测时，发现其定辊减速箱油中有大量的异常磨粒，与此同时，Fe 含量和 PQ 指数也较历史数据有明显增长。

图 15-17 2#磨辊轴承的拆解情况　　　　图 15-18 辊压机定辊减速机外观

2. 检测数据及分析

在 2014 年开始监测时，减速箱的各项指标正常，未发现异常磨粒。但在 2015 年 12 月例行监测时，磨损指标出现了异常，Fe 含量和 PQ 指数急剧增高（见图 15-19），说明齿轮箱处于不正常的工作状态。

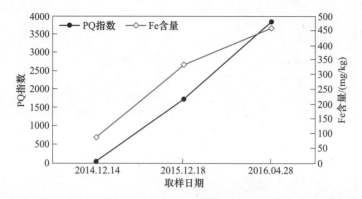

图 15-19　辊压机定辊主减速机油样中的 Fe 含量、PQ 指数变化情况

2016 年 4 月再次取样监测，Fe 含量和 PQ 指数依然呈现上升趋势。该次取样的磨粒分析结果显示，齿轮油中含有大量的钢质块状颗粒和片状疲劳磨粒，部分颗粒的尺寸形貌肉眼可见（见图 15-20），这表明齿轮箱轮齿和轴承均存在非常严重的异常磨损。

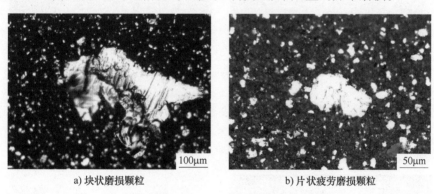

a) 块状磨损颗粒　　　　　　　　　b) 片状疲劳磨损颗粒

图 15-20　辊压机定辊主减速机油样的磨粒

3. 结论与建议

2015 年 12 月的监测结果表明，齿轮箱已经出现了异常磨损，建议停机检查。2016 年 4 月的监测结果表明，齿轮箱的磨损情况加剧，建议尽快采取维护措施，避免严重故障发生。

4. 故障发生

尽管油液监测多次对该机组发出磨损警告，但由于生产任务紧急，无法停机检修，设备仍继续工作，直至 2016 年 6 月 17 日，齿轮箱高速轴输入端轴承因温度过高而"跳车"。经现场工作人员拆解发现，一二级行星轮系遭到不同程度损坏，主要表现在以下几个方面。

1）一级行星齿轮副中的行星轮出现大量压痕（见图 15-21a），说明齿轮副受到固体颗粒的污染，固体颗粒对其产生了永久压痕；其外圈齿轮齿面产生了疲劳剥落（见图 15-21b），说明齿面承受高接触应力，应是固体颗粒导致的。

2）二级行星齿轮副中有大量的磨粒（见图 15-22a），行星齿圈轮齿出现断齿现象（见图 15-22b），表明行星齿轮系承受了巨大的冲击载荷。

a) 磨粒造成的压痕

b) 轮齿上的疲劳剥落

图 15-21　一级行星齿轮轮齿损坏情况

a) 齿轮箱内部大量的磨粒

b) 损坏的外圈轮齿

图 15-22　二级行星齿轮轮齿损坏情况

3）二级行星齿轮轴承滚柱脱落（见图 15-23a），说明轴承的保持架损坏，失去固定滚珠的作用；行星轮轴的定位螺栓断裂（见图 15-23b），失去定位作用，说明该螺栓承受了较高的冲击载荷。

a) 脱落的滚柱

b) 断裂的行星轮轴定位螺栓

图 15-23　定辊主减速机二级行星齿轮轴承损坏情况

5. 故障原因分析

结合油液监测结果和齿轮失效模式分析得出，由于该齿轮箱运行负荷较大，长期运行产生了大量的磨粒，且这些磨粒没有得到及时去除，导致齿轮润滑油膜破裂，齿轮运行环境恶化，加速了齿面的磨料磨损和疲劳磨损，进而造成疲劳剥落。剥落产生的大尺寸颗粒进入到行星齿轮的轴承中，使轴承卡死，导致齿面和轴承保持架都承受到巨大的冲击载荷，从而引发断齿和行星架散架，进而引发"跳车"故障，这就是引起故障的主要原因。若在2016年4月的监测预警后及时停机采取维护措施，则会避免这起严重事故。为此该水泥厂也吸取深刻教训，在后续生产中，非常重视润滑维护，及时消除故障隐患。

15.4.3　立磨减速机异常磨损在线监测

1. 案例背景

某水泥厂为提高立磨减速机、煤磨减速机和炉窑主减速机等关键设备的运行可靠性，避免非计划停工事故的发生，在关键设备上安装了远程油液在线监测装置，对生产设备的异常润滑磨损情况做到早报警、早干预，以此提高工厂生产效率，延长设备维护周期和使用寿命，降低设备的事故发生率。

2. 监测数据及分析

现场安装的油液在线监控装置的监测指标包括油液的黏度、水分、铁磁性颗粒和非铁磁性颗粒，由下位机单元、油路循环单元、通信单元和上位机单元组成，如图15-24所示。现场安装如图15-25所示。

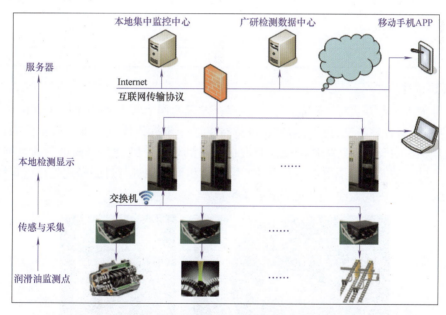

图 15-24　油液在线监测装置示意

a) 立磨机主减速机稀油站

b) 回转窑主减速机稀油站

图 15-25　油液在线监测装置现场安装

系统成功安装调试后，监测设备运行正常。直至2017年11月4日清晨，系统持续捕捉到立磨减速机铁磁性磨粒指标异常信号，70~100μm的磨粒数量急剧增加，在线装置开始报警，并在接下来的三天内持续报警。磨损实时监测数据见表15-10。

表15-10 立磨减速机磨损在线监测结果

时间	磨粒尺寸/μm			
	铁磁70~100	铁磁100~150	铁磁>150	非铁磁100~200
	磨粒数量/个			
2017/11/04 6：10	1	1	1	1
2017/11/04 6：15	2	3	1	1
2017/11/04 6：20	4	5	1	1
2017/11/04 6：25	10	8	1	1
2017/11/04 6：30	11	8	1	1
2017/11/04 6：35	14	9	1	1
2017/11/04 6：40	19	9	1	1
2017/11/04 6：45	25	11	2	1
2017/11/04 6：50	26	18	4	1
2017/11/04 6：55	29	20	4	1

3. 现场反馈

现场维护人员非常重视，对滤芯进行拆解，发现滤网上有大量的大尺寸磨粒（见图15-26），说明该设备存在早期磨损。对减速机进行了进一步拆机检查，发现齿轮已磨损，但未受到严重损伤。由于早期磨损情况被及时发现并得到处理，经过维修人员判断可继续运行，现场工作人员对滤芯进行了更换，并对该立磨减速机润滑油进行过滤净化处理，在线监测系统数据恢复正常，因此避免了一起严重设备事故。

a) 拆解后的滤芯　　　　　　　　b) 滤网上的磨粒

图15-26 现场拆机

─── 参 考 文 献 ───

[1] 熊会思，熊然. 新型干法水泥厂设备润滑手册 [M]. 北京：化学工业出版社，2012.

[2] 任继明，李昌革. 水泥生产工艺与装备 [M]. 武汉：武汉理工大学出版社，2018.

[3] 芮君渭，彭宝利. 水泥粉磨工艺及设备 [M]. 北京：化学工业出版社，2010.

［4］杨其明，严新平，贺石中，等．油液监测分析现场使用技术［M］．北京：机械工业出版社，2006.

［5］贺石中，冯伟．设备润滑诊断与管理［M］．北京：中国石化出版社，2017.

［6］ALTUM D，BENZER H，AYDOGAN N，et al. Operational parameters affecting the vertical roller mill performance［J］. Minerals Engineering，2017，103-104：67- 71.

［7］WANG J，CHEN Q，KUANG Y，et al. Grinding process within vertical roller mills：Experiment and simulation［J］. Mining Science and Technology（China），2009，19：97-101.

［8］REICHERT M，GEROLD C，FREDRIKSSON A，et al. Research of iron ore grinding in a vertical-roller- mill［J］. Minerals Engineering，2015，73：109-115.

［9］白永杰．TRMS5631 立磨磨辊轴承损坏原因分析及改进措施［J］．价值工程，2016，35（25）：194-195.

［10］BOEHM A，MEISSNER P，PLOCHBERGER T. An energy based comparison of vertical roller mills cement clinker grinding systems regarding the specific energy consumption and cement properties［J］. Powder Technology，2012，221：183-188.

［11］姜利军，赵海波．MLS4531 立磨磨辊轴承的使用与维护［J］．新世纪水泥导报，2014，20（1）：52-54.

［12］於迪，贺石中，何伟楚，等．基于油液监测的立磨磨辊故障诊断分析［J］．润滑油，2019，34（3）：45-49.

［13］赵畅畅，杨智宏，何伟楚，等．铁谱定性分析技术及其在水泥行业油液监测中的应用［J］．水泥，2020（7）：23-25

［14］王辉．润滑油监测在水泥设备润滑管理中的应用［J］．四川水泥，2021（10）：72-73.

［15］刘海波，崔洁．水泥机械设备润滑管理问题研究［J］．散装水泥，2021（2）：59-61.

［16］娄亮．浅析水泥机械设备的润滑管理问题［J］．四川水泥，2017（3）：3.

［17］周州，张婷婷，於迪，等．在线润滑监测系统在水泥行业的应用［J］．中国水泥，2022（4）：101-103.

［18］王铁，宋立明，林琳，等．精密过滤技术在水泥企业润滑管理中的应用［J］．水泥，2021（10）：50-52.

［19］王力波，蒋世滨．水泥企业核心生产单元及润滑技术［J］．石油商技，2019，37（4）：10-20.

［20］郝长彪，郭彦伟．水泥生产设备选、用油及润滑管理［J］．四川水泥，2017（8）：11.

［21］刘扬．水泥行业设备工况特点及润滑方案浅析［J］．石油商技，2017，35（4）：10-13.

第16章 钢铁行业案例

在经历了快速成长和产业结构调整后，我国钢铁行业已成为国民经济的重要基础产业。钢铁行业包括矿物采选业、炼铁业、炼钢业、钢加工业、铁合金冶炼业及钢制品业等细分行业，而每个细分行业涉及的生产设备种类繁多，部分设备长年处于高温高湿环境下，因此对润滑的要求也更加苛刻。另外，在复杂苛刻的工作环境中，钢铁行业的生产设备也极容易出现润滑磨损故障，每年用于零部件更换所产生的维修成本也非常高。为此，做好钢铁行业润滑系统的维护，减少传动部件的磨损失效，可以降低零部件更换频率，减少设备维修成本，对钢铁企业降本增效有着重要的意义。

16.1 钢铁行业典型设备润滑特点

钢铁冶炼主要工艺流程包括采矿、选矿、烧结、炼铁、炼钢和轧钢等，如图 16-1 所示。

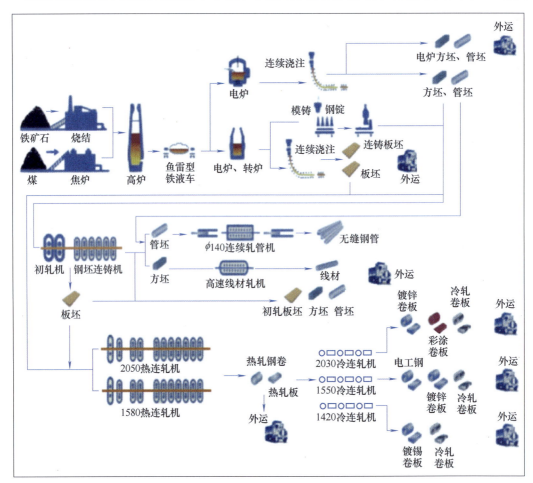

图 16-1 钢铁冶炼流程

每个工艺都有相应的主要生产设备和相配套的辅助设备。这些设备在工作过程中多数承受重载和冲击载荷，速度有快有慢，设备大而重，自动化程度高，工作温度高，连续作业，有些露天作业设备在恶劣环境条件下作业，如粉尘大、水喷淋、易腐蚀等，这些工况特点都对钢铁设备的润滑提出了更高的要求。

现代大型钢铁企业每年都要消耗数千吨的润滑剂，包括润滑油、润滑脂和工艺油。润滑油主要用来减少摩擦、降低磨损，保护设备摩擦副及加工件，起润滑、冷却、防腐、防锈、清洁、密封和缓冲的作用。润滑脂涂抹于机械摩擦部位，在机械摩擦副表面形成一定强度的保护膜，以减小摩擦磨损，还可以防止金属氧化，填充空隙，具有减振、降噪和密封作用。工艺油的种类较多，包括冲压油、轧制油、切削液、热处理油等，不同的工艺油具有不同的作用。大多数工艺油都具有良好的润滑性，如用于大中型冷轧机组的轧制油，能在带钢与轧辊表面形成耐压耐热的润滑膜，降低摩擦系数，提高相应的轧制力，并保持带钢良好的表面平整度、均匀的厚度及光亮度。

齿轮油、液压油和循环油是钢铁生产中用得最多的润滑油，占钢铁行业润滑剂消耗总量的61%左右，其中齿轮油约20%，液压油约18%，循环油约23%。齿轮油包括闭式齿轮油和开式齿轮油，液压油主要为抗磨液压油和难燃液压油，选用时需要考虑设备所处工况。工艺油用量最大的是轧制油，占钢铁行业润滑剂消耗总量的28%左右。润滑脂种类很多，根据不同工况需求，主要分为极压复合锂基润滑脂、二硫化钼锂基润滑脂、复合铝基润滑脂、聚脲润滑脂及复合磺酸钙基润滑脂等，占钢铁行业润滑剂消耗总量的7%左右。

16.1.1 烧结设备润滑特点

烧结是将铁矿粉、煤粉（无烟煤）、石灰、轧钢皮及钢渣按一定比例混匀，通过混合料内部的燃料燃烧产生高温，使之成块的过程。图16-2所示为带式抽风烧结机外观。烧结设备大多暴露在粉尘、烟尘等环境中，容易遭受腐蚀、气蚀和污染，且经常处于振动和高温状态下，工况条件十分恶劣。烧结工艺复杂，设备种类多，每种设备都有多个润滑点，所用的润滑剂也多种多样，表16-1所列为烧结工艺的主要设备及其润滑点常用润滑剂。

图16-2 带式抽风烧结机外观

表16-1 烧结工艺主要设备及其润滑点常用润滑剂

润滑设备	润滑点	常用润滑剂
立磨机	减速器	L-CKD重负荷闭式齿轮油
锤式破碎机	轴承	复合磺酸钙基润滑脂
皮带机	轴承	极压复合锂基润滑脂
	减速器	L-CKC中负荷闭式齿轮油
球磨机	开式齿轮	开式齿轮润滑剂
	减速器	L-CKD重负荷闭式齿轮油

（续）

润滑设备	润滑点	常用润滑剂
混料机	轴承	极压复合锂基润滑脂
	减速器	L-CKD 重负荷闭式齿轮油
	开式齿轮	开式齿轮润滑剂
	托轮	开式齿轮润滑剂
烧结环冷机	头尾轴承	烧结机专用润滑脂
	柔性传动	L-CKD 重负荷闭式齿轮油
	传动接手	烧结机专用润滑脂
	滑道	烧结机专用润滑脂
	减速器	L-CKD 重负荷闭式齿轮油
制粒机	轴承	磺酸钙基润滑脂
	减速器	L-CKD 重负荷闭式齿轮油
	开式齿轮	开式齿轮润滑剂
	托轮	开式齿轮润滑剂
主抽风机	电动机轴承	L-HM 抗磨液压油
	风机轴承	L-HM 抗磨液压油
	主油泵接手	极压复合锂基润滑脂
振动筛	同步器	复合磺酸钙基润滑脂
	激振器	复合磺酸钙基润滑脂
	万向节	复合磺酸钙基润滑脂
回转窑	托轮	托轮专用油
	开式齿轮	开式齿轮润滑剂
	液压挡轮	L-HM 抗磨液压油
	减速器	L-CKD 重负荷闭式齿轮油

16.1.2　炼铁设备润滑特点

炼铁即从含铁的化合物里将纯铁还原出来，属于还原工序。炼铁是现代钢铁生产的重要环节，炼铁的方法有高炉法、直接还原法、熔融还原法和等离子法等。高炉是炼铁的主要设备（见图 16-3），也是一个庞大复杂的系统，由 7 部分组成，除高炉本体外，还包括上料系统、装料系统、送风系统、煤气除尘系统、渣铁处理系统和喷吹系统。炼铁工艺最明显的特点就是高温，所有设备都处于高温

图 16-3　炼铁高炉

下，因此对于润滑剂的高温稳定性具有较高的要求。特别是对于液压系统，为了满足防爆要

求，通常要采用难燃介质。表16-2所列为炼铁工艺的主要设备及其润滑点常用润滑剂。

表16-2　炼铁工艺主要设备及其润滑点常用润滑剂

润滑设备	润滑点	常用润滑剂
高炉本体	炉顶液压系统	水乙二醇、难燃液压油
	炉前液压系统	水乙二醇、难燃液压油
泥炮机	减速器	L-CKC/L-CKD 中/重负荷闭式齿轮油
布料机	减速器	L-CKC/L-CKD 中/重负荷闭式齿轮油
	回转轴承	锂基润滑脂
除尘风机	轴承	L-TSA 汽轮机油
助燃风机	电动机	极压复合锂基润滑脂
	风机	L-CKC 中负荷闭式齿轮油
	减速器	L-CKC 中负荷闭式齿轮油
热风炉	轴承	L-TSA 汽轮机油
	齿轮	L-TSA 汽轮机油
预热器	轴承	L-TSA 汽轮机油
	齿轮	L-TSA 汽轮机油
螺杆压缩机	轴承	螺杆压缩机油
离心压缩机	轴承	L-TSA 汽轮机油
皮带机	减速器	L-CKC 中负荷闭式齿轮油
	轴承	极压复合锂基润滑脂
	电动机	极压复合锂基润滑脂
	联轴器	L-HM 抗磨液压油
倾翻卷扬机	减速器	L-CKD 中负荷闭式齿轮油
	轴承	极压复合锂基润滑脂
行车	大、小车轮	极压复合锂基润滑脂
	减速器	L-CKD 中负荷闭式齿轮油
	连接轴	极压复合锂基润滑脂

16.1.3　炼钢设备润滑特点

炼钢是将生铁通过吹氧转炉氧化脱去碳及磷、硫、硅等其他杂质，并冶炼成粗钢的过程，属于氧化工序。转炉、精炼炉、连铸机是炼钢工序的主要设备，炼钢工艺典型设备如图16-4

a) 转炉　　　　　　　　　　b) 精炼炉　　　　　　　　　c) 连铸机

图16-4　炼钢工艺典型设备

所示。其中，转炉的支承轴承负荷大、转速慢、温度高，通常采用极压复合锂基脂润滑；倾动机构减速器承受了很大的力矩和冲击负荷，需要极压性能优异的重负荷工业齿轮油进行润滑；而连铸机滚动轴承、大包回转台的轴承和大齿圈、拉矫机轴承、输送辊道轴承等均处于高温条件下，采用高温性能较好的聚脲润滑脂进行润滑。表 16-3 所列为炼钢工艺的主要设备及其润滑点常用润滑剂。

表 16-3　炼钢工艺主要设备及其润滑点常用润滑剂

润滑设备	润滑点	常用润滑剂
行车吊机	减速器	L-CKD 重负荷工业闭式齿轮油
转炉	托圈轴承	聚脲润滑脂
	卷筒轴承	聚脲润滑脂
	联轴器	聚脲润滑脂
	滑轮轴承	聚脲润滑脂
	倾动减速器	L-CKD 重负荷工业闭式齿轮油
精炼炉	液压系统	水乙二醇、难燃液压油
	精炼车减速器	聚脲润滑脂
	炉盖升降链轮、链条	聚脲润滑脂
	电极升降调整装置轴承	聚脲润滑脂
	顶吹减速器	聚脲润滑脂
	上料小车减速器	聚脲润滑脂
连铸机	液压系统	水乙二醇、难燃液压油
	包盖回转减速器	L-CKD 重负荷工业闭式齿轮油
	包盖回转支承及齿轮	聚脲润滑脂
	大包回转减速器	L-CKD 重负荷工业闭式齿轮油
	回转支承	聚脲润滑脂
	中间罐车行走减速器	L-CKD 重负荷工业闭式齿轮油
	中包车升降减速器	L-CKD 重负荷工业闭式齿轮油
	拉矫减速器	L-CKD 重负荷工业闭式齿轮油
	火切机行走减速器	L-CKD 重负荷工业闭式齿轮油
	辊道减速器	L-CKD 重负荷工业闭式齿轮油
	辊道辊子轴承	轧辊专用润滑脂
	抽风机主轴箱	L-CKD 重负荷工业闭式齿轮油

16.1.4　轧钢设备润滑特点

轧钢是加热钢坯，在轧机上轧制粗钢，再精加工成棒、线、板、管等钢材，属于机械性工序。轧钢工序分为热轧和冷轧，热轧是将钢坯加热到再结晶温度以上进行的轧制，冷轧是将钢坯加热到再结晶温度以下进行的轧制。轧钢设备主要是热轧机和冷轧机，轧钢工艺典型设备如图 16-5 所示。

由于各种轧钢设备结构与润滑的要求有较大差别，故在轧钢设备上采用了不同的润滑系统和方法，目前多采用干油集中润滑和稀油循环润滑。

a) 热轧机　　　　　　　　　　　　　　b) 冷轧机

图 16-5　轧钢工艺典型设备

（1）干油集中润滑

干油集中润滑就是将润滑脂通过集中泵送的润滑方式输送到各轴承润滑点，需要根据不同的工况选择适合现场轴承的脂。干油集中润滑自动化程度高，系统工作可靠性高，可保证定时、定量地精确供脂，其缺点是成本高。钢厂采用脂润滑的设备也较多，如输送辊道轴承、加热炉辊道轴承、轧机轴承、支承辊轴承多采用轧辊轴承润滑脂进行润滑。

（2）稀油循环润滑

稀油站是稀油循环润滑系统的心脏，将润滑油液强制地压送到机器摩擦部位。在轧制厂区，稀油循环润滑应用较多，如支承辊轴承采用油膜轴承油进行润滑，冷床蜗轮蜗杆采用蜗轮蜗杆油进行润滑，电动机轴瓦采用汽轮机油进行润滑，轧机减速器、飞剪减速器采用重负荷闭式齿轮油进行润滑，加热炉液压站、轧机液压站、打捆液压站、卷曲液压站采用抗磨液压油进行润滑。

（3）油雾润滑和油气润滑

油雾润滑以压缩空气为动力使油液雾化，经管道、凝缩嘴送入润滑部位，常用于大型、高速、重载的滚动轴承润滑。油气润滑比油雾润滑效果更好，依靠压缩空气流动把润滑油沿管路送至润滑点。高速高精度轧机的轴承就通常采用油雾润滑和油气润滑。

表 16-4 所列为轧钢工艺的主要设备及其润滑点常用润滑剂。

表 16-4　轧钢工艺主要设备及其润滑点常用润滑剂

润滑设备	润滑点	润滑剂
加热炉推钢机	液压站	L-HM 抗磨液压油/难燃液压油
	减速器	L-CKD 重负荷工业闭式齿轮油
	联轴器	极压复合锂基润滑脂
	压轮轴承	极压复合锂基润滑脂
	齿条	极压复合锂基润滑脂
出炉夹送辊	联轴器	极压复合锂基润滑脂
	减速器	L-CKC 中负荷工业闭式齿轮油
	夹送辊轴承	聚脲润滑脂
飞剪	联轴器	聚脲润滑脂
	减速器	L-CKD 重负荷工业闭式齿轮油

(续)

润滑设备	润滑点	润滑剂
粗轧轧机	轧辊轴承	聚脲润滑脂
	油膜轴承	油膜轴承油
	主减速器	L-CKD 重负荷工业闭式齿轮油
	液压站	L-HM 抗磨液压油
中轧轧机	减速器	L-CKD 重负荷工业闭式齿轮油
	轧辊轴承	聚脲润滑脂
	电动机联轴器	聚脲润滑脂
精轧水平机组	电动机联轴器	聚脲润滑脂
	减速器	L-CKD 重负荷工业闭式齿轮油
精轧平立翻转机组	联轴器	极压复合锂基润滑脂
	减速器	L-CKC 中负荷工业闭式齿轮油
	离合器	极压复合锂基润滑脂
冷床	轴承	锂基、复合锂基润滑脂
	蜗轮蜗杆齿轮箱	L-CKE 涡轮蜗杆油

16.2 钢铁行业设备常见润滑磨损故障

16.2.1 轧辊油箱进水

轧制工艺过程中，由于受到温度、压力、摩擦等影响，冷却轧辊、导卫装置的高压水常会进入轧机辊箱，导致轧机稀油站的润滑油提前乳化变质。精轧机组进水对设备和润滑油的危害性极大，是钢厂普遍面临的比较严重的问题之一。首先，轧机进水后，水分会经过循环系统进入油箱，如果不及时处理，水分浓度会逐步增大，当增大到一定比例时，对轧辊轴承而言，轻则会影响油膜强度，引发异常磨损，缩短轴承的使用寿命；重则会导致轴承供油不足，出现轴承烧结，导致轴承报废。对油膜轴承而言，水分过多会导致轴与轴承之间油膜被水替代，承载能力和润滑能力下降，摩擦高温引起轴和轴承抱死。对齿轮而言，水分过多会导致供油不足，无法在齿轮啮合时产生油膜，导致齿轮磨损加剧，摩擦温度急剧上升，使齿轮局部产生退火效应，降低齿轮的强度，进而导致齿轮报废。其次，水进入油箱后，会对润滑油产生乳化作用，并使添加剂发生水解，缩短润滑油的使用寿命。此外，水中通常还含有各种杂质，经过过滤器时，杂质会堵塞滤芯，缩短滤芯的使用寿命，增加生产成本。

精轧机组辊箱进水的原因可以分为两大类：动密封处进水和静密封处进水。动密封处进水，是精轧机组辊箱最常见的现象，也是最难解决的问题，究其原因主要是密封圈防水效果不好、密封质量不过关、装配不当或者过度磨损等，都可能引起动密封失效。静密封处进水一般不常发生，除非是装配过程中没做好密封、密封圈尺寸不适合或者磨损严重等情况下，才会出现静密封处进水。静密封一旦失效，就会导致进水量急剧增加，造成严重的后果。

目前，通常是通过监控轧机润滑系统的油品颜色，以及停机检查精轧机组的箱体内是否存在冷凝水等手段来判断轧机是否有进水问题。但这种方法都较为被动，往往当系统大量进水以后，才发现问题。进水量达到一定程度后，会使油品乳化的速度加快、油品分水的难度加大，并导致轴承和齿轮的磨损速度加快，因此，为了及时监控油箱中的水分含量，可以在油箱上加装水分在线监测仪器，实时监控水分含量，提前做好维护决策。

16.2.2　液压系统泄漏

在轧钢设备中，液压系统起着至关重要的作用，它控制着设备的运行和加工过程。在使用过程中，液压系统常常会出现泄漏现象。液压系统泄漏不仅会导致液压系统压力不稳定，影响液压执行元件的正常工作，降低轧钢设备的生产率，还可能使轧钢设备在工作过程中突然失去控制，导致事故的发生。

液压系统泄漏的原因主要有以下几个方面。

1）设备的振动与冲击。液压系统工作过程中传递功率比较大，常常出现大幅度的振动与冲击，固件会受到很大的影响，甚至会出现裂痕，使密封面变形，最终出现液压系统泄漏。

2）密封件失效。密封件是液压系统中的关键组件，它们负责防止液压油从系统中泄漏，若应用了型号不匹配的密封件，或者密封件在长时间的使用后发生了磨损和老化，都会导致液压系统泄漏。

3）设备处于高温环境。由于轧件的热辐射，必然会使热轧设备受到高温影响，加上液压系统自身的快速运转，也会产生很多的热量，进而使工作环境的温度升高。在高温的作用下，液压油的黏度会降低导致流动性增加，非金属的密封件会老化导致强度下降，润滑油膜强度也会下降导致部件磨耗增大等，这些都可能引起泄漏。

4）杂质污染。设备在运行过程中，经常会进入杂质。杂质会增加液压缸和活塞环及液控阀芯和阀座的磨损，还会造成相应密封件的损伤，进而引起泄漏。

5）管路连接不牢固。液压系统中的管路连接部分常常因松动或腐蚀而导致泄漏。这可能是由于初始安装不严谨或运输过程中的振动和冲击造成的。

针对液压系统的泄漏，可以采取以下措施来解决问题：

1）定期检查和更换密封件。定期检查液压系统中的密封件状况，并根据实际情况及时更换老化或损坏的密封件，以保证系统的密封性能。

2）加强管路连接的检查和维护。对液压系统的管路连接部分进行定期检查，确保连接牢固。在安装时采用合适的固定方式，并加装防松装置，以减少管路的松动。

3）定期检查和维护液压缸。对液压缸的缸体进行定期检查，发现问题及时修复或更换。在使用过程中，注意避免使用过大的力矩或不当操作，以减少对液压缸的损伤。

4）定期维护液控阀芯和阀座。定期检查液控阀芯和阀座的磨损情况，并及时进行维修或更换。在安装过程中，注意阀芯和阀座的对位和间隙调整，确保其正常工作。

除了以上对策，还应加强对液压系统的日常维护工作。例如，定期更换液压油，保持油品的清洁度和黏度，定期检查液压系统的压力和温度，及时发现和处理异常情况。加强对液压系统操作人员的培训和管理，提高其操作技能和维护意识，减少人为操作失误导致的泄漏问题。

16.2.3　润滑剂选型和使用不当

合适的润滑剂，可以抗磨、减磨、减振、降温，但如果油液选择或使用不当，即使有好的润滑方案，也不能使机器达到预期的要求，还可能造成严重事故。长期以来，我国钢铁行业总是重维修，轻润滑，对设备出现的润滑问题，不能引起足够的重视，加之钢铁行业工艺复杂，设备众多，对于一些关键设备，设备制造商通常会给以用油建议，但是对于一些不那么重要的设备，在原机润滑技术资料不完整或缺乏的情况下，其润滑剂的选择也往往是根据经验，或者有什么就用什么。而设备的异常磨损，往往都与用油不当、油品性能不能满足设备工况有关。

此外，在生产实践中，润滑剂的管理使用不当，也会引起润滑故障。作为成品，润滑剂从出厂到投入使用，需要经历多道中间环节。在润滑剂灌装、运输、储存和分发等过程中，都有可能受到水分、灰尘和杂质的污染，导致清洁度下降，引起油品变质、润滑性变差。另外，润滑剂在实际使用中也存在许多问题，如加油口密封不好或无密封装置、加油量过大出现"跑、冒、滴、漏"现象、换油周期不符合规定、盛装及储存润滑剂的容器不干净、润滑剂混用等，这些问题都会导致设备润滑故障频发。

16.2.4 润滑系统设计不当

润滑系统的设计和安装对润滑效果具有重要影响。不完善的润滑系统可能导致润滑不足或过度，进而影响设备的正常运行。在设备设计时期，如果忽视了润滑的需求，会导致设备不能处于良好的润滑状态。例如，若轴承座的设计不合适导致储油腔体积小，储存的润滑油不能满足润滑要求，就容易发生乏油现象，对轴承的正常使用产生一定的负面影响；若液压系统管道过长、接头过多等，会增加液压油泄露的风险，引起油液压力下降；若油路中弯道较多，回油管路距离油液面过高，或者回油口与进油口距离过近，会增加生成泡沫的风险，导致油箱出现假油位，如不能及时发现，可能导致设备摩擦副出现乏油现象，引发异常磨损等。任何润滑系统设计上的缺陷，都会引起润滑不良，增加设备的故障率。

16.3 钢铁行业设备润滑失效案例

16.3.1 球磨机在用油变黑原因分析

1. 案例背景

某钢厂有两台同型号的球磨机，其主轴承均使用了 L-CKD 150 工业闭式齿轮油进行润滑。在 2017 年 3 月例行检查时发现，2# 球磨机静压油站的润滑油样品（C～E）外观明显变黑，与1#球磨机静压油站的润滑油样品（A、B）存在明显的差异，如图 16-6 所示。

图 16-6　某钢厂送检球磨机静压油站的润滑油样品

2. 检测及试验分析

（1）理化指标分析

对两台球磨机的润滑油样品进行检测分析，检测结果见表 16-5。由检测结果可知，2#球磨机润滑油样品除 40℃运动黏度略高于 1#球磨机润滑油外，其他检测结果与 1#球磨机润滑油样品相比并无明显差异。

表 16-5　球磨机润滑油样品检测结果

检测项目	1# 球磨机（A）	2# 球磨机（C）
运动黏度（40℃）/（mm²/s）	149.2	155.1
酸值/（mgKOH/g）	0.44	0.43

（续）

检测项目		1#球磨机（A）	2#球磨机（C）
水分/（质量分数，%）		<0.03	<0.03
PQ 指数		26	21
元素含量/（mg/kg）	Fe	13	12
	Cu	1	6
	Pb	<1	<1
	Cr	<1	<1
	Sn	<1	<1
	Al	2	8
	Mo	<1	5
	Si	4	4
	Na	<1	<1
	V	<1	<1
	B	<1	<1
	Mg	1	1
	Ba	<1	<1
	Ca	2	3
	Zn	1	3
	P	239	233

（2）磨粒分析

对 2#球磨机润滑油样品进行磨粒分析，发现 3 个发黑样品中均存在大量的银灰色、具有金属光泽的颗粒，这些颗粒不具有铁磁性，且受碾压后易变形，显微形貌如图 16-7 所示。

图 16-7　2#球磨机润滑油样品中磨粒显微形貌

采用电镜-能谱分析仪对上述银灰色颗粒进行分析，检测结果表明，这些银灰色颗粒的主要成分是碳，几乎不含其他物质。结合其外观颜色和形状特点，判断这些颗粒可能为石墨。

3. 故障原因分析

根据检测结果分析，2#球磨机的润滑系统受到了石墨污染。石墨可能的来源有两个，一是密封材料，二是固体润滑剂。与现场工作人员进一步沟通发现，该球磨机的大小齿轮使用的润滑剂中含有石墨材料，以提升抗磨性能，而静压油站与大小齿轮临近，因此判断这些石墨来源于开式齿轮润滑剂。现场工作人员随即进行故障排查，确认该润滑油站的润滑油的确受到了开式齿轮润滑剂的污染。

16.3.2 冷轧支承辊驱动端在线回油流量计堵塞原因分析

1. 案例背景

2018 年 7 月，某公司发现其冷轧支承辊润滑系统驱动端（DR 侧）的在线回油流量计堵塞报警，随后对报警流量计进行了拆解检查，发现流量计内有异物，且已经呈固体状，如图 16-8 所示。该润滑系统使用的油品是 L-CKD 150 工业闭式齿轮油，主要为支承辊的轴承提供润滑。由于结构特殊，油品在使用过程中可能会受到乳化液的污染，因此现场怀疑异物为乳化液污染所致。

a) 拆解后的流量计   b) 流量计内样品

图 16-8　流量计内异物样品外观

2. 检测数据及分析

对正常样品、故障样品以及乳化液进行了分析，检测结果见表 16-6。

表 16-6　故障样品、正常样品、乳化液检测结果

检测项目		正常样品	故障样品	乳化液
水分（%，体积分数）		<0.03	24.4	—
元素含量/（mg/kg）	Fe	49	>6000	4256
	Cu	<1	87	10
	Pb	<1	673	<1
	Cr	<1	67	3
	Al	<1	20	4
	Mn	1	364	24
	Ni	2	259	24
	Si	<1	<1	<1
	Na	<1	7	4
	V	<1	6	2
	B	<1	11	<1

检测项目		正常样品	故障样品	乳化液
元素含量/（mg/kg）	Mo	<1	27	<1
	Mg	<1	27	<1
	Ba	1	43	<1
	Ca	13	11278	13
	Zn	<1	<1	<1
	P	15	1986	94

从表 16-6 的检测结果分析发现：

1）故障样品和乳化液中的 Fe 元素含量非常高，故障样品的水分含量也很高。

2）正常样品中 Mn、Ni 元素含量很低，但故障样品中 Mn、Ni 元素含量非常高，而乳化液中也含有一定量的 Mn、Ni 元素。

根据检测数据可知，故障样品的确都受到了乳化液的污染。此外还发现，故障样品中 Ca、P 含量特别高，但乳化液和正常运行油中这两个元素含量都比较低，说明故障样品除受到乳化液污染，还可能存在其他污染物。

3. 结论与建议

故障样品不仅受到了乳化液的污染，还可能受到了其他物质的污染，建议现场工作人员予以核查。

4．现场反馈

现场工作人员经过调查，发现轴承在装配时会在轴颈上涂抹润滑脂，如图 16-9 所示。对装配润滑脂进行检测，并与故障样品和正常样品进行了对比分析，主要检测数据见表 16-7。

图 16-9　轴承装配时涂抹的润滑脂

表 16-7　装配润滑脂的检测结果及对比分析

检测项目	正常样品	故障样品	装配润滑脂
Ba/（mg/kg）	<1	43	187
Ca/（mg/kg）	13	11278	>18000
Zn/（mg/kg）	<1	<1	<1
P/（mg/kg）	15	1986	>4000

根据检测结果，装配润滑脂中的 Ca、P 元素含量非常高，这说明驱动端 DR 侧样品除了受到乳化液污染，还受到了润滑脂的污染。

5. 故障原因分析

1）故障润滑油不仅受到了乳化液的污染，还受到了轴承装配润滑脂的污染。

2）流量计中的异物是油品劣化产物和润滑脂的混合物。乳化液的污染导致油品发生了乳化变质，产生了油泥、胶质等劣化产物，混入的润滑脂中本身含有皂基，劣化产物与润滑脂混合就形成了膏状的异物，导致流量计堵塞。

16.3.3 转炉液压系统混油故障监测

1. 案例背景

某钢厂转炉区的 4 台转炉液压系统使用的是 46 号脂肪酸酯型难燃液压油。在 2021 年 7 月监测时候发现，4#转炉液压系统的油样出现异常，与其他 3 台转炉液压系统油样及历史送检数据相比存在明显差异。

2. 检测数据及分析

（1）理化指标分析

对样品进行检测分析，并与历史数据进行对比，检测数据见表 16-8。从表 16-8 可以看出，2021 年 1 月和 4 月样品的黏度指数和酸值非常高，符合酯类抗燃液压油的特征。但是在 7 月检测时，样品的酸值、黏度指数和磷元素含量明显下降，说明此时液压系统中的油和曾经使用的 46 号脂肪酸酯型难燃液压油成分上有明显差异，可能存在混油现象。

表 16-8　转炉区 4#转炉液压系统油样检测结果

检测项目		2021 年 1 月 4 日	2021 年 4 月 7 日	2021 年 7 月 8 日	参考值
运动黏度（40℃）/(mm²/s)		49.07	48.89	46.40	39.1~52.9
运动黏度（100℃）/(mm²/s)		9.562	9.509	7.695	—
黏度指数		184	183	134	—
酸值/(mgKOH/g)		4.12	4.00	1.36	—
水分/(质量分数,%)		<0.03（痕迹）	<0.03（痕迹）	<0.03（痕迹）	≤0.05
污染度 NAS 等级		15	15	9	≤10
元素含量/(mg/kg)	Fe	6	6	7	≤5
	Cu	4	4	4	≤10
	Pb	<1	<1	<1	≤3
	Cr	<1	<1	<1	≤3
	Sn	<1	<1	<1	—
	Al	<1	<1	<1	≤3
	Si	<1	<1	1	≤5
	Mo	<1	<1	<1	—
	Mg	<1	<1	<1	—
	Ba	<1	<1	<1	—
	Ca	4	4	30	—
	Zn	10	8	12	—
	P	232	230	122	—

（2）红外光谱分析

为了进一步验证是否存在混油现象，对 4#转炉液压系统所用液压油进行了红外光谱分析，并选取了 3# 转炉液压系统所用液压油（酯类油）作为对比，如图 16-10 所示。

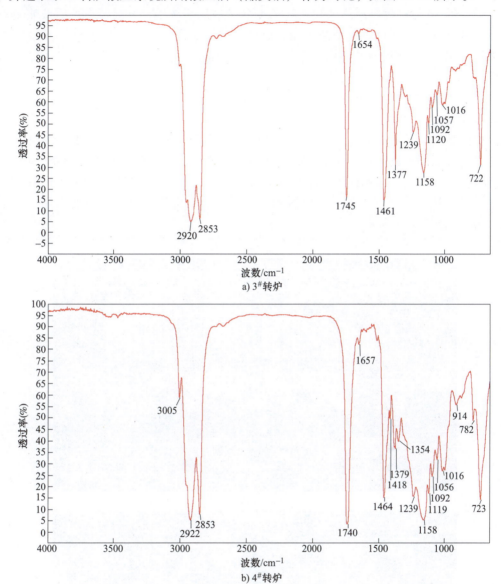

图 16-10 转炉液压系统所用液压油红外光谱图

从图 16-10 所示的红外光谱图可以看出，4# 转炉液压系统所用液压油与 3# 转炉液压系统所用的酯类抗燃液压油相比，其红外光谱图在 1354cm⁻¹ 及 1418cm⁻¹ 处具有明显的特征吸收峰，说明 4# 转炉液压系统的酯类抗燃液压油中含有其他种类的油品成分。

3. 结论与建议

综合分析，4# 转炉液压系统存在混油现象，混用的油品黏度指数较酯类液压油低，很可能是普通矿物型液压油。

4. 现场反馈

现场反馈，由于该液压油使用年限较长，并且污染度等级长期居于高位，为了确保液压系统正常运行，在2021年6月对该系统进行了换油处理。但是操作人员错将普通液压系统中使用的46号矿物型液压油加入到了4#转炉液压系统中，并且没有严格按照换油规程对系统进行冲洗，导致矿物型液压油和脂肪酸酯型难燃液压油出现混合。46号矿物型液压油是不抗燃的，但转炉存在高温火源，由于及时发现问题并处理，所以消除了一起安全隐患。

16.3.4 冷轧机集中润滑油站水分污染隐患在线监测

1. 案例背景

冷轧机是钢铁厂关键重大设备，冷轧机集中润滑系统一旦进水，很容易导致冷轧机因润滑不良而导致磨损故障。通过安装远程油液在线监测装置，可以在无人值守的情况下，实现远程监控。因此，某钢板生产企业冷轧机集中润滑油站于2021年安装了远程油液在线监测装置。2022年3月，该装置监测到现场润滑油站发生水分异常与磨损异常，于是发出报警，如图16-11所示。

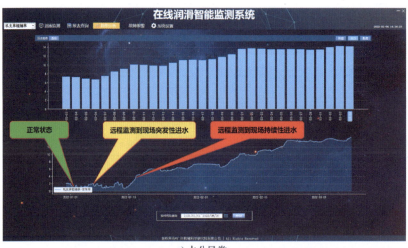

a) 水分异常

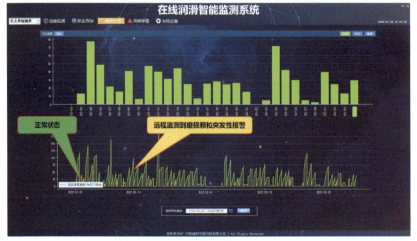

b) 磨损异常

图16-11 水分异常与磨损异常报警

2. 监测数据及分析

发出报警后，技术人员对主要指标的监测数据进行分析，同时取样进行实验室分析。

（1）理化指标监测

冷轧机集中润滑油站含水率持续上升，短短两个月时间，在线监测到水分含量上升了5倍，如图16-12所示。现场设备管理人员看到在线监测系统报警后对油箱进行检查，发现润滑油已经呈现乳化状态，如图16-13所示。通过实验室检测分析，所取样品中水分含量（体积分数）高达4.6%。

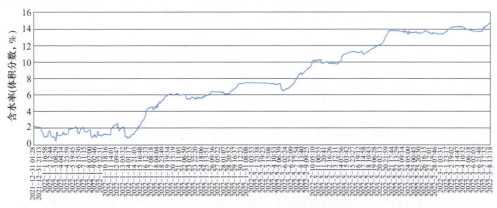

图 16-12　集中润滑油站含水率曲线

（2）磨粒监测与分析

除了水分含量异常，在线监测系统同时也监测到油液中磨粒含量存在明显上升趋势，如图16-14所示。由图16-14可知，在2021年11月29日，24h内累积的铁磁性颗粒较前一天有明显增加，特别是粒径为100~150μm的磨损颗粒显著增加，这表明系统出现磨损加剧情况。经实验室离线铁谱分析发现，油液中存在大量磨粒，如图16-15所示，进一步证实了在线监测系统的可靠性。

图 16-13　集中润滑油
站油样乳化

3. 建议与反馈

冷压机集中润滑油站的油液在线监测数据分析表明，冷压机集中润滑油站出现突发性进水故障，且设备存在较为严重的异常磨损，表明油液中进水后已严重影响润滑，加剧磨损。建议清洗系统，更换新油，并注意系统运行情况及油液在线监测系统监测指标的变化趋势。

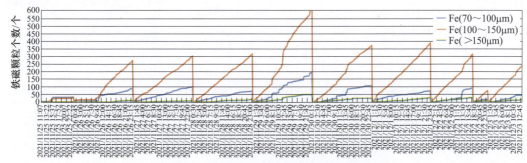

图 16-14　冷轧机集中润滑油站铁磁性颗粒曲线

图 16-15　冷轧机集中润滑油站油液中的铁磁磨粒

　　根据以上建议，该企业现场设备管理人员对该冷压机集中润滑油站的润滑油进行更换处理，并查明了污染原因，避免了重大设备事故发生。

16.4　钢铁行业设备磨损故障案例

16.4.1　钢厂张力辊齿轮箱磨损故障监测

1. 案例背景

　　张力辊俗称"S辊"，在带材的连续生产线上有着广泛的应用，如冷带的酸轧联机、连退、镀锌、重卷、彩涂等机组，其作用是在带材的连续生产线上实现张力的分隔和调节。某钢厂轧钢车间有多个张力辊，其齿轮箱使用的是重负荷工业闭式齿轮油，在 2013 年检测时，发现部分齿轮箱润滑油运动黏度下降，磨损严重。

2. 检测数据及分析

　　2013 年 4 月，该公司对车间的 6 台张力辊齿轮箱进了取样检测，检测数据见表 16-9。从表 16-9 可以看出，编号为 3.5 和 5.2 的张力辊齿轮箱均使用的是 L-CKD 460 齿轮油，其新油的运动黏度为 $414 \sim 506 \mathrm{mm}^2/\mathrm{s}$，但监测时发现这两台齿轮箱在用润滑油的运动黏度远低于新油的典型数据，说明使用过程中，润滑油的运动黏度因受到了剪切作用而明显降低。而且其污染度 ISO 4406 等级、Fe 元素含量及 PQ 指数都非常高，说明在用润滑油中含大量的磨损颗粒，因此初步判断这两个齿轮箱出现了异常磨损。

表 16-9　张力辊齿轮箱油液检测数据

张力辊齿轮箱编号	油品牌号	运动黏度（40℃）/（mm²/s）	酸值/（mgKOH/g）	水分/（%，体积分数）	ISO 4406 等级	PQ 指数	Fe/（mg/kg）
2.1	L-CKD 460 齿轮油	439.6	0.23	<0.03	24/22/17	40	21
2.3	L-CKD 320 齿轮油	285.7	0.22	0.03	26/23/20	25	22
2.4	L-CKD 320 齿轮油	327.8	0.14	<0.03	23/21/17	<15	11
3.2	L-CKD 320 齿轮油	289.9	0.18	<0.03	23/21	116	69
3.5	L-CKD 460 齿轮油	363.1	0.41	<0.03	>28/28/28	520	385
5.2	L-CKD 460 齿轮油	216.9	0.62	<0.03	>28/28/28	1203	940

　　对这 6 台齿轮箱在用润滑油进行了铁谱磨粒分析，结果如图 16-16 所示。从图 16-16 中

可以看出，编号为2.1、2.3及2.4的张力辊齿轮箱润滑油中的磨粒均匀且细小，符合正常磨粒的特征，说明这3台齿轮箱处于正常磨损状态。编号为3.2的张力辊齿轮箱润滑油中出现个别尺寸为30μm的疲劳磨粒，说明齿轮处于早期摩损，但不严重。而编号为3.5的张力辊齿轮箱润滑油中有大量的片状疲劳磨粒，磨粒尺寸较大，个别颗粒粒径已经超出100μm，这说明该齿轮箱存在较为严重的疲劳磨损；编号为5.2的张力辊齿轮箱润滑油中出现有个别的块状颗粒，有一定的厚度，说明齿轮存在大面积的剥落。

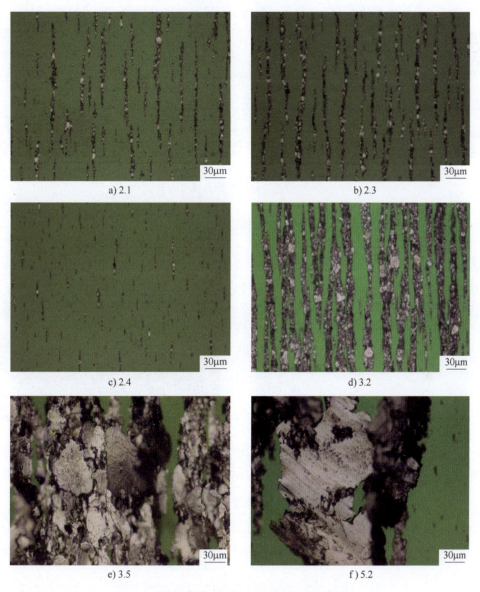

a) 2.1   b) 2.3

c) 2.4   d) 3.2

e) 3.5   f) 5.2

图16-16 张力辊齿轮箱在用润滑油中的磨粒

3. 结论与建议

编号为3.5和5.2的张力辊齿轮箱受剪切作用导致运动黏度明显下降，油膜承载能力严重不足，引起齿轮严重疲劳磨损，建议对这两台齿轮箱进行停机检查，并对润滑油进行更换，避免润滑油中的磨粒对齿轮造成进一步的磨损。

4. 现场反馈

现场工作人员收到诊断报告后，对编号为 3.5 和 5.2 的张力辊齿轮箱进行拆机检查，同时也对编号为 2.1 的张力辊齿轮箱进行了拆机检查。由现场工作人员拆机图片可以看出，编号为 3.5 的张力辊齿轮箱齿轮齿面有崩裂痕迹（见图 16-17a），而编号为 5.2 的张力辊齿轮箱齿轮齿面多处出疲劳现剥落现象（见图 16-17b），而编号为 2.1 的张力辊齿轮箱齿面光滑无磨损（见图 16-17c）。由于发现及时，所以避免了诱发重大设备事故及停机停产造成的重大经济损失。

 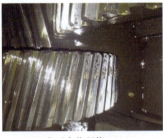 

a) 齿面有崩裂痕迹(3.5)   b) 齿面疲劳剥落(5.2)   c) 齿面光滑无磨损(2.1)

图 16-17 张力辊齿轮箱开箱检查情况

16.4.2 转炉回转支承轴承润滑脂失效导致的磨损故障

1. 案例背景

某炼钢厂使用了 1 号极压聚脲润滑脂对转炉回转支承轴承进行润滑，其轴承外观如图 16-18 所示。2018 年 3 月，在例行巡检时发现该回转支承轴承的润滑脂出现了发黑变硬现象，回转支承轴承运转过程中噪声较为明显，为了查找原因，对在用润滑脂和新润滑脂进行了取样送检。

2. 检测数据及分析

（1）新润滑脂理化指标检测

图 16-18 转炉回转支承轴承

对送检的新润滑脂的理化指标进行了检测分析，结果见表 16-10。从表 16-10 中可以看出，新润滑脂各项指标均符合 SH/T 0789—2007《极压聚脲润滑脂》要求。

表 16-10 新润滑脂数据及标准

检测项目	1 号极压聚脲润滑脂	SH/T 0789—2007
工作锥入度/(0.1mm)	311	310~340
滴点/(℃)	260	≥250
钢网分油（100℃，24h）/(%，质量分数)	1.8	≤8.0
铜片腐蚀（100℃，24h）	铜片无绿色或黑色变化	铜片无绿色或黑色变化
最大无卡咬负荷 P_B/N	981	≥686
烧结负荷 P_D/N	3089	—
蒸发量（99℃，22h）/(%，质量分数)	0.18	≤1.5
水淋流失量（38℃，1h）/(%，质量分数)	3	≤7.0

（2）在用润滑脂磨粒分析

对新润滑脂和在用润滑脂进行了元素分析和磨粒分析，元素分析见表 16-11，磨粒显微形貌如图 16-19 所示。元素分析结果发现，该在用润滑脂中 Fe 元素含量>6000mg/kg。磨粒分析则发现，该在用润滑脂中存在大量大尺寸钢质磨损颗粒，形貌以滑动黏着磨粒为主，磨粒表面呈现草黄色，说明磨粒受到高温作用出现了回火现象，这通常意味着摩擦副表面严重断油，润滑恶劣，局部表面出现过干摩擦，产生了大量的摩擦热，使得磨粒出现了高温回火现象。

表 16-11　在用润滑脂元素分析

检测项目	在用润滑脂	新润滑脂	检测方法
Fe/（mg/kg）	>6000	12	ASTM D7303
Cu/（mg/kg）	51	8	
Pb/（mg/kg）	12	0	
Sn/（mg/kg）	5	0	
Cr/（mg/kg）	51	0	
Si/（mg/kg）	456	22	
Al/（mg/kg）	58	3	
Li/（mg/kg）	2179	2351	

图 16-19　转炉回转轴承在用发黑润滑脂中部分磨粒显微形貌

3. 故障原因分析

根据磨粒分析结果，初步判断轴承局部存在严重润滑不良的现象。导致脂润滑轴承润滑不良的原因通常与润滑脂分布不均有关。润滑脂分布不均，油膜厚度不均，运行过程中，局部可能会出现干摩擦，产生大量摩擦热，而大量的摩擦热又会对润滑脂起加热作用。一方面，高温使得润滑脂中的基础油发生氧化，颜色加深，并产生沥青质；另一方面，当温度升高到润滑脂的滴点时，润滑脂中的基础油会因析出而流失，失去基础油的润滑脂就会逐渐变干变硬。现场设备管理人员也告知，在其他使用同类润滑脂的同类型设备中并未发现类似故障，这也说明本次故障属于个例，与润滑脂本身的性能无关，由润滑不良引起故障的可能性更大。

4. 结论及建议

鉴于该润滑脂中存在大量滑动疲劳及切削等异常磨粒，且部分尺寸较大，如果继续使用只会导致轴承运行状态进一步恶化。为了避免出现破坏性异常导致停机、停产，诊断人员建议现场工作人员立即清除轴承中的旧润滑脂，注入新润滑脂，防止轴承出现严重的点蚀、剥落故障，并视情检查轴承的润滑磨损情况，合理安排检修。转炉是炼钢厂关键设备，转炉回转支承轴承的安全运转直接决定转炉的安全，该炼钢厂领导高度重视此突发事故隐患的处理，立即组织更换新润滑脂，随后回转支承轴承运行状态恢复正常。

16.4.3 铸轧机连铸摆剪系统变速箱齿轮磨损故障监测

1. 案例背景

某钢铁公司对进口摩根系列的轴承、变速器、液压系统长期进行油液监测。其中，ZOS80 铸轧机（见图 16-20）的连铸摆剪系统变速箱使用的是 L-CKD 460 工业闭式齿轮油，监测周期为每月 1 次。该齿轮油的平均运动黏度始终维持在 $420mm^2/s$ 左右，磨粒 PQ 指数在 40 左右。但从 2015 年 7 月开始，该齿轮油运动黏度不断下降，PQ 指数升至 350，达到历史最高值。为查找该问题的原因，结合现场情况对数据做进一步分析。

图 16-20 现场铸轧机

2. 检测数据及分析

从 2015 年 7 月开始，连铸摆剪系统变速箱的齿轮油运动黏度不断下降，且下降幅度很大，如图 16-21 所示。2015 年 7 月，该齿轮油 40℃ 运动黏度降为 $325mm^2/s$；2015 年 8 月，该齿轮油 40℃ 运动黏度继续下降至 $248mm^2/s$；2015 年 9 月，该齿轮油 40℃ 运动黏度测得为 $254mm^2/s$。与此同时，其磨粒 PQ 指数升至 350，达到了该齿轮油的历史最高值，如图 16-22 所示。

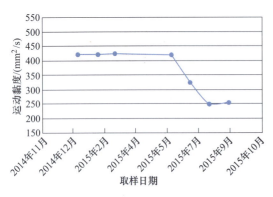

图 16-21 连铸摆剪系统变速箱齿轮油运动黏度变化趋势

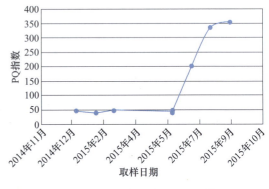

图 16-22 连铸摆剪系统变速箱磨粒 PQ 指数变化趋势

该齿轮油黏度持续大幅下降，表明该齿轮油持续地受到低黏度油品的污染。在后期，过低的黏度导致齿轮承载能力下降，系统磨损开始加剧，表现出 PQ 指数的急剧升高。齿轮油中磨损金属颗粒含量的升高，表明该变速箱因所用齿轮油运动黏度的不断下降而导致润滑不良，产生了异常磨损，对此要求该厂组织检查，避免问题恶化。

3. 结论与建议

根据检测结果分析，连铸摆剪系统变速箱受到了低运动黏度油品的污染，黏度的持续下降降低了油膜的承载能力，导致齿轮磨损加剧。建议查明污染原因，并进行换油处理。

4. 现场反馈

经现场检查，发现该 ZOS80 铸轧机的液压系统密封出现破损，液压油泄露至齿轮箱中，液压油稀释齿轮油，造成齿轮油黏度持续下降，并引起齿轮齿面磨损加剧。经拆机检查，发现齿面已发生因承载能力不足而形成的黏着擦伤。现场工作人员立即采取措施，修复密封并更换了齿轮油，该铸轧机连铸摆剪系统变速箱润滑状态恢复正常。

─────── **参 考 文 献** ───────

［1］朱德庆，潘建，郭正启，等．钢铁冶金设备［M］．北京：冶金工业出版社，2023：50-106.

［2］时彦林，程志彦，李爽．冶炼机械［M］．北京：化学工业出版社，2021.

［3］徐明红．高炉炼铁技术工艺及设备维护分析［J］．中国机械，2023（23）：100-103.

［4］李建朝，齐素慈．转炉炼钢生产［M］．北京：化学工业出版社，2011：7-58.

［5］ZHIRKIN Y V, MIRONENKOV E I, DUDOROV E A. Lubrication of working-roller bearings in rolling mills［J］. Steel in Translation, 2007, 37（4）：350-352.

［6］DUBEY S P, SHARMA G K, SHISHODIA K S, et al. A study of lubrication mechanism of oil-in-water（O/W）emulsions in steel cold rolling［J］. Industrial Lubrication and Tribology, 2005, 57（5）：208-212.

［7］SANIEI M, SALIMI M. Development of a mixed film lubrication model in cold rolling［J］. Journal of Materials Processing Technology, 2006, 177（1-3）：575-581.

［8］唐凤刚．高线精轧机轧辊箱进水原因分析和改进措施［J］．冶金设备，2015（S1）：62-64.

［9］陈晓．高线预精轧及精轧机组稀油润滑系统水污染控制［J］．冶金设备，2010（S1）：150-151.

［10］周亚斌，马国梁，张继勇．在用润滑油水污染问题研究［J］．润滑油，2017，32（2）：36-39.

［11］郭玉晖．在线油品监测系统在轧钢厂的应用："2020冶金智能制造创新实践暨钢铁行业数字化技术应用交流会"论文集［C］．西安：2021：22-25.

［12］童高伟．轧钢设备润滑的故障与维护管理措施探讨［J］．城市建设理论研究：电子版，2012，000（31）：1-4.

［13］王永刚．轧钢机轴承机械密封安装维护研究［J］．有色金属文摘，2015，30（2）：61-63.

［14］周良庆．浅析轧钢设备的泄漏与密封［J］．冶金设备，2000（2）：48-51.

［15］金敏．轧钢机主机列设备的泄漏与密封［J］．钢铁研究，2008，36（5）：3.

［16］赵忠健．轧钢设备液压泄漏的原因与控制措施探讨［J］．科学技术创新，2018（1）：41-42.

［17］孟光振，李玲．轧钢设备液压泄漏分析及对策研究［J］．设备管理与维修，2019（12）：3.

［18］许可，黄龙才．设备故障诊断技术在轧钢生产线上的应用［J］．中国金属通报，2022（10）：92-94.

第 17 章　电力行业案例

电力工业是国民经济的基础产业，它承担着把自然界的能源转换为人们能直接使用的电能，为现代工业、现代农业、现代科学技术和现代国防提供必不可少的动力，也和广大人民群众的日常生活有着密切的关系。电力行业可分为发电和供电两大系统，相应的生产设备有发电设备和输变电设备两大类。根据发电方式的不同，又分为火力发电、水力发电、核能发电、风力发电以及生物发电等，不同发电形式所使用的设备也有很大差异。尽管发电方式不同，设备结构不同，但是不论哪种发电设备，良好润滑始终是电力设备生产和安全运行的重要保障。

17.1　电力行业典型设备润滑特点

17.1.1　火电设备润滑特点

火力发电是利用煤、石油及天然气等化石燃料的化学能来生产电能。具体来说是利用燃料燃烧产生的热能加热锅炉中的水，使其转换成为一定数量和质量（压力和温度）的蒸汽，去驱动汽轮机旋转，从而带动发电机的转子转动产生电能。火力发电是目前我国电能的主要来源，2022 年我国火力发电占总发电量的 69.8%。

火电厂的设备可按照不同用途来划分，可分为燃料设备、锅炉设备、汽机设备、环保设备和辅助类设备。燃料设备用来卸煤和输煤，主要包括卸船机和输送皮带机；锅炉设备用来产生高温高压蒸汽，主要包括磨煤机、一次风机、送风机、引风机等；汽机设备用来发电，主要包括汽轮发电机组、汽动/电动给水泵、循环水泵、凝结水泵等；环保设备用来脱硫、脱硝，降低排放，主要包括球磨机、空压机、各类搅拌机和泵类；辅助类设备包括各类起重机械和流动机械。火电厂的生产工艺流程如图 17-1 所示。

火电厂油润滑设备主要包括汽轮发电机、各类减速机、各类液压系统、空压机及风机等，用量比较大的润滑油有汽轮机油、抗燃油、液压油、工业齿轮油和空压机油等。汽轮机油主要用于汽轮机滑动轴承的润滑，常采用 L-TSA 汽轮机油；抗燃油多用于汽轮机电液控制系统，应用比较广泛的是磷酸酯抗燃油；液压油、齿轮油多用于辅机的液压系统及齿轮减速箱，大部分减速箱都采用 L-CKC 或 L-CKD 矿物型齿轮油润滑，但部分减速机存在高温、重载工况，此时多采用合成型齿轮油；空压机油主要用于空气压缩机的润滑，且多以设备制造商的专用油为主。其他用量不多的油液还包括发动机油（流动机械用）、冷冻机油（制冷压缩机用）、计量泵油（计量泵用）和钢丝绳油（起重机械用）。

火电厂脂润滑设备主要是各类电动机轴承，如磨煤机、送风机、皮带机等电动机轴承，这些轴承主要用的是锂基润滑脂，包括通用锂基、极压锂基、复合锂基润滑脂等，部分高速、高温场合会采用聚脲润滑脂或电动机指定的专用润滑脂。根据对各类电动机工况的了解，真正需要用到特殊类型润滑脂的电动机轴承并不多，大部分电动机轴承使用通用锂基润滑脂即可满足润滑需求。

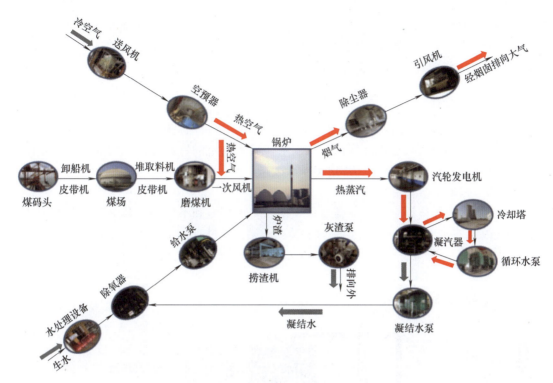

图 17-1　火电厂生产工艺流程及设备

17.1.2　水电设备润滑特点

水轮机组是水力发电的核心设备，它是将水流的能量转换为旋转机械能的动力机械，属于流体机械中的透平机械。水轮机有冲击式、反击式两种。冲击式水轮机是借助于特殊导水机构引出具有动能的自由射流，冲向转轮水斗，使转轮旋转做功，从而完成将水能转换成机械能的一种水力原动机。以工作射流与转轮相对位置和做工次数的不同，冲击式水轮机可分为切击式水轮机、斜击式水轮机和双击式水轮机。图 17-2 所示为立轴冲击式水轮机及其结构。

a) 实物图　　　　　　　　　　　　b) 结构图

图 17-2　立轴冲击式水轮机及其结构示意

1—球阀　2—配水环管　3—机壳　4—主轴　5—轴承　6—控制机构
7—转轮水斗　8—直流喷管　9—平水栅　10—尾水里衬

水轮机组一般在低速、常温、定负荷下运动，工作环境较为潮湿。典型的润滑部位有水导轴承、推力轴承和调速系统。水导轴承一般采用可倾瓦轴承，分上导轴承和下导轴承，全国大约有 50%以上的水电机组使用这类轴承。推力轴承采用双列滚子轴承，通过推力头内孔倒锥形锥面的作用，将润滑油甩至滚子轴承间并溢向轴承上平面，再经回油孔流回贮油池。

水轮机组的润滑油一般要求使用防锈、抗乳化性较好的汽轮机油。小型水轮机发电机大多是轴承和调速机构使用同一润滑系统，而大型水轮发电机则是轴承与调速机构不共用润滑系统。混流式及轴流式水轮机的导向叶片，水斗式水轮机的针阀操作机构等一般使用防锈性、抗水性较好的 0 号或 1 号锂基润滑脂。

17.1.3 核电设备润滑特点

核电是通过可控核裂变将核能转变为电能，实现核能和平利用，其生产工艺如图 17-3 所示，从 1954 年苏联建成了世界第一座试验核电站，经过 70 来年的发展，核电及配套的核燃料技术成为日益成熟的产业，成为继火电及水电以外第三大能源。

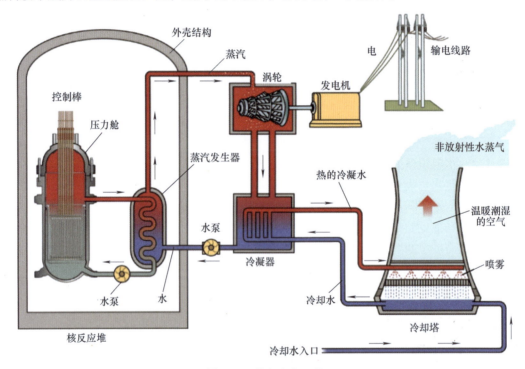

图 17-3　核电生产工艺

随着核电行业的高速发展，安全是核电行业最为重视的问题。因此核电设备的润滑管理格外受到重视。由于核电设备在安全问题上极具特殊性，设备的润滑要求也不同于普通设备。无论是核岛设备（如核主泵，如图 17-4a 所示）还是常规岛设备（如汽轮机和主给水泵，如图 17-4b、图 17-4c 所示），其负荷特点均是在额定功率或尽可能接近额定功率的情况下连续运行。以汽轮机为例，汽轮机是核电的重要组成部分，有全速机和半速机两种机型。在国内已运行的核电机组中，除秦山三期采用半速机外，全都为全速机。目前，所有在建的百万等级以上核电项目全部采用半速机。

a) 核主泵

b) 汽轮机

c) 主给水泵

图 17-4　核电的主要生产设备

目前，因核辐射的特定影响，核电设备的用油几乎均为设备供应商推荐的油液，对于供应商未明确油液品牌的设备，大多采用性能优越且质量稳定的进口产品。同火力发电一样，核电主要设备，如汽轮机组和泵等主要采用汽轮机油润滑轴承，控制系统（EH 系统）均采用磷酸酯类抗燃油。

与此同时，核电生产用到的电动机众多，这些电动机是否能正常运行直接关系到生产安全，大部分电动机均采用性能突出的油脂，重点关注润滑脂的高温性能和极压性能，尤其是核岛内电动机采用的全是极压脂或高温脂，并且部分部位用油脂需要具备抗核辐射能力。

核电需要用到齿轮油的设备也很多，这些设备多采用供应商推荐的油液。对于所处环境湿度较大的齿轮设备，如核电循环水系统（CRF）中鼓网减速机，通常会采用合成齿轮油润滑。此外，其他核电设备，如冷水机组、压缩机组、柴油发电机等均采用专用油或设备供应商推荐用油。

17.1.4　风电设备润滑特点

风能作为一种清洁能源，已成为新能源领域发展最为迅速的一种重要能源。21 世纪以来，风力发电市场每年均以 30% 以上的比例增长，成为世界上增长最快的产业之一。风电机组的稳定运行及润滑管理也越来越受到重视，由于风电设备在运转环境上具有其特殊性，所以风电设备的润滑要求也不同于其他发电设备。

风力发电机组主要有双馈式和直驱式两种，目前双馈式风力发电机型占了世界风电机组总数的 80% 以上，图 17-5 所示为双馈式风力发电机的机舱结构。对于双馈式风力发电机，需要润滑的部位主要有齿轮箱（包括增速箱、偏航齿轮、变桨齿轮）、液压刹车系统、发电机、主轴承、偏航系统中的

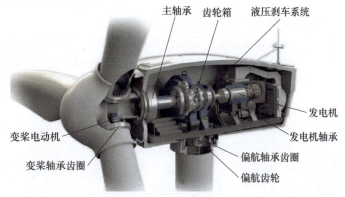

图 17-5　双馈式风力发电机机舱结构

偏航轴承、变桨轴承等。其中，齿轮箱是机组中最重要的传动部件，其重量约占机舱质量的1/2，也是风力发电机组中故障率最高的部件。

我国风电机组多安装在偏远、空旷、多风的新疆、内蒙古及沿海地带，齿轮箱处于温差变化大、湿度高等环境中，且承受较大扭矩及交变载荷，这就要求风电机组所用的润滑油除具有良好的极压抗磨性能、热氧化安定性、水解安定性、抗乳化性能外，还要具有良好的黏温性、低温流动性能、长使用寿命及抗微点蚀能力，以便降低齿轮发生微点蚀的风险。

风力发电机组通常有4种状态，即运行、暂停、停机或紧急停机。当出现风速过快、振动过大、发电机温度过高等情况时，液压制动系统就会执行安全保护模式，防止事故发生。风力发电机液压制动系统使用液压油应具有良好的黏温性能、防腐防锈等性能，以适应高寒或沿海潮湿环境。

偏航系统一般包括感应风向的风向标、偏航电动机、偏航减速器、回转体大齿轮等，主要润滑部位是偏航减速器和回转体大齿轮。偏航减速器主要驱动机舱旋转，跟随风向变化，在偏航过程结束后又承担部分制动作用，其具有间歇工作、启停较频繁、传递扭矩较大、传动比高等特点，所用润滑剂一般推荐低温性能好、黏度指数高、极压抗磨性和抗氧化性能好的合成型齿轮油，从而减少油液更换频率。回转体大齿轮承受的负荷较大，受环境湿气、灰尘等影响较大，要求所使用的齿轮润滑脂具有优良的极压抗磨性能、低温性能、黏附性能和防腐蚀性能，因此通常采用抗氧化性能较好的润滑脂进行润滑。

17.2 电力行业设备常见的润滑磨损故障

17.2.1 汽轮机组常见故障

1. 汽轮机轴瓦漆膜

漆膜是滑动轴瓦及控制阀较为常见的故障，出现这类故障，通常并非只是油液本身的问题。滑动轴承在工作时轴瓦承载区位置油膜厚度最小，油膜压力最大，在运转过程中，流体的摩擦会使轴瓦巴氏合金承载区温度急剧上升，导致滑动轴承出现局部高温。当轴瓦长时间运行时，尤其是在调峰调频导致油膜压力波动的情况下，局部高温更为严重。轴瓦巴氏合金承载区的高温使金属表面油膜层氧化降解，形成高分子聚合物，沉积、黏附在轴瓦表面。随着系统继续运行，已经生成的这类聚合物会逐渐被碳化，导致漆膜的中心区域呈黑色，周围呈浅棕色、棕色至棕褐色，即形成了漆膜。轴承在正常温度下运行，如果抗氧剂过度消耗，也会发生此现象。

2. 汽轮机油被水分污染

水分污染是汽轮发电机润滑系统较为常见的故障。这主要与汽轮机的结构和工作原理有关，汽轮机以水蒸气为工作介质，将水蒸气的热能转化为机械能，进而带动发电机发电，其主要润滑部位是轴承。为了防止水蒸气沿着轴向泄漏，同时防止水蒸气进入轴承润滑系统，会在汽轮机轴端设置轴封系统。正常情况下，机组在正常运行时润滑系统不应进水，但是如果轴封系统调整不当，水蒸气就容易沿轴进入轴承润滑系统，造成润滑油进水。

水分对于汽轮机轴承的润滑是极为不利的。一方面，会加速油品的氧化变质，促使汽轮机油乳化，破坏油膜；另一方面，水分长期与金属部件接触，会加速金属部件的腐蚀，导致调速系统卡涩，甚至造成停机事故。

大部分进入汽轮机润滑油中的水分，会以游离水的方式进入到主油箱，由于水的密度高于油的密度,所以游离水会沉积在油箱底部,其可以通过主油箱底部的放水阀定期放掉,剩余少量的游离水或溶解水则可以通过除水滤油机滤除。

3. 抗燃油系统中形成凝胶

汽轮机发电机组普遍采用磷酸酯抗燃油为电液调节系统提供润滑,而磷酸酯抗燃油在运行中出现凝胶的情况在许多电厂均有发生。凝胶属于金属盐类,通常出现在使用硅藻土吸附剂和活性铝吸附剂的抗燃油系统中。这是由于这类吸附剂在工作时会释放出金属离子,例如硅藻土中的 Ca、Mg 离子,活性氧化铝中的 Al、Na 离子等,这些金属离子会与抗燃油氧化生成的酸性物质发生反应,生成大分子的磷酸金属盐,也就是我们常说的"凝胶"。凝胶会阻塞吸油滤网,造成伺服阀卡涩,不利于系统安全运行。当抗燃油系统产生凝胶时,可采用离子交换树脂过滤器快速滤除抗燃油中的金属离子,离子交换树脂还会分解已经存在的磷酸金属盐,彻底消除其对伺服阀产生的影响。

17.2.2 风力发电机组常见润滑磨损故障

1. 主齿轮箱疲劳磨损

疲劳磨损是风力发电机主齿轮箱最常见的失效形式,这与齿轮工作时两摩擦副表面的接触形式有关。一对齿轮相啮合时,两齿面之间在接触处产生循环变化的接触应力,当接触应力超过齿面材料的接触疲劳极限,齿轮工作一定时间以后,在齿面表层内部就会出现微观的疲劳裂纹。随着裂纹的蔓延与扩展,齿面金属表层将产生片状剥落形成麻坑,即"点蚀"。点蚀会造成齿面承载面积减小,接触应力迅速增大,不仅加剧齿面的疲劳磨损,同时也破坏了齿面啮合的正确性,甚至引起相当大的动负荷,直至齿轮齿面大片"剥落",甚至因"断齿"而报废。

除齿轮本身因素外,运行工况与齿轮失效也有较大关系。风电齿轮箱上承受的载荷变化较大,特别是由极限风速或湍流工况引起的系统过载,以及由调距或机械制动等引起的瞬时载荷,尽管作用时间短,但对齿轮特别是齿面影响极大,易诱发失效故障。此外,润滑条件不佳也是导致齿轮失效的重要因素之一。齿轮箱润滑油不足会造成齿面间的油膜形成不良,出现局部干摩擦,产生局部高温。当摩擦引起的局部高温超过材料的熔点时,就会使得其中一个齿轮熔焊在与之啮合的齿轮上。润滑油质量不良如油质劣化、含水、温度异常会导致油膜强度下降,齿面磨损,使齿廓改变,侧隙加大,以至于齿轮因过度减薄而导致断齿。

2. 轴承磨损失效

由于安装不当、润滑不良、润滑介质污染和工作环境恶劣等因素,轴承会出现磨损、过载、过热、腐蚀、疲劳等现象,进而产生点蚀、裂纹及表面剥落,最终导致轴承损坏。特别是高速端轴承,发电机轴和齿轮箱高速轴连接中易出现角度偏差和径向偏移,因轴向和径向扰动力而产生的变载荷长时间作用在高速端轴承上,极易造成轴承损坏。此外,风机主轴承在高负载运转的过程中都会产生热,这也对轴承的润滑带来了挑战,一定程度上会加速轴承的磨损。

轴承的常见失效方式有磨损、保持架变形、滚珠脱落、点蚀、腐蚀、压痕、电蚀等。轴承磨损以后,轴的运行也会受到影响,进而影响齿轮的受力状态,最常见的现象是齿轮出现偏载,从而造成轮齿折断。大部分情况下,中速轴小齿轮轮齿折断的根本原因是轴承的损伤。

17.3　电力行业设备润滑失效案例

17.3.1　核电站凝结水泵电动机轴承高温原因分析

1. 案例背景

某核电站的凝结水泵投运三年后，其电动机轴承出现温度过高情况，达到80℃。该电动机的润滑脂为3号极压复合锂基润滑脂，使用时间为3年，加脂周期为3个月，在用脂已呈现黑色液体状，如图17-6所示。

a) 新脂　　　　　　　　　　　　　　b) 在用脂

图17-6　新旧润滑脂外观

2. 检测数据及分析

（1）新脂检测结果

对凝结水泵电动机轴承的新脂样品进行分析，结果见表17-1。由表17-1可知，新脂的滴点较低，烧结负荷也较低，不能达到NB/SH/T 0535—2019《极压复合锂基润滑脂》中对于极压复合锂基润滑脂的要求。

表17-1　新脂理化性能分析

理化指标	测试结果	NB/SH/T 0535—2019 要求
工作锥入度（25℃）/（0.1mm）	222	220~250
滴点/℃	206	≥260
钢网分油（100℃，24h）/（质量分数,%）	0.2	≤3
相似黏度（−10℃，$10s^{-1}$）/（Pa·s）	343	≤1200
烧结负荷P_D/N	1569	≥3089
磨斑直径（392N，60min）/mm	0.59	—

（2）新旧脂对比分析

由于在用脂已呈液体状，无法当作润滑脂进行检测，所以只能通过红外光谱进行对比分析。通过红外光谱检测，发现在用脂在波数$1580cm^{-1}$处的特征峰强度明显降低，如图17-7所示。有资料表明，$1580cm^{-1}$是稠化剂中羧基的不对称伸缩振动特征吸收峰，其强度降低，说明润滑脂中稠化剂含量下降，即稠化剂遭到破坏，失去了对基础油的固定作用，因而引起了润滑脂稠度下降。

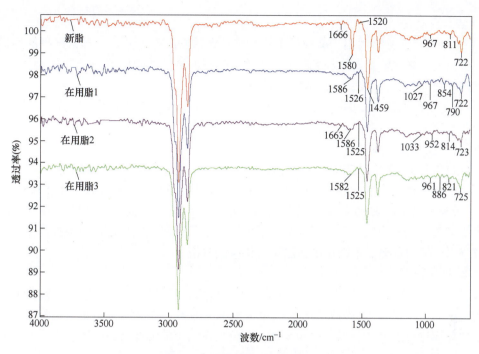

图 17-7 新旧脂红外光谱叠加

通常情况下，稠化剂失效与温度和载荷有关。相比之下，温度对稠化剂的影响较小，有研究表明，即便是加热到 120℃ 时，锂基稠化剂依旧能够保持良好的稳定性。而载荷对稠化剂的影响就非常大，因为载荷越大，在运行过程中，润滑脂中稠化剂受到的剪切力也就越大，所以越容易断裂失效。

（3）磨损分析

表 17-2 所列为新脂和在用脂的光谱元素分析结果。由表 17-2 可知，在用脂中元素 Cu、Zn 含量较新脂明显增加，表明系统中铜锌合金部件存在异常磨损。

表 17-2　新脂和在用脂的光谱元素分析　　（单位：mg/kg）

光谱元素	新脂	在用脂 1	在用脂 2	在用脂 3
Fe（铁）	0	160	118	149
Cu（铜）	0	1579	1839	1915
Al（铝）	0	9	0	75
Mo（钼）	0	47	0	35
Si（硅）	119	111	37	56
Li（锂）	2522	1350	1900	2448
Mg（镁）	0	36	0	5
Ca（钙）	214	696	698	907
Ba（钡）	2	0	4	3
Zn（锌）	137	2082	2167	2349
P（磷）	138	417	433	418

3. 结论及反馈

1）该轴承存在异常磨损，磨损产生的高温导致轴承温度上升。而异常磨损的原因是轴承润滑脂稠度下降，触变性能和黏附性能下降，使得润滑油从摩擦副表面流失，摩擦副表面局部出现了缺油现象，无法形成足够的油膜。

2）稠度下降与润滑脂的质量有关。该批次的润滑脂滴点和烧结负荷偏低，不符合 3#极压复合锂基润滑脂的要求。此外，润滑脂受力后皂基断裂失效，表明其机械安定性和胶体安定性较差，抗剪切能力较差。

3）电动机轴承属于高速轴承，对润滑脂的抗剪切性要求较高，该润滑脂的抗剪切能力不能满足电动机轴承的运行要求，这也是导致轴承发热、润滑脂失效的根本原因。

4）该核电站高度重视这起 3#极压复合锂基润滑脂的质量问题，及时清查处理问题来源，消除了重大润滑隐患，避免了凝结水泵电动机轴承磨损加剧损坏重大事故的发生。

17.3.2 风力发电机主齿轮箱新油不合格原因分析

1. 案例背景

某风电场在 2016 年 7 月新安装了一批风力发电机，并在齿轮箱中注入了进口的 S320 号合成齿轮箱油。为了确保风力发电机能够正常运行，在开机试运行前，该风电场对齿轮箱滤油器前的油样进行了取样分析，检测发现，部分齿轮箱中的油样与该品牌官方网站提供的典型数据并不吻合。

2. 检测数据及分析

（1）理化指标分析

对送检的 6 个油样的运动黏度、黏度指数、总酸值、倾点等理化指标进行了分析，检测结果见表 17-3。从表 17-3 中可以看出，1#、2#、4#油样的黏度指数、倾点与该品牌官方网站提供的典型值相差很大。

表 17-3 新油检测结果

检测项目	1#	2#	3#	4#	5#	6#	S320 典型值
运动黏度（40℃）/（mm²/s）	325.4	315.6	306.4	310.9	320	311.7	335
运动黏度（100℃）/（mm²/s）	27.5	26.3	32.89	26.52	35.65	33.85	40
黏度指数	113	109	149	112	158	152	159
总酸值/（mg/g）	0.61	0.65	0.78	0.55	0.78	0.79	—
水分/（质量分数,%）	<0.03	<0.03	<0.03	<0.03	<0.03	<0.03	—
倾点/℃	−15	−21	−33	−24	−33	−33	−42

黏度指数是润滑油黏温性能的体现，对新油而言，黏度指数还可以一定程度反映基础油的类型。根据 API 1509—2022《发动机机油许可和认证系统》，黏度指数在 120 以下是矿物油的典型特征。而风电场所采购的进口 S320 号合成齿轮油属于 PAO 合成油，而 PAO 合成油的黏度指数通常高于 120，因此初步判断这三台风力发电机中所取的油样是矿物型齿轮油，而并非进口合成齿轮油。

倾点反映了润滑油的低温性能，但也可以间接反映基础油的种类。合成油的低温性能优异，通常也具有更低的倾点，根据数据统计，大部分 PAO 合成油的倾点都低于−30℃，而 1#、2#、4#油样的倾点与 S320 典型值相比较高，也偏离了 PAO 合成油倾点的典型范围。

（2）红外光谱对比分析

为了进一步验证，选取 1#油样进行红外光谱分析，同时与数据库 S320 号风力发电机组变速箱齿轮油的典型红外光谱图进行了对比。红外光谱分析发现，1#油样的红外光谱图与 S320 典型红外光谱图相比存在多处差异，如图 17-8 所示。由图 17-8 可以看出，1#油样在波数 $1607cm^{-1}$ 和 $818cm^{-1}$ 处存在明显的特征吸收峰，但 S320 合成油并不具备这两个特征峰。

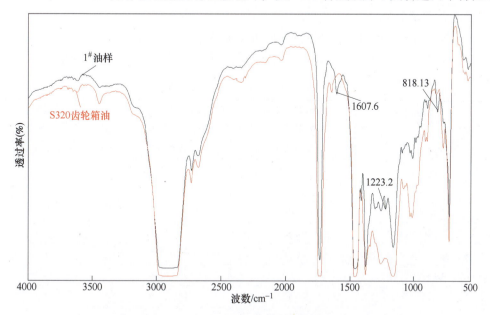

图 17-8　1#油样与 S320 号风力发电机组变速箱齿轮油红外光谱图对比

$1607cm^{-1}$ 和 $818cm^{-1}$ 是不饱和芳烃的特征吸收峰，但正常情况下，全合成油中并不会含有不饱和芳烃，所以在 S320 新油典型红外光谱图中，并没有这两处的特征吸收峰。含有不饱和芳烃是矿物油的特征，1#油样在这两处存在特征峰，说明其含有矿物油成分。这也进一步验证了前面的结论，即这几台风力发电机的齿轮油是矿物型齿轮油，并非进口 S320 号合成齿轮油。

3. 结论与建议

1#、2#、4#的油样并非进口某品牌 S320 号合成齿轮箱油，其来源存疑，建议风电场对该新油进行抽检，确认新油是否存在质量问题。

4. 现场反馈

现场工作人员对同批次采购的新油进行了抽检，结果表明，抽检的所有新油的检测结果与 S320 官方典型值相符，红外光谱图也与 S320 典型图高度吻合，因此确认新油无质量问题。经多方调查后发现，1#、2#、4#风力发电机齿轮箱来源于某风机制造厂同一生产线，而该生产线在进行出厂检验时，在齿轮箱中加入了矿物油进行调试。尽管风机安装好后又加入注了新的合成油，但是机组油路中仍然残留着少许矿物油，而该次检测就刚好取到了这些残留的油。为了避免混油对齿轮箱的润滑造成不利影响，风电场采用进口合成油对齿轮箱润滑系统进行反复冲洗，并对齿轮箱供货商的调试用油进行了规范，以免类似案例再度发生。

17.3.3 风力发电机主齿轮箱油液种类大数据甄别分析

1. 案例背景

某风电场对其下 7 台风力发电机主齿轮箱进行油液监测，7 台风力发电机使用的油液均为 M320 号齿轮箱油。检测分析后发现，这 7 台风力发电机的齿轮箱油的添加剂元素磷含量明显低于 M320 号齿轮箱油的典型值，因此怀疑该风电场实际使用了其他品牌的齿轮油。

2. 检测数据及分析

以 A06 号风力发电机为例，连续两次的油液监测结果见表 17-4。为了便于对比，表 17-4 中还列出了 M320 号齿轮油的新油典型数据（该数据来源于检测实验室新油数据库）。

表 17-4 A06 号风力发电机检测数据

检测项目		2020-6-13 取样检测结果	2019-12-25 取样检测结果	实验室数据库中 M 320# 新油典型值
外观		棕色透明	棕色透明	棕色透明
运动黏度（40℃）/(mm²/s)		319.1	318.3	347.7
运动黏度（100℃）/(mm²/s)		40.36	—	39.33
黏度指数		180	—	164
酸值/(mgKOH/g)		0.68	0.67	0.94
水分/(质量分数,%)		<0.03	<0.03	<0.03
污染度 NAS 1638 等级		7	8	12
污染度 ISO 4406 等级		18/15/11	18/16/13	21/20/15
PQ 指数		<15	<15	<15
元素含量/(mg/kg)	Fe（铁）	73	70	<1
	Cu（铜）	1	1	<1
	Pb（铅）	<1	<1	<1
	Cr（铬）	<1	<1	<1
	Sn（锡）	<1	<1	<1
	Al（铝）	<1	<1	<1
	Mn（锰）	<1	<1	<1
	Ni（镍）	<1	<1	<1
	Ag（银）	<1	<1	<1
	Ti（钛）	<1	<1	<1
	Si（硅）	1	1	10
	Na（钠）	<1	<1	<1
	V（钒）	<1	<1	<1
	B（硼）	1	3	<1
	K（钾）	<1	<1	<1
	Mo（钼）	<1	<1	<1
	Mg（镁）	<1	<1	<1
	Ba（钡）	<1	<1	<1

（续）

检测项目		2020-6-13 取样 检测结果	2019-12-25 取样 检测结果	实验室数据库中 M 320# 新油典型值
元素含量 /（mg/kg）	Ca（钙）	6	8	<1
	Zn（锌）	21	20	<1
	P（磷）	176	182	410

从表 17-4 中数据可以看出，与 M320 号新油相比，该风力发电机使用的 M320 号齿轮箱油的酸值、添加剂元素明显偏低，黏度指数明显偏高。导致这种现象出现有两个可能原因，一是油液使用过程中添加剂逐步消耗；二是机组可能混用或误用了其他油液。如果是添加剂消耗，通常呈现出下降的趋势，但结合历史数据分析，相隔半年的两次监测期间，添加剂元素和总酸值并没有发生变化，排除添加消耗导致磷元素下降的可能性，因此，这些齿轮箱很可能是混用或误用了其他油液。

利用风电行业油液监测大数据，采用了聚类分析的方法对该油液的来源进行了推测，如图 17-9 所示。分析结果表明，7 台风力发电机在用油的各项检测数据，都更符合 F320 号齿轮油的典型值。

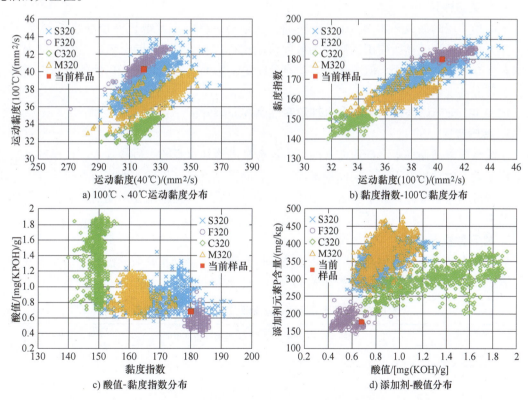

图 17-9　风电行业油液监测大数据聚类分析

为进一步验证，采用了红外光谱仪对该油进行检测，如图 17-10 所示。红外光谱图分析表明，该油的红外光谱图与 F320 号高度匹配，与 M320 号相比存在明显差异，说明该油的确不是 M320 号齿轮油。

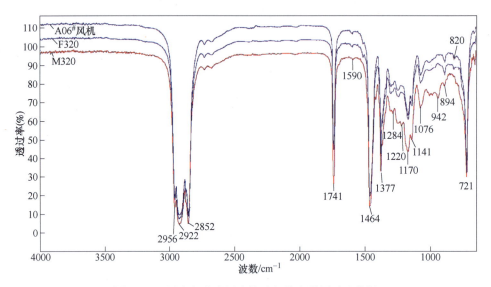

图 17-10　风电行业常用齿轮油红外光谱图对比分析

3. 结论与建议

风电场使用的油液并非 M320 号齿轮油，而是另一款风力发电机专用的齿轮箱油 F320 号，风力发电机齿轮箱所使用的润滑油各项检测指标均在 F320 号齿轮箱油正常范围内，油液状态良好，可继续使用。但现场应当注意及时更新用油信息，防止在以后的管理中错误补油，出现混油现象。

17.3.4　核电站循环水泵电动机轴承腐蚀磨损原因分析

1. 案例背景

某沿海核电站循环水泵抽取海水向凝汽器和辅助冷却水系统提供冷却水。该循环水泵由电动机驱动，电动机上下两个径向轴承为润滑脂润滑。投运一年后，例行检查时发现电动机下轴承润滑脂变干变黑，并且失去了光泽。为了查明原因，将轴承在用润滑脂及新脂取样送至实验室检测。

2. 检测数据及分析

对循环水泵上下轴承的在用润滑脂样品进行光谱元素分析和铁谱分析，光谱元素分析结果见表 17-5。在用润滑脂磨损颗粒如图 17-11、图 17-12 所示。

表 17-5　循环水泵上下轴承润滑脂光谱元素分析结果　　（单位：mg/kg）

光谱元素	新脂	上轴承在用润滑脂	下轴承在用润滑脂
Fe（铁）	104	3677	>6000
Cu（铜）	0	30	>6000
Al（铝）	0	32	2038
Mo（钼）	0	0	897
Si（硅）	167	173	163
Li（锂）	1993	2761	361
Mg（镁）	0	0	1561

（续）

光谱元素	新脂	上轴承在用润滑脂	下轴承在用润滑脂
Ca（钙）	763	939	1267
Ba（钡）	0	0	1
Zn（锌）	1436	1778	>12000
P（磷）	0	0	1433
Na（钠）	0	0	2446

a) 200×   b) 500×

图 17-11 上轴承在用润滑脂磨损颗粒

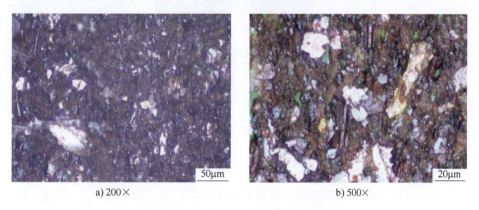

a) 200×   b) 500×

图 17-12 下轴承在用润滑脂磨损颗粒

从表 17-5 的光谱元素分析发现，新脂及上轴承在用润滑脂中均不含 Mg 和 Na，但是下轴承在用润滑脂中含有较多 Mg 和 Na，而 Mg 和 Na 是海水的常见元素，其出现在润滑脂中，说明下轴承在用润滑脂很可能受到了海水的污染。

光谱分析下轴承在用润滑脂的 Fe、Cu 等磨损金属含量明显高于上轴承的；铁谱分析发现上轴承在用润滑脂含有少量钢质磨损颗粒，磨损颗粒表面明亮，还属于正常磨损范围；下轴承在用润滑脂含有大量磨损颗粒，磨损颗粒有钢及铜合金材质，并且部分颗粒尺寸较大，表明下轴承的磨损情况较为严重，除此之外，下轴承在用润滑脂中还含有大量的锈蚀颗粒，说明下轴承可能受到了水分污染，从而导致润滑脂的防锈性能下降，轴承表面除了磨损之外，还存在锈蚀磨损。

3. 结论与建议

循环水泵电动机下轴承在用润滑脂受到了海水的严重污染,海水一方面对该轴承造成了一定程度的腐蚀;另一方面加速了润滑脂氧化,并破坏了皂基结构,使得基础油流失,润滑脂变干变黑失去润滑性能,进而引起润滑不良,导致轴承出现了严重异常磨损。建议检查下轴承各部件的腐蚀及磨损情况,并检查轴承的密封情况,查明原因,更换润滑脂。

4. 现场反馈情况

接到监测诊断报告后,核电站现场工作人员马上对该循环水泵电动机进行了拆机检查,发现下轴承内圈上下端面已严重锈蚀并可见表面剥落,内圈外表面已严重磨损,磨损沟槽明显、磨痕均匀,其磨损深度约 0.2mm;轴承滚动体表面已严重磨损。轴套下部两道 O 形密封圈也已断裂,失去密封作用,如图 17-13 所示,O 形密封圈断裂是导致海水污染润滑脂的直接原因。由于及时监测发现,查出密封圈断裂造成海水污染是导致润滑脂失效的原因,所以避免了轴承磨损的加剧。

a) 变质的润滑脂及滚子　　　　　b) 轴承内圈上下端面锈蚀　　　　　c) 已断裂的O形密封圈

图 17-13　损坏的轴承

17.4　电力行业设备磨损故障案例

17.4.1　风力发电机主齿轮箱磨损故障原因分析

1. 案例背景

某风场有 33 台风力发电机,装机运行一年后,某台风力发电机主齿轮箱出现了异响,现场工作人员怀疑该齿轮出现了磨损,于是对齿轮箱在用润滑油进行了采样分析。

2. 检测数据及分析

(1) 润滑油分析

该风力发电机使用的是风力发电机组变速齿轮箱油(合成型)320,对其进行检测分析,检测数据见表 17-6。

表 17-6　故障齿轮箱润滑油检测结果

检测项目	检测结果	GB/T 33540.3—2017《风力发电机组专用润滑剂 第3部分: 变速箱齿轮油》	NB/T 10111—2018《风力发电机组润滑剂运行检测规程》
运动黏度(40℃)/(mm²/s)	313.8	288~352	变化值不超过新油的±10%
运动黏度(100℃)/(mm²/s)	34.71	—	—

（续）

检测项目		检测结果	GB/T 33540.3—2017《风力发电机组专用润滑剂第3部分：变速箱齿轮油》	NB/T 10111—2018《风力发电机组润滑剂运行检测规程》
黏度指数		155	≥150	—
总酸值/[mg(KOH)/g]		0.79	—	增加值低于新油的50%
水分/(mg/kg)		<0.03	≤0.03	≤0.05
开口闪点/℃		235	≥220	—
倾点/℃		−42	≤−33	—
铜片腐蚀/等级		1a	不高于1	—
最大无卡咬负荷 P_B/N		1667	—	—
烧结负荷 P_D/N		3089	≥2540	—
PQ指数		401	—	—
元素含量/(mg/kg)	Fe	88	—	≤70
	Cu	36	—	≤10
	Zn	58	—	—
	P	371	—	—

从表17-6中可以看出：

1）尽管油液已经使用了一年，但运动黏度、烧结负荷、开口闪点、倾点等各项理化指标依然满足GB/T 33540.3—2017的要求。

2）磨损颗粒PQ指数高达401，Fe、Cu元素含量都高于NB/T 10111—2018中对于主齿轮箱运行油的要求，说明齿轮和轴承的磨损量也高于平均水平。

（2）磨粒分析

图17-14所示为该齿轮油的磨粒分析。从图17-14中可以看出，齿轮油中含有大量的铜合金黏着擦伤颗粒和钢质疲劳磨损颗粒，磨粒尺寸高达几百微米，这表明齿轮、轴承及其保持架都存在非常严重的异常磨损。

a) 铜合金擦伤颗粒

b) 钢质疲劳剥落颗粒

图17-14　磨粒分析

（3）齿轮表面磨损形貌分析

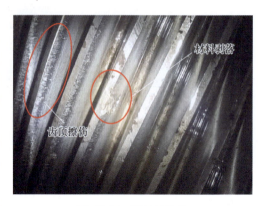

图 17-15 损坏的齿轮

现场也采用内窥镜对齿轮箱进行了检查，发现高速轴齿轮的部分轮齿在齿面节线以下发生严重的疲劳点蚀，但还有一部分轮齿在节线啮合区及齿根处并没有发生点蚀，反而是在齿顶产生了严重的擦伤磨损，甚至齿顶出现了大面积材料剥落，如图 17-15 所示，这表明齿顶出现较严重的黏着磨损，同时还承受了较大的冲击力。

正常情况下，齿面疲劳点蚀通常出现在靠近节线处的齿根部分，因为该处通常是单齿啮合区，且摩擦力的方向在该处变向，轮齿表面承受载荷最大，因此也是齿轮磨损最严重的地方。但该齿轮的表面磨损却出现在了齿根及齿顶，在节线处的磨损反而不明显，这说明该齿轮极有可能存在啮合不正确的现象。

3. 结论与建议

1）根据油液分析结果表明，该齿轮箱的齿轮和轴承都存在较严重的异常磨损，内窥镜检查也验证了这一结论。

2）齿轮磨损与啮合不正确、存在偏载现象有很大关系，诊断是因安装对中不好或者齿轮本身加工缺陷所引起的，与油液的品质无关。建议现场拆机对齿轮及轴承进行全面检查，并将该诊断结论反馈到风力发电机制造厂，采取合适的维修维护措施，避免同类型事故发生。

17.4.2 风力发电机主齿轮箱润滑油变黑原因分析

1. 案例背景

某风场 33 台风力发电机运行了半年后，在例行巡检时，发现其中一台风力发电机齿轮箱润滑油颜色变化非常大，由棕色变成了黑色（见图 17-16）。该风场对新油和在用油都进行了检测分析，希望通过分析检测查找导致油液变黑的原因。

图 17-16 风机齿轮箱润滑油样品外观

2. 检测数据及分析

（1）油液理化指标分析

对样品理化指标进行了检测，结果见表 17-7，油液的理化性能指标与新油相比无明显劣化，但污染度和元素 Fe 含量较高，因此初步判断油液变黑可能是源于磨粒的污染。

表 17-7 润滑油分析结果

检测项目	在用润滑油检测结果	新润滑油检测结果
运动黏度（40℃）/(mm²/s)	327.0	326.8
运动黏度（100℃）/(mm²/s)	42.24	42.52
黏度指数	185	186

（续）

检测项目	在用润滑油检测结果	新润滑油检测结果
酸值/（mg KOH/g）	0.58	0.61
水分/（mg/kg）	118	125
污染度 ISO 4406 等级	24/23/21	18/15/11
最大无卡咬负荷/N	1874	1874
烧结负荷/N	3089	3089
Fe（铁）/（mg/kg）	237	<1
Cu（铜）/（mg/kg）	<1	<1
Si（硅）/（mg/kg）	3	1
B（硼）/（mg/kg）	12	15
Ca（钙）/（mg/kg）	20	19
Zn（锌）/（mg/kg）	3	<1
P（磷）/（mg/kg）	192	195

（2）分离试验

采用高速离心的方式对油液进行处理，发现离心后样品上部呈现棕色，颜色和透明度与新油一致，如图 17-17 所示，但底部有黑色的沉积物，且这些颗粒非常细小并带有铁磁性，悬浮在润滑油中。这说明前述判断是正确的，油液变黑是磨粒造成的。

（3）电镜能谱分析

采用电镜能谱仪对离心试管底部的磨粒进行了"面分析"（即对观察范

a) 故障油样离心前　　　　b) 故障油样离心后

图 17-17　故障油样离心处理前后颜色

围内的所有颗粒进行扫描分析）和"点分析"（即对某个具体的颗粒进行扫描分析），分析结果见表 17-8，面扫描与点扫描分析结果分别如图 17-18、图 17-19 所示。结果显示，磨粒的主要元素是 Fe，同时还含有 Mn、Cr、Ni 等金属元素，说明其材料为合金钢。

表 17-8　离心试管底部磨粒的电镜能谱分析结果

电镜-能谱分析（质量分数，%）	面扫描分析结果	点扫描分析结果	检测方法
C	32.79	11.89	GB/T 17359—2023
O	11.66	3.16	
P	0.25	—	
S	0.54	0.34	
Ca	0.15	—	
Cr	0.80	1.30	
Mn	0.29	0.50	

（续）

电镜-能谱分析（质量分数,%）	面扫描分析结果	点扫描分析结果	检测方法
Fe	52.33	81.13	GB/T 17359—2023
Ni	0.78	1.42	
总量	100.00	100.00	

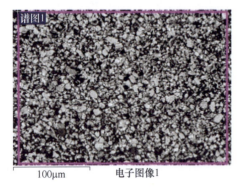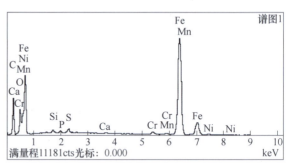

图 17-18 离心试管底部磨粒的面扫描分析

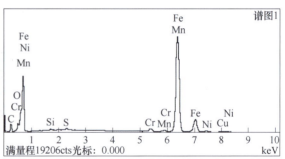

图 17-19 离心试管底部磨粒的点扫描分析

    根据现场反馈，齿轮箱中用到合金钢的部件主要有齿轮、轴承套圈和滚动体。表 17-8 中的 C（碳）、O（氧）、S（硫）、P（磷）等元素主要来源于润滑油，剔除这 4 个元素的影响，重新计算合金元素的含量，记为"元素拟合含量"，然后与齿轮及轴承的相关材料进行对比，见表 17-9。

表 17-9 风力发电机齿轮及轴承合金元素含量（质量分数）　　　　（%）

元素	检测结果		元素拟合含量		齿轮材料 15CrNi6	轴承套圈及滚动体材料 G20Cr2Ni4A
	面分析	点分析	面分析	点分析		
C	32.79	11.89	—	—	0.12~0.17	0.17~0.23
O	11.66	3.16	—	—	—	—
Al	—	—	—	—	—	0.015~0.050
Si	0.41	0.26	0.75	0.31	0.15~0.40	0.15~0.40
S	0.54	0.34	—	—	≤0.035	—

（续）

元素	检测结果		元素拟合含量		齿轮材料 15CrNi6	轴承套圈及滚动体材料 G20Cr2Ni4A
	面分析	点分析	面分析	点分析		
Cr	0.80	1.30	1.46	1.54	1.40~1.70	1.25~1.75
Mn	0.29	0.50	0.53	0.59	0.40~0.60	—
Ni	0.78	1.42	1.42	1.68	1.40~1.70	3.25~3.75
P	0.25	—	—	—	≤0.035	—
Mo	—	—	—	—		≤0.08

从表17-9可以看出，排除残留润滑油的影响后，磨粒主要含有Si、Cr、Mn、Ni等合金元素，且这些元素的拟合含量比例均与齿轮所用的材料15CrNi6高度匹配，说明这些磨粒主要来源于齿轮的磨损。

从图17-19中还可以看出，磨粒多呈现薄片状，表面有裂纹，符合疲劳磨损的特征，磨粒尺寸细小，均在 $10\mu m$ 以下，结合磨粒的浓度、形态和尺寸综合分析，齿轮可能存在微动疲劳点蚀。

3. 结论与反馈

风力发电机润滑油变黑主要源于磨损颗粒的污染，与油液性能无关，其原因可能是齿轮或轴承安装不良，导致齿轮在磨合期产生了大量的疲劳磨损颗粒，而且磨粒尺寸很细小，悬浮在了黏度较大的齿轮油中，从而导致齿轮油变黑。分析此油液变黑的原因，排除了现场工作人员推测油液氧化变质的可能，明确了是该风力发电机本身的微动疲劳磨损引起的，属于个别特殊现象。

<hr>

参 考 文 献

[1] 马宏革，王亚菲. 风电设备基础 [M]. 北京：化学工业出版社，2021.

[2] 内蒙古电力科学研究院. 风力发电机润滑系统 [M]. 北京：中国电力出版社，2018.

[3] 吕中亮，周传德. 风电机组传动系统大数据智能运维 [M]. 北京：中国石化出版社有限公司，2022.

[4] 邵联合. 风力发电机组运行维护与调试 [M]. 北京：化学工业出版社，2018.

[5] 上海发电设备成套设计研究院、中国华电工程. 大型火电设备手册：汽轮机 [M]. 北京：中国电力出版社，2009.

[6] 中国动力工程学会. 火力发电设备技术手册：火电站系统与辅机 [M]. 北京：机械工业出版社，2004.

[7] 苏光辉. 核电厂通用机械设备 [M]. 北京：中国电力出版社，2016.

[8] 周涛. 压水堆核电厂系统与设备 [M]. 北京：中国电力出版社，2012.

[9] 臧希年. 核电厂系统及设备 [M]. 北京：清华大学出版社，2010.

[10] RENSSELAR J V. Lubricants for the nuclear power industry [J]. Tribology & Lubrication Technology，2015，71（9）：44.

[11] 马吉明，张明，罗先武，等. 水力发电站 [M]. 北京：清华大学出版社，2022.

[12] 李国晓，雷恒. 水轮机组运行与维护 [M]. 北京：中国水利水电出版社，2015.

[13] 孙效伟. 水轮发电机组及其辅助设备运行 [M]. 北京：中国电力出版社，2012.

[14] INOUE K，DEGUCHI K，OKUDE K，et al. Development of the water-lubricated thrust bearing of the hydrau-

lic turbine generator：IOP Conference Series：Earth and Environmental Science ［C］. Bristol：IOP Publishing，2012，15（7）：072022.

［15］ 宣小平，杨搏，余晓莺. 风电机组润滑产品解决方案［J］. 风能，2011（2）：65-69.

［16］ 姚林晓，贾梦丽，上官林建. 风电润滑技术研究现状及展望［J］. 河南科技，2018（29）：139-141.

［17］ 徐丽秋，兰奕，孙晓婷，等. 风电行业发展、运维及设备润滑现状［J］. 润滑油，2018，33（5）：6-15.

［18］ 胡志红，张秀丽，宋鹏，等. 风电齿轮箱润滑油污染物及油中磨粒状态分析［J］. 润滑与密封，2018，43（1）：92-97.

［19］ 韩健，历可鑫，王雷，等. 双碳目标下风电行业发展现状及对润滑油行业的影响［J］. 润滑油，2023，38（5）：1-5.

［20］ JIN X，JU W，ZHANG Z，et al. System safety analysis of large wind turbines［J］. Renewable and Sustainable Energy Reviews，2016，56：1293-1307.

［21］ 於迪，王冰，钱美奇. 基于油液分析的风电齿轮油外观异常问题诊断［J］. 设备管理与维修，2022（23）：156-158.

［22］ PENG H，ZHANG H，SHANGGUAN L，et al. Review of tribological failure analysis and lubrication technology research of wind power bearings［J］. Polymers，2022，14（15）：3041.

［23］ 冯彦辉. 润滑油混溶性的探讨［J］. 合成润滑材料，2019，46（4）：22-25.

［24］ 高明华，姚家艳，李洪亮. 核电厂设备润滑管理［J］. 设备管理与维修，2019（9）：154-155.

［25］ 马树侠. 油液监测技术在汽轮机润滑状态监测中的应用［J］. 云南化工，2023，50（4）：97-99.

［26］ 李寒冰. 火电厂汽轮机润滑油油质提升研究［J］. 科技创新与应用，2022，12（25）：134-136，140.

［27］ 窦鹏，黄燕，车美美，等. 电厂涡轮机润滑系统磨损状态的分析研究［J］. 液压气动与密封，2022，42（5）：89-93，97.

［28］ 李元斌，朱玉华. 混合汽轮机油破乳化性的考察［J］. 合成润滑材料，2018，45（4）：30-32.

［29］ 李光赋. 水力发电水轮机及润滑技术［J］. 石油商技，2020，38（2）：4-9.

［30］ 李美威. 大型水轮机组推力轴承润滑状态监测与故障诊断研究［D］. 广州：华南理工大学，2021.

第18章 海上石油开采行业案例

石油开采是指在有石油储存的地方对石油进行挖掘和提取的行为。相比之下，海上石油开采比陆地开采难度更大，海上石油开采面临的环境更为恶劣，海洋环境复杂多变，包括强风、巨浪、海水腐蚀等自然因素，对开采设备的安全性和稳定性是巨大的挑战。海上石油开采需要使用特殊的钻井平台和设备，涉海石油作业所生产的石油或天然气等具有高压、易燃、易爆等特点，极易发生火灾、爆炸等重大事故，作业风险高。同时，由于海上生产设施远离陆地，一旦发生事故，救援和逃生都面临极大的困难。因此，海上石油开采对安全生产有极高的要求，需要建立完善的安全管理体系和应急预案，对关键设备润滑磨损监测与可靠性管理也有更高的要求。

18.1 海上石油开采行业典型设备润滑特点

海上石油开采主要依赖海上平台，其是一种岛状空间结构建筑，供进行生产作业或其他活动。根据其结构特点和工作状态，可以分为固定式平台和浮式平台两大类。海上平台的主要功能是进行海上钻井、采油，以及原油的初步加工和运输等，相当于一座包含办公生活区的海上小型工厂。海上平台的主要设备包括主发电机组、起重机械、压缩机、泵机、救生艇和艇架等。

18.1.1 主发电机组润滑特点

主发电机组是海上平台最重要的设备，为整个平台的生产和生活提供电力。主发电机组一般根据平台所处位置和开采资源的不同，分为燃油发电机组和燃气发电机组两大类。其中燃油发电机组是以原油为燃料的柴油发电机组，而燃气发电机组包括以天然气为燃料的燃气内燃机组和燃气轮机组。燃油发电机组是一种以柴油机为原动机拖动同步发电机发电的电源设备，在海洋石油开采中占据主流，柴油发电机组具有发电功率大、运行周期长、可靠性要求高等特点，因此其对润滑可靠性要求最高。

柴油机和发电机是主发电机组的主要设备，如图 18-1 所示。柴油机通常采用喷射润滑，

a) 柴油机   b) 发电机

图 18-1 海上平台柴油发电机组

具有内循环油路，润滑系统具有冷却和过滤功能。发电机主要润滑部位是滑动轴承，润滑方式通常为油浴润滑或强制润滑，其中强制润滑的发电机轴承一般都有外循环油路，具有冷却、脱水、过滤功能。

柴油机和发电机对润滑油的要求不同。其中，柴油机润滑油需要具有较好的清净分散性能，同时需要具有较高的碱值，能够中和燃烧原油产生的酸性物质，一般使用船用发动机油。而发电机要求油液具有较好的抗氧化性能，一般使用汽轮机油。主发电机组的润滑点和常用润滑剂见表 18-1。

表 18-1　主发电机组的润滑点和常用润滑剂

序号	润滑部件	润滑点	常用润滑剂
1	柴油机	曲轴滑动轴承、曲轴两端滚动轴承、活塞、凸轮	4030 船舶柴油机油
2	发电机	滑动轴承	L-TSA 46 号汽轮机油

18.1.2　起重机械润滑特点

海上平台起重机械主要指的是平台两侧的塔式起重机，常用于海洋平台装卸货物和吊运人员。平台上通常包含一大一小两台起重机，主要区别是起重量的不同。海上平台起重机是海洋石油生产中最重要的生产和安全设备之一，对其安全可靠性、可维修性、可抗风性及耐蚀性要求很高。它具有起重能力大、操纵方便、耐冲击、制动性能好、安全可靠、装卸货效率高，以及对货物的适应性好等特点。此外，由于海上起重机与陆用起重机的执行标准不同，因此其对安全系数的要求更高。

海上平台起重机以柴油机动力居多，起重机的润滑部件主要包括柴油机、液压系统、齿轮箱、回转轴承及钢丝绳等。其中，柴油机为普通小型柴油机，其润滑方式多为喷射润滑，带有内循环油路，具有冷却和过滤功能。液压系统的润滑方式通常为强制润滑，带有外循环油路，具有冷却和过滤功能，但是系统自带的滤网精度较差。齿轮箱一般采用飞溅润滑方式，润滑系统不含有脱水及过滤装置。回转轴承多采用脂润滑，定期用加脂枪将润滑脂压入回转轴承摩擦副中。钢丝绳一般采用间歇无压润滑，通过手动润滑方式，定期用毛刷给钢丝绳刷润滑剂。图 18-2 所示为采油平台起重机外观。

图 18-2　海上平台起重机

起重机械中每种部件对润滑剂的要求均不同。其中，柴油机工作过程中容易产生酸性组分及积炭，因此需要采用具有较好清净分散性及酸中和性能的柴油机油。液压系统对污染度和抗磨性要求较高，常使用普通抗磨液压油。齿轮箱对油液的极压性能要求较高，主要使用重负荷型工业闭式齿轮油。回转轴承对润滑剂的抗磨性和极压性均有较高要求，多采用极压型润滑脂进行润滑。钢丝绳使用专用的钢丝绳油，其他润滑点使用普通的润滑脂。起重机械的润滑点和常用润滑剂见表 18-2。

表 18-2　海上平台起重机械润滑点和常用润滑剂

序号	润滑部件	润滑点	常用润滑剂
1	柴油机	曲轴滑动轴承、曲轴两端滚动轴承、活塞、凸轮	CD/CF/CH-4/CI 15W-40 柴油机油
2	液压系统	液压泵、液压马达	L-HM 32/46 抗磨液压油
3	主齿轮箱	齿轮、齿轮两端滚动轴承	L-CKD 150/220/320 重负荷工业闭式齿轮油
4	回转齿轮箱		
5	变幅齿轮箱		
6	大钩齿轮箱		
7	小钩齿轮箱		
8	回转轴承	外齿轮、内轴承	2 号极压复合锂基润滑脂
9	钢丝绳	钢丝绳	钢丝绳专用油
10	其他	拔杆连接销、大小钩、滑轮组	普通润滑脂

18.1.3　压缩机润滑特点

海上平台常用的压缩机有螺杆式和往复式，部分开采天然气的海上平台或浮式液化天然气生产储卸油装置（FPSO）采用离心式压缩机。螺杆式压缩机通常用于清洗海上钻井设备，往复式压缩机通常用于起动主发电柴油机，离心式压缩机常用于压缩开采的天然气。螺杆式压缩机是海上平台最为常见的压缩机，其运行温度较高，图 18-3 所示为螺杆式压缩机外观。

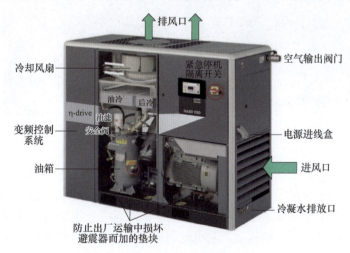

图 18-3　海上平台常用螺杆式压缩机

螺杆式压缩机的润滑部件包括电动机和压缩机两个部分。其中，电动机多采用间歇压力润滑，定期用加脂枪将润滑脂压入电动机两端的滚动轴承中。压缩机多为强制润滑，循环油路上自带滤芯，具有冷却和过滤功能。其中，有油螺杆式压缩机的润滑油会与气体一同混入螺杆压缩腔中，最后在油气分离筒中进行分离。无油螺杆式压缩机的润滑油只出现在轴承、齿轮等位置，不会与压缩空气混合。

螺杆式压缩机不同润滑部件对润滑剂的要求均不同。其中，电动机轴承对润滑剂的抗磨性和极压性均有较高要求，多使用极压型润滑脂润滑。压缩机对润滑油的耐高温性、抗氧化性、耐蚀性有较高要求，通常采用设备厂商指定的油液进行润滑。螺杆式压缩机的润滑点和常用润滑剂见表18-3。

表18-3　螺杆式压缩机的润滑点和常用润滑剂

序号	润滑部件	润滑点	常用润滑剂
1	电动机	两端滚动轴承	2号极压复合锂基润滑脂
2	压缩机	推力轴承、径向轴承、同步齿轮、增速齿轮	英格索兰、阿特拉斯、寿力等专用油

18.1.4　泵机润滑特点

海上平台的泵机是用来输送各种流体或使流体增压的设备，主要包括离心泵和柱塞泵两类。离心泵（见图18-4）是平台上使用数量最多的泵，例如消防泵、管线泵、生活水泵、燃油传输泵、回油泵及燃油供给泵等。泵机通常由电动机或柴油机提供动力，海上平台绝大多数的泵都由电动机带动，但是消防泵和压井泵是由柴油机带动的。离心泵的工况特点是转速高，油液对污染度的要求较高。

图18-4　海上平台离心泵

泵机的润滑部件主要是电动机轴承和泵轴承。其中，电动机轴承多采用间歇压力润滑，定期手动用加脂枪补充润滑脂。电动机轴承对润滑剂的抗磨性和极压性均有较高要求，需使用极压型润滑脂。泵轴承通常采用油浴润滑，要求油液具有一定的抗磨性和较高的清洁度水平，常使用系统循环油或抗磨液压油。泵机的润滑点和常用润滑剂见表18-4。

表18-4　泵机的润滑点和常用润滑剂

序号	润滑部件	润滑点	常用润滑剂
1	电动机	两端滚动轴承	2号极压复合锂基润滑脂
2	压缩机	两端滚动轴承	L-HM 32/46 抗磨液压油

18.1.5　救生艇润滑特点

救生艇是海上平台在发生紧急情况时重要的救生设备。一般每个平台配备有3~4艘救生艇，按照平台满员时的人数配置，保证每个员工在紧急撤离时都能及时乘坐救生艇安全离开。救生艇和艇架（见图18-5）使用并不多，只有在应急演练时才会偶尔起动设备，但是该设备对可靠性和润滑安全性要求极高。

图18-5　海上平台救生艇及艇架

救生艇系统除包含救生艇外，还包含艇架升降机。其中，救生艇主要的润滑部件包括柴油机、变速箱及艉轴。柴油机通常采用喷射润滑，设有内循环油路，具有冷却和过滤功能。变速箱主要采用飞溅润滑，油箱较小，一般不含有脱水及过滤装置。艉轴通常采用油浴润滑，通常无过滤净化装置。艇架及升降机润滑点包括电动机、齿轮箱、滑轮组及钢丝绳。电动机采用脂润滑，齿轮箱采用飞溅润滑，滑轮组采用脂润滑，钢丝绳采用间歇无压润滑。

救生艇中每种部件对润滑剂的要求均不同，其润滑点和常用润滑剂见表18-5。

表 18-5　救生艇和艇架的润滑点和常用润滑剂

序号	润滑部件		润滑点	常用润滑剂
1	救生艇	柴油机	曲轴滑动轴承、曲轴两端滚动轴承、活塞、凸轮	CD/CF/CH-4/CI 15W-40 柴油机油
2				
3		变速箱	变速箱齿轮、滚动轴承	CD/CF/CH-4/CI 15W-40 柴油机油
3		艉轴	艉轴滑动轴承	CD/CF/CH-4/CI 15W-40 柴油机油、L-TSA 32/46 汽轮机油
4	艇架	电动机	两端滚动轴承	2 号极压复合锂基润滑脂
5		齿轮箱	齿轮、齿轮两端滚动轴承	L-CKD 150/220/320 重负荷工业闭式齿轮油
6		钢丝绳	钢丝绳	钢丝绳专用油
7		滑轮组	滑轮组轴承	普通润滑脂

18.2　海上石油开采行业设备常见润滑磨损故障

18.2.1　起重机齿轮箱异常磨损

在齿轮箱异常磨损故障中，起重机齿轮箱的占比最高，这与起重机齿轮箱的工作环境、工况及齿轮油选型都有关系。首先，起重机的负载较大，齿面润滑剂承受的载荷非常高，极易因油膜破裂而产生磨损；其次，在齿轮箱运行过程中，不可避免地会受到固体颗粒的污染，例如粉尘、油液降解产生的油泥、异常磨损产生的金属颗粒等，这些颗粒会破坏润滑油膜的形成，加剧异常磨损；再者，起重机为露天设备，润滑系统容易被水分污染，造成齿轮油中的极压剂难以发挥作用，从而导致异常磨损；最后，如果油液选型不满足工况需求，或者出现油液混用，也可能造成油液油膜强度不够，最终导致齿轮箱磨损。由于起重机齿轮箱的用油量较少，处于高空位置不具备外循环脱水和过滤的条件，因此无法对油液进行净化处理，只能提前做好防水密封情况，一旦油质劣化或污染，应及时更换。

18.2.2　柴油机腐蚀磨损

腐蚀磨损多发生于小型柴油机，如起重机柴油机、压井泵柴油机等，腐蚀部件多为铜合金。这是因为燃料中含有硫，燃烧后会产生酸性硫氧化物，进入到柴油机润滑系统后，会对柴油机的铜质部件产生腐蚀。此外，柴油机油中添加有5%左右的ZDDP抗磨剂，该添加剂对铜质部件有明显的腐蚀性。此外，对于长期不运行的柴油机而言，外界浸入的水分也是导致腐蚀的重要原因，铜质部件在水分、二氧化碳、氧气的条件下会发生腐蚀反应生成铜绿。主发电柴油机的燃油系统和润滑油系统都带有多级脱水和过滤装置，正常情况下不会产生磨损和腐蚀。小型柴油机润滑系统自带有滤芯，对固体颗粒有一定的过滤作用。但是，对于劣化后的柴油机油没有处理能力。另外，小型柴油机的用油量也比较小，通常只有几十升。因此，对于柴油机出现严重腐蚀故障时，最好的解决方法是进行换油处理。保证燃料中硫含量处于较低水平，定期起动柴油机进行"热机"排出水分，并更换呼吸器干燥剂，保持柴油机润滑油的干燥，是预防柴油机腐蚀的常用措施。

18.2.3　柴油机燃油稀释

燃油稀释通常出现在应急柴油机中，如消防泵柴油机、救生艇柴油机等。柴油机出现燃油污染故障时，润滑油的黏度和闪点都会降低，从而造成润滑油的强度不够，且闪点过低时存在安全风险。柴油机发生燃油稀释是因为部分没能参与燃烧的燃料沿着缸壁流入了油底壳。正常情况下燃油污染量是极少的，而且只要当油温到达一定温度后机油里的燃油会被蒸发出来，并通过PCV阀回到进气侧被烧掉。但是对于应急柴油机而言，由于平常很少运行，且每次运行时间很短，柴油机的油温一直升不上去，导致润滑油中的燃油难以蒸发出去，造成燃油稀释越来越严重。小型柴油机对燃油稀释无处理能力，因此出现严重的燃油稀释时，换油处理是最好的方法，可以避免设备磨损和运行安全风险。经常起动柴油机并维持运行一段时间，使柴油机的温度足够高，将污染的柴油蒸发出去，也是预防柴油机燃油稀释的措施之一。

18.2.4　油液混用或错用

油液混用或错用是海上平台润滑管理中最为突出的问题，特别是以起重机齿轮箱和泵机最为严重。出现此类现象的常见原因有现场润滑管理不到位、润滑操作不规范或者采购的新油存在质量问题等。油液混用或错用，一方面，会因黏度异常而导致油膜强度不够或摩擦副供油不足，从而造成设备异常磨损；另一方面，混的油液可能会与原油液不相容，造成油液各项性能下降。润滑系统出现混油后，并没有方法能够彻底解决该问题。如果系统的用油量较小，换油成本较低时，可对其直接进行换油处理。对于用油量大的设备，如起重机液压系统、主发电机柴油机等，可通过相容性试验来评估可能存在的风险，再决定是否需要进行彻底换油。

18.2.5　水分污染和油液乳化

水分污染主要出现在海上平台的露天设备中，以起重机的齿轮箱、液压系统最为突出。水分进入到润滑油中后，会降低油膜的强度和极压性能，加剧设备的异常磨损；也会水解油中添加剂，导致油液的综合性能快速劣化。润滑油中出现水分污染，主要是因为润滑系统密封不良，或未安装干燥型的呼吸器，导致海上潮湿空气中的水分被吸入到润滑油中。如果露天设备润滑油中水分含量过高，则可能是密封出现问题，导致大量雨水直接进入润滑系统造成污染。润滑系统中的水分可以通过改善系统密封、安装干燥性呼吸器等措施进行预防。油中的乳化水和溶解水也可以通过脱水设备进行去除，游离水可从油箱底部直接排出。对于起重机齿轮箱这种用油量较小的设备，由于无法循环脱水，所以当油液出现乳化时，可以直接进行换油处理。

18.2.6　固体颗粒污染

固体颗粒污染是海上平台所有设备都容易出现的问题，特别是起重机齿轮箱和泵机，最容易受到颗粒污染。严重的颗粒污染可能导致油样颜色变深，甚至可能引起润滑管路堵塞。固体颗粒的来源包括油品降解产生的油泥、外界污染的粉尘、设备磨损产生的磨粒等。固体颗粒尺寸一般大于润滑油膜的厚度，会破坏油膜而加剧设备的磨损。固体颗粒通常都可以通过净化设备去除，且通常能够取得良好的效果，对油液也无任何损伤。对于用油量较小的设备，当固体颗粒污染严重时可直接进行换油处理。对于用油量较大的设备，可以通过对油箱进行外循环过滤来提高油液的清洁度。此外，还可以通过改善系统密封、安装过滤功能的呼吸器来预防固体颗粒污染。但是，提高润滑系统滤芯的过滤精度和过滤效率，是保证油液清洁度的最好方法。

18.3　海上石油开采行业设备润滑失效案例

18.3.1　冷水机组润滑系统进水故障分析

1. 案例背景

某石油开采公司旗下有多艘工程船舶，为海上平台建设和石油开采提供各种服务。其中有一艘船为深水多功能水下工程船，从事水下井口维护维修作业。在2020年6月，该船舶的冷水机组因出现异常故障而无法正常工作，影响整个船舶空调系统的制冷效果。经检查发现该冷水机组的膨胀阀控制器烧坏，且压缩机的对地绝缘低。拆卸压缩机接线板后发现，接线处尼龙绝缘子有烧蚀的痕迹。为了找出冷水机组发生异常故障的原因，避免因故障加剧而影响整个船舶的工作，该公司对冷水机组压缩机的润滑油进行取样，送至实验室进行检测分析。

该冷水机组外观如图18-6a所示，冷水机组压缩机损坏的尼龙绝缘子外观如图18-6b所示。

a) 船舶上的冷水机组外观　　　　b) 冷水机组压缩机损坏的尼龙绝缘子外观

图18-6　故障机组及故障部件

2. 检测数据及分析

该机组使用的油液为设备厂商指定的合成酯专用油，其在用油的检测结果见表18-6。在用油的铁谱磨粒分析如图18-7所示。

表18-6　在用油检测结果

油品名称		在用油	新油典型值
运动黏度（40℃）/(mm²/s)		127.6	170
酸值/(mgKOH/g)		0.21	0.05
水分/(mg/kg)		10239	<100
闭口闪点/℃		<100.0	230
元素含量/(mg/kg)	Fe（铁）	1	0
	Cu（铜）	1	0
	Pb（铅）	<1	0
	Cr（铬）	<1	0
	Sn（锡）	<1	0
	Al（铝）	<1	0
	Si（硅）	10	0
	P（磷）	92	0

a) 钢质磨损颗粒

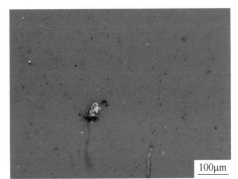
b) 铜合金磨损颗粒

图 18-7　在用油的铁谱磨粒分析

由表18-6可以看出，在用油的多项指标存在异常，主要表现在以下几个方面。

1）水分严重偏高。水分的检测结果为10239mg/kg，约占油样总量的1%，远超出新油的典型值。油中的水分含量过高，会造成油中添加剂的水解，破坏摩擦副中的油膜，从而加剧设备的异常磨损和锈蚀。

2）摩擦副磨损。磨粒分析发现了个别钢和铜合金颗粒，且最大尺寸达到了50μm，磨损颗粒类型主要为黏着擦伤和疲劳磨损，表明压缩机的螺杆、齿轮、轴承等相关部件已经存在一定程度的异常磨损。

3）油液混用。结合该油液新油典型值数据分析，发现此次送检的油液黏度及添加剂元素与典型数据不符，初步判断该冷冻机组的压缩机存在油液混用的情况。油液混用会造成油液黏度变化，从而影响摩擦副中的油膜厚度和油膜强度。更严重的是，不同类型的油液混用很可能出现油液之间不相容的情况，并导致油液添加剂发生降解，容易生成油泥和沉积物，并使油液的各项理化性能下降，最终造成设备的润滑和磨损故障。

3. 结论与建议

综上分析，冷冻机组压缩机的呼吸器或密封部件可能失效，导致水分进入到润滑系统中去，造成了在用油的水分含量严重偏高；现场在加换油过程中，补入了其他牌号的油液，造成了润滑系统中油液混用的情况。油中水分过高会导致压缩机对地绝缘低，造成接线处尼龙绝缘子的烧蚀。油中水分过高以及油液的混用，使得摩擦副中油膜强度不够，造成了压缩机相关部件的异常磨损。对此，建议现场做如下处理。

1）检查机组的呼吸器、密封以及过滤器，确认是否因呼吸器和密封失效导致润滑系统进水，或因过滤器失效而使油液的污染度过高。

2）对冷水机组润滑系统进行换油处理，避免因油液进一步劣化而导致摩擦副严重磨损。

3）对系统进行换油或补油时，要确认油液牌号是否正确；更换油液时，建议彻底冲洗系统，再加入新的油液，避免油液混用情况的发生。

4. 客户反馈

结合巡检的故障情况和油液分析报告，客户对冷水机组进行了拆机检修，如图18-8所示。拆解后发现，冷水机组蒸发器端盖处有一根铜管存在渗漏，从而导致冷媒水进入了冷剂腔室。

现场维修人员立即对铜管两端进行了闷堵，确认系统无渗漏后，对压缩机的每个部件（包括电动机定子、转子，压缩机螺杆

a) 冷水机组拆机　　　　b) 蒸发器端盖

图18-8 冷水机组检修过程

以及其他附件）进行了彻底的拆检和清洗，更换了润滑油及滤芯。维修之后，制冷机组恢复正常，制冷效果良好。

18.3.2 海上平台发电柴油机润滑油凝结原因分析

1. 故障背景

2017年8月，某平台为了躲避台风，将4台柴油机主机停机，停机时间约14天。2017年9月开机后，发现其中编号为C、D的两台柴油机主机油底壳的润滑油出现凝结，导致主机预热润滑油泵无法工作，加热两天后才恢复原来的流动状态。该平台对这两台柴油机在用油及新油样品进行了采集，委托实验室对油液进行分析，以找出柴油机润滑油凝结原因。送检故障油样外观如图18-9所示。

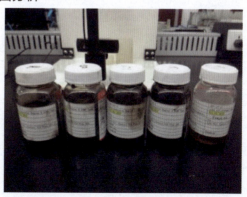

图18-9 柴油机在用油及新油送检样品

2. 检测数据及分析

对送检的 3 个样品进行了检测，结果见表 18-7。

表 18-7　送检样品检测结果

样品		C 主机在用油	D 主机在用油	新油
设备运行时间/h		5664	6912	0
外观		黑色	黑色	棕色透明
运动黏度（40℃）/（mm²/s）		165.1	180.5	135.8
运动黏度（100℃）/（mm²/s）		14.52	14.73	14.05
黏度指数		84	75	100
酸值/（mgKOH/g）		4.81	4.42	3.44
碱值/（mgKOH/g）		30.6	28.9	39.8
闭口闪点/℃		>200	>200	210
倾点/℃		33	33	-15
元素含量/（mg/kg）	Ca	11191	10597	13771
	Zn	429	416	517
	P	375	364	462

从表 18-7 可看出如下特征。

1) C、D 主机在用油的 40℃ 运动黏度，明显高于新油，但 100℃ 运动黏度与新油相比变化不大，但黏度指数较新油明显下降。

2) C、D 主机在用油的倾点，明显高于新油，在室温 25℃ 时，呈现不流动状态。

3) C、D 主机在用油的酸值较新油明显上升，碱值及添加剂元素 Ca、Zn、P 含量较新油明显下降。

3. 故障原因分析

诊断人员与现场工作人员进行沟通后，了解到发生故障的柴油机所使用的燃料并非柴油，而是原油。原油的运动黏度及倾点都比较高，如果润滑油受到了原油污染，极可能造成发动机倾点偏高，导致起动困难，而且柴油机的结构决定了燃料油易进入润滑系统，因此该起故障极有可能是因为燃料油原油进入润滑系统所导致。为了验证这一结论，实验室进行了模拟试验，即将润滑油新油和原油按 4∶1 的比例进行混兑，模拟现场工况对油液进行预热处理，然后检测其各项指标。混油模拟试验检测结果见表 18-8。

表 18-8　混油模拟试验检测结果

样品	模拟试验（新油∶原油=4∶1）	新油
外观	黑色	棕色透明
运动黏度（40℃）/（mm²/s）	148.1	135.8
运动黏度（100℃）/（mm²/s）	14.12	14.05
黏度指数	91	100
酸值/（mgKOH/g）	4.12	3.44
碱值/（mgKOH/g）	33.2	39.8

（续）

样品		模拟试验（新油∶原油＝4∶1）	新油
倾点/℃		>33	−15
元素含量/ （mg/kg）	Ca	11120	13771
	Zn	451	517
	P	421	462

从表18-8可以看出如下特征。

1）混兑样品40℃运动黏度较新油明显上升，100℃运动黏度变化较大，黏度指数也明显下降，说明原油会影响油液的低温起动性能。

2）混兑样品倾点明显上升，在室温（25℃）时不能流动。

3）混兑样品酸值增高，碱值及Ca、Zn、P含量明显下降。

以上3个特征都与C、D主机的检测数据变化趋势相吻合，也验证了原油污染柴油机油的可能性。

4. 结论与建议

结合样品的检测结果和混油模拟试验分析结果，确定导致原油发动机润滑油凝结的原因就是原油的污染。由于原油污染对油液的高温黏度影响不大，因此若柴油机一直处于运行状态时，并不会对设备的润滑造成影响，但由于其倾点高，会严重影响柴油机油的低温性能。考虑到该种柴油机的结构和工况特点，原油污染润滑油不可避免，因此建议现场在开机前先对油液进行预热，直至运动黏度达到油泵泵送范围，以免出现起动后因油液运动黏度过高无法及时到达润滑部件而导致柴油机磨损故障。

18.3.3　螺杆式压缩机润滑油分层原因分析

1. 案例背景

某海上石油开采公司开展油液监测多年，希望通过油液监测发现设备可能出现的早期磨损，以便及时采取措施进行视情维修。在2020年4月21日监测时发现，2号螺杆式压缩机的在用润滑油样品出现了油液分层现象，如图18-10所示。

2. 检测数据及分析

对该样品的上下分层处分别取样进行检测分析，分析参数包括运动黏度、污染度、酸值、水分及光谱元素等，分析结果见表18-9。

图18-10　2号螺杆式压缩机在用润滑油样品外观

表18-9　2号螺杆式压缩机检测结果

取样日期	2019-07-09	2020-04-21
外观	黄色透明液体	有分层现象，上层为黄色透明液体，下层为棕色透明液体
运动黏度（40℃）/（mm²/s）	56.63	60.81
酸值/（mgKOH/g）	0.14	0.11

（续）

取样日期		2019-07-09	2020-04-21
水分/(质量分数,%)		0.03	0.03
污染度 NAS 1638 等级/级		12	>12
污染度 ISO 4406 等级/级		22/20/9	23/22/19
元素含量 /(mg/kg)	Fe	3	4
	Cu	<1	<1
	Pb	<1	<1
	Cr	<1	<1
	Sn	<1	<1
	Al	<1	<1
	Mn	<1	<1
	Ni	<1	<1
	Mo	<1	<1
	Si	<1	2
	Na	<1	<1
	B	<1	<1
	V	<1	<1
	Mg	<1	<1
	Ba	<1	<1
	Ca	<1	1
	Zn	<1	1
	P	411	326

从图 18-10 和表 18-9 可看出，样品的外观呈现分层现象，但水分检测结果正常，排除样品存在水分污染的可能。与 2019 年 7 月的检测数据相比，2020 年 4 月检测时，运动黏度增高，且添加剂元素 P（磷）含量明显降低，说明该样品很可能受到其他油液的污染，而底部沉积的深色液体极有可能就是污染源。为进一步查找原因，对上下两层液体分别进行了红外光谱分析，结果如图 18-11 所示。

通过对图 18-11 中上下层液体对比分析可知，上下两层液体的红外光谱存在非常明显的差异，上层液体红外光谱符合烃类油液的典型光谱，而下层液体的红外光谱与聚醚润滑油的红外光谱较为相似，说明该螺杆式压缩机的确存在混油现象。

3. 结论与建议

导致该设备在用润滑油外观分层的主要原因是混入了另外一种润滑油，油液混用一方面会造成油液的运动黏度和添加剂元素含量的变化，另一方面会因油液的不相容而造成油液性能下降，从而加剧设备的磨损。由于系统不断循环运行，在其运行过程中存在置换/添加部分新油的操作，因此建议现场可采取以下措施对设备进行维护。

1）查询补油记录，查明混油原因，将设备的在用润滑油进行排放并彻底清洗系统，更换新油，避免混油造成设备磨损的进一步加剧。

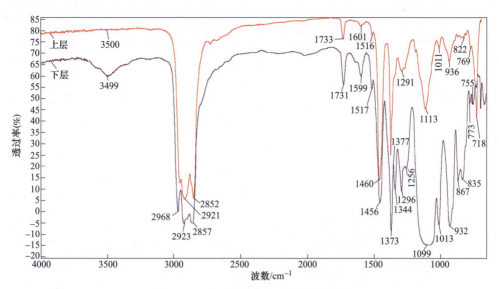

图 18-11　上下层液体红外光谱叠加图

2）加强在用油的污染控制，可采用过滤小车对油液进行循环外过滤，确保油液的清洁度。

3）加强对机组在用油的日常跟踪监测，及时了解设备的润滑情况。

18.4　海上石油开采行业设备磨损故障案例

18.4.1　透平发电机高温故障原因分析

1. 案例背景

某钻井平台采用燃气轮机发电机作为发电主机，其整体结构如图 18-12 所示。该发电机组平时未进行定期的油液监测分析，但机组配备有振动和油温的在线监测装置。在 2017 年 11 月初，现场突然发现该机组发电机轴承出现高温报警，于是立刻采集了发电机轴承在用润滑油样品进行检测分析，希望能够找出发电机轴承运行时温度过高的原因，避免因故障程度加剧而造成异常停机。

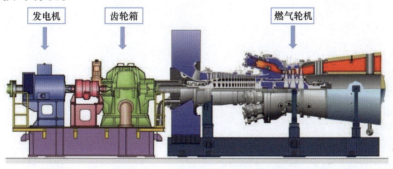

图 18-12　燃气轮机发电机结构示意

2. 检测数据及分析

（1）油液数据分析

该发电机轴承发生故障时所取样品以及新油的检测结果见表 18-10。

表 18-10　发电机轴承在用油样品及新油检测结果

检测项目		在用油	新油
运动黏度（40℃）/（mm²/s）		32.06	33.12
酸值/（mgKOH/g）		0.23	0.10
水分/（mg/kg）		1135	58
污染度 NAS 1638 等级/级		>12	8
污染度 ISO 4406 等级/级		23/23/20	19/16/13
空气释放值 50℃/min		2.2	2.0
泡沫特性（泡沫生成倾向/泡沫稳定性）/（mL/mL）	程序Ⅰ 24℃	100/0	0/0
	程序Ⅱ 93.5℃	5/0	0/0
	程序Ⅲ后 24℃	130/0	0/0
PQ 指数		134	≤20
抗氧化性能（旋转氧弹，150℃）/min		80	950
元素含量 /（mg/kg）	Fe（铁）	4	0
	Cu（铜）	2	0
	Pb（铅）	0	0
	Sn（锡）	1	0

由表 18-10 可看出，该机组的在用油的多项指标存在异常。首先，在用油样品的旋转氧弹测试值较低，为 80min，而新油旋转氧弹测试结果为 950min，这表明油液的抗氧化性能下降严重，油液深度氧化，油液中有少量油泥也验证了这一情况；其次，在用油中水分含量较高，由新油的 58mg/kg 增长到了 1135mg/kg，油中的水分含量过高会破坏摩擦副中的油膜，造成设备的异常磨损；再者，PQ 指数也高达 134。同时，在用油中发现了大尺寸的金属颗粒，这说明设备存在异常磨损。此外，润滑油的污染度等级也非常高，一方面源于在用油中的水分和油泥颗粒，另一方面源于设备运行时因异常磨损而产生的金属颗粒。

（2）电镜-能谱数据分析

提取样品中的颗粒进行电镜-能谱分析，检测结果如图 18-13、图 18-14 所示。通过电镜-能谱分析发现，颗粒主要来源于两种金属：钢和铜合金。

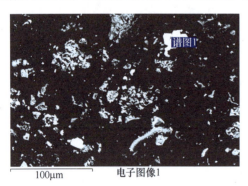

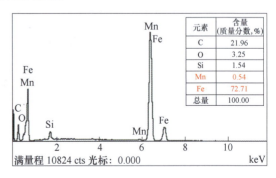

元素	含量（质量分数,%)
C	21.96
O	3.25
Si	1.54
Mn	0.54
Fe	72.71
总量	100.00

图 18-13　白色钢颗粒电镜-能谱检测结果

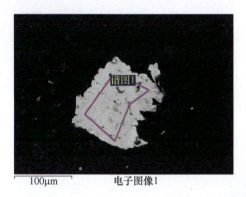
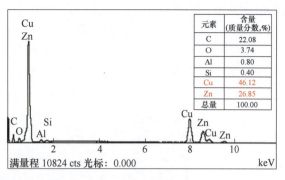

元素	含量 (质量分数,%)
C	22.08
O	3.74
Al	0.80
Si	0.40
Cu	46.12
Zn	26.85
总量	100.00

图18-14　黄色铜颗粒电镜-能谱检测结果

经过与现场工作人员沟通得知，该发电机轴承采用的是滑动轴承，为三金属轴瓦，其结构如图18-15所示。该轴承分为三层，第一层为轴承合金层，为较薄的涂层，主要由锡、铅、锑等强度较小的金属组成；第二层为铜合金层，为较薄的涂层，其强度较轴承合金要大，但比钢的强度要小；第三层为钢背层，是滑动轴承的最底层，其厚度占比最多。在用油中发现有较大尺寸的铜合金和钢颗粒，说明轴瓦的合金层已基本磨破，已经开始磨损钢背层了。

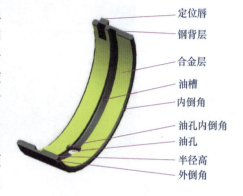

图18-15　轴瓦结构示意

定位唇
钢背层
合金层
油槽
内倒角
油孔内倒角
油孔
半径高
外倒角

3. 结论与建议

综合分析，该起故障发生的原因极有可能是油液受到外界水分污染，导致油膜强度下降，局部出现油膜破裂，引发轴承磨损。磨损产生的磨粒进一步破坏油膜，使磨损加剧，最终导致轴瓦合金和钢背层都出现磨损。对此提出如下建议。

1）该发电机油质劣化严重，且出现了严重的磨损，要及时进行换油处理，并对轴瓦进行检修，后续要加强对机组的定期监测，以实时掌握油液和机组的状态。

2）定期检查机组呼吸器和过滤器的情况，避免因呼吸器和过滤器失效而造成油液的油质变差，进而影响机组的润滑。

18.4.2　海上平台发电柴油机的油液在线监测

1. 应用背景

某海上钻井平台由于作业环境条件恶劣，样本采集和运输困难，因此难以持续地实施定期油液监测。随着油液在线监测技术的发展与进步，该平台希望通过在发电柴油机上安装油液在线监测系统，来实时监测发电柴油机的润滑油系统工况状况，预防故障发生，确保设备安全可靠运行。

2. 安装情况

2016年9月，该平台的5台发电柴油机组都安装了油液在线监测系统，如图18-16、图18-17所示。安装的油液在线监测系统由下位机单元、油路循环单元、通信单元及上位机单元等组成。下位机单元包括：油液在线采集系统和电源系统和控制板系统，负责油液在线监测的数据采集；油路循环单元包括：取油口、取油管道、进油口、内部油路管道、出油口、回油管道和回油口，完成油液的循环流动，实现对油液的实时采样；通信单元包括：电源线、485信号线，实现油液在线监测系统的数据传输；上位机单元包括：工控机、显示器和专家诊断系统，工控机对采集到的数据进行实时分析，一端通过显示器的数据客户端直观地展现出实时数据，另一端可通过网络传递给专家诊断中心，进行更详细的专业分析。

下位机安装位置：1#、2#支架采用钻孔攻牙固定；3#、4#、6#支架采用焊接方式固定；下位机采用4个M5螺丝固定在支架上

图 18-16　海上钻井平台油液在线监测系统安装位置示意

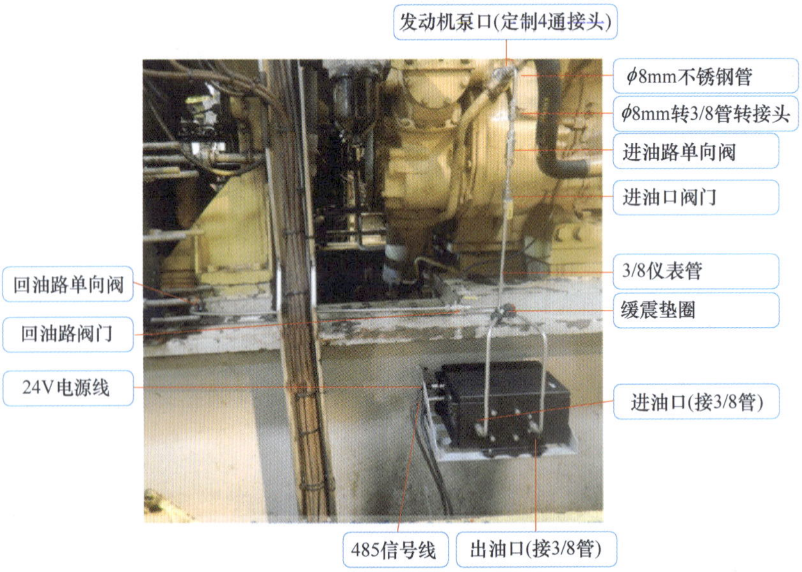

发动机泵口(定制4通接头)

φ8mm不锈钢管

φ8mm转3/8管转接头

进油路单向阀

进油口阀门

3/8仪表管

缓震垫圈

回油路单向阀

回油路阀门

24V电源线

进油口(接3/8管)

485信号线　出油口(接3/8管)

图 18-17　海上钻井平台油液在线监测仪油路循环位置示意

3. 监测情况

5套油液在线监测系统安装调试运行后，所监测的5台发电柴油机组润滑磨损情况都正常，但在2016年11月29日，系统显示1#机组油路中粒径70~100μm段颗粒、粒径100~150μm段颗粒数量急剧增加，见表18-11。仪器立即发出监测异常信号，软件界面也出现报

警提醒。

表 18-11 1#机组油液在线监测磨粒实测数据

时间	温度/℃	粒径/μm			粒径/μm
		70~100	100~150	>150	100~200
		铁磁性磨粒个数/个			非铁磁性磨粒个数/个
2016/11/29 6：10	78.39	12	5	1	1
2016/11/29 6：15	78.39	12	5	1	1
2016/11/29 6：20	78.39	12	5	1	1
2016/11/29 6：25	78.39	12	5	1	1
2016/11/29 6：30	78.39	12	5	1	1
2016/11/29 6：35	78.39	13	5	1	1
2016/11/29 6：40	78.29	16	5	1	1
2016/11/29 6：45	78.29	17	7	1	1
2016/11/29 6：50	78.39	17	10	1	1
2016/11/29 6：55	78.39	19	10	1	1

系统出现连续报警后，诊断工程师通知平台运维工程师于 2016 年 12 月 3 日对 1#机组柴油机润滑油进行了取样，送至实验室进行铁谱分析，检测结果如图 18-18 所示。

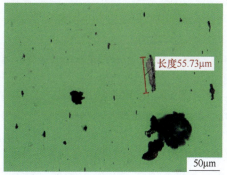

图 18-18 1#机组柴油机润滑油中离线检测出的磨粒

从图 18-18 可看出，1#机组柴油机润滑油中存在个别尺寸较大的磨损颗粒，最大的超过 100μm，但是磨粒表面色度较为暗沉，可能为来源于管路中加工残留的颗粒。结合在线监测数据，建议现场检查滤芯过滤网是否破损，并予以更换，更换滤芯后再关注数据的变化情况，如有磨粒含量持续增长，再停机检修。在获取离线检测分析报告后，现场及时更换了滤芯和过滤网，在线监测仪器也停止报警，持续跟踪监测，未发现磨粒增长迹象，表明经过处理后，柴油机发电机恢复正常润滑状态。

———————— 参 考 文 献 ————————

[1] 王琪，李冰，卓文娟. 石油开采 [M]. 北京：石油工业出版社，2015.

［2］贺石中，冯伟．设备润滑诊断与管理［M］．北京：中国石化出版社，2017.

［3］邹长军，张辉，张海娜．石油化工工艺学［M］．北京：化学工业出版社，2010.

［4］温诗铸，黄平．摩擦学原理［M］．北京：清华大学出版社，2012.

［5］李少华，董欣红．海上平台关键机泵典型故障案例集［M］．北京：石油工业出版社，2014.

［6］NECCI A, TARANTOLA S, VAMANU B, et al. Lessons learned from offshore oil and gas incidents in the Arctic and other ice-prone seas［J］. Ocean Engineening, 2019, 185：12-26.

［7］Lin H, Yang L, Chen G, et al. A novel methodology for structural robustness assessment of offshore platforms in progressive collapse［J］. Journal of Loss Prevention Process Industries, 2019, 62.

［8］REIS M M L, GUILLEN J A V, GALLO W L R. Off-design performance analysis and optimization of the power production by an organic Rankine cycle coupled with a gas turbine in an offshore oil platform［J］. Energy Convers Manage, 2019, 196：1037-1050.

［9］NASCIMENTO SILVA F C, Flórez-Orrego D, Silvio D O J. Exergy assessment and energy integration of advanced gas turbine cycles on an offshore petroleum production platform［J］. Energy Convers. Manage, 2019, 197：111846. 1—111846. 15.

［10］MENG X K, CHEN G M, ZHU G G, et al. Dynamic quantitative risk assessment of accidents induced by leakage on offshore platforms using DEMATEL-BN［J］. International Journal of Naval Architecture & Ocean Engineering, 2019, 11 (1)：22-32.

［11］宋子义．发电机组滑动轴承安装失误导致的故障［J］．设备管理与维修，2007 (4)：25-26.

［12］田文喜．石油机械设备维修保养要点探讨［J］．中国设备工程，2023 (12)：82-84.

［13］杨晨，李进．基于油液监测的海洋石油预测性维修技术研究［J］．凿岩机械气动工具，2023，49 (1)：53-56.

［14］吴文秀，李先兵．海洋石油设备油液监测技术研究［J］．长江大学学报（自然科学版），2012，9 (12)：147-148.

［15］张盛，林杨，魏海，等．海洋石油平台全优润滑管理研究与应用［J］．中国设备工程，2017 (21)：160-162.

［16］张峻宁，张培林，秦萍，等．基于轴承摩擦力的滑动轴承摩擦故障监测方法［J］．机床与液压，2017，45 (23)：185-189.

［17］王娟．动压滑动轴承故障分析及预防［J］．冶金设备管理与维修，2006，24 (5)：24-25.

［18］杜侃方．海洋石油钻井机械设备的管理与维护［J］．中国石油和化工标准与质量，2024，44 (1)：13-15.

第 19 章　交通运输行业案例

随着我国国民经济的稳步、快速增长，人流、物流量日益加大，交通运输作为国民经济的大动脉，其重要性越发凸显，节能降耗的意义也越发重要。随着交通运输业的不断发展，人们对交通设备的维护保养也越来越重视，油液监测也逐渐成为交通设备维护的常见手段。随着"双碳"目标的提出，在确保设备正常安全运行的前提下，通过油液监测实现按质换油，以便尽可能地延长换油周期，也渐渐成为交通运输企业节省成本、减少排放的重要措施之一。

19.1　交通运输行业典型设备润滑特点

19.1.1　轨道交通车辆润滑特点

我国已经进入高速铁路时代，目前我国高铁机车主要有 4 种型号：CRH1、CRH2、CRH3 和 CRH5。其中 CRH1、CRH2、CRH5 的设计时速在 200km 以上，而 CRH3 的设计时速在 300km 以上，因此选择适合高速、高温、高负荷工况特点的润滑油脂，确保机车在起动、高速运行和制动时都具有良好的润滑效果，是轨道交通车辆安全运行的基本保证。轨道交通车辆主要润滑部件包括轴承、齿轮和空气压缩机等。

1. 轴承润滑

轨道机车轴承主要有牵引电动机绝缘轴承、车轴轴承、齿轮箱轴承（见图 19-1），这些轴承一般都采用圆柱和圆锥滚子轴承。这些轴承通常处于弹性流体动力润滑和混合润滑状态，在起动、制动的瞬间处于边界润滑状态。除齿轮箱轴承采用润滑油润滑外，牵引电动机轴承和车轴轴承通常采用长寿命润滑脂进行润滑。例如，对于 200km/h 以下速度的铁路机车，轴承通常采用极压型锂基润滑脂润滑，对于高速动车，其轴承通常采用合成润滑脂（如聚脲基润滑脂）或以合成油为基础油的复合锂基润滑脂或复合铝基润滑脂润滑。

图 19-1　轨道机车轴承

2. 齿轮润滑

轨道机车齿轮箱包含小齿轮（主动齿轮）、大齿轮（从动齿轮）及轴承，其结构如图 19-2 所示，共同构成牵引传动装置传递动力。齿轮的啮合运动为滚动与滑动相结合，运行时流体动压润滑、弹性流体动压润滑、混合润滑和边界润滑状态共存。在运行过程中，由于行驶环境的变化，列车的速度变化较大，齿轮承受的负荷交替变化频繁，需要其润滑剂具有优异的高温抗氧化性、抗磨性和极压性，同时还需要适应南北地区温度的变化，因此多采用 GL-5 重负荷合成多级车辆齿轮油进行润滑。

a) 齿轮箱　　　　　　　　　　b) 小齿轮　　　　　　　　　　c) 大齿轮

图 19-2　机车齿轮箱

3. 空气压缩机润滑

空气压缩机作为轨道车辆重要设备，其为列车制动、牵引提供压缩空气，使列车可以实现高效的制动和牵引，从而保障运输的安全和准时性。此外，空气压缩机还为列车悬挂系统的空气弹簧、空调系统、门控系统等提供压缩空气，以保证车体的稳定性和舒适性。轨道车辆主要使用容积式压缩机，不同的车型使用的空气压缩机种类也不相同，但以活塞式空气压缩机和螺杆式空气压缩机（见图 19-3）最为常见，例如，CRH2A 主空气压缩机采用的是活塞式压缩机，CRH380A 主空气压缩机采用的是螺杆式空气压缩机。空气压缩机的工作条件相对严苛，润滑油在压缩机气缸内以高循环速度反复地被加热和冷却，同时受到铜、钢等金属的氧化催化作用，极易氧化变质，因此要求空气压缩机润滑油具有良好的热氧化稳定性。特别是螺杆式空气压缩机，其工作过程中，润滑油以雾沫形态与高温高压的空气相混合，空气中还含有水分及固体杂质，这些因素会进一步加速油品的劣化。因此，螺杆式空气压缩机润滑油一般以抗氧化性好、残炭低、寿命长的合成油为基础油。

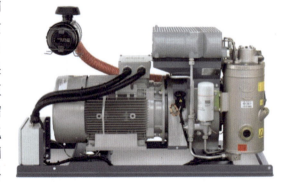

图 19-3　轨道交通用螺杆式空气压缩机

随着轨道交通继续向高速、重载方向发展，对轨道交通润滑的要求也在不断提高，因此采用科学的润滑管理技术就显得尤为重要。对于润滑剂来说，应具有减摩抗磨性好、低消耗、长寿命和环保等性能要求，合成润滑剂将逐步在轨道交通上得以应用。

19.1.2　船舶润滑特点

船舶的种类非常多，就民用船舶而言，有运输船舶和工程船舶，其中运输船舶包含客船、散货船、集装箱船及油船等，工程船舶包括挖泥船、驳船、起重船（见图19-4）及破冰船等。除此之外，还有一些专用船，如拖轮、消防船、渔船等。不论是工程船舶还是运输船舶，都包含甲板机械和机舱设备。甲板机械主要包含锚机、绞缆机、舷梯升降机、救生艇机、制冷装置、空调装置及应急发电机组等；机舱设备包含船舶主柴油机、辅机、舵机、主空气压缩机、各类泵（如润滑油泵、冷却水泵、循环水泵、燃油泵、消防泵）和分油机等。设备种类多样导致船用润滑油纷繁芜杂，液压油、齿轮油、润滑脂、柴油机油及空气压缩机油等在船舶机械上都有应用。

a) 挖泥船

b) 驳船

c) 起重船

图 19-4　工程船舶

主柴油机作为船舶的"心脏"，其润滑工况也较为恶劣，特别是大型中低速远洋船舶，通常采用重油或劣质燃油作燃料，这些油中硫、氮含量较大，燃烧后的硫、氮氧化物与水汽结合会生成硫酸和硝酸，致使气缸和活塞环产生腐蚀，且燃烧后的沉积物较多，易产生积炭影响零部件散热。为此船舶柴油机主机（见图19-5）通常采用高碱值润滑油，以中和燃料燃烧后产生的酸性产物，还需具有良好的清净分散性，使燃烧产生的颗粒物悬浮在油中便于滤除。此外，燃料燃烧会产生高热，活塞往复运动也会形成冲击载荷，因此润滑油还需具有良好的高温抗氧化性和抗磨性。

图 19-5　船舶柴油机主机

常说的船用润滑油主要指气缸油、系统油、中速机油和柴油机油。气缸油主要用于低速十字头柴油机活塞与气缸之间的润滑，为一次性润滑油；系统油多用于十字头曲轴箱的润滑，一般对活塞没有润滑作用；中速机油主要用于中速筒状活塞式柴油机气缸和曲轴箱的润滑，这类柴油机通常以重油为燃料；柴油机油通常用于小型船用柴油机，其工况与车用柴油机相似，都以柴油为燃料。

除柴油机主机外，锚机、绞缆机、舷梯升降机、救生艇机和应急发电机（见图19-6）等船舶辅机及其他设备的润滑，与工业用油一致，根据设备的不同，选用相应的油品。例如，液压系统常用抗磨液压油作为工作介质，电动机轴承常用润滑脂润滑，齿轮箱常采用工业闭式齿轮油润滑，空气压缩机则根据其结构特点相应地采用涡轮机油、往复式空气压缩机油或螺杆式空气压缩机油进行润滑。

a) 锚机　　　　　　　　b) 绞缆机　　　　　　　　c) 救生艇机

d) 制冷空气压缩机　　　　e) 舷梯升降机　　　　　　f) 应急发电机

图 19-6　船舶甲板机械

19.1.3　汽车润滑特点

汽车主要由发动机、底盘（见图 19-7）、车身和电气设备四大部分组成。发动机是汽车的心脏，为汽车行走提供动力，按照燃料的不同，可分为柴油发动机、汽油发动机和天然气发动机。发动机的润滑一般采用压力润滑和飞溅润滑相结合的方式。对于曲轴轴承、连杆轴承、凸轮轴轴承及凸轮轴摇臂等负荷较大的部位，采用压力润滑，由机油泵供给润滑油；对于活塞销、活塞、气缸内壁或其他难以实现压力润滑的部位，则利用曲轴连杆转动时飞溅起来的机油进行润滑。由于发动机摩擦副的工作温度高、运动速度快、工作温度差别大，且容易受到燃料燃烧产生的酸性物质腐蚀，因此要求发动机油具有良好的低温启动性及高温抗氧化性能，并且具有良好的耐腐蚀性能。

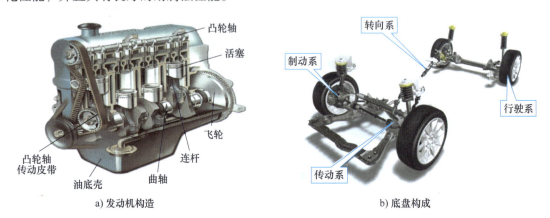

a) 发动机构造　　　　　　　　　　　　b) 底盘构成

图 19-7　发动机及底盘构成

底盘由传动系统、转向系统、制动系统和行驶系统组成。传动系统又包含离合器、变速器、主减速器、差速器及驱动桥等部件，主要润滑部件是变速器和主减速器。现代汽车的主减速器广泛采用的是螺旋锥齿轮和双曲面齿轮，双曲面齿轮在工作时，齿面间传递的压力高，相对滑移速度大，会产生很高的瞬时温度，齿面油膜容易被破坏，因此要求齿轮润滑油具有良好的极压抗磨性和高温抗氧化性能，车辆齿轮油不能采用普通的工业闭式齿轮油润滑，而是要采用专门的中负荷车辆齿轮油 GL-4 和重负荷车辆齿轮油 GL-5 润滑。

19.2　交通运输行业设备常见润滑磨损故障

19.2.1　发动机常见润滑故障

1. 柴油机油窜油

窜油是柴油机使用一段时间后常见的问题，它易使燃烧室内形成积炭和增加机油油耗，排放超标，并且还可能在环槽中形成积炭（尤其是第一道气环槽，因为它的温度比其余的气环槽都高），使环被卡死在环槽中，失去其密封作用。该问题若解决不当，则会造成柴油机连杆瓦咬死，拉伤气缸壁，甚至使环折断等严重后果。

柴油机窜油的原因有很多，其中之一是机油加入太多。加入过多机油后，柴油机在高速运转时，曲轴激起的油雾飞溅到缸套壁上的油也增加，加重了活塞环的刮油量。当超过油环正常的刮油能力时，多出的未被刮掉的油就会窜入气缸燃烧室。窜入燃烧室的机油燃烧后，会产生大量的积炭，这些积炭如果黏结在活塞环等零件上，不仅影响工作性能，还会加速部件的磨损。一旦油环工作能力下降或被积炭卡死，便会引起窜油。

此外，如果活塞环磨损导致摩擦副间隙增大也会引起窜油现象。活塞环弹力下降，不能靠活塞环本身的弹性和气体背压紧贴气缸壁，将使气缸壁与活塞环间隙增大而窜油。如果气门油封老化失效或气门与导管配合间隙过大，则机油也会从其缝隙处吸入燃烧室。

2. 发动机燃油稀释

燃油稀释是指燃烧不完全的燃油在高压情况下，穿过活塞环进入曲轴箱而污染机油。燃油稀释是柴油或汽油发动机常见的故障。导致燃油稀释的原因有很多，多数与气缸壁磨损或活塞环的损坏有关，例如，气缸壁长期磨损导致缸径变大，固体颗粒引起气缸壁磨粒磨损出现磨痕，以及活塞环安装不合适、活塞环损坏、活塞环被积炭卡死等，都可能导致气缸-活塞环摩擦副的间隙增大，机油沿着气缸壁流入曲轴箱。

燃油稀释会对发动机各润滑部件造成不良影响。首先，由于燃油进入机油，会对机油黏度起到稀释作用，机油黏度变小后，其抗磨性也会随之下降，机油泵可能产生磨损，需要机油润滑的其他部件都有可能因机油油膜强度不够而导致磨损，需要机油发挥液压油控制作用的一些部件，如配气机构气门控制系统等，可能因机油黏度变化而导致控制错误；其次，润滑油除了润滑作用，兼具防腐作用。燃油进入机油中，可能导致机油循环系统内很多需要机油保护防止腐蚀的部件会因得不到有效保护而产生腐蚀和锈蚀。当发动机出现较为严重的燃油稀释时，有必要对发动机进行仔细检查，找出原因。

3. 汽车火花塞积炭

积炭是汽车发动机最常见的故障之一，而造成积炭最直接的原因，是发动机机油进入燃烧室后，发动机长时间在混合气过浓的状况下工作，进入燃烧室的机油、汽油没有完全燃烧就会产生积炭。导致机油进入燃烧室的原因很多，如发动机气缸和活塞环（特别是油环）严重磨损、活塞环端口位置重合、空气滤清器太脏、发动机进气行程活塞上方负压过高，以及油底壳中机油液面过高等，都可能造成燃烧室中机油过多。

火花塞是汽油发动机中最容易积炭的部位，这与火花塞的工作特性有关。火花塞在正常工作时，其绝缘体裙部的温度应保持在 500~750℃，这样才能使落在绝缘体上的油滴立即被蒸发并燃烧掉，而不会形成积炭，这个温度称为火花塞的"自净温度"。如果火花塞裙部温度低于自净温度，就会形成积炭；如果过高于这个温度（通常超过 800℃），又会使混合气与炽热的绝缘体接触而引起自燃，导致"爆燃"。火花塞的工作温度应保持在自净温度范围内，这样既保证其具有正常的点火性能，又不至于形成积炭。

19.2.2　齿轮箱常见润滑故障

1. 齿轮箱异响

齿轮箱在运行初期也会出现异响，这是因为运行初期，齿轮表面有粗糙的加工痕迹，在摩擦过程中，这些粗糙的加工痕迹会逐渐消失，齿面最终会呈光亮状态，这一过程称为跑合磨损，跑合磨损期间，齿轮磨损速度比稳定磨损阶段会更快。齿轮正常的跑合对日后的运行有积极的促进作用，并不影响齿轮的正常使用。

如果过了磨合期的齿轮箱出现异响，通常意味着轴承或齿轮损伤，摩擦副配合时出现磨损或碰撞，从而导致异响。其原因通常也是多方面的，可能是轴向间隙不足、润滑不良，或齿轮箱内有异物。齿轮箱上滚动轴承长期使用后会因磨损增大轴向间隙，轴承会出现损伤，故在高速下会产生细碎、连续的异响。轴承异响是轴承间隙增大的表征，除会加速轴承、齿轮和轴的损坏外，还会使高速时齿轮摆动和扭振。若同时伴有润滑不足，则会加剧这种情况的发生。

2. 齿轮箱油变色

通常齿轮油在运行过程中，颜色会随着氧化逐渐变深，但是如果齿轮油颜色变白，或者在短时间内变黑，则属于不正常的现象。齿轮油颜色变白通常与水分污染有关，即齿轮箱油混入水分，在齿轮箱运转时，齿轮快速搅动油脂而产生的一种乳白色并带有气泡的现象，出现该种情况通常与运行环境湿气过大（如长时间降雨）有关。由于车用齿轮箱不具备排出水分功能，致使水分无法分离，与油脂混合，因此导致这种情况的发生。

齿轮油发黑通常发生在运行初期或者更换新轴承后，这是因为新轴承滚珠上未去除的氧化皮可能在运行初期会被油品冲刷，脱落到油中，造成油品发黑。此外，如果检修维护时，未将废弃的油排放干净，或清洗不到位，残留的磨粒也可能导致新油发黑。当齿轮油发黑时，应先观察齿轮箱中是否有金属碎片，如果有金属碎片则应该找出原因。如果没发现金属碎片，则可能是粉尘、煤灰等污染性微小颗粒易随空气进入齿轮箱中，或者是润滑油高温氧化所致，这时可以通过对齿轮油进行检测来综合分析。

3. 齿轮箱渗油

在车辆运行中，由于升温和搅动作用，齿轮箱内部润滑油形成油雾，少量油雾可以通过机械式迷宫密封间隙存在于迷宫腔内。随着车轮的高速运转，齿轮箱外部气压频繁变化或气压变化较大，导致齿轮箱大齿轮车轮侧密封外部形成一定负压，在负压作用下，存在于迷宫腔内的润滑油油雾被吸出，遇到冷空气后会冷凝在轴承座和密封环的外表面，造成渗油现象。齿轮箱内润滑油油量过多时，会加剧渗油现象。

19.3　交通运输行业设备润滑失效案例

19.3.1　轴承润滑脂受探伤耦合剂污染的可能性分析

1. 案例背景

2017 年 5 月，某高铁动车在进行三级检修时，对空心轴进行了探伤检测，检修后高铁动车运行时发现轴承出现了溢脂现象，怀疑是在空心轴检修时使用的探伤耦合剂进入到了轴承箱内，污染了润滑脂。检修车间于2017年7月送检了润滑脂和探伤耦合剂样品，希望通过检测了解轴箱轴承润滑脂是否受到耦合剂污染，样品外观如图19-8所示。

a) 润滑脂　　　　　　　　　　b) 探伤耦合剂

图 19-8　润滑脂和探伤耦合剂样品外观

2. 检测数据及分析

考虑到润滑脂和探伤耦合剂的成分不同，因此对新脂、故障脂和探伤耦合剂进行了元素分析和红外光谱分析，从元素成分含量和红外特征谱峰的差异上判断是否存在混合污染。元素分析检测结果见表19-1，红外光谱分析结果如图19-9所示。

表 19-1　元素分析检测结果

样品		探伤耦合剂	故障脂 3-5	故障脂 5-3	故障脂 5-5	故障脂 6-5	新脂
元素含量 /（mg/kg）	Fe	1	647	148	381	78	0
	Cu	0	49	76	76	29	0
	Cr	0	8	3	6	1	0
	Pb	2	3	3	6	1	0
	Sn	0	5	11	5	5	0
	Al	0	21	11	25	9	0
	Mn	0	22	13	15	9	0
	Ni	0	7	4	8	3	0
	Si	1	49	23	65	16	0
	Na	0	185	120	94	82	6
	V	0	1	1	4	1	0
	B	0	1	1	1	1	0
	Mo	0	0	0	2	1	0
	Mg	0	23	17	25	15	4
	Ba	0	67	67	76	50	0
	Ca	22	1799	1660	1305	1539	1076
	Zn	322	7216	7251	3060	4281	3080
	P	290	52	27	51	27	0

从表 19-1、图 19-9 的检测结果可以发现如下现象。

1）送检的 4 个轴承润滑脂中均含有少量 P 元素，在新脂中并不含 P，由于 P 元素是探伤耦合剂的特征元素，因此从元素分析的结果看，不排除耦合剂污染轴承润滑脂的可能。

2）送检的 4 个轴承润滑脂的红外光谱在波数 967cm^{-1}处（图 19-9 中长方框处）特征峰较新脂有明显增高，而探伤耦合剂在此处有较明显的特征峰，由此可见，轴承润滑脂中很可能含有探伤耦合剂的成分。

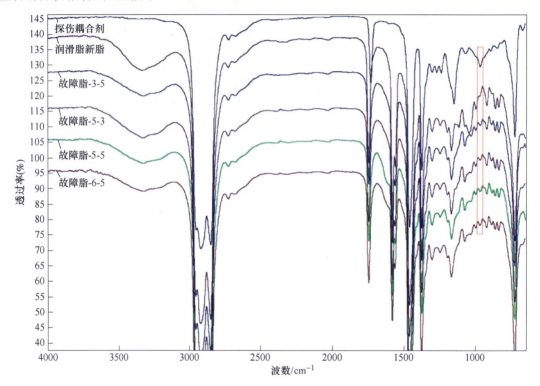

图 19-9　红外光谱分析

3. 模拟试验验证

为了进一步验证，实验室进行了混油验证试验，即将探伤耦合剂与新润滑脂按照 1∶10 的比例进行混合，混合后测试元素含量及红外光谱分析，模拟试验检测结果见表 19-2，红外光谱分析结果如图 19-10 所示。检测发现，混合样的元素 P 含量上升，红外光谱上在 967cm^{-1}处的峰值也比新脂更加明显。由此可见，润滑脂中混入探伤耦合剂后，确会导致元素 P 含量上升，且红外光谱上在 967cm^{-1}处的特征峰增强，因而判断所送检的 4 件轴承润滑脂中，确实受到了探伤耦合剂的污染。

表 19-2　模拟试验检测结果

样品		探伤耦合剂	新脂	新脂+探伤耦合剂
元素含量 /（mg/kg）	Ca	22	1076	993
	Zn	322	3080	3064
	P	290	0	38

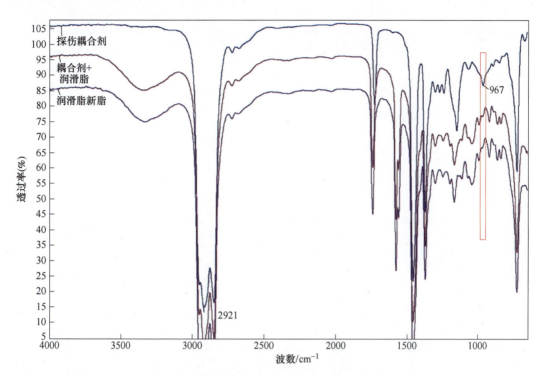

图 19-10　模拟混合试验红外光谱

4. 结论与建议

经检测，确认轴承润滑脂受到了探伤耦合剂的污染，由于探伤耦合剂黏度较低，因此污染轴承润滑脂后，会导致润滑脂变稀、流动性增强、黏附性下降，在轴承高速运转时，当润滑脂受到离心力作用时，会被甩出轴承腔，出现溢脂现象。溢脂会导致轴承局部缺脂，引发润滑不良，严重时可能引起轴承的异常磨损。因此，建议检修车间视情况对轴承进行补脂或清洗。

19.3.2　汽车发动机起动困难原因分析

1. 故障背景

2013 年 2 月，某润滑油公司送检了两种汽车发动机（编号 A、B）的润滑油样品。该公司反馈，这两种润滑油样品来源于同一家 4S 店，先后取自两辆同型号的轿车，这两辆轿车都使用了由该公司生产的同一牌号的 15W40 发动机油。但据两位车主的描述，两辆汽车都是在 4S 店进行保养后，行驶了不到 2000km 就出现了起动困难的现象，因此车主怀疑保养时所用的润滑油存在质量问题。于是润滑油公司对这两种故障油进行了送检，并同时送检了新油，希望找出故障原因。

2. 检测数据及分析

对新油和两种故障油的常规理化指标及元素含量进行了分析，结果见表 19-3。

表 19-3　发动机油油液分析数据

样品	发动机 A 故障油	发动机 B 故障油	新油
运动黏度（100℃）/（mm²/s）	22. 46	15. 92	13. 89
总碱值/（mgKOH/g）	5. 63	6. 20	6. 84

（续）

样品		发动机 A 故障油	发动机 B 故障油	新油
水分（体积分数,%)		0.09	0.03	≤0.03
闭口闪点/℃		128	110	>200
元素含量 /（mg/kg）	Fe	496	38	0
	Cu	5	17	0
	Pb	3	6	0
	Cr	1	0	0
	Sn	19	0	0
	Al	99	6	0
	Mn	908	108	0
	Ni	0	0	0
	Mo	166	162	191
	Si	109	28	5
	Na	5	10	0
	B	167	153	170
	V	0	0	0
	Mg	11	9	0
	Ba	1	0	0
	Ca	1729	1784	1794
	Zn	822	811	860
	P	628	670	676

从表 19-3 可做出如下分析。

1) 两台发动机润滑油闭口闪点都偏低，表明两台发动机油都受到了燃油污染。

2) 发动机 A 润滑油黏度升高，表明其已经氧化变质；油中 Fe、Al、Sn 含量都较高，对其进行铁谱分析，发现该发动机油中含有大量钢质磨粒和铝合金磨粒，因此判断该发动机已经发生了严重的磨损。

3) 发动机 B 润滑油的黏度较新油略有上升，油中的 Cu 元素略有偏高，对其进行铁谱分析，未发现异常磨损颗粒，表明其发动机磨损还不严重。

4) 两台发动机润滑油的 Mn 含量均较高，而该新油中并不含 Mn，因此 Mn 元素可能来源于燃油。

从上面的分析可以判断，这两台发动机都受到了燃油污染，而从 Mn 含量高的特点分析，发动机所使用的燃油质量不合格。这是因为劣质燃油中通常会添加汽油抗爆剂 MMT（甲基环戊二烯三羰基锰）来提高汽油的辛烷值，而 MMT 中就含有 Mn。此添加剂虽然能够显著提高汽油辛烷值，但由于其容易在发动机内部产生金属沉积物，导致汽缸磨损、火花塞点火不良、氧传感器和三元催化器中毒等严重故障，目前在国内已被禁止或限制使用。因此综合判断，导致这两台发动机故障的根本原因是使用了劣质燃油。

3. 结论及建议

发动机所使用的润滑油无质量问题，其故障可能与使用了劣质燃油有关，燃料中添加了过量的汽油抗爆剂MMT，从而导致火花塞点火不良，引起发动机起动困难。

4. 故障原因分析

经调查发现，两辆汽车均来自同一地区，发生故障前，两辆汽车都在同一家民营小型加油站添加过汽油，加油后行驶几十公里后就出现了故障，这间接验证了上述结论，即发动机使用了劣质燃油，在发动机内部产生了沉淀，导致点火不良、发动机起动困难，对发动机造成了损坏。

19.3.3　柴油发动机轴瓦磨损原因大数据分析

1. 案例背景

某汽车运输队的发动机要求使用CF 15W40柴油机油，车队为了节约成本，在油品选型时，选用了一款价格低廉的小品牌的CF 15W40柴油机油。使用一段时间后，发现整个车队的发动机油底壳都有大量的油泥，过滤器滤芯被大量的胶状物堵塞，个别发动机的活塞、轴瓦等部件磨损严重，现场怀疑油品质量有问题，因此特将新油送检分析。

2. 检测数据及分析

针对上述情况，对送检新油有关理化指标进行了分析检测。表19-4列出了该发动机所用新油部分项目的检测结果。由表19-4可见，故障新油的100℃运动黏度、开口闪点、水分等指标符合GB 11122—2006《柴油机油》中对CF 15W40柴油机油的质量要求，表面上看来，该油所测项目的确符合国家标准。

表 19-4　CF 15W40 柴油机新油理化性能检测结果

检测项目		故障新油	GB 11122—2006 CF 15W40
40℃运动黏度/(mm²/s)		216.5	—
100℃运动黏度/(mm²/s)		14.70	12.5~16.3
黏度指数		50.0	—
总碱值/(mgKOH/g)		1.92	报告
开口闪点/℃		220	≥215
水分（体积分数,%）		<0.03	≤0.03
元素含量 /(mg/kg)	Mg	0	—
	Ca	769	—
	Zn	217	—
	P	166	报告

对于黏度指数、碱值，以及添加剂元素Mg、Ca、Zn、P含量等指标，国家标准中没有做出具体要求，但是根据实验室的大数据，送检新油的这些指标的检测结果都远低于正常的CF 15W40新油数据。图19-11所示为CF 15W40新油典型指标大数据分析及事故样离群特征。

（1）黏度指数

黏度指数评价的是润滑油黏度随温度变化的性能，对润滑油而言，黏度指数越高，黏温性能越好，油品在一定温度范围内黏度保持得越稳定，越有利于设备的润滑。新油数据库中的 CF 15W40 柴油机油黏度指数多为 120~150，而本案例中的新油黏度指数仅为 50，说明该油黏度随温度变化较大，即使 100℃运动黏度满足了要求，低温下也可能会因为黏度过大而不能满足冷起动的要求，低温起动时润滑油不能快速地在摩擦副表面形成连续的油膜，摩擦部件可能会因缺乏润滑而产生严重的异常磨损。

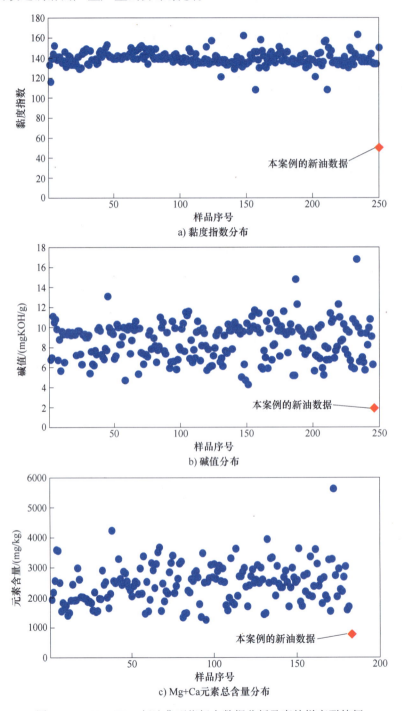

图 19-11　CF 15W40 新油典型指标大数据分析及事故样离群特征

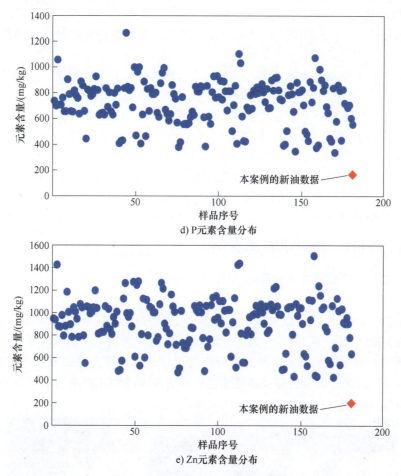

图 19-11 CF 15W40 新油典型指标大数据分析及事故样离群特征（续）

（2）碱值

碱值表征油品的清净能力和中和能力，间接反映了油中清净分散剂的含量。清净分散剂主要作用是使发动机内部保持清洁，使生成的不溶性物质呈胶体悬浮状态，不至于进一步形成积炭、漆膜或油泥。CF 15W40 柴油机油的碱值大多在 5mgKOH/g 以上，本案例中的新油碱值仅为 1.92mgKOH/g，意味着发动机油中清净分散剂含量较少，那么发动机在运行过程中，油液氧化生成的胶状质就不容易分散开，很容易聚集在一起形成油泥，或者沉降在摩擦副表面形成积炭和漆膜。

（3）添加剂

Mg、Ca、Zn、P 来源于发动机的添加剂，其中 Mg 和 Ca 来源于镁盐和钙盐的清净剂，这两种清净分散剂可组合使用，也可单独使用；Zn 和 P 来源于 ZDDP，是一种具有抗氧、防腐、抗磨性的多功能添加剂。新油数据库中的 CF 15W40 柴油机油的 Mg、Ca 元素总含量通常在 1000mg/kg 以上，Zn、P 元素含量通常高于 400mg/kg。本案例中的新油添加剂元素 Mg、Ca、Zn、P 含量都非常低，这意味着清净剂及 ZDDP 抗氧防腐剂含量较少，油品的分散性和抗氧化性较差，无法满足柴油发动机正常运行的要求。

3. 结论与建议

综合上述分析，车队所用的 CF 15W40 柴油机油属于严重伪劣产品，发动机的故障是因油品质量问题而造成的。

国家标准中对于柴油机油的评定，除了常规指标必须符合相关标准，还要满足多个台架试验要求。由于台架试验周期长、成本高，能够开展台架试验的第三方实验室非常少，因此大多数柴油机的评定，主要是根据常规指标来评价。本案例中的油品生产商就利用了这个漏洞，采用非规范的手段，将国家标准中有明确规定的常规检测指标（如100℃黏度、闪点等）调配在标准范围以内，以满足质检要求，但实际上其性能并不能满足柴油机的运行需求，这样的产品是经不起台架测试的。作为用油企业，在选择油品时，不能只图价廉，一定要选购质量可靠的正规厂家生产的油品，并向厂家索要出厂指标，同时对采购的新油进行抽检，以保障设备正常润滑。

19.4 交通运输行业设备磨损故障案例

19.4.1 公交车辆差速器失效原因分析

1. 案例背景

黑龙江某公交公司8路公交车共有车辆24辆，该路线共40个站点，发车时间不固定，部分车辆需在露天冷车停放2~3h才发车。2018年2月下雪后，该线路有3辆在行驶时后桥发生异响，拆机检测发现后桥差速器行星齿轮内孔与十字轴颈表面出现了严重的黏着磨损，如图19-12所示。故障车辆后桥差速器使用的油液为85W-90 GL-5重负荷车辆齿轮油，现场怀疑油液存在质量问题，因此对新油进行了送检评定。

a) 差速器行星齿轮与十字轴出现黏连　　　b) 行星齿轮内孔与十字轴轴颈表面均出现黏着磨损

图 19-12　后桥差速器行星齿轮失效照片

2. 检测数据及分析

对送检的新油进行了检测，结果见表19-5。从表19-5可知，油液所测指标符合国家标准，排除了新油质量问题引起故障的可能性。

表 19-5　85W-90 GL-5重负荷车辆齿轮油送检样品检测结果

检测项目	实测值	GB/T 13895—1992 85W-90 GL-5
运动黏度（100℃）/(mm²/s)	14.25	13.5~18.5
水分（质量分数,%）	<0.03	≤0.03
开口闪点/℃	>180	>180
倾点/℃	-36	报告

（续）

检测项目	实测值	GB/T 13895—1992 85W-90 GL-5
铜片腐蚀/级	2a	不高于3b
表观黏度达150000mPa·s 时的温度/℃	−21.2	≤12
成沟点/℃	<−20.0	≤20

根据现场的描述，故障发生在下雪后，气温有明显的下降，因此怀疑故障的发生与环境温度下降有关。85W-90 GL-5重负荷车辆齿轮油一般的使用环境温度为−15~49℃，当低于−15℃时，油品的流动性下降，摩擦副表面不易形成连续的足够厚的润滑油膜，易导致齿轮及轴承因润滑不良而产生擦伤或黏着磨损。经对送检的85W-90 GL-5新油的低温性能指标进行检测分析，发现该油表观黏度达150000mPa·s时的温度为−21.2℃，若环境温度低于此温度时，可能会因黏度过高而使润滑油流动性变差，不易被带到齿轮轴承中，容易导致轴承润滑不良。

3. 结论及建议

结合故障所在地域的环境温度综合分析，公交车所使用85W-90 GL-5重负荷车辆齿轮油的低温性能不能满足差速器冷起动时的润滑要求，是导致本次事故的最可能原因。建议在环境温度低于−15℃时，考虑使用低温性能更好的80W-90 GL-5或75W-90 GL-5重负荷车辆齿轮油，以确保齿轮正常润滑。

4. 客户反馈

现场反馈环境温度较低时，所有车辆长时间停放后，再起动时后桥都会发出较大噪声，但行驶20min后恢复正常。本次事故恰值雪后，气温降至−20℃以下，起动后即使行驶了一段时间，后桥噪声仍有增大迹象，拆机后就发现轴颈出现了黏着现象。这些现象正好与上述的分析判断相吻合，即车辆冷起动时，油品黏度过大，不能及时到达摩擦副表面，导致摩擦副润滑不良，发生异常噪声，而行驶一段时间后，油温上升，黏度下降，油品及时被带到摩擦副表面，形成连续均匀的润滑油膜，润滑状态恢复正常。但即便如此，在低温起动阶段，摩擦副依然处于少油或无油润滑状态，强制运行依然会给摩擦副带来不可逆转的损伤。

19.4.2 远洋船舶艉管发热原因分析

1. 案例背景

艉轴是船舶轴系中最易磨损的一段轴，艉管是艉轴通过的装有密封和支承装置的管段。艉管内的密封空间会充满润滑油，其润滑方式为通过重力油柜的管路通入油来进行润滑。艉管使用的润滑油一般与主柴油机油相同。2018年5月，某船舶检修在近海区试航，按照环保要求，艉管加入了环保生物润滑油。当船舶航行驶出近海区后，船员又将艉管润滑油换成了3005船用系统油（矿物润滑油）。在换回矿物油并使用一段时间后，艉管便开始持续异常发热。为了分析该船舶艉管异常发热的原因，船员分别于次日凌晨02：30、早上10：30及晚上21：00（回到锚地后）取艉管润滑油3个在用油样及新油进行检测分析。

2. 检测数据及分析

（1）理化指标分析

对船舶艉管润滑油的新油和艉管发热时3个在用油的黏度、碱值、水分等理化指标进行了分析，结果见表19-6。从表19-6可看出，3个在用油样品的100℃运动黏度和水分变化趋势平稳，但是相比新油的黏度要高一些；在用油的碱值与新油碱值相比，有一定的下降。一方面，碱值下降表明油液存在高温运行和冷却不良的情况，导致油液可能被氧化变质，另一方面，也反映出在用油液添加剂含量下降。

表19-6 舰管新油和在用油检测数据

检测项目	新油	发热后第一次取样（02：30）	发热后第二次取样（10：30）	发热后第三次取样（21：00）
运动黏度（100℃）/(mm²/s)	11.62	12.35	12.37	12.35
总碱值/(mgKOH/g)	6.72	4.41	4.25	4.38
水分（体积分数，%）	<0.03	0.14	0.12	0.16
闭口闪点/℃	235	197.0	196.0	197.0

（2）光谱元素分析

分别对新油和3个在用油进行光谱元素分析，检测结果见表19-7。从表19-7可知，磨损金属元素Fe、Cu、Pb、Sn含量较新油有轻微的上升，表明设备可能存在一定程度的磨损。污染元素Al、Si含量与新油持平，表明舰轴舰管的密封状况良好，不存在外界污染。3种在用油的添加剂元素Ca、Zn含量与新油相比，存在明显下降的情况，这与碱值的下降情况相对应，表明在用油液可能存在添加剂降解或者油液混用的情况。

表19-7 光谱元素分析

检测项目		新油	发热后第一次取样（02：30）	发热二次后取样（10：30）	发热后第三次取样（21：00）
元素含量/(mg/kg)	Fe	0	2	1	1
	Cu	0	2	2	3
	Pb	0	2	1	1
	Cr	0	0	0	0
	Sn	0	2	1	2
	Al	0	0	0	0
	Mn	0	1	1	1
	Ni	0	2	1	1
	Mo	0	0	0	0
	Si	12	9	9	10
	Na	0	5	4	5
	B	0	0	0	0
	V	0	0	0	0
	Mg	6	5	4	5
	Ba	3	0	0	0
	Ca	2361	1435	1401	1437
	Zn	402	342	350	339
	P	320	313	306	311

（3）铁谱磨粒分析

由于光谱元素分析的检测局限性，只能检测出<5μm 的颗粒，因此油样中可能存在>5μm 的磨损颗粒未被检出，需要结合铁谱磨粒分析来进一步判断。3 个在用油的铁谱磨粒如图 19-13~图 19-15 所示。

a) 磨粒　　　　　　　　　　　　b) 轴承合金

图 19-13　发热后第一次取样的样品铁谱

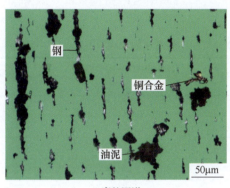

a) 磨粒图谱　　　　　　　　　　b) 轴承合金

图 19-14　发热后第二次取样的样品铁谱

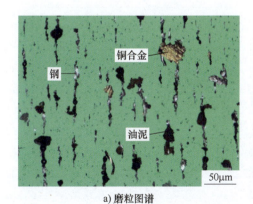
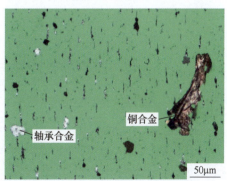

a) 磨粒图谱　　　　　　　　　　b) 铜合金

图 19-15　发热后第三次取样的样品铁谱

从图 19-13 可看出，发热后第一次所取样品中存在油泥和轴承合金颗粒（见图 19-13a），且轴承合金颗粒尺寸较大，最大尺寸超过了 100μm（见图 19-13b），表明艉管或轴承已经出现异常磨损，轴承轴瓦表面的合金层开始剥落。

从图 19-14 可看出，发热后第二次所取样品中同样存在油泥和轴承合金颗粒（见图 19-14a），还发现了尺寸细小的铜合金颗粒，轴承合金磨粒的最大尺寸超过了 30μm（见图 19-14b）。表明艉管的磨损进一步恶化，轴承的合金层已经被磨穿，瓦背的铜合金开始磨损。

从图 19-15 可看出，发热后第三次所取样品中依然存在油泥和轴承合金颗粒，但铜合金颗粒较在用油第二次取样明显增多，（见图 19-15a），且尺寸更大。铜合金磨粒的最大尺寸超过了 100μm，且存在高温氧化现象（见图 19-15b），表明艉管的磨损持续恶化，艉管轴瓦瓦背的铜合金基体磨损进一步加重。

3. 结论及建议

综合上述检测数据结果分析，在用油存在混油的现象，可能是换油不彻底导致的。混油使在用油的黏度、碱值发生变化，导致添加剂元素 Ca、Zn 含量减少，使润滑油的润滑性能及抗磨性下降，无法起到正常的润滑作用，造成艉轴轴瓦严重磨损，进而引起艉管发热。

4. 现场反馈

为了验证上述推测，现场又送检了生物润滑油。对生物润滑油样品进行了元素分析（见表 19-8）及红外光谱分析（见图 19-16），并将检测结果同新油样品、发热后第一次取样样品的检测数据进行了对比。

表 19-8　新油、发热后第一次取样及生物润滑油的检测数据

检测项目		新油	发热后第一次取样 （02：30）	生物润滑油
元素含量 /（mg/kg）	Fe	0	2	0
	Cu	0	2	0
	Pb	0	2	0
	Cr	0	0	0
	Sn	0	2	0
	Al	0	0	1
	Mn	0	1	0
	Ni	0	2	0
	Mo	0	0	8
	Si	12	9	1
	Na	0	5	0
	B	0	0	0
	V	0	0	0
	Mg	6	5	0
	Ba	3	0	0
	Ca	2361	1435	1
	Zn	402	342	1
	P	320	313	310

光谱分析表明，生物润滑油中只含有 P 元素，不含有 Ca、Zn 元素，且 P 含量与新油 D 3005 系统油中 P 含量相差不大，符合混油后 Ca、Zn 含量明显下降而 P 含量变化不大的特点，表明润滑油中存在混入生物润滑油的可能性。

由图 19-16 可发现，第一次取样的样品在 1745cm^{-1}、1155cm^{-1} 等波数处有明显特征峰，峰位及峰形与生物润滑油一致，进一步确定该油中混入了生物润滑油。

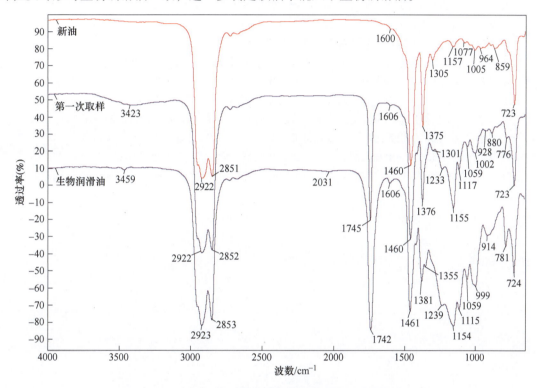

图 19-16　新油、第一次取样及生物润滑油的红外光谱图

根据元素分析及红外光谱的检测结果，并结合磨粒形态及磨损形式进行综合分析，可知该船艉管发热的直接原因是轴瓦发生了严重磨损，根本原因则是艉管润滑油中混入了少量生物油，使润滑油的润滑性能及抗磨性下降，无法起到正常的润滑作用。而且不同性能的油品混用，会导致油液变质、性能急剧下降。当设备出现异响、油温升高现象时，通常是传动部件已发生了严重磨损，而磨损往往是因为润滑不良引起的，油液监测能及时发现设备润滑不良及早期异常磨损问题，指导现场采取维护措施，从而避免重大事故发生。

参 考 文 献

［1］梁玲坤，陈艳玲．动车组构造［M］.成都：西南交通大学出版社，2014.

［2］王文静．动车组转向架［M］.北京：北京交通大学出版社，2023.

［3］阎国强，王艳荣．动车结构与检修［M］.上海：上海科学技术出版社，2016.

［4］苏超，钱春华，周志茹．动车组制动系统检修［M］.北京：北京交通大学出版社，2024.

［5］刘海鸿．关于 CRH2A 统型动车组齿轮箱渗油现象的分析及检修措施［J］.中国科技博览，2017

（19）：1-4.

[6] 魏广会.地铁车辆齿轮箱故障分析与改进［J］.中国设备工程，2021（14）：35-36.

[7] 李秋泽.CRH5 型动车驱动系统万向轴失效机理及对策研究［D］.北京：北京交通大学，2016.

[8] 王忠诚，刘晓宇，马义平.船舶动力装置［M］.上海：上海交通大学出版社，2020.

[9] 杨星.船舶结构与设备［M］.武汉：武汉理工大学出版社，2016.

[10] 范育军.船舶结构与货运［M］.哈尔滨：哈尔滨工程大学出版社，2020.

[11] 李春明.汽车构造［M］.北京：机械工业出版社，2024.

[12] 瑞佩尔.汽车构造原理从入门到精通［M］.北京：化学工业出版社，2023.

[13] 汪臻.汽车发动机构造与维修［M］.西安：西安电子科技大学出版社，2013.

[14] 张立新，董然平.现代车用柴油机维修手册［M］.北京：人民交通出版社，2004.

[15] 王先会.车辆与船舶润滑油选用指南［M］.北京：中国石化出版社，2024.

[16] 贾延林.工程机械用柴油机润滑系统常见故障原因分析［J］.内燃机，2021（2）：58-60.

[17] 王博龙.论柴油机润滑系统的常见故障与维护保养［J］.中国设备工程，2023（19）：65-67.

[18] 石昭宇.柴油机气缸润滑状态诊断研究［D］.哈尔滨：哈尔滨工程大学，2023.

[19] 黎秋莹，贺石中，李秋秋，等.基于油液监测的大型船舶艉管异常磨损故障分析［J］.润滑与密封，
     2021，46（5）：137-141.